张兆顺

清华大学教授

1957年上海交通大学造船系毕业

1959年中国科学院清华大学合办第一届工程力学研究班毕业

1981年英国南安普顿大学航空航天系博士

崔桂香

清华大学教授

1977年清华大学工程力学系毕业

1982年清华大学流体力学硕士

许春晓

清华大学教授

1990年清华大学工程力学系毕业

1995年清华大学流体力学博士

黄伟希

清华大学副教授

2001年清华大学工程力学系毕业

2004年清华大学流体力学硕士

2009年韩国科学技术院流体力学博士

研究生力学丛书 Mechanics Series for Graduate Students

湍流理论与模拟（第2版）

Theory and Modeling of Turbulence (Second Edition)

张兆顺 崔桂香 许春晓 黄伟希 编著

Zhang Zhaoshun Cui Guixiang Xu Chunxiao Huang Weixi

清华大学出版社

北京

内容简介

本书是2005年版《湍流理论与模拟》的再版。本书系统地叙述了湍流的基本理论和近代湍流数值模拟方法。此版增加了可压缩湍流，全书由原来8章更新为9章。具体内容包括湍流的统计和测量、湍流运动的统计平均方程和脉动方程、均匀各向同性湍流、简单剪切湍流、标量湍流、可压缩湍流、湍流直接数值模拟、湍流大涡模拟、雷诺平均模拟方法。书中总结了近年来国内外前沿和热点问题研究的进展，并融入了作者多年来的教学经验和学术成果。

本书可作为工程力学、流体力学、空气动力学、航空工程、工程热物理、热能工程、核能工程、环境科学和工程、水利工程等专业的研究生教材和科研人员的参考书。

图书在版编目(CIP)数据

湍流理论与模拟/张兆顺等编著. —2版. —北京：清华大学出版社，2017（2022.11重印）
（研究生力学丛书）
ISBN 978-7-302-47327-5

Ⅰ. ①湍… Ⅱ. ①张… Ⅲ. ①湍流理论－研究生－教材 ②湍流－数值模拟－研究生－教材
Ⅳ. ①O357.5

中国版本图书馆CIP数据核字(2017)第124539号

责任编辑：佟丽霞
封面设计：常雪影
责任校对：赵丽敏
责任印制：沈 露

出版发行：清华大学出版社
网 址：http://www.tup.com.cn，http://www.wqbook.com
地 址：北京清华大学学研大厦A座 邮 编：100084
社 总 机：010-83470000 邮 购：010-62786544
投稿与读者服务：010-62776969，c-service@tup.tsinghua.edu.cn
质量反馈：010-62772015，zhiliang@tup.tsinghua.edu.cn
印 装 者：三河市龙大印装有限公司
经 销：全国新华书店
开 本：185mm×260mm **印 张**：18.75 **插 页**：1 **字 数**：455千字
版 次：2005年9月第1版 2017年6月第2版 **印 次**：2022年11月第5次印刷
定 价：52.50元

产品编号：072216-02

第2版 前言

PREFACE

本书第1版早已售罄，广大科技工作者和研究生纷纷要求再版。湍流是正在不断发展的学科，再版应当适应它的发展。本书第1版绝大部分内容是不可压缩湍流的理论和数值模拟，对于初学湍流的读者，这是基础。但是随着科学技术的发展，需要更新内容以满足读者的需要。本书再版保留湍流理论的基础部分，例如，湍流的统计，不可压缩各向同性湍流和简单剪切湍流，数值模拟方法等。这些内容是学习和理解湍流的必备知识。同时增加了"可压缩湍流"一章，这是目前湍流界研究的热点之一；在"标量湍流"和"湍流大涡模拟"两章中增加了大气环境的算例；在"简单剪切湍流"中，增补了新的发现和有争议的问题，例如，壁湍流的超大尺度脉动，壁湍流平衡区是对数律还是幂律的争论，卡门常数是不是普适常数，等等；在数值模拟方面，增加了一节"雷诺平均和大涡模拟的组合模型"。

本书虽然增加了内容，但仍然跟不上该学科的发展和工程技术的需要。在欧洲湍流的千禧年会议上，两位湍流专家声称湍流研究还处于幼年时代[①]，它的基本理论有待进一步建立，它的应用面在不断扩大。本书增加了一些内容，还属于基础内容，发展湍流理论和数值模拟方法，还有待后起之秀作出贡献。可喜的是本书再版有清华大学流体力学研究所优秀青年基金获得者黄伟希副教授加盟。

作　者

2017年4月于清华园

① Lumley J, Yaglom A. 2001. A century of turbulence. Flow, Turbulence and Combustion, 66(3): 241-285.

PREFACE

本书是为研究生撰写的教材和参考书，同时面向所有需要研究和应用湍流理论的科技工作者。

学习和研究湍流的最终目的是预测和控制湍流，而要理解和发展预测与控制方法必须掌握湍流的基本理论。湍流属于多尺度不规则的复杂流动现象，对这种现象没有深入理性的了解，就不可能正确应用已有的预测方法，更不可能发展新的方法。对于湍流物理的研究，理论更是必需的。由于计算机的迅速发展，数值模拟是近年来预测复杂湍流和研究湍流物理的主要手段之一。湍流理论是正确数值模拟的基础，例如，怎样准确地模拟含有许多尺度的流动，怎样合理地给出不规则流动的边界条件，怎样获得不规则流动的准确统计量，等等，这些问题都需要理论指导才能解决。另一方面，由于湍流是不规则的复杂流动，不可能用解析方法获得湍流场的全部信息，数值模拟几乎是获得湍流场信息的主要来源，它为发展湍流理论提供宝贵的数据库。本书将系统地叙述湍流基本理论和近代湍流数值模拟方法。

全书共 8 章。第 1 章湍流的统计和测量，论述湍流的不规则性及其统计方法和测量原理，包括平稳湍流的各态遍历定理等。第 2 章湍流运动的基本方程，应用统计方法从 Navier-Stokes 方程导出雷诺方程、湍动能方程、雷诺应力输运方程、可压缩流体的密度加权平均方程等，并深入说明方程的意义和性质；还导出湍流场的涡量输运方程，并阐述了涡量在湍流动量、能量输运中的意义。第 3 章均匀各向同性湍流，应用张量方法和傅里叶分析方法，系统完整地研究各向同性湍流的运动学和动力学性质，包括湍动能输运的串级理论、结构函数理论等；此外还介绍了各向同性湍流的解析封闭方法与 EDQNM 模型。第 4 章简单剪切湍流，分析了简单剪切湍流的统计特性与解析理论(即快速畸变理论)及其应用，并论述剪切湍流的相干结构及其分析方法。第 5 章标量湍流，通过理论分析揭示了标量湍流的特性，并讲述标量湍流模拟的方法，即湍流普朗特数和拉格朗日随机模型。第 6 章湍流直接数值模拟，论述了直接数值模拟的基本原理，包括数值计算的基本要求和边界条件的提法，还介绍了湍流数值模拟的谱方法和差分法，并分别以不可压缩槽道湍流和可压缩混合层为实例说明这些方法的应用。第 7 章雷诺平均统计模式，系统论述雷诺平均的主要特性和约束条件，同时介绍各个层次的湍流模式，并以实例分析各种模式的优缺点。第 8 章湍流大涡数值模拟，系统陈述大涡数值模拟方法的原理，包括过滤方法和基本方程；还详细介绍各种大涡数值模拟的亚格子模型，并以实例讨论它们的优缺点；最后介绍这一新型数值模拟方法的几个重要问题。

近年来，湍流数值模拟十分流行，但我们再次强调掌握基本理论的重要性，只有深刻了解湍流理论，才能选择适当的数值方法，并对数值结果进行正确的分析。盲目地应用计算机作数值计算既不是科学的态度，也具有危险的后果。为此，我们欣然撰写本书，冀有志于湍流研究的朋友，既研究理论，又研究数值方法，为解决世纪性难题做出贡献。

作　者

2005年2月于北京清华园

CONTENTS

第1章 湍流的统计和测量

1.1 湍流现象

湍流又称紊流，是自然界普遍存在的极不规则流动现象。我国古代文学家用水流湍急描述奔腾的江河水流，伟大的爱国诗人屈原（公元前 339—前 278）在《楚辞·九章·抽思》中有"长濑湍流"的描述；晋朝王羲之（公元 321—379）在《兰亭序》中有"清流激湍"的佳句。欧洲文艺复兴时代的大师达·芬奇（1452—1519）有许多大气运动的素描，和现代科学家的"湍涡"观念相当接近（图 1-1）。

随着科学技术的发展，工程机械中的湍流现象不断涌现，可以毫不夸张地说，自然界和工程中的多数流动是湍流。

湍流作为流体动力学课题的研究始于英国著名科学家奥斯堡恩·雷诺（Orsborne Reynolds）。著名的雷诺实验（1883）给出了湍流直观的描述和发生湍流状态的条件。图 1-2 是雷诺实验装置和流动显示的示意图。

图 1-1 达·芬奇素描的大气湍流

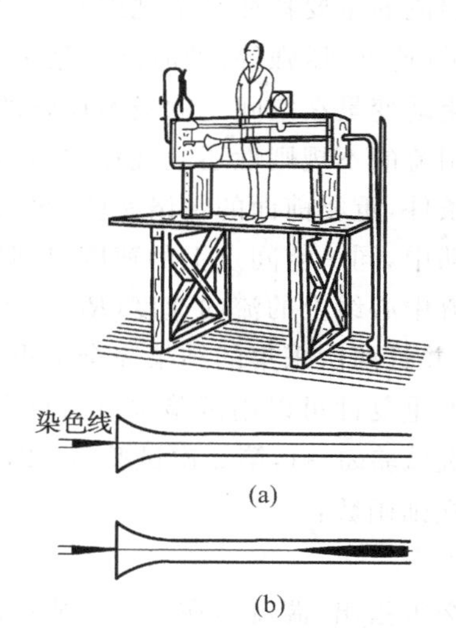

图 1-2 雷诺实验示意图

(a) 层流；(b) 由层流到湍流的转变

清水从一个有恒定水位的水箱流入等截面直圆管,在圆管入口的中心处,通过一针孔注入有色液体,以观察管内的流动状态。在圆管的出口端有一节门可调节流量,以改变流体速度。为减少入口扰动,入口制成钟罩形。实验时可用容积法[①]测量流过圆管的流量 Q,以此计算圆管内的平均流速 U_m:

$$U_m = \frac{4Q}{\pi d^2} \tag{1.1}$$

式中 d 是圆管直径。实验过程中,逐渐开大节门,管内流速随之增大。当管内流速较小时,圆管中心的染色线保持直线状态(图 1-2(a));当流量增大到某一数值时染色线开始出现波形扰动;继续增大流量时,染色线由剧烈振荡到破碎,并很快和清水剧烈掺混以至不能分辨出染色液线(图 1-2(b)的后端)。雷诺实验不仅观察到流动状态的改变,而且发现流动状态的转变和无量纲数 $U_m d/\nu$ 有关(ν 为水的运动粘性系数),后来该无量纲数称为雷诺数:

$$Re = \frac{U_m d}{\nu} \tag{1.2}$$

上述第一阶段的流动状态称为层流;最后阶段的流动状态称为湍流;中间阶段的流动状态极不稳定,称为过渡流动。在不加特殊控制的情况下,圆管流动出现湍流状态的最低 Re 数约为 2000。在特殊控制环境下,外界的扰动非常微弱(如控制环境振动和噪声、管壁粗糙度等),圆管内流动的层流状态可维持到 $Re=10^5$ 量级。在常见的其他流动中,如边界层、射流或混合层等,随着各自流动特征雷诺数的增大,也会发生层流到湍流的演变。

总之,湍流是一种极普遍的流动现象,它和层流是两种不同的流动状态,当流动的特征雷诺数足够大时,流动就呈现不规则的湍流状态。

1.2 湍流的不规则性

湍流的主要特征是不规则性,这是它和层流的主要区别。湍流的不规则性可表现在流动变量(速度、压强等)的时间序列呈现不规则的振荡状态,如图 1-2 所示;不规则性也能表现在流动变量在空间上的极不规则的分布。

湍流的不规则性还表现在它的不重复性。以圆管流动为例,保持相同流量、相同流体粘度等条件,重复前面的雷诺实验,每次试验的时间变量均由启动瞬间算起,在这种重复试验的流动中,同一空间点上的速度时间序列是不重复的。图 1-3 展示了在不同时刻采集的圆管湍流中心线上的流向速度($Re=6000$)。可以看到,两次采集的速度时间序列都是极不规则的,并且两次采集的结果完全不重合。

不重复性可以用试验次数为自变量的不规则函数表示。试验次数用变量 $\tilde{\omega}$ 表示(例如第 1 次试验 $\tilde{\omega}=1$,第 2 次试验 $\tilde{\omega}=2,3,\cdots$),那么湍流速度场是时间、空间坐标和试验次数 $\tilde{\omega}$ 的不规则函数:

$$u_i = u_i(x, t, \tilde{\omega}) \tag{1.3}$$

必须指出,湍流是在连续介质范畴内流体的不规则运动,它有别于物质分子的不规则运

① 容积法是一种简单而精确的测量液体流量的方法,用量筒接收通过管道的液体体积 V,用秒表记录液体流入量筒的时间 T,流量 $Q=V/T$。

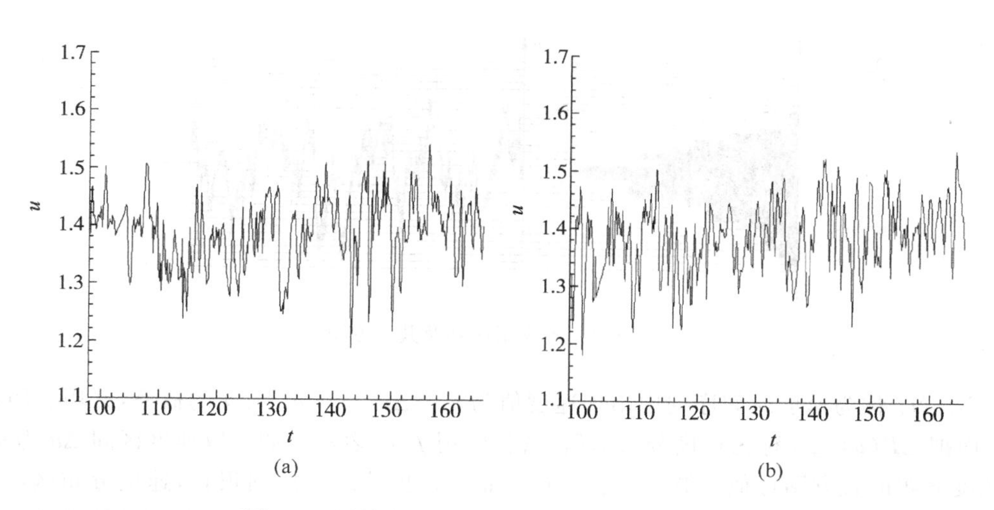

图 1-3　圆管湍流中心流向速度的两次时间序列

动。具体来说，在湍流中，极不规则流动的最小时间尺度和最小空间尺度都远远大于分子热运动的相应尺度。就是说湍流是研究流体微团的不规则运动，因此湍流运动产生的质量和能量的输运远远大于分子热运动产生的宏观输运，这就导致湍流场中质量和能量的平均扩散远远大于层流扩散。例如，在化学反应器中，为了加速化学反应，常常利用搅拌产生湍流以加强流动中反应物的质量扩散。另一方面，真实流体运动是耗散系统，湍流脉动导致附加的能量耗散，因此湍流运动往往使流动阻力增加。

下面首先讨论不规则运动的统计描述。

1.3　湍流的统计

1.3.1　随机变量的概率分布和概率密度

湍流是不规则运动，属于随机过程，随机过程中随机变量的最基本可预测特性是它的概率和概率密度。

1. 随机变量的概率和概率密度

首先，用直观的方法建立概率和概率密度的概念。考察图 1-3 的圆管湍流中心的速度测量结果，从表面上看，每次采样的速度序列都极不规则，而且两次采集的结果没有重复性。如果把采集的时间序列按速度大小分类，并考察出现在某一速度区间上的样本数的分布，那么两次采样结果就有几乎相同的分布规律。具体做法是在速度的最大值和最小值之间等分成 M 个区间，第 m_i 个区间的中心速度为 u_i，则该区间中流体速度值为

$$u_i - \Delta u < u < u_i + \Delta u, \quad \Delta u = (u_{\max} - u_{\min})/2M$$

在速度时间序列的样本中，把位于上述区间采集到的点数 N_i 记录下来，并除以总的采集点数 N_T，则 N_i/N_T 表示位于上述指定区间的样本的百分数。

上述处理结果可以用直方图表示，图 1-4 右边是速度的时间序列，左边是该时间序列按速度大小分布所作的直方图。

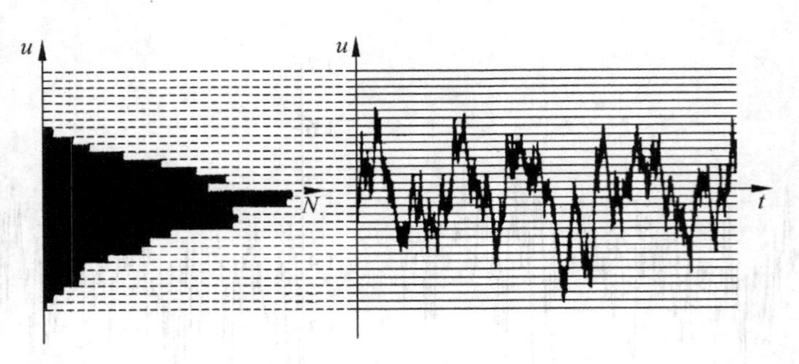

图 1-4 不规则序列及其直方图

N_i/N_T 称为速度时间序列中出现速度值为 $u_i-\Delta u<u<u_i+\Delta u$ 的概率，并用 $\Delta P(u)$ 表示；而把 $\Delta P(u)/\Delta u$ 称为速度分布的概率密度，用 $p(u)$ 表示。如果取速度区间 Δu 为常数，则速度分布的直方图近似于概率密度分布。如果采集的时间序列很长，速度分布区间分得很细，就可以得到相当光滑的概率密度分布曲线 $p(u)$。以图 1-3 所示的圆管湍流中心两次采集速度为例，用统计方法获得其概率密度，结果示于图 1-5。不难看出，虽然两次采集的时间序列没有重复性(图 1-3)，但是它们的概率密度几乎是相同的。

综上所述，虽然湍流速度场在时间上具有不规则性，但它具有规则的概率分布。

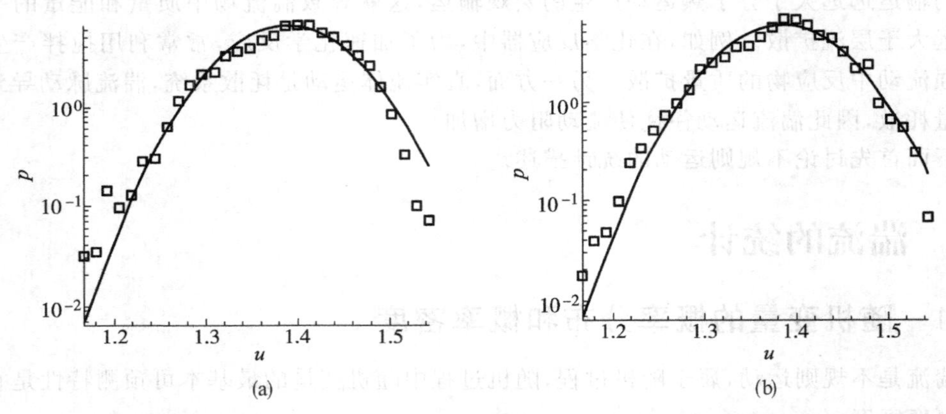

图 1-5 两次试验的速度时间序列(分别对应图 1-2(a)和(b))的概率密度分布

(□：试验结果；实线：拟合的高斯分布)

2. 概率和概率密度的定义

以上是直观的概率和概率密度的概念，为了对不规则量进行定量的统计需要严格的概率定义。概率论中，随机变量的定义是事件集合 $\Omega(\tilde{\omega})$ 到实数集合 R 的映射。

$$u:\Omega\rightarrow R \tag{1.4}$$

用力学语言来解释上述定义，湍流速度变量 u 的实数集合是随机变量；事件集合就是相同边界条件下、不同初始场演化出的所有流场状态。例如，前面曾经将每次试验用参数 $\tilde{\omega}$ 表示，则流场中某一点所有可能出现的速度值表示为

$$u=u(\tilde{\omega}) \tag{1.5}$$

所有可能实现的事件集合 $\Omega(\tilde{\omega})$ 称为**系综**。举例来说，在相同的边界条件下，N 个真实

的初始条件产生 N 个实验流场(理论上 N 可以无穷大)是一个系综,其中某一次试验称为一个**事件**。数学上,随机变量的概率定义如下:

随机变量的概率是一种测度概念。**规定全系综(即一切可能实现的事件集合)的测度等于 1,随机变量 $u(\tilde{\omega})$ 的概率 $P(x)$ 定义为一切 $u(\tilde{\omega})<x$ 事件的测度 M**,可写作

$$P(x) = M[u(\tilde{\omega}) < x] \tag{1.6a}$$

用力学语言来解释,式(1.6a)可表述为

$$P(x) = \frac{\text{出现 } u < x \text{ 的试验次数}}{\text{所有试验次数}} \tag{1.6b}$$

公式(1.6a)或(1.6b)定义的概率称为累积概率,它具有以下性质:

(1) $P(x)$是小于 1 的正值函数,即 $0<P(x)<1$;

(2) $P(x)$是不减函数,即 $P(x_2)\geqslant P(x_1)$,若 $x_2>x_1$;

(3) $P(-\infty)=0, P(\infty)=1$,因为一切真实的物理量必为$-\infty<u<\infty$。

由上述定义的概率不难算出 $u_1<u<u_2$ 的概率为

$$P(u_1 < u < u_2) = P(u_2) - P(u_1)$$

前面用直观方法作出的直方图就是累积概率之差 $\Delta P(u)$。由累积概率可进一步引出概率密度的概念。**如累积概率 $P(x)$ 是可微函数,则它的导数定义为概率密度,并用 $p(x)$ 表示**,即

$$p(x) = \frac{\mathrm{d}P(x)}{\mathrm{d}x} \tag{1.7}$$

具有概率密度的随机变量,可以用积分方法求出 $u_1<u<u_2$ 事件的累积概率为

$$P(u_1 < u < u_2) = \int_{u_1}^{u_2} p(x)\mathrm{d}x \tag{1.8}$$

概率密度函数具有以下性质:

(1) $p(x)$是非负函数,即 $p(x)\geqslant 0$,这是因为累积概率 $P(x)$是不减函数,它的导数应是非负数;

(2) $\int_{-\infty}^{\infty} p(x)\mathrm{d}x = 1$,这是因为 $P(-\infty) = 0$ 和 $P(\infty) = 1$;

(3) $p(-\infty)=p(\infty)=0$,也是因为 $\lim\limits_{x\to-\infty} P(x)=0, \lim\limits_{x\to\infty}P(x)=1$。

例 1.1　概率密度为高斯分布函数

高斯分布函数为

$$p(x) = \frac{1}{(2\pi\sigma^2)^{1/2}}\exp\left(-\frac{x^2}{2\sigma^2}\right) \tag{1.9}$$

满足式(1.9)概率密度分布的随机变量称为高斯分布随机变量,如图 1-6 所示。参数 σ 表示概率密度函数的集中程度,σ 越小概率密度函数越集中。前面引用的圆管中心脉动速度的概率密度分布也近似于高斯分布。

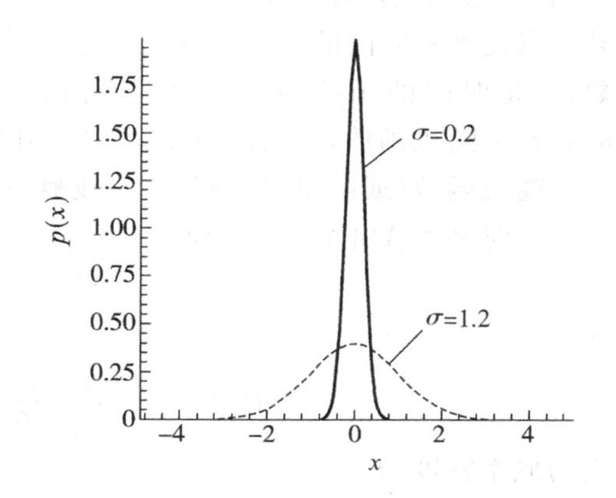

图 1-6　高斯分布函数的概率密度

例 1.2　概率密度为 δ 函数

δ函数的定义为:当 $x\neq 0$ 时,$\delta(x)=0$,同时有$\int_{-\infty}^{\infty}\delta(x)\mathrm{d}x = 1$。理论上,$\delta(x)$ 函数是 $\sigma\to 0$ 的

高斯分布的渐近函数,它表示除了 $x=0$ 外,变量出现其他数值的概率等于零。同样理由,$\delta(x-x_0)$ 表示随机变量取值等于 x_0 的概率等于1。δ 函数可用来表示随机变量的离散概率,例如 $p(x)=0.5\delta(x+1)+0.5\delta(x-1)$,表示 x 取 $+1$ 和 -1 的概率各为0.5。

3. 联合概率和联合概率密度

进一步把单个随机变量的概率和概率密度的定义推广到多个随机变量。为了书写简明起见,以两个随机变量为例。**两个随机变量的累积概率称为联合概率,用 $P(x,y)$ 表示,它的定义是**

$$P(x,y)=M(u(\tilde{\omega})<x\text{ 和 }v(\tilde{\omega})<y) \tag{1.10a}$$

或

$$P(x,y)=\frac{\text{同时出现 }u<x\text{ 和 }v<y\text{ 的试验次数}}{\text{所有试验次数}} \tag{1.10b}$$

联合概率具有以下性质:

(1) $0\leqslant P(x,y)\leqslant 1$。

(2) $P(x,y)$ 对变量 x 和 y 都是不减函数。

(3) $P(-\infty,y)=0, P(x,-\infty)=0$ 和 $P(\infty,\infty)=1$。

如果联合概率函数是可微的,则可定义联合概率密度函数 $p(x,y)$ 为

$$p(x,y)=\frac{\partial^2 P(x,y)}{\partial x\partial y} \tag{1.11}$$

一般来说,已知每一随机变量 u,v 的概率分布 $P(u),P(v)$ 或概率密度 $p(u),p(v)$,不能直接推算出联合概率分布 $P(u,v)$ 或联合概率密度 $p(u,v)$,因为联合概率密度取决于两个随机事件之间的约束关系。如果两个随机变量的联合概率密度等于各自的概率密度之积:$p(x,y)=p(x)p(y)$,则称这两个随机变量是相互独立的。

4. 随机函数的概率

再进一步,可以把随机变量 $u(\tilde{\omega})$ 的概率概念推广到随机函数 $u(\tilde{\omega},t)$ 的概率。以流动为例,由某一初始状态启动的一个流动(物理实验或数值计算实验),它是系综中的一个事件 $\tilde{\omega}$。流动过程受流体力学方程(如 Navier-Stokes(纳维-斯托克斯)方程)控制,在一个事件中某一点速度随时间的变化在理论上是可测的,因此一点的速度既是初始事件 $\tilde{\omega}$ 的不规则函数,又是时间的函数,对于概率事件的系综 $\Omega(\tilde{\omega})$ 来说,时间 t 是一个新自变量,因此称 $u(\tilde{\omega},t)$ 为随机函数,意指随机变量 $u(\tilde{\omega})$ 还随 t 变化。

随机函数(或随机过程)的概率或概率密度的定义是随机变量中相应定义的推广,可以对每一时刻 t 给出 $u(\tilde{\omega},t)$ 的概率:

$$P(x,t)=M(\text{在 }t\text{ 时刻 }u<x\text{ 事件的测度}) \tag{1.12a}$$

或

$$P(x,t)=\frac{\text{在 }t\text{ 时刻出现 }u<x\text{ 的试验次数}}{\text{在 }t\text{ 时刻所有试验次数}} \tag{1.12b}$$

它的概率密度为

$$p(x,t)=\partial P(x,t)/\partial x \tag{1.12c}$$

同理可定义不同时刻随机变量 $u(\tilde{\omega},t_1)$ 和 $u(\tilde{\omega},t_2)$ 间的关系用随机函数的联合概率来

描述，定义如下：

$$P(x_1,x_2;t_1,t_2)=\frac{\text{在 }t_1\text{ 时刻出现 }u_1<x_1\text{ 的试验次数和 }t_2\text{ 时刻出现 }u_2<x_2\text{ 的试验次数}}{\text{在 }t_1\text{ 和 }t_2\text{ 时刻所有试验次数}} \tag{1.13}$$

还可以把随机函数的概念推广到多维空间变量的随机函数。一般时空四维随机变量场中可以有如下的一点$(\xi_1,\xi_2,\xi_3;t)$概率分布(式(1.14a))和两点$(\xi_1,\xi_2,\xi_3;\eta_1,\eta_2,\eta_3;t_1,t_2)$联合概率分布(式(1.14b))：

$$P=P(x,\xi_1,\xi_2,\xi_3;t) \tag{1.14a}$$

$$P=P(x_1,x_2,\xi_1,\xi_2,\xi_3;\eta_1,\eta_2,\eta_3;t_1,t_2) \tag{1.14b}$$

一点概率分布是时空点$\{\xi_1,\xi_2,\xi_3;t\}$上变量$u_1<x_1$的概率分布；两点概率分布的含义是在时空点$\{\xi_1,\xi_2,\xi_3;t_1\}$上变量$u_1<x_1$和时空点$\{\eta_1,\eta_2,\eta_3;t_2\}$上变量$u_2<x_2$的联合概率分布。

原则上来说，假如知道了湍流场中**任意一组点**上的概率密度，就完全掌握了该湍流场的性质，但是，这是非常困难的。于是，常常用各阶统计量来描述随机变量的特征。

1.3.2 湍流的统计量

利用概率密度函数可以获得随机变量的统计特征。前面定义的概率密度$p(x)$是随机变量u在x值附近的分布，后文中将随机变量u的概率密度直接写作$p(u)$，同理$p(u,v)$表示随机变量u,v的联合概率密度函数，依次类推，在这种表达式中u既表示变量名又表示变量的值。下面定义随机变量的统计特征量。

1. 平均值和脉动值

定义：随机变量u依概率密度$p(u)$的加权积分称为u的期望值，用E_u表示。

$$E_u=\int_{-\infty}^{\infty}up(u)\mathrm{d}u \tag{1.15}$$

数理统计中的期望值在湍流中称为**系综平均值**。它表示随机变量全系综的平均值。将全系综平均(以下简称系综平均或平均值)用$\langle u\rangle$表示，即

$$\langle u\rangle=E_u=\int_{-\infty}^{\infty}up(u)\mathrm{d}u \tag{1.16}$$

由期望值的定义可知，它是一个确定性的量，因此期望值的概率平均等于原期望值，或平均量的再平均等于原平均量，因为

$$\langle\langle u\rangle\rangle=\langle E_u\rangle=\int_{-\infty}^{\infty}E_up(u)\mathrm{d}u=E_u\int_{-\infty}^{\infty}p(u)\mathrm{d}u=E_u$$

随机过程或随机函数$u(\tilde{\omega},t)$的期望值或系综平均值是确定性变量t的函数，因为

$$\langle u\rangle(t)=\int_{-\infty}^{\infty}up(u,t)\mathrm{d}u \tag{1.17}$$

系综平均或统计期望值是确定性量，也就是说，通过统计平均，不规则的信息已经全部消失，所以，系综平均可以看作一种低通过滤运算。

定义：随机变量u和它的期望值之差是随机变量，称为涨落；在湍流中称为脉动，用u'表示。

$$u'=u-E_u=u-\langle u\rangle \tag{1.18}$$

脉动量的平均值等于零,因为

$$\langle u' \rangle = E_u - \langle E_u \rangle = E_u - E_u = 0$$

还有,任意确定量 Q 和脉动量乘积的平均值等于零(读者自己证明),即

$$\langle Qu' \rangle = Q\langle u' \rangle = 0$$

将随机变量分解为平均值和脉动以后,只有脉动是随机性的,因此后文只讨论脉动的统计。也就是说,如不加特殊说明,下文讨论平均值等于零的随机变量。

2. 统计矩

随机变量 u 的 n 次幂函数也是随机变量。

定义:随机脉动 u 的 n 次幂的期望值称为随机脉动 u 的 n 阶统计矩,即

$$\langle u^n \rangle = \int_{-\infty}^{\infty} u^n p(u) \mathrm{d}u \tag{1.19}$$

在湍流中随机变量 u 的 n 阶统计矩称为 **n 阶自相关量**。

例 1.3 高斯分布的随机变量的期望值和高阶矩

已知高斯分布的概率密度函数为

$$p(u) = \frac{1}{(2\pi\sigma)^{1/2}} \exp(-u^2/2\sigma^2)$$

很容易计算它的1～4阶矩:

$$\langle u \rangle = \int_{-\infty}^{\infty} up(u)\mathrm{d}u = 0, \quad \langle u^2 \rangle = \int_{-\infty}^{\infty} u^2 p(u)\mathrm{d}u = \sigma^2,$$

$$\langle u^3 \rangle = \int_{-\infty}^{\infty} u^3 p(u)\mathrm{d}u = 0, \quad \langle u^4 \rangle = \int_{-\infty}^{\infty} u^4 p(u)\mathrm{d}u = 3\sigma^2$$

高斯分布是关于 u 的偶函数,因此它的奇阶矩都等于零;它的2阶矩 σ^2 就是高斯分布的方差,它的4阶矩等于 $3\sigma^2$。对于非高斯过程的随机变量,它的3阶矩不等于零,表示该随机变量的概率密度函数的不对称性,并用**扭率 S** 表示,定义如下:

$$S = \langle u^3 \rangle / \langle u^2 \rangle^{3/2}$$

图1-7表示不对称的不规则时间序列(图左)和它的概率密度分布(图右),显而易见,它的概率密度是不对称的,因而扭率必不等于零。

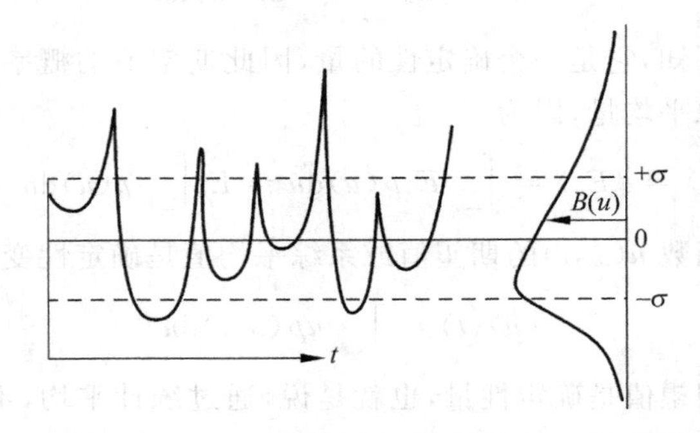

图1-7 左边为不规则时间序列,右边横坐标 $B(u)$ 为不对称概率密度

随机变量的间歇性可用平坦度表示,定义如下:

$$K = \langle u^4 \rangle / \langle u^2 \rangle^2$$

间歇性的含义可以解释如下。高斯分布的概率密度称为正则分布，或正态分布，它的概率密度尾部(即随机变量绝对值取大值)以 $\exp(-x^2)$ 趋向于零。间歇性的含义是大值随机变量以较高(和正态分布比较)的频率出现。形象地说，有间歇性的随机变量在时间序列中会不时出现很大的数值。由平坦度公式可以推断：如果 $|u|$ 值很大时，概率密度 $p(u)$ 值大，则它对 4 阶矩的贡献一定大于 2 阶矩平方的贡献。因此，有间歇的随机变量的平坦度大于高斯分布的平坦度。我们知道高斯分布的平坦度等于 3；平坦度大于 3 的随机变量就认为具有间歇性。图 1-8 表示间歇性和概率密度之间的关系，图 1-8(a)的不规则时间序列比较平缓，它的概率密度函数比较饱满，平坦度小；图 1-8(b)的不规则时间序列有间歇性的高峰值，它的概率密度的尾部较长，平坦度大。

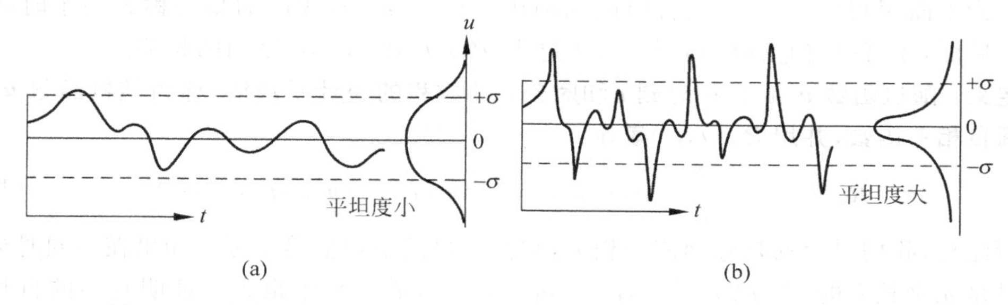

图 1-8　平坦度和间歇性示意图，左边为不规则时间序列，右边为概率密度

(a) 平坦度小的脉动；(b) 平坦度大的脉动

由各阶矩定义可知，已知概率密度可以得到随机变量的各阶矩；反过来，如果已知随机变量的各阶矩是否可以推算出它的概率密度呢？利用特征函数，可以得到肯定的答案。

3. 随机变量的特征函数

定义：概率密度的傅里叶变换称为随机变量的特征函数 $K(z)$：

$$K(z)=\int_{-\infty}^{+\infty}p(x)\exp(\mathrm{i}xz)\,\mathrm{d}x \tag{1.20a}$$

傅里叶积分式中 $\mathrm{i}=\sqrt{-1}$。如果已知特征函数，通过傅里叶逆变换，可以求出概率密度。

$$p(x)=\frac{1}{2\pi}\int_{-\infty}^{+\infty}K(z)\exp(-\mathrm{i}xz)\,\mathrm{d}z \tag{1.20b}$$

由于概率密度函数 $p(x)$ 是绝对可积的$\left(p(x)>0 \text{ 和} \int_{-\infty}^{\infty}p(x)\mathrm{d}x=1\right)$，因此，式(1.20a)定义的 $K(z)$ 是连续可微的解析函数，将 $K(z)$ 在 $z=0$ 处做泰勒展开：

$$K(z)=\sum\frac{z^n}{n!}(\mathrm{d}^nK/\mathrm{d}z^n)_0 \tag{1.20c}$$

特征函数在零点的各阶导数 $(\mathrm{d}^nK/\mathrm{d}z^n)_0$ 可由式(1.20a)求出，例如，

$$(\mathrm{d}K/\mathrm{d}z)_0=\int_{-\infty}^{\infty}\mathrm{i}xp(x)\mathrm{d}x=\mathrm{i}\langle x\rangle,\quad (\mathrm{d}^nK/\mathrm{d}z^n)_0=(\mathrm{i})^n\int_{-\infty}^{\infty}x^np(x)\mathrm{d}x=(\mathrm{i})^n\langle x^n\rangle \tag{1.20d}$$

代入式(1.20c)，得

$$K(z)=\sum\frac{(\mathrm{i}z)^n}{n!}\langle x^n\rangle \tag{1.20e}$$

将式(1.20e)代回式(1.20b)得概率密度的计算式为

$$p(x) = \frac{1}{2\pi}\int_{-\infty}^{+\infty} \sum \left[\frac{(\mathrm{i}z)}{n!}\langle x^n \rangle \exp(-\mathrm{i}xz)\right] \mathrm{d}z \tag{1.20f}$$

上式表明：若已知无穷多阶统计矩，就能得到随机变量的概率密度；已知统计矩的阶数越高，所得随机变量概率密度的近似程度越高。可以认为，概率密度包含随机变量全部信息和它的统计性质。以上推断说明，各阶统计矩也可以充分表示随机变量的性质。

4. 随机函数的自相关函数

下面讨论随机过程相互之间定量上的关系，显然它是统计意义上的定量关系，因此称为相关。为了简明起见，先讨论只含时间的随机过程 $u(\tilde{\omega},t)$，相应的相关称为关于时间的自相关。后面，还可以将它推广到两个随机过程 $u(\tilde{\omega},t)$ 和 $v(\tilde{\omega},t)$ 之间的相关。

定义：随机函数 $\boldsymbol{u}(\tilde{\boldsymbol{\omega}},t)$ 在时刻 t 和时刻 t' 的乘积的统计平均值，称为随机函数 $\boldsymbol{u}(\tilde{\boldsymbol{\omega}},t)$ 的时间自相关函数，并用 $\boldsymbol{R}_{uu}(t,t')$ 表示。

$$R_{uu}(t,t') = \int uu' p(u,u';\ t,t')\mathrm{d}u\,\mathrm{d}u' = \langle u(\tilde{\omega},t)u(\tilde{\omega},t')\rangle \tag{1.21a}$$

请注意，我们讨论的是脉动值的相关，它们各自的平均值等于零。如果在不同时刻的随机变量是完全独立的，即 $p(u,u';\ t,t') = p_1(u,t)p_2(u',t')$，则很容易证明它们的自相关等于零。所以自相关是用统计方法表示随机函数 $u(\tilde{\omega},t)$ 在不同时刻之间的关系。确切地表示不同时刻的脉动的联系程度可以用自相关系数 $\rho_{uu}(t,t')$，它的定义是

$$\rho_{uu}(t,t') = R_{uu}(t,t')/\langle u^2(\tilde{\omega},t)\rangle^{1/2}\ \langle u^2(\tilde{\omega},t')\rangle^{1/2} \tag{1.21b}$$

不难证明(利用 Schwarz 不等式)自相关系数的绝对值小于 1。自相关系数的绝对值越小 $\rho_{uu} \ll 1$，表示这两个时刻上随机变量 $u(\tilde{\omega},t)$ 在统计上的联系越弱；反之，自相关系数绝对值越大 $\rho_{uu} \approx 1$，则表示两者在统计上有越密切的联系。

一般来说，自相关函数是 t,t' 两个自变量的二元函数，通常用 $\tau = t - t'$ 和 t 来表示两个不同瞬间的自相关函数，即

$$R_{uu}(t,t') = R_{uu}(t,\tau)$$

$\tau = 0$ 的相关函数称为随机函数一点相关(时间上的)。实际上，它就是随机变量的 2 阶矩，例如，$R_{uu}(t,0) = \langle u^2(t)\rangle$。

时间自相关函数有以下性质：

(1) $R_{uu}(t,t') = R_{uu}(t',t)$，即 $R_{uu}(t,t')$ 关于变量 t 和 t' 是对称的。从式(1.21a)不难得出这一结论。

(2) $R_{uu}(t,\infty) = 0$，$R_{uu}(t,-\infty) = 0$。

性质(2)是湍流的物理性质。湍流可以看作是复杂的非线性动力系统，产生不规则运动的非线性动力系统在相隔很长时间以后，初始状态的特征几乎完全消失，也就是说，相隔很长时间后，随机变量和它的初始值几乎是独立的，因而是不相关的。

(3) 在实际湍流场中，脉动的自相关函数不仅满足性质(1)和(2)，它还有绝对可积性，也就是说，自相关函数的绝对值 $|R_{uu}(t,\tau)|$ 在 $\tau \to \infty$ 时至少以 $\tau^{-(1+\alpha)}$ 幂函数形式($\alpha > 0$)趋于零，即

$$\int_{-\infty}^{\infty} |R_{uu}(t,\tau)|\,\mathrm{d}\tau < \infty \tag{1.22}$$

5. 平稳过程和各态遍历定理

如果随机过程的自相关函数 $R_{uu}(t,\tau)$ 只与时间间隔 τ 有关，则称它为平稳过程，平稳过程有以下定理。

各态遍历定理：设随机函数的涨落 $u'(\tilde{\omega},t)=u(\tilde{\omega},t)-\langle u(\tilde{\omega},t)\rangle$ 是平稳过程，即

$$\langle u'(\tilde{\omega},t)u'(\tilde{\omega},t+\tau)\rangle = R_{uu}(\tau)$$

且有 $\int_{-\infty}^{\infty} |R_{uu}(t,\tau)| \mathrm{d}\tau < \infty$，则应有

$$\lim_{T\to\infty}\left\langle\left(\frac{1}{T}\int_0^T u'(\tilde{\omega},t)\mathrm{d}t\right)^2\right\rangle = 0 \tag{1.23}$$

证明：

$$\left\langle\left(\frac{1}{T}\int_0^T u'(\tilde{\omega},t)\mathrm{d}t\right)^2\right\rangle = \frac{1}{T^2}\left\langle\left(\int_0^T u'(\tilde{\omega},t)\mathrm{d}t\right)^2\right\rangle = \frac{1}{T^2}\left\langle\left(\int_0^T u'(\tilde{\omega},t_1)\mathrm{d}t_1\int_0^T u'(\tilde{\omega},t_2)\mathrm{d}t_2\right)\right\rangle$$

$$= \frac{1}{T^2}\int_0^T\int_0^T \langle u'(\tilde{\omega},t_1)u'(\tilde{\omega},t_2)\rangle \mathrm{d}t_2\mathrm{d}t_1$$

上面最后一个等式是根据积分和统计是可交换的，进一步有

$$\frac{1}{T^2}\int_0^T\int_0^T \langle u(\tilde{\omega},t_1)u(\tilde{\omega},t_2)\rangle \mathrm{d}t_1\mathrm{d}t_2 = \frac{1}{T^2}\int_0^T\int_0^T R_{uu}(t_1-t_2)\mathrm{d}t_1\mathrm{d}t_2$$

$$= \frac{2}{T^2}\int_0^T \mathrm{d}t_1\int_0^{t_1} R_{uu}(\tau)\mathrm{d}\tau \leqslant \frac{2}{T}\int_0^T |R_{uu}(\tau)| \mathrm{d}\tau$$

当 $T\to\infty$，显然有

$$\lim_{T\to\infty}\left(\frac{2}{T}\int_0^T |R_{uu}(\tau)| \mathrm{d}\tau\right) = 0$$

因此，代回前面的公式，显然有 $\lim\limits_{T\to\infty}\left\langle\left(\frac{1}{T}\int_0^T u'(\tilde{\omega},t)\mathrm{d}t\right)^2\right\rangle \leqslant \lim\limits_{T\to\infty}\left(\frac{2}{T}\int_0^T |R_{uu}(\tau)| \mathrm{d}\tau\right) = 0$，故定理得证。

这一定理称为平稳过程的各态遍历定理，根据公式 $\lim\limits_{T\to\infty}\left\langle\left(\int_0^T u'(\tilde{\omega},t)\mathrm{d}t/T\right)^2\right\rangle = 0$，将平均运算和极限运算交换，因括号中的量为正值，故必须有

$$\lim_{T\to\infty}\left(\frac{1}{T}\int_0^T u'(\tilde{\omega},t)\mathrm{d}t\right)^2 = 0$$

从而有

$$\lim_{T\to\infty}\left(\frac{1}{T}\int_0^T u'(\tilde{\omega},t)\mathrm{d}t\right) = 0$$

根据定义 $u'(\tilde{\omega},t)=u(\tilde{\omega},t)-\langle u\rangle$，将它代入上式得

$$\langle u\rangle = \lim_{T\to\infty}\left(\frac{1}{T}\int_0^T u(\tilde{\omega},t)\mathrm{d}t\right) \tag{1.24}$$

式(1.24)表示**平稳过程中随机量的系综平均等于随机过程的时间平均，这一性质称为随机**

过程的各态遍历。我们知道系综平均是对系综中所有试验中出现的随机量进行平均，而时间平均只是对系综中某一次试验的量在时间历程中加以平均。这两个平均值相等意味着一次试验中 u 的时间序列几乎取尽了系综中所有可能出现的值，这就是各态遍历的意义。

根据各态遍历定理，平稳过程的系综平均值可以用一次试验的长时间平均值来取代，这给实际湍流统计带来了很大方便。在时间历程上平稳过程的系综平均不仅可以用长时间平均来取代，而且平均值和时间无关，因此，我们可以把这种平稳过程湍流简称为定常湍流。例如，圆管湍流中保持驱动压差不变，则管内的湍流脉动是时间平稳过程，这种湍流运动属于定常湍流。在时间平稳过程中自相关函数只和变量 τ 有关，根据自相关函数对变量的对称性，在时间平稳过程中自相关函数是偶函数，即有以下性质：

$$R_{uu}(\tau) = R_{uu}(-\tau)$$

6. 空间自相关和空间平稳过程的体积平均

如果随机变量和空间变量有关，则称它为空间上的随机过程，一般可写作 $u(\tilde{\omega},x)$。比如，流体在圆管中的湍流运动，它的流向脉动可写作 $u'(\tilde{\omega},r,z,\theta)$。

不同空间位置 $\boldsymbol{x}_1,\boldsymbol{x}_2$ 上随机变量的自相关称为空间相关，一般来说，它与 $\boldsymbol{x}_1,\boldsymbol{x}_2$ 有关，空间自相关函数可写作：

$$R_{uu}(\boldsymbol{x}_1,\boldsymbol{x}_2) = \langle u'(\tilde{\omega},\boldsymbol{x}_1)u'(\tilde{\omega},\boldsymbol{x}_2)\rangle \tag{1.25}$$

通常，令 $\boldsymbol{x}_2=\boldsymbol{x}_1+\xi$，则

$$R_{uu}(\boldsymbol{x}_1,\boldsymbol{x}_2) = R_{uu}(\boldsymbol{x}_1,\xi) = \langle u'(\tilde{\omega},\boldsymbol{x}_1)u'(\tilde{\omega},\boldsymbol{x}_1+\xi)\rangle$$

如果 $\boldsymbol{x}_1=\boldsymbol{x}_2$，或 $\xi=\boldsymbol{0}$，即空间同一点的相关，它等于变量 u' 的2阶矩：$R_{uu}(\boldsymbol{x}_1,0)=\langle u'^2(\tilde{\omega},\boldsymbol{x}_1)\rangle$，故称之为一点空间自相关。

类似于时间序列的自相关函数，空间自相关函数有以下性质：

(1) $R_{uu}(\boldsymbol{x}_1,\boldsymbol{x}_2)=R_{uu}(\boldsymbol{x}_2,\boldsymbol{x}_1)$，即空间自相关函数对于 $\boldsymbol{x}_1,\boldsymbol{x}_2$ 是对称的。由式(1.25)不难证明这一结论。

(2) $R_{uu}(\boldsymbol{x}_1,\infty)=0$。

(3) $\int_0^\infty |R_{uu}(\boldsymbol{x},\xi)|\,\mathrm{d}\xi<\infty$。

性质(2)的物理意义和时间过程的自相关性质(2)类似，在湍流场中，相距很远的两点的随机变量几乎是统计独立的、不相关的。性质(3)表示，空间相关函数是绝对可积的。

如果两点空间相关函数 R_{uu} 只和两点的相对位置有关，而和两点本身的空间位置无关，则称这种随机过程为空间平稳过程。即当 $\langle u'(\tilde{\omega},\boldsymbol{x}_1)u'(\tilde{\omega},\boldsymbol{x}_2)\rangle=R_{uu}(\xi)$ 时，称 $u'(\tilde{\omega},\boldsymbol{x})$ 为空间平稳过程。类似于时间平稳过程中各态遍历定理的推导方法，可证明空间平稳态有

$$\lim_{L_i\to\infty}\left\langle\left(\frac{1}{8L_1L_2L_3}\int_{-L_1}^{L_1}\int_{-L_2}^{L_2}\int_{-L_3}^{L_3}u'(\tilde{\omega},\boldsymbol{x})\mathrm{d}\boldsymbol{x}\right)^2\right\rangle=0$$

令 $u'(\tilde{\omega},\boldsymbol{x})=u(\tilde{\omega},\boldsymbol{x})-\langle u\rangle$，代入上式后得

$$\langle u\rangle=\lim_{L_i\to\infty}\left(\frac{1}{8L_1L_2L_3}\int_{-L_1}^{L_1}\int_{-L_2}^{L_2}\int_{-L_3}^{L_3}u(\tilde{\omega},\boldsymbol{x})\mathrm{d}\boldsymbol{x}\right)$$

上式右端表示随机变量在全空间的平均。换句话说，空间平稳过程的系综平均等于全空间体积平均，并且平均值在全空间是常数。用各态遍历的术语来说，空间平稳态中某一次

试验在空间上的分布值几乎遍历随机变量全系综的所有可能状态。

空间平稳态湍流简称为均匀湍流。就是说所有的一点统计量只与时间有关，而与空间坐标无关；两点统计相关只与两点的相对位置有关。根据空间自相关函数对于自变量的对称性，在均匀湍流中（时间变量 t 略去）

$$R_{uu}(\xi) = R_{uu}(-\xi)$$

即均匀湍流中，自相关函数是空间向量的偶函数。

实际流动过程中，很少有完全均匀的湍流；而且可以从动力学的角度来说明，完全均匀的湍流必然是衰减的。但是有不少近似均匀湍流的例子，例如，风洞工作段的核心区，这里的平均流速等于常数，这种流动中的湍流脉动可近似为均匀湍流。

归纳以上各节关于湍流量的统计，有三种统计平均方法：系综平均、长时间平均和全空间平均。

在一般情况下，湍流量的平均量是指系综平均：

$$\langle u \rangle = \int_{-\infty}^{\infty} u p(u) \mathrm{d}u$$

在定常湍流中，可以用长时间平均取代系综平均：

$$\langle u \rangle = \lim_{T \to \infty} \left(\frac{1}{T} \int_0^T u \, \mathrm{d}t \right)$$

在均匀湍流中，我们可以用体积平均取代系综平均：

$$\langle u \rangle = \lim_{L_i \to \infty} \left(\frac{1}{8 L_1 L_2 L_3} \int_{-L_1}^{L_1} \int_{-L_2}^{L_2} \int_{-L_3}^{L_3} u(\tilde{\omega}, \boldsymbol{x}) \mathrm{d}\boldsymbol{x} \right)$$

后文中，不加特殊说明，所有的统计量都视为系综平均。

前面分别讨论了随机函数在时间上和空间上的自相关，一般情况下，时空中演变的随机过程 $u(\tilde{\omega}, \boldsymbol{x}, t)$ 可以定义时空自相关函数，例如脉动速度的2阶时空自相关函数为

$$R_{uu}(\boldsymbol{x}, t, \xi, \tau) = \langle u(\tilde{\omega}, \boldsymbol{x}, t) u(\tilde{\omega}, \boldsymbol{x} + \xi, t + \tau) \rangle$$

7. 时空相关和 Taylor 冻结假定

如果湍流脉动函数有以下性质：$u(\tilde{\omega}, x - Ut)$，并且它是平稳和均匀的，则它的时空相关为

$$R_{uu}(x, t, \xi, \tau) = \langle u(\tilde{\omega}, x - Ut) u(\tilde{\omega}, x + \xi - U(t + \tau)) \rangle = R_{uu}(\xi - U\tau)$$

令 $\xi - U\tau = \eta$，则有

$$\frac{\partial R_{uu}(\xi - U\tau)}{\partial \xi} = \frac{\partial R_{uu}(\eta)}{\partial \eta} \frac{\partial \eta}{\partial \xi} = \frac{\partial R_{uu}(\eta)}{\partial \eta}$$

另外，还有

$$\frac{\partial R_{uu}(\xi - U\tau)}{\partial \tau} = \frac{\partial R_{uu}(\eta)}{\partial \eta} \frac{\partial \eta}{\partial \tau} = -U \frac{\partial R_{uu}(\eta)}{\partial \eta},$$

于是有

$$\frac{\partial R_{uu}(\xi - U\tau)}{\partial \xi} = -\frac{\partial R_{uu}(\xi - U\tau)}{U \partial \tau}$$

就是说，空间相关可以用时间相关来计算。这是 Taylor 提出的一种假定，对于用热线风速仪测量一点时间序列来推算空间相关是一种简便的方法。不过，必须注意，严格地来说，应

用 Taylor 冻结假定时，湍流脉动必须是平稳和均匀的。

8. **湍流的互相关函数**

在湍流运动中，流体速度 u_i、压强 p 和温度 θ 等都是随机函数，因此存在不同随机函数之间的统计相关函数。不同随机函数之间乘积的统计平均称为**互相关函数**。例如，两个速度分量 u_1,u_2 之间的 2 阶时空相关函数记作

$$R_{u_1u_2}(\boldsymbol{x},t,\xi,\tau)=\langle u_1(\boldsymbol{x},t)u_2(\boldsymbol{x}+\xi,t+\tau)\rangle \tag{1.26}$$

它表示位于时空点$(\boldsymbol{x},t)$的 u_1 分量和位于时空点$(\boldsymbol{x}+\xi,t+\tau)$的 u_2 分量之间的相关函数。为了简明起见，在以后的系综平均表达中，随机函数 $u(\tilde{\omega},\boldsymbol{x},t)$中表示系综事件的变量 $\tilde{\omega}$ 不再明确写出。另外，我们规定：

(1) 相关函数中的随机函数均指脉动函数，即平均值等于零的随机函数。

(2) 给定 2 阶相关函数中第一个下标位于$(\boldsymbol{x},t)$，第二个下标位于$(\boldsymbol{x}+\xi,t+\tau)$；对于 2 阶以上的相关函数，为了书写的方便，位于不同点的随机函数在下标前用撇号加以区别，例如，3 阶相关的前两个随机函数位于同一点，则表示如下：

$$R_{u_1u_2,u_3}=\langle u_1(\boldsymbol{x}_1,t_1)u_2(\boldsymbol{x}_1,t_1)u_3(\boldsymbol{x}_2,t_2)\rangle$$

(3) 自相关和互相关可由相关函数的下标指出，通称为相关函数。

(4) 在统计相关中，随机函数的乘积因子数目称为相关阶数。例如，一般的 m 阶一点互相关量是

$$R_{u_1u_2\cdots u_m}=\langle u_1(\boldsymbol{x}_1,t_1)u_2(\boldsymbol{x}_1,t_1)\cdots u_m(\boldsymbol{x}_1,t_1)\rangle \tag{1.27}$$

相关函数 R 的下标 $u_1,u_2,\cdots,u_m$ 可以是任意物理量的脉动值。

最后，应当指出速度分量间的互相关函数是张量函数，因为它们是速度向量的并矢，m 阶速度相关函数是 m 阶张量函数。速度分量间的相关函数的下标，常用分量数字表示，例如，$R_{1,23}\equiv R_{u_1,u_2u_3}$。

前面关于各态遍历的性质也可以推广到互相关。

1.4 湍流脉动的谱

1.4.1 定常湍流中的频谱

对于定常湍流，即时间平稳态湍流，可以将时间相关函数变换到频率空间。

定义：时间相关函数的傅里叶变换称为对应相关变量的频谱。

例如，2 阶脉动速度的时间相关函数 $R_{uu}(\tau)=\langle u(t)u(t+\tau)\rangle$可变换到频率空间的脉动速度频谱：

$$S_{uu}(\omega)=\frac{1}{2\pi}\int_{-\infty}^{\infty}R_{uu}(\tau)\exp(-\mathrm{i}\omega\tau)\mathrm{d}\tau \tag{1.28}$$

式(1.28)的逆变换是

$$R_{uu}(\tau)=\int_{-\infty}^{\infty}S_{uu}(\omega)\exp(\mathrm{i}\omega\tau)\mathrm{d}\omega \tag{1.29}$$

频谱和时间相关函数是一一对应的，它们是统计量在时域和频域之间的转换。脉动速度频谱有特殊意义，令 $\tau=0$，则 $R_{uu}(0)=\langle u^2\rangle$，它是一点脉动动能平均值的 2 倍；另一方面，

由式(1.29)可得 $R_{uu}(0)=\int_{-\infty}^{\infty}S_{uu}(\omega)\mathrm{d}\omega$，因而有

$$\langle u^2\rangle=\int_{-\infty}^{\infty}S_{uu}(\omega)\mathrm{d}\omega \tag{1.30}$$

上式左端表示脉动动能的系综平均或时间平均值，右端积分式表明，$S_{uu}(\omega)$代表了脉动动能在频域中的分布，它在所有频段上的积分等于脉动动能的系综平均或时间平均值。

1.4.2　均匀湍流场中的波谱

用同样的方法，物理空间中绝对可积的函数可以用傅里叶变换获得波数空间的波谱。

定义：空间相关函数的傅里叶变换称为对应相关变量的波数谱，简称波谱或谱。

例如均匀湍流场中速度脉动的 2 阶相关函数 $R_{ij}(\xi)=\langle u_i(\boldsymbol{x})u_j(\boldsymbol{x}+\xi)\rangle$的波谱为

$$S_{ij}(\boldsymbol{k})=\frac{1}{(2\pi)^3}\int_{-\infty}^{\infty}\int_{-\infty}^{\infty}\int_{-\infty}^{\infty}R_{ij}(\xi)\exp(-\mathrm{i}\boldsymbol{k}\cdot\xi)\mathrm{d}\xi_1\mathrm{d}\xi_2\mathrm{d}\xi_3 \tag{1.31}$$

式中，$\boldsymbol{k}=k_1\boldsymbol{e}_1+k_2\boldsymbol{e}_2+k_3\boldsymbol{e}_3$，是波数向量，$\boldsymbol{e}_i$ 是单位向量。利用逆变换，可得

$$R_{ij}(\xi)=\int_{-\infty}^{\infty}\int_{-\infty}^{\infty}\int_{-\infty}^{\infty}S_{ij}(\boldsymbol{k})\exp(\mathrm{i}\boldsymbol{k}\cdot\xi)\mathrm{d}k_1\mathrm{d}k_2\mathrm{d}k_3 \tag{1.32}$$

因此，空间相关函数和波谱函数是一一对应的，它是统计特征量在物理空间和波数空间之间的变换。

2 阶脉动速度的波谱有特殊的含义。令式(1.32)中 $i=j,\xi=\mathbf{0}$，则有

$$R_{ii}=\langle u_1^2+u_2^2+u_3^2\rangle=\int_{-\infty}^{\infty}\int_{-\infty}^{\infty}\int_{-\infty}^{\infty}S_{ii}(\boldsymbol{k})\mathrm{d}k_1\mathrm{d}k_2\mathrm{d}k_3 \tag{1.33}$$

因此，波谱表示均匀湍流场中脉动动能在波数段$(\boldsymbol{k},\boldsymbol{k}+\mathrm{d}\boldsymbol{k})$中的分布。

波谱和频谱代表不同物理意义。频谱表示湍流脉动量在时间尺度上的分布，频率的倒数是时间，频谱中的高频成分表示快变的脉动，或时间尺度小的脉动；低频成分表示慢变的脉动。波谱则表示湍流脉动量在空间尺度上的分布，波数绝对值的倒数是长度尺度，波谱中的高波数成分表示长度尺度小的湍流脉动；波谱中的低波数成分表示长度尺度大的湍流脉动。

总之，湍流脉动的谱可以表示湍流脉动强度在各种尺度上的分布。

1.4.3　非均匀或非定常湍流场中谱函数的推广

一般湍流场中物理量的脉动既不均匀、又非定常，它们的相关函数有以下形式：

$$R_{uu}(\boldsymbol{x},t;\ \xi,\tau)=\langle u(\boldsymbol{x},t)u(\boldsymbol{x}+\xi,t+\tau)\rangle$$

式中ξ,τ是两随机函数的相关距离和相关时间；$\boldsymbol{x},t$ 是相关函数的局部变量；R_{uu}随 $\boldsymbol{x},t$ 的变化说明湍流场的不均匀性或非定常性。在某些特殊情况下，可以得到有用的局部谱函数。例如，定常非均匀湍流场中对时间相关函数的相关变量 τ 作傅里叶变换得到当地的频谱，它表示不同空间坐标 $\boldsymbol{x}$ 上湍流脉动的频率分布：

$$S_{uu}(\boldsymbol{x},\omega)=\frac{1}{2\pi}\int_{-\infty}^{\infty}R_{uu}(\boldsymbol{x},\tau)\exp(-\mathrm{i}\omega\tau)\mathrm{d}\tau \tag{1.34}$$

又如，非定常均匀湍流场中对空间相关函数的相关变量ξ作傅里叶变换，得到当时的波数谱，它表示不同时刻 t 湍流脉动的尺度分布：

$$S_{uu}(t,\boldsymbol{k})=\frac{1}{(2\pi)^3}\int_{-\infty}^{\infty}\int_{-\infty}^{\infty}\int_{-\infty}^{\infty}R_{uu}(t,\xi)\exp(-\mathrm{i}\boldsymbol{k}\cdot\xi)\mathrm{d}\xi \tag{1.35}$$

相关函数、谱函数是表示湍流特性的主要统计量,有关谱函数、相关函数的其他性质和实际应用以及它们的动力学等,将在第 3 章均匀各向同性湍流中详细讨论。

1.5 湍流脉动的测量方法

湍流是极不规则的复杂流动,至今还没有普适的理论。因此,无论是提出新理论还是建立工程计算模型都需要用实验方法加以确证;另一方面,实验本身能发现湍流的新现象,进而提出新理论和模型。本节介绍主要的湍流的测量方法和脉动数据后处理的原理,目的有两个:一是帮助读者理解后文中常常引用到的实验结果,二是给读者一些参考资料,当他们需要做实验研究或验证时,有章可循。湍流物理量的测量主要是脉动量的测量,由于湍流脉动在时间和空间上是极不规则的,因此测量仪器必须有足够高的响应频率和空间分辨率。譬如说,常规的测速仪器皮托管,由于它的响应频率很低,只能用来测量平均速度或慢变的速度,不适用于测量湍流脉动。

1.5.1 湍流速度的测量方法

1. 热线风速计

热线风速计(hot wire anemometer,HWA)是实验室和大气观测站常用的测量湍流速度的仪器。它是利用加热金属丝上对流传热和电功率平衡的原理测量气流速度(Bruun,1995)。假设金属丝的直径为 d,长度为 l,金属丝的恒定温度为 T_w,通过金属丝的电流为 I,金属丝的电阻为 R_w,气流温度为 T_g。通常金属丝的温度高于气流温度,金属丝用电流加热,设金属丝单位表面积单位时间传出的热量为 h,根据热平衡原理,应有

$$C\frac{\partial T_w}{\partial t} = I^2 R_w - \pi dlh(T_w - T_g) \tag{1.36}$$

式中 C 是热丝的热容,热丝热能的增长率等于加热热丝的电功率和热丝传给气流热量之差。热丝的热容等于

$$C = c\rho_w\left(\frac{\pi d^2 l}{4}\right)$$

式中,c 是金属丝的比热容,ρ_w 是热丝的质量密度。由于要求热丝对脉动风速有迅速响应,金属丝的直径很细,通常为微米量级,因此热丝的热容很小,热平衡方程中可以略去方程左边项,即可以认为热丝接近恒温状态:

$$I^2 R_w = \pi dlh(T_w - T_g) \tag{1.37}$$

根据对流传热原理,无量纲传热系数努塞尔数 $Nu = hd/\lambda_g$ 和绕热丝流动的雷诺数 $Re = Ud/\nu_g$ 有以下关系:

$$Nu = C + D\sqrt{Re} \tag{1.38}$$

即传热系数 h 和气流速度之间有以下关系式:

$$h = C' + D'\sqrt{U} \tag{1.39}$$

将式(1.39)代入热平衡式(1.37),经过代数运算可得

$$I = \sqrt{A' + B'\sqrt{U}} \tag{1.40}$$

以上是热平衡热丝上电流和气流速度的关系式，测得热丝上的电流，就可用来计算气流速度。当气流脉动时，热丝的对流传热率随气流速度脉动，即式(1.40)中气流速度是时间的函数 $U(t)$，通过热丝的电流常用电流通过的参考电阻上的电压测量，即

$$E^2(t) = I^2 R_{re}^2 = A + B\sqrt{U(t)} \tag{1.41}$$

当速度脉动时，测得的电压也发生脉动 $e(t)$，当脉动很小时，即 $u'(t)/U(t) \ll 1, u'(t) \approx \mathrm{d}U(t), e(t) \approx \mathrm{d}E(t)$，对式(1.41)求导数：

$$\frac{\mathrm{d}E}{\mathrm{d}U} = \frac{B}{4EU} = \frac{1}{4}\frac{E^2 - E_0^2}{EU}$$

式中 E_0 是风速等于零时电阻 R_{re} 上的电压。将 $u'(t) \approx \mathrm{d}U(t), e(t) \approx \mathrm{d}E(t)$ 代入上式，得

$$\frac{u'(t)}{U(t)} = \frac{4E}{E^2 - E_0^2}\frac{e(t)}{E(t)} \tag{1.42a}$$

当脉动很小时，瞬时速度非常接近时间平均速度，因而有

$$\frac{u'(t)}{\bar{U}} = \frac{4\bar{E}}{\bar{E}^2 - \bar{E}_0^2}\frac{e(t)}{E(t)} \tag{1.42b}$$

式(1.42b)是热丝风速仪测量脉动的基本公式。在导出公式(1.42b)时用到热平衡关系式(1.37)，其中有一些假定物理常数，热丝风速仪在使用前用特制的速度校正设备来确定式(1.41)中的常数 A,B。

目前已有各种多丝热丝风速仪，它们可以用来测量 2 分量或 3 分量脉动速度，还可测量脉动速度梯度和涡量，在水流和高气流中，由于热丝承受不了流体作用力，而采用热膜风速仪，它的热敏元件是在石英片上涂以金属薄膜。关于热丝风速仪原理和详细的使用方法请阅读专著(Bruun，1995)，这里简要地说明热丝风速仪的优缺点。热丝风速仪是比较成熟的湍流测量仪器，有前人丰富的使用经验和商业产品，只要使用恰当，测量的准确度可以得到保证。热丝风速仪的缺点有：①它对流场有干扰，虽然热丝探针可以做得很小，但是干扰不可忽视，特别是在贴近壁面处，一方面由于壁面对湍流有干扰，另一方面热丝的热辐射在壁面有反射，这些都使得热丝风速仪测量的准确度降低；②理论上，热丝风速仪测量的脉动速度应当远远小于平均速度，即湍流度比较小的脉动，虽然现代热丝风速仪可以在标定时加以矫正，如果脉动强度很大，测量的精度会大大降低；③热丝风速仪属于点测量，它可以测量速度脉动的时间序列，从而计算时间相关，利用 2 分量热丝风速仪，还可以计算雷诺应力，但是它不可能测量脉动场的空间分布。用热丝风速仪的时间序列推算空间相关，通常利用 Taylor 冻结假定，然而 Taylor 冻结假定只在均匀湍流场和湍流强度较小时才比较可靠。

2. 激光多普勒测速仪

20 世纪 70 年代，电子技术迅猛发展，特别是激光器的问世使湍流脉动测量技术有了巨大的进步，利用激光通过运动介质中的多普勒效应测量流速的方法称为激光多普勒测速仪(laser Doppler velocimetry，LDV)。

单色光波在运动介质和静止介质中的频率(或波长)之差，称为多普勒效应，有以下公式：

$$\delta\nu = \frac{\boldsymbol{U} \cdot \boldsymbol{l}}{\lambda} \tag{1.43}$$

式中 $\boldsymbol{l}$ 是激光束方向的单位向量，$\boldsymbol{U}$ 是流体速度，λ 是激光波长，例如蓝色光的波长等于 440～485nm。利用激光光源的理由是激光具有良好的相干性，容易获得准确的频率差。光波的频

率差用调制解调器测定(光强通过光电管转换成电流强度),然后利用式(1.43)计算流速。式(1.43)只测量一个速度分量;可以使用2个不同方向和波长的激光束,测量2个速度分量。

激光多普勒测速仪需要在流动中添加细微颗粒,以增强多普勒信号,细微颗粒有很好的跟随性,颗粒速度和流体速度几乎完全相等。因此LDV可认为是一种无干扰的测速方法,这是它的最大优点。LDV的缺点有:①它也是点测量。有人试图用若干分布的激光束和对应的光电接收器做分布流速的测量,由于测量空间的限制,而且费用不菲,未能获得很好的推广;②近壁流速测量的精度受到限制,由于激光束有一定的直径,同时激光不可避免地在壁面反射,这些都使测量精度大大降低。激光多普勒测速仪也是比较成熟的测速方法,有商业产品,关于它的原理和使用方法可参见专著(Durst,1981)。

3. 粒子图像测速仪

以上介绍的湍流脉动速度的测量方法都属于点测量,单点脉动的测量可以计算一点脉动的统计相关,例如湍动能、雷诺应力、湍动能耗散等,但是不能测得两点和多点相关,而多点相关是研究湍流结构的重要信息。因此,测量湍流脉动的空间分布,对于湍流研究十分有意义。理想的情况是可以测量速度脉动空间分布的时间序列。例如,测量二维2分量(维数是空间坐标,分量是指速度向量)脉动速度场的时间序列,就可以得到2+1维的脉动速度信息;如果可以测量三维3分量脉动速度场的时间序列,就可以有3+1维的脉动速度信息。

20世纪80年代,利用粒子图像测量流体瞬时速度的技术开始实现,开始了湍流脉动场测量的新时代。粒子浓度较大的流动中的图像测速技术称作粒子图像测速仪(particle image velocimery,PIV),在低浓度粒子的流动中,图像测速技术称作粒子跟踪测速仪(particle tracking velocimetry,PTV)。粒子图像测速方法需要以下装备:①细微的粒子(最好粒子密度和流体密度接近),在气体流动中,粒子直径应在微米量级,在液体流动中可以用几十微米粒子;②双脉冲的固体激光器,脉冲能量在5~500mJ;③将激光束形成片光(片光厚度约1mm量级)的光学系统,利用片光照明粒子图像;④单视场的快速摄像机将两次脉冲片光照明的粒子图像摄制在一幅图像上;⑤计算机和图像处理分析软件。

粒子图像测速法将2次激光脉冲的粒子图像分割成许多查询单元,在查询单元中PIV用粒子灰度的相关确定粒子位移;而PTV用Lagrange跟踪粒子模型确定粒子位移。一旦完成粒子位移查询,当地流体速度等于:

$$\boldsymbol{u} = \frac{\boldsymbol{x}_k - \boldsymbol{x}_{k-1}}{t_k - t_{k-1}} \tag{1.44}$$

粒子图像测速方法,看似原理简单,但是实现每一步都需要利用力学、光学、数学计算原理和计算机软件设计的技巧。例如在查询粒子时可能出现粒子移出图像平面;也可能发生几个粒子进入图像平面,如图1-9所示。

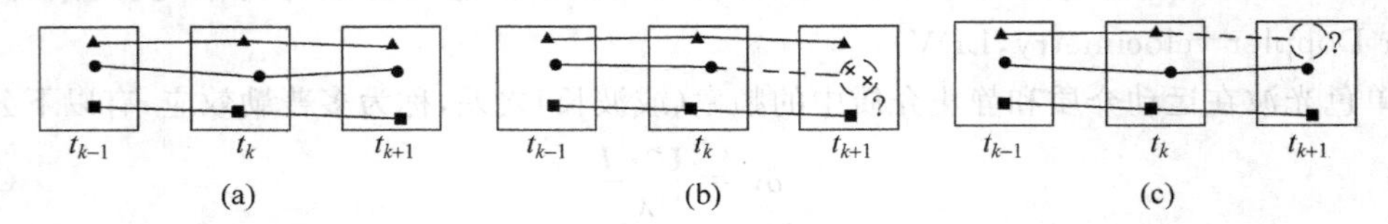

图1-9 粒子跟踪图像的可能情况

(a) 理想情况;(b) 出现2个粒子的情况;(c) 丢失粒子的情况

PIV的技术相对比较成熟，也有商业产品。近年来PTV技术备受重视，在粒子位移查询方面快于PIV。以上陈述的粒子图像测速法是平面流场的测量，利用多个相机可以测量三维3分量流场。Adrian和Westerweel(2011)的专著中对粒子图像测速方法做了非常详尽的介绍，建议从事粒子图像测速方法的应用和研究的读者认真阅读该书。

图1-10是典型的PIV测量边界层流动的速度向量图(Tomkim和Adrian，1999)，边界层雷诺数$Re_{\theta}=1015$，测量的视场为90mm×250mm，网格间距1mm，显示的速度向量数为22 500，从图中可以观察到流动的结构。

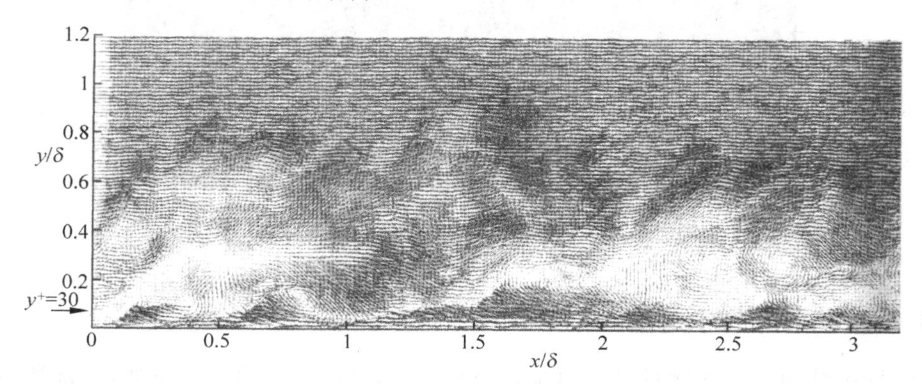

图1-10 边界层湍流的PIV测量的速度矢量图

以上介绍的几种瞬时流体速度的测量方法各有优点。热丝风速仪是技术最成熟、使用最方便的方法，设备费用低，相对而言，测量精度较高。缺点是对流场有较大干扰的点测量。LDV优点是无干扰测量方法，技术也相对成熟，缺点是点测量。PIV或PTV的优点是流场的测量，适合做湍流结构的研究，缺点是测量技术比较复杂，设备昂贵。根据研究目标选择测量方法是明智之举。

1.5.2 流动显示和流场浓度的测量

流动显示是一种定性观察流动结构的技术，流动显示的主要方法是在流场中注入示踪液体或粒子。最简单的显示方法是观察定常流动流线的烟风洞，在风洞平直工作段前注入一排烟丝，图1-11是烟丝显示定常绕流的流线，这种方法可以观察分离点和脱体涡等流动现象。

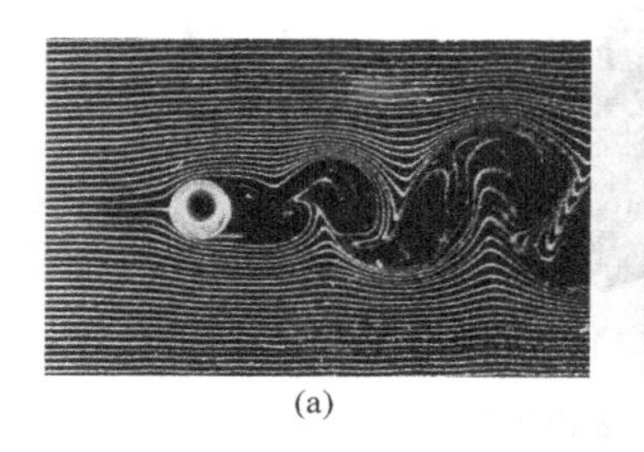

(a)

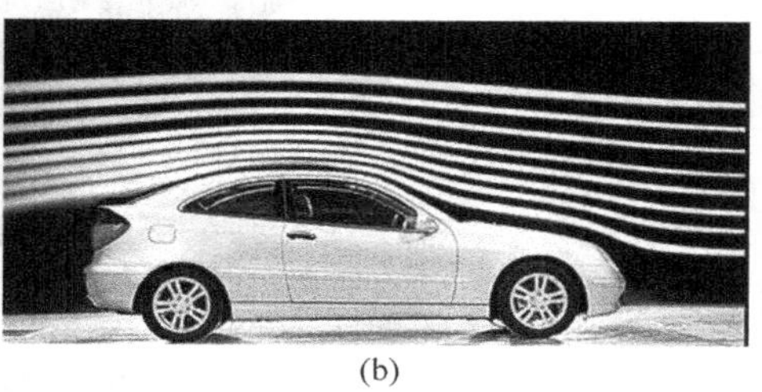

(b)

图1-11 定常绕流的显示

(a) 圆柱绕流的尾迹；(b) 汽车外形的绕流显示

利用激光荧光法,即用激光照明荧光粉溶液可显示溶液的浓度,荧光粉溶液的亮度分布就代表溶质分布(Tokumura 和 Dimotakis,1995)。激光荧光法的流动显示可以考察流动结构,图 1-12 是槽道中用激光荧光法显示的图像(Huang 等,1997)。

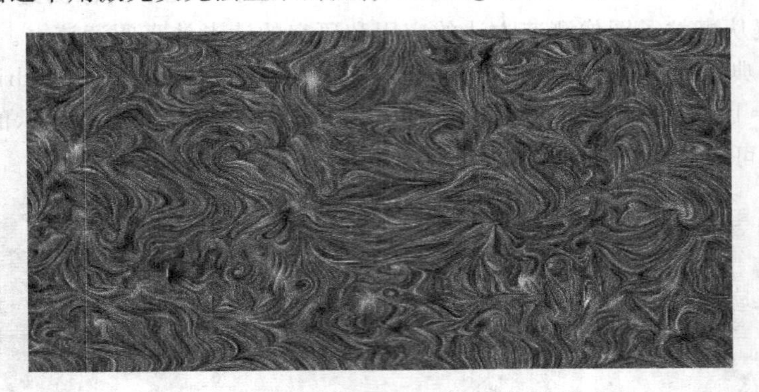

图 1-12 激光荧光法显示的湍流场中浓度图像

1.5.3 脉动压强的测量

湍流场中脉动压强的测量最为困难,比较容易测量的是壁面脉动压强,通常利用压敏材料测量脉动压强(Johansen 等,2005a,b,c)。壁面压强也是湍流的重要特征信息,壁湍流具有拟序结构,有不同尺度的湍流脉动,其最小尺度为 ν/u_τ,要精确测量脉动压强,压强元件的承压面积的尺度必须为 $O(\nu/u_\tau)$量级,否则小尺度压强脉动将被过滤掉。Schewe(1980)通过实验测量提出壁面压强测量元件的尺度需要小于 $10(\nu/u_\tau)$,在高雷诺数壁湍流中(ν/u_τ)是很小的物理尺寸,因此高雷诺数湍流中壁面压强的测量仍是相当困难的。近年来发现压敏漆,将它用于高速气流绕流物体的壁面非定常压强测量十分有效(Tropea 等,2007; Gregory 等,2008),图 1-13 显示的是压敏漆测量的航天器表面压强分布。

图 1-13 压敏漆测量表面压强

第2章 湍流运动的统计平均方程和脉动方程

2.1 Navier-Stokes 方程和湍流

本书研究牛顿型流体的湍流运动。不可压缩牛顿型流体运动的控制方程是熟知的 Navier-Stokes 方程(纳维-斯托克斯方程,以下简称 N-S 方程),在直角坐标系下,它可表示为

$$\frac{\partial u_i}{\partial t}+u_j\frac{\partial u_i}{\partial x_j}=-\frac{1}{\rho}\frac{\partial p}{\partial x_i}+\nu\frac{\partial^2 u_i}{\partial x_j\partial x_j}+f_i \tag{2.1}$$

$$\frac{\partial u_i}{\partial x_i}=0 \tag{2.2}$$

式中 ρ 是流体的密度,ν 是流体的运动粘性系数,f_i 是质量力强度。以上方程无量纲化后,$\rho=1$,$\nu=1/Re$,$Re=UL/\nu$,U 是流动的特征速度,L 是流动的特征长度。所谓高雷诺数流动,是指 $Re\gg 1$。

给定流动的初边值后,方程(2.1)和方程(2.2)的解就确定一流动。

初始条件为

$$u_i(\boldsymbol{x},0)=V_i(\boldsymbol{x}) \tag{2.3}$$

边界条件是

$$u_i|_\Sigma=U_i(\boldsymbol{x},t),\quad p(\boldsymbol{x}_0)=p_0 \tag{2.4}$$

$V_i(\boldsymbol{x})$,$U_i(\boldsymbol{x},t)$和 p_0 是已知函数或常数,Σ 是流动的已知边界,$\boldsymbol{x}_0$ 是流场中给定点的坐标。

N-S 方程是非线性的对流扩散型偏微分方程,从形式上来看,它似乎并不复杂。然而,一般情况下,N-S 方程初边值问题解的存在和唯一性尚未完全得到证明,只有在很苛刻的条件下,N-S 方程解的存在和唯一性才有证明。例如,当质量力有势时,$f_i=-\partial\Pi/\partial x_i$,数学上已经证明,N-S 方程的解具有以下的存在和唯一性(Ladyzhenskaya,1969 或 Temam,1984):

(1) 定常的 N-S 方程的边值问题至少有一个解,但是只有当雷诺数 Re 不大时,解才是稳定的;

(2) 非定常平面或轴对称流动的初边值问题,在一切时刻都有唯一解;

(3) 一般三维非定常流动的初边值问题,只有当雷诺数 Re 很小时,才在一切

时刻有唯一解;

(4) 任意雷诺数的三维非定常流动的初边值问题,只有在某一时间区间 $0<t<T$ 内解是唯一的。时间区间 T 依赖于雷诺数和流动的边界,雷诺数越大,存在唯一解的时间区间越小。

N-S方程初边值解存在和唯一的情况都说明在雷诺数较小时,存在唯一的确定性解,也就是定常或非定常层流解,这与第1章开始讲述的雷诺圆管流动现象是一致的。

当不满足解的唯一性条件时,可能存在多个解或者不规则解。

N-S方程存在规则分岔解。例如,同轴旋转的两圆柱面间的粘性流体运动(Taylor-Couette问题),当流体粘性系数 ν 大于某值 ν_1 时($\nu>\nu_1$),圆筒中的流体绕圆筒轴线作定常圆周运动,当流体粘性系数 ν 小于 ν_1 且大于 ν_2 时($\nu_2<\nu<\nu_1$),任意微小的扰动可使圆筒中流动产生绕轴线的定常环状涡(常称Taylor-Couette涡,图2-1(a)),它仍然是N-S方程的解,就是说在 $\nu_2<\nu<\nu_1$ 的粘性范围内,N-S方程可以有2个解;当流体粘性系数 ν 小于 ν_2 且大于 ν_T 时($\nu_T<\nu<\nu_2$),定常环状涡在周向出现震荡(图2-1(b)),但是,它仍是N-S方程解;当 $\nu<\nu_T$ 时,Taylor-Couette涡在周向发生剧烈振荡直到流动完全演变为不规则(图2-1(c))。

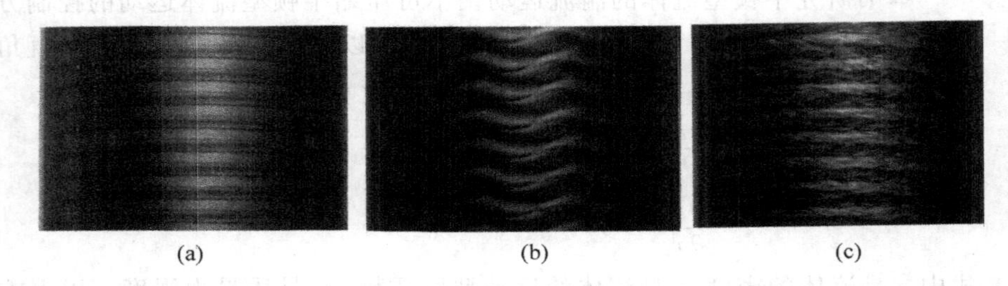

图2-1 Taylor-Couette流动显示图

(a) $\nu_2<\nu<\nu_1$,出现轴向周期的涡环;(b) $\nu_T<\nu<\nu_2$,涡环发生周向波动;(c) $\nu<\nu_T$ 后出现不规则的小涡

类似的例子还有等温差(下板温度高于上板)的两平行平板间粘性流体的热对流(Rayleigh-Benard问题)。在温差小时,平行平板间流动速度等于零,平板间温度为线性分布。当温差增加后,由于浮力效应,在平板间产生规则的平行涡流动(图2-2(a));再增加温差,平行涡产生扭曲;继续增加温差,扭曲的平行涡逐渐演变为不规则流动。

上述两个例子中,规则分岔解都是N-S方程的解,不规则分岔解的统计特性可以用N-S方程直接数值模拟方法获得足够时间样本来统计,已有的数值实验证明,正确的直接数值模拟的统计结果和实验结果是一致的。

牛顿流体定常流动的不稳定性还可以导致周期性分岔解,例如,平行平板间由压差驱动的定常层流流动,当粘性系数 $\nu<\nu_T$ 时有周期性分岔解(Tollmien-Schlichting波),类似的情况在边界层流动中也可能出现。以上例子说明,不稳定的层流运动可以用N-S方程的分岔解描述。

综合以上的论述,可以认为随着流动特征参数的变化(如雷诺数的增加,温差的增加等),流动由层流向湍流过渡的现象是N-S方程初边值问题解的性质在变化。层流是小雷诺数下N-S方程初边值问题的唯一解;随着雷诺数增加,出现过渡流动,它是N-S方程的分岔解;高雷诺数的湍流则是N-S方程的不规则解。

也就是说,层流和湍流是服从相同流动方程的不同流动状态。

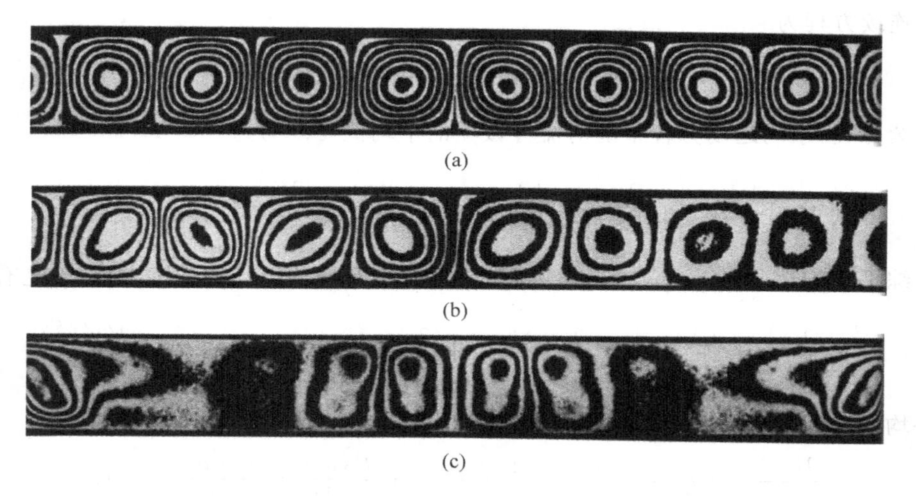

图 2-2　Rayleigh-Benard 流动
(a) Rayleigh-Benard 流动(Rayleigh-Benard 元胞)；(b) 扭曲的 Rayleigh-Benard 元胞；(c) 不规则的热对流

2.2　雷诺方程和脉动运动方程

前面已经说明了湍流服从 N-S 方程，对 N-S 方程作系综平均就可以描述湍流统计量的演化。根据第 1 章的统计平均方法，湍流速度、压强都可以分解为平均量和脉动量之和：

$$u_i(\boldsymbol{x},t)=\langle u_i\rangle(\boldsymbol{x},t)+u_i'(\boldsymbol{x},t) \tag{2.5a}$$

$$p(\boldsymbol{x},t)=\langle p\rangle(\boldsymbol{x},t)+p'(\boldsymbol{x},t) \tag{2.5b}$$

下面我们分别导出湍流平均量$\langle u_i\rangle$，$\langle p\rangle$和脉动量 u_i'，p'的控制方程。

2.2.1　雷诺方程

对 N-S 方程(2.1)和方程(2.2)作系综平均，有

$$\left\langle\frac{\partial u_i}{\partial t}\right\rangle+\left\langle u_j\frac{\partial u_i}{\partial x_j}\right\rangle=\left\langle-\frac{1}{\rho}\frac{\partial p}{\partial x_i}\right\rangle+\left\langle\nu\frac{\partial^2 u_i}{\partial x_j\partial x_j}\right\rangle+\left\langle f_i\right\rangle$$

$$\left\langle\frac{\partial u_i}{\partial x_i}\right\rangle=0$$

在进一步推导系综平均方程之前，需要证明随机函数求导(对时间和空间求导都适用)和系综平均运算可交换的原则。以时间导数为例，

$$\left\langle\frac{\partial u_i}{\partial t}\right\rangle=\lim_{\Delta t\to 0}\left\langle\frac{u_i(\tilde{\omega},t+\Delta t)-u_i(\tilde{\omega},t)}{\Delta t}\right\rangle=\frac{1}{\Delta t}\lim_{\Delta t\to 0}[\langle u_i(\tilde{\omega},t+\Delta t)\rangle-\langle u_i(\tilde{\omega},t)\rangle]$$

$$\xlongequal{\text{略去随机变量 }\tilde{\omega}}\frac{1}{\Delta t}\lim_{\Delta t\to 0}[\langle u_i(t+\Delta t)\rangle-\langle u_i(t)\rangle]=\lim_{\Delta t\to 0}\frac{[\langle u_i(t+\Delta t)\rangle-\langle u_i(t)\rangle]}{\Delta t}=\frac{\partial\langle u_i\rangle}{\partial t}$$

同理可以证明，对空间导数的系综平均等于系综平均的空间导数。利用导数和系综平均可交换原则，以上方程的线性项的平均值可直接求出，例如，$\langle\partial u_i/\partial x_i\rangle=\partial\langle u_i\rangle/\partial x_i$，因而平均

运动的连续方程为

$$\frac{\partial \langle u_i \rangle}{\partial x_i} = 0 \tag{2.6}$$

利用连续方程,平均运动方程中的对流导数项的平均值可改写为

$$\left\langle u_j \frac{\partial u_i}{\partial x_j} \right\rangle = \left\langle \frac{\partial u_i u_j}{\partial x_j} - u_i \frac{\partial u_j}{\partial x_j} \right\rangle = \frac{\partial \langle u_i u_j \rangle}{\partial x_j}$$

根据系综平均的性质:$\langle u_i u_j \rangle = \langle u_i \rangle \langle u_j \rangle + \langle u_i' u_j' \rangle$,以及平均运动的连续方程,于是有:

$$\left\langle u_j \frac{\partial u_i}{\partial x_j} \right\rangle = \left\langle \frac{\partial u_i u_j}{\partial x_j} \right\rangle = \frac{\partial \langle u_i \rangle \langle u_j \rangle}{\partial x_j} + \frac{\partial \langle u_i' u_j' \rangle}{\partial x_j} = \langle u_j \rangle \frac{\partial \langle u_i \rangle}{\partial x_j} + \frac{\partial \langle u_i' u_j' \rangle}{\partial x_j}$$

将各平均量代回平均运动方程,并稍加整理后可得

$$\frac{\partial \langle u_i \rangle}{\partial t} + \langle u_j \rangle \frac{\partial \langle u_i \rangle}{\partial x_j} = -\frac{1}{\rho} \frac{\partial \langle p \rangle}{\partial x_i} + \nu \frac{\partial^2 \langle u_i \rangle}{\partial x_j \partial x_j} - \frac{\partial \langle u_i' u_j' \rangle}{\partial x_j} + \langle f_i \rangle \tag{2.7}$$

系综平均的 N-S 方程(2.6)和(2.7)称为雷诺平均方程(或雷诺方程)。第1章的各态遍历定理告诉我们,如果湍流是时间平稳态,那么系综平均和时间平均是等价的。也就是说,在定常湍流场中($\partial \langle u_i \rangle / \partial t = 0$),雷诺方程中的统计量可以用时间平均取代系综平均。由式(2.6)和式(2.7)不难发现,湍流平均运动的控制方程和 N-S 方程极其相似,只是在平均运动方程中多了一项$-\partial \langle u_i' u_j' \rangle / \partial x_j$。换句话说,在质点的**平均运动**中,除了有平均压强作用力、平均分子粘性作用力、平均质量力$\langle f_i \rangle$外,还有一项附加应力作用项:$-\partial \langle u_i' u_j' \rangle / \partial x_j$,附加应力可记作$-\rho \langle u_i' u_j' \rangle$,并称为雷诺应力,下一节将详细地讨论这一项。这里需要强调指出,由于雷诺应力的出现,导致雷诺方程不封闭。

2.2.2 脉动运动方程

将 N-S 方程(2.1)和(2.2)与雷诺平均方程(2.7)和(2.6)相减,可得到脉动运动的控制方程如下(请读者自己推导):

$$\frac{\partial u_i'}{\partial t} + \langle u_j \rangle \frac{\partial u_i'}{\partial x_j} + u_j' \frac{\partial \langle u_i \rangle}{\partial x_j} = -\frac{1}{\rho} \frac{\partial p'}{\partial x_i} + \nu \frac{\partial^2 u_i'}{\partial x_j \partial x_j} - \frac{\partial}{\partial x_j} (u_i' u_j' - \langle u_i' u_j' \rangle) \tag{2.8a}$$

$$\frac{\partial u_i'}{\partial x_i} = 0 \tag{2.8b}$$

式(2.8a)称为脉动运动方程,式(2.8b)称为脉动连续方程。我们不难发现,在脉动运动方程中也出现了雷诺应力项$\langle u_i' u_j' \rangle$,因此脉动方程也是不封闭的。下面我们进一步考察雷诺应力$-\rho \langle u_i' u_j' \rangle$。

2.3 雷诺应力和雷诺应力输运方程

2.3.1 雷诺应力张量

首先,雷诺应力$-\rho \langle u_i' u_j' \rangle$是脉动速度向量的一点相关,是向量的并矢,因此它是2阶对称张量。

雷诺应力$-\rho \langle u_i' u_j' \rangle$的物理意义是流体微元表面上脉动动量输运的平均值。任取一微

元立方体，如图 2-3 所示。

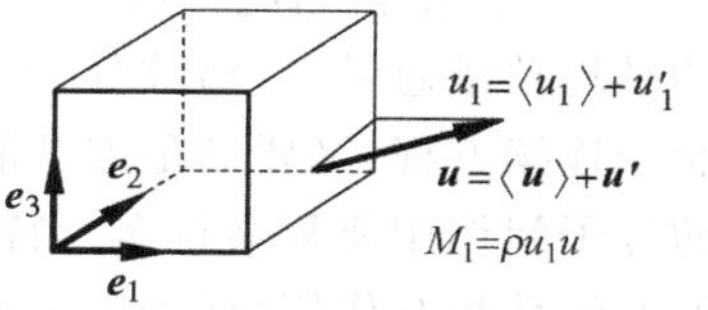

不难理解，$\rho u_i u_j$ 是通过控制面单位面积的动量通量。例如，ρu_1 是通过法向量为 $\boldsymbol{e}_1$ 面的质量通量（为简略起见，以下均省略单位面积），这部分质量通量携带的动量为 $\rho u_1 \boldsymbol{u}\,\mathrm{d}x_2\mathrm{d}x_3$，同理通过其他两个垂直面的动量通量分别为 $\rho u_2 \boldsymbol{u}\,\mathrm{d}x_1\mathrm{d}x_3$ 和 $\rho u_3 \boldsymbol{u}\,\mathrm{d}x_1\mathrm{d}x_2$。现在来观察动量通量的平均值：

图 2-3　说明雷诺应力意义用图
（u_1 为通过控制面 $\mathrm{d}x_2\mathrm{d}x_3$ 的垂直速度，u_1' 为通过控制面 $\mathrm{d}x_2\mathrm{d}x_3$ 的脉动速度，M_1 为通过控制面 $\mathrm{d}x_2\mathrm{d}x_3$ 的动量通量）

$$\langle \rho u_1 \boldsymbol{u}\rangle = \rho\langle(\langle u_1\rangle + u_1')(\langle \boldsymbol{u}\rangle + \boldsymbol{u}')\rangle$$

利用平均运算的等式 $\langle\langle Q\rangle q'\rangle = 0$，以上动量平均值等于

$$\rho\langle u_1 \boldsymbol{u}\rangle = \rho\langle u_1\rangle\langle \boldsymbol{u}\rangle + \rho\langle u_1' \boldsymbol{u}'\rangle$$

式中右端第一项是平均运动通过法向量为 $\boldsymbol{e}_1$ 平面的动量通量，第二项是脉动运动通过同一平面的动量通量平均值。因此，上式表示：

湍流运动动量通量的平均值 ＝ 平均运动的动量通量 ＋ 脉动动量通量的平均值

将上式的向量展开成分量，$\boldsymbol{e}_1$ 用任意方向 $\boldsymbol{e}_i$ 取代，则一般的平均动量通量有以下公式：

$$\rho\langle u_i u_j\rangle = \rho\langle u_i\rangle\langle u_j\rangle + \rho\langle u_i' u_j'\rangle$$

现在再来考察平均运动方程(2.7)（有下划线的是雷诺应力项，移到方程左边）：

$$\frac{\partial\langle u_i\rangle}{\partial t} + \langle u_j\rangle\partial\frac{\partial\langle u_i\rangle}{\partial x_j} + \underline{\frac{\partial\langle u_i' u_j'\rangle}{\partial x_j}} = -\frac{1}{\rho}\frac{\partial\langle p\rangle}{\partial x_i} + \nu\frac{\partial^2\langle u_i\rangle}{\partial x_j\partial x_j} + \langle f_i\rangle$$

上式是微元体上平均运动的动量守恒方程，$\langle u_i\rangle$ 是微元体单位质量的平均动量，方程左边的第一项是平均动量（以下都省略微元体单位质量）的局部增长率，方程左边第二项是平均动量在平均运动轨迹上的迁移增长率，两项之和是平均运动轨迹上总的平均动量增长率。方程右边第一项是微元体单位质量的平均压强梯度（即压强的合力），右边第二项是作用在微元体上的平均粘性应力的合力，右边最后一项是作用在微元体上的平均质量力。平均运动的动量守恒方程表明：和流体瞬时运动不同，湍流场中质点平均运动的动量增长率（方程左边第一、第二项之和）并不能和平均压强的合力、平均分子粘性应力的合力以及平均质量力相平衡。在方程左边加上 $\underline{\partial\langle u_i' u_j'\rangle/\partial x_j}$ 才能达到平衡，这一项恰好是脉动动量通量平均值的梯度。换句话说，作用在控制体上的平均压强、平均分子粘性应力不仅要提供平均运动的动量增长还要提供脉动动量通量的平均梯度。

这里要特别需要说明，在湍流平均运动中附加的雷诺应力和流体分子运动的宏观粘性应力有着量级上和本质上的区别。

(1) 湍流平均运动中，雷诺应力往往远大于分子粘性应力。设想有一层厚度为 δ 的湍流边界层，它的平均特征速度为 U，通常流向脉动速度 u_1' 的均方根是特征平均速度的百分之十左右，横向脉动速度 u_2' 较 u_1' 小一个量级，这时雷诺切应力的量级为 $-\rho\langle u_1' u_2'\rangle \sim 0.001\rho U^2$，而平均分子粘性应力的量级可估计为 $\mu U/\delta$。于是，雷诺切应力和平均分子粘性切应力之比约为 $0.001U\delta/\nu$。在高雷诺数时，如 $Re = U\delta/\nu = 10^5$，雷诺应力和平均分子粘性应力之比约为 10^2 量级。由此可见，有剪切的湍流运动中，雷诺应力是不能忽略的，而分子粘性应力常常可以忽略（极靠近固壁区域除外）。

(2) 分子运动的特征长度是分子运动平均自由程，它远远小于流动的宏观尺度，而湍流脉动的最小特征尺度仍属于宏观尺度范围内。

(3) 产生雷诺应力(即平均湍流脉动动量通量)的机制不同于分子粘性应力(分子运动的平均动量通量)。离散分子之间的动量交换主要是相互碰撞作用，湍流质点的脉动既要受制于连续方程，又要满足宏观的动量平衡方程(N-S方程)，流体质点之间相互作用较之离散的分子间作用要复杂得多。特别是，湍流脉动是多尺度系统，流体质点之间存在多尺度运动的非线性相互作用(详见第3章)。

由于分子运动和湍流脉动运动间本质上的差别，简单地袭用分子运动理论来比拟湍流脉动是不正确的。比如说，分子运动产生的粘性应力常常可以用宏观速度梯度的泛函表达，它是一种物质的本构关系，和宏观运动的形态无关。例如，牛顿流体的粘性应力和变形率张量成正比，并且在常温常压下有常数的粘性系数。湍流运动中，雷诺应力也常常采用梯度形式的模型，假定雷诺应力和平均运动变形率张量之间存在线性关系，但是两者之间不存在常数的比例系数。雷诺应力的梯度关系式中的系数不仅在同一流动中随空间坐标而改变，不同流动形态(如湍流边界层或湍流混合层)中系数值相差也很大。

总之，湍流脉动产生的平均输运过程和分子运动产生的宏观输运过程是两种不同的物理过程。下面，首先考察雷诺应力的输运方程。

2.3.2 雷诺应力输运方程

从湍流脉动方程(2.8)出发，在 u_i' 脉动方程上乘以 u_j'，再用 u_i' 乘以 u_j' 的脉动方程，两式相加后作平均运算，得到以下方程：

$$\frac{\partial\langle u_i'u_j'\rangle}{\partial t}+\langle u_k\rangle\frac{\partial\langle u_i'u_j'\rangle}{\partial x_k}=-\langle u_i'u_k'\rangle\frac{\partial\langle u_j\rangle}{\partial x_k}-\langle u_j'u_k'\rangle\frac{\partial\langle u_i\rangle}{\partial x_k}-\frac{1}{\rho}\left[\left\langle u_j'\frac{\partial p'}{\partial x_i}\right\rangle+\left\langle u_i'\frac{\partial p'}{\partial x_j}\right\rangle\right]$$
$$+\nu\left[\left\langle u_j'\frac{\partial^2 u_i'}{\partial x_k\partial x_k}+u_i'\frac{\partial^2 u_j'}{\partial x_k\partial x_k}\right\rangle\right]-\frac{\partial}{\partial x_k}\langle u_i'u_j'u_k'\rangle$$

利用求导公式，将右边项作简化：

$$\left\langle u_j'\frac{\partial p'}{\partial x_i}\right\rangle+\left\langle u_i'\frac{\partial p'}{\partial x_j}\right\rangle=\left(\frac{\partial\langle u_j'p'\rangle}{\partial x_i}+\frac{\partial\langle u_i'p'\rangle}{\partial x_j}\right)-\left\langle p'\left(\frac{\partial u_i'}{\partial x_j}+\frac{\partial u_j'}{\partial x_i}\right)\right\rangle$$

$$\nu\left[\left\langle u_j'\frac{\partial^2 u_i'}{\partial x_k\partial x_k}+u_i'\frac{\partial^2 u_j'}{\partial x_k\partial x_k}\right\rangle\right]=\nu\left\langle\frac{\partial}{\partial x_k}\left(u_i'\frac{\partial u_j'}{\partial x_k}\right)+\frac{\partial}{\partial x_k}\left(u_j'\frac{\partial u_i'}{\partial x_k}\right)\right\rangle-2\nu\left\langle\frac{\partial u_i'}{\partial x_k}\frac{\partial u_j'}{\partial x_k}\right\rangle$$
$$=\nu\frac{\partial^2\langle u_i'u_j'\rangle}{\partial x_k\partial x_k}-2\nu\left\langle\frac{\partial u_i'}{\partial x_k}\frac{\partial u_j'}{\partial x_k}\right\rangle$$

将以上关系式代入前面公式后，得雷诺应力输运方程①为

$$\underbrace{\frac{\partial\langle u_i'u_j'\rangle}{\partial t}+\langle u_k\rangle\frac{\partial\langle u_i'u_j'\rangle}{\partial x_k}}_{C_{ij}}=\underbrace{-\langle u_i'u_k'\rangle\frac{\partial\langle u_j\rangle}{\partial x_k}-\langle u_j'u_k'\rangle\frac{\partial\langle u_i\rangle}{\partial x_k}}_{P_{ij}}+\underbrace{\left\langle\frac{p'}{\rho}\left(\frac{\partial u_i'}{\partial x_j}+\frac{\partial u_j'}{\partial x_i}\right)\right\rangle}_{\Phi_{ij}}$$
$$\underbrace{-\frac{\partial}{\partial x_k}\left(\frac{\langle p'u_i'\rangle}{\rho}\delta_{jk}+\frac{\langle p'u_j'\rangle}{\rho}\delta_{ik}+\langle u_i'u_j'u_k'\rangle-\nu\frac{\partial\langle u_i'u_j'\rangle}{\partial x_k}\right)}_{D_{ij}}\underbrace{-2\nu\left\langle\frac{\partial u_i'}{\partial x_k}\frac{\partial u_j'}{\partial x_k}\right\rangle}_{E_{ij}}\tag{2.9}$$

---

① 雷诺应力的正规定义是 $-\rho\langle u_i'u_j'\rangle$，对于均质不可压缩流体，$\rho$ 是常数，往往直接将 $-\rho\langle u_i'u_j'\rangle$ 称为雷诺应力。

式(2.9)称为不可压缩湍流的雷诺应力输运方程，方程中各项分别用 C_{ij}，P_{ij}，Φ_{ij}，D_{ij}，E_{ij} 表示。

(1) $C_{ij}=\partial\langle u_i'u_j'\rangle/\partial t+\langle u_k\rangle\partial\langle u_i'u_j'\rangle/\partial x_k$ 是雷诺应力在平均运动轨迹上的增长率。

(2) $P_{ij}=-\langle u_i'u_k'\rangle\partial\langle u_j\rangle/\partial x_k-\langle u_j'u_k'\rangle\partial\langle u_i\rangle/\partial x_k$ 是雷诺应力和平均运动速度梯度的乘积，它是产生湍动能的关键，称为生成项。

(3) $\Phi_{ij}=\langle p'(\partial u_i'/\partial x_j+\partial u_j'/\partial x_i)/\rho\rangle$ 是脉动压强和脉动速度变形率张量相关的平均值，称为再分配项，后面将予以解释。

(4) $D_{ij}=-\partial(\langle p'u_i'\rangle\delta_{jk}/\rho+\langle p'u_j'\rangle\delta_{ik}/\rho+\langle u_i'u_j'u_k'\rangle-\nu\partial\langle u_i'u_j'\rangle/\partial x_k)/\partial x_k$ 是梯度形式项，它具有扩散性质，因此称为雷诺应力扩散项。

(5) $E_{ij}=2\nu\langle\partial u_i'/\partial x_k\partial u_j'/\partial x_k\rangle$ 是脉动速度梯度乘积的平均值，它使湍动能耗散(见 2.3.3 节)，故称耗散项。

在了解雷诺应力输运过程以前，先讨论脉动动能平均量 $k=\langle u_i'u_i'\rangle/2$ 的输运。

2.3.3　湍动能输运过程

将雷诺应力输运方程作张量收缩运算，得

$$\frac{\partial\langle u_i'u_i'\rangle}{\partial t}+\langle u_k\rangle\frac{\partial\langle u_i'u_i'\rangle}{\partial x_k}=-2\langle u_i'u_k'\rangle\frac{\partial\langle u_i\rangle}{\partial x_k}$$

$$-\frac{\partial}{\partial x_k}\left(\frac{2\langle p'u_k'\rangle}{\rho}+\langle u_i'u_i'u_k'\rangle-\nu\frac{\partial\langle u_i'u_i'\rangle}{\partial x_k}\right)-2\nu\left(\frac{\partial u_i'}{\partial x_k}\frac{\partial u_i'}{\partial x_k}\right)$$

将 $\langle u_i'u_i'\rangle=2k$ 代入上式，得湍动能输运方程如下：

$$\underbrace{\frac{\partial k}{\partial t}+\langle u_k\rangle\frac{\partial k}{\partial x_k}}_{C_k}=\underbrace{-\langle u_i'u_k'\rangle\frac{\partial\langle u_i\rangle}{\partial x_k}}_{P_k}\underbrace{-\frac{\partial}{\partial x_k}\left(\frac{\langle p'u_k'\rangle}{\rho}+\langle k'u_k'\rangle-\nu\frac{\partial k}{\partial x_k}\right)}_{D_k}\underbrace{-\nu\left\langle\frac{\partial u_i'}{\partial x_k}\frac{\partial u_i'}{\partial x_k}\right\rangle}_{\varepsilon}\tag{2.10}$$

式中 $k'=u_i'u_i'/2$ 是单位质量脉动运动的动能，简称脉动动能，它的统计平均 $k=\langle u_i'u'\rangle_i/2$ 是脉动动能的平均，简称湍动能。方程中各项分别用 C_k，P_k，D_k，ε 表示，它们分别是：

(1) C_k 是湍动能在平均运动轨迹上的增长率。

(2) $P_k=P_{ii}/2$，是雷诺应力和平均运动变形率张量的二重标量积。从流体动力学一般原理中我们知道，应力和当地速度梯度的标量积是向质点输入能量的机械功，因此 $P_k=-\langle u_i'u_k'\rangle\partial\langle u_i\rangle/\partial x_k$ 表示雷诺应力通过平均运动的变形率向湍流脉动输入的平均能量。$P_k>0$ 表示平均运动向脉动运动输入能量，反之，$P_k<0$ 将使湍动能减小。因此 P_k 称为湍动能的生成项。

(3) D_k 是梯度形式项，它表示一种扩散过程。它由三部分组成：①压力速度相关的扩散；②湍流脉动 3 阶相关 $\langle k'u_k'\rangle=\langle u_i'u_i'u_k'\rangle/2$ 产生的扩散，它是由湍流脉动 u_k' 的不规则运动携带的脉动动能平均值，属于湍流的扩散作用，它有别于分子粘性的湍动能扩散；③由分子粘性产生的湍动能扩散：$\nu\partial k/\partial x_k$。

梯度扩散项的作用是在流场内传递能量，在有限体积内，梯度扩散项的总和等于有限体边界上的能量输入量(高斯公式)：

$$\iiint_v\frac{\partial Q_k}{\partial x_k}\mathrm{d}V=\oint\!\!\!\oint_\Sigma Q_kn_k\mathrm{d}A$$

n_k 为边界面的外法向单位向量，如果边界上 $(Q_k)_\Sigma=0$，则梯度扩散项在有限体内净贡献量等于零。例如，在固壁包围的封闭流场中，固壁上 $u_i'=0$，此时湍流扩散项在有限体内的总和等于零。也就是说，湍动能扩散项是流场内部能量通量分布不均匀引起的湍动能输运。

(4) $\varepsilon=\nu\langle\partial u_i'/\partial x_k \partial u_i'/\partial x_k\rangle$，它是湍动能的耗散项。从湍动能耗散的表达式可以肯定 $\varepsilon\geqslant0$，而在湍动能方程中这一项总是使湍动能减少(方程中是 $-\varepsilon$)，所以称 ε 为湍动能的耗散项。

综合以上分析，我们可以看到，质点的湍动能增长率主要来源于生成项：$P_k=-\langle u_i'u_k'\rangle\partial\langle u_i\rangle/\partial x_k$。由此，我们可以有结论：在没有外力作用、平均变形率等于零的均匀湍流场中湍流必衰减。因为均匀湍流中所有统计量的空间导数等于零，加之速度梯度张量等于零，即 $\partial\langle u_i\rangle/\partial x_j=0$，这时湍动能方程简化为

$$\frac{\partial k}{\partial t}=-\nu\left\langle\frac{\partial u_i'}{\partial x_k}\frac{\partial u_i'}{\partial x_k}\right\rangle=-\varepsilon<0$$

由此可见，均匀无剪切平均流场中湍动能不断衰减，直至全部耗尽。在平均变形率不等于零的湍流场中，通过雷诺应力将平均运动中一部分能量转移到脉动运动，抵消湍动能耗散，维持湍流脉动。

2.3.4 平均运动的能量输运过程

平均运动方程(2.7)乘平均运动速度，并令 $K=\langle u_i\rangle\langle u_i\rangle/2$ 为平均运动动能，可得平均运动能量的输运方程：

$$\langle u_i\rangle\frac{\partial\langle u_i\rangle}{\partial t}+\langle u_i\rangle\langle u_j\rangle\frac{\partial\langle u_i\rangle}{\partial x_j}=-\langle u_i\rangle\frac{1}{\rho}\frac{\partial\langle p\rangle}{\partial x_i}+\nu\langle u_i\rangle\frac{\partial^2\langle u_i\rangle}{\partial x_j\partial x_j}-\langle u_i\rangle\frac{\partial\langle u_i'u_j'\rangle}{\partial x_j}+\langle u_i\rangle\langle f_i\rangle$$

逐项简化后，可得(请读者自己推导)

$$\frac{\partial K}{\partial t}+\langle u_j\rangle\frac{\partial K}{\partial x_j}=\frac{\partial}{\partial x_i}\left\{-\frac{\langle u_i\rangle\langle p\rangle}{\rho}-\langle u_i'u_j'\rangle\langle u_i\rangle-\nu\frac{\partial K}{\partial x_i}\right\}-\nu\frac{\partial\langle u_i\rangle}{\partial x_j}\frac{\partial\langle u_i\rangle}{\partial x_j}+\underbrace{\langle u_i'u_j'\rangle\frac{\partial\langle u_i\rangle}{\partial x_j}}_{-P_k}+2\langle u_i\rangle\langle f_i\rangle \tag{2.11}$$

平均运动的能量方程的左边是平均运动能量在平均运动轨迹上的增长率；方程右边依次是：扩散项(它包括平均压强做功、雷诺应力的平均输运、平均运动动能的分子扩散项)，平均运动动能的耗散项，湍动能生成项的负值，最后一项是质量力对平均运动所做的功。对比方程(2.10)和方程(2.11)，可见湍动能生成项 P_k 在两方程中恰好符号相反，正的湍动能生成项等于平均运动动能的消耗项，也就是说，湍动能生成项是平均运动和湍流脉动之间的能量交换。

2.3.5 雷诺应力输运过程

理解了湍动能输运过程，就比较容易了解雷诺应力的输运过程。对照雷诺应力输运方程(2.9)，雷诺应力在平均运动轨迹上的增长率(式(2.9))和以下各项之和平衡。

(1) 雷诺应力生成项 $P_{ij}=-\langle u_i'u_k'\rangle\partial\langle u_j\rangle/\partial x_k-\langle u_j'u_k'\rangle\partial\langle u_i\rangle/\partial x_k$，它是平均运动变形率

和雷诺应力联合作用的结果，所以，没有平均运动变形率就没有雷诺应力的生成项。雷诺应力生成项 P_{ij} 作张量收缩 $P_{ii}=2P_k$，当 $P_k>0$ 时，雷诺应力生成项是 2 阶正定张量；$P_k<0$ 时，雷诺应力生成项是 2 阶负定张量。

(2) 雷诺应力扩散项 D_{ij}，它包括三部分：①由脉动压强和脉动速度关联产生的扩散项：$-(\partial\langle p'u'_i\rangle/\partial x_j+\partial\langle p'u'_j\rangle/\partial x_j)/\rho=-\partial(\langle p'u'_i\rangle\delta_{jk}/\rho+\langle p'u'_j\rangle\delta_{ik}/\rho)/\partial x_k$；②由湍流脉动 u'_k 携带的脉动雷诺应力 $u'_iu'_j$ 的平均输运项 $-\partial\langle u'_iu'_ju'_k\rangle/\partial x_k$，具有湍流扩散性质；③由分子粘性产生的雷诺应力输运：$\nu\partial^2\langle u'_iu'_j\rangle/\partial x_k\partial x_k$。扩散项 D_{ij} 是梯度形式，它在有限体中的总贡献等于有限体边界面上的输运量。

(3) 雷诺应力耗散项 $E_{ij}=2\nu\langle\partial u'_i/\partial x_k\partial u'_j/\partial x_k\rangle$，雷诺应力耗散是 2 阶对称张量，作张量收缩，

$$E_{ii}=2\nu\langle\partial u'_i/\partial x_k\partial u'_i/\partial x_k\rangle=2\varepsilon>0$$

它是湍动能耗散率的 2 倍，恒大于零，因此雷诺应力耗散是 2 阶对称正定张量。

(4) 雷诺应力的再分配项：$\Phi_{ij}=\langle p'(\partial u'_i/\partial x_j+\partial u'_j/\partial x_i)\rangle/\rho$。不可压缩湍流中：$\partial u'_i/\partial x_i=0$，因此再分配项对下标收缩时，$\Phi_{ii}=0$，回顾湍动能方程(2.10)，该方程中没有再分配项，就是说不可压缩湍流中再分配项 Φ_{ij} 对湍动能的增长率没有贡献，而只在湍流脉动速度各个分量之间起调节作用。比如说，在没有平均速度变形率和湍流扩散的湍流场中，某一速度分量 $\langle u_1^2\rangle$ 远远大于另外两个分量 $\langle u_2^2\rangle$、$\langle u_3^2\rangle$，这时就会产生一种能量转移过程，使 $\langle u_1^2\rangle$ 量的一部分转移到 $\langle u_2^2\rangle$ 或 $\langle u_3^2\rangle$ 中，而 $\langle u_1^2\rangle+\langle u_2^2\rangle+\langle u_3^2\rangle$ 的总和不变。在均匀湍流中，再分配项的作用是促使湍流脉动各向同性化。在切变湍流中，再分配项在雷诺应力生成过程中的作用是不可忽视的。为了对它有比较直观的理解，我们研究一种特殊的二维平均场中雷诺应力输运过程。假定二维平均流的速度分布为 $\langle u_i\rangle=U(x_2)\delta_{i1}$ $(\mathrm{d}U(x_2)/\mathrm{d}x_2>0)$，即平均运动是平均剪切率大于零的平面平行流动，这种流场的雷诺应力输运方程应为

$$\frac{\partial\langle u'_1u'_1\rangle}{\partial t}=-2\langle u'_1u'_2\rangle\frac{\mathrm{d}U(x_2)}{\mathrm{d}x_2}+\Phi_{11}+D_{11}-E_{11} \tag{2.12a}$$

$$\frac{\partial\langle u'_1u'_2\rangle}{\partial t}=-\langle u'_2u'_2\rangle\frac{\mathrm{d}U(x_2)}{\mathrm{d}x_2}+\Phi_{12}+D_{12}-E_{12} \tag{2.12b}$$

$$\frac{\partial\langle u'_2u'_2\rangle}{\partial t}=0+\Phi_{22}+D_{22}-E_{22} \tag{2.12c}$$

假定初始流场中 $\langle u'_1u'_1\rangle>0$，$\langle u'_2u'_2\rangle>0$，$\langle u'_1u'_2\rangle=0$，也就是说，初始时刻只有雷诺正应力，而没有雷诺切应力。这时，方程(2.12a)说明雷诺正应力 $\langle u'_1u'_1\rangle$ 的生成项等于零；由于平均场的剪切作用，方程(2.12b)中生成项 $-\langle u'_2u'_2\rangle\mathrm{d}U(x_2)/\mathrm{d}x_2$ 使雷诺切应力 $-\langle u'_1u'_2\rangle$ 开始产生，进而可使方程(2.12a)中的生成项大于零，从而 $\langle u'_1u'_1\rangle$ 增加。但是，$\langle u'_2u'_2\rangle$ 的方程(2.12c)中没有生成项，假如没有再分配项 Φ_{22}，雷诺正应力 $\langle u'_2u'_2\rangle$ 将衰减，这将导致 $-\langle u'_1u'_2\rangle$ 的增长率减小，以及 $\langle u'_1u'_1\rangle$ 的生成项减小；由于湍动能耗散的作用，最终使所有湍流脉动衰减。事实上，由于雷诺应力再分配项 Φ_{22} 的存在，当 $\langle u'_1u'_1\rangle>\langle u'_2u'_2\rangle$ 时，它将 $\langle u'_1u'_1\rangle$ 中一部分能量转移到 $\langle u'_2u'_2\rangle$。只要 $\langle u'_2u'_2\rangle$ 不衰减，雷诺剪应力的生成项 $-\langle u'_2u'_2\rangle\mathrm{d}U(x_2)/\mathrm{d}x_2$ 可以使 $\langle u'_1u'_2\rangle$ 保持一定的强度；从而雷诺正应力 $\langle u'_1u'_1\rangle$ 由生成项 $-2\langle u'_1u'_2\rangle\mathrm{d}U(x_2)/\mathrm{d}x_2$ 提供得以维持。最终，各雷诺应力分量达到平衡状态。

2.3.6 不可压缩湍流场中脉动压强分布和压强变形率相关的解析表达式

在雷诺应力输运方程中脉动压强和变形率相关项可以用解析式表示。首先对脉动输运方程式(2.8a)求散度,得脉动压强的泊松方程:

$$\frac{1}{\rho}\frac{\partial^2 p'}{\partial x_j \partial x_j}=-2\frac{\partial u_i'}{\partial x_j}\frac{\partial\langle u_j\rangle}{\partial x_i}-\frac{\partial^2}{\partial x_i \partial x_j}(u_i'u_j'-\langle u_i'u_j'\rangle) \tag{2.13}$$

脉动压强方程的源项由两部分组成,第一项是平均速度梯度的线性项;第二项是脉动速度的二次项。利用格林函数方法,可以得到泊松方程(2.13)的解析解。在无界的流场中,格林函数 $G(\boldsymbol{x},\xi)=1/r, r=|\boldsymbol{x}-\xi|$。脉动压强的解析解为

$$\frac{p'(\boldsymbol{x},t)}{\rho}=\frac{1}{4\pi}\iiint_v\left[2\frac{\partial u_i'}{\partial \xi_j}\frac{\partial\langle u_j\rangle}{\partial \xi_i}+\frac{\partial^2}{\partial \xi_i \partial \xi_j}(u_i'u_j'-\langle u_i'u_j'\rangle)\right]\frac{\mathrm{d}\xi}{r} \tag{2.14}$$

式中 $\boldsymbol{x}=\{x_i\}$ 是压强作用点的坐标,$\xi=\{\xi_i\}$ 是积分域内的积分变量,$\mathrm{d}\xi=\mathrm{d}\xi_1\mathrm{d}\xi_2\mathrm{d}\xi_3$ 是体积微元。积分式(2.14)表明,一点的压强是该点邻域中脉动速度场的泛函,不是由当地的脉动速度确定。

将脉动压强的积分式,代入压强变形率相关式,得到再分配项的表达式如下:

$$\begin{aligned}\Phi_{ij}=\left\langle\frac{p'}{\rho}\left(\frac{\partial u_i'}{\partial x_j}+\frac{\partial u_j'}{\partial x_i}\right)\right\rangle &= \underbrace{\frac{1}{4\pi}\iiint_v\left\langle\left(\frac{\partial u_i'}{\partial x_j}+\frac{\partial u_j'}{\partial x_i}\right)\frac{\partial^2 u_l'u_m'}{\partial \xi_l \partial \xi_m}\right\rangle\frac{\mathrm{d}\xi}{r}}_{\Phi_{ij1}} \\ &\quad+\underbrace{\frac{1}{4\pi}\iiint_v 2\left\langle\left(\frac{\partial u_i'}{\partial x_j}+\frac{\partial u_j'}{\partial x_i}\right)\frac{\partial u_l'}{\partial \xi_m}\right\rangle\frac{\partial\langle u_m\rangle}{\partial \xi_l}\frac{\mathrm{d}\xi}{r}}_{\Phi_{ij2}}\end{aligned} \tag{2.15}$$

公式右边第一项用 Φ_{ij1} 表示,它只含有脉动速度量,没有平均变形率项,它使湍流脉动各向同性化。前面已经讨论过,存在平均变形率,才能产生雷诺应力。倘若没有平均变形率,就没有雷诺应力的生成,这时再分配项 Φ_{ij1} 使湍流场中雷诺正应力向均匀分布方向发展,因此 Φ_{ij1} 称为回归各向同性项。第二项 Φ_{ij2} 中含有平均变形率,如果平均变形率是均匀的,例如均匀平面剪切流 $\langle u_i\rangle=\gamma x_2\delta_{i1}$($\gamma$ 是平均平面剪切变形率),则 Φ_{ij2} 积分中 $\partial\langle u_m\rangle/\partial\xi_l$ 是常数,它可以从积分式中移出,就是说,Φ_{ij2} 和当地的平均变形率 $\partial\langle u_m\rangle/\partial x_l$ 成线性关系。如果平均变形率场是缓变函数,而又有 $\lim\limits_{r\to 0}1/r=\infty$,这时局部速度梯度 $\partial\langle u_m\rangle/\partial x_l$ 对 Φ_{ij2} 的积分式有主要贡献,因此 Φ_{ij2} 积分式中可以近似地用局部变形率 $\partial\langle u_m\rangle/\partial x_l$ 取代 $\partial\langle u_m\rangle/\partial\xi_l$,并作为常量移到积分号外,因而 Φ_{ij2} 和 $\partial\langle u_m\rangle/\partial x_l$ 成线性关系。Φ_{ij2} 和局部平均变形率成正比的性质称为快速响应,Φ_{ij2} 称为快速响应项。意思是它仅和当时当地的平均变形率张量成线性关系,而和它的空间分布及时间历史无关。

注意:式(2.15)中,$\boldsymbol{x}=\{x_i\}$ 是常量,$\{\xi_i\}$ 是积分变量,因此积分式 Φ_{ij1} 中 $\langle(\partial u_i'/\partial x_j+\partial u_j'/\partial x_i)\partial^2\partial u_l'u_m'/\partial\xi_l\partial\xi_m\rangle$ 和积分式 Φ_{ij2} 中 $\langle(\partial u_i'/\partial x_j+\partial u_i'/\partial x_j)\partial u_l'/\partial\xi_m\rangle$ 是两点空间相关函数,它们都是高阶相关量。

在有界的湍流场中,由于壁面的存在,求解泊松方程的格林函数与边界形状有关,这时压强脉动方程(2.13)的解析解形式为

$$\frac{p'(\boldsymbol{x},t)}{\rho}=\frac{1}{4\pi}\iiint_v G(\boldsymbol{x},\xi)\left[2\frac{\partial u_i'}{\partial \xi_j}\frac{\partial\langle u_j\rangle}{\partial \xi_i}+\frac{\partial^2}{\partial \xi_i\partial \xi_j}(u_i'u_j'-\langle u_i'u_j'\rangle)\right]\mathrm{d}\xi+\frac{1}{4\pi}\oiint\frac{p'}{\rho}\frac{\partial G}{\partial n}\mathrm{d}A \tag{2.16}$$

式中$\partial G/\partial n$是格林函数在边界面上的法向导数。$\mathrm{d}A$为边界面的积分面元。将压强脉动解代入压强变形率相关项，有

$$\begin{aligned}\left\langle\frac{p'}{\rho}\left(\frac{\partial u_i'}{\partial x_j}+\frac{\partial u_j'}{\partial x_i}\right)\right\rangle=&\underbrace{\frac{1}{4\pi}\iiint_v G(\boldsymbol{x},\xi)\left\langle\left(\frac{\partial u_i'}{\partial x_j}+\frac{\partial u_j'}{\partial x_i}\right)\frac{\partial^2 u_l'u_m'}{\partial \xi_l\partial \xi_m}\right\rangle\mathrm{d}\xi}_{\Phi_{ij1}}\\&+\underbrace{\frac{1}{4\pi}\iiint_v 2\left\langle\left(\frac{\partial u_i'}{\partial x_j}+\frac{\partial u_j'}{\partial x_i}\right)\frac{\partial u_l'}{\partial \xi_m}\frac{\partial\langle u_m\rangle}{\partial \xi_l}\right\rangle G(\boldsymbol{x},\xi)\mathrm{d}\xi}_{\Phi_{ij2}}\\&+\underbrace{\frac{1}{4\pi}\oiint_\Sigma\left\langle p'\left(\frac{\partial u_i'}{\partial x_j}+\frac{\partial u_j'}{\partial x_i}\right)\right\rangle\frac{\partial G}{\partial n}\mathrm{d}A}_{\Phi_{ijw}}\end{aligned} \tag{2.17}$$

有固壁时，压强变形率相关项中除了各向同性回归项Φ_{ij1}和快速响应项Φ_{ij2}外，还有一项边界面上的压强脉动和域内变形率的两点相关的面积分，这一项称为壁面效应项，记作Φ_{ijw}。第 9 章讨论雷诺应力封闭模型时，将对Φ_{ij1}，Φ_{ij2}，Φ_{ijw}分别作模式。

2.3.7 湍流统计方程的封闭性讨论

通过统计平均方法导出了平均运动的雷诺方程和雷诺应力的输运方程。雷诺方程中出现了雷诺应力项$-\rho\langle u_i'u_j'\rangle$，它是未知量，因此雷诺方程是不封闭的。在雷诺应力输运方程中又出现了更高阶的统计相关量Φ_{ij}，D_{ij}，E_{ij}等(注意：生成项P_{ij}中只含有$\langle u_l'u_m'\rangle$和$\partial\langle u_i\rangle/\partial x_j$，所以没有增加新的未知量)。例如雷诺应力扩散项$D_{ij}$中含有 3 阶相关$\langle u_i'u_k'u_j'\rangle$；雷诺应力耗散项$E_{ij}$中含有脉动速度导数的 2 阶相关$\langle\partial u_i'/\partial x_k\partial u_j'/\partial x_k\rangle$；雷诺应力再分配项$\Phi_{ij}$中含有两点的空间 3 阶相关$\langle\partial u_i'/\partial x_j\partial^2 u_l'u_m'/\partial\xi_l\partial\xi_m\rangle$等。因此，雷诺应力输运方程引进了新的高阶相关变量，所以也是不封闭的。总之，由 N-S 方程导出的 2 阶速度相关的输运方程中出现了更高阶的未知相关量。如果我们进一步通过 N-S 方程导出高阶相关量Φ_{ij}，D_{ij}，E_{ij}的演化方程(是很冗繁的推导，从略)，则将出现更高阶的相关量(4 阶以上)。就是说，从 N-S 方程导出的湍流统计方程是永远不封闭的。湍流统计理论的任务之一是研究统计方程的封闭方法，第 9 章将详细讨论雷诺平均方程的封闭方法。

2.4 不可压缩湍流的标量输运方程

在有温差或不同成分组成的流体湍流中，温度或不同组分的浓度也随流体脉动作不规则的变化，这时除了流体的平均动量输运外，还有平均的热能输运和质量输运，这种输运过程就是流动过程的传热和传质。温度和浓度是标量，因此它们的平均输运方程称为标量输运方程。

根据热平衡关系,流场中的温度 θ 的演化方程为

$$\frac{\partial \theta}{\partial t} + u_j \frac{\partial \theta}{\partial x_j} = \kappa \frac{\partial^2 \theta}{\partial x_j \partial x_j} + \dot{q} \tag{2.18}$$

公式左边是温度的质点导数,右边第一项是热传导的温度扩散项,右边第二项是热源,它包括流动的粘性耗散输入的能量和其他热源,如化学反应、热辐射等。如果只有流动的粘性耗散,则 $\dot{q} = \frac{\mu}{c_p} \frac{\partial u_i}{\partial x_j} \frac{\partial u_i}{\partial x_j}$。可以证明,在不可压缩流体运动中分子粘性耗散产生的热源很小,常常忽略不计,在高马赫数的流动中这一项不可忽略。

在湍流运动中,采用系综统计方法将温度场分解为平均温度场和脉动温度场:

$$\theta = \langle \theta \rangle + \theta' \tag{2.19}$$

对式(2.18)求平均(不计源项),得

$$\frac{\partial \langle \theta \rangle}{\partial t} + \langle u_j \rangle \frac{\partial \langle \theta \rangle}{\partial x_j} = \kappa \frac{\partial^2 \langle \theta \rangle}{\partial x_j \partial x_j} - \frac{\partial \langle u'_j \theta' \rangle}{\partial x_j} \tag{2.20}$$

式(2.20)是平均温度的输运方程。左边是平均运动轨迹上的平均温度增长率,它和以下各项之和相等:①平均温度的分子扩散 $\kappa \partial^2 \langle \theta \rangle / \partial x_j \partial x_j$;②脉动温度通量平均值的梯度 $-\partial \langle u'_j \theta' \rangle / \partial x_j$,称温度的湍流扩散,准确地说,它是脉动内能的湍流输运项。式(2.20)类似于平均动量输运的雷诺方程,方程右边出现不封闭项 $\langle u'_j \theta' \rangle$,它是脉动温度通量的平均值,一旦有了 $\langle u'_j \theta' \rangle$ 的封闭关系式,联立雷诺方程(2.6)、方程(2.7)和方程(2.20)可以预测平均温度场的分布。如果将式(2.18)和式(2.20)中的温度 θ 换成浓度 c,那么同样可推导平均浓度的输运方程:

$$\frac{\partial \langle c \rangle}{\partial t} + \langle u_j \rangle \frac{\partial \langle c \rangle}{\partial x_j} = D \frac{\partial^2 \langle c \rangle}{\partial x_j \partial x_j} - \frac{\partial \langle u'_j c' \rangle}{\partial x_j} \tag{2.21}$$

式中 D 是分子质量扩散系数,平均浓度方程中出现不封闭项 $\langle u'_j c' \rangle$,它是湍流的质量输运。

上面导出的标量输运方程必须和运动方程联立才能求解。在不可压缩流动中,如果浓度和温度很小,它们几乎不改变流体质点的密度,流体质点密度仍然视为常数,因此流体质点的质量和动量输运与温度及密度无关,仍然服从不可压缩流体的连续方程和动量输运方程。这种标量输运过程称为被动标量(passive scalar),也就是说,标量场由速度场确定,而标量场不影响速度场。在可压缩流体中,密度与和温度有关(状态方程),这时能量输运和动量输运是耦合的,即密度和温度在速度场中输运,它们反过来对流体的动量输运有作用。这时的标量输运属于主动标量(active scalar)。

2.5 涡量的输运和湍流

有旋是湍流运动的重要特性,涡量是有旋性的特征量,当涡量集中在有限封闭体或管状体中时,流体具有强烈旋转,这种集中的涡量常称为旋涡,例如,龙卷风、飞机的尾涡等。在粘性很小的流体运动中,涡量具有保持性,这时,强旋涡是主宰流动的主要因素。湍流场中涡量是随机分布的,并由各种尺度不同的脉动涡量(常称湍涡)组成。

下面我们将简要地介绍涡量运动学和动力学的性质而不加证明,需要这方面详细知识的读者可参阅作者的《流体力学》或其他涡动力学专著。对于已经熟知涡动力学的读者,可以越过前两小节而直接阅读 2.5.3 节。

2.5.1 涡量运动学

涡量是速度场的旋度：

$$\omega = \nabla \times \boldsymbol{u} \tag{2.22}$$

与涡量密切相关的运动学量称为**速度环量**Γ，它是沿封闭曲线上速度场的线积分：

$$\Gamma = \oint_l \boldsymbol{u} \cdot \mathrm{d}\boldsymbol{r} \tag{2.23}$$

根据 Stokes 定理，环量和涡量有以下的定量关系：速度环量等于通过张在封闭曲线上的曲面的涡量通量，即

$$\Gamma = \oint_l \boldsymbol{u} \cdot \mathrm{d}\boldsymbol{r} = \iint_A \omega \cdot \boldsymbol{n}\mathrm{d}A \tag{2.24}$$

可以用涡线描述涡量场，它是涡量场的向量线，即涡线的切线处处和当地涡量方向平行。同理，与当地涡量处处相切的空间曲面定义为涡面。**如果涡面是管状曲面，则管状曲面的内域称为涡管；如果涡面是封闭曲面，则单连通封闭曲面的内域称为涡团，复连通封闭内域称为涡环。**

根据涡量的定义，涡量有以下的运动学性质：

(1) 涡量是管式场，即$\nabla \cdot \omega = 0$。

(2) 由于涡量是管式场，涡线不能在流场内中断，也不能在流场中相交。因此涡线或是终止在物体表面，或是延伸到无穷远，或是形成封闭曲线。同理，在流场中的涡面或是延伸到无穷远，或是形成封闭曲面的涡团或涡环。

(3) 涡管各截面上的涡通量相等，或者说绕同一涡管的速度环量相等。

(4) 已知不可压缩流场涡量场可以确定其速度场，具体计算公式是

$$\boldsymbol{u}(x) = \frac{1}{4\pi}\iiint_D \frac{\omega(\xi) \times \boldsymbol{R}}{R^3}\mathrm{d}\xi \tag{2.25}$$

式中$\boldsymbol{R} = \boldsymbol{x} - \xi$，在积分域 D 的边界上必须满足$\omega \cdot \boldsymbol{n} = 0$，这一条件，通常容易满足，例如，无滑移边界面上必有$\omega \cdot \boldsymbol{n} = 0$；无界静止流场中，无穷远处速度$|\boldsymbol{u}|$是$R^{-3}$量级，涡量$|\omega|$是$R^{-4}$量级，因此，一般情况下不可压缩流场中由涡量场诱导的速度场用式(2.25)计算。

涡量场的另一重要运动学量是螺旋度，它的定义如下：

$$H = \int_D \omega \cdot \boldsymbol{u}\mathrm{d}v \tag{2.26}$$

2.5.2 涡动力学

1. 不可压缩流体的涡量输运方程

对不可压缩牛顿流体的动量方程(2.1)求旋度，获得涡量动力学方程如下：

$$\frac{\partial \omega}{\partial t} + \boldsymbol{u} \cdot \nabla\omega = \omega \cdot \nabla\boldsymbol{u} + \nabla \times \boldsymbol{f} + \nu \nabla^2 \omega \tag{2.27a}$$

通常流场中外力场是有势的，因而$\nabla \times \boldsymbol{f} = 0$。式(2.27a)可写为

$$\frac{\partial \omega_i}{\partial t} + u_j \frac{\partial \omega_i}{\partial x_j} = \omega_j \frac{\partial u_i}{\partial x_j} + \nu \frac{\partial^2 \omega_i}{\partial x_i \partial x_i} \tag{2.27b}$$

速度梯度$\partial u_i / \partial x_j = s_{ij} + r_{ij}$，$s_{ij} = (\partial u_i / \partial x_j + \partial u_j / \partial x_i)/2$ 是速度梯度张量的对称分量，也就

是流体质点的变形率张量；$r_{ij}=(\partial u_i/\partial x_j-\partial u_j/\partial x_i)/2$ 是速度梯度张量的反对称分量，它只有三个分量，分别是涡量的三个分量，具体地有以下公式：

$$r_{ij}=-\frac{1}{2}\varepsilon_{ijk}\omega_k \tag{2.28}$$

式中 ε_{ijk} 为 3 阶置换张量，当 i,j,k 是顺序 1,2,3；2,3,1 或 3,1,2 时，$\varepsilon_{ijk}=1$；当 i,j,k 是逆序时，$\varepsilon_{ijk}=-1$；当 i,j,k 中有 2 个以上重复指标时，$\varepsilon_{ijk}=0$。将速度梯度张量公式代入式(2.27b)右端第一项中，就有

$$\omega_j\frac{\partial u_i}{\partial x_j}=\omega_j s_{ij}+\omega_j r_{ij}=\omega_j s_{ij}-\frac{1}{2}\varepsilon_{ijk}\omega_j\omega_k$$

很容易证明上式中最后一项等于零，因为当 ε_{ijk} 的下标 j,k 交换位置时，公式中相应两项之和等于零。于是，涡动力学方程可写为

$$\frac{\partial\omega_i}{\partial t}+u_j\frac{\partial\omega_i}{\partial x_j}=\omega_j s_{ij}+\nu\frac{\partial^2\omega_i}{\partial x_i\partial x_i} \tag{2.29}$$

上式是不可压缩流体在势力场中运动时的涡量输运方程。公式左边是涡量沿流体质点轨迹的增长率；右边最后一项是涡量的分子粘性扩散，它使涡量从高涡量区向低涡量区传输；右边第一项是涡量的生成项，在涡量演化中有极其重要的作用。我们知道，s_{ij} 是质点的变形率张量，因此流体质点的涡量在质点拉伸时将增加强度，在质点旋转中改变方向，总之，变形率将使涡量发生变化。我们考察某一微元涡管在流场中遭受变形时的情况，如图 2-4 所示。该微元涡管两端的速度差为 $\delta\boldsymbol{u}$，将它分解为平行于涡量的分量 $\delta u_{//}$ 和垂直于涡量的分量 $\delta u_{\perp}$。$\delta u_{\perp}$ 使涡管绕 A 点转动；$\delta u_{//}$ 使涡管伸长($\omega\cdot\nabla\boldsymbol{u}>0$)或压缩($\omega\cdot\nabla\boldsymbol{u}<0$)。转动部分在当地并不改变涡量的绝对值，只改变它的方向；伸长部分将使涡量强度加大，因为不可压缩流体的体积不变，当微元涡管拉长后，截面积将按反比减小，由于涡管通量守恒性，ω 的绝对值将增大。

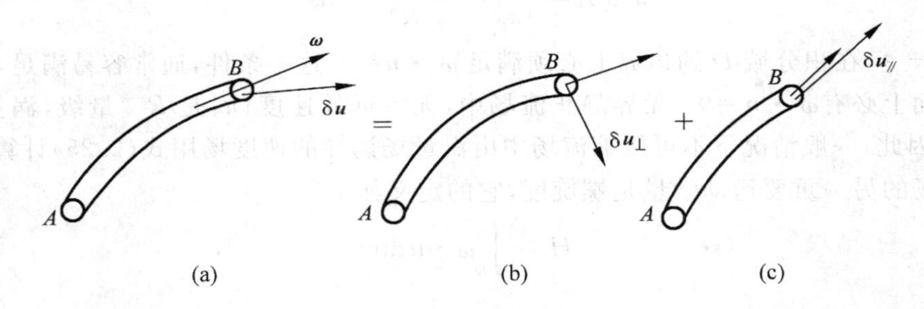

图 2-4 微元涡管在切变场中的变化

(a) 原涡管；(b) 转动；(c) 伸长

如果我们只考察涡量大小的变化，可以引入拟涡能的概念和它的输运方程。$\omega_i\omega_i/2$ 称为**拟涡能**(enstropy)。

由涡动力学方程(2.29)容易导出拟涡能方程如下(请读者自己推导)：

$$\frac{\partial\omega_i\omega_i/2}{\partial t}+u_j\frac{\partial\omega_i\omega_i/2}{\partial x_j}=\omega_i\omega_j s_{ij}+\nu\frac{\partial^2\omega_i\omega_i/2}{\partial x_j\partial x_j}-\nu\frac{\partial\omega_i}{\partial x_j}\frac{\partial\omega_i}{\partial x_j} \tag{2.30}$$

上式左边表示拟涡能沿质点轨迹的增长率；右边第一项表示拟涡能的产生项，如果流场的变形使涡管拉伸，则使拟涡能增加。对称的变形率张量必可分解为三个主轴方向的主变形

率，$s_{ij}\boldsymbol{e}_i\boldsymbol{e}_j=s_1\boldsymbol{e}_1'\boldsymbol{e}_1'+s_2\boldsymbol{e}_2'\boldsymbol{e}_2'+s_3\boldsymbol{e}_3'\boldsymbol{e}_3'$，$\boldsymbol{e}_i'$是变形率张量的主轴方向，$s_i$ 是主变形率，并且规定，主变形率的由大到小按下标 1,2,3 排列。对于不可压缩流体，三个主变形率之和等于零，$s_1+s_2+s_3=0$，故必有 $s_1>0$。则当涡量方向和主变形率的第一主轴重合时，拟涡能的增长率最大。式(2.30)右边第二项表示拟涡能的分子扩散；右边最后一项表示拟涡能的分子粘性耗散。

从拟涡能输运方程，我们可以得到以下两个推论。

(1) 等角速度刚体转动的流场，涡量可以维持常数。

等角速度刚体转动的流场中 $\omega_i=$常数，因此，涡量的所有导数项等于零；涡量的耗散也等于零。刚体转动流场的变形率等于零，即 $s_{ij}=0$，因此拟涡能的生成项等于零。就是说，刚体转动的流场中，拟涡能输运方程是等于零的恒等式。换句话说，等角速度刚体转动的流场可以维持涡量不变。

(2) 二维流场的拟涡能生成项等于零。

二维流场可表示为 $u_1=u(x_1,x_2)$，$u_2=v(x_1,x_2)$，变形率张量有四个分量不等于零，分别是：s_{11}，s_{22}，s_{12}和 s_{21}；涡量场只有一个不等于零的分量：$\omega_3=\partial u_2/\partial x_1-\partial u_1/\partial x_2$，而 $\omega_1=\omega_2=0$。将它们代入生成项 $\omega_i\omega_j s_{ij}$，容易证明 $\omega_i\omega_j s_{ij}=0$。由于拟涡能的耗散总是大于零，因此在势力场中不可压缩平面流动的拟涡能是衰减的。从涡动力学性质可以推断，如果没有外力驱动，二维流动的湍流总是衰减的，或者说一般湍流是三维脉动。

2. 可压缩流体中涡量的斜压生成项

可压缩流体运动方程为(假定粘性系数是常数)

$$\frac{\partial\rho}{\partial t}+\nabla\cdot\rho\boldsymbol{u}=0$$

$$\frac{\partial\boldsymbol{u}}{\partial t}+\boldsymbol{u}\cdot\nabla\boldsymbol{u}=-\frac{1}{\rho}\nabla p+\nu\Delta\boldsymbol{u}+\boldsymbol{f}$$

对运动方程求旋度，可得向量形式的涡量输运方程：

$$\frac{\partial\omega}{\partial t}+\boldsymbol{u}\cdot\nabla\omega=\omega\cdot\nabla\boldsymbol{u}+\frac{1}{\rho^2}\nabla\rho\times\nabla p+\nu\Delta\omega+\nabla\times\boldsymbol{f}\tag{2.31}$$

对比不可压缩流体的涡量输运方程(2.29)，可压缩流体的涡量输运方程右边增加一项$\nabla\rho\times\nabla p/\rho^2$，这一项称为斜压项(不可压缩流体中$\nabla\rho=0$，没有斜压项)，在可压缩流体中，通常该项不等于零，特别是在曲面激波后，斜压项是涡量的主要生成项。

3. 理想流体中涡量保持性

当流体粘性很小时，可以采用理想流体($\nu=0$)的模型。不可压缩理想流体在势力场中运动时，涡量具有守恒性。经典流体力学中 **Kelvin 定理**证明：

不可压缩理想流体在势力场中运动时，沿任意封闭流体线的环量守恒。由 Kelvin 定理可以进一步推论，涡线是流体线，简单说，涡线始终是涡线，绕涡线的环量在运动过程中不变，它不能断裂，也不能和其他涡线粘连。例如，有 2 个涡环(图 2-5(a))互不链接，则在运动过程，永不链接；如果 2 个涡环是链接的，则永远链接，不能解开。也就是说，不可压缩理想流体中涡运动具有拓扑不变性；实际流体中有粘性，涡线间可以粘连，也可能撕裂。

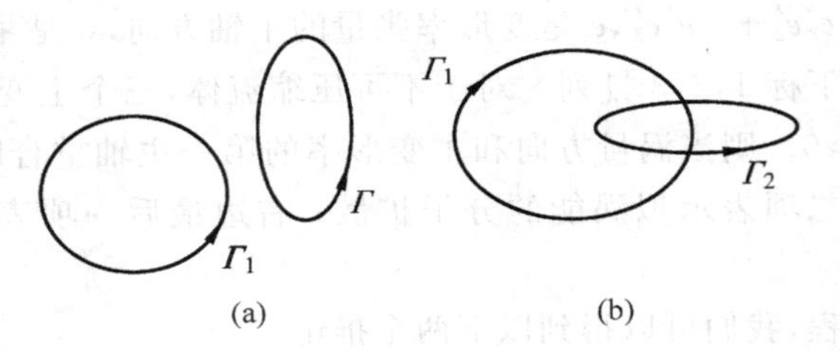

图 2-5 不同拓扑结构的涡环
(a) 互不链接的涡环；(b) 互相链接的涡环

2.5.3 湍流场中涡量的统计方程

在湍流场中质点的涡量可分解为平均涡量和脉动涡量：

$$\omega_i = \langle \omega_i \rangle + \omega_i' \tag{2.32}$$

将不可压流场的涡量输运方程(2.27b)求平均，可导出平均涡量输运方程如下：

$$\frac{\partial \langle \omega_i \rangle}{\partial t} + \langle u_j \rangle \frac{\partial \langle \omega_i \rangle}{\partial x_j} = \langle \omega_j \rangle \langle s_{ij} \rangle + \langle \omega_j' s_{ij}' \rangle - \frac{\partial \langle u_j' \omega_i' \rangle}{\partial x_j} + \nu \frac{\partial^2 \langle \omega_i \rangle}{\partial x_j \partial x_j} \tag{2.33}$$

在湍流的平均涡量场的输运过程中，涡量沿平均轨迹的增长率和以下各项平衡：平均场的变形率产生涡量的增长(右边第一项)、分子粘性引起的扩散(右边最后一项)、湍流脉动速度携带的脉动涡量的平均通量$-\langle u_j'\omega_i' \rangle$类似于动量输运的雷诺应力，它以湍流扩散的形式改变平均涡量的增长率(右边第三项)、最后脉动涡量在脉动速度变形率的作用下产生平均涡量增长率$\langle \omega_j' s_{ij}' \rangle$(右边第二项)。

将涡量输运方程(2.27b)与平均涡量输运方程相减，可以得到脉动涡量方程：

$$\frac{\partial \omega_i'}{\partial t} + \langle u_j \rangle \frac{\partial \omega_i'}{\partial x_j} = \omega_j' \langle s_{ij} \rangle + \langle \omega_j \rangle s_{ij}' + \omega_j' s_{ij}' - \langle \omega_j' s_{ij}' \rangle - u_j' \frac{\partial \langle \omega_i \rangle}{\partial x_j}$$
$$+ \frac{\partial (\langle u_j' \omega_i' \rangle - u_j' \omega_i')}{\partial x_j} + \nu \frac{\partial^2 \omega_i'}{\partial x_j \partial x_j} \tag{2.34}$$

在脉动涡量的输运过程中，脉动涡量在脉动变形率场中的生成项(右边第三项)和脉动涡量的分子扩散项(右边最后一项)和一般的涡动力学过程一样，毋庸赘述。对于脉动涡量或"湍涡"来说，脉动涡量和平均变形率场的相互作用(右边第一项)，以及平均涡量和脉动变形率场的相互作用(右边第二项)都使湍涡有附加的增长率。最后脉动涡量通量以湍流扩散的形式附加到湍涡的增长率中(右边第四项)。

为了便于分析湍流场中的脉动涡量的演化，我们考察脉动涡量的拟涡能。只要令式(2.34)乘以ω_i'，然后求系综平均，就可得脉动涡量的拟涡能方程：

$$\frac{\partial \langle \omega_i' \omega_i' \rangle}{\partial t} + \langle u_j \rangle \frac{\partial \langle \omega_i' \omega_i' \rangle}{\partial x_j} = 2\langle \omega_i' \omega_j' \rangle \langle s_{ij} \rangle + 2\langle \omega_j \rangle \langle \omega_i' s_{ij}' \rangle + \langle \omega_i' \omega_j' s_{ij}' \rangle - 2\langle u_j' \omega_i' \rangle \frac{\partial \langle \omega_i \rangle}{\partial x_j}$$
$$- \frac{\partial \langle u_j' \omega_i' \omega_i' \rangle}{\partial x_j} + \nu \frac{\partial^2 \langle \omega_i' \omega_i' \rangle}{\partial x_j \partial x_j} - 2\nu \left\langle \frac{\partial \omega_i'}{\partial x_j} \frac{\partial \omega_i'}{\partial x_j} \right\rangle \tag{2.35}$$

脉动拟涡能的输运方程类似于湍动能输运方程，式(2.35)右边的最后三项分别是拟涡能的湍流扩散、分子扩散和分子耗散。公式右边的前四项是脉动拟涡能的产生项，第一项是脉动涡量在平均变形率作用下的生成项；第二项是脉动涡量和脉动变形率的平均值在平均涡量作用下的生成项；第三项是脉动涡量在脉动变形率作用下的生成项；第四项是脉动涡量通量和平均涡量梯度的乘积，它相当于湍动能输运方程中的生成项 $P_k = -\langle u_i' u_j' \rangle \partial \langle u_i \rangle / \partial x_j$，它是脉动拟涡能从平均拟涡能中觅取的能量。

在湍流场中，脉动涡量场可能存在不同的结构，例如，球涡、椭球涡、细长涡环（近似马蹄涡）等，它们的演化无疑是很复杂的。然而，通过脉动拟涡能方程可以得到一些基本性质。

1）脉动涡量的增长和尺度的减小

涡量生成项的主要来源是涡管的抻长。为了简单地说明这一特征，我们假定湍流场是均匀的，即所有平均量及其空间导数等于零，这时拟涡能的生成项是 $\langle \omega_i' \omega_j' s_{ij}' \rangle$。可以将生成项用脉动变形率张量的主变形率表示，设三个主轴方向的变形率是 $s_{11}', s_{22}', s_{33}'$，脉动涡量在主轴方向的投影分别是 $\omega_1', \omega_2', \omega_3'$，生成项等于 $\langle \omega_1'^2 s_{11}' + \omega_2'^2 s_{22}' + \omega_3'^2 s_{33}' \rangle$。我们知道，主变形率是流体质点在主轴方向的线变形率，对于不可压缩流体 $s_{11}' + s_{22}' + s_{33}' = 0$，必有 $s_{11} > 0$。假定 $s_{22} < 0, s_{33} < 0$，只有当 $\omega_1'^2 s_{11} > \omega_2'^2 |s_{22}| + \omega_3'^2 |s_{33}|$ 时，才能有正的生成项。也就是说在伸长的主轴方向脉动涡量分量占明显优势时，脉动涡量才能增长。现在，我们设想有一个涡团，它的方向和第一主变形率方向重合，在忽略分子粘性扩散条件下，它是一个流体质团（Kelvin定理的结论），这时流体质团的涡量将急剧增加；与此同时，流体质团受到拉伸，截面很快收缩。以上分析说明当湍涡脉动增强时，它的几何尺度缩小。这个推论通常用来解释湍流脉动的能量传输机制：**小尺度湍流是由湍涡拉伸产生的**。

2）平面剪切流中的湍涡和雷诺应力

假定有二维平均剪切湍流 $\langle u \rangle = U(y), \langle v \rangle = 0$，为了维持湍流必须有雷诺应力 $\tau_{xy} = -\langle u'v' \rangle$，也就是说，当 $v' < 0$ 时，大部分 u' 必须大于零；或者 $v' > 0$ 时，大部分 u' 必须小于零。流向为45°（或者接近45°）夹角的涡管能够产生这种脉动（见图2-6）。另一方面，二维平均湍流的变形率 $s_{xy} = s_{yx} = U'(y), s_{xx} = s_{yy} = 0$，这一平面变形率场的主轴和流向也为45°夹角，恰好和我们需要的湍涡方向一致。从上一小节的分析，可以得出结论，平均变形率和脉动涡间的这种几何布局能够产生维持湍流的雷诺应力。对于近似二维平均剪切湍流，上面的推断同样成立。

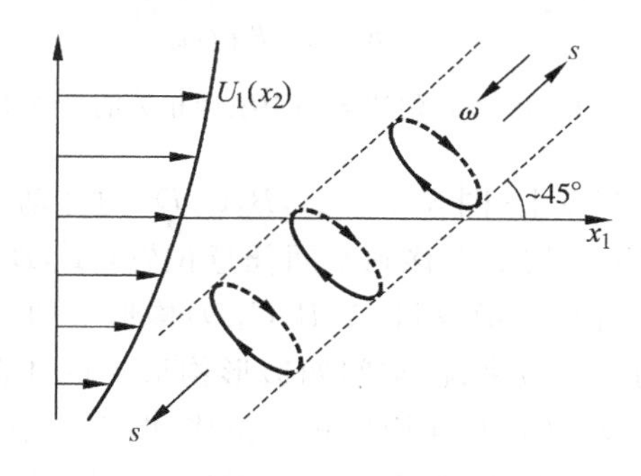

图2-6　平面剪切流中产生雷诺应力的湍涡

总之，脉动涡量的拉伸是维持湍流的主要机制。研究湍流脉动的性质和机制时，涡动力学是一种有用的分析方法，后面讨论湍流现象时，我们会经常提到湍涡的概念及其演化。对涡动力学有专门兴趣的读者，可参阅 A. C. Chorin（1994）的专著。

第3章 均匀各向同性湍流

从本章开始，将由浅入深、由简单到复杂研究各种类型的湍流运动，研究它们的运动学、动力学性质和湍流统计方程的封闭方法。

首先研究均匀各向同性湍流，它是一种最简单的湍流。简单地说，各阶湍流统计特性在空间处处是相同的属于均匀湍流；各阶湍流统计不随坐标系的刚体转动而改变的属于各向同性湍流。由于湍流统计特性是张量，它的均匀性和各向同性的概念需要有精确的定义，才能对它们进行分析和运算。下面我们用几何图像阐明湍流的均匀性和各向同性的概念。设有 n 点脉动速度的相关函数 $R_{ij\cdots pq}=\langle u_i(\boldsymbol{x}_1)u_j(\boldsymbol{x}_2)\cdots u_p(\boldsymbol{x}_{n-1})u_q(\boldsymbol{x}_n)\rangle$，一般情况下，它和空间 n 点的位置有关，即 $R_{ij\cdots pq}=R_{ij\cdots pq}(\boldsymbol{x}_1,\boldsymbol{x}_2,\cdots,\boldsymbol{x}_{n-1},\boldsymbol{x}_n)$。空间 n 个点 $\boldsymbol{x}_1,\boldsymbol{x}_2,\cdots,\boldsymbol{x}_{n-1},\boldsymbol{x}_n$ 构成 n 边空间多边形，称为**几何构形**，如图 3-1 所示（本章中 u_i 均表示脉动速度）。为简明起见，以空间四边形为几何构形。

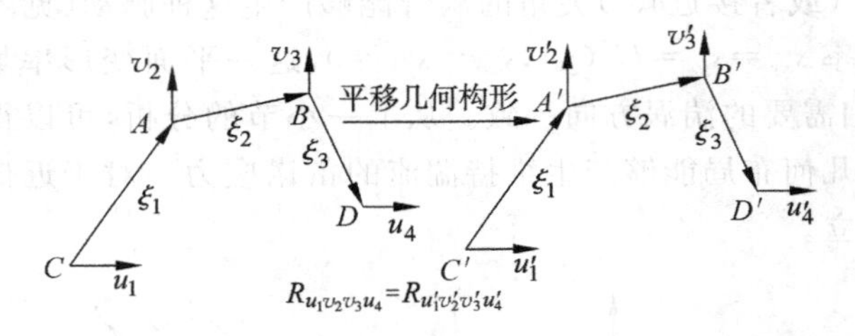

图 3-1　均匀湍流场中统计相关的平移不变性

在几何构形的节点上（图 3-1 中 A,B,C,D）的脉动速度可以构成 4 阶相关函数，现在将 (A,B,C,D) 构形平移到空间任意位置 (A',B',C',D')，如果在 (A',B',C',D') 构形上的 4 阶相关函数和 (A,B,C,D) 构形上的 4 阶相关函数完全相等，则该湍流场是均匀的。一般来说，空间四边形构形上的 4 阶相关应既是 4 个坐标点 $\boldsymbol{x}_A,\boldsymbol{x}_B,\boldsymbol{x}_C,\boldsymbol{x}_D$ 的函数，又是几何构形相对位移（图 3-1 中 ξ_1,ξ_2,ξ_3）的函数。几何构形平移时相对位移 (ξ_1,ξ_2,ξ_3) 是不变的。于是，有以下的严格定义。

定义：如果任意 n 点空间几何构形在空间中平移时，脉动速度任意 n 阶统计相关函数的值不变（或任意 n 点联合概率密度不变），则称该湍流场是均匀的，即有

$$R_{ij\cdots pq}=R_{ij\cdots pq}(\xi_1,\xi_2,\cdots,\xi_{n-1}) \tag{3.1}$$

如果任意 n 点统计相关函数不仅和几何构形的平移无关，而且和几何构形的刚体转动或对任意坐标面反演无关，则称该湍流场是均匀各向同性的。假如图 3-1 中的几何构形(包括速度向量)既作平移又作刚体转动，则在各向同性湍流场中任意阶脉动速度的统计相关函数值不变，图 3-2 示意均匀各向同性湍流(表示 4 点间的 4 阶相关)。于是，有下述定义。

定义：如果任意 n 点空间几何构形在空间中平移，或绕原点转动或对任意坐标平面反演时，脉动速度的任意 n 阶统计相关函数的值不变(或任意 n 点联合概率密度不变)，则称该湍流场是均匀各向同性的。

由于几何构形在固定坐标系中平移加转动等同于几何构形固定而坐标系平移加转动，或坐标反演，因此，均匀湍流又可表述为**脉动速度的任意阶统计相关(或任意阶联合概率密度)和坐标系的平移无关**；均匀各向同性湍流可表述为**脉动速度的任意阶统计相关(或任意阶联合概率密度)和坐标系的平移、刚体转动和反演无关**。

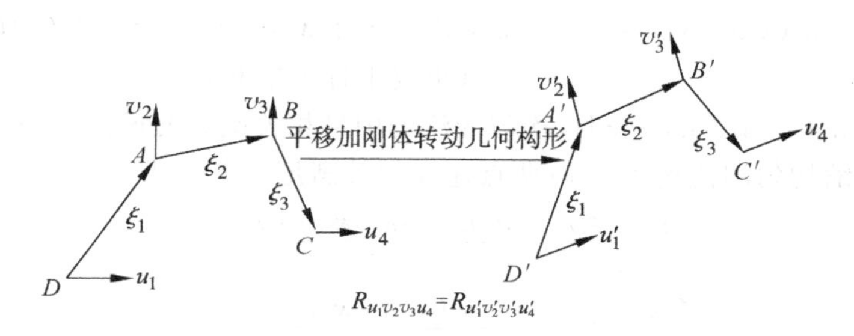

图 3-2 均匀各向同性湍流场中统计相关量的平移和刚体转动不变性

从物理直观上来看，所谓均匀湍流场，就是不论在流场中哪一个区域来观察，它们的随机特性都是相同的。理论上来说，这种湍流只有在无界的流场中才有可能存在。因为在固壁处，流体速度必须满足无滑移条件，湍流脉动受到固壁约束，它和远离固壁处的脉动具有不同的随机特性，因此固壁附近湍流场不可能是均匀的。各向同性湍流，首先应是均匀的，因此也只能在无界的流场中才能存在。

严格意义上的各向同性湍流几乎不存在，但是研究各向同性湍流有两个方面的意义。第一，各向同性湍流具有湍流场质量、能量输运的基本属性，这些性质对于研究一般湍流也是有用的；第二，一般复杂湍流的局部子区域中的湍流可能存在各向同性的特性。例如，远离地面的大气以及远离海面、海岸和海底的浩瀚海洋中的湍流可以近似为各向同性的，大气和海洋科学家常常应用各向同性湍流的研究结果。最早在实验室中模拟各向同性湍流的是英国科学家 G. I. Taylor (1935)，在风洞试验段的均匀气流中设置一排或几排规则的格栅，均匀气流垂直流过格栅时产生不规则扰动。这种不规则扰动向下游运动过程中，由于没有外界干扰，逐渐演化为各向同性湍流。在流向距离大于格栅尺度的 30～40 倍以后，风洞试验段中心区的均匀气流中湍流接近各向同性。由于各向同性湍流既简单又有实验验证的手段，自 20 世纪 30 年代起，它一直是研究湍流理论的重要对象。20 世纪 40 年代苏联科学家 Kolmogorov (1941)提出**局部各向同性湍流**概念和局部各向同性湍流的普适湍动能谱，开创了小尺度湍流脉动一般性质的研究。他的基本思想和近代非线性动力系统理论相结合，构成了近代各向同性湍流理论的基础(Frisch，1995)。本章将介绍各向同性湍流的研究方法、各向同性湍流中湍流输运过程和一些重要的理论。

3.1 均匀湍流场的相关函数和谱张量

第1章已定义了一般的湍流相关张量和谱张量,下面进一步研究均匀湍流场中相关张量和谱张量的性质。主要讨论2阶相关函数,至于高阶相关张量的性质,可以用同样的方法导出。

(1) 均匀湍流场中2阶两点速度互相关张量下标交换时有以下的反对称性:

$$R_{i,j}(\xi) = \langle u_i(\boldsymbol{x})u_j(\boldsymbol{x}+\xi)\rangle = \langle u_i(\boldsymbol{x}'-\xi)u_j(\boldsymbol{x}')\rangle = R_{j,i}(-\xi) \tag{3.2}$$

(2) 均匀湍流场中一点2阶自相关总是大于两点2阶自相关函数,即有

$$R_{ii}(\xi) \leqslant R_{ii}(0) \tag{3.3}$$

对于一般2阶相关 $R_{i,j}(\xi)=\langle u_i(\boldsymbol{x})u_j(\boldsymbol{x}+\xi)\rangle$ 应用 Schwartz 不等式,应有

$$R_{i,j}(\xi) = \langle u_i(\boldsymbol{x})u_j(\boldsymbol{x}+\xi)\rangle \leqslant \langle u_i^2(\boldsymbol{x})\rangle^{1/2}\langle u_j^2(\boldsymbol{x}+\xi)\rangle^{1/2} = [R_{ii}(0)R_{jj}(0)]^{1/2}$$

(重复下标不求和)

令 $i=j$ 就得式(3.3)。式(3.3)表明,均匀湍流场中自相关函数的最大值一定在 $\xi=\mathbf{0}$ 处。

(3) 不可压缩均匀湍流场中,2阶两点速度相关满足以下等式:

$$\frac{\partial R_{i,j}(\xi)}{\partial \xi_j} = \frac{\partial\langle u_i(\boldsymbol{x})u_j(\boldsymbol{x}+\xi)\rangle}{\partial \xi_j} = 0 \tag{3.4}$$

$$\frac{\partial R_{i,j}(\xi)}{\partial \xi_i} = \frac{\partial\langle u_i(\boldsymbol{x})u_j(\boldsymbol{x}+\xi)\rangle}{\partial \xi_i} = 0 \tag{3.5}$$

导出以上公式和后面一些均匀湍流特性时,常常用到以下导数公式:

$$\frac{\partial f(x+y)}{\partial x} = \frac{\partial f(x+y)}{\partial y} = \frac{\partial f(\xi)}{\partial \xi}$$

$$\frac{\partial f(x-y)}{\partial x} = -\frac{\partial f(x-y)}{\partial y} = \frac{\partial f(\eta)}{\partial \eta}$$

式中 $\xi=x+y$,$\eta=x-y$。2阶两点速度相关的导数公式中,位置向量 $\boldsymbol{x}$ 和相关距离向量 ξ 是两个独立的自变量,并定义新的变量 $\boldsymbol{x}'=\boldsymbol{x}+\xi$:

$$\frac{\partial R_{i,j}}{\partial \xi_p} = \frac{\partial\langle u_i(\boldsymbol{x})u_j(\boldsymbol{x}+\xi)\rangle}{\partial \xi_p} = \left\langle u_i(\boldsymbol{x})\frac{\partial u_j(\boldsymbol{x}+\xi)}{\partial \xi_p}\right\rangle = \left\langle u_i(\boldsymbol{x})\frac{\partial u_j(\boldsymbol{x}')}{\partial x'_p}\right\rangle$$

和

$$\frac{\partial R_{i,j}}{\partial \xi_p} = \langle u_i(\boldsymbol{x}-\xi)u_j(\boldsymbol{x})\rangle = \left\langle u_j(\boldsymbol{x})\frac{\partial u_i(\boldsymbol{x}-\xi)}{\partial \xi_p}\right\rangle = -\left\langle u_j(\boldsymbol{x})\frac{\partial u_i(\boldsymbol{x}')}{\partial x'_p}\right\rangle$$

在上面第一式中令 $p=j$,因有不可压缩流体的连续性方程:$\partial u_j(\boldsymbol{x})/\partial x_j=0$,于是式(3.4)得证。同理,在上面第二式中,令 $p=i$,可以证明式(3.5)成立。

(4) 不可压缩均匀湍流场中2阶速度谱张量有以下等式:

$$k_i S_{ij}(\boldsymbol{k}) = 0 \quad 和 \quad k_j S_{ij}(\boldsymbol{k}) = 0 \tag{3.6}$$

2阶谱张量的定义(式(1.31))是

$$S_{ij}(\boldsymbol{k}) = \frac{1}{(2\pi)^3}\int_{-\infty}^{+\infty}\int_{-\infty}^{+\infty}\int_{-\infty}^{+\infty} R_{i,j}(\xi)\exp(-\mathrm{i}\boldsymbol{k}\cdot\xi)\mathrm{d}\xi$$

对式(3.4) $\partial R_{i,j}(\xi)/\partial \xi_j=0$ 做 Fourier 积分变换,应有

$$\int_{-\infty}^{+\infty}\int_{-\infty}^{+\infty}\int_{-\infty}^{+\infty}\frac{\partial R_{i,j}(\xi)}{\partial\xi_j}\exp(-\mathrm{i}\boldsymbol{k}\cdot\xi)\mathrm{d}\xi=0$$

而等式左边等于：

$$\int_{-\infty}^{+\infty}\int_{-\infty}^{+\infty}\int_{-\infty}^{+\infty}\frac{\partial R_{i,j}(\xi)}{\partial\xi_j}\exp(-\mathrm{i}\boldsymbol{k}\cdot\xi)\mathrm{d}\xi=\int_{-\infty}^{+\infty}\int_{-\infty}^{+\infty}\int_{-\infty}^{+\infty}\frac{\partial}{\partial\xi_j}[R_{i,j}(\xi)\exp p(-\mathrm{i}\boldsymbol{k}\cdot\xi)]\mathrm{d}\xi$$
$$-\int_{-\infty}^{+\infty}\int_{-\infty}^{+\infty}\int_{-\infty}^{+\infty}R_{i,j}(\xi)\frac{\partial}{\partial\xi_j}[\exp(-\mathrm{i}\boldsymbol{k}\cdot\xi)]\mathrm{d}\xi$$

第一项积分结果中有 $R_{i,j}(\pm\infty,\xi_2,\xi_3)\exp(\pm\mathrm{i}\infty,\mathrm{i}k_2\xi_2,\mathrm{i}k_3\xi_3)$ 等各项，由于 $|\exp(\mathrm{i}\boldsymbol{k}\cdot\xi)|\leqslant1$，以及 $R_{i,j}(\pm\infty,\xi_2,\xi_3)=R_{i,j}(\xi_1,\pm\infty,\xi_3)=R_{i,j}(\xi_1,\xi_3,\pm\infty)=0$（参见第 1 章），于是有

$$-\int_{-\infty}^{+\infty}\int_{-\infty}^{+\infty}\int_{-\infty}^{+\infty}R_{i,j}(\xi)\frac{\partial}{\partial\xi_j}[\exp(-\mathrm{i}\boldsymbol{k}\cdot\xi)]\mathrm{d}\xi=\mathrm{i}k_j\int_{-\infty}^{+\infty}\int_{-\infty}^{+\infty}\int_{-\infty}^{+\infty}R_{i,j}(\xi)\exp(-\mathrm{i}\boldsymbol{k}\cdot\xi)\mathrm{d}\xi$$
$$=\mathrm{i}k_jS_{ij}(\boldsymbol{k})=0$$

同理可证明式(3.6)的第二式。以上推导过程，应用了在 Fourier 积分变换中的常用公式：

$$\int_{-\infty}^{+\infty}\int_{-\infty}^{+\infty}\int_{-\infty}^{+\infty}\frac{\partial R_{i,j}(\xi)}{\partial\xi_j}[\exp(-\mathrm{i}\boldsymbol{k}\cdot\xi)]\mathrm{d}\xi=\mathrm{i}k_j\int_{-\infty}^{+\infty}\int_{-\infty}^{+\infty}\int_{-\infty}^{+\infty}R_{i,j}(\xi)\exp(-\mathrm{i}\boldsymbol{k}\cdot\xi)\mathrm{d}\xi$$

利用上式还可以证明：

$$\int_{-\infty}^{+\infty}\int_{-\infty}^{+\infty}\int_{-\infty}^{+\infty}\frac{\partial^2 R_{i,j}(\xi)}{\partial\xi_j\partial\xi_j}[\exp(-\mathrm{i}\boldsymbol{k}\cdot\xi)]\mathrm{d}\xi=-k^2\int_{-\infty}^{+\infty}\int_{-\infty}^{+\infty}\int_{-\infty}^{+\infty}R_{i,j}(\xi)\exp(-\mathrm{i}\boldsymbol{k}\cdot\xi)\mathrm{d}\xi$$

请读者自己推导该式。

(5) 均匀湍流场中 2 阶速度谱张量是 Hermit 张量。

2 阶速度谱张量是复函数，它有以下性质：

$$S_{ij}(\boldsymbol{k})=S_{ji}^*(\boldsymbol{k})\tag{3.7}$$

式中上标 * 号表示复共轭，即 2 阶速度谱张量等于它的转置张量的复共轭。对式(3.2)做 Fourier 变换计算 $S_{ij}(\boldsymbol{k})$，因 $R_{i,j}(\xi)=R_{j,i}(-\xi)$，有

$$S_{ij}(\boldsymbol{k})=\int_{-\infty}^{+\infty}\int_{-\infty}^{+\infty}\int_{-\infty}^{+\infty}R_{i,j}(\xi)\exp(-\mathrm{i}\boldsymbol{k}\cdot\xi)\mathrm{d}\xi=\int_{-\infty}^{+\infty}\int_{-\infty}^{+\infty}\int_{-\infty}^{+\infty}R_{j,i}(-\xi)\exp(-\mathrm{i}\boldsymbol{k}\cdot\xi)\mathrm{d}\xi$$

等式右边做变量替换，$\xi=-\eta$，得

$$S_{ij}(\boldsymbol{k})=\int_{-\infty}^{+\infty}\int_{-\infty}^{+\infty}\int_{-\infty}^{+\infty}R_{j,i}(-\xi)\exp(-\mathrm{i}\boldsymbol{k}\cdot\xi)\mathrm{d}\xi=-\int_{+\infty}^{-\infty}\int_{+\infty}^{-\infty}\int_{+\infty}^{-\infty}R_{j,i}(\eta)\exp(\mathrm{i}\boldsymbol{k}\cdot\eta)\mathrm{d}\eta$$
$$=\int_{-\infty}^{+\infty}\int_{-\infty}^{+\infty}\int_{-\infty}^{+\infty}R_{j,i}(\eta)\exp(\mathrm{i}(\boldsymbol{k})\cdot(\eta))\mathrm{d}\eta$$

另一方面：

$$S_{ji}(\boldsymbol{k})=\int_{-\infty}^{+\infty}\int_{-\infty}^{+\infty}\int_{-\infty}^{+\infty}R_{j,i}(\eta)\exp(-\mathrm{i}\boldsymbol{k}\cdot\eta)\mathrm{d}\eta$$

由于相关函数 $R_{j,i}(\eta)$ 和变量 η 是实数，上式的共轭等于：

$$S_{ji}^*(\boldsymbol{k})=\int_{-\infty}^{+\infty}\int_{-\infty}^{+\infty}\int_{-\infty}^{+\infty}R_{j,i}(\eta)\exp(\mathrm{i}\boldsymbol{k}\cdot\eta)\mathrm{d}\eta$$

于是式(3.7)得证。进一步可以证明：对于任意复值向量 X，$\Phi=X_iX_j^*S_{ij}(\boldsymbol{k})$ 必是实数。设 $S_{11}(\boldsymbol{k})$，$S_{22}(\boldsymbol{k})$，$S_{33}(\boldsymbol{k})$ 是谱张量 $S_{ij}(\boldsymbol{k})$ 三个主轴方向的谱，它们分别是主轴方向速度分量的动能谱，都是恒大于零的实数，因此

$$\Phi=X_iX_j^*S_{ij}(\boldsymbol{k})=X_1X_1^*S_{11}(\boldsymbol{k})+X_2X_2^*S_{22}(\boldsymbol{k})+X_3X_3^*S_{33}(\boldsymbol{k})\geqslant0\tag{3.8}$$

式(3.7)和式(3.8)一起，说明 2 阶速度谱张量是 Hermit 张量，即 $S_{ij}(\boldsymbol{k})$ 是正定的 2 阶复共

轭对称张量。

(6) 均匀湍流场中脉动涡量的2阶相关函数和谱张量

脉动涡量是脉动速度的旋度，即

$$\omega = \nabla \times \boldsymbol{u} \quad 或 \quad \omega_i(\boldsymbol{x}) = \varepsilon_{ijk}\frac{\partial u_k}{\partial x_j}$$

因此2阶涡量相关等于：

$$R_{\omega_i\omega_j} = \langle \omega_i(\boldsymbol{x})\omega_j(\boldsymbol{x}')\rangle = \varepsilon_{imn}\varepsilon_{jpq}\left\langle \frac{\partial u_n(\boldsymbol{x})}{\partial x_m}\frac{\partial u_q(\boldsymbol{x}')}{\partial x'_p}\right\rangle$$

在张量代数运算中有以下等式：

$$\varepsilon_{imn}\varepsilon_{jpq} = (\delta_{ij}\delta_{mp}\delta_{nq} + \delta_{ip}\delta_{mq}\delta_{nj} + \delta_{iq}\delta_{mj}\delta_{np} - \delta_{ij}\delta_{mq}\delta_{np} - \delta_{ip}\delta_{mj}\delta_{nq} - \delta_{iq}\delta_{mp}\delta_{nj})$$

此外，

$$\left\langle \frac{\partial u_n(\boldsymbol{x})}{\partial x_m}\frac{\partial u_q(\boldsymbol{x}')}{\partial x'_p}\right\rangle = \frac{\partial^2\langle u_n(\boldsymbol{x})u_q(\boldsymbol{x}')\rangle}{\partial x_m\partial x'_p} = \frac{\partial^2 R_{nq}(\boldsymbol{x}'-\boldsymbol{x})}{\partial x_m\partial x'_p} = -\frac{\partial^2 R_{nq}(\xi)}{\partial \xi_m\partial \xi_p}$$

式中$\xi = \boldsymbol{x}' - \boldsymbol{x}$，于是均匀湍流场中涡量的2阶相关函数为

$$R_{\omega_i\omega_j} = -(\delta_{ij}\delta_{mp}\delta_{nq} + \delta_{ip}\delta_{mq}\delta_{nj} + \delta_{iq}\delta_{mj}\delta_{np} - \delta_{ij}\delta_{mq}\delta_{np} - \delta_{ip}\delta_{mj}\delta_{nq} - \delta_{iq}\delta_{mp}\delta_{nj})\frac{\partial^2 R_{nq}(\xi)}{\partial \xi_m\partial \xi_p} \tag{3.9}$$

不可压缩均匀湍流场中有$\partial R_{ij}/\partial \xi_j = \partial R_{ij}/\partial \xi_i = 0$，因此，式(3.9)可以进一步简化为

$$R_{\omega_i\omega_j}(\xi) = -\delta_{ij}\nabla^2 R_{mm}(\xi) + \frac{\partial^2 R_{mm}(\xi)}{\partial \xi_i\partial \xi_j} + \nabla^2 R_{ji}(\xi) \tag{3.10}$$

式(3.9)和式(3.10)表明均匀湍流场中脉动涡量的相关函数可以由脉动速度的相关函数求得。

(7) 不可压缩均匀湍流场中脉动涡量的2阶谱张量

对式(3.10)做Fourier变换，很容易导出脉动涡量场的2阶谱张量如下：

$$S_{\omega_i\omega_j}(\boldsymbol{k}) = \frac{1}{8\pi^3}\int_{-\infty}^{+\infty}\int_{-\infty}^{+\infty}\int_{-\infty}^{+\infty} R_{\omega_i\omega_j}(\xi)\exp(-\mathrm{i}\boldsymbol{k}\cdot\xi)\mathrm{d}\xi = (\delta_{ij}k^2 - k_ik_j)S_{mm}(\boldsymbol{k}) - k^2 S_{ji}(\boldsymbol{k}) \tag{3.11}$$

式中$S_{ji}(\boldsymbol{k})$是脉动速度的2阶相关谱张量。对张量进行收缩，可得拟涡能谱和动能谱间的关系式：

$$S_{\omega_i\omega_i}(\boldsymbol{k}) = k^2 S_{ii}(\boldsymbol{k}) \tag{3.12}$$

式(3.12)中的乘子k^2表明高波数的拟涡能谱远远大于相同波数的湍动能谱。或者说，对比湍动能谱的峰值，拟涡能谱的峰值向高波数方向移动。一般来说，不规则函数的导数运算相当于高通滤波，因此脉动量导数的能谱中，高波数成分增大。拟涡能谱的式(3.12)反映了这一规律。

(8) 均匀不可压缩湍流场中的湍动能耗散谱

第2章已导出雷诺应力耗散张量$E_{ij} = 2\nu\langle \partial u_i/\partial x_k \partial u_j/\partial x_k\rangle$，我们也可将耗散张量用波谱展开，以考察湍流耗散在各个尺度间的分布。首先构造速度梯度的2阶相关函数$\langle \partial u_i(\boldsymbol{x})/\partial x_k \partial u_j(\boldsymbol{x}+\xi)/\partial x'_k\rangle$，注意到：$x'_k = x_k + \xi_k$和$x_k$是相互独立的变量，因此，在均匀

湍流场中速度梯度的 2 阶相关可以简化为

$$\left\langle \frac{\partial u_i(\boldsymbol{x})}{\partial x_k}\frac{\partial u_j(\boldsymbol{x}')}{\partial x'_k}\right\rangle = \left\langle \frac{\partial}{\partial x'_k}\left(u_j(\boldsymbol{x}')\frac{\partial u_i(\boldsymbol{x})}{\partial x_k}\right)\right\rangle = \frac{\partial^2 \langle u_j(\boldsymbol{x}')u_i(\boldsymbol{x})\rangle}{\partial x'_k \partial x_k}$$

$$= \frac{\partial^2 R_{ij}(\xi)}{\partial x'_k \partial x_k} = -\frac{\partial^2 R_{ij}(\xi)}{\partial \xi_k \partial \xi_k} \tag{3.13}$$

推导上面最后一个等式时，用到$\partial/\partial x_k = -\partial/\partial\xi_k$，$\partial/\partial x'_k = +\partial/\partial\xi_k$。式(3.13)中令$\xi = \mathbf{0}$得均匀湍流中雷诺应力耗散张量：

$$E_{ij} = 2\nu\left\langle \frac{\partial u_i(\boldsymbol{x})}{\partial x_k}\frac{\partial u_j(\boldsymbol{x})}{\partial x_k}\right\rangle = -2\nu\left[\frac{\partial^2 R_{ij}(\xi)}{\partial\xi_k\partial\xi_k}\right]_{\xi=0} \tag{3.14a}$$

同理，湍动能耗散率的表达式为

$$\varepsilon_{ii} = \nu\left\langle \frac{\partial u_i(\boldsymbol{x})}{\partial x_k}\frac{\partial u_i(\boldsymbol{x})}{\partial x_k}\right\rangle = -\nu\left[\frac{\partial^2 R_{ii}(\xi)}{\partial\xi_k\partial\xi_k}\right]_{\xi=0} \tag{3.14b}$$

进一步考察雷诺应力耗散和湍动能耗散在谱空间中的分布。相关函数和谱张量间的关系式如下：

$$R_{ij}(\xi) = \int_{-\infty}^{+\infty}\int_{-\infty}^{+\infty}\int_{-\infty}^{+\infty} S_{ij}(\boldsymbol{k})\exp(\mathrm{i}\boldsymbol{k}\cdot\xi)\mathrm{d}\boldsymbol{k}$$

因此有

$$\left[\frac{\partial^2 R_{ij}(\xi)}{\partial\xi_k\partial\xi_k}\right]_{\xi=0} = -\int_{-\infty}^{+\infty} k^2 S_{ij}(\boldsymbol{k})\mathrm{d}\boldsymbol{k}$$

将上式代入式(3.14a)和式(3.14b)，就有湍流耗散张量和湍动能耗散的积分表达式：

$$E_{ij} = 2\nu\int_{-\infty}^{+\infty}\int_{-\infty}^{+\infty}\int_{-\infty}^{+\infty} k^2 S_{ij}(\boldsymbol{k})\mathrm{d}\boldsymbol{k} \tag{3.15a}$$

$$\varepsilon = \nu\int_{-\infty}^{+\infty}\int_{-\infty}^{+\infty}\int_{-\infty}^{+\infty} k^2 S_{ii}(\boldsymbol{k})\mathrm{d}\boldsymbol{k} \tag{3.15b}$$

利用拟涡能表达式(3.12)，还可以将式(3.15b)写成：

$$\varepsilon = \nu\int_{-\infty}^{+\infty}\int_{-\infty}^{+\infty}\int_{-\infty}^{+\infty} S_{\omega_i\omega_i}(\boldsymbol{k})\mathrm{d}\boldsymbol{k} \tag{3.15c}$$

式(3.15a)、(3.15b)表明：无论是雷诺应力耗散张量还是湍动能耗散率，它们在谱空间的分布都正比于波数的平方，就是说，在耗散率的谱分布中，高波数成分的脉动有较大贡献。式(3.15c)则表示，在均匀湍流场中湍动能耗散在波数空间中的分布正比于拟涡能的谱。

3.2　均匀各向同性湍流场的相关函数和谱张量

3.2.1　张量的不变量和张量函数

1. 张量不变量的概念

3.1 节讨论了均匀湍流场的相关函数和谱的性质，下面讨论均匀各向同性湍流场的相关函数和谱的性质。前面已经定义：各向同性湍流场中各阶统计相关与坐标系的平移和刚体转动无关。下面应用张量性质来导出在坐标系刚体转动时张量函数不变性的表示方法，然后导出各向同性湍流的相关函数表达式。本书所有张量都用直角坐标系中表达式。

首先考察在坐标系变换时张量分量的变换式。假设张量 **A** 在直角坐标基($\boldsymbol{e}_1,\boldsymbol{e}_2,\boldsymbol{e}_3$)中的分量为 $A_{ij\cdots pq}$,它在坐标基($\boldsymbol{e}'_1,\boldsymbol{e}'_2,\boldsymbol{e}'_3$)中的分量 $A_{i'j'\cdots p'q'}$ 应等于:

$$A_{i'j'\cdots p'q'} = A_{ij\cdots pq}\alpha_{ii'}\alpha_{jj'}\cdots\alpha_{pp'}\alpha_{qq'} \tag{3.16}$$

式中 $\alpha_{ii'}$ 是坐标基$\{\boldsymbol{e}_i\}$和$\{\boldsymbol{e}'_i\}$间的方向余弦,在直角坐标基中有以下关系式:

$$\alpha_{ii'}\alpha_{ji'} = \delta_{ij} \quad \text{和} \quad \alpha_{i'i}\alpha_{i'j} = \delta_{ij} \tag{3.17}$$

δ_{ij} 是 Kronecker delta,当 $i=j$ 时,$\delta_{ij}=1$;当 $i\neq j$ 时,$\delta_{ij}=0$。很容易证明在任意直角坐标系中 $\delta_{i'j'}$ 满足式(3.16),因此它是张量,称它为单位张量或各向同性张量。坐标基之间方向余弦 $\alpha_{ij'}$ 由表3.1定义。

表3.1 坐标基之间的方向余弦

	$\boldsymbol{e}_1$	$\boldsymbol{e}_2$	$\boldsymbol{e}_3$
$\boldsymbol{e}'_1$	α_{11}	α_{12}	α_{13}
$\boldsymbol{e}'_2$	α_{21}	α_{22}	α_{23}
$\boldsymbol{e}'_3$	α_{31}	α_{32}	α_{33}

在直角坐标系中张量可以用并矢表示,$\boldsymbol{ab}=a_ib_j\boldsymbol{e}_i\boldsymbol{e}_j$,$a_ib_j$ 是张量。和坐标系变换无关的量称为标量,也称零阶张量,向量可表示为 $\boldsymbol{a}=a_i\boldsymbol{e}_i$,称为一阶张量,可以用 n 个并矢表示的张量,称 n 阶张量。在直角坐标系中张量的分量按式(3.16)的规则变换,或者说,张量的分量值随坐标系变化,它们不具有坐标变换的不变性,但是,张量具有一组和坐标系无关的标量不变量。举例来说,向量 $\boldsymbol{X}$ 的三个分量$\{X_i\}$的数值和坐标系的转动有关,但是它的长度 $|\boldsymbol{X}|=X_iX_i$ 和坐标系转动无关,是不变量;它和任意向量 $\boldsymbol{Y}=\{Y_i\}$的点积 $\boldsymbol{X}\cdot\boldsymbol{Y}=X_iY_i$ 也是不变量。对于2阶张量 A_{ij},容易证明它的主对角线和(又称张量的迹)是不变量,因为 $A_{ii}=A_{i'j'}\alpha_{ii'}\alpha_{ij'}=A_{i'j'}\delta_{i'j'}=A_{i'i'}$。一般来说,张量 $A_{ij\cdots pq}$ 的收缩是不变量,例如 $A_{ii\cdots ii}$ 或 $A_{ij\cdots pq}B_iC_j\cdots F_pG_q$($B_i,C_j,\cdots,F_p,G_q$ 等是向量)等都是与坐标系的转动无关的标量不变量。任意一个张量,可以通过张量的代数运算,如乘方、收缩等构成无数个不变量,例如张量 A_{ij} 有不变量 A_{ii};张量 A_{ij} 平方的迹 $A_{ij}A_{ji}$ 以及它的立方迹 $A_{ip}A_{pq}A_{qi}$ 等也是不变量。可以证明有限阶张量只有有限个独立不变量,例如,应用 **Cayley-Hamilton 定理**可证明:2阶张量只有三个独立不变量,即2阶张量的迹以及它的平方和立方的迹是三个独立不变量,2阶张量的高阶幂函数的迹可以由以上三个独立不变量算出。有关张量的代数运算和它们的性质,可参见《张量分析》(第2版)(黄克智,2003)。

2. 张量函数的坐标不变性

上面讨论了张量,进一步研究张量函数。

任何物理定律或定理,不论它是用标量表示还是用张量表示,都应当和坐标系的平移、刚体转动无关。设在坐标基$\{\boldsymbol{e}_1,\boldsymbol{e}_2,\boldsymbol{e}_3\}$中有张量函数的表达式 $A_{ij\cdots pq}=f_{ij\cdots pq}(a,x_i,b_{ij},\cdots)$,自变量中既有标量(如 a)又有张量(如 x_i,b_{ij} 等),则在任意坐标基$\{\boldsymbol{e}'_1,\boldsymbol{e}'_2,\boldsymbol{e}'_3\}$中,仍然应有 $A_{i'j'\cdots p'q'}=f_{i'j'\cdots p'q'}(a,x_{i'},b_{i'j'},\cdots)$。$A_{i'j'\cdots p'q'}$,$x_{i'}$,$b_{i'j'}$ 等是 $A_{ij\cdots pq}$,x_i,b_{ij} 在坐标基$\{\boldsymbol{e}'_1,\boldsymbol{e}'_2,\boldsymbol{e}'_3\}$中的值;而且,用式(3.16)计算的变换结果代入 $A_{i'j'\cdots p'q'}=f_{i'j'\cdots p'q'}(a,x_{i'},b_{i'j'},\cdots)$后,应当回复到 $A_{ij\cdots pq}=f_{ij\cdots pq}(a,x_i,b_{ij},\cdots)$,这是物理规律的坐标不变性。就是说,为了符合物理规律,

函数 $f_{i'j'\cdots p'q'}(a,x_{i'},b_{i'j'},\cdots)$ 必须满足一定条件。

利用张量不变量原理可以导出满足坐标不变性的张量函数表达式。基本思想如下：**张量函数不变量必须是它的自变量不变量的函数**。具体做法是，用代数运算将张量方程左边构造一个张量不变量，则方程右边必须是不变量的标量函数，否则，张量等式就不成立。

下面通过具体运算来导出满足坐标不变性的张量函数形式(Lumley，1976)。首先，用 n 个任意向量 $B_i,C_j,\cdots$ 和 n 阶张量函数 $A_{ij\cdots pq}$ 点乘构成不变量，函数式左边是 $B_iC_j\cdots E_pF_qA_{ij\cdots pq}$，这时函数式右边的不变量应当由原来的自变量和 $B_i,C_j,\cdots,b_{ij},x_i$ 等构成，即自变量应是以下形式：

$$B_iB_i,B_iC_i,C_iC_i,x_iB_i,x_iC_i,x_ix_i,b_{ij}B_iC_j,I,II,III,\cdots$$

其中 I,II,III 是张量 b_{ij} 的三个不变量。张量不变量函数是向量 $B_i,C_j,\cdots$ 的线性乘积，因此在不变量的函数式中不能有 B_i,C_i 等的高次幂函数。简言之，用 n 个向量的线性乘积构造张量函数不变量时，函数式中只能有 n 个向量的线性积。有了这一具体运算规则就可以导出张量函数具体表达式。下面以具体例子来说明。

例 3.1　自变量是标量的张量函数

设张量函数为 $A_{ij\cdots pq}=f_{ij\cdots pq}(a)$，自变量 a 是标量。用 n 个向量 $B_i,C_j,\cdots$ 点乘张量函数表达式，方程左边构成不变量 $A_{ij\cdots pq}B_iC_j\cdots E_pF_q$，右边应是不变量 $a,B_iC_i,B_iC_iD_jE_j$ 等的标量函数。由向量构成标量不变量必须是一对向量的点乘，因此只有偶数个任意向量才可以构成不变量，奇数个任意向量不可能构成不变量。于是有**结论：只有偶数阶的张量才能是标量的函数；奇数阶张量不可能是标量的函数，除非等于零。**

对于偶数阶张量，用偶数个任意向量构成张量不变量函数的唯一可能是：

$$A_{ij\cdots pq}B_iC_j\cdots E_pF_q=f(a)B_iC_i\cdots E_pF_p+g(a)B_iE_i\cdots C_pF_p+\cdots$$

$B_i,C_i,\cdots,E_i,F_i$ 等是偶数个向量。以2阶张量为例，应有

$$A_{ij}B_iC_j=f(a)B_iC_i=f(a)B_iC_j\delta_{ij}$$

向量 B_i,C_i 是任意的，于是必有

$$A_{ij}=f(a)\delta_{ij} \tag{3.18}$$

就是说，2阶张量的标量函数必是2阶各向同性张量。对于4阶张量的标量函数，用上面的方法，可导出如下的不变量函数式：

$$\begin{aligned}A_{ijpq}B_iC_jE_pF_q&=f(a)B_iC_iE_pF_p+g(a)B_iE_iC_pF_p+h(a)B_iF_iC_pE_p\\&=[f(a)\delta_{ij}\delta_{pq}+g(a)\delta_{ip}\delta_{jq}+h(a)\delta_{iq}\delta_{jp}]B_iC_jE_pF_q\end{aligned}$$

由于构成不变量的向量是任意的，故4阶张量的标量函数必有如下形式：

$$A_{ijpq}=f(a)\delta_{ij}\delta_{pq}+g(a)\delta_{ip}\delta_{jq}+h(a)\delta_{iq}\delta_{jp} \tag{3.19}$$

例 3.2　自变量是向量的张量函数

设张量函数为 $A_{ij\cdots pq}=f_{ij\cdots pq}(x_i)$，自变量 x_i 是向量。用 n 个向量 $B_i,C_j,\cdots$ 点乘张量函数构成不变量函数，应有

$$A_{ij\cdots pq}B_iC_j\cdots E_pF_q=f(x_ix_i,x_iB_i,\cdots)$$

首先，讨论向量函数 $A_i(x_j)$，这时不变量函数式应是

$$A_iB_i=f(x_ix_i,x_iB_i)$$

等式右边必须是任意向量的线性函数，它的唯一形式是

$$A_iB_i=f(x_ix_i)x_iB_i$$

对于任意向量 B_i 都应成立的函数关系式是

$$A_i = f(x_i x_i) x_i \tag{3.20}$$

上式表明,如果一个向量是另一个向量的函数,则两个向量必共线。

现在考察2阶张量函数 $A_{ij}(x_k)$,它的不变量方程的形式为

$$A_{ij}B_iC_j = f(x_ix_i, x_iB_i, x_iC_i, B_iC_i, \cdots)$$

上式右端必须是 B_iC_i 二次式的唯一形式:

$$A_{ij}B_iC_j = f(x_ix_i)x_ix_jB_iC_j + g(x_ix_i)B_iC_j\delta_{ij}$$

对于任意一对向量,上式都应成立的函数关系式为

$$A_{ij}(\boldsymbol{x}) = f(x_ix_i)x_ix_j + g(x_ix_i)\delta_{ij} \tag{3.21}$$

很容易证明,2阶张量的向量函数是对称张量,并且是自变量的偶函数,将 $-\boldsymbol{x}$ 代入式(3.21),即可证明:

$$A_{ij}(\boldsymbol{x}) = A_{ij}(-\boldsymbol{x}) \tag{3.22}$$

同理,如果2阶张量是两个向量自变量 $\boldsymbol{x},\boldsymbol{y}$ 的函数,则可导出其函数关系式应为

$$A_{ij} = fx_ix_j + gy_iy_j + hx_iy_j + jy_ix_j + q\delta_{ij}$$

式中 f,g,h,j,q 等是不变量 x_ix_i, y_iy_i, x_iy_i 的函数。用同样的方法还可导出3阶张量的向量函数的一般表达式是(读者自己证明):

$$A_{ijk}(\boldsymbol{x}) = f(x_ix_i)x_ix_jx_k + g(x_ix_i)x_i\delta_{jk} + h(x_ix_i)x_j\delta_{ik} + p(x_ix_i)x_k\delta_{ij} \tag{3.23}$$

很容易证明:表示3阶张量的向量函数是自变量的奇函数,将 $-\boldsymbol{x}$ 代入式(3.23),即可证明

$$A_{ijk}(\boldsymbol{x}) = -A_{ijk}(-\boldsymbol{x}) \tag{3.24}$$

应用上述方法,可以导出任意张量函数在坐标系刚体转动时具有不变性的函数形式。

3.2.2 各向同性湍流的相关张量函数及其性质

前面已经指出各向同性湍流场中,n 点的相关张量函数只和 n 点的几何构形有关。n 点几何构形由 $n-1$ 个位移向量 $\xi_1, \xi_2, \cdots, \xi_{n-1}$ 完全确定,因此各向同性湍流场中 n 阶相关的表达式必为

$$R_{i_1i_2\cdots i_n} = R_{i_1i_2\cdots i_n}(\xi_1, \xi_2, \cdots, \xi_{n-1})$$

根据各向同性湍流的定义,我们要求相关张量函数在坐标系转动时具有不变性。应用上节原理,我们可以导出各向同性湍流场中各阶相关函数的表达式。

1. 各向同性湍流场中两点2阶速度相关函数的表达式

均匀湍流场中两点2阶速度相关函数是 $R_{ij} = \langle u_i(\boldsymbol{x})u_j(\boldsymbol{x}+\xi)\rangle = R_{ij}(\xi)$。对于各向同性湍流,2阶速度相关函数应和坐标系刚体转动无关,应用例3.2函数表达式,各向同性湍流场中2阶速度相关函数必有以下的函数式:

$$R_{ij}(\xi) = f(\xi_i\xi_i)\xi_i\xi_j + g(\xi_i\xi_i)\delta_{ij} \tag{3.25}$$

式(3.25)表明,各向同性湍流场中2阶速度相关函数只有两个独立函数。通常,选定两个特定几何构形的相关:纵向相关(用 R_{ll} 表示)和横向相关(用 R_{nn} 表示),它们的定义如图3-3所示。

定义:沿相对位移 ξ 方向的脉动速度分量的2阶相关称作两点纵向相关 $R_{ll}(\xi)$。

定义:垂直于相对位移方向脉动速度分量的2阶相关称作两点横向相关 $R_{nn}(\xi)$。

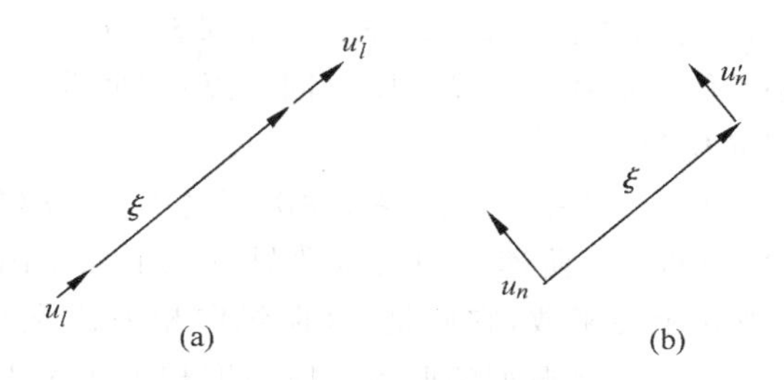

图 3-3　2 阶速度纵向和横向相关示意图

(a) 2 阶纵向相关；(b) 2 阶横向相关

按纵向相关和横向相关的定义代入各向同性湍流 2 阶速度相关的一般表达式(3.25)，就有(在相对位移方向 $\xi_i\xi_i=\xi^2$，在垂直相对位移方向，ξ 的投影等于零，因此 $\xi_i\xi_j=0$)：

$$R_{ll}(\xi)=\xi^2 f(\xi)+g(\xi)$$

$$R_{nn}(\xi)=g(\xi)$$

也就是有：$f(\xi)=(R_{ll}(\xi)-R_{nn}(\xi))/\xi^2$ 和 $g(\xi)=R_{nn}(\xi)$。于是各向同性湍流的 2 阶相关的一般表达式可写作(ξ 是 2 点相关的距离)：

$$R_{ij}(\xi)=[R_{ll}(\xi)-R_{nn}(\xi)]\frac{\xi_i\xi_j}{\xi^2}+R_{nn}(\xi)\delta_{ij} \tag{3.26}$$

图 3-4 是典型的各向同性湍流的 2 阶相关函数。

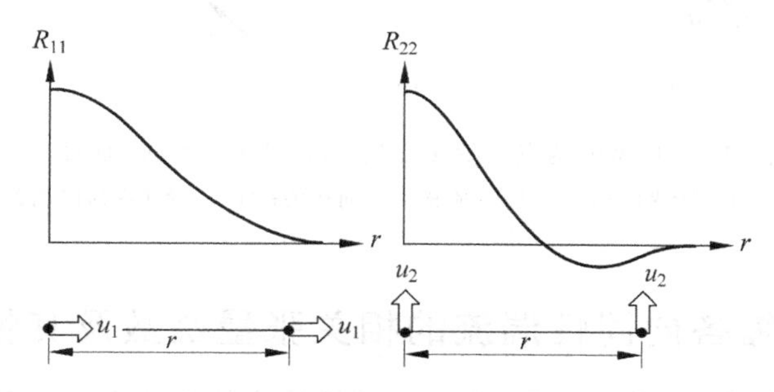

图 3-4　各向同性湍流的脉动速度 2 阶速度相关

2. 各向同性湍流场中速度-压强的两点 2 阶相关函数的表达式

众所周知，速度是向量，而压强是标量，因此两点速度-压强 2 阶相关函数是向量，在均匀湍流中它只是ξ 的函数，即：$R_{u_ip}=\langle u_i(\boldsymbol{x})p(\boldsymbol{x}+\xi)\rangle=R_{ip}(\xi)$。注意速度压强相关 R_{ip} 是向量 u_i 和标量 p 的乘积，因此是一阶张量，即向量。在例 3.2 中，已经导出，具有坐标不变性的两个向量之间的函数关系必是共线的，即

$$R_{ip}(\xi)=f(\xi_i\xi_i)\xi_i \tag{3.27}$$

3. 各向同性湍流场中两点速度 3 阶相关函数表达式

空间两点的速度 3 阶相关函数的一般形式是：$R_{ij,k}=\langle u_i(\boldsymbol{x})u_j(\boldsymbol{x})u_k(\boldsymbol{x}+\xi)\rangle$，它是 3 阶张量，在均匀湍流场中，它只是 ξ 的函数。应用前面例 3.2 的式(3.23)，各向同性湍流的两点速度 3 阶相关函数的表达式应是

$$R_{ij,k}(\xi)=f(\xi_i\xi_i)\xi_i\xi_j\xi_k+g(\xi_i\xi_i)\xi_i\delta_{jk}+p(\xi_i\xi_i)\xi_j\delta_{ik}+h(\xi_i\xi_i)\xi_k\delta_{ij}$$

由于两点3阶相关函数中第一和第二相关速度在同一点,因此3阶相关函数对下标 i,j 是可交换的,上式可进一步简化为

$$R_{ij,k}(\xi)=f(\xi_i\xi_i)\xi_i\xi_j\xi_k+g(\xi_i\xi_i)(\xi_i\delta_{jk}+\xi_j\delta_{ik})+h(\xi_i\xi_i)\xi_k\delta_{ij} \tag{3.28}$$

上式表明各向同性湍流场中两点3阶速度相关函数只有三个独立函数。通常,选定三个特定几何构形的相关作为独立相关函数,它们是:3阶纵向相关、3阶横横纵向相关和3阶横纵横向相关,并分别示于图3-5。将典型的两点3阶速度相关代入式(3.27),得

3阶纵向速度相关:

$$R_{ll,l}(\xi)=\langle u_l(\boldsymbol{x})u_l(\boldsymbol{x})u_l(\boldsymbol{x}+\xi)\rangle=\xi(\xi^2f(\xi)+2g(\xi)+h(\xi)) \tag{3.29a}$$

3阶横横纵速度相关:

$$R_{nn,l}(\xi)=\langle u_n(\boldsymbol{x})u_n(\boldsymbol{x})u_l(\boldsymbol{x}+\xi)\rangle=\xi h(\xi) \tag{3.29b}$$

3阶横纵横速度相关:

$$R_{nl,n}(\xi)=\langle u_n(\boldsymbol{x})u_l(\boldsymbol{x})u_n(\boldsymbol{x}+\xi)\rangle=\xi g(\xi) \tag{3.29c}$$

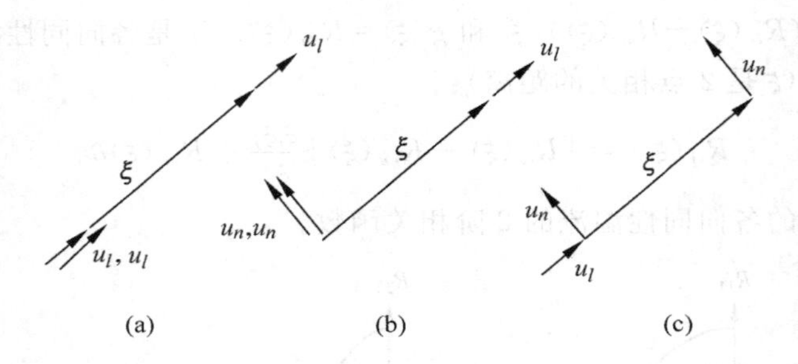

图3-5 典型的两点3阶速度相关(u_l 平行于ξ,u_n 垂直于ξ)
(a) 3阶纵向相关;(b) 3阶横横纵向相关;(c) 3阶横纵横向相关

3.2.3 不可压缩各向同性湍流的相关张量函数及其性质

利用速度场的连续性方程,不可压缩各向同性湍流的相关张量函数还可进一步简化。

1. 不可压缩各向同性湍流的2阶速度相关函数

均匀不可压缩湍流场中2阶速度相关有以下等式:$\partial R_{ij}(\xi)/\partial\xi_i=0$ 和$\partial R_{ij}(\xi)/\partial\xi_j=0$。将式(3.26)代入以上等式,经数学运算后,可得

$$R_{nn}(\xi)=R_{ll}(\xi)+\frac{\xi}{2}\frac{\mathrm{d}R_{ll}(\xi)}{\mathrm{d}\xi} \tag{3.30}$$

将它代回式(3.26),得不可压缩各向同性湍流的2阶速度相关张量函数的表达式,简化为

$$R_{ij}(\xi)=-\frac{1}{2}\frac{\mathrm{d}R_{ll}(\xi)}{\mathrm{d}\xi}\frac{\xi_i\xi_j}{\xi}+\left[R_{ll}(\xi)+\frac{\xi}{2}\frac{\mathrm{d}R_{ll}(\xi)}{\mathrm{d}\xi}\right]\delta_{ij} \tag{3.31}$$

以上关系式表明,由于不可压缩流体的连续性方程,各向同性湍流的2阶相关函数只有一个独立函数。只要知道纵向相关或横向相关中任意一个,就可以计算不可压缩各向同性湍流的2阶速度相关张量。在实验测量中也可以利用式(3.30)测量2阶相关函数,由于热线探针的干扰,用热线风速计很难测准空间相关。在均匀湍流场中,很容易测量一点脉动速度的

时间序列和它们的时间相关，然后利用 Taylor 冻结假定（见第 1 章）将时间相关变换到 2 阶流向（即纵向）相关。有了 2 阶纵向相关，利用式(3.30)，就可以推算 2 阶横向相关。前面图 3-4 是典型的均匀湍流中 2 阶相关。

2. 不可压缩各向同性湍流的 3 阶速度相关函数

均匀不可压缩湍流场中 3 阶速度相关有以下等式：$\partial R_{ij,k}(\xi)/\partial \xi_k=0$。将式(3.28)代入以上等式，经简单运算后，可得

$$\frac{\partial R_{ij,k}}{\partial \xi_k}=\left(5f+\xi\frac{\mathrm{d}f}{\mathrm{d}\xi}+\frac{2}{\xi}\frac{\mathrm{d}g}{\mathrm{d}\xi}\right)\xi_i\xi_j+\left(2g+3h+\xi\frac{\mathrm{d}h}{\mathrm{d}\xi}\right)\delta_{ij}=0$$

由上式可导出：$5f+\xi\frac{\mathrm{d}f}{\mathrm{d}\xi}+\frac{2}{\xi}\frac{\mathrm{d}g}{\mathrm{d}\xi}=0$ 和 $2g+3h+\xi\frac{\mathrm{d}h}{\mathrm{d}\xi}=0$，经整理后，可得

$$f=\frac{1}{\xi}\frac{\mathrm{d}h}{\mathrm{d}\xi},\quad g=-\frac{3h}{2}-\frac{\xi}{2}\frac{\mathrm{d}h}{\mathrm{d}\xi}$$

将 $f(\xi)$，$g(\xi)$，$h(\xi)$代入式(3.29a)～式(3.29c)，最后只有一个未知函数 $h(\xi)$，得

$$R_{ll,l}=-2\xi h,\quad R_{nn,l}=\xi h,\quad R_{nl,n}=-\frac{3}{2}\xi h-\frac{1}{2}\xi^2\frac{\mathrm{d}h}{\mathrm{d}\xi}$$

不可压缩各向同性湍流场中一般的两点 3 阶速度相关函数可用一个纵向相关函数表示如下：

$$R_{ij,k}(\xi)=\left(\frac{R_{ll,l}-\xi R'_{ll,l}}{2\xi^3}\right)\xi_i\xi_j\xi_k+\left(\frac{2R_{ll,l}+\xi R'_{ll,l}}{4\xi}\right)(\xi_i\delta_{jk}+\xi_j\delta_{ik})-\frac{R_{ll,l}}{2\xi}\xi_k\delta_{ij}\tag{3.32}$$

式中上标“′”号表示对变量 ξ 的导数。和不可压缩各向同性湍流场的 2 阶速度相关一样，两点 3 阶相关张量也只有一个独立函数，算出（或测出）纵向相关后，其他相关函数就确定了。

3. 不可压缩各向同性湍流场中压强-速度 2 阶相关等于零

各向同性湍流场中压强-速度的 2 阶相关函数 $R_{pi}(\xi)=\langle p(\boldsymbol{x})u_i(\boldsymbol{x}+\xi)\rangle$是向量函数，根据上节原理，它和向量 ξ 共线，即 $R_{pi}(\xi)=f(\xi_i\xi_i)\xi_i$。另一方面，对于不可压缩流动，应有：$\partial u_i(x_i')/\partial x_i'=0$，于是有

$$\frac{\partial R_{pi}(\xi)}{\partial \xi_i}=\frac{\partial\langle p(\boldsymbol{x})u_i(\boldsymbol{x}+\xi)\rangle}{\partial \xi_i}=\left\langle p(\boldsymbol{x})\frac{\partial u_i(\boldsymbol{x}+\xi)}{\partial \xi_i}\right\rangle=\left\langle p(\boldsymbol{x})\frac{\partial u_i(\boldsymbol{x}')}{\partial x'_i}\right\rangle=0$$

将各向同性湍流压强-速度的 2 阶相关函数 $R_{pi}(\xi)=R(\xi_i\xi_i)\xi_i$ 代入上式，就有

$$\frac{\partial R_{pi}(\xi)}{\partial \xi_i}=3R(\xi)+\xi R'(\xi)=0$$

上式的解为 $R(\xi)=C/\xi^3$，因为 $\xi=0$ 时，$R(0)$是一点的压强-速度相关，应是有限值，故 C 必须等于零，从而 $R(\xi)=0$，即 $R_{pi}(\xi)=0$。

4. 不可压缩各向同性湍流场中的速度谱张量的性质

速度谱张量是相关张量函数的 Fourier 积分（式(1.31)）：

$$S_{ij}(\boldsymbol{k})=\frac{1}{(2\pi)^3}\int_{-\infty}^{\infty}\int_{-\infty}^{\infty}\int_{-\infty}^{\infty}R_{ij}(\xi)\exp(-\mathrm{i}\boldsymbol{k}\cdot\xi)\mathrm{d}\xi_1\mathrm{d}\xi_2\mathrm{d}\xi_3$$

速度谱张量和速度相关张量是线性关系，因此物理空间中各向同性湍流在谱空间中速度谱

张量也是各向同性的,它的2阶速度谱张量函数必有以下形式:

$$S_{ij}(\boldsymbol{k}) = F(k_m k_m)k_i k_j + G(k_m k_m)\delta_{ij} \tag{3.33}$$

不可压缩均匀湍流场的2阶速度谱张量必须满足式(3.6):$k_i S_{ij}(\boldsymbol{k})=0$,将式(3.33)代入该式,得:$k_i S_{ij}(\boldsymbol{k})=F(k_i k_i)k_i k_i k_j + k_j G(k_i k_i)\delta_{ij}=0$,简化得:$G(k_i k_i)=-k^2 F(k_i k_i)$,式中$k^2=k_i k_i$。于是,不可压缩各向同性湍流场中的2阶速度谱张量也只有一个独立函数,并可写作:

$$S_{ij}(\boldsymbol{k}) = (k_i k_j - k^2\delta_{ij})F(k_i k_i) \tag{3.34}$$

第1章中,已经论述过,$S_{ii}(\boldsymbol{k})/2$是脉动动能谱,对于不可压缩各向同性湍流,式(3.34)表明:湍动能谱只是波数模的函数,与波数方向无关。或者说,各项同性湍流的湍动能谱在谱空间中是球对称的,即

$$S_{ii}(\boldsymbol{k}) = -2k^2 F(k_i k_i) \tag{3.35}$$

可以将湍动能谱在波数空间的球面上积分,得到湍动能谱在波段$(k,k+\mathrm{d}k)$间的分布$E(k)$,简称为能谱。在各向同性湍流中,球面上的能谱值相等,球面面积等于$4\pi k^2$,因而有

$$E(k)\mathrm{d}k = 4\pi k^2 S_{ii}(\boldsymbol{k})\mathrm{d}k/2 = -4\pi k^4 F(k_i k_i)\mathrm{d}k$$

简化后,得

$$E(k) = -4\pi k^4 F(k_i k_i)$$

代入2阶速度谱公式,得

$$S_{ij}(\boldsymbol{k}) = -\frac{E(k)}{4\pi k^4}(k_i k_j - k^2\delta_{ij}) \tag{3.36}$$

上式表示,只要已知湍动能能谱,就可以计算各向同性湍流场的任意2阶谱张量。

3.2.4 关于能谱的几个公式

前面导出了谱张量和能谱$E(k)$间相互关系的式(3.36),严格来说,$E(k)$是三维的能谱,波数k是波向量的模。而实验上容易测量的是一维能谱,所谓一维能谱,就是一维速度u_1在一维波数k_1上的分布,记作$E_{11}(k_1)$。根据定义$S_{11}(\boldsymbol{k})$是u_1^2在谱空间($\boldsymbol{k}$空间)的分布,将$S_{11}(\boldsymbol{k})$在垂直于$k_1\boldsymbol{e}_1$的平面上积分,就获得u_1^2在$k_1\boldsymbol{e}_1$方向的分布,并记作$2E_{11}(k_1)$,即

$$E_{11}(k_1) = \frac{1}{2}\int_{-\infty}^{\infty}\int_{-\infty}^{\infty} S_{11}(\boldsymbol{k})\mathrm{d}k_2\mathrm{d}k_3 \tag{3.37}$$

对于各向同性湍流,可以导出一维能谱和三维能谱间的关系式,根据式(3.36),$S_{11}(\boldsymbol{k})=-E(k)(k_1k_1-k^2)/4\pi k^4$,因而

$$E_{11}(k_1) = \frac{1}{8\pi}\int_{-\infty}^{\infty}\int_{-\infty}^{\infty} -\frac{E(k)(k_1k_1-k^2)}{k^4}\mathrm{d}k_2\mathrm{d}k_3$$

在(k_2,k_3)平面上,上式可以在极坐标上积分,令$k_r^2=k_2^2+k_3^2$,以上积分可改写为

$$E_{11}(k_1) = \frac{1}{8\pi}\int_0^{\infty} -\frac{E(k)(k_1k_1-k^2)}{k^4}2\pi k_r\mathrm{d}k_r$$

k_r和球半径k之间有等式$k_r^2=k^2-k_1^2$,可将积分变量k_r换成k。注意k_1在被积函数中是常量,因而有:$2\pi k_r\mathrm{d}k_r=2\pi k\mathrm{d}k$,对于$k$的积分限是$\{k_1,\infty\}$,最后积分式等于:

$$E_{11}(k_1) = \frac{1}{4}\int_{k_1}^{\infty} -\frac{E(k)(k_1k_1-k^2)}{k^4}k\mathrm{d}k$$

将上式对k_1求导数得

$$\frac{\mathrm{d}E_{11}(k_1)}{\mathrm{d}k_1}=-\frac{k_1}{2}\int_{k_1}^{\infty}\frac{E(k)}{k^3}\mathrm{d}k$$

上式是各向同性湍流中，一维能谱和三维能谱间的关系式。

3.3　不可压缩均匀各向同性湍流的动力学方程

以上两节陈述了各向同性湍流的统计量性质，下面讨论这些统计量随时间的演化。

3.3.1　不可压缩均匀湍流的基本方程

第 2 章已经论述过，湍流满足 Navier-Stokes 方程。对于不可压缩流体的均匀湍流场，它的平均流速度是常向量，因此不失其一般性的讨论，可以令平均速度等于零。于是，均匀湍流的脉动场(下文取消脉动量的上标“′”号)满足 Navier-Stokes 方程：

$$\frac{\partial u_i}{\partial t}+u_j\frac{\partial u_i}{\partial x_j}=-\frac{1}{\rho}\frac{\partial p}{\partial x_i}+\nu\frac{\partial^2 u_i}{\partial x_j\partial x_j} \tag{3.38}$$

$$\frac{\partial u_i}{\partial x_i}=0 \tag{3.39}$$

对式(3.38)求散度，并应用不可压缩流体的连续方程(3.39)，可得

$$\Delta p=-\rho\frac{\partial}{\partial x_i}\left(\frac{\partial u_iu_j}{\partial x_j}\right)=-\rho\frac{\partial^2 u_iu_j}{\partial x_i\partial x_j} \tag{3.40a}$$

脉动压强满足 Poisson 方程，在无界的均匀湍流场中，Poisson 方程的 Green 函数为 $1/r$，于是脉动压强有解析积分式：

$$\frac{p(x,t)}{\rho}=\frac{1}{4\pi}\iiint_V\left(\frac{\partial^2 u_iu_j}{\partial\xi_i\partial\xi_j}\right)\frac{\mathrm{d}\xi}{\sqrt{(x_1-\xi_1)^2+(x_2-\xi_2)^2+(x_3-\xi_3)^2}} \tag{3.40b}$$

式(3.38)、式(3.39)和式(3.40a)是不可压缩均匀湍流的基本方程。理论上，给定脉动速度场的初始条件，由以上方程可以解出均匀湍流场的一个样本流动。然而，湍流场是随机过程，要获得湍流的完全信息，必须给出足够多的独立初始场(理论上是无限多)，然后进行统计分析。

首先考察不可压缩均匀湍流场中的湍动能和雷诺应力的演化。第 2 章中，我们已经导出一般情况下的湍动能和雷诺应力方程，对于不可压缩均匀湍流，一点的统计相关量的空间导数等于零，因此它的湍动能和雷诺应力方程可以简化为

$$\frac{\partial k}{\partial t}=-\nu\left\langle\frac{\partial u_i}{\partial x_k}\frac{\partial u_i}{\partial x_k}\right\rangle=-\varepsilon \tag{3.41}$$

$$\frac{\partial\langle u_iu_j\rangle}{\partial t}=\left\langle\frac{p}{\rho}\left(\frac{\partial u_i}{\partial x_j}+\frac{\partial u_j}{\partial x_i}\right)\right\rangle-2\nu\left\langle\frac{\partial u_i}{\partial x_k}\frac{\partial u_j}{\partial x_k}\right\rangle \tag{3.42}$$

由式(3.41)可见，均匀湍流场中湍动能总是耗散的($\varepsilon>0$)，或者说湍流脉动总是衰减的，初始的湍动能在演化过程中将耗散殆尽。对于雷诺应力来说，在耗散过程中还有各个分量之间的再分配：$\Phi_{ij}=\langle p(\partial u_i/\partial x_j+\partial u_j/\partial x_i)\rangle/\rho$，如果湍动能在各个分量之间分布不均匀，耗散快的湍动能分量可通过再分配项从其他分量中觅取能量，因此在均匀湍流衰减过程中，湍

流可能逐渐近似地演化为各向同性。

为了对均匀湍流脉动的输运过程有更深入的理解,下面在谱空间中对它进行研究。

3.3.2 不可压缩均匀湍流的谱理论

均匀湍流是空间上的平稳过程,并且在相关距离很大时,各阶相关函数都等于零。对于这种平稳随机过程,随机脉动可以用 Fourier 级数或 Fourier 积分展开。经典的调和分析理论已经证明,周期性的确定性函数可以用 Fourier 级数展开;无界域上平方可积函数可以用 Fourier 积分变换到谱空间。湍流脉动的时间样本或空间样本,在有限域上既非周期;在无限域上也非平方可积,因此在经典理论框架内,湍流的样本流动不能用 Fourier 展开。但是,随机函数理论已经证明,在统计意义上,即无穷多样本的统计平均,随机函数的 Fourier 级数展开或 Fourier 积分变换是有效的,条件是随机函数是平稳的,在无穷域上各阶相关的积分是有限的,有兴趣的读者可参阅 Batchelor(1953,第 30~32 页)或 Moin & Yaglom(1976b,第 6 章)的著作。有了随机函数理论的基础,在均匀湍流中,我们可以形式上用 Fourier 级数展开脉动函数(速度脉动、压强脉动等)或用 Fourier 积分将空间脉动变换到波数空间,这就是均匀湍流谱理论的依据。下面将均匀湍流在足够大的三维空间上作 Fourier 级数展开,为了运算的方便,我们用复数形式的 Fourier 展开,

$$u_i(\boldsymbol{x},t)=\sum_k \hat{u}_i(\boldsymbol{k},t)\exp(\mathrm{i}\boldsymbol{k}\cdot\boldsymbol{x}),\quad p(\boldsymbol{x},t)=\sum_k \hat{p}(\boldsymbol{k},t)\exp(\mathrm{i}\boldsymbol{k}\cdot\boldsymbol{x}) \tag{3.43a}$$

$$\boldsymbol{k}=\frac{2\pi}{L}(l\boldsymbol{e}_1+m\boldsymbol{e}_2+n\boldsymbol{e}_3) \tag{3.43b}$$

式(3.43a)、(3.43b)是在三维谱空间中展开实数脉动速度,波数从$-\infty\sim+\infty$。L 是空间展开的最大长度,或者说,最小波数为 $2\pi/L$。l,m,n 是实整数:$-\infty<l<\infty$,$-\infty<m<\infty$,$-\infty<n<\infty$,$\hat{u}_i(\boldsymbol{k},t)$,$\hat{p}(\boldsymbol{k},t)$称为速度和压强的离散谱,简称速度谱和压强谱,并可以用以下公式求出:

$$\hat{u}_i(\boldsymbol{k},t)=\frac{1}{L^3}\int_{-\infty}^{+\infty}u_i(\boldsymbol{x},t)\exp(-\mathrm{i}\boldsymbol{k}\cdot\boldsymbol{x})\mathrm{d}\boldsymbol{x},\quad \hat{p}(\boldsymbol{k},t)=\frac{1}{L^3}\int_{-\infty}^{+\infty}p(x,t)\exp(-\mathrm{i}\boldsymbol{k}\cdot\boldsymbol{x})\mathrm{d}\boldsymbol{x} \tag{3.43c}$$

因速度和压强均为实数,速度和压强的谱显然有共轭对称性:

$$\hat{u}_i(\boldsymbol{k},t)=\hat{u}_i^*(-\boldsymbol{k},t),\quad \hat{p}(\boldsymbol{k},t)=\hat{p}^*(-\boldsymbol{k},t) \tag{3.44}$$

函数用 Fourier 级数展开,它的导数也可由 Fourier 展开式表示,对式(3.43a)求导数,可得

$$\frac{\partial u_i(\boldsymbol{x},t)}{\partial x_i}=\frac{\partial\left[\sum_k \hat{u}_i(\boldsymbol{k},t)\exp(\mathrm{i}\boldsymbol{k}\cdot\boldsymbol{x})\right]}{\partial x_i}=\mathrm{i}k_i\left[\sum_k \hat{u}_i(\boldsymbol{k},t)\exp(\mathrm{i}\boldsymbol{k}\cdot\boldsymbol{x})\right]=\mathrm{i}k_iu_i(x,t)=\boldsymbol{0} \tag{3.45a}$$

$$\frac{\partial p(\boldsymbol{x},t)}{\partial x_i}=\frac{\partial\left[\sum_k \hat{p}(\boldsymbol{k},t)\exp(\mathrm{i}\boldsymbol{k}\cdot\boldsymbol{x})\right]}{\partial x_i}=\mathrm{i}k_i\,\hat{p}(\boldsymbol{k},t) \tag{3.45b}$$

此外,函数乘积的 Fourier 展开,可以用双重求和式表示:

$$\begin{aligned}u_i(\boldsymbol{x},t)u_j(\boldsymbol{x},t)&=\left[\sum_p \hat{u}_i(\boldsymbol{p},t)\exp(\mathrm{i}\boldsymbol{p}\cdot\boldsymbol{x})\right]\left[\sum_q \hat{u}_j(\boldsymbol{q},t)\exp(\mathrm{i}\boldsymbol{q}\cdot\boldsymbol{x})\right]\\&=\left\{\sum_p\sum_q \hat{u}_i(\boldsymbol{p},t)\,\hat{u}_j(\boldsymbol{q},t)\exp[\mathrm{i}(\boldsymbol{p}+\boldsymbol{q})\cdot\boldsymbol{x}]\right\}\end{aligned} \tag{3.46}$$

通过以上的展开，湍流脉动在物理空间的分布用谱空间的分布来表示。也就是研究湍流脉动在各个波段上的分配，以及各个波段间湍流脉动的相互作用。一旦得到了湍流脉动在谱空间的分布$\hat{u}_i(\boldsymbol{k},t)$，$\hat{p}(\boldsymbol{k},t)$，将它代入式(3.43a)，就可以得到物理空间的湍流脉动。将展开式(3.43a)、(3.43b)、(3.43c)代入不可压缩均匀湍流的基本方程(3.38)、方程(3.39)和方程(3.40)，可以得到谱空间中湍流脉动的演化方程。

应用 Fourier 展开的导数公式(3.45)，不可压缩连续方程(3.39)可简化为

$$-\mathrm{i}k_i\,\hat{u}_i(\boldsymbol{k},t)=0$$

应用函数乘积和求导的 Fourier 展开式，运动方程中的对流导数项在谱空间的表达式是

$$\begin{aligned}u_j\frac{\partial u_i}{\partial x_j}=\frac{\partial u_iu_j}{\partial x_j}&=\frac{\partial}{\partial x_j}\Big\{\sum_{\boldsymbol{p}}\sum_{\boldsymbol{q}}\hat{u}_i(\boldsymbol{p},t)\,\hat{u}_j(\boldsymbol{q},t)\exp[\mathrm{i}(\boldsymbol{p}+\boldsymbol{q})\cdot\boldsymbol{x}]\Big\}\\&=\mathrm{i}(p_j+q_j)\Big\{\sum_{\boldsymbol{p}}\sum_{\boldsymbol{q}}\hat{u}_i(\boldsymbol{p},t)\,\hat{u}_j(\boldsymbol{q},t)\exp[\mathrm{i}(\boldsymbol{p}+\boldsymbol{q})\cdot\boldsymbol{x}]\Big\}\end{aligned}$$

将它代入运动方程(3.38)，并将相同波数项归并，可得谱空间的运动方程如下：

$$\frac{\partial\,\hat{u}_i(\boldsymbol{k},t)}{\partial t}+\mathrm{i}k_j\sum_{\boldsymbol{p}+\boldsymbol{q}=\boldsymbol{k}}\hat{u}_j(\boldsymbol{p},t)\,\hat{u}_i(\boldsymbol{q},t)=-\mathrm{i}k_i\,\hat{p}(\boldsymbol{k},t)-\nu k^2\,\hat{u}_i(\boldsymbol{k},t)\tag{3.47a}$$

同时，脉动压强方程(3.40)的谱空间表达式为

$$k^2\,\hat{p}(\boldsymbol{k},t)=-\sum_{\boldsymbol{p}+\boldsymbol{q}=\boldsymbol{k}}k_ik_j\,\hat{u}_j(\boldsymbol{p},t)\,\hat{u}_i(\boldsymbol{q},t)\tag{3.47b}$$

式(3.47a)和式(3.47b)中求和式$\sum\limits_{\boldsymbol{p}+\boldsymbol{q}=\boldsymbol{k}}\hat{u}_j(\boldsymbol{p},t)\,\hat{u}_i(\boldsymbol{q},t)$表示乘积$\hat{u}_j(\boldsymbol{p},t)\,\hat{u}_i(\boldsymbol{q},t)$中的波数向量$\boldsymbol{p}$,$\boldsymbol{q}$之和必须等于$\boldsymbol{k}$，或者说，对于给定向量$\boldsymbol{k}$，任意向量$\boldsymbol{p}$,$\boldsymbol{q}$必须和向量$\boldsymbol{k}$组成封闭三角形。三波关系$\boldsymbol{k}=\boldsymbol{p}+\boldsymbol{q}$说明，在谱空间中，只有满足三波关系的速度脉动，它们间的非线性相互作用$\hat{u}_j(\boldsymbol{p},t)\,\hat{u}_i(\boldsymbol{q},t)$对波数$\boldsymbol{k}$的谱分量才有贡献，如图 3-6(a) 所示。

将脉动压强由方程代入运动方程(3.47b)，得脉动速度在谱空间的演化方程：

$$\left(\frac{\partial}{\partial t}+\nu k^2\right)\hat{u}_i(\boldsymbol{k},t)=-\mathrm{i}k_j\sum_{\boldsymbol{p}+\boldsymbol{q}=\boldsymbol{k}}\hat{u}_j(\boldsymbol{p},t)\,\hat{u}_i(\boldsymbol{q},t)+\frac{\mathrm{i}k_i}{k^2}\sum_{\boldsymbol{p}+\boldsymbol{q}=\boldsymbol{k}}k_lk_m\,\hat{u}_e(\boldsymbol{p},t)\,\hat{u}_m(\boldsymbol{q},t)\tag{3.48}$$

连续性方程(3.45a)简化后得

$$k_i\,\hat{u}_i(\boldsymbol{k},t)=0\tag{3.49}$$

连续方程(3.49)表示：谱空间中速度向量和波数向量相互垂直，如图 3-6(b)所示。

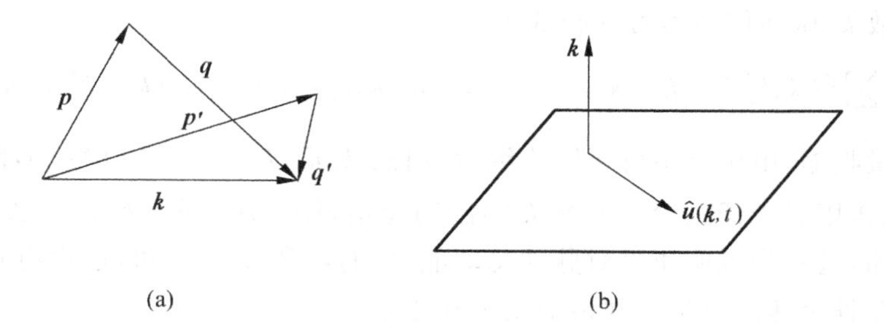

图 3-6　谱空间速度向量和三波关系

(a) 波数空间中非线性相互作用的三波关系；(b) 波数空间中波向量和速度向量垂直

式(3.48)右端第一项是对流导数的谱空间表达式，它属于惯性作用；右端第二项是压强作用，它们都是非线性项；方程(3.48)左边是耗散型线性算符。

忽略非线性作用,单独考察粘性耗散,可以得到积分式:

$$\hat{u}_i(\boldsymbol{k},t)=\exp(-\nu k^2 t)\,\hat{u}_i(\boldsymbol{k},0)$$

粘性耗散使脉动以指数函数衰减,衰减指数和波数的平方成正比,因此高波数成分迅速衰减,上式还表示单纯衰减过程(不计非线性项)中各波段间相位关系不变。

3.3.3 不可压缩均匀湍流中湍动能的输运过程

谱空间中速度表达式$\hat{u}_i(\boldsymbol{k},t)$可以用来考察脉动速度在不同尺度上的分布,因为波数$\boldsymbol{k}$绝对值的倒数正比于该波段的波长$\lambda\propto 1/|\boldsymbol{k}|$,也就是说$\hat{u}_i(\boldsymbol{k},t)$表示不同波长上脉动速度的分布,波数大的成分属于小尺度脉动,波数小的脉动成分是大尺度运动。下面应用谱空间的动力学方程(3.48)来研究不同尺度的速度脉动之间动量和能量的传输。

将$\hat{u}_j(\boldsymbol{k},t)$乘式(3.48)的共轭方程加上$\hat{u}_i^*(\boldsymbol{k},t)$乘式(3.48)的$\hat{u}_j(\boldsymbol{k},t)$方程,经整理后,得

$$\begin{aligned}\left(\frac{\partial}{\partial t}+2\nu k^2\right)\hat{u}_i^*(\boldsymbol{k},t)\,\hat{u}_j(\boldsymbol{k},t)=&-\mathrm{i}\sum_{\boldsymbol{k}'}k_p[\hat{u}_p^*(\boldsymbol{k}-\boldsymbol{k}',t)\,\hat{u}_i^*(\boldsymbol{k}',t)\,\hat{u}_j(\boldsymbol{k},t)\\&-\hat{u}_p(\boldsymbol{k}-\boldsymbol{k}',t)\,\hat{u}_i^*(\boldsymbol{k},t)\,\hat{u}_j(\boldsymbol{k}',t)]\\&+\frac{\mathrm{i}}{k^2}\sum_{\boldsymbol{k}'}[k_ik_pk_q\,\hat{u}_p^*(\boldsymbol{k}-\boldsymbol{k}',t)\,\hat{u}_q^*(\boldsymbol{k}',t)\,\hat{u}_j(\boldsymbol{k},t)\\&-k_jk_pk_q\,\hat{u}_p(\boldsymbol{k}-\boldsymbol{k}',t)\,\hat{u}_q(\boldsymbol{k}',t)\,\hat{u}_i^*(\boldsymbol{k},t)]\end{aligned}\tag{3.50}$$

式中$\hat{u}_i^*(\boldsymbol{k},t)\hat{u}_j(\boldsymbol{k},t)$是谱空间中脉动动量通量的分布,因此式(3.50)是谱空间中脉动动量输运方程。上式左端是耗散型演化,右端第一项是惯性作用的非线性项;第二项是压强梯度作用的非线性项。耗散型线性算符使每一波段的动量通量以指数律$\exp(-2\nu k^2 t)$衰减,而不改变各波段中$\hat{u}_i^*(\boldsymbol{k},t)\hat{u}_j(\boldsymbol{k},t)$的相位。由于衰减率和波数平方成正比,因此小尺度(即高波数)脉动较大尺度脉动衰减快得多。各个脉动成分间的动量或能量传输通过惯性和压强作用来实现。这里要指出,各个脉动成分间的相互作用有双重含义:一种是各个波段间速度分量相互作用;另一种是同一波数下各个速度分量间的相互作用。由谱空间的动量输运方程(3.50)可以说明:压强梯度和惯性分别担当这两种作用。

1. 压强在不同脉动分量间重新分配能量,而不改变给定尺度(波数)的湍动能

给定波数$\boldsymbol{k}$,压强作用项$\Pi_{ij}(\boldsymbol{k})$等于:

$$\Pi_{ij}(\boldsymbol{k})=\frac{\mathrm{i}}{k^2}\sum_{\boldsymbol{k}'}[k_ik_pk_q\,\hat{u}_p^*(\boldsymbol{k}-\boldsymbol{k}',t)\,\hat{u}_q^*(\boldsymbol{k},t)\,\hat{u}_j(\boldsymbol{k},t)-k_jk_pk_q\,\hat{u}_p(\boldsymbol{k}-\boldsymbol{k}',t)\,\hat{u}_q(\boldsymbol{k},t)\,\hat{u}_i^*(\boldsymbol{k},t)]$$

将上式作张量收缩,由于有不可压缩连续性方程:$k_i\,\hat{u}_i(\boldsymbol{k})=k_i\,\hat{u}_i^*(\boldsymbol{k})=0$,因此$\Pi_{ii}(\boldsymbol{k})=0$。就是说,压强作用对于任意给定波数$\boldsymbol{k}$的湍动能增量$\partial\langle\hat{u}_i(\boldsymbol{k})\hat{u}_i^*(\boldsymbol{k})\rangle/\partial t$没有贡献,如果对所有波数求和,进一步说明压强对脉动总动能(所有波段动能之和)也没有贡献。所以压强的作用只是在各个速度分量之间传输动量和能量。

2. 惯性作用产生各波段间动量传输,但不改变物理空间中各脉动分量的平均能量

给定波数$\boldsymbol{k}$的惯性输运用$\Gamma_{ij}(\boldsymbol{k})$表示,它是式(3.50)右端第一项,它等于:

$$\Gamma_{ij}(\boldsymbol{k})=-\mathrm{i}\sum_{\boldsymbol{k}'}k_p[\hat{u}_p^*(\boldsymbol{k}-\boldsymbol{k}',t)\,\hat{u}_i^*(\boldsymbol{k}',t)\,\hat{u}_j(\boldsymbol{k},t)-\hat{u}_p(\boldsymbol{k}-\boldsymbol{k}',t)\,\hat{u}_i^*(\boldsymbol{k},t)\,\hat{u}_j(\boldsymbol{k}',t)]$$

将上式对 $\boldsymbol{k}$ 求和，得到惯性作用下所有波段动量输运之和(总动量输运)，它等于：

$$\sum_{\boldsymbol{k}}\Gamma_{ij}(\boldsymbol{k})=-\mathrm{i}\sum_{\boldsymbol{k}}\sum_{\boldsymbol{k}'}k_p[\hat{u}_p^*(\boldsymbol{k}-\boldsymbol{k}',t)\hat{u}_i^*(\boldsymbol{k}',t)\hat{u}_j(\boldsymbol{k},t)-\hat{u}_p(\boldsymbol{k}-\boldsymbol{k}',t)\hat{u}_i^*(\boldsymbol{k},t)\hat{u}_j(\boldsymbol{k}',t)]$$

注意到右端求和式中 $\boldsymbol{k}$ 和 $\boldsymbol{k}'$ 可交换，以及 $\hat{u}_p^*(\boldsymbol{k}-\boldsymbol{k}')=\hat{u}_p(\boldsymbol{k}'-\boldsymbol{k})$，可以证明 $\sum_{\boldsymbol{k}}\Gamma_{ij}(\boldsymbol{k})=0$。就是说：惯性项对 $\partial\left[\sum_{\boldsymbol{k}}\hat{u}_i^*(\boldsymbol{k})\hat{u}_j(\boldsymbol{k})\right]/\partial t$ 没有贡献，即不改变脉动动量通量的总和；如果令 $i=j=\alpha$，则有 $\sum_{\boldsymbol{k}}\Gamma_{\alpha\alpha}(\boldsymbol{k})=0$(对 α 不求和)，这表示惯性作用不改变各个方向上的脉动动能。所以，惯性作用只是在脉动速度的各波段间传输动量和能量。

总之，均匀湍流场中，惯性和压强作用对于物理空间的湍动能具有守恒性，它们都不能使均匀湍流场中质点的湍动能增加或减少；它们只能在脉动的各个分量间或各个尺度间调节能量。其中**压强在脉动速度分量间重新分配能量；惯性则在各个尺度间传输能量**。

3.3.4 均匀湍流中的湍动能传输链

综合分子粘性扩散、惯性和压强的联合作用，对于均匀湍流，谱空间的动量方程(3.50)描绘如下的湍能输运过程。设在物理空间中给定初始的统计均匀的脉动速度场 $u_i(\boldsymbol{x})$，在谱空间中它的分布是 $\hat{u}_i(\boldsymbol{k})$。在粘性作用下，脉动速度逐渐衰减，而且小尺度的成分衰减得最快，于是在耗散过程中大尺度脉动成分占更多份额。由于惯性在速度脉动的各个尺度间进行动量输运，它将大尺度脉动的动能传输给小尺度脉动。于是在粘性和惯性的联合作用下，湍流脉动场形成一种能量传输链：大尺度湍流脉动通过惯性作用向小尺度湍流脉动不断输送能量，这股能量在小尺度湍流脉动中耗散殆尽。在能量传输过程中，压强在各个脉动分量间起调节作用，如果物理空间中初始脉动场的动能在各个分量间分配不均匀，压强梯度将使它们逐渐均分。

以上是在均匀湍流场中，湍动能传输的定性描述，下面用湍流脉动的动力学方程，进一步揭示均匀湍流中湍动能输运的定量演化。

3.4 不可压缩均匀各向同性湍流动力学的若干性质

3.4.1 不可压缩均匀湍流的2阶速度相关动力学方程

3.3节讨论了不可压缩均匀湍流场中能量输运的物理过程，本节将建立不可压缩均匀各向同性湍流的统计理论。下面先导出不可压缩均匀湍流场中相关函数的演化方程，然后讨论各向同性湍流中的能量输运。

不可压缩均匀湍流场的脉动速度服从N-S方程(3.38)。将位于 $(\boldsymbol{x},t)$ 点的脉动速度记作 $\boldsymbol{u}_i(\boldsymbol{x},t)$，将位于 $(\boldsymbol{x}',t)$ 点的脉动速度记作 $u_i'(\boldsymbol{x}',t)$。它们分别满足式(3.38)，即

$$\frac{\partial u_i}{\partial t}+u_k\frac{\partial u_i}{\partial x_k}=-\frac{1}{\rho}\frac{\partial p}{\partial x_i}+\nu\frac{\partial^2 u_i}{\partial x_k\partial x_k}$$

$$\frac{\partial u_i'}{\partial t}+u_k'\frac{\partial u_i'}{\partial x_k'}=-\frac{1}{\rho}\frac{\partial p'}{\partial x_i'}+\nu\frac{\partial^2 u_i'}{\partial x_k'\partial x_k'}$$

在上面第一式的 i 分量方程上乘以 $u_j'(\boldsymbol{x}',t)$，在第二式的 j 分量方程上乘以 $u_i(\boldsymbol{x},t)$，然后两式相加并作系综平均得以下方程(利用均匀湍流的性质，请读者自行推导)：

$$\frac{\partial R_{ij}(\xi,t)}{\partial t}=T_{ij}(\xi,t)+P_{ij}(\xi,t)+2\nu\frac{\partial^2 R_{ij}(\xi,t)}{\partial\xi_k\partial\xi_k} \tag{3.51}$$

式(3.51)中 $T_{ij}(\xi,t)$ 由对流项导出，属于惯性作用，具体公式是

$$T_{ij}(\xi,t)=\frac{\partial}{\partial\xi_k}(\langle u_i u_k u'_j\rangle-\langle u_i u'_k u'_j\rangle)$$

用3阶速度相关张量表示，上式可写作

$$T_{ij}(\xi,t)=\frac{\partial}{\partial\xi_k}(R_{ik,j}-R_{i,kj}) \tag{3.52}$$

式(3.51)中的 $P_{ij}(\xi,t)$ 由压强项导出，属于压强作用项，具体公式是

$$P_{ij}(\xi,t)=\frac{1}{\rho}\left(\frac{\partial\langle pu'_j\rangle}{\partial\xi_i}-\frac{\partial\langle p'u_i\rangle}{\partial\xi_j}\right)$$

用压强-速度相关函数表示上式可写作

$$P_{ij}(\xi,t)=\frac{1}{\rho}\left(\frac{\partial R_{pj}}{\partial\xi_i}-\frac{\partial R_{ip}}{\partial\xi_j}\right) \tag{3.53}$$

式(3.51)最后一项 $2\nu\frac{\partial^2 R_{ij}(\xi,t)}{\partial\xi_k\partial\xi_k}$ 则是分子粘性的扩散。

3.4.2 不可压缩均匀各向同性湍流的 Karman-Howarth 方程

利用式(3.51)，可以研究不可压缩各向同性湍流的若干性质。在3.2.3节中已经证明不可压缩各向同性湍流场中压强-速度相关项等于零，因此，在式(3.51)中压强作用项 $P_{ij}(\xi,t)=0$，也就是说，不可压缩各向同性湍流中压强对2阶速度相关张量的变化没有贡献，或者说，压强在脉动速度分量间的动量交换没有贡献。在物理上，这一结论可以理解为：脉动压强和速度相关项的作用使湍流脉动速度各向同性化，一旦湍流场达到各向同性状态，压强-速度相关项就不再有任何作用。因此，不可压缩各向同性湍流场中2阶速度相关方程为

$$\frac{\partial R_{ij}(\xi,t)}{\partial t}=T_{ij}(\xi,t)+2\nu\frac{\partial^2 R_{ij}(\xi,t)}{\partial\xi_k\partial\xi_k} \tag{3.54}$$

各向同性湍流的2阶速度相关和3阶速度相关都只有一个独立分量，并有式(3.31)、(3.32)：

$$R_{ij}(\xi)=-\frac{1}{2}\frac{\mathrm{d}R_{ll}(\xi)}{\mathrm{d}\xi}\frac{\xi_i\xi_j}{\xi}+\left[R_{ll}(\xi)+\frac{\xi}{2}\frac{\mathrm{d}R_{ll}(\xi)}{\mathrm{d}\xi}\right]\delta_{ij}$$

$$R_{ij,k}(\xi)=\left(\frac{R_{ll,l}-\xi R'_{ll,l}}{2\xi^2}\right)\xi_i\xi_j\xi_k+\left(\frac{2R_{ll,l}+\xi R'_{ll,l}}{4\xi}\right)(\xi_i\delta_{jk}+\xi_j\delta_{ik})-\frac{R_{ll,l}}{2\xi}\xi_k\delta_{ij}$$

其中 R_{ll} 和 $R_{ll,l}$ 是2阶和两点3阶纵向速度相关。另外，对于均匀湍流场中3阶速度相关有以下等式：

$$R_{i,kj}(\xi,t)=R_{kj,i}(-\xi,t)=-R_{kj,i}(\xi,t)$$

第一个等式是 u_i 和 u_ju_k 交换位置时，相关量不变；第二个等式表示各向同性湍流3阶相关函数关于相对位移是奇函数(见例3.2)，将它代入式(3.52)，得

$$T_{ij}(\xi,t)=\frac{\partial}{\partial\xi_k}[R_{ik,j}(\xi,t)-R_{i,kj}(\xi,t)]=\frac{\partial}{\partial\xi_k}[R_{ik,j}(\xi,t)+R_{kj,i}(\xi,t)]$$

将各向同性张量关系式(3.31)和式(3.32)代入式(3.54)，将带有 δ_{ij} 和不带 δ_{ij} 的项分离，得到2个相同的方程：

$$\left(1+\frac{\xi}{2}\frac{\partial}{\partial\xi}\right)\frac{\partial R_{ll}(\xi,t)}{\partial t}=\left(1+\frac{\xi}{2}\frac{\partial}{\partial\xi}\right)\left[\left(\frac{\partial}{\partial\xi}+\frac{4}{\xi}\right)R_{ll,l}(\xi,t)+2\nu\left(\frac{\partial^2}{\partial\xi^2}+\frac{4}{\xi}\frac{\partial}{\partial\xi}\right)R_{ll}(\xi,t)\right]$$

将右端项和左端合并，构成如下方程 $f+\frac{\xi}{2}\frac{\partial f}{\partial\xi}=0$，该方程的解为 $f=c/\xi^2$。在 $\xi=0$ 处没有奇异性的唯一解是 $f=0$，于是获得解：

$$\frac{\partial R_{ll}(\xi,t)}{\partial t}=\left(\frac{\partial}{\partial\xi}+\frac{4}{\xi}\right)R_{ll,l}(\xi,t)+2\nu\left(\frac{\partial^2}{\partial\xi^2}+\frac{4}{\xi}\frac{\partial}{\partial\xi}\right)R_{ll}(\xi,t) \tag{3.55}$$

不可压缩各向同性湍流的 2 阶纵向速度相关方程(3.55)最早由 Karman 和 Howarth(1938)导出，称为 Karman-Howarth 方程。Karman-Howarth 方程是线性偏微分方程，较之原始变量的 N-S 方程要简单得多。不过，Karman-Howarth 方程仍然是不封闭的，因为方程(3.55)中有两个未知函数 $R_{ll}(\xi,t)$ 和 $R_{ll,l}(\xi,t)$。

3.4.3 Karman-Howarth 方程的应用

Karman-Howarth 方程是不封闭的，但是可以通过 Karman-Howarth 方程获得湍流耗散的一些基本性质。

令 $R_{ll}(\xi,t)=R(\xi,t)$ 和 $R_{ll,l}(\xi,t)=T(\xi,t)$，则 Karman-Howarth 方程可简写为

$$\frac{\partial R(\xi,t)}{\partial t}=\left(\frac{\partial}{\partial\xi}+\frac{4}{\xi}\right)T(\xi,t)+2\nu\left(\frac{\partial^2}{\partial\xi^2}+\frac{4}{\xi}\frac{\partial}{\partial\xi}\right)R(\xi,t) \tag{3.56}$$

1. 不可压缩均匀各向同性湍流场中湍动能耗散方程和 Taylor 微尺度

因 $T(\xi,t)$ 是 ξ 的奇函数，故有 $T(\xi,t)\propto\xi$，另一方面 3 阶相关满足连续方程 $\partial T_{i,jk}(\xi)/\partial\xi_k=0$，可以证明，$T_{i,jk}(\xi,t)\propto\xi^2$（可由式(3.32)求导证明）。既要满足奇次函数条件，又要满足连续方程，3 阶纵相关的泰勒展开式的首 2 项应有以下形式：

$$T(\xi,t)=\frac{T'''(0,t)}{3!}\xi^3+\frac{T^{\mathrm{V}}(0,t)}{5!}\xi^5+\cdots$$

上式中 $T^{\mathrm{V}}(\xi,t)$ 是 $T(\xi,t)$ 对 ξ 的 5 阶导数。另一方面 $R(0,t)=\langle u_l u_l\rangle=u^2(t)$，$u$ 是沿 ξ 方向脉动速度的均方根，故湍动能 $k=3u^2/2$，令

$$f(\xi)=\frac{R(\xi,t)}{R(0,t)}=\frac{R(\xi,t)}{u^2}$$

则 $f(\xi)$ 是 $R(\xi,t)$ 的无量纲相关系数，显然有 $f(0)=1$。均匀各向同性湍流场中 2 阶速度相关具有对称性 $R(\xi)=R(-\xi)$，因此在 $\xi=0$ 处，$f(\xi)$ 有以下的展开式：

$$f(\xi)=1+\frac{\xi^2}{2}f''(0)+\cdots$$

将 $T(\xi,t)$ 的展开式，和 $R(\xi,t)$ 的近似式代入式(3.56)，因 $[(\partial/\partial\xi+4/\xi)T(\xi,t)]_{\xi=0}=0$，故有

$$\left[\left(\frac{\partial^2}{\partial\xi^2}+\frac{4}{\xi}\frac{\partial}{\partial\xi}\right)R(\xi,t)\right]_{\xi=0}=5u^2f''(0)$$

将 $R(0,t)=u^2$ 一起代入式(3.56)，得

$$\frac{1}{u^2}\frac{\mathrm{d}u^2}{\mathrm{d}t}=10\nu f''(0) \tag{3.57}$$

上式左边 $\mathrm{d}u^2/\mathrm{d}t$ 正比于湍动能衰减率 $-\varepsilon$，所以式(3.57)表示湍动能衰减率和粘性系数成正比，还和 $f''(0)$ 成正比。$f(\xi)$ 是无量纲相关函数，$f''(0)$ 是各向同性湍流的一个特征参数，

它的量纲是$[L]^{-2}$。可以利用$f''(0)$定义各向同性湍流的一种特征尺度,称为 Taylor 微尺度λ,它等于:

$$\lambda^2 = -\frac{R(0)}{(d^2R(\xi)/d\xi^2)_{\xi=0}} = -\frac{1}{f''(0)} \tag{3.58}$$

利用 Taylor 微尺度λ,式(3.57)可写作:

$$\frac{1}{u^2}\frac{du^2}{dt} = -\frac{10\nu}{\lambda^2}$$

不可压缩均匀各向同性湍流场中$du^2/dt = -2\varepsilon/3$,因此湍动能耗散率$\varepsilon$直接和 Taylor 微尺度相联系:

$$\varepsilon = \frac{15u^2\nu}{\lambda^2} \tag{3.59}$$

或

$$\lambda = u\sqrt{\frac{15\nu}{\varepsilon}} \tag{3.60}$$

式(3.60)表明 Taylor 微尺度是各向同性湍流中的湍动能耗散的特征尺度。

2. 洛强斯基(Loitsiansky,1939)不变量

在 Karman-Howarth 方程上求 4 阶矩积分:

$$\int_0^\infty \xi^4 \frac{\partial R(\xi,t)}{\partial t}d\xi = \int_0^\infty \xi^4\left[\left(\frac{\partial}{\partial\xi}+\frac{4}{\xi}\right)T(\xi,t) + 2\nu\left(\frac{\partial^2}{\partial\xi^2}+\frac{4}{\xi}\frac{\partial}{\partial\xi}\right)R(\xi,t)\right]d\xi$$

上式右边积分函数$\xi^4\left(\frac{\partial}{\partial\xi}+\frac{4}{\xi}\right)T(\xi,t) = \frac{\partial}{\partial\xi}[\xi^4 T(\xi,t)]$,$\xi^4\left(\frac{\partial^2}{\partial\xi^2}+\frac{4}{\xi}\frac{\partial}{\partial\xi}\right)R(\xi,t) = \frac{\partial}{\partial\xi}\left[\xi^4\frac{\partial R(\xi,t)}{\partial\xi}\right]$,于是,积分结果等于:

$$\frac{\partial}{\partial t}\int_0^\infty \xi^4 R(\xi,t)d\xi = \lim_{\xi\to\infty}[\xi^4 T(\xi,t)] + \lim_{\xi\to\infty}\left[2\nu\xi^4\frac{\partial R(\xi,t)}{\partial\xi}\right]$$

假定当相关距离趋向无穷大时相关函数按指数律趋向于零(Loitsiansky,1939),以上积分式的右端项就等于零,也就是:

$$\frac{\partial}{\partial t}\int_0^\infty \xi^4 R(\xi,t)d\xi = 0 \quad 或 \quad \Lambda = \int_0^\infty \xi^4 R(\xi,t)d\xi = 常量 \tag{3.61}$$

Λ称为洛强斯基不变量,它表示各向同性湍流场衰减过程中某种统计特征量的守恒性。洛强斯基本人把它解释为产生湍流的初始总扰动量的守恒;Landau 和 Lifshitz(1963)在他们的《连续介质力学》中则将Λ解释为湍流场中的总角动量。导出洛强斯基不变量的依据是**相关函数按指数律趋向于零**的假定,Batchelor 和 Proudman (1956)稍后指出:**相关函数按指数律趋向于零**的假定并非总是成立的,他们证明,在一般情况下,$\lim_{\xi\to\infty}\xi^4 T(\xi,t)\neq 0$。因此,什么条件下存在洛强斯基不变量是尚待研究的经典问题。

3. 均匀各向同性湍流的后期衰变

湍流统计方程是不封闭的,即使对于最简单的不可压缩各向同性湍流也是如此。具体来说,Karman-Howarth 方程中的3阶矩项就是待封闭的,所以不可能从纯数学上获得该方程的精确解。然而，在均匀各向同性湍流的后期衰变过程中可以求出近似解。各向同性湍流的衰减后期，湍流脉动量很小，这时3阶相关和2阶相关相比是高阶小量，因而可略去不计，于是不可压缩各向同性湍流的后期衰变方程简化为

$$\frac{\partial R(\xi,t)}{\partial t}=2\nu\left(\frac{\partial^2}{\partial\xi^2}+\frac{4}{\xi}\frac{\partial}{\partial\xi}\right)R(\xi,t)$$

该方程有相似性解，令 $R(\xi,t)=u^2f(\zeta)$，$\zeta=\xi/\lambda(t)$，$\lambda(t)$是湍流的各向同性湍流的 Taylor 微尺度，代入上式，得

$$\frac{\mathrm{d}u^2}{\mathrm{d}t}f-\frac{u^2}{\lambda(t)}\frac{\mathrm{d}\lambda(t)}{\mathrm{d}t}\zeta f'=2\nu\frac{u^2}{\lambda^2(t)}\left(f''+\frac{4}{\zeta}f'\right)$$

式中“′”号表示对 ζ 的导数。利用湍动能耗散方程 $(\mathrm{d}u^2/\mathrm{d}t)/u^2=-10\nu/\lambda^2$，上式可简化为

$$f''+\left(\frac{4}{\zeta}+\alpha\zeta\right)f'+5f=0 \tag{3.62a}$$

式中 $\alpha=\dfrac{1}{4\nu}\dfrac{\mathrm{d}\lambda^2}{\mathrm{d}t}$。存在相似性解的条件是 α=常量，即

$$\lambda^2=4\alpha\nu(t-t_0) \tag{3.62b}$$

代入湍能耗散方程式并积分，得

$$u^2=c\,(t-t_0)^{-5/2\alpha} \tag{3.62c}$$

即各向同性湍流的后期衰变过程中，湍动能以负指数的幂函数形式减小。相似性解中的常量 α 可由洛强斯基不变量求出，将 $R(\xi,t)=u^2f(\zeta)$，$\zeta=\xi/\lambda(t)$ 代入式(3.61)，得

$$\Lambda=\int_0^\infty\xi^4R(\xi)\mathrm{d}\xi=u^2\lambda^5\int_0^\infty\zeta^4f(\zeta)\mathrm{d}\zeta=c\,(4\alpha\nu)^{5/2}\,(t-t_0)^{5/2(1-1/\alpha)}\int_0^\infty\zeta^4f(\zeta)\mathrm{d}\zeta$$

由上式可见，只有 $\alpha=1$ 时 Λ 才是不变量。将 $\alpha=1$ 代入式(3.62b)和式(3.62c)，不可压缩各向同性湍流后期衰变的湍能和微尺度的公式为

$$u^2=c\,(t-t_0)^{-5/2} \tag{3.63a}$$

$$\lambda^2=4\nu(t-t_0) \tag{3.63b}$$

在 $\alpha=1$ 时，2阶矩方程(3.62a)简化为

$$f''+\left(\frac{4}{\zeta}+\zeta\right)f'+5f=0$$

$f(\zeta)$是对称函数，即 $f(0)=1$，$f'(0)=0$，在这组初始条件下，以上方程的解是 Gauss 函数：

$$f(\xi,t)=\exp(-\zeta^2/2)=\exp(-\xi^2/8\nu(t-t_0)) \tag{3.64}$$

以上分析的结果表明，不可压缩各向同性湍流的后期衰变过程中，脉动速度2阶相关函数保持 Gauss 函数型。以上结果得到 Batchelor 和 Townsend (1948)实验的验证，见图3-7。而湍动能随时间以(−2.5)次方的幂函数衰减；Taylor 微尺度则随时间以0.5次方增长。

最近，美国俄勒冈大学的液氦实验结果表明，均匀各向同性湍流后期衰减指数等于−2，而不是−2.5 (Skrbek 和 Stalp，2000)。其原因可能是洛强斯基不变量的论断不成立，因为导出各向同性湍流后期衰减指数等于−2.5时利用了洛强斯基不变量条件，而前面曾经指出，洛强斯基不变量是否成立尚存疑问。

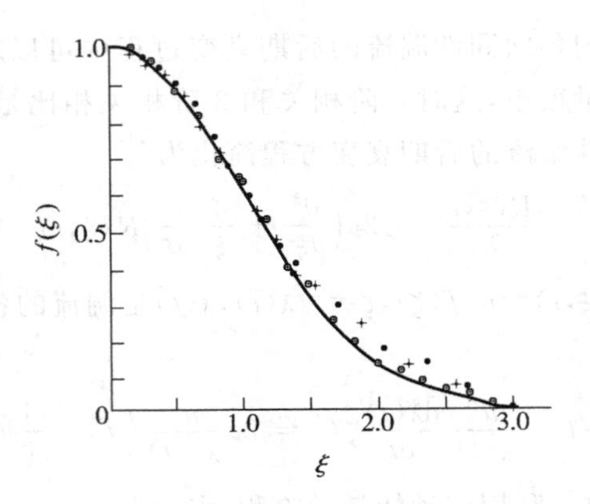

图 3-7 不可压缩各向同性湍流的后期衰减的纵向相关系数

(符号：在不同流向位置的实验测量结果：● 960M，+640M；⊕ 320M，M 是格栅尺寸；实线：高斯分布函数)

3.5 不可压缩均匀各向同性湍流中的湍动能传输链

3.5.1 不可压缩均匀各向同性湍流中的湍动能输运方程

继续在谱空间讨论各向同性湍流的湍动能传输过程，为此将式(3.49)作张量收缩，得到谱空间的湍动能方程(注意压强项对湍动能的增量没有贡献)

$$\left(\frac{\partial}{\partial t}+2\nu k^{2}\right)\hat{u}_{i}^{*}(\boldsymbol{k},t)\,\hat{u}_{i}(\boldsymbol{k},t)=-\mathrm{i}\sum_{\boldsymbol{k}'}k_{p}\left[\hat{u}_{p}^{*}(\boldsymbol{k}-\boldsymbol{k}',t)\,\hat{u}_{i}^{*}(\boldsymbol{k},t)\,\hat{u}_{i}(\boldsymbol{k},t)-\hat{u}_{p}(\boldsymbol{k}-\boldsymbol{k}',t)\,\hat{u}_{i}^{*}(\boldsymbol{k},t)\,\hat{u}_{i}(\boldsymbol{k},t)\right]$$

将上式在 k 等于常数的球面上积分，并记：

$$E(k)=\iint\hat{u}_{i}^{*}(\boldsymbol{k},t)\,\hat{u}_{i}(\boldsymbol{k},t)\mathrm{d}A(k) \tag{3.65a}$$

$$T(k)=\left\{\iint-\mathrm{i}\sum_{\boldsymbol{k}'}k_{p}\left[\hat{u}_{p}^{*}(\boldsymbol{k}-\boldsymbol{k}',t)\,\hat{u}_{i}^{*}(\boldsymbol{k},t)\,\hat{u}_{i}(\boldsymbol{k},t)-\hat{u}_{p}(\boldsymbol{k}-\boldsymbol{k}',t)\,\hat{u}_{i}^{*}(\boldsymbol{k},t)\,\hat{u}_{i}(\boldsymbol{k},t)\right]\right\}\mathrm{d}A(k) \tag{3.65b}$$

$\mathrm{d}A(k)$是半径等于 k 的微元球面面积。积分的谱空间湍动能方程可写作

$$\left(\frac{\partial}{\partial t}+2\nu k^{2}\right)E(k)=T(k) \tag{3.66}$$

式(3.66)表示不可压缩各向同性湍流中波段间能量传输，惯性输入的能量是 $T(k,t)$，简称湍动能传输谱。通过实验测定或直接数值模拟计算的 $E(k,t)$和 $T(k,t)$，我们可以分析各向同性湍流场中的能量传输性质。图 3-8 是典型的能谱 $E(k)$，图中用能谱 $E^{*}(k\eta)=(\varepsilon\nu^{5})^{-1/4}E(k\eta)$表示，图 3-9 是各向同性湍流的典型传输谱 $T(k)$。耗散谱 $\varepsilon(k)=\nu k^{2}E(k)$，它的峰值在能谱的高波数段(没有图示)。

通过湍动能谱、湍动能耗散谱和湍动能传输谱的图形，可以归纳各向同性湍流场中湍动能输运的基本特性如下：

(1) 湍动能的分布 $E(k)$(图 3-8)：大尺度脉动含有湍动能的绝大部分，而小尺度脉动含有很少动能(请注意湍动能谱曲线是对数坐标，能量的绝大部分在能谱最大的波数附近)；

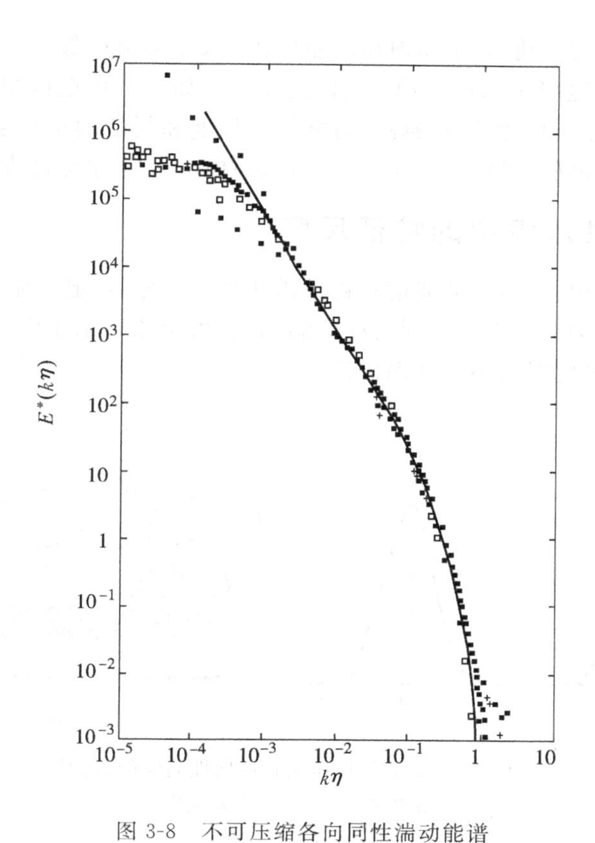

图 3-8 不可压缩各向同性湍动能谱

（实线：$R_\lambda=460$，直接数值模拟（Gotoh，2002）；虚线：$-5/3$ 谱；符号：其他计算和实测数据）

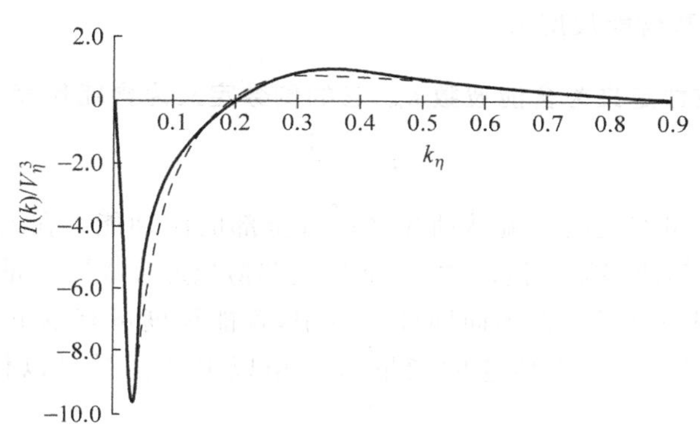

图 3-9 各向同性湍流场中能量输运项

（实线：计算；虚线：实测）

（2）惯性作用的输运 $T(k)$（图 3-9）：大尺度脉动（小波数）输出能量（$T(k)<0$），小尺度脉动则通过惯性输入能量；

（3）湍动能耗散 $\nu k^2E(k)$：小尺度脉动占有湍动能耗散的绝大部分，而大尺度脉动的耗散很小。

上述结果描绘了不可压缩各向同性湍流场中湍动能输运的图像：大尺度湍流脉动犹如

一个很大的湍动能的蓄能池,它不断地输出能量;小尺度湍流好像一个耗能机械,从大尺度湍流输送来的动能在这里全部耗散掉;流体的惯性犹如一个传送机械,把大尺度脉动动能输送给小尺度脉动。流动的雷诺数越高,蓄能的大尺度和耗能的小尺度之间的惯性区域越大。这种湍动能输运过程最早由 Richardson(1922)提出①,并称为湍动能的级串过程。

3.5.2 各向同性湍流中的特征尺度

当流动的雷诺数很大时,湍动能谱和耗散谱几乎完全分离,定性地示于图 3-10(a),如果我们把各种波数的脉动成分看作不同尺度的湍涡,它可形象地示于图 3-10(b),有一股能量以 $T(k)$的速率从大尺度涡向小尺度涡传输。

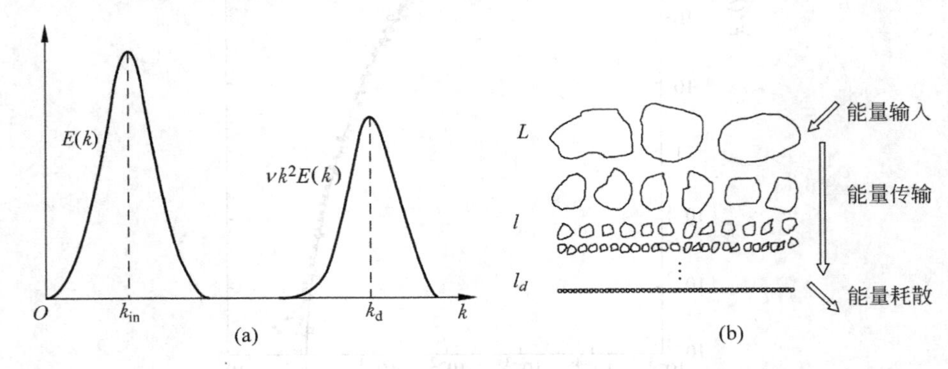

图 3-10 高雷诺数不可压缩各向同性湍流的湍能输运
(a) 能谱和耗散谱;(b) 湍动能传输链

根据湍动能传输性质,我们定义以下湍流脉动或湍涡的特征尺度。

1. 含能波数 k_{in}和含能尺度 L

能谱最大值的波数定义为含能波数 k_{in},它的倒数定义为含能尺度 L,即

$$L = \frac{1}{k_{in}} \tag{3.67}$$

含能尺度是指该尺度量级内的湍流脉动几乎占有全部的湍动能。在实际流动中,有以下的估计:在湍流边界层等薄层湍流流动中,含能尺度和薄层厚度 δ 同一量级;在格栅湍流中含能尺度和格栅间距同一量级。在各向同性湍流中,含能尺度可有以下估计:在含能尺度范围内包含总能量 k,它向小尺度传递的能量为 ε,由以上特征量可以估计含能尺度的量级等于

$$L \sim \frac{k^{3/2}}{\varepsilon} \tag{3.68}$$

在含能尺度范围内,湍动能通过惯性传输能量,而湍动能耗散几乎可以忽略,也就是说,含能

① Richardson 曾用诗歌描写串级过程:

Big whirls have little whirls
which feed on their velocity
Little whirls have small whirls
and so on to viscosity

尺度范围内，惯性主宰湍流运动，因此含能尺度范围又称惯性区。

在均匀湍流中，也可以用相关系数的积分定义积分尺度：

$$L_{\alpha\alpha} = \int_0^{\infty} \frac{R_{\alpha\alpha}(\xi)}{\sqrt{\langle u_\alpha^2 \rangle \langle u_\alpha^2 \rangle}} \mathrm{d}\xi \quad (\text{对 } \alpha \text{ 不求和}) \tag{3.69}$$

用相关系数定义积分尺度，还可以区分不同方向的大尺度。

以脉动速度和含能尺度为特征的雷诺数称为积分尺度雷诺数：

$$Re_L = \frac{uL}{\nu} \tag{3.70}$$

式中 u 是湍动能的平方根或湍流脉动速度的均方根。当提到高雷诺数湍流时，是指 $Re_L \gg 1$。

2. 耗散波数和耗散区尺度

只有湍动能耗散、而能量传输几乎为零的波数定义为耗散波数 k_d，它的倒数定义为耗散尺度 l_d。

根据定义，确定耗散区尺度的特征量只有湍动能耗散率 ε 和流体的粘度 ν。应用量纲分析，它的尺度和速度量级应等于：

$$l_\mathrm{d} = \eta \sim \left(\frac{\nu^3}{\varepsilon}\right)^{1/4}, \quad u \sim (\varepsilon\nu)^{1/4}, \quad k_\mathrm{d} \sim \frac{1}{l_\mathrm{d}} \tag{3.71}$$

耗散区尺度(简称耗散尺度)又称 Kolmogorov 尺度，常用 η 表示。以耗散尺度和耗散脉动速度为特征量的雷诺数称为耗散雷诺数。很容易由式(3.71)算出耗散雷诺数是 $O(1)$ 的量级：

$$Re_\mathrm{d} = u\eta/\nu \sim 1 \tag{3.72}$$

我们知道雷诺数表征流体质点的惯性力和粘性力之比，雷诺数等于1的流动是粘性主宰的耗散流动，就是说在耗散尺度范围内的湍流脉动是粘性主宰的，这一范围称为耗散区。

3. 惯性子区尺度

在高雷诺数湍流中，含能区和耗散区几乎完全分离，即：$L \gg \eta$。这时，我们把既远离含能区、又远离耗散区的范围定义为惯性子区，惯性子区的尺度用 l 表示，应有

$$\eta \ll l \ll L \tag{3.73}$$

由于 $l \gg \eta$，惯性子区中湍动能耗散不是主要的，湍动能的传输是主要的；由于 $l \ll L$，大尺度含能涡的影响已经十分微弱。

在惯性子区中湍动能输运可以描述如下：湍流脉动从大尺度湍涡逐级向小尺度涡传输，湍涡接受大尺度脉动传来的能量而无耗散，它转而把能量传给更小尺度的湍涡，由于惯性子区远离耗散区，这股能量保持它的大小传到耗散区。根据这一湍动能输运的图像，Kolmogorov(1941)提出了一种局部各向同性的平衡湍能谱。

3.5.3 Kolmogorov 的局部各向同性假定和湍能谱的−5/3幂次律

上述的湍动能输运过程可以存在于各种湍流运动中，例如格栅湍流、边界层湍流或湍射流等。Kolmogorov 认为：**在某一尺度范围内，湍流脉动可以视作独立于大尺度运动的子系**

综，一方面有源源不断的能量输入；另一方面又输出动能到耗散区，从而使该子系综达到局部的统计平衡态。子系综中的湍流称为局部湍流，假定子系综中的局部湍流达到各向同性状态，我们不再关心湍动能是如何由大尺度运动输运过来，我们只需要知道能量输运率。对于这样一个子系综，各种尺度的脉动间应当具有统计的相似性。基于以上的分析，Kolmogorov 认为在高雷诺数湍流中存在局部平衡的各向同性湍流，它有以下性质(或称 Kolmogorov 第一假定)：

(1) 在高雷诺数湍流场中，湍流脉动存在很宽阔的尺度范围，在远离含能尺度和耗散区尺度的惯性子区中，湍流脉动处于局部各向同性的平衡状态。

(2) 小尺度湍流脉动具有统计相似性。

(3) 确定小尺度湍流脉动统计特性的特征量是：湍能耗散率 ε(等于向局部各向同性湍流的输入能量)和流体的粘度 ν。

根据以上假定，可以用量纲分析方法导出局部各向同性湍流的能谱。

假定$Re_l \gg 1$ 时，小尺度湍流脉动存在统计相似性(Kolmogorov 假定)，也就是存在普适的无量纲的平衡能谱 $E_{eq}(k\eta)$，注意自变量 $k\eta$ 是无量纲量。能谱 $E(k)$的量纲是$[L]^3[T]^{-2}$，用 ε、k 和 η，或 ε、k 和 ν 做主定特征量时，相似型的能谱可写作：

$$E(k) \propto \varepsilon^{2/3} k^{-5/3} E_{\mathrm{eq}}(k\eta) = \varepsilon^{2/3} k^{-5/3} E_{\mathrm{eq}}(k\nu^{3/4}\varepsilon^{-1/4}) \tag{3.74}$$

最后，Kolmogorov 作了第二个假定：**当 $Re_L \to \infty$ 时**(或 $\nu=0$)，**ε 仍是有限的，这时，小尺度湍流的统计特性完全由 ε 和 k 确定，并且是普适的。**将 $\nu=0$ 代入式(3.74)，并令 $\alpha = E_{\mathrm{eq}}(0)$，则无量纲能谱的唯一可能形式是

$$E(k) = \alpha\varepsilon^{2/3} k^{-5/3} \tag{3.75}$$

式中 α(也可写作 C_K)称为 Kolmogorov 常数，式(3.74)称作 Kolmogorov 的$-5/3$ 次方律。在大气和海洋中实测的能谱，都存在很宽的$-5/3$ 次方谱段，读者可在 Batchelor (1953) 或 Monin, Yaglom (1975)等湍流经典著作中得到更多的佐证。为节省篇幅，本书不打算引用很多的结果。图 3-11 是 $Re_\lambda=38\sim460$ 范围内不可压缩均匀各向同性湍流直接数值模拟的湍能谱，图中横坐标为 $k\eta$，纵坐标为无量纲能谱 $E^*(k\eta)=(\varepsilon\nu^5)^{-1/4}(k\eta)^{5/3}E(k\eta)$，能谱曲线的水平段就是在有限雷诺数条件下的惯性子区。我们可以看到湍流雷诺数越高，惯性子区越宽。

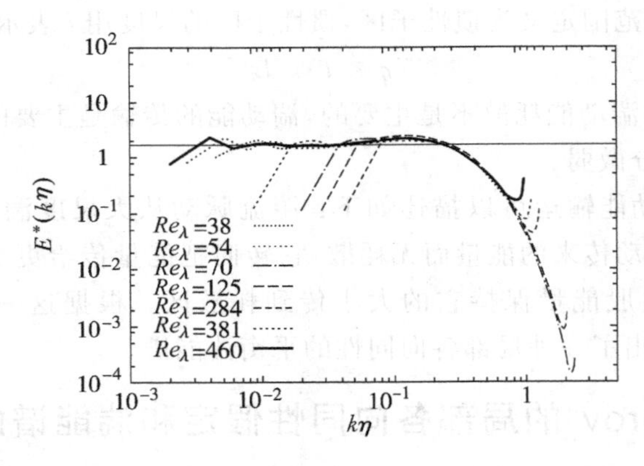

图 3-11 局部各向同性湍流的$-5/3$ 次能谱(Gotoh, 2002)

3.6　局部各向同性湍流的结构函数

3.6.1　结构函数及其性质

3.5节介绍了Kolmogorov用量纲分析方法导出−5/3幂次律的能谱，现在进一步应用随机函数增量和湍流脉动场的结构函数来研究局部各向同性湍流。

1. 随机函数增量和结构函数

定义：随机函数在时空中两点之差称为随机函数增量，并用$\delta \boldsymbol{v}$表示，即有

$$\delta \boldsymbol{v} = \boldsymbol{v}(\boldsymbol{x}+\xi, t+\tau) - \boldsymbol{v}(\boldsymbol{x}, t) \tag{3.76}$$

随机函数增量可以更好地表示随机函数的局部性质，因此局部各向同性湍流的分析以脉动速度差为基础。如果把湍流的全系综视为无限多自由度系统，系统中的大尺度脉动和流动的边界条件有关，因此它们是不均匀的。当它们把动能逐级传给小尺度脉动时，流动边界对小尺度脉动影响越来越小，只有输入能量值对小尺度脉动统计性质有影响。小尺度脉动继续向更小尺度脉动传输能量，最后在耗散尺度中脉动能量转化为分子内能。可以将以上无限多自由度系统分解成子系综，最简单的方法是将惯性子区以下尺度的子空间$G'(\boldsymbol{r},t)$从全空间$G(\boldsymbol{r},t)$中分离出来。子空间G'可确定如下：空间中任意两点距离远远小于积分尺度；任意质点的经历时间远远小于积分时间尺度。在子空间$G'(\boldsymbol{r},t)$中有以下关系：

$$|\Delta \boldsymbol{r}| \ll L, \quad |\Delta t| \ll L/u \tag{3.77}$$

u是脉动的均方根。在子空间$G'(\boldsymbol{r},t)$中考察湍流脉动u_i，它既含有大尺度脉动又有小尺度脉动，但是，考察脉动速度差$u_i(\boldsymbol{x}+\boldsymbol{r})-u_i(\boldsymbol{x})$时，大尺度成分在求差时抵消，特别是当$|\Delta \boldsymbol{r}|\to 0$时，大尺度脉动几乎完全抵消。就是说，在子空间$G'$中，脉动速度差只含有小尺度脉动成分，有理由假定它们具有统计均匀和各向同性等特点。根据以上分析，可以用脉动速度的增量来定义局部均匀湍流场或局部各向同性湍流场。

定义：如果湍流场的脉动速度增量的概率密度分布是平稳的，则称它是局部均匀湍流场。如果湍流场的脉动速度增量的概率密度分布既是平稳又是各向同性的，则称它是局部各向同性湍流场。

第1章中，已经用随机变量的特征函数证明：随机变量的概率密度可以用它的无穷阶统计矩表达。因此，局部各向同性湍流可表述为：**脉动速度增量的各阶统计矩是均匀各向同性的**。脉动速度增量的各阶统计矩称为结构函数，并用$D_{ij\cdots}$表示。

定义：脉动速度增量的2阶统计矩简称为2阶结构函数，用$\boldsymbol{D}_{ij}$表示：

$$D_{ij} = \langle \delta u_i \delta u_j \rangle = \langle [u_i(\boldsymbol{x}+\xi) - u_i(\boldsymbol{x})][u_j(\boldsymbol{x}+\xi) - u_j(\boldsymbol{x})] \rangle \tag{3.78}$$

根据定义，结构函数是脉动速度增量间的相关函数。任意湍流场，2阶结构函数应有以下形式：$D_{ij}=D_{ij}(\boldsymbol{x},\xi)$，公式中$\xi$仍称为相关距离。

在$\Delta t \ll L/u$，$|\Delta \boldsymbol{r}| \ll L$的子空间中的局部均匀湍流，$D_{ij}$表达式应与$\boldsymbol{x}$，$t$无关，如果湍流场不仅局部均匀，而且是全场均匀的，则2阶结构函数展开：

$$\begin{aligned} D_{ij}(\xi) = \langle \delta u_i \delta u_j \rangle &= \langle u_i(\boldsymbol{x}+\xi) u_j(\boldsymbol{x}+\xi) \rangle + \langle u_j(\boldsymbol{x}) u_j(\boldsymbol{x}) \rangle - \langle u_i(\boldsymbol{x}+\xi) u_j(\boldsymbol{x}) \rangle \\ &\quad - \langle u_j(\boldsymbol{x}+\xi) u_i(\boldsymbol{x}) \rangle \end{aligned}$$

它可用2阶相关表示：

$$D_{ij}(\xi)=2R_{ij}(0)-R_{ij}(\xi)-R_{ji}(\xi) \tag{3.79}$$

对于局部各向同性湍流场，D_{ij} 的函数表达式应满足各向同性关系式。根据张量函数的性质，各向同性的2阶结构函数必能写成以下形式[参见式(3.25)]：

$$D_{ij}(\xi)=[D_{ll}(\xi)-D_{nn}(\xi)]\frac{\xi_i\xi_j}{\xi^2}+D_{nn}(\xi)\delta_{ij} \tag{3.80}$$

其中 D_{ll} 表示沿 ξ 方向的脉动速度结构函数，称为2阶纵向结构函数，D_{nn} 表示垂直于 ξ 方向的脉动速度结构函数，称为2阶横向结构函数。即

$$D_{ll}(\xi)=\langle(u_l(\boldsymbol{x}+\xi)-u_l(\boldsymbol{x}))^2\rangle \tag{3.81a}$$

$$D_{nn}(\xi)=\langle(u_n(\boldsymbol{x}+\xi)-u_n(\boldsymbol{x}))^2\rangle \tag{3.81b}$$

如果湍流场不仅是局部各向同性，而且是全场各向同性的，则2阶结构函数可以用两点相关函数来表示：

$$D_{ll}(\xi)=2[R_{ll}(0)-R_{ll}(\xi)]$$

$$D_{nn}(\xi)=2[R_{nn}(0)-R_{nn}(\xi)]$$

同理，关于局部各向同性湍流场的3阶结构函数有

$$\begin{aligned}D_{ijk}(\xi)&=\langle[u_i(\boldsymbol{x}+\xi)-u_i(\boldsymbol{x})][u_j(\boldsymbol{x}+\xi)-u_j(\boldsymbol{x})][u_k(\boldsymbol{x}+\xi)-u_k(\boldsymbol{x})]\rangle\\&=[D_{lll}(\xi)-3D_{lnn}(\xi)]\frac{\xi_i\xi_j\xi_k}{\xi^3}+D_{lnn}(\xi)\left(\frac{\xi_i}{\xi}\delta_{jk}+\frac{\xi_j}{\xi}\delta_{ik}+\frac{\xi_k}{\xi}\delta_{ij}\right)\end{aligned} \tag{3.82}$$

其中 D_{lll} 表示沿 ξ 方向的脉动速度3阶结构函数；D_{lnn} 表示沿 ξ 方向的脉动速度增量与垂直于 ξ 方向的脉动速度增量的平方相关。即

$$D_{lll}(\xi)=\langle(u_l(\boldsymbol{x}+\xi)-u_l(\boldsymbol{x}))^3\rangle \tag{3.83a}$$

$$D_{lnn}(\xi)=\langle(u_l(\boldsymbol{x}+\xi)-u_l(\boldsymbol{x}))(u_n(\boldsymbol{x}+\xi)-u_n(\boldsymbol{x}))^2\rangle \tag{3.83b}$$

应用不可压缩流动的连续方程 $\partial u_i/\partial x_i=0$，可以证明不可压缩局部各向同性湍流场的结构函数有以下性质：

$$\frac{\partial D_{ij}(\xi)}{\partial \xi_i}=0 \tag{3.84}$$

代入式(3.80)，可得

$$D_{nn}(\xi)=D_{ll}(\xi)+\frac{\xi}{2}D'_{nn}(\xi) \tag{3.85}$$

上标“′”表示对 ξ 求导，式(3.85)表明不可压缩各向同性湍流场的结构函数张量只有一个独立分量。

2. Kolmogorov 局部各向同性湍流的标度律

Kolmogorov 局部各向同性湍流的理论基础是脉动速度增量的相似性假定。

Kolmogorov **第一相似性假定：在足够大的雷诺数条件下，小尺度时空区域 G' 中脉动速度增量 $\boldsymbol{u}(\boldsymbol{x}+\xi)-\boldsymbol{u}(\boldsymbol{x})$ 是局部各向同性的，完全由流体的粘性 ν 和平均湍能耗散率 ε 确定。**

对于 Kolmogorov 第一相似性假定，需要做以下的注释：

(1) 所谓足够大雷诺数的含义和3.4节论述的相同，也就是湍流含能尺度 L 远远大于耗散尺度 η，惯性子区和耗散区可以明显区别开，假定含能尺度脉动速度的特征值为 u(例如脉动均方根)，则应有以下关系式：

$$L \gg \eta = \left(\frac{\nu^3}{\varepsilon}\right)^{1/4}, \quad L/u \gg \tau_d = (\nu/\varepsilon)^{1/2}$$

(2) 湍能耗散率 ε 是全系综平均的湍能耗散率，即 $\varepsilon = \nu\left\langle\frac{\partial u_i}{\partial x_j}\frac{\partial u_i}{\partial x_j}\right\rangle$，在非均匀的湍流场中，它是时空坐标的函数，**在局部各向同性的子系综中，它视做常数**。

(3) 在小尺度湍流中特征速度 $u=(\varepsilon\nu)^{1/4}$。

根据 Kolmogorov 第一假定，纵向结构函数、横向结构函数和 3 阶纵向结构函数应分别为如下的相似型公式：

$$D_{ll}(\xi) = u^2\beta_{ll}\left(\frac{\xi}{\eta}\right), \quad D_{nn}(\xi) = u^2\beta_{nn}\left(\frac{\xi}{\eta}\right), \quad D_{lll}(\xi) = u^3\beta_{lll}\left(\frac{\xi}{\eta}\right) \tag{3.86}$$

式中 $u=(\varepsilon\nu)^{1/4}$，$\eta=(\nu^3/\varepsilon)^{1/4}$。通过式(3.86)，可以分别导出粘性耗散区和惯性子区的 2 阶、3 阶结构函数的形式。

1) 耗散区的结构函数

在耗散区，即 $\xi \ll \eta$ 时，流体粘性主宰湍流运动，在此范围内脉动速度很小，可近似用 Taylor 级数展开：

$$u_l(\boldsymbol{x}+\xi) - u_l(\boldsymbol{x}) \approx \xi \cdot \nabla u_l = \xi\partial u_l/\partial x_l, \quad u_n(\boldsymbol{x}+\xi) - u_n(\boldsymbol{x}) \approx \xi \cdot \nabla u_n = \xi\partial u_n/\partial x_l \tag{3.87}$$

于是有

$$D_{ll}(\xi) = A\xi^2, \quad D_{nn}(\xi) = A'\xi^2, \quad D_{lll}(\xi) \approx B\xi^3 \tag{3.88}$$

系数 A, A' 分别等于 $\langle(\partial u_l/\partial x_l)^2\rangle$ 和 $\langle(\partial u_n/\partial x_l)^2\rangle$，这 2 项可以用式(3.13)导出：

$$\left\langle\frac{\partial u_i(\boldsymbol{x})}{\partial x_k}\frac{\partial u_j(\boldsymbol{x}')}{\partial x'_k}\right\rangle = -\left[\frac{\partial^2 R_{ij}(\xi)}{\partial\xi_k\partial\xi_k}\right]_{\xi=0}$$

令 $\boldsymbol{x}=\boldsymbol{x}'$，则

$$A = \left\langle\frac{\partial u_l(\boldsymbol{x})}{\partial x_l}\frac{\partial u_l(\boldsymbol{x})}{\partial x_l}\right\rangle = -\left[\frac{\partial^2 R_{ll}(\xi)}{\partial\xi_l\partial\xi_l}\right]_{\xi=0}, \quad A' = \left\langle\frac{\partial u_n(\boldsymbol{x})}{\partial x_l}\frac{\partial u_n(\boldsymbol{x})}{\partial x_l}\right\rangle = -\left[\frac{\partial^2 R_{nn}(\xi)}{\partial\xi_l\partial\xi_l}\right]_{\xi=0}$$

在各向同性湍流中 R_{ll} 和 R_{nn} 之间有式(3.30)：

$$R_{nn}(\xi) = R_{ll}(\xi) + \frac{\xi}{2}\frac{\partial R_{ll}(\xi)}{\partial\xi}$$

用上式计算 2 阶导数：

$$\begin{aligned}
\left[\frac{\partial^2 R_{nn}(\xi)}{\partial\xi\partial\xi}\right]_{\xi=0} &= \left\{\frac{\partial\left[R_{ll}(\xi) + \frac{\xi}{2}\frac{\mathrm{d}R_{ll}(\xi)}{\mathrm{d}\xi}\right]}{\partial\xi\partial\xi}\right\}_{\xi=0} \\
&= \left\{\frac{\partial\left[\partial R_{ll}(\xi)/\partial\xi + \frac{1}{2}\mathrm{d}R_{ll}(\xi)/\mathrm{d}\xi + \frac{\xi}{2}\mathrm{d}^2R_{ll}(\xi)/\mathrm{d}\xi^2\right]}{\partial\xi}\right\}_{\xi=0} \\
&= \left\{\frac{\partial\left[\partial^2 R_{ll}(\xi)/\partial\xi\partial\xi + \frac{1}{2}\partial^2 R_{ll}(\xi)/\partial\xi\partial\xi + \frac{1}{2}\partial^2 R_{ll}(\xi)/\partial\xi\partial\xi + \frac{\xi}{2}\mathrm{d}^3R_{ll}(\xi)/\mathrm{d}\xi^3\right]}{\partial\xi}\right\}_{\xi=0} \\
&= 2\left[\frac{\partial^2 R_{ll}(\xi)}{\partial\xi\partial\xi}\right]_{\xi=0}
\end{aligned}$$

由上式可证明 $A'=2A$。另一方面，各向同性湍流的湍动能耗散率为

$$\varepsilon = \nu\langle(\partial u_i/\partial x_j)^2\rangle = \nu\langle 3\,(\partial u_1/\partial x_1)^2 + 6\,(\partial u_2/\partial x_1)^2\rangle = \nu\langle 3\,(\partial u_l/\partial x_l)^2 + 6\,(\partial u_n/\partial x_l)^2\rangle$$

将 $A=\langle(\partial u_l/\partial x_l)^2\rangle$ 和 $A'=\langle(\partial u_n/\partial x_l)^2\rangle=2A$ 代入湍动能耗散公式，得

$$A = \langle(\partial u_l/\partial x_l)^2\rangle = \varepsilon/15\nu,\quad A' = \langle(\partial u_n/\partial x_l)^2\rangle = 2\varepsilon/15\nu \tag{3.89}$$

于是无量纲结构函数为

$$\beta_{ll}(x) = \frac{1}{15}\left(\frac{\xi}{\eta}\right)^2,\quad \beta_{nn}(x) = \frac{2}{15}\left(\frac{\xi}{\eta}\right)^2,\quad \beta_{lll}(x) \propto \left(\frac{\xi}{\eta}\right)^3 \tag{3.90}$$

以上的结果可以简单地表述为：在大雷诺数湍流中，在耗散区2阶结构函数和两点间的距离平方成正比，3阶结构函数和两点间的距离3次方成正比。

2) 惯性子区的结构函数

关于惯性子区中的脉动，Kolmogorov做了进一步假定。

Kolmogorov第二相似性假定：在足够大的雷诺数条件下，在惯性子区，即 $\eta \ll \xi \ll L$ 和 $\eta/\nu \ll t \ll L/u$ 的时空区域 G'' 中，局部各向同性的脉动速度增量 $u(x+\xi,t+\tau)-u(x,t)$ 的统计矩完全由平均湍能耗散率 ε 确定，而与流体的粘性无关。

Kolmogorov第二相似性假定的含义是，G'' 是由小尺度子空间 G' 中分离出来的，在 G'' 中，任意两质点间的距离和时间间隔满足：

$$\eta \ll |\Delta r| \ll L,\quad \tau_d \ll |\Delta t| \ll L/u$$

在惯性子区，湍流脉动只传递湍动能，而不耗散动能；另一方面，惯性子区的湍流尺度远远小于提供湍动能的大尺度运动，因此它仍然是局部各向同性的。根据柯氏第二假定，结构函数中不应当含有变量 ν。仍然应用式(3.90)得

$$D_{ll}(\xi) = u^2\beta_{ll}\left(\frac{\xi}{\eta}\right),\quad D_{nn}(\xi) = u^2\beta_{nn}\left(\frac{\xi}{\eta}\right),\quad D_{lll}(\xi) = u^3\beta_{lll}\left(\frac{\xi}{\eta}\right)$$

因为 $u=(\varepsilon\nu)^{1/4}$，$\eta=(\nu^3/\varepsilon)^{1/4}$，要使结构函数 D_{ll}，D_{lll} 和流体粘性 ν 无关，无量纲幂函数的结构函数必须为(请读者自己验证)

$$\beta_{ll}(x) \propto x^{2/3},\quad \beta_{nn}(x) \propto x^{2/3},\quad \beta_{lll}(x) \propto x,\quad x \gg 1 \tag{3.91}$$

并有

$$D_{ll}(\xi) = C\varepsilon^{2/3}\xi^{2/3},\quad D_{nn}(\xi) = C'\varepsilon^{2/3}\xi^{2/3},\quad D_{lll} = D\varepsilon\xi,\quad \eta \ll \xi \ll L \tag{3.92}$$

对于不可压缩湍流，局部各向同性湍流的结构函数有关系式 $D_{nn}(\xi)=D_{ll}(\xi)+\frac{\xi}{2}D'_{nn}(\xi)$，由此可得

$$C' = \frac{3}{4}C \tag{3.93}$$

结构函数中的系数 C，C' 是和湍流性质无关的标量常数，也称为Kolmogorov结构常数。以上的结果可以简单地表述为：在大雷诺数湍流的惯性子区中，2阶结构函数和两点间距离的2/3次方成正比。性质称为2/3次方律，3阶结构函数和两点间距离成正比。

利用湍流脉动场的谱分解，可以导出结构函数和湍动能谱之间的关系式，并可由结构函数的2/3次方律导出局部各向同性湍流湍动能谱的−5/3次方律(详见Monin和Yaglom，1976，第2卷，第8章)：$E(k)=\alpha\varepsilon^{2/3}k^{-5/3}$，这一结果和上节用量纲分析方法所得结果相同。在 $Re\to\infty$ 极限情况下，即 $\eta\to 0$，$L\to\infty$ 时，可以得到Kolmogorov常数 α 和结构常数之间的关系：

$$\alpha = 0.76C \tag{3.94}$$

如果由实验测得结构函数常数 C，就可以推算 Kolmogorov 常数 α，反之亦然，根据各向同性湍流的实验和直接数值模拟计算结果，Kolmogorov 常数 $\alpha=1.5$。

用类似的推导方法，可以获得惯性子区中局部各向同性湍流中速度增量的高阶矩的表达式，例如：

$$D_{lll}(\xi) \propto \varepsilon^{4/3}\xi^{4/3}$$

更一般地，

$$\langle [u_l(\boldsymbol{x}+\xi) - u_l(\boldsymbol{x})]^p \rangle \propto \varepsilon^{p/3}\xi^{p/3} \tag{3.95}$$

就是说，局部各向同性湍流的惯性子区中脉动速度增量的 p 阶统计矩和距离的 $p/3$ 次方成正比，这一规律称为 Kolmogorov 的 $p/3$ 标度律。

在 Kolmogorov 建立局部各向同性湍流理论时，他假定：**在各个尺度的湍流脉动间传输能量时，能量传输率等于系综平均的耗散率，如果湍流是定常的，它等于时间平均的耗散率 $\boldsymbol{\varepsilon}$**。

3.6.2　Landau 对 Kolmogorov 理论的质疑，湍能耗散的间歇性

Landau 和 Lifshitz 在他们所著《流体力学》第一版(1944)中对 Kolmogorov 的理论提出质疑，以下是质疑的译文①：

> 也许在原则上可以设想，在尺度 $l \ll L$ 的范围内，可能存在对任何湍流都普适的结构函数公式。然而，我们可以从以下的论述中看到，不可能有这种普适公式。速度增量的平方 $(u_{ll}(\boldsymbol{x}+\xi)-u_{ll}(\boldsymbol{x}))^2$ 的瞬时值也许可能用该瞬时的耗散率 ε 表示为普适函数。然而，当我们将该表达式做平均时，那么耗散率 ε 在大尺度脉动的时间上的变化形式在平均值中起重要作用，而这种变化在不同湍流中是不同的。所以平均的结果是结构函数 $\langle (u_{ll}(\boldsymbol{x}+\xi)-u_{ll}(\boldsymbol{x}))^2 \rangle$ 没有普适性。

Landau 是一位远见卓识的物理学大师，他敏锐地察觉到瞬时湍动能耗散在时空中的分布是极不均匀的，从而推断 Kolmogorov 导出的结构函数的普适性存在疑问。近代湍流的实验和直接数值模拟证实了 Landau 的判断，瞬时湍动能耗散确实在时空中分布极不均匀，是一种间歇过程。具体来说，瞬时湍动能耗散集中在较小尺度范围里。图 3-12 显示速度脉动和湍动能耗散率的时间序列，速度脉动近似为高斯分布；而湍动能耗散率有明显的间歇性。

湍动能耗散的间歇性对 Kolmogorov 理论至少应当有两点修正：①Kolmogorov 平衡谱中的常数或 Kolmogorov 结构函数中的常数不应当是普适常数，它和湍动能耗散率的空间或时间分布有关；②p 阶结构函数的标度律不应当是 $p/3$。

可以用一个简单的间歇模型来说明这种修正的必要性。

首先假设湍动能耗散在空间分布上是均匀的，而在时间序列上存在间歇性，假定耗散率的间歇因子等于 γ，它的长时间平均的耗散率等于 ε。在一部分时间内湍动能耗散等于 $\varepsilon_1=(1+\gamma)\varepsilon$，而在另一部分时间内的耗散率 $\varepsilon_2=(1-\gamma)\varepsilon$；进一步假定间歇性地发生不同耗散

① 译文依据 Landau 和 Lifshitz《流体力学》1987 年的英文版译出。译文中的符号和本书一致。

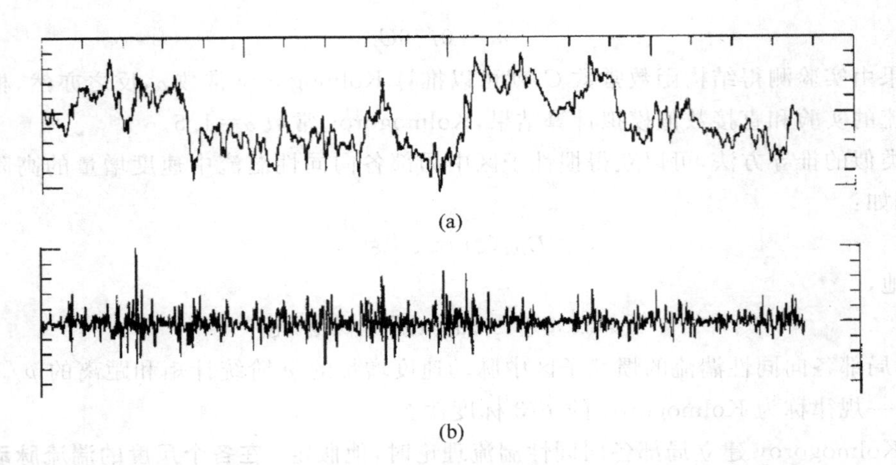

图 3-12 速度脉动和湍动能耗散脉动的差异
(a) 速度脉动时间序列;(b) 湍动能耗散率时间序列

率的概率各为 1/2。由于局部各向同性湍流理论在惯性子区中依然成立,两个耗散率的事件都服从 $p/3$ 的标度律,它们的结构函数分别为

$$D_{ll}^{1}(\xi)=C[(1+\gamma)\varepsilon]^{2/3}\xi^{2/3},\quad D_{ll}^{2}(\xi)=C[(1-\gamma)\varepsilon]^{2/3}\xi^{2/3}$$

全系综的结构函数,应当按概率将以上的结构函数相加,得

$$D_{ll}(\xi)=\frac{C}{2}\{[(1+\gamma)\varepsilon]^{2/3}+[(1-\gamma)\varepsilon]^{2/3}\}\xi^{2/3}=C\frac{[(1+\gamma)^{2/3}+(1-\gamma)^{2/3}]}{2}\varepsilon^{2/3}\xi^{2/3}$$

上式表明,即使湍动能耗散在空间上不存在间歇性,Kolmogorov 结构函数常数应和时间序列的间歇性有关,而不是普适常数,具体来说,结构函数常数应等于

$$C(\gamma)=\frac{C}{2}[(1+\gamma)^{2/3}+(1-\gamma)^{2/3}]$$

不过时间过程的间歇性对 Kolmogorov 结构函数常数的影响较为微弱,在极端情况下,例如 $\gamma=0.9$,也就是 $\varepsilon_1/\varepsilon_2=19$,这时 $C(\gamma)$ 和 Kolmogorov 结构函数常数 C 之间的差只有 13%。

再来考察湍动能耗散的空间的间歇性,将惯性子区分解为若干子区,它们的尺度仍然远远大于耗散尺度,每一子区中的平均耗散率为 ε_i。每一子区中应用 Kolmogorov 标度律,对于 p 阶结构函数应有

$$D_{pi}(\xi)=C_p\,(\varepsilon_i)^{p/3}\xi^{p/3}$$

对全空间求和,惯性子区中的 p 阶结构函数等于

$$D_p(\xi)=\frac{C_p\xi^{p/3}}{N}\sum_{i=1}^{N}(\varepsilon_i)^{p/3}$$

全空间的耗散率等于:$\varepsilon=\frac{1}{N}\sum_{i=1}^{N}\varepsilon_i$。如果 Kolmogorov 标度律在全空间成立,则必须有

$$\left(\frac{1}{N}\sum_{i=1}^{N}\varepsilon_i\right)^{p/3}=\frac{1}{N}\sum_{i=1}^{N}(\varepsilon_i)^{p/3}$$

很显然,上式只有当 $p=3$ 时才能成立。这就是说,考虑湍动能耗散的空间不均匀性,除了 3 阶结构函数的标度指数仍然是 $p/3$ 外,一般情况下 Kolmogorov 的 $p/3$ 标度律不成立。

3.6.3 局部各向同性湍流的标度律

1. 异常标度律

Landau 质疑以后，Kolmogorov 和他的合作者提出改进的局部各向同性模型(Kolmogorov，1962)。他们采用分尺度的湍动能耗散率 ε_r，它是在半径为 r 的球内耗散率。用量纲分析导出改进的 Kolmogorov 模型是

$$\delta u_l \propto (\varepsilon_r \xi)^{1/3} \tag{3.96}$$

由此导出的标度律是

$$\langle(\delta u_l)^p\rangle \propto \xi^{\zeta(p)} \tag{3.97}$$

$$\zeta(p) = p/3 + \tau(p) \tag{3.98}$$

$\tau(p)$是非线性函数，它依赖于间歇性质，是对 Kolmogorov 线性标度律 $\zeta(p)=p/3$ 的修正。修正的标度律是非线性的，称为异常标度律。从 Kolmogorov(1962)提出修正标度律后，湍流理论界开始探索异常标度律的机制或具体函数表达式。

2. 扩展自相似性标度律(extended self similarity，ESS)

Benzi 的湍流研究组，在实验研究湍流标度律时发现，存在适应性较宽的标度指数，这种标度指数属于结构函数的比值，而不是结构函数本身，具体来说，存在以下“普适”的关系式(Benzi，1994)：

$$\langle|\delta u_l|^p\rangle \propto \langle|\delta u_l|^q\rangle^{\zeta(p,q)} \tag{3.99}$$

由于$\langle|\delta u_l|^3\rangle \propto \xi$是满足 N-S 方程的结论，不论何种模型都是对的，因此相对于 3 阶结构函数的标度指数就是常规的标度律 $\zeta(p,3)=\zeta(p)$。

不少实验结果证明：①非常接近耗散尺度时 ESS 的相对标度律仍然有效；②在低雷诺数条件下，没有明显的惯性子区时，$\zeta(p,3)$很接近高雷诺数湍流惯性子区的标度指数 $\zeta(p)$。总之，扩展自相似标度律暗示一种局部各向同性湍流的物理规律：在局部湍流脉动(用脉动速度差的绝对值表示)的不同层次上存在某种普适关系，而且，这种关系对雷诺数的依赖较弱。ESS 的理论解释尚无定论，它是局部各向同性湍流的一支学派。

3. 局部各向同性湍流的层次结构标度律

佘振苏和 Lebeque (She and Lebeque，1994)提出脉动速度的层次结构理论，并导出了相应的标度律。

层次结构理论的基本概念是层次湍动能耗散率和层次速度结构函数，层次结构理论导出的异常标度指数为

$$\zeta(p) = \frac{1}{9}p + 2\left[1 - \left(\frac{2}{3}\right)^{p/3}\right] \tag{3.100}$$

层次结构标度律也得到不少实验的证实，特别是各向同性湍流中，式(3.100)与实验结果及直接数值模拟结果符合很好，关于层次结构标度律的详细论述，请见原文(She and Lebeque，1994)。

3.6.4 各向同性湍流结构函数的动力学性质

3.5节局部各向同性湍流的结构函数性质是由量纲分析导出。本节从湍流脉动的动力学方程出发,研究局部各向同性湍流性质。结构函数的动力学性质有一般性意义,因为子系综统计性质与大尺度脉动无关,应当是普适的。就是说,无论是各向同性湍流,还是边界层湍流,或是其他复杂各向异性湍流,只要雷诺数足够大,子系综中结构函数性质与具体流动无关。根据这种思想,只要研究各向同性湍流中的结构函数性质,它可以推广到任何湍流的子系综。在子系综中局部各向同性湍流不仅在空间上是均匀的,在时间上也是平稳的,就是说,结构函数和时间无关。

各向同性湍流中,2阶和3阶结构函数和对应的相关函数间有以下等式(3.79a)、(3.79b):

$$D_{ll}(\xi,t)=2[R_{ll}(0,t)-R_{ll}(\xi,t)],\quad D_{lll}(\xi,t)=6R_{ll,l}(\xi,t)$$

而R_{ll}和$R_{ll,l}$服从Karman-Howarth方程。将上式代入Karman-Howarth方程,略去$\partial D_{ll}/\partial t$,并利用等式$\mathrm{d}R(0,t)/\mathrm{d}t=\mathrm{d}u^2/\mathrm{d}t=-2\varepsilon/3$,可以导出以下的2阶结构函数的动力学方程:

$$\frac{1}{6}\left[\frac{\mathrm{d}D_{lll}(\xi)}{\mathrm{d}\xi}+\frac{4D_{lll}(\xi)}{\xi}\right]-\nu\left[\frac{\mathrm{d}^2D_{ll}(\xi)}{\mathrm{d}\xi^2}+\frac{4}{\xi}\frac{\mathrm{d}D_{ll}(\xi)}{\mathrm{d}\xi}\right]=-\frac{2}{3}\varepsilon \tag{3.101a}$$

上式乘以ξ^4并对ξ积分,因有$D_{ll}(0)=0$和$D_{lll}(0)=R_{ll,l}(0)=0$,得

$$D_{lll}(\xi)-6\nu\frac{\mathrm{d}D_{ll}(\xi)}{\mathrm{d}\xi}=-\frac{4}{5}\varepsilon\xi \tag{3.101b}$$

上式由Kolmogorov最先导出,它相当于各向同性湍流的Karman-Howarth方程,不过,式(3.101a)、式(3.101b)只适用于$\xi\ll L$的局部各向同性湍流的子系综。和Karman-Howarth方程一样,局部各向同性的2阶结构函数动力学方程是不封闭的,不可能直接由式(3.101a)或式(3.101b)求出2阶结构函数,但是可以由它们获得局部各向同性湍流的某些重要性质。

1) 强耗散区的2阶结构函数

在$\xi=0$的邻域中,3阶结构函数$D_{lll}(\xi)$的展开式和ξ^3成正比,因此在$\xi\ll\eta$的强耗散区,式(3.101b)中的$D_{lll}(\xi)$可以略去,于是可得

$$D_{ll}(\xi)=\frac{1}{15}\frac{\varepsilon}{\nu}\xi^2 \tag{3.102}$$

就是说,2阶结构函数和ξ^2成正比。

2) 惯性子区的3阶结构函数

在$\xi\gg\eta$的惯性子区,粘性作用甚微,可以忽略,于是式(3.101b)简化为

$$D_{lll}(\xi)=-\frac{4}{5}\varepsilon\xi \tag{3.103}$$

式(3.102)、式(3.103)和前面用量纲分析导出的结果一致,就是说惯性子区的3阶结构函数的标度律等于3/3=1。此外,应用局部各向同性关系,由式(3.103)可以推导出−5/3次方能谱。

3) 速度差的扭率

从3阶结构函数的动力学性质,可有以下结论:**速度差$\boldsymbol{\delta u_l=u_l(x+\xi)-u_l(x)}$的扭率一定是负值**。速度差的扭率等于

$$S_{\delta u_l} = \frac{\langle [u_l(\boldsymbol{x}+\xi) - u_l(\boldsymbol{x})]^3 \rangle}{\langle [u_l(\boldsymbol{x}+\xi) - u_l(\boldsymbol{x})]^2 \rangle^{3/2}} = \frac{D_{lll}(\xi)}{[D_{ll}(\xi)]^{3/2}}$$

将式(3.103)：$D_{lll}(\xi) = -4\varepsilon\xi/5$ 代入上式，很容易证明 $S_{\delta u_l}$ 为负。

3.7 解各向同性湍流相关方程的 EDQNM 理论

在第 2 章中，已经陈述过，湍流的统计动力学方程总是不封闭的。本章研究的各向同性湍流是最简单的湍流。它的统计动力学方程也是不封闭的，例如，Karman-Howarth 方程是 2 阶统计矩方程，但是方程中含有 3 阶统计矩：

$$\frac{\partial R_{ll}(\xi,t)}{\partial t} = \frac{1}{2}\left(\frac{\partial}{\partial \xi} + \frac{4}{\xi}\right) R_{ll,l}(\xi,t) + 2\nu\left(\frac{\partial^2}{\partial \xi^2} + \frac{4}{\xi}\frac{\partial}{\partial \xi}\right) R_{ll}(\xi,t)$$

为了使湍流统计动力学方程可解，不得不引入附加方程使动力学方程封闭，这种方法称为封闭模型或封闭模式。一般剪切湍流的封闭模式将在第 9 章讨论，本节讨论各向同性湍流的封闭方法。由于各向同性湍流是最简单的湍流，它的封闭模式可以更多地从速度脉动的统计特性来构造。分子粘性项是线性的 2 阶矩，不需要模型，需要模化的是由湍流输运造成的高阶速度相关项。在各向同性湍流场中，从统计平均角度来看各个脉动分量间可以认为是统计独立的。例如，各向同性湍流中任何两个不同分量间的一点相关总是等于零，$\langle u_i u_j \rangle = 0, i \neq j$；三个脉动分量的均方根相等。于是，每个脉动速度分量可以认为是无限多独立随机过程之和，根据随机函数的**中心极限定理**，可以认为脉动速度场是独立的高斯过程。不过，从脉动速度的一点相关来推测它的概率密度分布是不充分的。严格来说，各向同性湍流的脉动样本并非完全高斯的，例如湍能耗散的概率密度分布就是非高斯的，脉动压强的概率密度分布也是非高斯的。但是这些非高斯性的脉动对于湍动能谱和湍动能传输谱没有太大的影响，因此在各向同性湍流的经典理论封闭模型中采用脉动速度的准高斯过程假定。我国的周培源教授是最早独立地提出各向同性湍流的准高斯模型的科学家之一(参见 Chou，1995)。

3.7.1 准高斯过程的性质

定义：在四维时空中平均值等于零的随机过程 $g(x,t)$，如果满足以下条件，称 $g(x,t)$ 是高斯过程：

任意给定 N 个实数 α_i 和 N 个自变量 $Y_i = (x_i, t_i)$，如果 $g(x,t)$ 的线性组合 $\sum \alpha_i g(Y_i)$ 是具有高斯概率密度函数的随机变量，则称 $g(x,t)$ 是高斯过程。

根据以上定义，高斯过程有以下性质：

(1) 任意给定自变量 $\boldsymbol{Y}$ 值，$g(\boldsymbol{Y})$ 是高斯随机变量。

(2) $g(\boldsymbol{Y})$ 的奇阶矩等于零。

(3) $g(\boldsymbol{Y})$ 的偶阶矩都可以表示成 2 阶矩的乘积，例如 4 阶矩有以下的等式：

$$\begin{aligned}\langle g(\boldsymbol{Y}_1)g(\boldsymbol{Y}_2)g(\boldsymbol{Y}_3)g(\boldsymbol{Y}_4)\rangle &= \langle g(\boldsymbol{Y}_1)g(\boldsymbol{Y}_2)\rangle\langle g(\boldsymbol{Y}_3)g(\boldsymbol{Y}_4)\rangle \\ &+ \langle g(\boldsymbol{Y}_1)g(\boldsymbol{Y}_3)\rangle\langle g(\boldsymbol{Y}_2)g(\boldsymbol{Y}_4)\rangle \\ &+ \langle g(\boldsymbol{Y}_1)g(\boldsymbol{Y}_4)\rangle\langle g(\boldsymbol{Y}_2)g(\boldsymbol{Y}_3)\rangle \qquad (3.104)\end{aligned}$$

定义：任意随机过程 $f(x,t)$ 的 n 阶矩和高斯随机过程的 n 阶矩公式之差称为 n 阶累积

量(cumulant),用 $C_{ijk\cdots}$ 表示。例如,任意随机过程的奇阶累积量和4阶累积量分别为

$$C_{123}[f(\boldsymbol{Y})]=\langle f(\boldsymbol{Y}_1)f(\boldsymbol{Y}_2)f(\boldsymbol{Y}_3)\rangle \tag{3.105a}$$

$$\begin{aligned}C_{1234}[f(\boldsymbol{Y})]=&\langle f(\boldsymbol{Y}_1)f(\boldsymbol{Y}_2)f(\boldsymbol{Y}_3)f(\boldsymbol{Y}_4)\rangle-\langle f(\boldsymbol{Y}_1)f(\boldsymbol{Y}_2)\rangle\langle f(\boldsymbol{Y}_3)f(\boldsymbol{Y}_4)\rangle\\&-\langle f(\boldsymbol{Y}_1)g(\boldsymbol{Y}_3)\rangle\langle f(\boldsymbol{Y}_2)g(\boldsymbol{Y}_4)\rangle-\langle f(\boldsymbol{Y}_1)g(\boldsymbol{Y}_4)\rangle\langle f(\boldsymbol{Y}_2)g(\boldsymbol{Y}_3)\rangle\end{aligned} \tag{3.105b}$$

根据定义,完全高斯过程的任意阶累积量等于零。各向同性湍流的脉动速度场不是完全高斯的,如果它是完全高斯的,3阶相关量等于零,于是Karman-Howarth方程中待封闭量始终等于零,这显然不符合各向同性湍流的实际情况。各向同性湍流的脉动速度场只能是近似高斯的。定义准高斯过程,或准正则过程如下。

定义:偶阶积累量等于零的随机过程称为准高斯过程。

也就是说,准正则过程放弃对奇阶矩等于零的要求,只要求偶阶矩符合高斯过程。具体来说,对于准正则过程,4阶矩仍然满足式(3.104)。

3.7.2 各向同性湍流的准高斯封闭方程,EDQNM近似

应用准高斯过程近似,必须导出3阶相关方程。因为3阶相关方程中的不封闭量是4阶相关,利用准正则假定,4阶相关可以用2阶相关乘积近似,于是,将近似的3阶相关动力学方程和2阶相关动力学方程联立,就构成封闭方程组。在各向同性湍流中,谱空间方程有明显的分尺度性质,因此,在谱空间中讨论各向同性湍流的准高斯封闭方法。谱空间中各向同性湍流的动力学方程可写作式(3.48):

$$\left(\frac{\partial}{\partial t}+\nu k^2\right)\hat{u}_i(\boldsymbol{k},t)=-\mathrm{i}k_j\sum_{\boldsymbol{m}+\boldsymbol{n}=\boldsymbol{k}}\hat{u}_j(\boldsymbol{m},t)\hat{u}_i(\boldsymbol{n},t)+\frac{\mathrm{i}k_i}{k^2}\sum_{\boldsymbol{m}+\boldsymbol{n}=\boldsymbol{k}}k_pk_q\hat{u}_p(\boldsymbol{m},t)\hat{u}_q(\boldsymbol{n},t)$$

上式可简写为

$$\left(\frac{\partial}{\partial t}+\nu k^2\right)\hat{u}_i(\boldsymbol{k},t)=M_{imn}(\boldsymbol{k})\sum_{\boldsymbol{p}}\hat{u}_m(\boldsymbol{k},t)\hat{u}_n(\boldsymbol{k}-\boldsymbol{p},t)$$

算符 $M_{\alpha\beta\gamma}(\boldsymbol{k})=(2\mathrm{i})^{-1}[k_\beta D_{\alpha\gamma}(\boldsymbol{k})+k_\gamma D_{\alpha\beta}(\boldsymbol{k})]$ 和 $D_{\alpha\beta}(\boldsymbol{k})=\delta_{\alpha\beta}-k_\alpha k_\beta/k^2$,并有 $M_{\alpha\beta\gamma}(0)=0$。由上式,可以导出谱空间中2阶和3阶统计量公式:

$$\begin{aligned}\left(\frac{\partial}{\partial t}+2\nu k^2\right)\langle\hat{u}_i(\boldsymbol{k},t)\hat{u}_j(-\boldsymbol{k},t)\rangle=&M_{imn}(\boldsymbol{k})\sum_{\boldsymbol{p}}\langle\hat{u}_m(\boldsymbol{p},t)\hat{u}_n(\boldsymbol{k}-\boldsymbol{p},t)\hat{u}_j(-\boldsymbol{k},t)\rangle\\&+M_{jmn}(-\boldsymbol{k})\sum_{\boldsymbol{p}}\langle\hat{u}_m(\boldsymbol{p},t)\hat{u}_n(-\boldsymbol{k}-\boldsymbol{p},t)\hat{u}_i(\boldsymbol{k},t)\rangle\end{aligned} \tag{3.106a}$$

$$\begin{aligned}&\left[\frac{\partial}{\partial t}+\nu(k^2+p^2+q^2)\right]\langle\hat{u}_i(\boldsymbol{k},t)\hat{u}_j(\boldsymbol{p},t)\hat{u}_k(\boldsymbol{q},t)\rangle\\&=M_{imn}(\boldsymbol{k})\sum_{\boldsymbol{l}}\langle\hat{u}_m(\boldsymbol{l},t)\hat{u}_n(\boldsymbol{k}-\boldsymbol{l},t)\hat{u}_j(\boldsymbol{p},t)\hat{u}_k(\boldsymbol{q},t)\rangle\\&\quad+M_{jmn}(\boldsymbol{p})\sum_{\boldsymbol{l}}\langle\hat{u}_m(\boldsymbol{l},t)\hat{u}_n(\boldsymbol{p}-\boldsymbol{l},t)\hat{u}_i(\boldsymbol{k},t)\hat{u}_k(\boldsymbol{q},t)\rangle\\&\quad+M_{kmn}(\boldsymbol{q})\sum_{\boldsymbol{l}}\langle\hat{u}_m(\boldsymbol{l},t)\hat{u}_n(\boldsymbol{q}-\boldsymbol{l},t)\hat{u}_j(\boldsymbol{p},t)\hat{u}_i(\boldsymbol{k},t)\rangle\end{aligned} \tag{3.106b}$$

式(3.106b)左边是 $\hat{u}_i(\boldsymbol{k})$ 的3重卷积;方程(3.106b)右端是 $\hat{u}_i(\boldsymbol{k})$ 的所有4重卷积的线性和,利用准正则假定,每一项4重卷积可以用2重卷积之和近似,于是式(3.106a)和式(3.106b)组成封闭方程组。

1. 准正则(Quasi-Normal,QN)近似①

为了书写方便,我们将2重卷积写成$\langle\widetilde{\hat{u}\hat{u}}\rangle$,应用准正则近似,方程(3.106b)可简化为

$$\left[\frac{\partial}{\partial t}+\nu(k^2+p^2+q^2)\right]\langle\hat{u}_i(\boldsymbol{k},t)\,\hat{u}_j(\boldsymbol{p},t)\,\hat{u}_k(\boldsymbol{q},t)\rangle=\sum\langle\widetilde{\hat{u}\,\hat{u}}\rangle\langle\widetilde{\hat{u}\,\hat{u}}\rangle \tag{3.106c}$$

上式右边是方程(3.106b)右端所有4重卷积用2重卷积乘积近似之和,式(3.106c)是简单的线性非齐次常微分方程,它的解是

$$\langle\hat{u}_i(\boldsymbol{k},t)\,\hat{u}_j(\boldsymbol{p},t)\,\hat{u}_k(\boldsymbol{q},t)\rangle=\int_0^t\exp-[-\nu(k^2+p^2+q^2)(t-\tau)]\sum\langle\widetilde{\hat{u}\,\hat{u}}\rangle\langle\widetilde{\hat{u}\,\hat{u}}\rangle\mathrm{d}\tau \tag{3.106d}$$

将上式代入2阶矩公式(3.106a),就得准正则近似2阶矩积分微分方程。经过冗长的数学演算,可以获得湍流能谱的积分微分方程:

$$\begin{aligned}&\left(\frac{\partial}{\partial t}+2\nu k^2\right)E(k,t)\\&=\int_0^t\mathrm{d}\tau\iint_{\Delta_k}\frac{k}{pq}b(k,p,q)[k^2E(p,\tau)-p^2E(k,\tau)]E(q,\tau)\exp[-\nu(k^2+p^2+q^2)](t-\tau)\mathrm{d}p\mathrm{d}q\end{aligned} \tag{3.107}$$

式中,$b(k,p,q)=\frac{p}{k}(xy+z^3)$,$x=\boldsymbol{k}\cdot\boldsymbol{p}$,$y=\boldsymbol{p}\cdot\boldsymbol{q}$,$z=\boldsymbol{q}\cdot\boldsymbol{k}$;$p,q$平面上的积分域$\Delta_k$如图3-13所示。

式(3.107)称为各向同性湍流的准正则近似。从20世纪60年代起就有人用数值方法计算式(3.107)的能谱$E(k,t)$,计算结果发现,能谱可能出现负值,因此准正则近似不能正确模拟各向同性湍流。

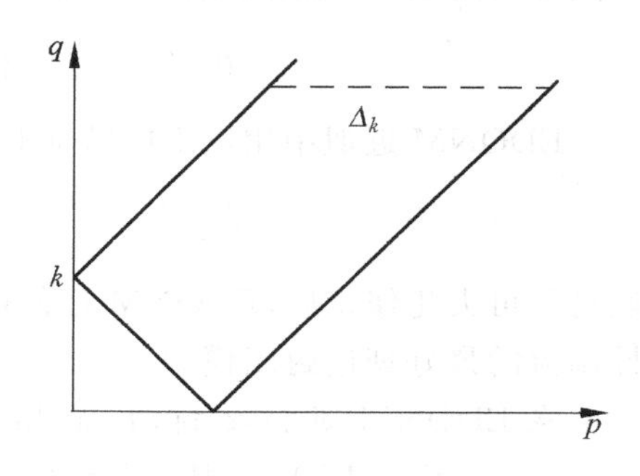

图3-13 公式(3.107)的积分域

2. 湍涡阻尼准正则(Eddy-Damping Quasi-Normal,EDQN)近似

分析直接数值模拟结果发现正则近似导致过大3阶矩,从而使湍动能谱产生负值。如果把准正则近似中忽略的4阶累积量作为3阶矩的阻尼,就可以使3阶矩达到较小的饱和值。具体做法是在准正则近似的3阶矩方程中引入阻尼系数μ_{kpq},这一近似称为湍涡阻尼准正则近似(Eddy-Damping Quasi-Normal,EDQN),修正的3阶矩方程(3.106c)改写为

$$\left[\frac{\partial}{\partial t}+\nu(k^2+p^2+q^2)+\mu_{pkq}\right]\langle\hat{u}_i(\boldsymbol{k},t)\,\hat{u}_j(\boldsymbol{p},t)\,\hat{u}_k(\boldsymbol{q},t)\rangle=\langle\widetilde{\hat{u}\,\hat{u}}\rangle\langle\widetilde{\hat{u}\,\hat{u}}\rangle \tag{3.108}$$

阻尼系数μ_{kpq}具有时间倒数的量纲,它表示湍涡阻尼率。目前还没有理论可以确定μ_{kpq},但是在各向同性湍流中可以用以下线性近似:

$$\mu_{kpq}=\mu_k+\mu_p+\mu_q \tag{3.109a}$$

对于各向同性湍流μ_{kpq}应当随k的增大而增加(特征时间随k的增大而减小),例如可以

① 准正则近似封闭方法的推导过程十分冗长,本书仅阐明它的思想,详细推导可参见Leisieur(1997)。

采用：

$$\mu_k = a_1\left[\int_0^k p^2 E(p,t)\mathrm{d}p\right] \tag{3.109b}$$

a_1 是待定常数。在 EDQN 近似中，只在 3 阶矩中引入湍涡阻尼，在 2 阶矩输运中并不引入湍涡阻尼，因此湍动能仍然是守恒的。EDQN 近似的湍动能谱的一般公式为

$$\begin{aligned}&\left(\frac{\partial}{\partial t}+2\nu k^2\right)E(k,t)\\&=\int_0^t \mathrm{d}\tau\iint_{\Delta_k}\frac{k}{pq}b(k,p,q)[k^2E(p,\tau)-p^2E(k,\tau)]E(q,\tau)\exp\\&\quad-[\mu_{kpq}+\nu(k^2+p^2+q^2)](t-\tau)\mathrm{d}p\mathrm{d}q\end{aligned} \tag{3.110}$$

3. 湍涡阻尼马尔可夫化准正则(Eddy-Damping Quasi-Normal Markovian, EDQNM)近似

加入湍涡阻尼后，3 阶矩明显减小，但是数值计算结果表明，它并不能完全消除湍动能谱出现负值，原因是 EDQN 阻尼系数的特征时间$[\mu_{kpq}+\nu(k^2+p^2+q^2)]^{-1}$远远小于 2 阶矩乘积$\langle\widetilde{uu}\rangle\langle\widetilde{uu}\rangle$的特征时间，后者是湍涡特征时间 k/ε。不难验证，在 k 值较小的含能区，湍涡阻尼系数的特征时间就远远大于$\langle\widetilde{uu}\rangle\langle\widetilde{uu}\rangle$的特征时间。于是，进一步提出马尔可夫化来修正湍涡阻尼，令总阻尼系数为 θ_{kpq}，EDQN 近似中的阻尼系数为

$$\theta_{\mathrm{kpq}}^{\mathrm{EDQN}} = \int_0^t \exp-[\mu_{kpq}+\nu(k^2+p^2+q^2)]\mathrm{d}\tau$$

EDQNM 近似中用以下的特征时间取代：

$$\theta_{kpq}^{\mathrm{EDQNM}} = \frac{1-\exp-[\mu_{kpq}+\nu(k^2+p^2+q^2)]t}{\mu_{kpq}+\nu(k^2+p^2+q^2)}$$

经马尔可夫化修正后，EDQNM 近似可以导出惯性子区的$-5/3$ 次方能谱，它是目前各向同性湍流的最好理论封闭模型。

在 EDQNM 近似之前，Kraichnan(1961)[①]曾提出直接作用近似(direct interaction appraoximation, DIA)来封闭各向同性湍流的相关函数方程，经过冗长的演算，也可以获得湍动能谱，但是在惯性区的湍动能谱与 k^{-2} 成正比，和经实际验证的$-5/3$ 次方能谱不同。

无论是 EDQNM 还是 DIA 理论，它们都是基于随机过程的近似来导出封闭方程，可以称它们为湍流的随机过程模型。和后面第 9 章要介绍的复杂湍流封闭模式不同，EDQNM 和 DIA 近似方法有较强的理论基础，但是它们只能用于简单的各向同性湍流。

---

① Kraichnan R H. 1961. Dynamics of nonlinear stochastic system. **J. Math. Physics**, **2**:12.

第4章 简单剪切湍流

第3章研究了各向同性湍流，它是一种没有平均剪切率的简单湍流。自然界中常见的湍流有平均剪切，无疑，它比各向同性湍流复杂得多。由于剪切湍流的复杂性，很难用解析方法研究它们的脉动性质。工程中常用经验或半经验的雷诺应力模型(通常称为湍流模式)来计算平均流动；作为基础研究的手段，常用直接数值求解 Navier-Stokes 方程或实验测量获得剪切湍流脉动场，并研究它的性质。在详细介绍剪切湍流的近代研究方法和工程计算方法之前，了解简单剪切湍流的主要统计特性和它的流动结构，对于理解和进一步研究复杂湍流是十分有意义的。

近代湍流研究的重大进展之一是发现剪切湍流中存在拟序结构。拟序结构的发现改变了人们对湍流运动的传统认识，**湍流脉动并非完全不规则的随机过程，而是在不规则的脉动中包含可辨认的有序大尺度运动**，这种有序的大尺度运动随机地出现在剪切湍流中，并主宰湍流的动量、能量和质量输运。

剪切湍流可以分为两类。第一类称为壁湍流，就是在壁面附近的剪切湍流，例如槽道、圆管和边界层湍流。第二类称为自由剪切湍流，它是远离固壁的剪切湍流，例如射流、混合层和远场尾流。为了揭示这两类湍流的最主要的特性，本章只讨论简单的壁湍流和简单的自由剪切湍流。所谓简单剪切湍流，指平均剪切流动是平行流动或准平行流动。

4.1 简单剪切湍流的统计特性

4.1.1 壁湍流的统计特性和湍涡结构

圆管、槽道和平壁边界层湍流流动是工程中常见的典型壁湍流。我们将研究雷诺数很高的充分发展壁湍流(壁湍流中雷诺数的定义是 $Re=U_{m}H/\nu$，H 是直槽宽度之半，或圆管半径，或边界层的平均名义厚度；U_{m} 是槽道或圆管的截面平均速度，或边界层外缘的平均速度)。直槽、圆管和平壁边界层湍流在壁面附近的流动有共同的性质。

下面以直槽湍流为例，它的分析方法和统计特性可以推广到其他简单壁湍流的情况。首先，设定坐标系：x 为流动方向；y 为垂直壁面方向，并以壁面为坐标面；z 为平均流动的展向。对应坐标轴(x,y,z)的速度分量用 u,v,w 表示。

进一步假定直槽沿展向是无限长的,流向单位长度上的平均压降是常数。在这种几何条件下,直槽内的流动有以下性质:

(1) 平均运动是定常的单向平行直线运动:$\langle u_i \rangle = U(y)\delta_{i1}$。

(2) 脉动速度场在流向和展向都是统计均匀的,雷诺切应力只有$-\langle u'v' \rangle$。

(3) 壁面上速度等于零:无论是平均速度还是脉动速度都等于零。

1. 平均运动方程

应用第2章导出的雷诺平均方程,不可压缩牛顿流体定常平均平行直线运动方程可简化如下(本章中平均速度用大写字母表示,如U,V,W等,取消系综平均的符号$\langle\ \rangle$):

$$-\frac{1}{\rho}\frac{\partial\langle p\rangle}{\partial x}+\nu\frac{\partial^2 U}{\partial y^2}-\frac{\partial\langle u'v'\rangle}{\partial y}=0 \tag{4.1a}$$

$$\frac{\partial\langle v'^2\rangle}{\partial y}=-\frac{1}{\rho}\frac{\partial\langle p\rangle}{\partial y} \tag{4.1b}$$

$$0=-\frac{\partial\langle p\rangle}{\partial z} \tag{4.1c}$$

由式(4.1c)可见,沿展向平均压强等于常数;对式(4.1b)进行积分,因为壁面上脉动速度等于零,故有

$$\langle p\rangle+\rho\langle v'^2\rangle=P_0(x) \tag{4.2}$$

式中$P_0(x)$是壁面压强,由于脉动速度场是流向均匀的,因而有$\partial\langle p\rangle/\partial x=\mathrm{d}P_0/\mathrm{d}x$,就是说槽道中平均压强的流向梯度等于壁面压强的流向梯度。以壁面为起点,对式(4.1a)沿y方向积分,由于壁面无滑移条件,壁面的雷诺应力$\langle u'v'\rangle|_{y=0}=0$,积分结果得

$$\tau=\mu\frac{\partial U}{\partial y}-\rho\langle u'v'\rangle=\tau_0+\frac{\mathrm{d}P_0}{\mathrm{d}x}y \tag{4.3a}$$

式中,τ是分子粘性切应力和雷诺切应力之和,称为总切应力;τ_0是壁面切应力。式(4.3a)说明在槽道湍流中,总切应力是y的线性函数。

在槽道的对称轴上($y=H$),由于平均运动的对称性,分子粘性切应力和雷诺切应力都等于零,于是有

$$\tau_0=-\frac{\mathrm{d}P_0}{\mathrm{d}x}H \tag{4.3b}$$

代入式(4.3a),有

$$\tau=\mu\frac{\partial U}{\partial y}-\rho\langle u'v'\rangle=\tau_0\left(1-\frac{y}{H}\right) \tag{4.3c}$$

在壁湍流中用壁面切应力定义壁湍流的特征速度,称为壁面摩擦速度,简称摩擦速度,并用u_τ表示,它的定义如下:

$$u_\tau=\sqrt{\tau_0/\rho} \tag{4.4}$$

在壁湍流中,也用u_τ为特征速度来构成雷诺数$Re_\tau=u_\tau H/\nu$,它和通常的雷诺数之间的关系是$Re_\tau=Re(u_\tau/U_\mathrm{m})$。$u_\tau/U_\mathrm{m}$和壁面摩擦系数$c_\mathrm{f}=\tau_0/2\rho U_\mathrm{m}^2$间有如下关系:$u_\tau/U_\mathrm{m}=\sqrt{2c_\mathrm{f}}$,根据大量实验结果,$u_\tau/U_\mathrm{m}$有以下估计:

$$u_\tau/U_\mathrm{m}=\sqrt{2c_\mathrm{f}}\sim O(10^{-2})$$

因此,当$Re\to\infty$时,也有$Re_\tau\to\infty$。

2. 等切应力层

从流向平均动量方程(4.3a)可以看到：在直槽中的总平均切应力(分子粘性切应力$\mu \mathrm{d}U/\mathrm{d}y$和雷诺切应力$-\rho\langle u'v'\rangle$之和)等于壁面摩擦应力与压强梯度和壁面距离乘积的线性和。在靠近壁面很薄一层中，$\bar{y}=y/H\ll 1$，压强梯度项可以忽略，这时总切应力近似等于壁面切应力，称这一近壁层为近壁等切应力层，简称等切应力层。在等切应力层中，

$$\mu\frac{\partial U}{\partial y}-\rho\langle u'v'\rangle=\tau_0,\quad \text{当}\bar{y}=y/H\ll 1$$

等切应力层还可以进一步分为线性底层和对数层。

(1) 线性底层(或粘性底层)

在非常靠近壁面的区域中，脉动速度趋向于零，因而雷诺应力也趋向于零，于是在这里分子粘性应力控制流动，平均运动方程可简化为

$$\mu\frac{\partial U}{\partial y}=\tau_0$$

注意到$u_\tau=\sqrt{\tau_0/\rho}$，或$\tau_0=\rho u_\tau^2$，积分上式可以得到近壁粘性层中的平均速度分布：

$$U/u_\tau=yu_\tau/\nu \tag{4.5a}$$

这是一个很简单的线性函数：近壁区的平均速度随壁面距离线性增长。式(4.5a)已用摩擦速度和流体粘度做无量纲化，用壁面参数无量纲化的量用上标“+”表示，即$U^+=U/u_\tau$，$y^+=yu_\tau/\nu$，于是式(4.5a)可写作

$$U^+=y^+ \tag{4.5b}$$

近壁区平均速度分布是线性型，故称之为线性底层；由于非常靠近壁面的流动中分子粘性主宰流动，因此线性底层又称粘性底层。实验测量和数值模拟结果证明，线性底层存在于$y^+<5$的近壁区。历史上，曾经误认为近壁湍流运动是层流的，因此把近壁线性层误称为层流底层。事实上，虽然近壁区的平均速度是线性型，但是那里的湍流脉动仍然十分活跃，实验观测和直接数值模拟都已证实了这一点(详见后文)。

下面研究雷诺应力占优的近壁湍流特性。

(2) 对数层和对数律

在高雷诺数槽道湍流中，在壁面附近的等切应力薄层中存在等雷诺应力层，它是线性底层以外的一个薄层：在等雷诺应力层中仍然存在$\bar{y}=y/H\ll 1$，但是$y^+\gg 1$。就是说，它离粘性底层很远($y^+\gg 1$)，但是还在等切应力层内($\bar{y}=y/H\ll 1$)。首先论证在高雷诺数湍流中存在等雷诺应力层的可能性。写出y^+和$\bar{y}$间的关系式：

$$y^+=yu_\tau/\nu=(y/H)(u_\tau H/\nu)=\bar{y}Re_\tau$$

前面已经说明过，当$Re\to\infty$时，也有$Re_\tau\to\infty$，因此当雷诺数足够大时，可以既有$\bar{y}\ll 1$，同时又满足$y^+\gg 1$的情况。例如$Re>10^5$时，可以有量级估计：$y^+\sim 10^3\ \bar{y}$。于是，论证了存在等雷诺应力的条件是高雷诺数的近壁湍流。

由于$\bar{y}\ll 1$，压强梯度项可以忽略(见式(4.3))，总切应力等于壁面切应力，属于等切应力层。而$y^+\gg 1$表明惯性作用远大于粘性作用，因为$y^+=yu_\tau/\nu$可以认为是当地的局部雷诺数。忽略分子粘性应力，总切应力就近似等于雷诺切应力。

下面讨论近壁等雷诺切应力层中的统计特性。由于流向和展向的均匀性，湍动能的对

流项等于零,直槽湍流中湍动能方程可以简化为(参见式(2.10))

$$-\langle u'v'\rangle\frac{\partial U}{\partial y}-\frac{\partial}{\partial y}\left(\frac{\langle p'v'\rangle}{\rho}+\langle k'v'\rangle-\nu\frac{\partial k}{\partial y}\right)=\varepsilon \tag{4.6}$$

式中,$k'=(u'^2+v'^2+w'^2)/2$ 是脉动湍动能。式(4.6)中左边第一项是湍动能的生成项,第二项是扩散项;等式右边是湍动能的耗散项。在壁面上脉动速度 $u'=v'=0$,因此贴近壁面,雷诺应力十分微小,生成项几乎可以忽略,这里,湍动能耗散和扩散项相平衡。与此相反,在稍离壁面和远离中心的流动区域中,扩散项几乎可以忽略,在这里生成项和耗散项相平衡(详见 Laufer,1951 或 Klebanoff,1955):

$$-\langle u'v'\rangle\frac{\partial U}{\partial y}=\varepsilon \tag{4.7}$$

也就是说,在壁湍流中存在一个湍动能生成和耗散相平衡的区域。由于平衡区远离中心区,可以用壁面参数表示速度梯度、雷诺应力和湍动能耗散率的无量纲式如下:

$$\frac{\partial U}{\partial y}=\frac{u_\tau}{\kappa y}f(y^+) \tag{4.8a}$$

$$-\langle u'v'\rangle=u_\tau^2 g(y^+) \tag{4.8b}$$

$$\varepsilon=\frac{u_\tau^3}{\kappa y}h(y^+) \tag{4.8c}$$

式中 κ 是无量纲常数。

在等雷诺应力层中,$y^+\gg 1$,分子粘性影响很微弱,参数 ν 不应当出现在式(4.8)中,因此函数 $f(y^+)$,$g(y^+)$,$h(y^+)$应当等于常数,不失一般性,可以都取为1,由此得

$$\frac{\partial U}{\partial y}=\frac{u_\tau}{\kappa y} \tag{4.9a}$$

$$-\langle u'v'\rangle=u_\tau^2 \tag{4.9b}$$

$$\varepsilon=\frac{u_\tau^3}{\kappa y} \tag{4.9c}$$

将式(4.9a)、(4.9b)、(4.9c)代入湍动能平衡方程,可以验证,在不计扩散项的条件下,它们满足湍动能的平衡。就是说,在等雷诺切应力层中式(4.9a)、(4.9b)、(4.9c)和湍动能方程是相容的。

积分式(4.9a),得平均速度的对数分布:

$$U=\frac{u_\tau}{\kappa}\ln y^+ + B \tag{4.10}$$

经实验标定,$\kappa=0.41$ 是通用常数,即熟知的 Karman 常数;在直槽中 $B=5.5$。

综合以上结果,在槽道湍流的近壁区存在一个粘性底层和一个对数层(确切地说,等雷诺切应力层),粘性底层和对数层合在一起称为内层。在粘性底层和对数层之间,平均速度分布既非线性的,也非对数的,因为这里分子粘性应力和雷诺应力属同一量级。介于粘性底层和对数层之间的流动区域称为过渡层,过渡层很薄,工程实用上,常常不计过渡层,而用对数分布和线性分布组合成内层的平均速度分布,对于直槽湍流,可应用如下的平均速度分布:

$$U^+=y^+,\quad y^+<12.2 \tag{4.11a}$$

$$U^+=2.44\ln y^+ + 5.5,\quad y^+>12.2 \tag{4.11b}$$

用同样的方法分析圆管湍流和湍流边界层，在近壁区，$y^+<5$，也有线性分布的平均速度分布；远离壁面的近壁区，$y^+>11$，存在平均速度的对数分布：

$$U=\frac{u_\tau}{\kappa}\ln y^+ + B' \tag{4.11c}$$

式中 $\kappa=0.41$ 是卡门常数，常数 B' 在圆管和边界层中有不同的值，在光滑湍流边界层中 $B'=5.3$；在光滑圆管湍流中 $B'=5.2$。

壁湍流中存在湍动能和湍动能耗散的平衡区（壁湍流的等应力区）的前提是：既要求 $\bar{y}\ll 1$，又要求 $y^+\gg 1$。如果该条件不能满足，壁面律就不再成立。例如，接近流动的分离点处 $\tau_w=0$，即 $u_\tau=0$，不能应用以上壁面律来计算平均流速分布。在第 9 章中将讨论更为一般的壁面律。

4.1.2 壁湍流的湍涡结构和湍涡粘性系数

设想壁湍流脉动由随机湍涡产生，由于壁面速度等于零，壁面上涡量的垂直分量必等于零，即 $\omega_y(0)=0$。另一方面，离开壁面后湍涡的尺度逐渐增大，从而充满等雷诺切应力层。根据这种分析，Townsend(1976)提出壁湍流中等雷诺切应力层中的湍涡结构，它们是一对有共同顶点的随机圆锥形涡，如图 4-1 所示。

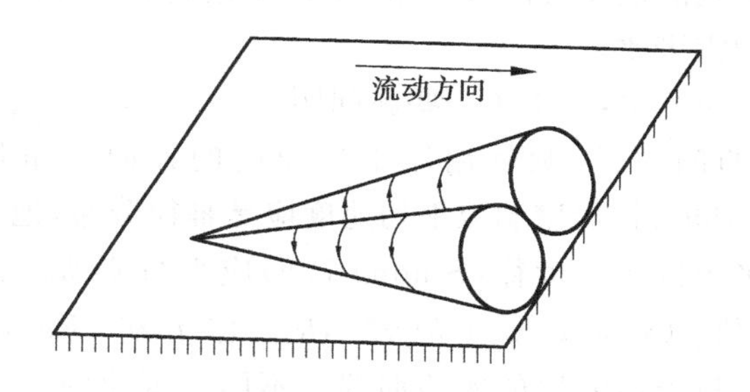

图 4-1　壁湍流近壁锥形湍涡(箭头是流动方向)

圆锥形涡生成的脉动速度场应有以下形式：

$$u_i(\boldsymbol{x})=u_0(x-x_0)f_i[(z-z_0)/d_e, y/d_e]$$

式中 x_0, z_0 是锥形湍涡顶点的坐标；$u_0(x-x_0)$是沿圆锥轴向变化的脉动速度，$d_e(x-x_0)$是锥形沿轴向变化的直径，函数 $u_i(x)=u_0(x-x_0)f_i[(z-z_0)/d_e, y/d_e]$应当满足不可压缩流动的连续方程，由于近壁层中 d_e 是小量，$u_0(x-x_0)$是缓变函数，所以连续方程可近似为

$$\partial f_y/\partial y+\partial f_z/\partial z=0$$

湍涡的顶点 x_0, z_0 是随机变量，假定湍涡顶点的概率分布（例如在 x-z 平面上是等概率分布）和满足连续方程的函数 f_i，就可以用统计方法求出湍流脉动强度、雷诺应力以及各阶统计矩在近壁层中的分布。Townsend(1976)作了上述运算，得到了和实验近似一致的结果。Perry 和 Chong(1982)发展了 Townsend 的思想，用倾斜的 Π 型涡或马蹄涡作为近壁湍涡模型，可获得更好的结果。

在简单平面剪切湍流中，常常采用涡粘系数形式封闭雷诺切应力，认为湍流输运和分子输运有类似的机制，雷诺切应力正比于平均剪切率，它们的比例系数称为湍涡系数，或涡粘系数：

$$-\langle u'v'\rangle = 2\nu_T\langle S_{xy}\rangle = \nu_T\frac{\partial U}{\partial y} \tag{4.12}$$

将等雷诺切应力层的平均速度分布式(4.9a)、(4.9b)代入式(4.12),得壁湍流的涡粘系数:

$$\nu_T = \kappa u_\tau y \tag{4.13}$$

就是说,涡粘系数和壁面摩擦速度 u_τ 以及垂向距离 y 成正比。如果设想壁湍流是由随机分布的湍涡组成的,且湍涡的特征速度是 u_τ,特征长度是 y。就是说,在壁湍流的壁面处湍涡尺度等于零,离开壁面越远,涡团尺度越大。这和前面提到的 Townsend 锥形湍涡模型是一致的。

4.1.3 高雷诺数壁湍流

以上介绍的壁湍流经典模型和公式都适用于中等雷诺数湍流,无论是实验室测量,还是数值模拟的壁湍流雷诺数都不太高,例如圆管湍流或湍流边界层的特征雷诺数大约都在 10^5 量级,在这一量级范围内,实验室测量和数值模拟及经典理论都比较符合。随着湍流研究的深入,人们注意到高雷诺数的壁湍流,高速飞机机身的湍流边界层,或船体湍流边界层的雷诺数都在 10^9 以上;大气边界层的雷诺数也达到该量级。

目前实验室圆管湍流的最高雷诺数 $Re_D=UD/\nu$ 达到 3.5×10^7,是美国普林斯顿大学建立的超级圆管湍流的雷诺数。

在高雷诺数壁湍流研究中,产生了一些新问题。

第一个引起争议的问题是,圆管湍流平均速度的径向分布是对数律还是幂次律?Barenblatt 和 Chorin (1997)提出壁湍流平均速度应是幂律分布,他们的理论依据是近壁湍动能和湍动能耗散的平衡区的尺度律(Scaling law)应当与流动雷诺数有关,即式(4.8a)、(4.8b)、(4.8c)中的函数 $f(y^+)$,$g(y^+)$,$h(y^+)$,应写作 $f(y^+,Re)$,$g(y^+,Re)$,$h(y^+,Re)$。他们的实验依据是尼古拉茨(1931)的实验曲线。不同意幂律的一派,认为 Re 数趋向无穷时,壁面律和雷诺数无关,他们以美国普林斯顿大学的超级圆管实验结果验证对数律(Zagarola,Smits,1997)。

第二个引起争议的问题是,卡门常数是不是普适常数。McKeon 和 Morrison(2007)发现圆管湍流的对数区中卡门常数为 0.421(经典理论采用的值);而 Nagib 等(2007)提出在 $Re_\theta=20000$ 量级的湍流边界层中的卡门常数是 0.384。这一结果提出两个问题,第一,对数律是否普适?第二,卡门常数是否普适?当然有第三种可能,用四舍五入原则,0.384 和 0.421 都可以圆整为 0.40。但是科学家需要精确的答案,这是高雷诺数壁湍流中需要澄清的疑问。

通常雷诺数理解为质点的惯性力和粘性力之比,从湍流运动来说,也可理解为大尺度(惯性运动)和小尺度(粘性运动)之比。因此,高雷诺数湍流脉动中大尺度和小尺度运动的间隔很大。按照经典理论,边界层或其他壁湍流的外层大尺度脉动,属于"被动"的,它不会影响近壁湍流的特性。21世纪初的大量实验发现存在高雷诺数的超大尺度脉动(very large scale motion,VLSM),它对近壁壁湍流有相当大的影响,并非被动的。超大尺度脉动的特征主要出现在流向脉动强度上,图 4-2 展示不同雷诺数下,圆管湍流和湍流边界层中流向脉动的垂向分布(Marusic 等,1999 和 Ferholz,Finley,1996)。在内层,不同雷诺数条件下,流向脉动能量的峰值随着雷诺数增大而增大，外层的流向脉动增加很快，甚至出现第二峰值。

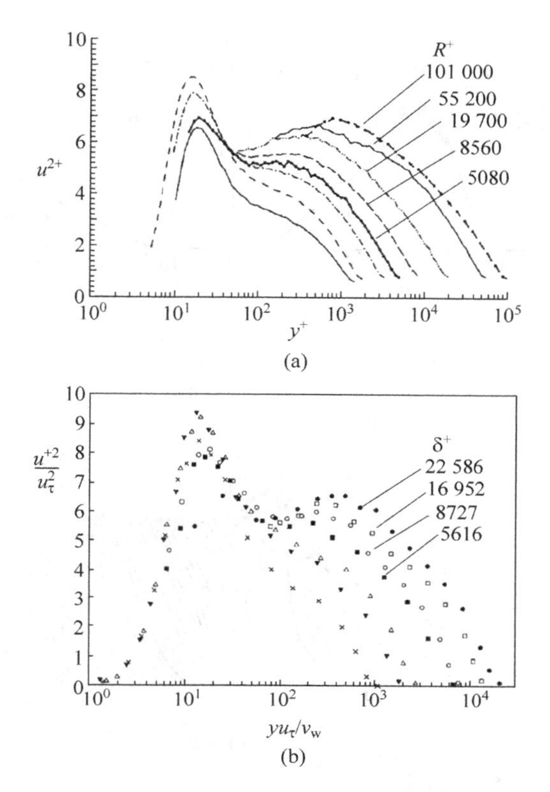

图 4-2 不同雷诺数下流向湍动能（纵坐标$\langle u'u'\rangle^+$）的垂向分布（横坐标 $y^+=yu_\tau/\nu_w$）

(a) 圆管湍流的流向脉动分布；(b) 平板边界层的流向脉动分布

Hutchins 和 Marusic(2007)对内外层的流向脉动能谱做了分析，图 4-3 展示 $Re_\tau=u_\tau\delta/\nu=7300$ 边界层中流向脉动动能的能谱，横坐标为相对波长 λ_x/δ。在过渡层，$z^+=15$ 处，能谱峰值在 $\lambda_x/\delta=0.1$，相应的 $\lambda_x^+=1000$，外层 $z/\delta=0.06$ 处，能谱峰值在 $\lambda_x/\delta=6$。图 4-3(c)展示三维的切片能谱，图 4-3(d)显示平均速度和流向湍动能的垂向分布。图 4-3(d)的流向湍动能分布和图 4-2 中高雷诺数流向湍动能分布类似，在外层有较大流向湍动能，甚至出现流向湍动能的第二峰值。

Huntchins 和 Marusic (2007)研究了外层超大尺度脉动对内层湍流的影响。他们将内层的流向脉动信号进行过滤，图 4-4(a)是 $z^+=15$ 处流向脉动的原始信号；图 4-4(b)是低通过滤的脉动序列($\lambda_x^+>7300$)；图 4-4(c)是高通过滤的脉动序列($\lambda_x^+<7300$)。很有意思的是，如果大尺度脉动是正值时(图 4-4(b)的虚线以外)，小尺度脉动较大；大尺度脉动是负值时(图 4-4(b)的虚线内)，小尺度脉动较小。这一现象似乎预示，超大尺度脉动是一种信息调制现象。这也许是，为什么传统方法没有发现超大脉动结构的原因。

21 世纪初发现高雷诺数壁湍流中超大尺度脉动以后，它是目前壁湍流研究的热点之一。产生超大尺度脉动的原因是什么？有人认为是实验设备中的压强脉动导致超大尺度脉动。也有人认为,当雷诺数高于某一阈值时,近壁各层条带渗透合并导致超大尺度脉动(McKeon 和 Sreenivasan,2007)。

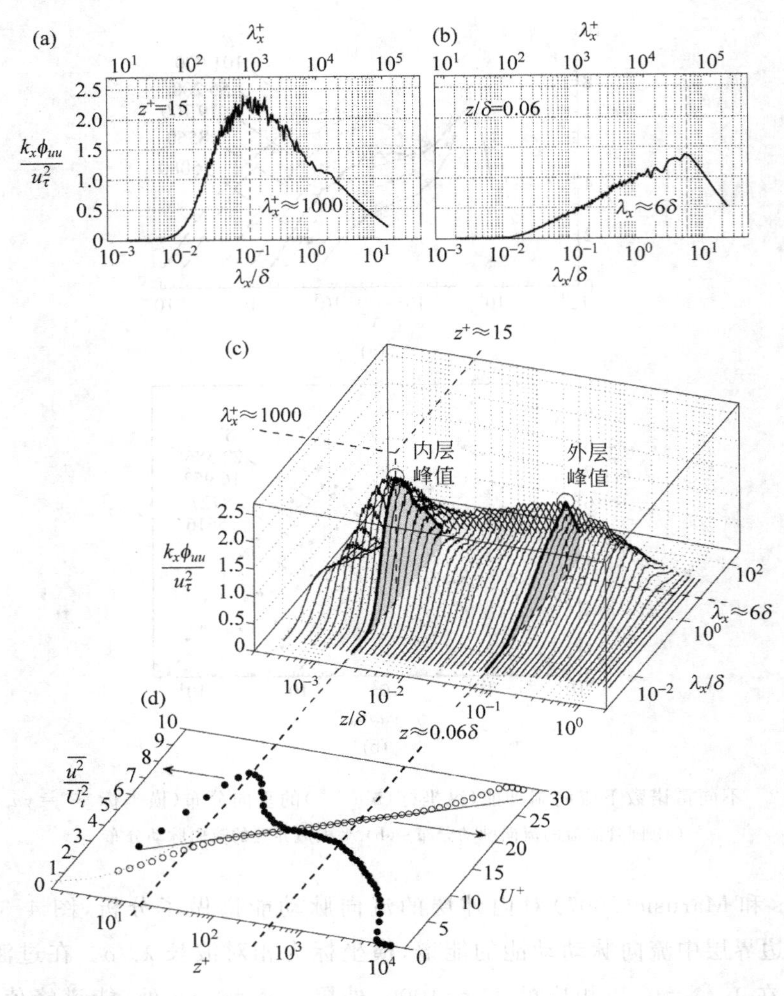

图 4-3 高雷诺数湍流边界层流向脉动动能的预乘谱 $k_x\phi_{uu}(k_x)/u_\tau^2$,$Re_\tau=7300$

(a) 粘性过渡层 $z^+=15$ 中的预乘谱;(b) 对数层 $z/\delta=0.06$ 中的预乘谱;(c) 在边界层中三维分布图;(d) 空心圆:平均速度剖面,实心圆:和流向脉动能量剖面。所有图中虚线标注内部和外部的能谱峰值位置

不论形成超大尺度脉动的原因是什么,如何定量估计超大尺度脉动的调制作用,以及如何在近壁湍流输运统计模型中包含超大尺度脉动的作用。是否可以控制超大尺度脉动,来改变近壁湍流结构,进而达到减阻目的,都是人们关心的问题。

关于壁湍流超大尺度脉动的研究方兴未艾,有兴趣的读者,可以关注这方面研究,较早的资料发表于 2007 年 Philosophical Transactions of Royal Society, Series A (McKeon, 2007),稍近的发表于 2011 年 Annual Review of Fluid Mechanics (Smits, McKeon 和 Marusic)。

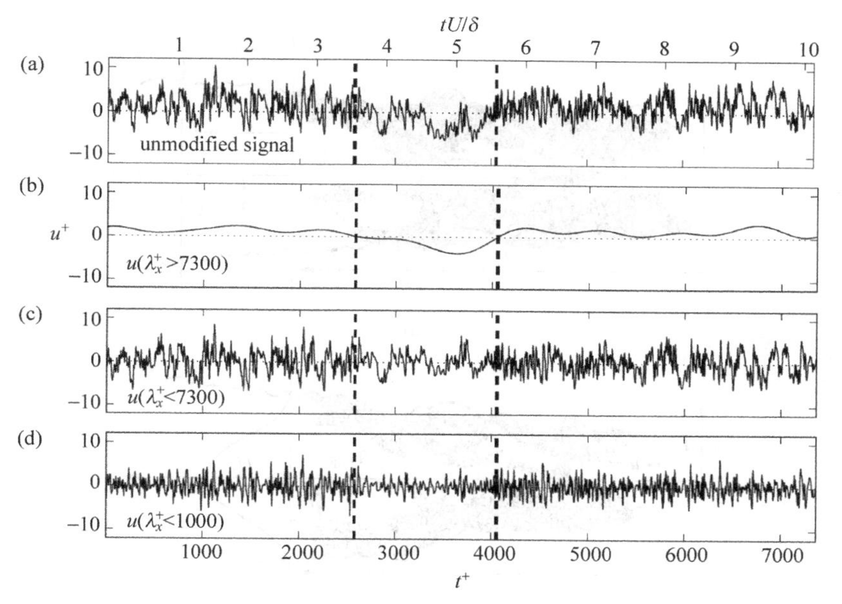

图 4-4 近壁流向脉动的分析 $Re_\tau=7300, z^+=15$

(a) 原始脉动时间序列；(b) 大尺度脉动序列 $\lambda_x^+>7300$；

(c) 小尺度脉动序列 $\lambda_x^+<7300$；(d) 更小脉动尺度序列 $\lambda_x^+<1000$

4.2 自由剪切湍流的统计特性

没有固体边界的剪切湍流称为自由剪切湍流。为了简明起见，只讨论平面自由剪切湍流。例如无限长圆柱二维绕流后的尾流(图 4-5(a))；无限长狭缝喷出的平面射流(图 4-5(b))、两层速度不等的平面平行流动通过隔板的混合层(图 4-5(c))。

自由剪切湍流的特点是：①远离中心区的流动渐近地趋向均匀平行流动(或速度等于零)；②平均流动是非平行的，但是流向是缓变的，就是说，所有平均量的流向导数远远小于横向导数。利用平行流动的缓变性，可将自由剪切湍流的平均运动方程用边界层形式的方程近似。

4.2.1 二维自由剪切湍流的边界层近似

根据自由剪切湍流平均流场的缓变性，假定 $V/U\sim O(\varepsilon)$ 和 $\partial/\partial x\sim\varepsilon\partial/\partial y(\varepsilon\ll1)$，可以导出它们的边界层近似方程如下：

$$U\frac{\partial U}{\partial x}+V\frac{\partial U}{\partial y}+\frac{\partial(\langle u'^2\rangle-\langle v'^2\rangle)}{\partial x}+\frac{\partial\langle u'v'\rangle}{\partial y}=-\frac{1}{\rho}\frac{\partial P}{\partial x} \tag{4.14a}$$

$$\frac{\partial\langle v'^2\rangle}{\partial y}+\frac{\partial P}{\partial y}=0 \tag{4.14b}$$

式中 P 是自由剪切层中的平均压强。读者可参阅 Schlichting (1968)的《边界层理论》导出以上公式，本书从略。由式(4.14a)，可有以下估计：

$$U\frac{\partial U}{\partial x}+V\frac{\partial U}{\partial y}\sim O\left(\frac{\partial\langle u'v'\rangle}{\partial y}\right)$$

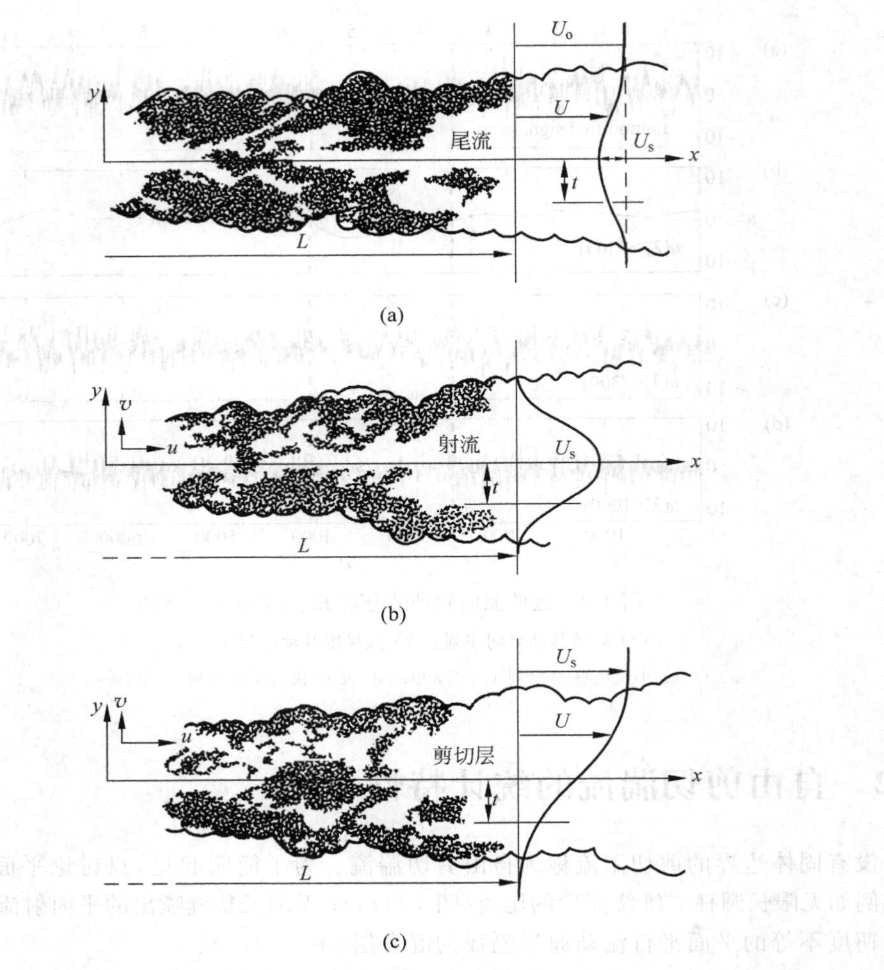

图 4-5　自由湍流剪切层的速度分布

(a) 平面尾流的示意图和平均速度分布；(b) 平面射流的示意图和平均速度分布；(c) 平面混合层的示意图和平均速度分布

在自由剪切层内，平均速度的量级为 U_s(它的具体定义见下文)，脉动速度的量级可用它的均方值 u_0 表示，流向的尺度为 L，横向尺度为 l，则由以上量级估计，通过上式可得

$$\frac{u_0^2}{U_s^2} \sim O\left(\frac{l}{L}\right) \ll 1 \tag{4.15}$$

式(4.15)表明：在自由剪切层中，湍流脉动相对于流向平均速度是小量。同样，可以写出湍动能方程的边界层近似：

$$U\frac{\partial k}{\partial x} + V\frac{\partial k}{\partial y} + \langle u'v'\rangle\frac{\partial U}{\partial y} + \langle u'^2\rangle\frac{\partial U}{\partial x} + \langle v'^2\rangle\frac{\partial V}{\partial y} + \frac{\partial}{\partial y}\left[\left\langle\frac{p'v'}{\rho}\right\rangle + \langle k'v'\rangle\right] + \varepsilon = 0 \tag{4.16}$$

式中湍动能的分子粘性扩散已被略去。从等式的最后两项，可以得到湍动能耗散率的估计：

$$\varepsilon \sim \frac{\partial\langle k'v'\rangle}{\partial y} \sim \frac{k^{3/2}}{l}$$

最后得

$$\varepsilon \propto O\left(\frac{k^{3/2}}{l}\right) \tag{4.17}$$

在第3章，曾估计湍动能耗散 ε 的量级为 $O(u_0^3/l_0)$，l_0 是湍涡的平均尺度，式(4.17)表示，在自由剪切层中湍涡的尺度 $l_0 \sim l$，即**湍涡和剪切层的横向尺度为同一量级**。

4.2.2 自由剪切湍流的相似性解

众所周知，层流自由剪切流动有相似性解(Schlichting，1968)，即无量纲速度场是相似变量 y/x^{α} 的函数。相似性解的意义在于：虽然流动在流向是变化的，但是在不同流向截面上，流动特性具有相似性。换句话说，在流动方向层流自由剪切流动将保持其分布特性。下面来探讨自由剪切湍流是否存在相似性解。如果存在相似性解，那么自由剪切湍流的统计特性在流向也能保持它的分布特性，或者说自由剪切湍流具有局部平衡性质。

一般来说，自由剪切湍流中平均量 $Q(x,y)$ 是二元函数，如果平均量的函数关系可以写成 $Q(\eta)=Q[y/f(x)]$，则说它有相似性解。如果偏微分方程存在相似性解，那么自变量由2个减为1个，从而使偏微分方程简化为常微分方程。在平均量缓变的薄层流动中，横向尺度 l 是 x 的缓变函数，所以很自然地采用 $\eta=y/l(x)$ 为自变量，然后寻求 $Q(\eta)=Q[y/l(x)]$ 形式的解。下面研究自由剪切湍流中统计量存在相似性解的可能性。

首先，将所有平均量写成相似变量的函数式：

$$U = U_1 + U_s(x)f(y/l(x)) \tag{4.18a}$$

$$\langle u'v' \rangle = u_0^2(x)g_{12}(y/l(x)) \tag{4.18b}$$

$$\langle u'^2 \rangle = u_0^2(x)g_1(y/l(x)) \tag{4.18c}$$

$$\langle v'^2 \rangle = u_0^2(x)g_2(y/l(x)) \tag{4.18d}$$

$$\left\langle \frac{p'v'}{\rho} \right\rangle + \langle k'v' \rangle = u_0^3(x)h(y/l(x)) \tag{4.18e}$$

$$\varepsilon = \frac{u_0^3(x)}{l(x)}p(y/l(x)) \tag{4.18f}$$

横向速度 V 的表达式应由连续方程 $\partial U/\partial x+\partial V/\partial y=0$ 导出，得

$$V = U_s \frac{\mathrm{d}l}{\mathrm{d}x}\left(\eta f(\eta) - \int_0^{\eta} f(\eta)\mathrm{d}\eta\right) \tag{4.18g}$$

式(4.18a)～(4.18g)中 U_1 是自由剪切层外边界的渐近平均速度，它等于常数(尾流)或零(射流)，$U_s(x)$ 是自由剪切层中缓变平均流的特征速度，例如对称尾流中 $U_s=U_1-U(x,0)$，U_1 是自由来流的速度，$U(x,0)$ 是尾流中心的平均速度。在对称射流中 $U_s(x)$ 等于射流中心的平均速度：$U_s=U(x,0)$；在混合层中它是两股均匀速度之差的绝对值：$U_s=|U_1-U_2|$，并等于常数。将式(4.18a)～(4.18g)分别代入平均运动动量方程和湍动能方程，如果经过简化后能够得到函数 $f(\eta)$，$g_i(\eta)$，$h(\eta)$ 和 $p(\eta)$ 的常微分方程组，那么存在相似性解。经过仔细的运算(详见 Towmsend，1976)，可以得到存在相似性解的必要条件是

$$u_0/U_s = \text{常数} \tag{4.19a}$$

以及下面四个量必须等于常数(或等于零)：

$$\frac{U_1 l}{U_s^2}\frac{\mathrm{d}U_s}{\mathrm{d}x}, \quad \frac{U_1}{U_s}\frac{\mathrm{d}l}{\mathrm{d}x}, \quad \frac{l}{U_s}\frac{\mathrm{d}U_s}{\mathrm{d}x}, \quad \frac{\mathrm{d}l}{\mathrm{d}x} \tag{4.19b}$$

根据式(4.19a)和(4.19b),以下两种情况都可以存在相似性解:

Ⅰ. $U_s=$ 常数, $dl/dx=$ 常数;

Ⅱ. $U_s=A(x-x_0)^{\alpha}$, $dl/dx=$ 常数, $U_1\ll 1$。

湍流混合层中,$U_s=|U_1-U_2|=$常数,因此可能存在第Ⅰ类相似性解。湍射流中 $U_1=0$,则可能存在第Ⅱ类相似性解。此外,还可以有其他的近似相似性解。例如,在湍尾流的远场,这时 $U_s=U_1-U_0\ll U_1$,在式(4.19b)的四个条件中,最后两项相对于前两项可以忽略。于是,在湍尾流的远场中,可能存在以下的近似相似性解:

Ⅲ. $U_s=A(x-x_0)^{-1/2}$, $dl/dx=B(x-x_0)^{1/2}$。

实验结果证明,自由剪切湍流的平均速度分布确实有相似性解,见图4-6。

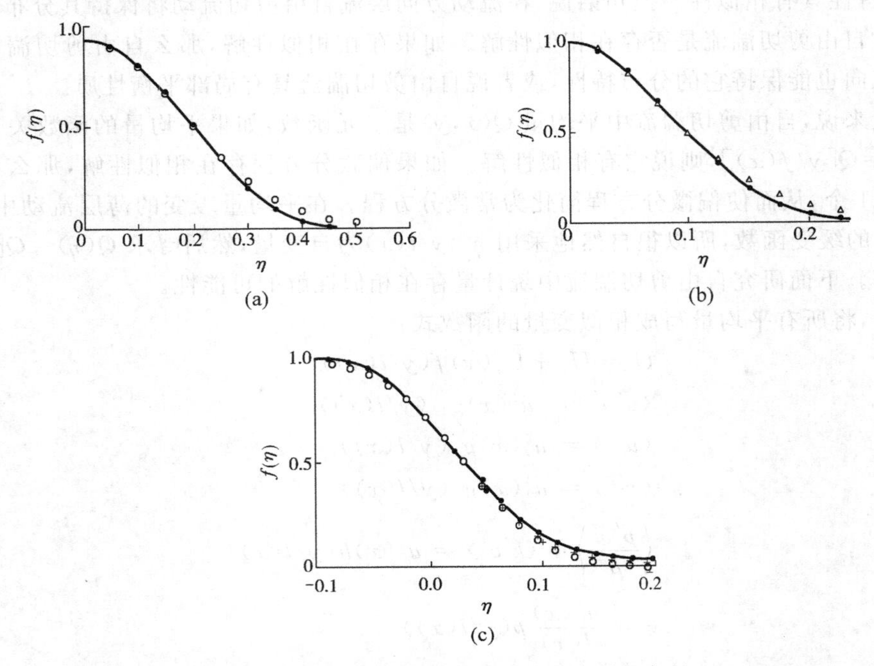

图4-6 湍流自由剪切层平均速度分布的相似性

(a) 平面湍尾流($U_1d/\nu=1360$)。实心圆:测量数据;空心圆:常数涡粘系数计算数据。

纵坐标:$f(\eta)=\left(1-\dfrac{U}{U_1}\right)\left(\dfrac{x-x_0}{d}\right)^{1/2}$,横坐标:$\eta=z/[(x-x_0)d]^{1/2}$

(b) 平面湍射流($U_1d/\nu=1.5\times10^5$)。实心圆:测量数据;空心三角:常数涡粘系数计算数据。

纵坐标:U/U_m,横坐标:$\eta=z/x$

(c) 平面湍流混合层($U_1x/\nu=10^3$)。实心圆:测量数据;空心圆和加号:常数涡粘系数计算数据。

纵坐标:U/U_1,横坐标:$\eta=z/x$

4.2.3 自由剪切湍流的涡粘系数

将自由剪切湍流中相似性关系式(4.18a)、(4.18b)代入涡粘系数公式:$\langle u'v'\rangle=-\nu_T\dfrac{\partial U}{\partial y}$,可得自由剪切湍流的涡粘系数表达式:

$$\nu_T=-\langle u'v'\rangle\Big/\frac{\partial U}{\partial y}=-\frac{u_0^2 l}{U_s}\frac{g_{12}(\eta)}{f'(\eta)}=R_s^{-1}U_s l \tag{4.20}$$

式中 $R_s^{-1} = -\frac{u_0^2}{U_s^2}\frac{g_{12}(\eta)}{f'(\eta)}$ 是一个无量纲函数，作为初步近似，它被认为是仅和流动类型有关的无量纲常数，这种模型称为自由剪切湍流的常涡粘系数模型。常涡粘系数公式(4.20)表明，在自由剪切层中湍涡具有流向缓变的长度 l。图 4-6 中也给出了用常涡粘系数计算的平均速度结果，除了在 η 值较大的自由剪切层的边界附近有一定误差外，近似结果是相当不错的。在自由剪切湍流的渐近边界处，用常涡粘系数计算的平均速度大于实验结果，这表明在渐近边界处常涡粘系数偏大。事实上，在渐近边界处的流动并非始终处于湍流状态，而是间歇地处于湍流状态，稍后 4.4 节将讨论剪切湍流边界的间歇性，和它对涡粘系数的影响。

将常涡粘系数公式(4.20)代入自由剪切湍流的平均运动方程，可以得到以下的平均速度分布的近似解：

平面湍射流

$$f(\eta) = \mathrm{sech}^2[\eta(2/\pi)^{1/2}] \tag{4.21}$$

平面湍尾流(远场)

$$f(\eta) = \exp(-\eta^2/2) \tag{4.22}$$

平面混合层

$$f(\eta) = (2\pi)^{-1/2}\int_{-\infty}^{\eta}\exp(-1/2s^2)\mathrm{d}s \tag{4.23}$$

上述公式可供工程或近似计算用。

4.3　均匀剪切湍流的快速畸变理论

平均剪切在湍流生成中起主要作用，它生成的湍流脉动是各向异性的，一般的复杂剪切湍流需要应用湍流模型来预测它的统计特性。为了研究平均剪切在湍流生成中的基本特性，可以设计一种最简单的均匀剪切湍流。假设在无界的均匀湍流场中施加均匀的平均剪切，使平均流场是具有等剪切率的平行流动，即平均流场 U_i 具有以下性质：

$$U_j = \gamma_{ij}x_j \tag{4.24a}$$

$$\frac{\partial U_i}{\partial x_j} = \gamma_{ij} = 常数张量 \tag{4.24b}$$

剪切的强度可以用 $S=(\gamma_{ij}\gamma_{ij})^{1/2}$ 表示，均匀剪切湍流场通过雷诺应力不断从平均流中觅取能量输送到湍流脉动中去。下面分析这种流动，并用快速畸变理论讨论大剪切率情况下的湍流统计特性。

4.3.1　均匀剪切湍流的基本方程

在无界的均匀平均剪切流场中，湍流脉动是空间均匀的，它满足以下方程：

$$\frac{\partial u_i}{\partial t} + U_k\frac{\partial u_i}{\partial x_k} + u_k\frac{\partial u_i}{\partial x_k} = -\frac{\partial p}{\partial x_i} + \nu\frac{\partial^2 u_i}{\partial x_k\partial x_k} - u_k\frac{\partial U_i}{\partial x_k} \tag{4.25a}$$

$$\frac{\partial u_i}{\partial x_i} = 0 \tag{4.25b}$$

对式(4.25a)求散度，并应用连续方程消去脉动速度，可以得到压强方程：

$$\frac{\partial^2 p}{\partial x_i\partial x_i} = -\frac{\partial u_i}{\partial x_k}\frac{\partial u_k}{\partial x_i} - 2\frac{\partial U_i}{\partial x_k}\frac{\partial u_k}{\partial x_i} \tag{4.25c}$$

均匀剪切湍流的基本方程是非线性的,很难求得一般解。当平均剪切率很大时,忽略基本方程中的非线性项,可以得到均匀剪切湍流的封闭方程,这种近似称为快速畸变近似,或快速畸变理论。

4.3.2 快速畸变近似的基本方程和主要特征

快速畸变近似的前提是平均剪切率很大,平均流向脉动场输送的动量远远大于湍流脉动输送的动量。设均匀湍流的脉动速度均方根为 u',积分尺度为 L,以它们为特征量进行无量纲化,均匀剪切湍流的基本方程可写作(为简单起见,速度和压强的无量纲量采用原来的符号):

$$\frac{\partial u_i}{\partial t}+U_k\frac{\partial u_i}{\partial x_k}+u_k\frac{\partial u_i}{\partial x_k}=-\frac{\partial p}{\partial x_i}+\frac{1}{Re}\frac{\partial^2 u_i}{\partial x_k\partial x_k}-\frac{L}{u'}\gamma_{ik}u_k$$

$$\frac{\partial^2 p}{\partial x_i\partial x_i}=-\frac{\partial u_i}{\partial x_k}\frac{\partial u_k}{\partial x_i}-2\frac{L}{u'}\gamma_{ik}\frac{\partial u_k}{\partial x_i}$$

当 $SL/u'\gg 1$ 时,剪切项远远大于非线性项和粘性项,从而均匀剪切湍流的脉动运动方程可以用线化方程近似:

$$\frac{\partial u_i}{\partial t}+U_k\frac{\partial u_i}{\partial x_k}=-\frac{\partial p}{\partial x_i}-\frac{\partial U_i}{\partial x_k}u_k \tag{4.26}$$

$$\frac{\partial^2 p}{\partial x_i\partial x_i}=-2\frac{\partial U_i}{\partial x_k}\frac{\partial u_k}{\partial x_i} \tag{4.27}$$

式(4.26)、(4.27)中$\partial U_i/\partial x_k=\gamma_{ik}$。Prandtl (1933)和 Taylor(1935)最早提出快速畸变近似的思想,英国剑桥学派发展了这一理论(Taylor 和 Batchelor,1949)。

由于均匀剪切脉动是均匀场,所以它的控制方程是线性的,可以用 Fourier 展开在谱空间分析和研究这种流动。进行具体求解以前,首先考察均匀剪切场中简单的对流输运:

$$\frac{\partial \phi}{\partial t}+U_j\frac{\partial \phi}{\partial x_j}=0 \tag{4.28}$$

物理量 ϕ 随流体质点迁移,如果 U_j 是常向量,流体运动过程中流体微团没有任何变形。所有质点以同一速度移动,以正弦波分布的物理量在随质点迁移过程中保持原有的波形,如图 4-7(a)所示,ϕ 的波峰面(图中实线)始终保持平行线。在均匀剪切流场中,流体微团发生剪切变形,流体质点演变为愈来愈细长的平行四边形。这时,随流体质点迁移的物理量的波峰面将跟随质点偏转,见图 4-7(b),波峰面由原来的平面变成斜面。

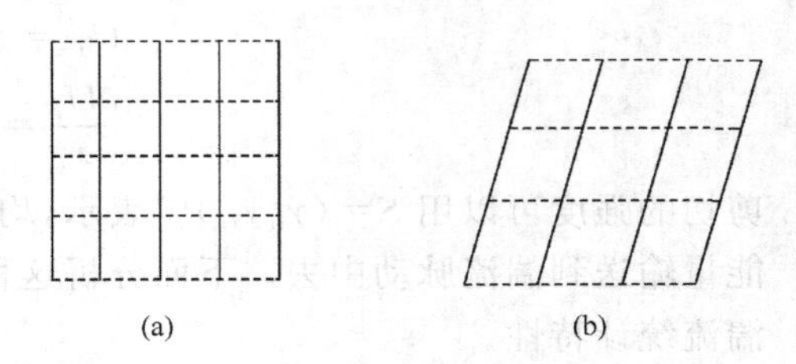

图 4-7 均匀剪切场中波峰面的迁移
(a) 均匀直线流场;(b) 均匀剪切流场

以上分析表明,在均匀直线流场中,物理量在空间的波数分布不会改变;在均匀剪切流场中波峰值不改变(随质点迁移)而波数发生变化。根据以上分析,在均匀剪切流场中,可能存在如下形式的解:

$$\phi=\hat{\phi}(t)\exp[\mathrm{i}\boldsymbol{k}(t)\cdot\boldsymbol{x}] \tag{4.29}$$

式(4.29)表示波峰值随时间变化而不随空间坐标变化,波数也随时间变化。可以证明,上述解确实满足迁移方程(4.28)。将 $\phi=\hat{\phi}(t)\exp[\mathrm{i}\boldsymbol{k}(t)\cdot\boldsymbol{x}]$代入迁移方程,可获得波数 $\boldsymbol{k}(t)$的演化方程。ϕ 的局部导数和对流导数分别为

$$\frac{\partial\phi}{\partial t}=\frac{\mathrm{d}\hat{\phi}}{\mathrm{d}t}\exp[\mathrm{i}\boldsymbol{k}(t)\cdot\boldsymbol{x}]+\mathrm{i}\hat{\phi}(t)\boldsymbol{x}\cdot\frac{\mathrm{d}\boldsymbol{k}(t)}{\mathrm{d}t}\exp\mathrm{i}\boldsymbol{k}(t)$$

$$U_j\frac{\partial\phi}{\partial x_j}=\mathrm{i}\gamma_{jk}x_kk_j\hat{\phi}\exp[\mathrm{i}\boldsymbol{k}(t)\cdot\boldsymbol{x}]$$

将它们代入方程(4.28),可得 $\mathrm{d}\hat{\phi}/\mathrm{d}t=0$ 和 $x_k(\mathrm{d}k_k(t)/\mathrm{d}t+\gamma_{jk}k_j)=0$。对于第一个方程,它的解是

$$\hat{\phi}=\text{const.}$$

对于第二个方程,由于 x_k 是任意的,因此有解

$$\frac{\mathrm{d}k_k(t)}{\mathrm{d}t}=-\gamma_{jk}k_j(t)$$

给定初始波形:$\phi(x,0)=\hat{\phi}_0\exp[\mathrm{i}\boldsymbol{k}_0\cdot\boldsymbol{x}]$,方程(4.28)的解为

$$\hat{\phi}=\hat{\phi}_0 \tag{4.30}$$

$$\frac{\mathrm{d}k_k(t)}{\mathrm{d}t}=-\gamma_{jk}k_j(t),\quad t=0,\quad k_k(0)=k_{0k} \tag{4.31}$$

上述解表明,在均匀剪切场中迁移的波形标量 ϕ,它的幅值不变,而波形的演化是线性常微分方程组的初值问题。$\gamma_{jk}=0$(即无剪切均匀流场)的解非常简单,$\boldsymbol{k}(t)=\boldsymbol{k}_0$,即波形不发生变形。对$|\gamma_{jk}|\neq0$ 的情况,波形的变化取决于变形率张量的性质,将在下面详细讨论。

现在讨论均匀剪切流场中湍流脉动的解。根据以上讨论,脉动速度和压强有以下形式的解:

$$u_i=\hat{u}_i(\boldsymbol{k}_0,t)\exp[\mathrm{i}\boldsymbol{k}(t)\cdot\boldsymbol{x}] \tag{4.32}$$

$$p=\hat{p}(\boldsymbol{k}_0,t)\exp[\mathrm{i}\boldsymbol{k}(t)\cdot\boldsymbol{x}] \tag{4.33}$$

式中,$\boldsymbol{k}_0$ 表示从某一初始波数发展的模态。将模态方程代入运动方程和压强方程,可得

$$\hat{p}=\frac{2\mathrm{i}k_i(t)\gamma_{ik}\hat{u}_k(t)}{k^2(t)} \tag{4.34}$$

$$\frac{\mathrm{d}\hat{u}_i(t)}{\mathrm{d}t}+\mathrm{i}\gamma_{jk}x_kk_j\hat{u}_i(t)+\mathrm{i}\hat{u}_ix_k\frac{\mathrm{d}k_k}{\mathrm{d}t}=-\mathrm{i}k_i\hat{p}-\gamma_{ij}\hat{u}_j \tag{4.35}$$

和前一例子相仿,式(4.35)可分离为$\hat{u}_i$ 方程和 $\boldsymbol{k}$ 方程,$\boldsymbol{k}$ 方程和式(4.31)相同:

$$\frac{\mathrm{d}k_k(t)}{\mathrm{d}t}=-\gamma_{jk}k_j(t)$$

将压强方程代入速度方程,得$\hat{u}_i$ 方程如下(推导从略,读者自行证明):

$$\frac{\mathrm{d}\hat{u}_i(\boldsymbol{k}_0,t)}{\mathrm{d}t}=-\hat{u}_k\gamma_{lk}\left(\delta_{il}-2\frac{k_i(t)k_l(t)}{k^2(t)}\right) \tag{4.36}$$

式中,$k=\sqrt{k_ik_i}$,是波数的模。于是,快速畸变理论只需要解2组时间演化的常微分方程,波数方程和脉动速度场无关,只和平均剪切场有关。求出波数方程后,代入脉动速度方程(4.36),可解出$\hat{u}_i$。还应指出,在快速畸变近似中,初始模态 $\boldsymbol{k}_0$ 的强度是任意的,给定一个 $\boldsymbol{k}_0$,就是一个独立样本,因此对所有的初始 $\boldsymbol{k}_0$ 值的解求平均,就可以获得统计量。

注意到波数在方程(4.31)和(4.36)中都和它们的模无关,可以用波数方向的方程取代波数方程。波数方向用$\boldsymbol{e}(t)$表示:

$$\boldsymbol{e}(t)=\frac{\boldsymbol{k}(t)}{k} \quad 或 \quad e_i(t)=\frac{k_i(t)}{k} \tag{4.37}$$

将$\boldsymbol{k}(t)=k\boldsymbol{e}(t)$代入波数方程(4.31)和(4.36),得波数方向方程和脉动速度方程分别为

$$\frac{\mathrm{d}e_l(t)}{\mathrm{d}t}=-\gamma_{jk}e_j(t)(\delta_{kl}-e_ke_l) \tag{4.38a}$$

$$\frac{\mathrm{d}\,\hat{u}_i(\boldsymbol{k}_0,t)}{\mathrm{d}t}=-\hat{u}_k\frac{\partial U_l}{\partial x_k}(\delta_{il}-2e_i(t)e_l(t)) \tag{4.38b}$$

波数方向的模$|\boldsymbol{e}(t)|=1$,因此波数向量总是在半径等于1的球面上;根据连续方程,速度向量和波数垂直,因此速度向量和单位球面相切。方程(4.38a)、(4.38b)的意义是,依照平均剪切率的几何特性,决定波数向量在单位球面上的轨迹式(4.38a),从而确定脉动速度的轨迹式(4.38b)。

4.3.3 快速畸变近似的统计方程

快速畸变近似忽略非线性项和分子扩散项,因此雷诺应力方程可写作

$$\frac{\mathrm{d}\langle u_iu_j\rangle}{\mathrm{d}t}=-\langle u_ju_k\rangle\frac{\partial U_i}{\partial x_k}-\langle u_iu_k\rangle\frac{\partial U_j}{\partial x_k}+\left\langle p\left(\frac{\partial u_i}{\partial x_j}+\frac{\partial u_j}{\partial x_i}\right)\right\rangle \tag{4.39}$$

即雷诺应力的增长率等于生成项P_{ij}和再分配项Φ_{ij}之和。

$$P_{ij}=-\langle u_ju_k\rangle\frac{\partial U_i}{\partial x_k}-\langle u_iu_k\rangle\frac{\partial U_j}{\partial x_k} \tag{4.40}$$

$$\Phi_{ij}=\left\langle p\left(\frac{\partial u_i}{\partial x_j}+\frac{\partial u_j}{\partial x_i}\right)\right\rangle \tag{4.41}$$

根据快速畸变近似,压强p只有快速响应,即

$$\hat{p}=2\mathrm{i}k_i(t)\gamma_{ik}\,\hat{u}_k(t)/k^2(t) \tag{4.42}$$

经过代数运算,再分配项可以写作

$$\Phi_{ij}=2\gamma_{kl}(M_{kjil}+M_{ikjl}) \tag{4.43}$$

其中

$$M_{ijkl}=\left\langle\sum_{k_0}\hat{u}_i^*\,\hat{u}_je_ke_l\right\rangle \tag{4.44}$$

快速畸变近似中,速度模态和波数向量可以从方程(4.38a)和(4.38b)解出,所以雷诺应力方程是封闭的。

4.3.4 快速畸变近似的实例

1. 不可压缩轴对称收缩

设对称轴为x,在垂直x轴方向流体质点线变形率是负值(压缩),由于流体不可压缩,质点的轴向必拉伸。因此轴对称收缩平均流场的变形率张量可写作

$$S_{11} = S_\lambda, \quad S_{22} = -S_\lambda/2, \quad S_{33} = -S_\lambda/2, \quad \text{其他 } S_{ij} = 0, i \neq j \tag{4.45}$$

这种湍流可以发生在风洞的收缩段中，风洞设计时，为了产生均匀的平均流场，在进口网格后设置面积比较大的收缩段。在收缩段的对称轴上，质点在横向受到压缩而流向不断伸长，于是就有以上近似的轴对称的变形率。在轴对称收缩的情况下，波数方程可写作

$$\frac{\mathrm{d}k_1}{\mathrm{d}t} = -k_1 S_\lambda, \quad \frac{\mathrm{d}k_2}{\mathrm{d}t} = \frac{k_2 S_\lambda}{2}, \quad \frac{\mathrm{d}k_3}{\mathrm{d}t} = \frac{k_3 S_\lambda}{2} \tag{4.46}$$

根据式(4.46)任意初始波数在快速畸变作用下，流向波数按指数衰减；而另外 2 个方向的波数按指数增长，于是单位波数向量的流向分量逐渐趋于零。初始波数的单位向量的端点均匀分布在单位球面上，在快速畸变作用下，所有波数向量都趋向于子午面的大圆，如图 4-8 所示。

轴对称收缩湍流中轴向雷诺生成项 $P_{11} = -2\langle u_1^2 \rangle S_\lambda$ 是负值；另外两个方向的生成项 $P_{22} = P_{33} = \langle u_2^2 \rangle S_\lambda$ 是正值；其他雷诺应力生成项都等于零。在初始时刻，轴向雷诺应力衰减，横向雷诺应力增长；与此同时，再分配项将横向能量传递给轴向，因此轴向雷诺应力的衰减比指数衰减慢，横向雷诺应力的增长小于指数增长。随着波数向量转向子午面，轴向的能量传递趋于零，横向雷诺应力开始以指数增长，如图 4-9 所示。

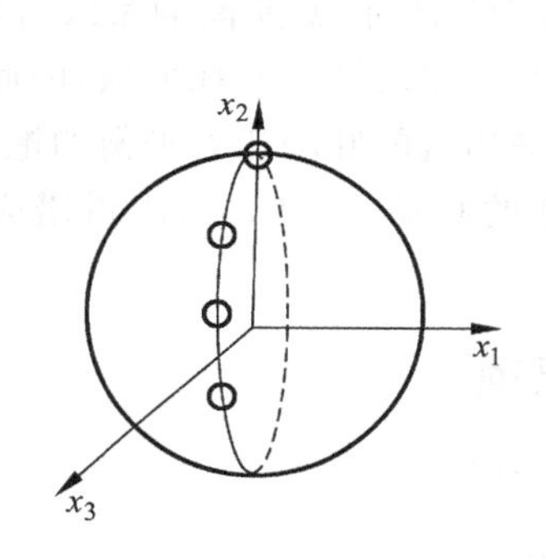

图 4-8 轴对称收缩湍流的波数向量的渐近端点

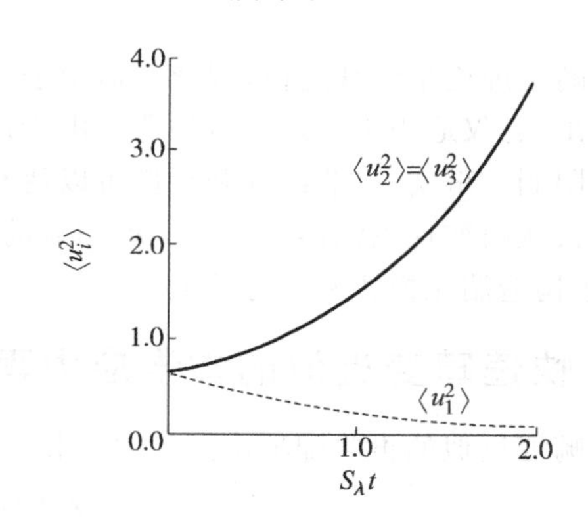

图 4-9 快速畸变近似的轴对称收缩湍流的雷诺应力

2. 均匀等剪切湍流

流动中常见的是剪切湍流，为简化起见，假定平均流为均匀平面等剪切的，它的变形率张量可写作

$$S_{12} = S, \quad \text{其他 } S_{ij} = 0 \tag{4.47}$$

这种情况可以近似局部平面剪切的湍流场。

均匀等剪切湍流场中的波数方程为

$$\frac{\mathrm{d}k_1}{\mathrm{d}t} = 0, \quad \frac{\mathrm{d}k_2}{\mathrm{d}t} = -k_1 S, \quad \frac{\mathrm{d}k_3}{\mathrm{d}t} = 0 \tag{4.48}$$

式(4.48)表示，根据快速畸变近似，流向、垂向波数不变；而展向波数呈代数增长，当 $k_1 < 0$，$k_2 \to \infty$ 时，波数向量趋向北极，$e_2 = 1$；当 $k_1 > 0$，$k_2 \to -\infty$ 时，波数向量趋向南极，如图 4-10 所示。均匀等剪切湍流中快速畸变近似的生成项为：$P_{11} = -2\langle u_1 u_2 \rangle S$，$P_{12} = -\langle u_2^2 \rangle S$，其

他生成项均为零。无量纲雷诺偏应力张量 b_{ij} 的演变过程如图 4-11 所示，b_{ij} 的定义是

$$b_{ij} = \frac{\langle u_i u_j \rangle}{\langle u_i u_i \rangle} - \frac{1}{3}\delta_{ij} \tag{4.49}$$

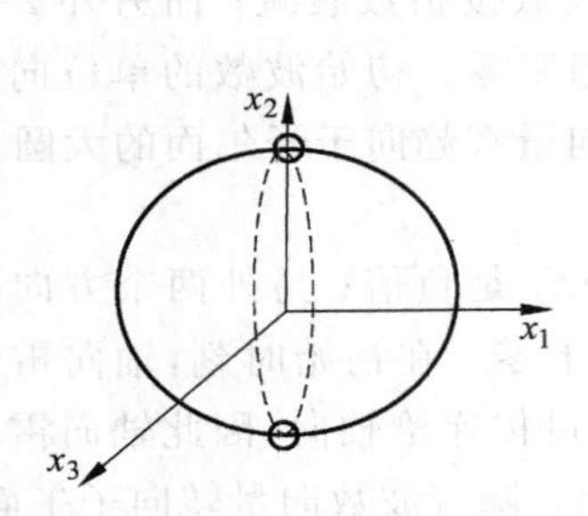

图 4-10 均匀剪切湍流中波数向量的渐近端点

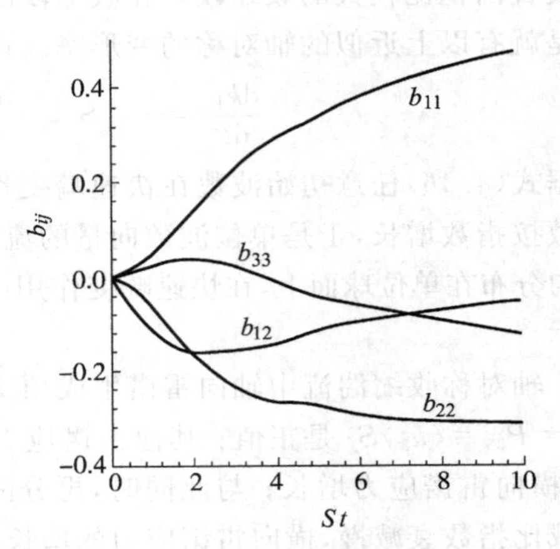

图 4-11 均匀剪切湍流中雷诺应力的演变

快速畸变理论是线性近似，因此它适用于大变形率的流动(见前面的量级分析)。同时还必须指出，它仅适用于一定的时间段。由于该理论忽略非线性项和耗散项，因此湍动能的增长没有限制。事实上，非线性和耗散可以使有剪切平均流的脉动达到平衡的饱和状态。

虽然快速畸变理论没能给出平均剪切流动中平衡的脉动，但是它给出雷诺应力的相对分布，对于构造湍流模式有参考价值。

4.3.5 快速畸变近似的雷诺应力再分配项

快速畸变近似的再分配项由式(4.43)和式(4.44)计算：

$$\Phi_{ij} = 2\gamma_{kl}(M_{kjil} + M_{ikjl})$$

$$M_{ijkl} = \left\langle \sum_{\boldsymbol{k}_0} \hat{u}_i^* \ \hat{u}_j e_k e_l \right\rangle$$

而生成项的公式为

$$P_{ij} = -\langle u_j u_k \rangle \gamma_{ik} - \langle u_i u_k \rangle \gamma_{jk}$$

雷诺应力等于

$$\langle u_j u_k \rangle = \left\langle \sum_{\boldsymbol{k}_0} \hat{u}_j^* (\boldsymbol{k}_0, t) \hat{u}_k (\boldsymbol{k}_0, t) \right\rangle$$

生成项和再分配项都正比于平均剪切率，因此再分配项和生成项间成线性关系，即

$$\Phi_{ij} = aP_{ij} + bP_{ii}\delta_{ij} \tag{4.50}$$

由于 $\Phi_{ii}=0$，故 $a+3b=0$，即 $b=-a/3$，因此，

$$\Phi_{ij} = a\left(P_{ij} - \frac{1}{3}P_{ii}\delta_{ij}\right) \tag{4.51}$$

因为 $P_{ii}=2P_k$，P_k 是湍动能的生成项，所以再分配项也可以写作

$$\Phi_{ij} = a\left(P_{ij} - \frac{2}{3}P_k\delta_{ij}\right) \tag{4.52}$$

系数 a 和具体的平均剪切有关。再分配项(即压强变形率相关项)的作用是使湍流脉动各向同性化。可以在湍流脉动接近各向同性时,获得再分配项的渐近公式。Crow(1968)证明,渐近的再分配项和生成项的关系是

$$\Phi_{ij} = -\frac{3}{5}\left(P_{ij} - \frac{2}{3}P_k\delta_{ij}\right)$$

即式(4.52)中 $a=0.6$,在第 9 章将利用该公式构造雷诺应力模式。

4.4　剪切湍流中的拟序运动

20 世纪 50 年代,Corrsin 等(1954)在研究湍尾流的统计特性时发现了速度脉动的间歇性,人们开始觉察到剪切湍流中可能存在拟序结构。下面,首先对自由剪切湍流的间歇性做简要的讨论。

4.4.1　自由剪切湍流中的拟序结构

1. 条件采样和自由剪切湍流中湍流脉动的间歇性

近代湍流研究中常常采用条件采样和统计方法研究流动结构,例如,对湍流间歇性和拟序结构的研究等。条件采样的思路是,根据一定的准则检测湍流信号,当湍流信号满足条件准则时,开始记录一组或几组信号,然后对记录的数据进行统计分析。例如湍流边界层外层,速度脉动并非始终具有很高的强度,而是间歇地出现高强度脉动。最简单的条件采样是湍流间歇因子的测量。设置一个阈值 $u_{th}/U_\infty=0.01$,令 $|u'/U_\infty|> u_{th}/U_\infty$ 为湍流状态;$|u'/U_\infty|<u_{th}/U_\infty$ 为非湍流状态。定义一个示性函数 I 来辨别湍流和非湍流状态:

$$I = 1,\quad |u'/U_\infty| > u_{th}/U_\infty,\quad \text{为湍流状态} \tag{4.53a}$$

$$I = 0,\quad |u'/U_\infty| < u_{th}/U_\infty,\quad \text{为非湍流状态} \tag{4.53b}$$

于是在总采样长度 N 中属于湍流状态的计数等于 $\sum_{i=1}^{N} I$,非湍流状态的计数等于 $\sum_{i=1}^{N}(1-I)$。定义湍流状态的采样计数和总采样之比为间歇因子 γ:

$$\gamma = \sum_{i=1}^{N} I/N \tag{4.54}$$

利用条件采样和条件统计,还可以获得湍流状态的平均值 $\langle f\rangle_t$ 和非湍流状态的平均值 $\langle f\rangle_n$

$$\langle f\rangle_t = \lim_{N\to\infty}\frac{\sum_{i=1}^{N} If}{\sum_{i=1}^{N} I} \tag{4.55a}$$

$$\langle f\rangle_n = \lim_{N\to\infty}\frac{\sum_{i=1}^{N}(1-I)f}{\sum_{i=1}^{N}(1-I)} \tag{4.55b}$$

式(4.55a)的分母是湍流状态的采样数,分子是湍流状态采集到的物理量的总和,因此,它

表示湍流状态的平均值；式(4.55b)中 $\sum_{i=1}^{N}(1-I)$ 是非湍流状态的采样数，分子是非湍流状态采集到的物理量的总和，因此它表示非湍流状态的平均值。

Corrsin 等(1954)在湍尾流中，采用条件采样的方法，发现湍尾流脉动中存在间歇性。具体实验方法是：在湍尾流场的平均边界处设置一个热线探针测量脉动速度的时间序列，在很长的时间序列中，可以发现，在有的时间段中脉动幅度很大，而有的时间段中只有极为微弱的脉动。以自由来流的脉动速度均方根 $(u_{\mathrm{rms}})_{\infty}$ 为阈值，作为区分湍流状态(脉动大于均方根)和非湍流状态(脉动小于均方根)的准则。定义一个示性函数 I 如下：

$$\text{如}\sqrt{\langle u'^2\rangle} > (u_{\mathrm{rms}})_{\infty}\text{，则 } I=1\text{(湍流)；如}\sqrt{\langle u'^2\rangle} < (u_{\mathrm{rms}})_{\infty}\text{，则 } I=0\text{(非湍流)} \tag{4.56}$$

在 N 个测点的时间序列中，湍流状态时间段占全部测量时间的比值称为间歇因子 $\bar{\delta}$：

$$\bar{\delta}=\sum_{i=1}^{N} I_i/N \tag{4.57}$$

图 4-12(a)是平面湍尾流中的平均速度和间歇因子分布。用类似的条件采样方法测量边界层中湍流脉动的间歇因子，阈值采用边界层外的湍流脉动均方根，图 4-12(b)展示湍流边界层中的间歇因子。

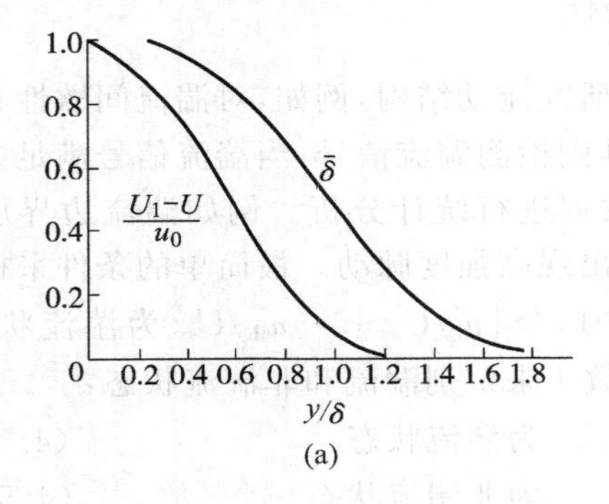

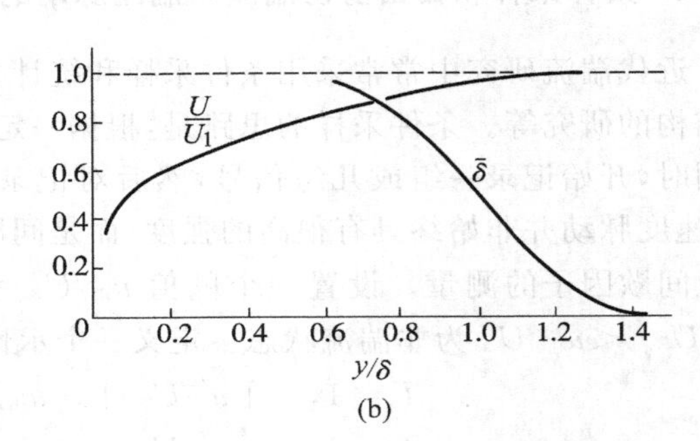

图 4-12 剪切层中的间歇因子

(a) 平面尾流中的间歇因子 $\bar{\delta}$；(b) 边界层中的间歇因子 $\bar{\delta}$

图 4.12(a)显示，在尾流的中心部分，湍流间歇因子等于 1，就是说，尾流中心始终处于湍流状态；尾流的其他部分是间歇地处于湍流状态，离中心越远间歇因子越小；直到远离尾流中心 1.8δ 处(δ 是湍尾流的平均厚度)，间歇因子才逐渐减小到零，也就是说湍流状态可以间歇地延伸到薄层平均厚度以外 0.8δ 处。在湍流边界层中，大约在 $y/\delta>0.6$ 以外，湍流间歇因子逐渐下降，直到 $y/\delta>1.4$ 湍流间歇因子才等于零。就是说，湍流边界层中湍流和非湍流的平均边界超过边界层的平均厚度约 40%。

由于湍流的间歇性，在自由剪切层中的有效涡粘系数应当是完全湍流状态的涡粘系数和间歇因子的乘积：

$$\nu_{\mathrm{Teff}}=\nu_{\mathrm{T}}\gamma(y) \tag{4.58}$$

式中，ν_{T} 是剪切层完全处于湍流状态的涡粘系数。在湍流剪切层中只有一部分时间处于湍流状态时，ν_{T} 乘以 $\gamma(y)$才是有效的涡粘系数 n_{Teff}。图 4-6 给出了用常涡粘系数计算的统计特性结果，在剪切层渐近边界处平均速度计算值明显偏大，用间歇因子修正后的涡粘系数计算自由湍流剪切层的平均速度，在剪切层的渐近边界处的结果和实验结果就符合得较好。

2. 自由剪切湍流中拟序涡结构的显示结果

可以用流动显示方法考察自由剪切湍流层中的速度脉动结构。图 4-13(a)、(b)二幅照片用不同染色流体区分自由剪切湍流层及其周围环境流体。从这两幅瞬时流场的显示图中可以观察到，湍射流(图 4-13(a))、湍尾流(图 4-13(b))和环境流体间存在不规则的分界面，分界面的不规则运动将环境流体卷吸到剪切湍流区。在卷吸的边界上存在强烈的间歇性，这是湍流混合过程的主要现象。

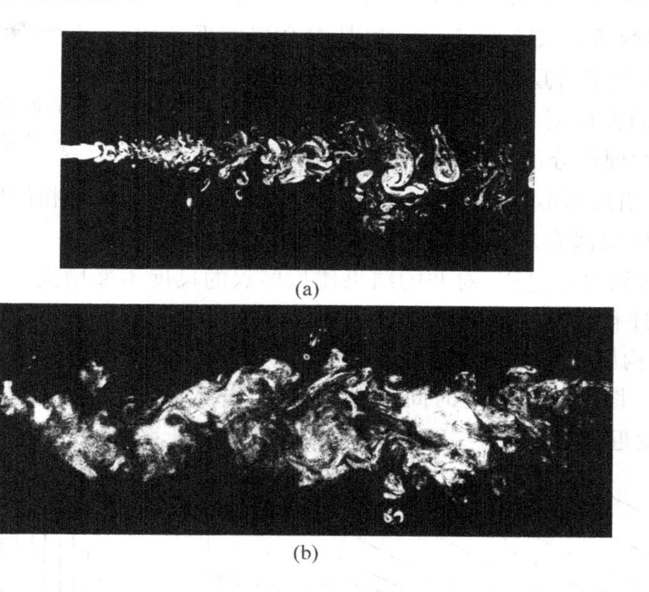

(a)

(b)

图 4-13　自由湍流剪切层的界面(图片引自 Van Dyke,1982)

(a) 湍射流的流动显示；(b) 圆柱绕流的湍尾迹流动显示

从图 4-13(a)、(b)中不仅可以看到明显的不规则分界面，还可以观察到，湍射流和湍尾流的主要结构是大尺度的旋涡，它的尺度和剪切层横向尺度同一量级。流动显示图像间接地证实了前面统计特性分析对自由剪切湍流尺度所做的假设。

Brown 和 Roshko (1974)用光学纹影法显示湍流混合层中的涡结构。图 4-14 显示湍流混合层的拟序结构，它是一排规则的大尺度展向涡，并有大量小尺度的湍涡夹带在大涡上，脉动速度场的测量可以证实 Brown 和 Roshko 显示的混合层属于湍流状态。

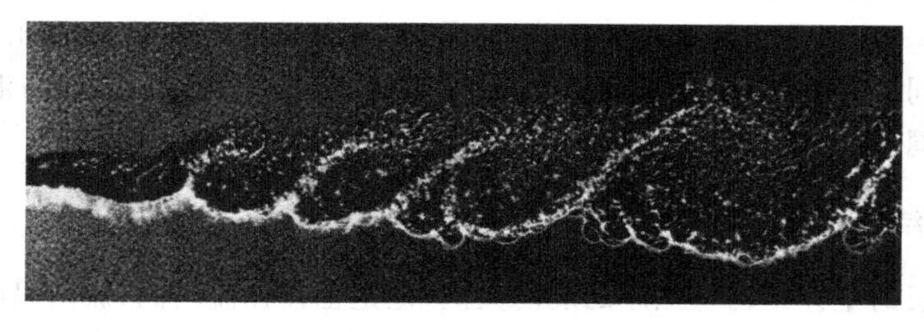

图 4-14　湍流混合层中的涡结构(Brown 和 Roshko,1974)

Roshko(1976)等用阴影法将小涡过滤掉,突出显示展向大涡,如图4-15所示,图中Ⅰ,Ⅱ,Ⅲ,Ⅳ是连续4个时刻的流动显示图像(图中右端是一测速探针)。图Ⅰ的中部有2对涡,在图Ⅱ,Ⅲ,Ⅳ中显示出相对转动,并逐渐合并(图Ⅲ,Ⅳ)。混合层平均厚度的增加主要是涡合并的结果,或者说大尺度展向涡的合并是混合层湍流输运的主要机制。

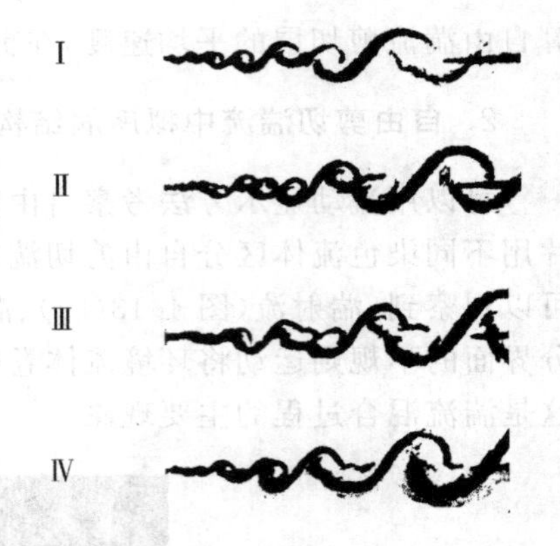

图4-15 湍流混合层的涡合并过程的流动显示(Roshko,1976)

混合层的基本流动参数是速差比 $R=|U_1-U_2|/(U_1+U_2)$ 和雷诺数 $Re=(U_1+U_2)\theta/\nu$(θ 是混合层的平均动量厚度)。湍流混合层拟序结构的主要特征有:

(1) 混合层的大尺度结构几乎和雷诺数无关

无粘的稳定性理论分析方法可以定性地描述它的演化;大涡的尺度 l 沿流向不断增长,并且和流向距离成正比,这和统计相似理论的推断是一致的。

(2) 混合层展向涡有对并现象

图4-15显示涡对并过程,对并的结果使拟序涡的尺度不断增大。

(3) 大涡的迁移速度和间距

通过拟序结构图像的时间序列,逐帧追踪大涡的运动,可以得到大涡的运动轨迹,如图4-16(a)所示。图中横坐标是时间,纵坐标是大涡涡心位移。不难看到,轨迹几乎是平行的,大涡迁移速度近似等于 $(U_1+U_2)/2$,和稳定性理论计算的扰动波相速度一致。

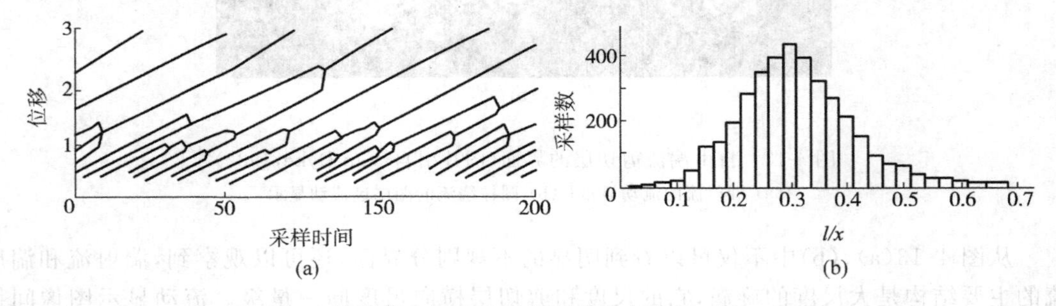

图4-16 湍流混合层中大涡的迁移和合并(Roshko,1976)

(a) 拟序大涡轨迹;(b) 大涡间距的概率分布

从图4-16(a)上,可以得到大涡间距随流向距离的变化,在涡对并时,大涡的尺度有突然的增大。大涡间距是随机变量,它的概率分布示于图4-16(b),图中横坐标是 l/x,该最大值位于 $l/x=0.3$,也就是大涡间距平均值随流向距离的线性增长率约为0.3。大涡间距和大涡尺度属于同一量级。以上结果说明大涡平均尺度正比于流向距离,与混合层平均厚度的增长规律相同。

3. 三维涡结构

湍流混合层的主体结构是拟序的展向大涡,但是也存在流向涡,流向涡的间距随流向距离增长。Bernal(1981)通过逐帧流动显示图像,描绘了湍流混合层中三维涡结构形态,如图4-17所示,主涡是展向大涡,流向涡附着在主涡上。

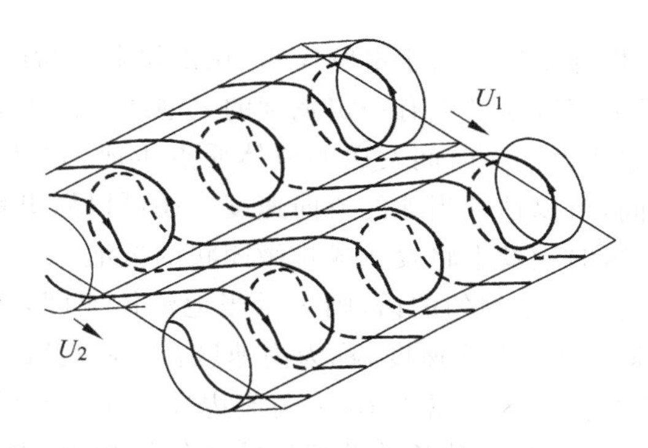

图 4-17 湍流混合层中三维拟序涡的示意图

4. 湍流混合层拟序结构的若干问题

(1) 混合层对来流的响应

雷诺数作为单独参数对湍流混合层的演化几乎没有影响，但它和混合层来流参数一起对湍流混合层的拟序结构有较大影响。例如，混合层的两股来流的流动状态(层流或湍流)、来流边界层的厚度，甚至两股来流的隔板边缘的几何形状对湍流混合层的结构都有较大的影响。有人估计，在混合层初始动量厚度 1000 倍的下游处，来流的影响才能消除。湍流混合层对上游流动特性的敏感性，可以用来控制湍流混合层。

(2) 小尺度涡的产生

从 Brown 和 Roshko 流动显示图像中，可以看到小涡附着在大尺度涡上，它们由一对大涡交界处的强剪切层的不稳定性产生。数值模拟结果表明，两涡对并时，产生强烈速度脉动。

(3) 压缩性

上面讲述的湍流混合层都属于低速不可压缩流动，近年来由于超声速燃烧技术的提出，人们对于高速可压缩混合层产生越来越多的兴趣。初步的物理实验和直接数值模拟结果表明，展向拟序结构仍然是可压缩湍流混合层的主体，但是它的流向增长率较小，此外，当混合层的对流马赫数($Ma_c = |U_1 - U_2|/a$，a 是气体声速)较大时，拟序结构的三维效应更加突出。例如，不可压缩层流混合层的最不稳定模态是二维的，而超声速混合层的最不稳定模态是三维的。

(4) 其他自由剪切湍流的拟序结构

在前面流动显示图像中(图 4-13)，已经看到湍尾流和湍射流中也存在拟序大涡结构。虽然这两种自由剪切湍流的拟序结构也以展向大涡为主体，但是更加不规则。湍尾流的拟序结构和来流雷诺数密切相关，也和产生尾流的钝体几何形状有关。

4.4.2 湍流边界层的拟序结构

1. 湍流边界层拟序结构的实验观测

Kline(1967)和他在 Stanford 大学的同事用氢气泡技术显示了湍流边界层内层的拟序运动。他们在水流平板湍流边界层中固定两组细铂丝，第一组铂丝平行平板、垂直来流，称为水平丝；第二组铂丝既垂直平板又垂直来流，称为垂直丝。在铂丝上接电压阴极，在平板下游远处设置一碳棒,并接通阳极。由于电解作用,在铂丝上不断产生氢气泡。如果施加的电压是脉冲式的,在铂丝上间歇地产生有一定宽度的氢泡线。由于氢气泡很小,它能跟随当地的水流速度运动。氢泡线由同一时间发送的流体质点组成,它是流体质线。相邻两条氢泡线的距离除以脉冲时间,可以估计当地的流向速度。还可以做更精细的氢气泡实验,在铂丝上间断地涂以绝缘漆,这时铂丝上将发送成排微团状的氢泡。

如果相邻氢泡线间的距离是均匀的话,则表示当地流体速度是相等的。氢泡线间的距离加宽,表示当地流体速度大于平均速度,称为高速区;而氢泡线间距离变窄,表示当地流体速度小于平均速度,称为低速区。图4-18是湍流边界层中流动结构的氢泡显示图像,可以看到:在线性底层($y^+=2.7$),有狭长的低速带状氢气泡积聚,形成有横向准周期性的条带,称之为条带结构。随着显示面远离底层,条带发生扭曲($y^+=38$ 和 101),在边界层外层,几乎没有这种条带结构。

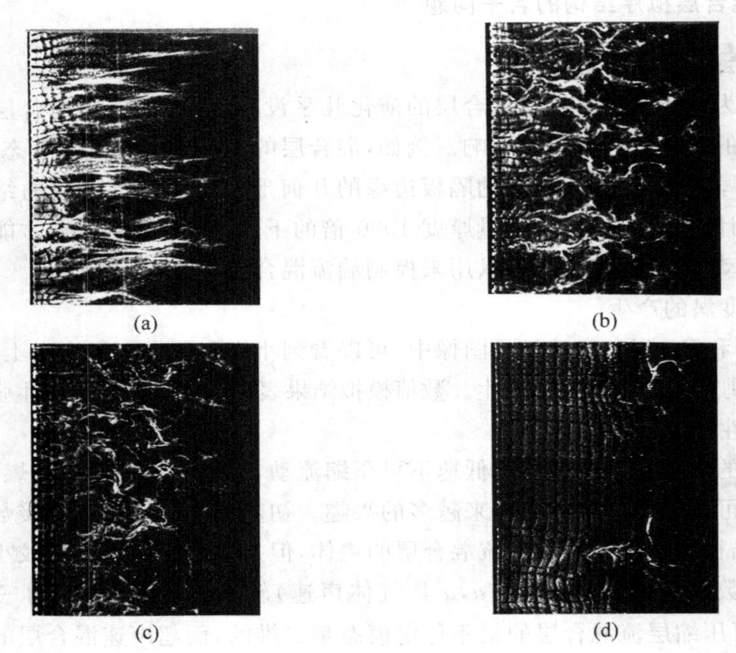

图4-18 湍流边界层的内层拟序结构(水平氢泡线显示,引自 Van Dyke,1982)

(a) $y^+=2.7$; (b) $y^+=38$; (c) $y^+=101$; (d) $y^+=407$

2. 湍流边界层拟序结构的主要特征

在 Kline 等(1967)实验后,Corino 和 Brodkey (1969)以及 Kim 等(1971)用其他流动显示方法或在流动显示中配合一部分速度脉动的测量,得到了对壁湍流拟序结构更为全面的了解。Cantwell (1981)和 Robinson (1991)总结了湍流边界层拟序结构的研究成果,将壁湍流拟序结构的过程描述如下。

(1) 近壁的条带

触发拟序结构的第一个信息是在底层($y^+<10$)出现低速条带,如图4-18(a)所示。从立体显示图像和脉动速度相关测量的结果中可以判断:低速条带是流向涡的痕迹(Blackwelder,1979)。

（2）条带的升起、振动和破裂

条带一经形成，便开始缓缓升起，约在 $y^+\approx15\sim30$ 处发生振动，而后突然破裂。从立体显示图像上可以判断，一条上升的条带是马蹄形涡的一支，马蹄形涡的头部在瞬时速度剖面上形成一个拐点和高剪切层（图 4-19）。有拐点的速度剖面是极不稳定的。于是条带结构发生剧烈震荡和突然破裂。条带的突然破裂伴随着产生强烈的湍流脉动，这一过程称为猝发(burst)。

（3）下扫和条带的再现

当条带破裂时，在湍流边界层内层伴随有一股强烈的流向加速和指向壁面的流动，这股流动称为“下扫”。下扫后，湍流边界层中可能出现一段平静期，而后又触发新的条带和拟序结构。有时候，下扫过后，立即触发新的条带和拟序结构。也就是说触发两次拟序结构的时间间隔有长有短，大量拟序结构事件的平均时间间隔（又称猝发周期）约为 $5\delta/U_\infty$。

Robinson (1991)将以上猝发过程形象地描绘于图 4-19。

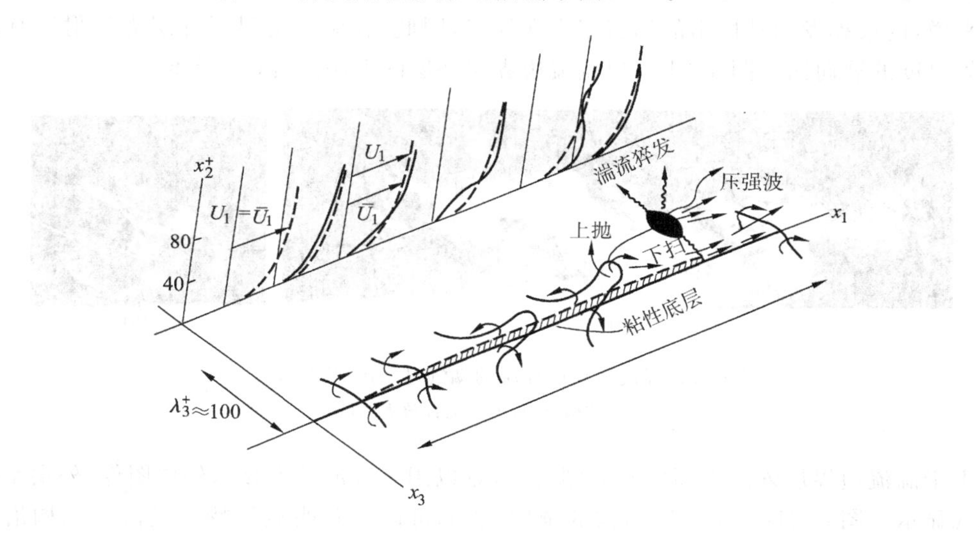

图 4-19　猝发过程的定性描述(Robinson，1991)

壁湍流拟序结构的重要意义在于它是生成湍流的重要机制。壁湍流中速度脉动强度和雷诺应力的分布如图 4-20 所示。

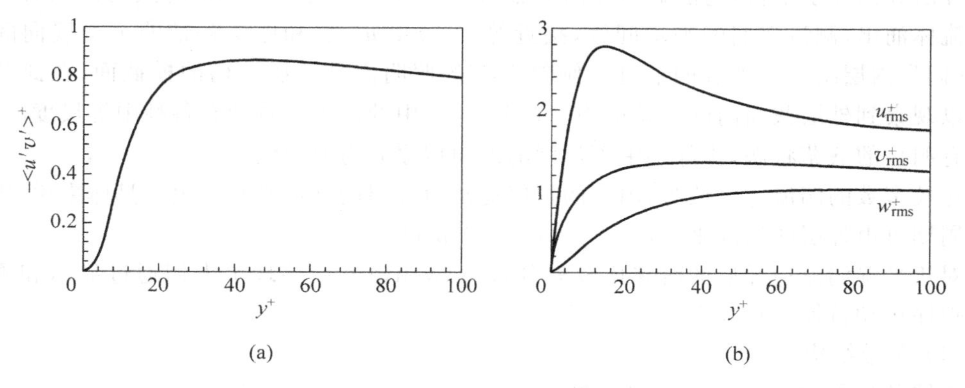

图 4-20　湍流边界层中雷诺应力和脉动强度分布

(a) 湍流边界层中雷诺切应力分布；(b) 湍流脉动的分布

在湍流边界层中，最大脉动速度强度发生在 $y^+\approx15$，而最大雷诺应力则发生在 $y^+\approx30$。这里恰好是条带发生振动和破裂的范围，就是说，壁湍流的猝发是产生湍流脉动和雷诺应力的机制。不仅如此，测量瞬时的动量输运 $-u'v'$，在猝发的瞬间，它可高达平均雷诺应力的200倍，即 $|u'v'|_{max}\approx200|\langle u'v'\rangle|$。进一步分析还发现，在 $y^+\approx30$ 时，拟序结构上抛阶段($u'<0,v'>0$)对雷诺应力的贡献约占70%；下扫阶段占30%左右。但是在 $y^+<5$ 的底层，情况相反，下扫阶段($u'>0,v'<0$)对雷诺应力的贡献是主要的。由于拟序结构在湍流脉动生成中的重要作用，研究这种拟序运动不仅有学术意义，也有实用价值。例如，控制拟序运动来达到控制湍流的目的。

(4) 湍流边界层外层的拟序结构

湍流边界层外层是弱剪切层，和一般自由湍流剪切层相仿，外层是以瞬时的湍流和非湍流界面为边界，同时拟序运动以展向涡为主。但是，湍流边界层的外层和内层有相互作用，具体来说，内层猝发向外抛出的涡将寄生在外层，因此，在湍流边界层外层界面附近有较多的中等尺度的展向涡。图4-21给出湍流边界层外层的拟序结构显示图像。

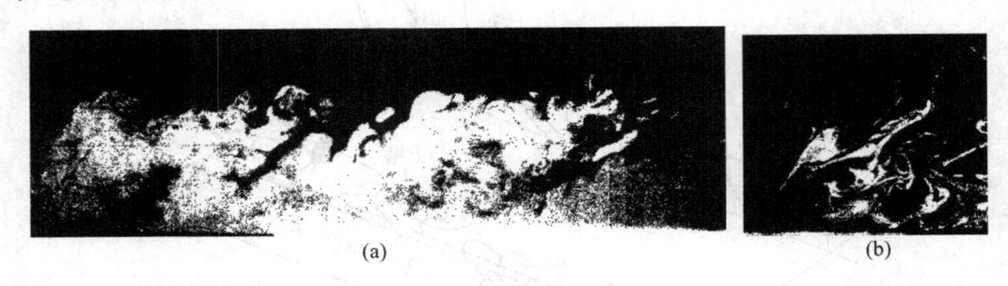

图4-21 湍流边界层外层的烟气显示图(Falco,1977)
(a) 结构全貌；(b) 局部放大图像

由于湍流边界层外层界面的不规则运动，难以用氢气泡技术显示外层图像，外层结构常用烟气显示。图4-21(a)是外层结构的全貌，我们可以看到明显的特征是流动结构沿流向有接近45°的倾斜；图4-21(b)是(a)的局部放大，放大图显示出在界面附近有蘑菇状截面的涡，也就是说，在外层内部有中等尺度的各类展向涡，外层流体界面呈45°倾斜。

可以在倾斜面上观察外层流动结构，图4-22给出了这种显示图像。倾斜45°的照明面和边界层界面几乎平行，它能显示界面上流动的投影，可以看到在45°的照明面上有相间地成团流体涌出，测量它们的平均间距，接近等于 $100\nu/u_\tau$，这和底层条带的平均展向间距相等，它们是内层结构在外层的痕迹。倾斜135°的照明面是外层结构的横截面，在此照明面上可以观察到外层截面内的流动结构。在图4-22中的确可以看到有各种中等尺度的涡，特别是有明显的蘑菇状涡，称外层中等尺度的展向拟序涡为典型涡。

比较多数的湍流专家认为，内层的拟序运动由外层的扰动激励产生。具体来说，内层的猝发周期可由外层的尺度来确定：$T_B=(5\sim10)\delta/U_\infty$。

对于平壁湍流边界层的研究比较充分，Cantwell(1981)整理了人们通过显示和测量获得的拟序运动特征参数如下：

(1) 条带结构

底层条带平均长度：$1000\sim2000\nu/u_\tau$；

底层条带平均高度：$10\sim25\nu/u_\tau$；

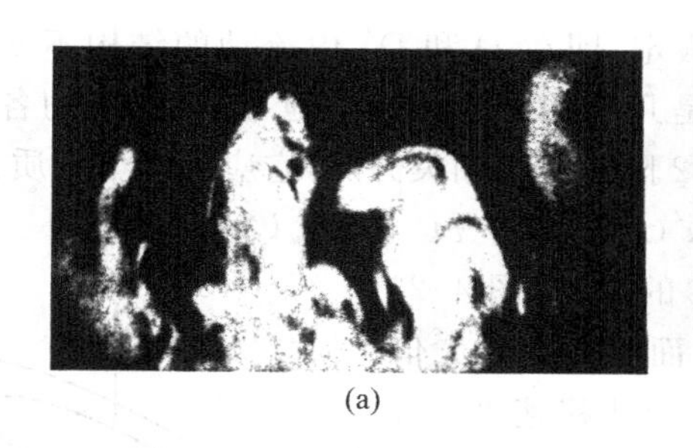
(a)

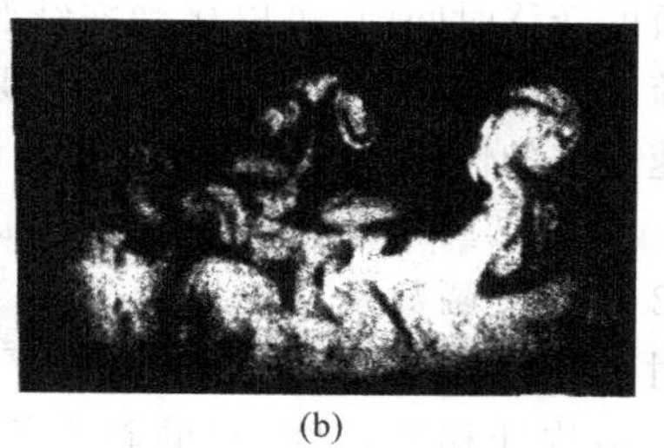
(b)

图 4-22　在倾斜平面上的外层流动结构(Head 等,1981)

(a) 和流向成 45°倾角的照明显示图;(b) 和流向成 135°倾角的照明显示图

底层条带平均宽度(又称平均展向周期):$100\nu/u_\tau$。

(2) 近壁展向涡($y^+\approx30$)

平均流向长度:$40\nu/u_\tau$;

平均垂向高度:$15\sim20\nu/u_\tau$;

平均流向持续距离:$(0.5\sim1.5)\delta$。

(3) 外层结构

典型涡的流向平均长度:$200\nu/u_\tau$;

典型涡的横向平均宽度:$100\nu/u_\tau$;

典型涡的平均流向持续距离:$1000\nu/u_\tau$;

典型涡的迁移速度:$(0.8\sim0.9)U_\infty$。

(4) 动力学特征

平均猝发周期:$(5\sim10)\delta/U_\infty$;

最大雷诺应力位置:$y=30\nu/u_\tau$;

最大湍流脉动位置:$y=15\nu/u_\tau$。

4.5　拟序特性的检测

流动显示方法可以给出流动结构的总体概念,特别是在流动显示的动态录像中,可以得到流动结构的三维视觉效果,从中推测结构的几何形态。但是,流动显示难以给出足够准确的定量结果。定性的流动显示和定量测量的结合,将是揭示复杂湍流拟序运动的有效途径。

4.5.1　脉动的时空相关和结构迁移速度的检测

在前面介绍壁湍流拟序结构时,提到过结构迁移速度的概念,这是流动结构的一个重要参数。可以用逐帧回放流动显示录像的方法来测量结构迁移速度,已知两帧图像间的时间,用直尺测量结构的位移,就可以推算结构的迁移速度(类似 Roshko 利用图 4-16(a)计算湍流混合层中大涡迁移速度)。显然这种方法简单,由于流动结构的界面运动很不规则,估计误差较大。

测量脉动速度时空相关可以获得较为准确的结构平均迁移速度。

假设在 t 时刻有限体积 D 内流动结构以速度 U_c 迁移到 $t+\mathrm{d}t$ 时刻的有限体积 D' 内。

在比较短暂的迁移时间内,可以接受冻结假定,即在 D 和 D' 内流动的结构不变,或者说,D 域内湍流脉动场的概率分布和 D' 域内是几乎相同的。等同地,脉动速度的各阶统计矩也应有匀速迁移的性质。以流向速度 u 的 2 阶时空自相关为例,它应有以下性质:

$$R_{uu}(\xi,\tau,x,t)=\langle u'(x,t)u'(x+\xi,t+\tau)\rangle\approx R_{uu}(\xi-U_c\tau)$$

公式表明 2 阶相关函数是自变量($\xi-U_c\tau$)的函数,图 4-23 是一般的时空相关等值线,在(ξ,τ)的相平面中,R_{uu} 极大值的连线就是结构迁移的迹线,它的斜率等于迁移速度 U_c。由于结构在迁移过程中发生变化,理论上,迁移迹线在原点处的斜率才等于当时当地的结构迁移速度。在湍流边界层的外层,测得的结构迁移速度约为 $0.9U_\infty$,在内层,结构迁移速度为$(0.6\sim0.7)U_\infty$。

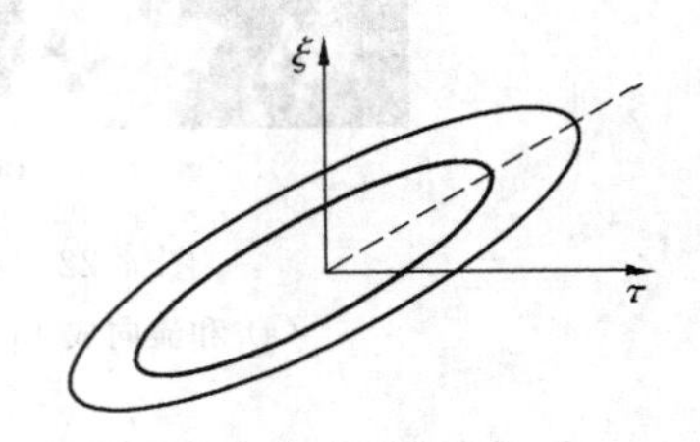

图 4-23 时空相关的等值线

4.5.2 VITA 法和湍流猝发特性的检测

较好的估计猝发特性的方法是应用条件采样技术。条件采样方法检测湍流脉动结构有两个要素:**识别准则和阈值**。**识别准则**可以是一个物理量,或者一组物理量,它们是结构的主要特征;**阈值**是用来排除非结构信号,例如白噪声。举例来说,在测量自由湍流剪切层的间歇因子时,采用湍流强度作为识别准则,以自由来流的速度脉动均方根作为阈值,这是一种最简单的条件采样。Blackwelder 和 Kaplan (1976) 提出的 VITA 法(variable interval time average,可变时间间隔平均法)是一种识别猝发过程的条件采样法。VITA 法的基本思想是,猝发过程中的湍流脉动应大于当地的均方根值;此外,猝发开始时流体质点应当处于加速过程,即流向速度脉动的时间序列中应当有 $\mathrm{d}u/\mathrm{d}t>0$。

假定已知湍流边界层中某一点的流向速度脉动的时间序列,VITA 法用以下步骤检测猝发过程。首先对时间序列在有限时间段中作局部时间平均,称为可变时间间隔平均:

$$\tilde{u}(t,T)=\frac{1}{T}\int_{t-T/2}^{t+T/2}u(\tau)\mathrm{d}\tau \tag{4.59}$$

再定义 VITA 方差,并记作 var:

$$\mathrm{var}(t,T)=\frac{1}{T}\int_{t-T/2}^{t+T/2}u^2(\tau)\mathrm{d}\tau-\left[\frac{1}{T}\int_{t-T/2}^{t+T/2}u(\tau)\mathrm{d}\tau\right]^2 \tag{4.60}$$

式中,T 是计算局部平均量的窗口。$T\to\infty$,就是长时间平均,如果时间序列是平稳态,则速度脉动的长时间平均等于零,即$\tilde{u}(t,\infty)=0$;而长时间 VITA 方差等于普通的长时间平均方差,即

$$\mathrm{var}(t,\infty)=\frac{1}{T}\int_{t-\infty}^{t+\infty}u^2(\tau)\mathrm{d}\tau=u_{\mathrm{rms}}^2$$

如果平均窗口开得很小,$T=0$,则明显地有 $\mathrm{var}(t,0)=0$。综上所述,可变时间间隔方差值随窗口的大小而变,我们知道猝发过程中,短时间的方差远远大于长时间方差。如果平均的窗口长度和猝发的持续时间相当,可以用 VITA 方差来捕捉猝发过程。图 4-24 表示 VITA 法的基本思想,其中,图 4-24(b)是原始信号,由它可以计算长时间均方根 u_{rms};图 4-24(a)是原信号的可变时间平均间隔方差 var,同时给出长时间平均方差乘以 k 的阈值($k>1$),在猝发过程,短时间的平均脉动强度应当大于长时间均方差。从这个标准来判断,时间段Ⅰ,Ⅱ,Ⅲ,Ⅳ都能满足。但是已经指出,在下扫阶段,也可能有较高的脉动强度,因此仅用

VITA 方差不足以确定猝发，还必须附加条件：猝发的开始点应有 $\mathrm{d}u/\mathrm{d}t>0$。对照图 4-24(b)，时间段Ⅱ不满足这个条件，因此只有时间段Ⅰ，Ⅲ，Ⅳ属于猝发过程。

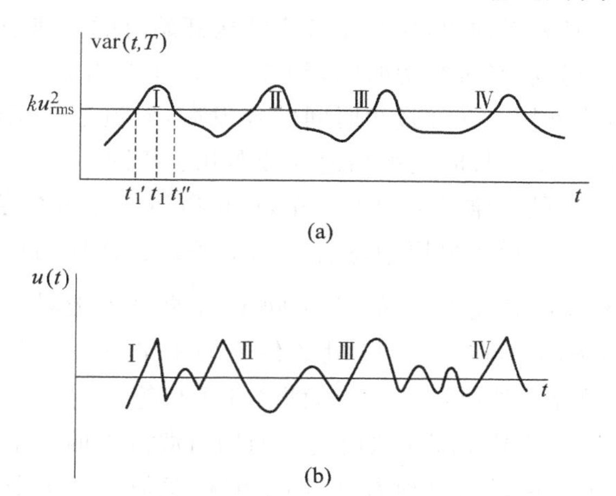

图 4-24　VITA 采样的示意图

归结起来，VITA 法的识别准则是：

$$\mathrm{var}(t,T)>ku_{\mathrm{rms}}^2,\quad \mathrm{d}u/\mathrm{d}t>0,\quad k>1 \tag{4.61}$$

其中 k 是阈值。

有了 VITA 检测的准则和阈值，就可以在脉动速度的长时间序列中检测到许多猝发过程的时间序列，由此可以获得 VITA 条件平均。例如，用一排热丝测量湍流边界层中的瞬时速度分布 $U(y,t)$。然后，用 VITA 检测法得到 N 组猝发过程，每个序列的开始时刻记作 t_j，则猝发过程的平均速度分布为

$$\langle U(y,\tau)\rangle_{\mathrm{VITA}}=\frac{1}{N}\sum_{j=1}^{N}U(y,t_j,\tau) \tag{4.62}$$

图 4-25 是 Blackwelder 和 Kaplan (1976)用条件采样法测得的猝发过程的流向速度分布。

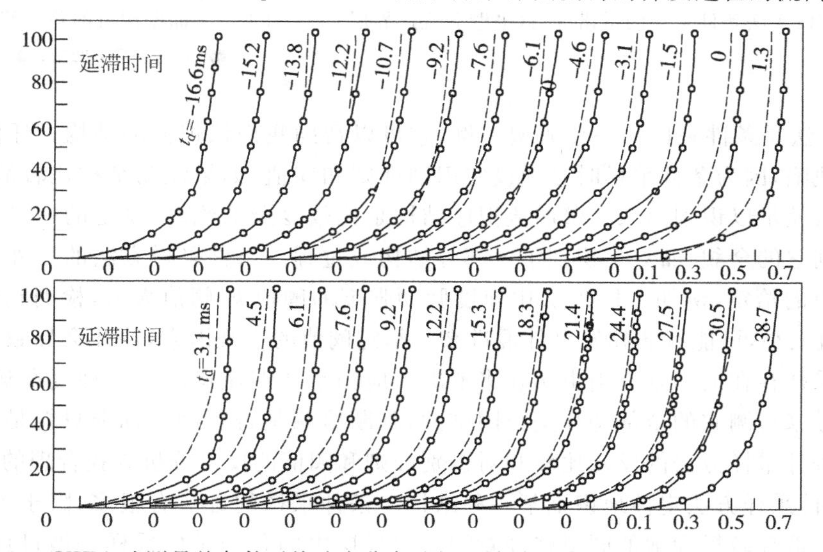

图 4-25　VITA 法测量的条件平均速度分布(图上时间相对于检测的猝发时刻)，$\tau=tU/\delta$

图 4-25 中虚线是长时间平均流向速度分布,实线是 VITA 条件平均速度分布,图中标注的延迟时间相对于检测的开始时刻。可以看到,在猝发过程开始以前,湍流边界层内层的流向速度小于当地的长时间平均值,相当于拟序结构开始时的低速条带。在猝发产生前,条件平均速度分布上出现拐点,经过很短时间,约 3ms,条件平均流向速度开始大于长时间平均值,即在内层出现高速下扫。在经过短时间的猝发后,湍流边界层经过一段"平静期",这一阶段里条件平均速度分布和长时间平均速度分布几乎相同。

利用 VITA 条件采样的二维脉动速度分布,还可以进一步考察条件平均的雷诺应力分布,如图 4-26 所示。为了表示边界层中垂直距离上条件雷诺应力(用$\langle uv(y^+,\tau)\rangle$表示)和长时间雷诺应力($\overline{uv(y^+)}$表示)差的分布,在不同 y^+ 上两者差随时间的变化作在同一图上。图中左边标注边界层坐标 y^+,在 $y^+=15$ 处条件平均雷诺应力最大,约为长时间平均雷诺应力的 10 倍左右;在边界层外层,$y^+>100$,两者几乎相等。

作者(Zhang 等 1987)曾用 VITA 法研究弯曲槽道湍流中曲壁上的猝发过程,检测到的猝发事件如图 4-27 所示。可以明显地看到,凹壁的猝发强度大于平壁,更大于凸壁。这一结果表明,凹壁有增强湍流的作用,而凸壁则有抑制湍流作用。

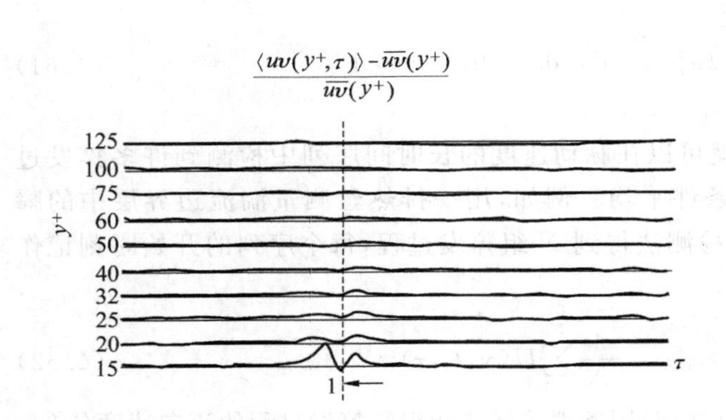

图 4-26　VITA 法条件采样的雷诺应力(平壁湍流边界层)

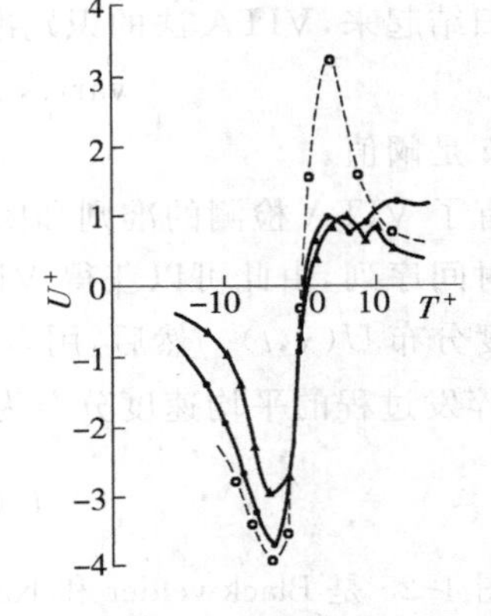

图 4-27　曲壁湍流的猝发特征 $y^+=20$

(●:平壁;○:凹壁;▲:凸壁)

VITA 法是条件采样的一个典型实例,它可以帮助我们认识流动结构。任何条件采样都有一定缺陷,因为条件采样时必须设定识别准则和阈值,如果流动结构比较简单,用一二个特征参数就足以识别出来。壁湍流拟序结构是比较复杂的流动,设定的一二个特征参数不足以识别它的全貌,而只是识别了一部分结构或过程。条件采样方法的另外一个不确定因素是阈值的给定,例如 VITA 法中速度脉动强度的阈值 k,阈值太大,检测到的猝发事件就少;阈值太小,可能有非猝发事件混进来。给定阈值的主观因素,往往会导致获得错误信息。条件采样存在的问题应当由实践来解决。应当承认湍流运动是一种复杂运动,要从它的部分信号来检测它的全部特性是很困难的,判断检测是否正确的标准只能是实践。应当通过多种条件采样方法的反复比较和对识别准则和阈值的反复分析寻找合理的结果。或者说,一种条件采样方法定性地识别某一种结构。条件采样的方法有很多,限于本书篇幅,不一一介绍。舒玮教授和他的同事曾经对湍流边界层中的各种条件采样法做过详细的比较,有兴趣的读者可参阅他们的论文(孙葵花和舒玮,1997)。

4.6　拟序结构的动力学模型

为了解拟序结构的演化过程,研究它的动力学特性是十分必要的。利用 Navier-Stokes 方程的直接数值模拟是一种可行的方法,将在第 7 章介绍。由于直接数值模拟局限于低雷诺数简单湍流,所以,根据拟序运动的特点,建立它的动力学模型是很有意义的。建立拟序运动动力学模型的关键是把主要的拟序运动从湍流脉动中分解出来。自由剪切湍流中的拟序运动比较简单,Liu (1976)曾研究了湍流混合层中拟序运动间的能量输运。作者(Zhang 等 1981)提出拟序相平均和拟序分解的方法,在此基础上,建立拟序运动的动力学模型,并解释了壁湍流拟序结构的产生和演化。

4.6.1　拟序运动的分解和能量输运

1. 拟序相平均和拟序分解

定义:触发拟序结构的时空坐标定义为拟序相。例如用 VITA 法检测到的壁湍流猝发事件的触发坐标 x_i^c 和 t_i^c。

定义:由拟序相触发的一次拟序运动称为拟序事件。

假如,已经检测到在 x_i^c 和 t^c 处触发拟序运动,则这一拟序运动的速度场可以表示为

$$u_i = u_i(x_i - x_i^c, t - t^c)$$

定义:拟序事件的相平均称为拟序平均,并用$\tilde{u}_i$ 表示。

$$\tilde{u}_i = \frac{1}{N}\sum_{j=1}^{N} u_i(x_i - x_i^{c_j}, t - t^{c_j}) \tag{4.63}$$

式中,c_j 是第 j 个拟序事件。拟序相平均是条件平均的拟序运动,图 4-25 中实线所示的速度分布就是拟序平均速度。

定义:将湍流样本流场分解为拟序相平均与拟序脉动之和称为拟序分解:

$$u_i(x_i, t) = \tilde{u}_i(x_i, t) + u_i''(x_i, t) \tag{4.64}$$

式中,u_i''是拟序脉动。

定义:拟序相平均和全系综平均的差称为拟序扰动。即

$$\tilde{u}_i'(x_i, t) = \tilde{u}_i(x_i, t) - \langle u_i(x_i, t)\rangle \tag{4.65}$$

由式(4.64)和式(4.65)很容易得出结论:湍流样本流场等于拟序相平均与拟序脉动之和,或系综平均、拟序扰动和拟序脉动之和:

$$u_i(x_i, t) = \tilde{u}_i(x_i, t) + u''_i(x_i, t) = \langle u_i(x_i, t)\rangle + \tilde{u}_i'(x_i, t) + u_i''(x_i, t) \tag{4.66}$$

毫无疑问,通常的湍流脉动是拟序扰动与拟序脉动之和:

$$u_i'(x_i, t) = \tilde{u}_i'(x_i, t) + u_i''(x_i, t) \tag{4.67}$$

采取拟序相平均的目的是从湍流脉动中把拟序扰动分解出来。假定拟序脉动是完全不规则的小尺度脉动,这时拟序扰动和拟序脉动是相互独立的随机过程,因此有

$$\langle \tilde{u}_i' u_j''\rangle = 0 \tag{4.68}$$

由于拟序相参数是随机变量,因此拟序扰动是随机过程,在足够多拟序事件的相平均中,有

理由假定：拟序扰动和全系综平均以及拟序脉动和全系综平均都是不相关的，即有

$$\langle\langle u_i\rangle\,\tilde{u}'_j\rangle=\langle\langle u_i\rangle u''_j\rangle=0 \tag{4.69}$$

2. **拟序扰动和拟序脉动运动方程**

由不可压缩牛顿流体运动的 Navier-Stokes 方程可以分别导出拟序相平均运动、全系综平均、拟序扰动和拟序脉动的控制方程如下：

$$\frac{\partial\tilde{u}_i}{\partial t}+\tilde{u}_j\frac{\partial\tilde{u}_i}{\partial x_j}=-\frac{\partial\tilde{p}_i}{\partial x_i}+\nu\frac{\partial^2\tilde{u}_i}{\partial x_j\partial x_j}-\frac{\partial\widetilde{u''_iu''_j}}{\partial x_j} \tag{4.70a}$$

$$\frac{\partial\tilde{u}_i}{\partial x_i}=0 \tag{4.70b}$$

$$\frac{\partial\langle u_i\rangle}{\partial t}+\langle u_i\rangle\frac{\partial\langle u_i\rangle}{\partial x_j}=-\frac{\partial\langle p\rangle}{\partial x_i}+\nu\frac{\partial^2\langle u_i\rangle}{\partial x_j\partial x_j}-\frac{\partial(\langle\tilde{u}'_i\tilde{u}'_j\rangle+\langle u''_iu''\rangle)}{\partial x_j} \tag{4.71a}$$

$$\frac{\partial\langle u_i\rangle}{\partial x_i}=0 \tag{4.71b}$$

$$\frac{\partial\tilde{u}'_i}{\partial t}+\langle u_j\rangle\frac{\partial\tilde{u}'_i}{\partial x_j}+\tilde{u}'_j\frac{\partial\langle u_i\rangle}{\partial x_j}=-\frac{\partial\tilde{p}'}{\partial x_i}+\nu\frac{\partial^2\tilde{u}'_i}{\partial x_j\partial x_j}+\frac{\partial}{\partial x_j}(\langle\tilde{u}'_i\tilde{u}'_j\rangle-\tilde{u}'_i\tilde{u}'_j)$$
$$-\frac{\partial}{\partial x_j}(\langle u''_iu''_j\rangle-\widetilde{u''_iu''_j}) \tag{4.72a}$$

$$\frac{\partial\tilde{u}'_i}{\partial x_i}=0 \tag{4.72b}$$

$$\frac{\partial u''_i}{\partial t}+\langle u_j\rangle\frac{\partial u''_i}{\partial x_j}+u''_j\frac{\partial\langle u_i\rangle}{\partial x_j}=-\frac{\partial p''}{\partial x_i}+\nu\frac{\partial^2u''_i}{\partial x_j\partial x_j}+\tilde{u}'_j\frac{\partial u''_i}{\partial x_j}$$
$$-u''_j\frac{\partial\tilde{u}'_i}{\partial x_j}-\frac{\partial}{\partial x_j}(u''_iu''_j-\widetilde{u''_iu''_j}) \tag{4.73a}$$

$$\frac{\partial u''_i}{\partial x_i}=0 \tag{4.73b}$$

式(4.70)是拟序相平均运动方程，式(4.71)是全系综平均运动方程，式(4.72)是拟序扰动运动方程，式(4.73)是拟序脉动运动方程。在式(4.72a)、式(4.72b)和式(4.73a)中出现的 $-\partial(\langle\tilde{u}'_i\tilde{u}'_j\rangle+\langle u''_iu''\rangle)/\partial x_j$，$\frac{\partial}{\partial x_j}(\langle\tilde{u}'_i\tilde{u}'_j\rangle-\tilde{u}'_i\tilde{u}'_j)-\frac{\partial}{\partial x_j}(\langle u''_iu''_j\rangle-\widetilde{u''_iu''_j})$，$-\frac{\partial}{\partial x_j}(u''_iu''_j-\widetilde{u''_iu''_j})$ 各项表示拟序扰动、系综平均运动和拟序脉动之间的动量交换。方程组(4.70)～(4.73)是不封闭的，拟序脉动动量通量的系综平均和它的拟序相平均等都是待封闭项。如果拟序脉动是小尺度运动，它就可以用简单的涡粘模式加以封闭。即使如此，直接求解式(4.70)～(4.73)这组偏微分方程仍是很困难的，所以有必要从能量输运的角度对拟序扰动的发展进行研究。

3. **拟序运动间的能量输运**

包含固壁和无穷远来流渐近边界(如边界层流动)的控制体内，将全系综平均运动方程、拟序扰动方程和拟序脉动方程做能量积分，得到三种运动的能量守恒方程。

(1) 系综平均运动的能量守恒方程

$$\frac{\mathrm{d}}{\mathrm{d}t}\int\frac{\langle u_i\rangle\langle u_i\rangle}{2}\mathrm{d}V=-\oint_{\Sigma}\langle p\rangle\langle u_i\rangle n_i\,\mathrm{d}A+\int(\langle\tilde{u}'_i\tilde{u}'_j\rangle+\langle u''_iu''_j\rangle)\langle S_{ij}\rangle\mathrm{d}V-\Phi \tag{4.74}$$

式中，$\langle S_{ij}\rangle$ 是系综平均运动的剪切率；$\int(\langle\tilde{u}'_i\tilde{u}'_j\rangle+\langle u''_i u''_j\rangle)\langle S_{ij}\rangle\mathrm{d}V$ 是系综平均流动向拟序扰动和拟序脉动输出的能量；$\Pi=-\oiint_{\Sigma}\langle p\rangle\langle u_i\rangle n_i\mathrm{d}A$ 是外界通过压强做功向系综平均运动输入的能量；Φ 是系综平均运动的分子粘性耗散。

(2) 拟序扰动运动的能量守恒方程

$$\frac{\mathrm{d}}{\mathrm{d}t}\int\frac{\langle\tilde{u}'_i\tilde{u}'_i\rangle}{2}\mathrm{d}V=-\int\langle\tilde{u}'_i\tilde{u}'_j\rangle\langle S_{ij}\rangle\mathrm{d}V+\int\tilde{r}_{ij}\,\tilde{s}_{ij}\,\mathrm{d}V-\Phi_{\mathrm{c}}\tag{4.75}$$

式中 $\tilde{r}_{ij}=\widetilde{u''_i u''_j}-\langle u''_i u''_j\rangle$ 称为拟序运动诱导雷诺应力，$\tilde{s}_{ij}=(\partial\tilde{u}'_i/\partial x_j+\partial\tilde{u}'_j/\partial x_i)/2$ 是拟序扰动的剪切率。$-\int\langle\tilde{u}'_i\tilde{u}'_j\rangle\langle S_{ij}\rangle\mathrm{d}V$ 是由系综平均运动向拟序扰动输入的能量；$\int\tilde{r}_{ij}\,\tilde{s}_{ij}\,\mathrm{d}V$ 是拟序扰动向拟序脉动输出的能量；Φ_{c} 是拟序扰动的分子粘性耗散。

(3) 拟序脉动的能量守恒方程

$$\frac{\mathrm{d}}{\mathrm{d}t}\int\frac{\langle u''_i u''_i\rangle}{2}\mathrm{d}V=-\int\langle u''_i u''_j\rangle\langle S_{ij}\rangle\mathrm{d}V-\int\tilde{r}_{ij}\,\tilde{s}_{ij}\,\mathrm{d}V-\Phi_{\mathrm{r}}\tag{4.76}$$

式中，$-\int\langle u''_i u''_j\rangle\langle S_{ij}\rangle\mathrm{d}V$ 是系综平均运动向拟序脉动输入的能量；$-\int\tilde{r}_{ij}\,\tilde{s}_{ij}\,\mathrm{d}V$ 是拟序扰动向拟序脉动输入的能量；Φ_{r} 是拟序脉动的分子粘性耗散。在导出以上公式时，都略去分子粘性扩散。如果把平均运动向拟序扰动输出的能量记作 J_{Sc}，平均运动向拟序脉动输出的能量记作 J_{Sr}，拟序扰动向拟序脉动输出的能量记作 J_{cr}，它们分别为

$$J_{\mathrm{Sc}}=-\int\langle\tilde{u}'_i\tilde{u}'_j\rangle\langle S_{ij}\rangle\mathrm{d}V\tag{4.77a}$$

$$J_{\mathrm{Sr}}=-\int\langle u''_i u''_j\rangle\langle S_{ij}\rangle\mathrm{d}V\tag{4.77b}$$

$$J_{\mathrm{cr}}=-\int\tilde{r}_{ij}\,\tilde{s}_{ij}\,\mathrm{d}V\tag{4.77c}$$

将系综平均运动、拟序扰动和拟序脉动的平均动能分别记作 k,k_{c} 和 k_{r}，则式(4.74)～式(4.76)的能量守恒方程可简化为

$$\frac{\mathrm{d}k}{\mathrm{d}t}=-J_{\mathrm{Sc}}-J_{\mathrm{Sr}}-\Phi+\Pi\tag{4.78}$$

$$\frac{\mathrm{d}k_{\mathrm{c}}}{\mathrm{d}t}=J_{\mathrm{Sc}}-J_{\mathrm{cr}}-\Phi_{\mathrm{c}}\tag{4.79}$$

$$\frac{\mathrm{d}k_{\mathrm{r}}}{\mathrm{d}t}=J_{\mathrm{Sr}}+J_{\mathrm{cr}}-\Phi_{\mathrm{r}}\tag{4.80}$$

4.6.2 平面湍流混合层拟序运动的能量输运

湍流混合层的拟序结构主要是展向大尺度涡，不规则的小尺度脉动搭载在大涡结构中。由于混合层的平均速度分布是不稳定的，Liu(1976)曾用流动稳定性方法分析大尺度拟序运动的能量输运过程。他假定：①平面湍流混合层的系综平均速度分布是平行平面流动，并可近似为双曲正切函数：

$$U(y)=(U_{\infty}U_{-\infty})\tanh[y/\delta(t)]/2+(U_{\infty}+U_{-\infty})/2\tag{4.81}$$

②拟序扰动是混合层的不稳定模态，在能量输运过程中，模态的形式不变，只有强度发

生变化(称为**保型假定**)。③小尺度拟序脉动产生的雷诺应力则用简单的涡粘模式封闭。在以上的假定条件下,Liu (1976)获得以下的能量输运公式:

$$J_{Sc} = |A|^2 I_{Sc}(\alpha) \tag{4.82a}$$

$$J_{Sr} = E(t) I_{Sr}(\alpha) \tag{4.82b}$$

$$J_{cr} = |A|^2 E I_{cr}(\alpha) \tag{4.82c}$$

式中,α 是混合层线性模态的波数,即拟序扰动的波数;A 是拟序扰动的振幅;E 是拟序脉动的振幅。$I_{Sc}(\alpha)$,$I_{Sr}(\alpha)$ 和 $I_{cr}(\alpha)$ 表示能量传递过程,和拟序扰动的波数 α 有关,也就是说拟序运动、系综平均运动以及拟序脉动间的相互作用都和拟序扰动的波数有关,具有波数的选择性。对于给定的湍流混合层,它们的函数图形如图 4-28 所示。(Liu,1976)

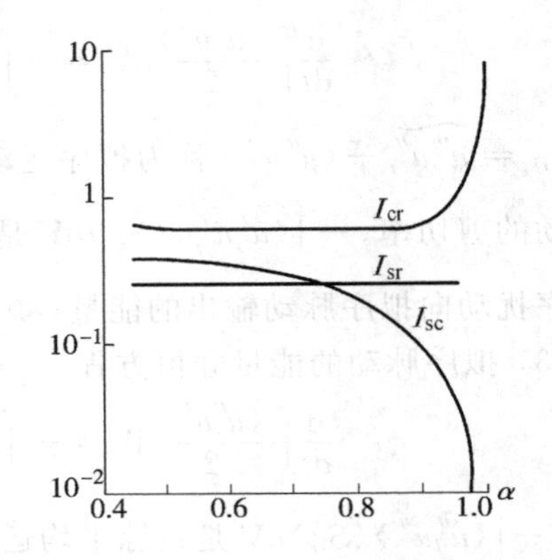

图 4-28 湍流混合层的拟序运动中能量输运系数和拟序扰动波数之间的关系

图 4-28 中表示系综平均运动向拟序脉动输出的能量 I_{Sr} 几乎不随波数变化;系综平均运动向拟序扰动输出的能量 I_{Sc} 随波数的增加而减小;而拟序扰动向拟序脉动输出的能量则随波数的增长急剧增加。根据能量输运系数的性质,湍流混合层中的拟序扰动和拟序脉动有这样的发展趋势:系综平均运动总是源源不断地将能量输入到小尺度的拟序脉动中,这股能量不随波数变化;系综平均运动向小波数(大尺度)拟序扰动输出的能量较大,而拟序扰动向小尺度拟序脉动输出的能量较少,因此大尺度拟序扰动将增长;当拟序扰动波数较大(尺度较小)时,拟序扰动从系综平均运动获得的能量减少,而拟序扰动向小尺度拟序脉动输出的能量急剧增加,因此大波数的拟序扰动难以增长。Liu(1976)估计在 $\alpha \approx 0.4$ 拟序扰动最为强烈。以上动力学模型的结果和实际观察的结果相当一致,并且从能量输运关系上确定了湍流混合层中拟序扰动以大尺度展向涡为主。

4.6.3 壁湍流中拟序结构的动力学分析

壁湍流中拟序运动的动力学过程和湍流自由剪切流动有很大差别。首先,它是三维现象,近壁条带的出现就是三维流动,而湍流自由剪切流动的拟序运动以二维的展向涡为主。其次,湍流自由剪切流动的系综平均速度分布是线性不稳定的,因此拟序运动容易从平均流动中吸收能量而发展起来。壁湍流的系综平均速度分布是线性稳定的(Landahl,1962;Zhang 和 Lilley,1982),因此拟序运动的发生必须用非线性机制来解释。Zhang 和 Lilley 于 1981 年提出利用直接共振机制解释壁湍流中拟序结构的生成和猝发现象,以下是壁湍流拟序结构共振机制模型的分析方法和结果。

首先,利用拟序相平均方法把拟序扰动分解出来,此外假定:

(1) 湍流边界层的系综平均速度场是平面平行流动,即

$$U_i = U(y)\delta_{i1} \tag{4.83}$$

(2) 拟序扰动发展初期属于线性理论范畴的小扰动。

(3) 拟序脉动是小尺度的小扰动,由它产生的拟序诱导雷诺应力可以视作微弱的外界

强迫扰动。

在以上假定下，可将拟序扰动方程(4.72a)中的非线性项忽略，并简化为

$$\frac{\partial \tilde{u}'_i}{\partial t}+\langle u_j\rangle\frac{\partial \tilde{u}'_i}{\partial x_j}+\tilde{u}'_j\frac{\partial\langle u_i\rangle}{\partial x_j}=-\frac{\partial \tilde{p}'}{\partial x_i}+\nu\frac{\partial^2 \tilde{u}'_i}{\partial x_j\partial x_j}$$

把坐标变量记作$\{x,y,z\}$，拟序扰动记作$\{u,v,w,p\}$；在消去p,u,w后，得以下线性方程：

$$\left(\frac{\partial}{\partial t}+U\frac{\partial}{\partial x}\right)\Delta v+U''\frac{\partial v}{\partial x}-\frac{1}{Re}\Delta^2 v=0 \tag{4.84}$$

$$\left(\frac{\partial}{\partial t}+U\frac{\partial}{\partial x}\right)\eta-\frac{1}{Re}\Delta^2\eta=-U'\frac{\partial v}{\partial z} \tag{4.85}$$

式中η是垂直于壁面的涡量：$\eta=\partial u/\partial z-\partial w/\partial x$。设$v$和$\eta$的线性模态解为

$$v=\hat{v}(y)\exp(\mathrm{i}\alpha x+\mathrm{i}\beta z-\mathrm{i}\omega t) \tag{4.86}$$

$$\eta=\hat{\eta}(y)\exp(\mathrm{i}\alpha x+\mathrm{i}\beta z-\mathrm{i}\omega t) \tag{4.87}$$

采用时间演化模式：α,β分别是流向和展向的波数；$\omega=\omega_r+\mathrm{i}\omega_i$，$\omega_r$是扰动频率，$\omega_i$是扰动的指数增长率。定义$c=\omega_r/\alpha$为扰动波的流向相速度。将线性模态式(4.86)和式(4.87)代入式(4.84)和式(4.85)得到$\hat{v}(y)$，$\hat{\eta}(y)$的方程组：

$$L(\alpha,\beta,\omega,Re)\,\hat{v}=0 \tag{4.88}$$

$$M(\alpha,\beta,\omega,Re)\,\hat{\eta}=-\mathrm{i}\beta U'\,\hat{v} \tag{4.89}$$

式(4.86)、式(4.87)的边界条件是齐次的：

$$v(0)=\hat{v}(\infty)=\frac{\mathrm{d}\,\hat{v}}{\mathrm{d}x}(0)=\frac{\mathrm{d}\,\hat{v}}{\mathrm{d}x}(\infty)=\hat{\eta}(0)=\hat{\eta}(\infty)=0 \tag{4.90}$$

L,M是两个线性算符，具体表达式如下：

$$L=\mathrm{i}\alpha[(U-c)(D^2-\alpha^2-\beta^2)-U'']-\frac{1}{Re}(D^2-\alpha^2-\beta^2)^2 \tag{4.91}$$

$$M=\mathrm{i}\alpha(U-c)-\frac{1}{Re}(D^2-\alpha^2-\beta^2) \tag{4.92}$$

式中，$D=\mathrm{d}/\mathrm{d}y$是线性常微分算符。在齐次边界条件(式(4.90))下，线性算符L,M分别有各自的本征值。如果在某一组参数(a,b,Re)下L,M有相同的本征值ω，这时式(4.85)右端强迫项的扰动频率及波数和算符M的本征值相等，于是就发生直接共振现象。可以证明，发生直接共振时，垂向涡量的振幅随时间线性增长(Gustavsson，1980)：

$$\eta=at\hat{\eta}(y)\exp(\mathrm{i}\alpha x+\mathrm{i}\beta z-\mathrm{i}\omega t) \tag{4.93}$$

线性增长因子α可以由下式求出：

$$a=\beta\frac{\int_0^\infty \hat{\eta}^*(y)\,\hat{v}(y)U'(y)\mathrm{d}y}{\int_0^\infty \eta(y)\hat{\eta}^*(y)\mathrm{d}y} \tag{4.94}$$

式中，$\hat{\eta}^*(y)$是$\hat{\eta}(y)$的复共轭。虽然算符L,M的所有本征值$\omega_i<0$，即一切线性模态都是衰减的，当直接共振的线性增长因子很大时，在$\tau>0$的初始阶段，可能有较大的拟序扰动振幅。Zhang和Lilley(1982)发现，以湍流边界层的系综平均速度分布为基本流时，存在直接共振解，相应的本征参数为：$\alpha^+=0.0093,\beta^+=0.035\omega^+=0.09\sim0.037\mathrm{i}$，这里波数和频率都用壁面参数$u_\tau$和$\nu$无量纲化。由以上参数可以推算，初始发展的周期性拟序扰动的展向波长为$\lambda^+=180$。线性增长阶段的流动在y-z平面上的流线如图4-29所示，有一对反向旋

转的流向涡。流向涡之间的距离是波长的一半,即 $L^+=90$,它和壁湍流中底层条带的平均宽度十分接近。

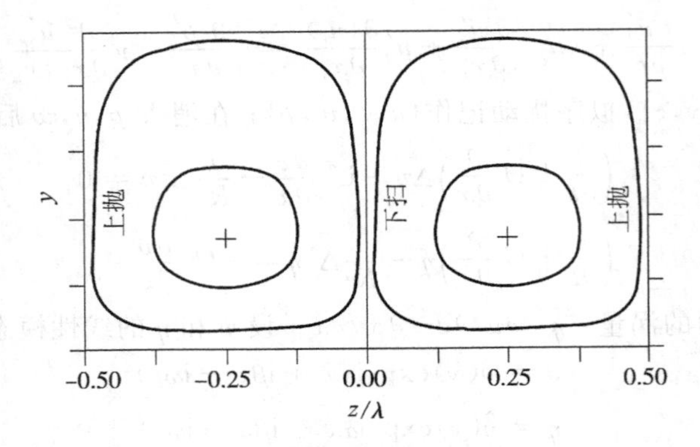

图 4-29 壁湍流中近壁拟序结构直接共振模型结果(Zhang 和 Lilley,1982)

作者在保型假定下还用数值积分的方法计算了拟序扰动的非线性发展,在拟序扰动初始强度为 15%时,非线性扰动的相互作用可以使瞬时速度分布出现拐点,从而导致猝发。总之,以直接共振为三维拟序扰动的触发机制,应用拟序动力学方程可以定性地预测湍流边界层底层条带的形成和发展。

流动不稳定性过程中还可能发生其他形式的共振,例如三波共振,即在剪切流动中三个三维 Tollmien-Schlichting 波之间的波向量存在以下关系:

$$\boldsymbol{k}_1 + \boldsymbol{k}_2 = \boldsymbol{k}_3 \tag{4.95}$$

对应于这三个波数的本征值存在类似关系:

$$\omega_1 + \omega_2 = \omega_3 \tag{4.96}$$

则在条件式(4.95)和(4.96)下发生三波共振。湍流边界层中,严格的三波共振几乎不存在,但是近似的三波共振条件 $\omega_{1r}+\omega_{2r}=w_{3r}$ 可能成立,即只要求频率符合共振关系,而不考虑指数增长率的共振关系。一般来说,有意义的三波共振的指数增长率的绝对值应当很小,并能激发较大振幅的拟序扰动。周恒和他的同事(1994)曾用三波共振模型研究了湍流边界层内层的拟序结构,获得了很有意义的结果,产生最强拟序结构的三波共振不是一双对称斜波加平面波,而是由非对称斜波和另一斜波组成的。这一结果表明,三维共振产生的拟序结构不是对称流向涡,而是不对称的流向涡对。这一结论与壁湍流底层拟序结构的流动显示和直接数值模拟结果一致。

4.7 简单湍流的控制

近代空气动力学家 Liepmann 曾经预言:**“湍流中存在有序结构的最重要的方面也许是以干扰这种大尺度结构来控制湍流”**(Liepmann,1979)。湍流控制的概念基于这种思想。

自由剪切湍流的拟序结构比较简单,它们主要由大尺度的二维波组成,对这种波的频率进行干扰,就可以破坏或加强拟序结构。常用的方法是声学控制,这方面 Ho 和 Huerre (1984)有很好的总结。壁湍流控制的主要内容有壁面阻力、壁面传热传质和流动分离的控制等。前面已经介绍过,无分离壁湍流拟序运动的主要过程是内层的条带形成、猝发和外层的展向大涡。对拟序运动中任何一个环节加以干扰，就可以改变壁湍流的性质。这是近代壁湍流控制的基本思想。流动控制可以分为两类：固定控制(或称被动控制)和动态控制(又称有反馈的主动控制)。被动控制的措施是固定不变的，因此它的效果常常随流动状况的改变而恶化。主动控制的措施可以随流动状况的改变而改变，这种控制当然较为理想，但是它需要对流动过程了解十分清楚。近代微电子机械系统(micro electro-mechanical system，MEMS)的兴起为流动的主动控制提供了有力的工具(Ho 和 Tai，1998)。下面分别介绍两种控制方法。

4.7.1 壁湍流的被动控制

壁湍流控制的基本思想是对壁湍流拟序结构加以干扰，抑制产生湍流的机制。有效的方法有以下几种。

1. 壁面几何形状的控制

壁面几何形状的控制可以分为两类：大尺度几何形状的改变($O(10\sim100\delta)$)，例如，壁面流向曲率；小尺度几何形状的控制($<0.1\delta$)，例如表面规则“粗糙度”。

前面曾经提到壁面的流向曲率对壁湍流的拟序结构有很大影响。凸壁上的湍流拟序结构逐渐减弱，直至消失；而凹壁拟序结构被加强。即使是很小的凸壁曲率(如曲率半径等于1000δ)也有减阻的效果。特别有兴趣的是波形壁面，它是交替的凹壁和凸壁，在波陡较小时也有减阻效果。原因是拟序运动对凸壁的响应较凹壁快，虽然湍流交替地流过凸壁和凹壁，但是凸壁效应的持续时间较长。Zhang 和 Cheng(1989)曾经用雷诺平均方程的数值解预测波形壁槽道湍流的沿程压降，当波形的高度 H 和波长 λ 之比为 0.02、波高和槽道半宽度之比为 0.018 时，单位长度上的压降为光滑槽道的 80%。波高和波长之比超过 0.07 以后，波形壁槽道中单位长度压强就大于光滑槽道，这时在波峰后面形成弱分离涡，导致压差阻力的增加。

表面规则粗糙度的减阻效应和内层的拟序结构有关。不规则表面粗糙壁的湍流摩擦阻力总是大于光滑壁面的摩擦阻力，已有实验表明不规则表面粗糙壁的湍流内层结构，如猝发频率、条带宽度等和光滑壁的情况没有根本差别，但是猝发的强度增大。规则表面粗糙度对猝发过程和猝发频率的影响不大，但是规则粗糙度限制内层的展向脉动，从而减小脉动强度。细微的表面沟槽可以使局部表面切应力减少 50%，而总的减阻 10%左右(Bushnell，1989)。

曾经设想多孔壁面能够改变流动壁面的边界条件，从而改变壁湍流拟序结构。实际上多孔壁对壁湍流拟序结构的影响甚微，而由于小孔处的局部阻力，反而使得总阻力增加。

2. 附加物的减阻

在水流中添加可溶微量高分子物质或细纤维能明显减阻，减阻高达 80%。减阻的原因是这些附加物长度和内层拟序结构尺度属同一量级，它们抑制壁湍流的近壁拟序结构，使得内层涡明显减少，条带宽度增加，猝发频率降低。高分子附加物对壁湍流的外层结构几乎没有影响(Tidermann 等，1985)。

3. 大涡破碎器

干扰湍流边界层外层结构来控制壁湍流的方法不多，曾经有过大涡破碎器(Blackwelder

和 Chang,1986)的设想,它是放置在湍流边界层外层的一组薄片,利用它们打碎外层涡使之减少内层的下扫以达到减少猝发的目的。在一定流动条件下大涡破碎器对减少壁面切应力有效果,但是它本身又增加表面摩擦阻力。另外在边界层外层设置任何附加装置实际上难以实行,所以大涡破碎器并不是一种实用的减阻方法。但是,大涡破碎器的设想告诉我们:控制壁湍流的外层结构对内层的流动是有影响的。

还有一些被动控制的措施,限于篇幅,不再赘述,有兴趣的读者可参阅 Bushnell 和 McGinley (1989)的文章。被动控制的主要缺陷在于干扰方法是固定的。一方面,当流动状况改变时(如流动的雷诺数、物型的迎角等),壁湍流拟序结构的特征参数也要改变,固定的控制条件不能适应这种变化。更加重要的一点是:湍流拟序结构是一个不规则动力学过程,猝发的地点和时间不是固定的。在某些条件下,在平均意义上固定的被动控制可以达到控制和减阻的目的,但是它们肯定不是最优的。有些固定干扰装置对壁湍流拟序结构的控制没有作用,或有反作用,是因为固定控制方法不适应壁湍流拟序结构的动态过程。举例来说,固定的壁面吹吸对层流边界层的控制有较好效果,但是对壁湍流的控制没有所期望的结果,如果我们设想壁面吸气恰好在拟序结构的下扫时刻和位置,或者壁面上的孔的位置可以随拟序结构的下扫而改变,这时壁面吹吸或多孔壁面就可能有控制猝发和减阻的效果。控制的措施适应壁湍流拟序结构的想法就是湍流主动控制。

4.7.2 壁湍流的主动控制

主动控制又称动态控制或自适应控制,这种设想在直接数值模拟中很容易实现,Choi,Moin 和 Kim (1994)最早在槽道湍流的直接数值模拟中证实了主动控制的有效性。他们做了两个数值试验。第一个试验是壁面的主动吹吸,第二个试验是壁面展向运动。

第一个试验的具体做法是,在壁湍流的近壁区 $y^+<30$ 处设置一个"数值传感器",当该处发现上抛时($v_e>0$),在同一流向位置的壁面处加吸出条件($v_w=-v_e$);当'数值传感器'发现下扫时($v_s<0$),在同一流向位置的壁面处加吹入条件($v_w=+v_s$)(图 4-30(a))。他们发现"数值传感器"放在 $y^+<20$ 以下,都有减阻效果,最佳位置是 $y^+=15$,壁面摩擦可减少20%左右。

第二个试验是控制流向涡,在 $y^+<30$ 处设置一个流向涡的"数值传感器",如图 4-30(b)所示。当发现传感器中的信号说明有流向涡的诱导速度分量 w 时,在同一展向位置下的壁面处施加反向的滑移边界条件。这一实验也有减阻效果。

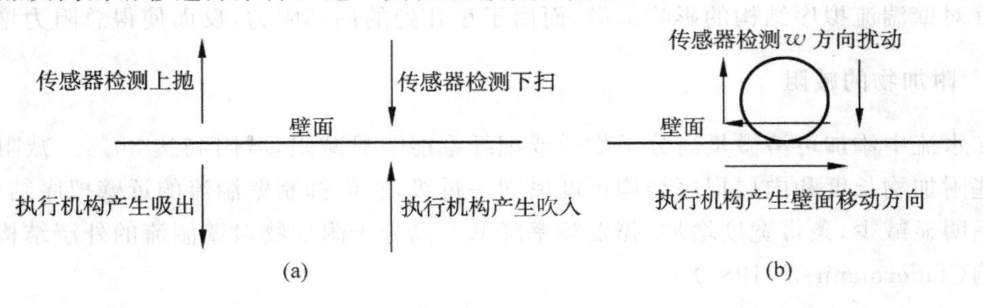

图 4-30 壁湍流主动控制的概念性示意图

(a) 壁面吹吸控制;(b) 壁面移动控制

数值实验证实主动控制是有效的，但是实现这种控制方法有很大困难。首先，数值实验的传感器都放置在流场中，这是不可能实现的。设法利用壁面流动特征作为控制信号，有待研究。实现主动控制的最大困难是高雷诺数流动的壁面传感器尺寸很小。壁湍流中流向涡的尺度和条带宽度在同一量级，条带宽度 $\lambda^+ \approx 100\nu/u_\tau = 100\,\dfrac{U_\infty}{u_\tau}\dfrac{\nu}{U_\infty}$，在壁湍流中有：$U_\infty/u_\tau \sim O(10^2)$，常温常压下空气的粘性系数 $\nu = 1.5\times10^{-5}\,\mathrm{m^2/s}$，如果气流速度 $U_\infty = 100\mathrm{m/s}$，条带宽度 $\lambda \sim O(10^{-3}\mathrm{m})$。要感受条带内部的流动特征，在条带宽度以内至少分布 8 个传感器。这就要求传感器的尺度在 $100\mu\mathrm{m}$ 以下。同样道理，执行机构的尺度也必须很小。目前微电子机械系统（MEMS）可以提供微型传感器和微型执行机构（Ho 和 Tai，1998），但是要在机翼表面布置千万量级的微型传感器和执行机构，仍然是不现实的。这是为什么主动控制至今尚未实际应用的原因。

第5章 标量湍流

流动过程的传热和传质是自然环境和工程流动中常见的现象，湍流脉动强化了流动过程的热能和物质输运。本章讨论不可压缩流体中温差较低或被输送物质的浓度较小的传热和传质过程，这种情况下，流体的密度几乎不变，仍然可以近似等于常数。如果温差和浓度较小，它们的浮力可以忽略，因此温度和浓度对于不可压缩流动没有任何作用(既不改变流体的密度，又不改变流体质点上的作用力)，仅仅是流体质点携带标量在流动过程中迁移，这种传热和传质问题称作被动标量的输运过程。也就是说，流体运动是主动的，标量输运是被动的。一部分大气和水环境流动中的传热和传质可以近似为被动标量的输运。有的流动过程，虽然质点密度差较小，但是浮力不可忽略，例如大气流动或海洋中的内波，都是由密度差的浮力产生的。这种流动可用布辛内斯克(Boussinesq)近似，密度仍视作常数，但是线性的浮力项保留，这是最简单的线性主动标量，本章最后简单介绍浮力流动中的湍流。

5.1 均匀湍流中的被动标量输运

5.1.1 被动标量输运的控制方程

在被动标量的近似下，不可压缩湍流中标量输运的基本方程是

$$\frac{\partial u_i}{\partial t}+u_k\frac{\partial u_i}{\partial x_k}=-\frac{1}{\rho}\frac{\partial p}{\partial x_i}+\nu\frac{\partial^2 u_i}{\partial x_k\partial x_k} \tag{5.1a}$$

$$\frac{\partial u_i}{\partial x_i}=0 \tag{5.1b}$$

$$\frac{\partial \theta}{\partial t}+u_k\frac{\partial \theta}{\partial x_k}=\kappa\frac{\partial^2 \theta}{\partial x_k\partial x_k}+q \tag{5.2}$$

式(5.1a)、(5.1b)是流动控制方程，在均匀湍流情况下，也是湍流脉动的控制方程，它们不受标量存在的影响，湍流场按给定的初始场和边界条件在方程式(5.1a)、(5.1b)控制下发展。方程(5.2)是被动标量的控制方程。如果 θ 表示温度，κ 是热导系数，则 $\nu/\kappa=Pr$ 称作普朗特(Prandtl)数，方程(5.2)描述湍流场中的温度扩散；如果 θ 表示浓度，κ 是质量扩散系数，则 $\nu/\kappa=Sc$ 称为施密特(Schmidt)数，方程(5.2)描述湍流场中的质量扩散。方程(5.2)中 q 是标量输运过程的源项，如热

能输运过程的化学反应热、水汽变换的潜热；或质量输运中工业废气的排放热。由于被动标量的控制方程相同，本章以热能输运过程为例讨论标量输运，它们的性质可以推广到质量输运。

标量输运方程(5.2)是线性的，已知湍流速度场，并给定标量场的初始和边界条件，不难用数值方法确定标量场。虽然标量输运方程是线性的，而且它和动量输运方程(5.1a)相仿，主要包括对流和扩散过程。但是脉动标量场的性质和脉动速度场有明显的差别，例如，具有高斯分布的均匀各向同性脉动速度场中的均匀脉动温度场具有较大的间歇性(Shraiman 和 Siggia，2000)。为了对湍流速度场中标量输运性质有一个最基本的了解，下面用谱分析介绍均匀标量脉动场(标量脉动的各阶统计矩在空间是均匀的)的性质。

5.1.2 谱空间中标量脉动的输运

均匀脉动速度场中的湍流输运过程可用谱分解描述：

$$u_i(\boldsymbol{x},t)=\sum_{\boldsymbol{k}}\hat{u}_i(\boldsymbol{k},t)\exp(\mathrm{i}\boldsymbol{k}\cdot\boldsymbol{x}) \tag{5.3a}$$

$$\theta(\boldsymbol{x},t)=\sum_{\boldsymbol{k}}\hat{\theta}(\boldsymbol{k},t)\exp(\mathrm{i}\boldsymbol{k}\cdot\boldsymbol{x}) \tag{5.3b}$$

$$\boldsymbol{k}=\frac{2\pi}{L}(n_1\boldsymbol{e}_1+n_2\boldsymbol{e}_2+n_3\boldsymbol{e}_3) \tag{5.3c}$$

上式中 n_1,n_2,n_3 是整数。把展开式(5.3a)和式(5.3b)代入式(5.2)，得谱空间中标量输运方程如下：

$$\frac{\partial\hat{\theta}(\boldsymbol{k},t)}{\partial t}=-\mathrm{i}k_j\sum_{\boldsymbol{k}'}\hat{u}_j(\boldsymbol{k}-\boldsymbol{k}',t)\hat{\theta}(\boldsymbol{k}',t)-\kappa k^2\hat{\theta}(\boldsymbol{k},t) \tag{5.4}$$

公式右边第一项是脉动速度携带标量的对流输运，第二项是分子扩散。就是说，湍流场中被动标量输运过程，由两部分组成：随脉动速度的对流和标量本身的分子扩散。

定义标量脉动的谱 $S_{\theta\theta}(\boldsymbol{k})=\hat{\theta}(\boldsymbol{k})\hat{\theta}^*(\boldsymbol{k})$，并称它为波数 $\boldsymbol{k}$ 上的标量谱，$\hat{\theta}^*(\boldsymbol{k})$ 是 $\hat{\theta}(\boldsymbol{k})$ 的复共轭。标量谱在谱空间球面上的积分 $E_\theta(\boldsymbol{k})=\int S_{\theta\theta}(\boldsymbol{k})\mathrm{d}A(\boldsymbol{k})$ 称为标量的拟能谱，或简称标量能谱。由式(5.4)可导出脉动标量谱的输运方程如下：

$$\begin{aligned}\left(\frac{\partial}{\partial t}+2\kappa k^2\right)\hat{\theta}(\boldsymbol{k},t)\hat{\theta}^*(k,t)=-\mathrm{i}\sum_{\boldsymbol{k}'}k_j[&\hat{u}_j(\boldsymbol{k}-\boldsymbol{k}',t)\hat{\theta}(\boldsymbol{k}',t)\hat{\theta}^*(\boldsymbol{k},t)\\&+\hat{u}_j^*(\boldsymbol{k}-\boldsymbol{k}',t)\hat{\theta}(\boldsymbol{k},t)\hat{\theta}^*(\boldsymbol{k}',t)]\end{aligned} \tag{5.5a}$$

用脉动标量谱来表示，上式可写作：

$$\frac{\partial}{\partial t}S_{\theta\theta}(\boldsymbol{k},t)=\Gamma_\theta(\boldsymbol{k},t)-2\kappa k^2S_{\theta\theta}(\boldsymbol{k},t) \tag{5.5b}$$

$$\Gamma_\theta(\boldsymbol{k})=-\mathrm{i}\sum_{\boldsymbol{k}'}k_j[\hat{u}_j(\boldsymbol{k}-\boldsymbol{k}',t)\hat{\theta}(\boldsymbol{k}',t)\hat{\theta}^*(\boldsymbol{k},t)+\hat{u}_j^*(\boldsymbol{k}-\boldsymbol{k}',t)\hat{\theta}(\boldsymbol{k},t)\hat{\theta}^*(\boldsymbol{k}',t)] \tag{5.5c}$$

将方程(5.5b)在谱空间球面上积分，可得标量能谱的输运方程：

$$\frac{\partial}{\partial t}E_\theta(k,t)=T_\theta(k,t)-2\kappa k^2E_\theta(k,t) \tag{5.6}$$

$T_\theta(k)=\int\Gamma_\theta(\boldsymbol{k})\mathrm{d}A(\boldsymbol{k})$ 是对流作用在谱空间的贡献，称作标量能量的传输谱；$-2\kappa k^2E_\theta(k)$ 是分子耗散项，它和波数平方及扩散系数成正比。

为了考察标量输运的性质，暂且忽略分子扩散，将标量输运方程简化为

$$\frac{\partial\theta}{\partial t}+u_k\frac{\partial\theta}{\partial x_k}=0$$

上式表示，标量跟随流体质点迁移而不改变它的数值。举例来说：某一时刻，湍流场中有局部均匀的温度分布 $\theta(\boldsymbol{x})=$ 常数 $(|\boldsymbol{x}|\leqslant R)$，它表示在半径为 R 的球体内，流体温度等于常数。随着时间的推移，由于湍流脉动，温度随质点在空间随机游动。从欧拉观点来看，流场中具有随时间变化的温度分布，它的概率分布取决于脉动速度场，由于速度脉动具有各种尺度的成分，温度脉动也形成有各种尺度分布。我们可以用流动显示方法来定性考察标量的湍流输运，例如，在均匀湍流场中注入一滴墨水，由于湍流脉动速度的迁移，墨迹的边缘越来越不规则，形成一种分维形的边界(定性地表示在图 5-1(a))。不规则的标量曲折边界，说明初始均匀分布的浓度场，在湍流脉动速度的迁移下，具有越来越多的小尺度脉动成分。图 5-1(b)表示在空间某一方向上浓度的分布，初始局部均匀的浓度分布逐渐演化为不均匀分布，随着时间的推移，产生越来越多的间歇性小尺度脉动。

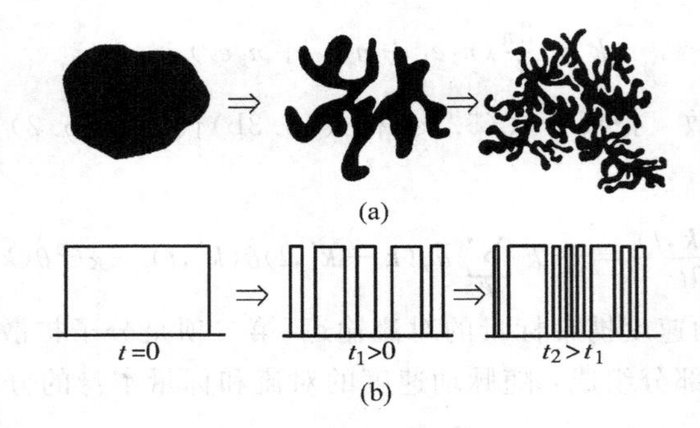

图 5-1　标量在均匀湍流脉动速度场中输运的定性显示

以上定性的论述说明，湍流脉动速度的迁移作用使标量谱中大尺度成分向小尺度传递。这一过程类似于湍动能传输链中的惯性输运，为了和湍动能输运加以区别，标量随速度脉动的迁移称为对流输运；湍流动量传输称作惯性输运。和脉动运动的动量输运过程类似，对流作用将大尺度的标量脉动"能量"向小尺度脉动传递。考虑分子扩散时，标量谱方程说明标量"能量"耗散和波数平方成正比，因此，小尺度的标量脉动消失得很快。如果分子扩散系数很小，那么就会发生和大雷诺数湍动能输运的类似情况：标量谱的湍流输运中存在两个可明确分离的尺度，标量的对流尺度和耗散尺度。被动标量的湍流输运中，它的对流尺度取决于脉动速度的尺度；它的耗散尺度和分子扩散系数有关。

5.1.3 均匀湍流场中标量输运规律

1. 标量输运的特征

为了对比湍流的动量输运和标量输运，把湍流运动方程和标量输运方程写成无量纲形式(略去源项)，并加以比较：

$$\frac{\partial u_i}{\partial t}+u_k\frac{\partial u_i}{\partial x_k}=-\frac{\partial p}{\partial x_i}+\frac{1}{Re}\frac{\partial^2 u_i}{\partial x_k\partial x_k}$$

$$\frac{\partial \theta}{\partial t}+u_k\frac{\partial \theta}{\partial x_k}=\frac{1}{Pe}\frac{\partial^2 \theta}{\partial x_k\partial x_k}$$

式中 $Pe=ul/\kappa$，称作派克列特(Peclect)数，它表示标量输运过程中对流输运和扩散输运的量级比。$Pe\gg 1$，表示对流占绝对优势；$Pe\ll 1$，则扩散占绝对优势。在湍流脉动速度场中，Re 数表示动量输运过程中对流(或惯性)和扩散的量级比。速度脉动是多尺度的，在不同尺度的脉动中对流和扩散的量级差别很大。例如，惯性子区中($l\gg\eta$)，速度脉动是惯性占优，而耗散区($l\leqslant\eta$)则是粘性占优。我们用局部雷诺数来区分这两种情况：

$$Re_l=\frac{\delta u_l l}{\nu} \tag{5.7}$$

式中 $\delta u_l=|u(x+l)-u(x)|_{\max}$，它是给定尺度中脉动速度增量的最大值。在耗散区，$Re_l\leqslant 1$，在惯性子区，$Re_l\gg 1$。对于标量输运我们应当用相应的速度尺度、长度尺度和扩散系数来衡量它的输运性质。定义局部派克列特数 Pe_l：

$$Pe_l=\frac{\delta u_l l}{\kappa} \tag{5.8}$$

$Pe_l\gg 1$ 的标量输运过程中对流占优；$Pe_l\ll 1$，扩散在标量输运中占优。

对于不同的流体，它们的粘性系数和扩散系数之比，即普朗特数 Pr，可能相差几个量级。例如，常见气体的 $Pr\sim 1$；而水的 $Pr>1$；液态金属的 $Pr<1$。由于普朗特数的不同，动量输运和标量输运中对流和分子扩散的量级会有很大差别。由式(5.7)和式(5.8)的比值可以很清楚地看到这一差别：

$$\frac{Pe_l}{Re_l}=\frac{\nu}{\kappa}=Pr \tag{5.9a}$$

或

$$Pe_l=Pr\,Re_l \tag{5.9b}$$

就是说，普朗特数表示派克列特数和雷诺数之比。于是我们有以下三种情况，如图 5-2。

(1) $Pr\sim 1$

$Pe_l\sim Re_l$ 时，无论在哪一尺度下的脉动，局部雷诺数和局部派克列特数总是同一量级的。所以，当动量输运过程是惯性占优时，标量输运是对流占优；动量输运是粘性占优时，标量输运是扩散占优。这种情况下，人们推测：无量纲的温度能谱和脉动速度能谱可能有类似的分布，参见图 5-2 最上面的曲线。

(2) $Pr\ll 1$

$Pe_l\ll Re_l$ 时，无论在哪一尺度下的脉动，局部雷诺数总是远远大于局部派克列特数。这种情况下，当标量输运处于对流占优的状态时($Pe_l\gg 1$)，动量输运一定处于惯性占优的子惯性区($Re_l=Pe_l/Pr\gg 1$)；当标量输运已进入耗散占优状态时($Pe_l<1$)，动量输运可能仍然属于惯性占优($Re_l=Pe_l/Pr\gg 1$)。也就是说，标量输运过程中对流占优的子区大大缩小了，一部分标量扩散占优的子区处于速度脉动的惯性子区，参见图 5-2 最下面的曲线。

(3) $Pr\gg 1$

$Pe_l\gg Re_l$ 时，无论在哪一尺度下的脉动，局部派克列特数总是远远大于局部雷诺数。当动量输运处于惯性占优的惯性子区时($Re_l\gg 1$)，标量输运也是对流占优($Pe_l=Re_l Pr\gg 1$)；

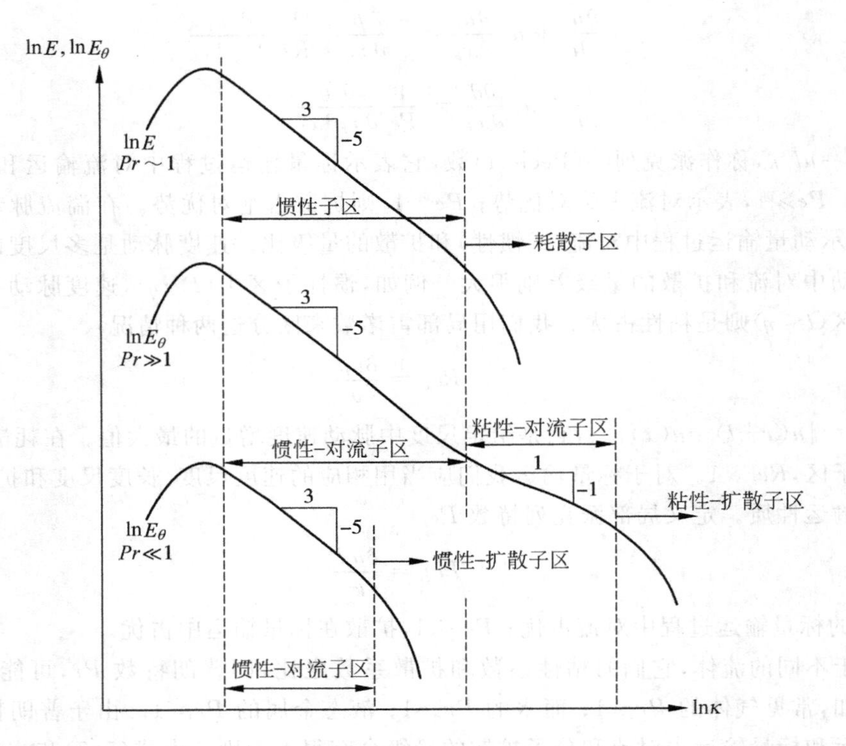

图 5-2 标量输运的三种典型情况

(横坐标:$\ln\kappa$ 波数的对数;纵坐标:$\ln E$ 动能谱的对数,$\ln E_\theta$ 标量能谱的对数)

而当动量输运处于耗散占优时($Re_l<1$),标量输运仍然可能是对流占优($Pe_l\gg1$),即标量的对流子区扩大了,参见图 5-2 的中间曲线。

归结起来:在均匀脉动速度场中,各个尺度的标量输运有以下四种过程:

① $Re_l\gg1$ 和 $Pe_l\gg1$ 的尺度中,动量是惯性输运,标量是对流输运,简称标量的惯性-对流输运。

② $Re_l\gg1$ 和 $Pe_l<1$ 的尺度中,动量是惯性输运,标量是扩散输运,简称标量的惯性-扩散输运。

③ $Re_l<1$ 和 $Pe_l\gg1$ 的尺度中,动量是粘性输运,标量是对流输运,简称标量的粘性-对流输运。

④ $Re_l<1$ 和 $Pe_l<1$ 的情况,动量是粘性输运,标量是扩散输运,简称标量的粘性-扩散输运。

2. 标量能谱的经典理论

下面分别分析各种输运过程的标量能谱。

(1) 惯性-对流标量输运的($Re_l\gg1$ 和 $Pe_l\gg1$)标量能谱

惯性-对流标量输运过程中,动量输运和标量输运的尺度分别大于各自的耗散尺度,这时脉动速度的能谱服从 −5/3 律,可以推测脉动标量的能谱也遵循 −5/3 次方律。Obuhkov (1949)和 Corrsin(1951)曾独立地提出如下假定。

$$E_\theta(k) \sim \frac{\varepsilon_\theta}{\varepsilon} E(k) \tag{5.10a}$$

将脉动速度的 $-5/3$ 次方谱：$E(k)=\alpha\varepsilon^{2/3}k^{-5/3}$，代入式(5.10a)，得温度谱为

$$E_\theta(k) = Co\varepsilon_\theta\varepsilon^{-1/3}k^{-5/3} \tag{5.10b}$$

Co 称为 Corrsin 系数，式(5.10)称为 Obuhkov-Corrsin 谱，由大气边界层的实测数据确定 $Co=0.64$。还可以从另一角度论证式(5.10b)，在惯性-对流标量输运过程中，标量耗散率正比于局部标量"能量"$kE_\theta(k)$和局部特征时间 $\tau(k)$之比：

$$\varepsilon_\theta \sim \frac{kE_\theta(k)}{\tau(k)}$$

在惯性-对流过程中，脉动速度的特征时间只与波数有关，而与分子粘性和扩散系数无关，由量纲分析可得

$$\tau(k) \sim [k^3E(k)]^{-1/2} \sim \varepsilon^{-1/3}k^{-2/3}$$

将 $\tau(k)$代入前一公式，也可得式(5.10b)。

(2) 惯性-扩散标量输运的($Re_l \gg 1$ 和 $Pe_l < 1$)标量能谱

惯性-扩散标量输运过程需要考虑标量的分子扩散，而不必考虑分子粘性。就是说，脉动速度的能谱仍然服从 $-5/3$ 次方律。当标量输运处于扩散占优的强耗散区时，Batchelor(1959)假定：①谱空间标量输运方程中的时间导数项可以忽略；②速度脉动和标量脉动是准正则过程。根据假定①脉动标量输运方程可简化为

$$\kappa k^2\hat{\theta}(\boldsymbol{k},t) = -\mathrm{i}\sum_{\boldsymbol{m}+\boldsymbol{n}=\boldsymbol{k}} k_p[\hat{u}_p(\boldsymbol{m},t)\hat{\theta}(\boldsymbol{n},t)]$$

为了应用假定②，再写出 $\hat{\theta}(\boldsymbol{k}',t)$的输运方程：

$$\kappa k'^2\hat{\theta}(\boldsymbol{k}',t) = -\mathrm{i}\sum_{\boldsymbol{m}+\boldsymbol{n}=\boldsymbol{k}'} k_l[\hat{u}_l(\boldsymbol{m},t)\hat{\theta}(\boldsymbol{n},t)]$$

将上面两公式相乘后做系综平均，得

$$\kappa^2k^2k'^2\langle\hat{\theta}(\boldsymbol{k},t)\hat{\theta}(\boldsymbol{k}',t)\rangle = -\sum_{\boldsymbol{m}+\boldsymbol{n}=\boldsymbol{k}}\sum_{\boldsymbol{m}'+\boldsymbol{n}'=\boldsymbol{k}'} k_lk_p\langle\hat{u}_l(\boldsymbol{m},t)\ \hat{u}_p(\boldsymbol{m}',t)\hat{\theta}(\boldsymbol{n},t)\hat{\theta}(\boldsymbol{n}',t)\rangle$$

准正则随机过程中(或称准高斯过程，在 3.7 节中已给出它的公式)，4 阶矩等于所有 2 阶矩的乘积。在各向同性湍流中向量和标量乘积的系综平均等于零(和前面证明各向同性湍流中 $R_{pi}=0$ 理由相同)；于是上式中 4 阶矩等于：

$$\langle\hat{u}_l(\boldsymbol{m},t)\ \hat{u}_p(\boldsymbol{m}',t)\hat{\theta}(\boldsymbol{n},t)\hat{\theta}(\boldsymbol{n}',t)\rangle = \langle\hat{u}_l(\boldsymbol{m},t)\ \hat{u}_p(\boldsymbol{m}',t)\rangle\langle\hat{\theta}(\boldsymbol{n},t)\hat{\theta}(\boldsymbol{n}',t)\rangle$$

令 $\boldsymbol{k}=\boldsymbol{k}'$，并求和，最后得(详细推导见 Batchelor，1959)：

$$E_\theta(k) = \frac{1}{3}\varepsilon_\theta\kappa^{-3}k^{-4}E(k)$$

在对流-扩散标量输运过程中，脉动速度的能谱满足 $-5/3$ 次方律，因此，标量输运的能谱为

$$E_\theta(k) \sim \varepsilon_\theta\kappa^{-3}\varepsilon^{2/3}k^{-17/3} \tag{5.11}$$

(3) 粘性-对流标量输运的($Re_l < 1$ 和 $Pe_l \gg 1$)标量能谱

粘性-对流标量输运过程中，标量输运是对流占优，因此波段 k 中的标量耗散率正比于该波段中的标量"能量"$kE_\theta(k)$；脉动速度处于耗散区，输运的特征时间是 Kolmogorov 时间尺度，$\tau_\mathrm{d}=(\varepsilon/\nu)^{-1/2}$，于是标量耗散率有以下关系：

$$\varepsilon_\theta \sim kE_\theta(k)(\varepsilon/\nu)^{1/2}$$

因此标量能谱为

$$E_\theta(k) = C_B \varepsilon_\theta k^{-1} (\varepsilon/\nu)^{-1/2} \tag{5.12}$$

C_B 称 Batchelor 常数。

以上推断是基于量纲分析,并没有从动力学角度予以验证,也不考虑湍动能耗散和标量耗散的间歇性。近年来,大量直接数值模拟和实验结果对以上的论断提出质疑(Shraiman 和 Siggia,2000)。①标量脉动具有较大的间歇性,比如,在均匀各向同性湍流中,速度脉动分量的概率分布几乎是高斯分布的,而在这种脉动速度场中的标量脉动梯度则偏离高斯分布;标量耗散率的间歇性也大于湍动能耗散的间歇性。②根据 Kolmogrov 理论和 Obukhov-Corrsin 理论,只有当雷诺数和派克列特数很大时,速度脉动和标量脉动才能有 $-5/3$ 次的能谱。实验和直接数值模拟结果发现"异常"的情况:在 $Pr\sim1$ 的流体介质中的低雷诺数均匀各向同性湍流的标量输运过程中,由于雷诺数较低,速度脉动的能谱中没有明显的 $-5/3$ 次方的波段;而在这一湍流场中的标量脉动的能谱中却有明显的 $-5/3$ 次方的波段。标量输运过程中还有其他"异常"情况(详见 Shraiman 和 Siggia,2000 或 Warhaft,2000),例如下面介绍的"峭壁"结构。

5.2 标量湍流的结构

湍流脉动的统计特性和脉动的结构有关,标量湍流的"异常"情况应当和标量湍流的结构有关。例如,均匀各向同性湍流中涡量呈条状结构,均匀标量湍流是否也有特定的结构?标量湍流的实验研究证实,标量脉动有"峭壁"结构(见图 5-3)。在均匀标量脉动的时间序列中发现,标量开始在一定斜率的直线附近脉动,然后突然大幅度减小,像一面峭壁。这种现象在速度脉动中极少检测到。下面通过标量梯度分析和直接数值模拟的结果展示标量梯度的片状结构。

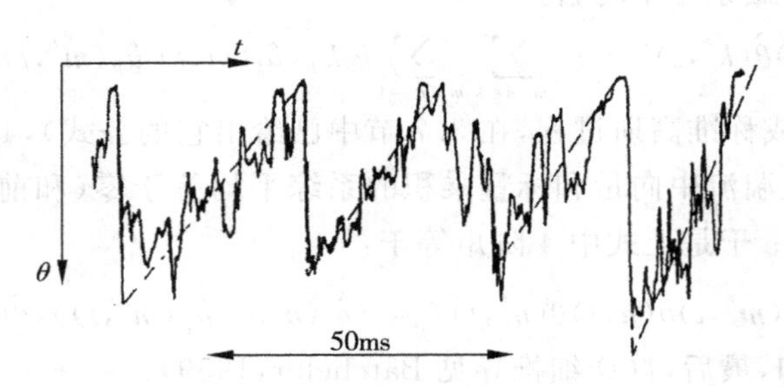

图 5-3 标量脉动的峭壁结构示意图

5.2.1 标量梯度方程

对标量脉动方程求梯度,

$$\frac{\partial}{\partial x_i}\left(\frac{\partial\theta}{\partial t} + u_k\frac{\partial\theta}{\partial x_k}\right) = \frac{\partial}{\partial x_i}\left(\kappa\frac{\partial^2\theta}{\partial x_k\partial x_k}\right)$$

展开上式,得

$$\frac{\partial}{\partial t}\left(\frac{\partial\theta}{\partial x_i}\right) + \frac{\partial u_k}{\partial x_i}\frac{\partial\theta}{\partial x_k} + u_k\frac{\partial}{\partial x_k}\left(\frac{\partial\theta}{\partial x_i}\right) = \kappa\frac{\partial^2}{\partial x_k\partial x_k}\frac{\partial\theta}{\partial x_i}$$

速度梯度张量等于应变张量 s_{ki} 和旋转张量 ω_{ki} 之和：$\partial u_k/\partial x_i = s_{ki}+\omega_{ki}$，代入上式后，得标量梯度脉动方程如下：

$$\frac{\partial \phi_i}{\partial t}+u_k\frac{\partial \phi_i}{\partial x_k}=-s_{ki}\phi_j-\omega_{ki}\phi_j+\kappa\frac{\partial^2 \phi_i}{\partial x_k\partial x_k} \tag{5.13}$$

式中 $\phi_i=\partial\theta/\partial x_i$，表示标量梯度分量。方程(5.13)清楚地表明标量脉动梯度和标量脉动不同，除了被流体质点携带在流场中迁移(方程左边)、分子扩散(方程最后一项)以外；标量梯度的变化还来自脉动速度场的变形和旋转作用，它们的作用是一种附加的源项。s_{ij} 是对称张量，ω_{ij} 是反对称张量。变形作用将改变标量梯度的大小；旋转作用只改变标量梯度的方向，对其大小没有影响。由标量输运方程(5.2)，可以导出标量能量方程：

$$\frac{\partial\langle\theta^2\rangle}{\partial t}+\frac{\partial\langle u_k\theta^2\rangle}{\partial x_k}=\kappa\frac{\partial^2\langle\theta^2\rangle}{\partial x_k\partial x_k}-2\kappa\left\langle\frac{\partial\theta}{\partial x_k}\frac{\partial\theta}{\partial x_k}\right\rangle \tag{5.14}$$

式(5.14)说明标量脉动能量 $\langle\theta^2\rangle$ 的输运过程中，有分子扩散和耗散项；耗散项和脉动标量梯度的平方成正比：

$$\varepsilon_\theta=2\kappa\left\langle\frac{\partial\theta}{\partial x_k}\frac{\partial\theta}{\partial x_k}\right\rangle=2\kappa\langle\phi_k\phi_k\rangle \tag{5.15}$$

因此，标量梯度的强度，即 $\langle\phi_k\phi_k\rangle$ 表示标量耗散。将式(5.13)乘以 ϕ_i，并作张量缩并，

$$\frac{\partial \phi_i\phi_i}{\partial t}+u_j\frac{\partial \phi_i\phi_i}{\partial x_j}=-2s_{ij}\phi_i\phi_j+\kappa\frac{\partial^2\phi_i\phi_i}{\partial x_j\partial x_j}-2\kappa\frac{\partial\phi_i}{\partial x_j}\frac{\partial\phi_i}{\partial x_j} \tag{5.16}$$

方程(5.16)的左端表示标量梯度平方的质点导数，或标量耗散的质点导数，它来自右端各项的贡献：标量脉动梯度与脉动应变率的相互作用、标量湍流耗散的扩散，以及标量脉动梯度自身的耗散。方程(5.16)中脉动涡量 ω_{ij} 已经消去，因为它只改变标量梯度的方向。当分子扩散很小时，即 $Pe\gg1$，右端生成项的主要贡献来自湍流应变率和湍流标量梯度相互作用 $-2s_{ij}\phi_i\phi_j$。用变形率张量的主轴来讨论 $-2s_{ij}\phi_i\phi_j$ 的性质，可以更清晰地揭示标量湍流耗散的性质，将 $-2s_{ij}\phi_i\phi_j$ 写在变形率张量的主轴系中，有

$$-s_{ij}\phi_i\phi_j=-s_1\phi_1^2-s_2\phi_2^2-s_3\phi_3^2 \tag{5.17}$$

式中 s_1,s_2,s_3 为脉动应变率的三个主值。我们知道，各向同性湍流中脉动应变率张量的三个主值之比为 $s_1:s_2:s_3=3:1:-4$。这说明流体团有两个拉伸方向和一个压缩方向。由于被动标量跟随流体微团迁移($Pe\gg1$ 的条件下，扩散作用较弱)，在微团压缩(第三主轴)方向，将产生最大的脉动标量梯度，即最大的标量湍流耗散率；与此同时，微团的另外两个方向被拉伸，于是，标量湍流耗散将呈片状结构。下面用直接数值模拟结果证实以上的分析。

5.2.2 标量梯度片状结构的实例

第一个实例是在各向同性湍流中由平均等梯度标量场产生的均匀标量湍流场；第二个实例是槽道湍流中的非均匀标量湍流场，由槽道两个壁面上施加恒定的温度差。详细的直接数值模拟方法将在第7章介绍，这里给出流动的参数和结果。流动参数见表5.1。

表5.1 标量湍流场的基本参数

算例	各向同性湍流	槽道
网格	256×256×256	128×129×128
Re_λ 或 Re_H	50	2666
Pr	0.1～3.0	0.3～1.2

1. 标量梯度$|\nabla\theta|$的等值线和等值面

在均匀标量湍流场中,任意设定一个平面,在该平面上作标量梯度的等值线,其结果示于图 5-4(a);槽道湍流中,在垂直流向的平面上作标量梯度的等值线,如图 5-4(b)所示。可以看到,这些等值线都呈条状,它们应是标量等值面和显示平面的交线,可以推测标量梯度等值面是片状的。为了更清楚显示空间等值面,以标量梯度均方根的 3 倍作为阈值作标量梯度的等值面,示于图 5-5。从空间图形上可以清楚地看到标量梯度确实具有片状结构。

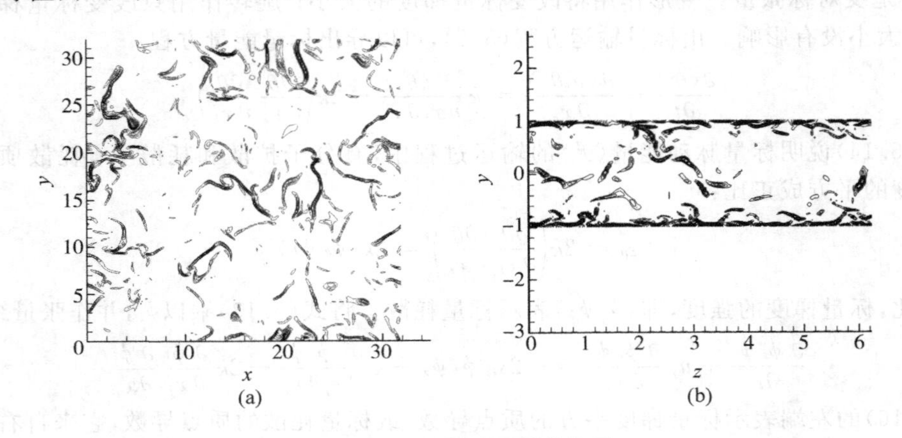

图 5-4 标量梯度的等值线图

(a) 均匀标量场中标量梯度的等值线;(b) 槽道湍流场中标量梯度的等值线

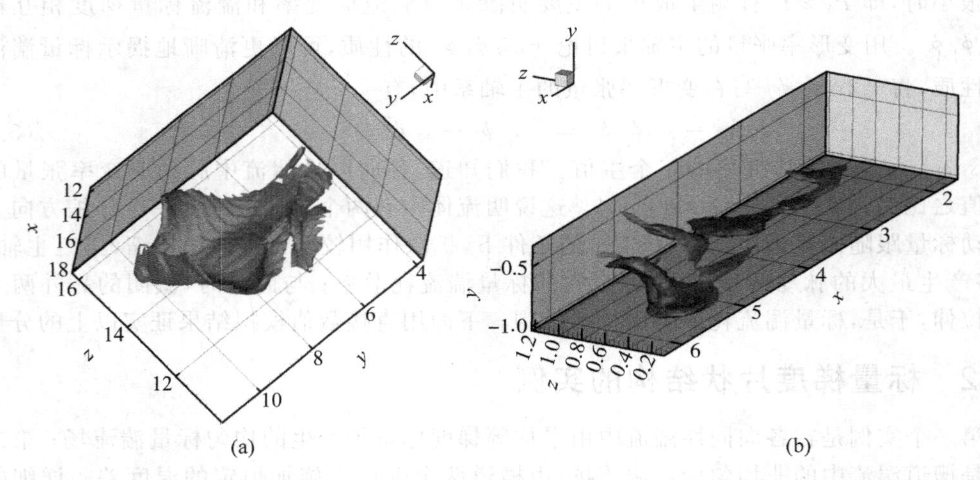

图 5-5 标量梯度的空间结构(均方根值的三倍作为阈值)

(a) 均匀标量场中标量梯度的等值面;(b) 槽道湍流场中标量梯度的等值面

为了对标量梯度的片状结构给出定量的概念,定义片状结构的当量厚度如下:假设标量湍流梯度等值面表面积为 S_{st},它包容的体积等于 V_{st},我们做一个当量的圆盘,其体积和表面积分别等于 V_{st} 和 S_{st},当量圆盘的厚度定义为片状结构的当量厚度。圆盘的半径 ρ_d 和厚度 L_d 满足下面的方程

$$\pi\rho_d^2 L_d = V_{st} \tag{5.18}$$

$$2\pi\rho_d^2 + 2\pi\rho_d L_d = S_{st} \tag{5.19}$$

片状结构的表面积和体积可以从等值面中计算，于是当量厚度和当量直径可以由方程(5.18)、(5.19)解出。其结果示于图 5-6。不难看到当量圆盘厚度与 Kolmogorov 尺度同量级。无论是均匀标量湍流还是槽道湍流中的非均匀标量湍流，当量圆盘的半径远远大于当量圆盘的厚度，$\rho_d/L_d=10\sim40$。于是，我们不仅从图像上，而且定量地证实了标量湍流耗散的片状薄层结构。

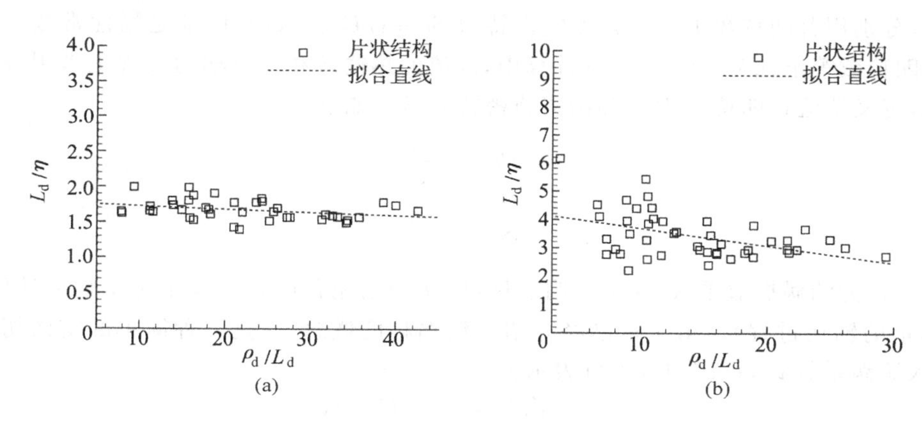

图 5-6　标量耗散结构的当量厚度

(a) 均匀标量湍流场中标量梯度；(b) 槽道湍流场中标量梯度面

从图 5-6 可以看到槽道湍流中片状结构的长宽比大于各向同性湍流中片状结构的长宽比，其原因是槽道湍流中脉动变形率张量的三个主轴(如图 5-7 所示)，它有一个强压缩(第 3 主轴，负值)、一个强拉伸和一个弱拉伸。强压缩导致片状结构，一个强拉伸和一个弱拉伸产生长宽比较大的片状结构。有兴趣的读者可以参阅 Zhou 等文章(2003)，文中提供更为详尽的论证，说明片状结构的生成。

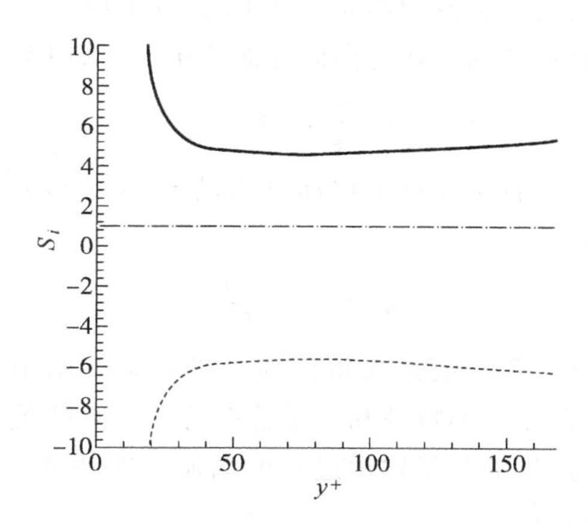

图 5-7　槽道湍流中脉动应变率张量主值 S_i

(实线：第一主值；点画线：第二主值；虚线：第三主值)

5.3 湍流普朗特数

标量通量$\langle u'\theta'\rangle$是湍流传热或传质的主要统计量,如果θ'表示温度脉动,$\langle u'\theta'\rangle$就是平均湍流热通量;如果θ'表示浓度脉动,$\langle u'\theta'\rangle$就是平均湍流质量通量。在层流运动中,热通量或质量通量都是分子热运动导致的热扩散或质量扩散。应用气体分子运动理论,可以证明,完全气体热扩散系数κ和质量扩散系数D都与分子粘性系数ν(分子动量输运的量度)成正比,分别用普朗特数$Pr=\nu/\kappa$和施密特数$Sc=\nu/D$表示,它们都是物性常数。例如气体的普朗特数等于0.7~0.8。工程计算中,湍流的热输运和质量输运过程也借用分子输运的概念,定义湍流普朗特数Pr_{T}和湍流施密特数Sc_{T}如下:

$$Pr_{\mathrm{T}}=\frac{\nu_{\mathrm{T}}}{\kappa_{\mathrm{T}}}$$

$$Sc_{\mathrm{T}}=\frac{\nu_{\mathrm{T}}}{D_{\mathrm{T}}}$$

κ_{T}和D_{T}称为湍涡扩散系数(为了简明起见,后文用湍流普朗特数表示标量输运性质,叙述被动标量的输运过程)。第4章已经介绍过湍涡粘度概念,它是一种简单的雷诺切应力模型,引入湍涡系数ν_{T},雷诺切应力可表示为

$$-\langle u'v'\rangle=\nu_{\mathrm{T}}\partial\langle U\rangle/\partial y$$

湍涡扩散系数采用相同的输运模型,认为标量输运与它的平均梯度成正比:

$$-\langle u_i'\theta'\rangle=\kappa_{\mathrm{T}}\partial\langle\theta\rangle/\partial x_i \tag{5.20}$$

湍流涡粘模型、湍流涡扩散模型和湍流普朗特数常用于工程传热和传质计算。

从图5-2可以了解到,标量输运过程和分子普朗特数有关,在大雷诺数湍流场中,$Pr\gg1$的输运由对流-惯性过程主宰;而$Pr\ll1$的输运以惯性-扩散过程为主。由于不同分子普朗特数的标量输运机制不同,因此湍流普朗特数和分子普朗特数有关。下面以均匀各向同性湍流和槽道湍流中标量输运为例,探讨湍流普朗特数和分子普朗特数间的关系。

第一个例子中,在各向同性湍流中给定均匀标量梯度$G=\mathrm{d}T/\mathrm{d}y=$常数。在湍流脉动携带下,产生各向异性的标量脉动。在各向同性湍流中,可以用k-ε模型计算涡粘系数:

$$\nu_{\mathrm{T}}=C_\mu\frac{k^2}{\varepsilon},\quad C_\mu=0.09$$

在平均等梯度的标量湍流中,直接计算平均标量通量$-\langle w'\theta'\rangle$,$w'$是梯度方向的速度脉动。湍涡扩散系数$\kappa_{\mathrm{T}}$用下式计算:

$$\kappa_{\mathrm{T}}=-\frac{\langle w'\theta'\rangle}{G} \tag{5.21}$$

将涡粘系数除以(5.21)的湍涡扩散系数得湍流普朗特数。给定分子普朗特数等于0.1,0.3,0.8和1.2,我们得到湍流普朗特数和分子普朗特数之间的关系,图5-8(a)展示各向同性湍流场中平均标量梯度产生的标量输运过程的湍流普朗特数。我们发现,它们的函数关系可以用倒数线性关系拟合:

$$Pr_{\mathrm{T}}=A(Re_\lambda)+B(Re_\lambda)/Pr \tag{5.22}$$

图5-8(b)展示数值结果的拟合曲线,表5.2给出拟合系数(Zhou,2002)。

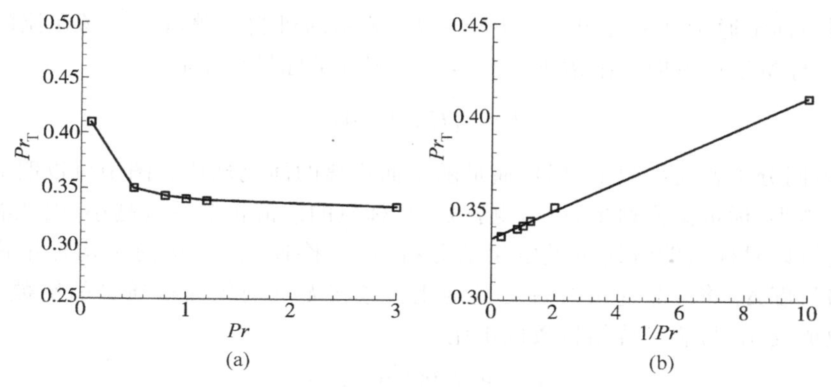

图 5-8 各向同性湍流场($Re_\lambda=50$)中湍流普朗特数

(a) $Pr_T \sim Pr$; (b) $Pr_T \sim 1/Pr$

表 5.2 公式(5.22)中的系数

	$A(Re)$	$B(Re)$
$Re_\lambda=30$	0.309	0.0154
$Re_\lambda=50$	0.333	0.0077

第二个例子,在槽道湍流中,在垂直槽道方向给定平均温度梯度$\partial\langle\Theta\rangle/\partial y=$常数。在湍流脉动的携带下,形成平稳的标量湍流。涡粘性系数和涡扩散系数直接由湍流场的计算结果算出:

$$\nu_T = -\langle u'v'\rangle/\partial U/\partial y$$

其中 U 为槽道平均流向速度,u',v'为流向、法向脉动速度;$\kappa_T=-\langle v'\theta'\rangle/\partial\Theta/\partial y$,其中 Θ 为平均标量,θ'为脉动标量。于是湍流 Pr_T 数为

$$Pr_T = \nu_T/\kappa_T = (\langle u'v'\rangle\partial\Theta/\partial y)/(\langle v'\theta'\rangle\partial U/\partial y)$$

由于在槽道垂直方向湍流的泰勒雷诺数在变化(示于图 5-9),因此湍流普朗特数也沿槽道垂直方向变化,图 5-10 展示计算结果。可以看到:当分子普朗特数在 0.3~1.2 之间变化时,同一泰勒雷诺数下湍流普朗特数改变达 20%。与各向同性湍流中的情况相同,槽道湍流中湍流普朗特数与分子普朗特数的倒数成线性关系,图 5-11 给出拟合曲线。

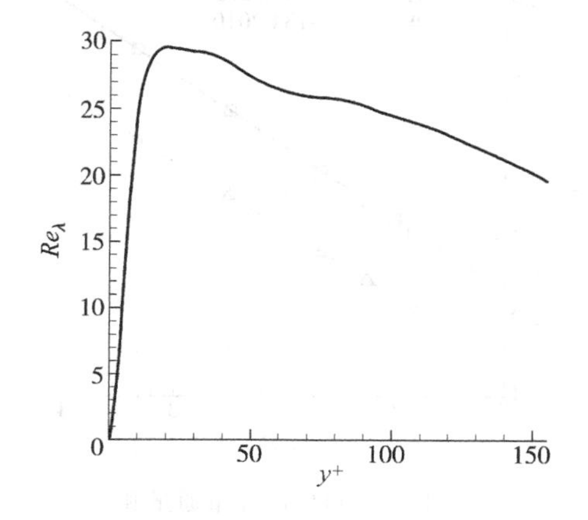

图 5-9 槽道湍流中泰勒雷诺数的分布

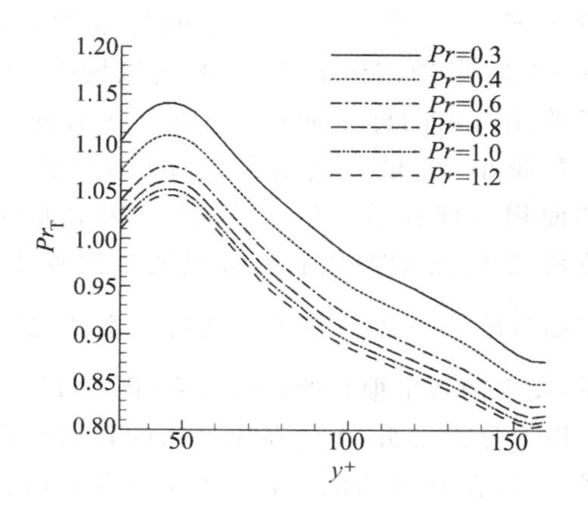

图 5-10 湍流普朗特数的变化,Y^+ 是壁面坐标 yu_τ/ν

可以利用标量通量谱来说明产生 $Pr_{\mathrm{T}} \sim Pr$ 关系的机制。槽道湍流场在流向和展向是均匀的,考察标量通量流向一维谱 $E_{v\theta}(k_x)$,它的积分是标量湍流通量:

$$h = \int E_{v\theta}(k_x)\mathrm{d}k_x \tag{5.23}$$

图 5-12 是不同分子普朗特数下,标量通量随壁面距离的演化规律。图中可以明显地看到分子普朗特数越小,标量湍流通量越小,也就是说,标量的湍流扩散系数越小,因此湍流普朗特数越大。还可以对标量湍流通量做定量的分析,用摩擦速度 u_τ、法向平均标量梯度 $\mathrm{d}\Theta/\mathrm{d}y$ 和流向网格尺度 Δ_x 将标量通量进行无量纲化。考察无量纲化标量通量的倒数 H,它与湍流扩散系数成反比,与湍流普朗特数成正比:

$$H = \frac{u_\tau \Delta_x \mathrm{d}\Theta/\mathrm{d}y}{h} \propto Pr_{\mathrm{T}} \tag{5.24}$$

在对数区,H 和分子普朗特数的倒数有很好的线性关系(见图 5-13),也就是湍流普朗特数是分子普朗特数倒数的线性函数。

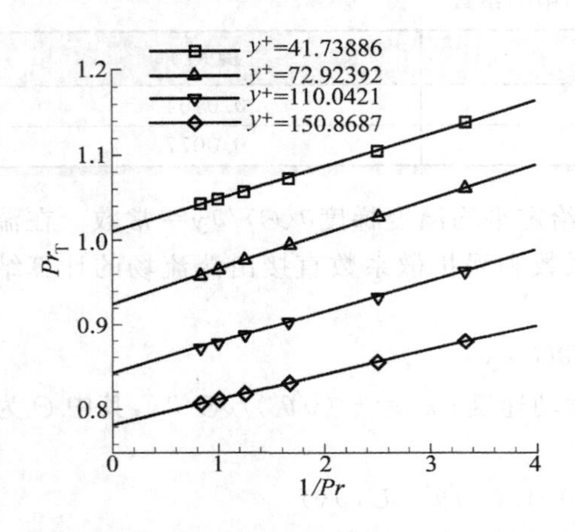

图 5-11　槽道湍流中湍流普朗特数和分子普朗特数的倒数的拟合曲线

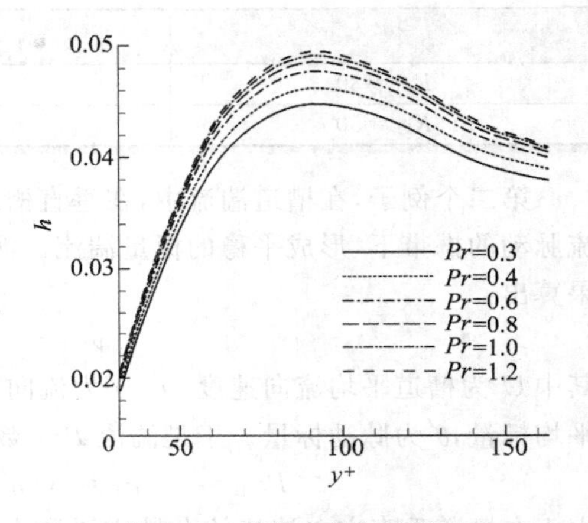

图 5-12　槽道中的标量通量

在均匀各向同性湍流中,可以直接用标量通量谱 $E_{w\theta}(k)$ 来分析分子普朗特数的影响。图 5-14 是泰勒雷诺数为 50 的湍流场中,不同分子普朗特数的标量通量谱。图中展示分子普朗特数越小,标量湍流通量越小(通量谱曲线下的面积),即标量扩散系数越小。用上面同样的方法考察无量纲化后的标量通量倒数 $H = w_{rms}G\Delta / \int E_{w\theta}(k)\mathrm{d}k$ 与分子普朗特数倒数之间的关系,发现两者呈很好的线性关系(图 5-15)。

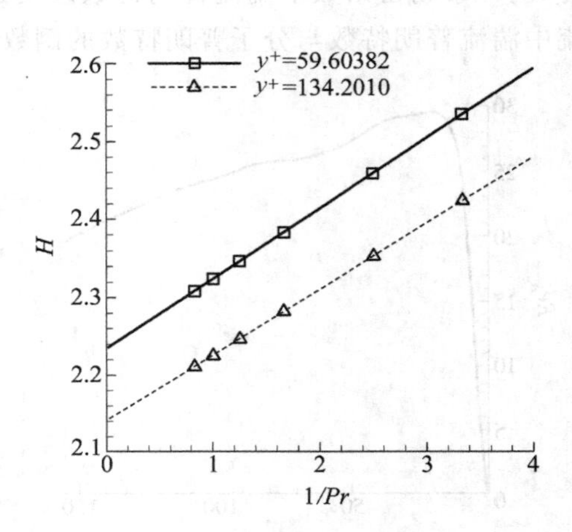

图 5-13　槽道中的标量通量和分子普朗特数的关系

以上分析表明,无论在无剪切的各向同性湍流场,还是在有剪切的湍流场中,雷诺平均湍流普朗特数与分子普朗特数的倒数呈线性关系,它

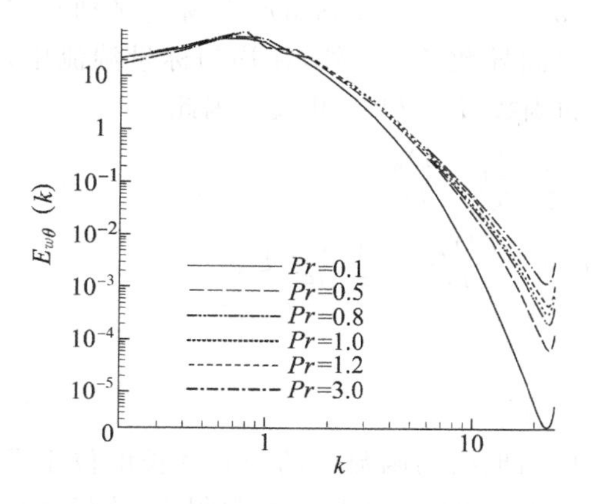

图 5-14　各向同性湍流中的标量通量谱

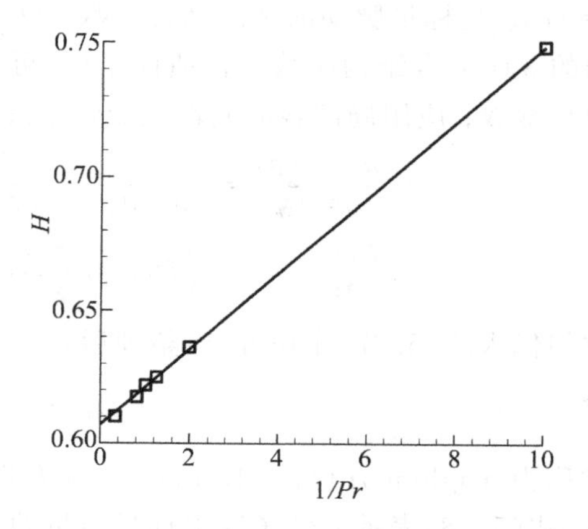

图 5-15　标量通量的倒数与分子普朗特数的关系

是充分发展湍流场中标量输运的特性。

5.4　标量湍流的结构函数方程——Yaglom 方程

与速度脉动相仿，可以用标量脉动差的各阶矩（标量结构函数）研究标量的传输特性，类似速度脉动的 Kolmogorov 方程，可以导出均匀标量脉动场的 2 阶结构函数的动力学方程。均匀标量脉动场的控制方程为

$$\frac{\partial\theta}{\partial t}+u_k\frac{\partial\theta}{\partial x_k}=\kappa\frac{\partial^2\theta}{\partial x_k\partial x_k}\tag{5.25}$$

写出 x' 点处的方程：

$$\frac{\partial\theta'}{\partial t}+u'_k\frac{\partial\theta'}{\partial x'_k}=\kappa\frac{\partial^2\theta'}{\partial x'_k\partial x'_k}\tag{5.26}$$

两式相减，得

$$\frac{\partial(\theta-\theta')}{\partial t}+u_k\frac{\partial\theta}{\partial x_k}-u'_k\frac{\partial\theta'}{\partial x'_k}=\kappa\frac{\partial^2\theta}{\partial x_k\partial x_k}-\kappa\frac{\partial^2\theta'}{\partial x'_k\partial x'_k}$$

定义 $\delta\theta=\theta-\theta'$，并在上式两边乘以 $\delta\theta$，得（注意：$\partial\theta/\partial x'=\partial\theta'/\partial x=0$，故有$\partial\theta/\partial x=\partial\delta\theta/\partial x$ 和 $\partial\theta'/\partial x'=-\partial\delta\theta/\partial x'$）

$$\delta\theta\frac{\partial\delta\theta}{\partial t}+u_k\delta\theta\frac{\partial\delta\theta}{\partial x_k}+u'_k\delta\theta\frac{\partial\delta\theta}{\partial x'_k}=\kappa\delta\theta\frac{\partial^2\delta\theta}{\partial x_k\partial x_k}+\kappa\delta\theta\frac{\partial^2\delta\theta}{\partial x'_k\partial x'_k}$$

它可进一步简化为

$$\frac{1}{2}\frac{\partial\delta\theta^2}{\partial t}+\frac{1}{2}\frac{\partial u_k\delta\theta^2}{\partial x_k}+\frac{1}{2}\frac{\partial u'_k\delta\theta^2}{\partial x'_k}=\kappa\frac{\partial}{\partial x_k}\delta\theta\frac{\partial\delta\theta}{\partial x_k}+\kappa\frac{\partial}{\partial x'_k}\delta\theta\frac{\partial\delta\theta}{\partial x'_k}-\kappa\frac{\partial\delta\theta}{\partial x_k}\frac{\partial\delta\theta}{\partial x_k}-\kappa\frac{\partial\delta\theta}{\partial x'_k}\frac{\partial\delta\theta}{\partial x'_k}$$

将上式取系综平均后，得（注意均匀湍流场中$\partial/\partial x_k=\partial/\partial\xi_k$，$\partial/\partial x'_k=-\partial/\partial\xi_k$）：

$$\frac{1}{2}\frac{\partial\langle\delta\theta^2\rangle}{\partial t}+\frac{1}{2}\frac{\partial\langle u_k\delta\theta^2\rangle}{\partial\xi_k}-\frac{1}{2}\frac{\partial\langle u'_k\delta\theta^2\rangle}{\partial\xi_k}=\frac{\kappa}{2}\frac{\partial^2\langle\delta\theta^2\rangle}{\partial\xi_k\partial\xi_k}+\frac{\kappa}{2}\frac{\partial^2\langle\delta\theta^2\rangle}{\partial\xi_k\partial\xi_k}-2\kappa\left\langle\frac{\partial\delta\theta}{\partial x_k}\frac{\partial\delta\theta}{\partial x_k}\right\rangle$$

因为$\partial\theta/\partial x=\partial\delta\theta/\partial x$，上式最后一项是标量能量的耗散率，于是有

$$\frac{\partial D_{\theta\theta}}{\partial t}+\frac{\partial D_{k\theta\theta}}{\partial\xi_k}=2\kappa\frac{\partial^2 D_{\theta\theta}}{\partial\xi_k\partial\xi_k}-4\varepsilon_\theta\tag{5.27}$$

$D_{\theta\theta}=\langle\delta\theta^2\rangle$是标量脉动的 2 阶结构函数；$D_{k\theta\theta}=\langle(u_k-u_k')\delta\theta^2\rangle=\langle\delta u_k\delta\theta^2\rangle$是标量脉动和速度脉动的 3 阶混合结构函数。在惯性子区,可忽略时间导数项；另外,在均匀标量湍流中,耗散项是常数；应用局部各向同性假定,$D_{\theta\theta}$只是ξ的函数,$D_{k\theta\theta}$和ξ_k共线。因此

$$\frac{\partial^2 D_{\theta\theta}(\xi)}{\partial\xi_k\partial\xi_k}=\frac{2}{\xi}\frac{\partial D_{\theta\theta}}{\partial\xi}+\frac{\partial^2 D_{\theta\theta}}{\partial\xi\partial\xi}=\frac{1}{\xi^2}\frac{\partial}{\partial\xi}\xi^2\frac{\partial D_{\theta\theta}}{\partial\xi}$$

$$\frac{\partial D_{k\theta\theta}}{\partial\xi_k}=\frac{\partial}{\partial\xi_k}\left(D_{l\theta\theta}(\xi)\frac{\xi_k}{\xi}\right)=\frac{2}{\xi}D_{l\theta\theta}+\frac{\partial D_{l\theta\theta}}{\partial\xi}=\frac{1}{\xi^2}\frac{\partial}{\partial\xi}\xi^2 D_{\theta\theta}$$

将它们代入式(5.27)作积分,经整理后,得

$$D_{l\theta\theta}=2\kappa D_{\theta\theta}-\frac{4}{3}\varepsilon_\theta\xi \tag{5.28}$$

上式称为 Yaglom 方程,与 Kolmogorov 方程类似,如果结构函数中的位移ξ长度位于惯性子区,式(5.28)表示惯性子区中标量能量的传输特性。如果分子扩散系数很小,式(5.28)右边第一项可以忽略,这时式(5.28)表示标量能量的串级关系,惯性子区标量能量通量和标量能量耗散性平衡。

$$D_{l\theta\theta}=-\frac{4}{3}\varepsilon_\theta\xi \tag{5.29}$$

式(5.29)称为标量能量输运的－4/3 律。

式(5.29)是研究局部均匀各向同性标量湍流能量传输的重要关系式。由于它准确表达惯性子区的标量能量输运,为建立湍流大涡数值模拟的亚格子标量通量提供依据,将在第 9 章推广应用该公式。

5.5 标量湍流扩散的拉格朗日随机模型

5.5.1 标量点源的湍流扩散

首先研究一个简单的标量扩散问题：假定在各向同性湍流场中某一局部很小的体积中恒定地注入染色物质,由于它的体积很小,以至于可以认为它是一个质点,并称它为点源标量,它的浓度用$c\delta(\boldsymbol{x}-\boldsymbol{x}_0)$表示。从欧拉观点,可以用湍流扩散系数的方法来计算点源标量的扩散过程。实际计算结果表明,欧拉方法不可能获得在点源附近(称为近场)的浓度分布,因为,欧拉方法不可能准确计算浓度梯度非常大的对流、扩散过程。另一方面,点源扩散的物理过程的本质是湍流脉动携带质点的迁移过程。考察一系列时间从点源注入标量的迁移和分布情况。在时刻t_0注入的标量,被当时当地的湍流脉动速度带走；在$t_0+\Delta t$时刻注入的标量,又被当时的湍流脉动速度带走,但是这时的脉动速度和上一时刻的完全不同(因为湍流是不规则运动),随着时间的流逝,同一空间点注入的标量,它们间的距离越来越远。在点源处不断注入质点,在空间的所有地方都有标量的分布,这就是标量湍流扩散的真实图案。这一物理图案完全是跟踪质点的拉格朗日方法描述的,因此,标量扩散的拉格朗日描述和处理方法更具物理本质。

5.5.2 湍流场中质点位移的均方根公式

首先导出均匀湍流场中质点位移的均方根公式。质点位移可以用拉格朗日描述法来计算,质点初始时刻t_0的空间坐标$\boldsymbol{X}$为它的标记,称为拉格朗日坐标。拉格朗日的质点位移

函数表示为

$$\boldsymbol{x} = \boldsymbol{x}(\boldsymbol{X}, t) \tag{5.30}$$

拉格朗日的脉动速度的表达式为

$$\boldsymbol{u}(\boldsymbol{X}, t) = \partial \boldsymbol{x}(\boldsymbol{X}, t)/\partial t \tag{5.31}$$

公式(5.30)是联系欧拉变量和拉格朗日变量的关系式。必须注意,欧拉湍流场中,坐标 $\boldsymbol{x}$ 是确定性量,脉动速度是随机变量;在拉格朗日湍流场中,初始坐标 $\boldsymbol{X}$ 是确定性量,而位移 $\boldsymbol{x}$ 是随机变量。

湍流场中粒子的弥散过程可以用拉格朗日法来描述,假如粒子完全跟随流体质点运动,则质点位移的均方根表示粒子的弥散。下面导出均匀湍流场中质点位移的均方根公式。为了简明起见,假设湍流场是均匀的时间平稳过程,这时速度脉动的 2 阶时间相关函数只是相关时间 τ 的函数,可表示为(坐标 $\boldsymbol{X}$ 略去)

$$R_{uu}^{L}(\tau) = \langle u(t)u(t+\tau)\rangle$$

在时间平稳过程中或定常湍流中,统计平均值可以用时间平均来取代,即

$$\langle u(t)u(t+\tau)\rangle = \lim_{T\to\infty}\left(\frac{1}{T}\int_0^T u(t)u(t+\tau)\,\mathrm{d}t\right)$$

另一方面,均匀湍流场中质点的位移是在固定点附近作不规则运动。取坐标原点处的质点来分析,它的位移 $x(t)$ 是平均值等于零的随机过程;它的均方值 $\langle x^2(t)\rangle$ 表示均匀湍流场中的质点平均扩散。

质点的位移是质点速度拉格朗日表达式的时间积分,$x(t) = \int_0^t u(\tau)\,\mathrm{d}\tau$,则

$$x^2(t) = \left(\int_0^t u(\tau_1)\,\mathrm{d}\tau_1\right)\left(\int_0^t u(\tau_2)\,\mathrm{d}\tau_2\right)$$

对 $x^2(t)$ 求统计平均,并将平均运算和积分运算交换,得

$$\langle x^2(t)\rangle = \int_0^t\int_0^t \langle u(t_1)u(t_2)\rangle\,\mathrm{d}t_1\,\mathrm{d}t_2$$

在均匀时间平稳过程中 $\langle u(t_1)u(t_2)\rangle = R_{uu}^{L}(t_1-t_2)$,因而,

$$\langle x^2(t)\rangle = \int_0^t\int_0^t R_{uu}^{L}(t_1-t_2)\,\mathrm{d}t_1\,\mathrm{d}t_2$$

通过变量置换,$t_1 - t_2 = \tau$,将 (t_1, t_2) 平面的积分,变换到 (t_1, τ) 平面的积分

$$\int_0^t\int_0^t R_{uu}^{L}(t_1-t_2)\,\mathrm{d}t_1\,\mathrm{d}t_2 = 2\int_0^t\int_0^{t_1} R_{uu}^{L}(\tau)\,\mathrm{d}t_1\,\mathrm{d}\tau$$

于是有

$$\langle x^2(t)\rangle = 2\int_0^t \mathrm{d}t_1\int_0^{t_1} R_{uu}^{L}(\tau)\,\mathrm{d}\tau \tag{5.32}$$

式(5.32)中 R_{uu}^{L} 是拉格朗日速度相关函数,已知 R_{uu}^{L} 通过式(5.32)积分可以得到质点位移的均方值。这是著名的 Taylor 公式(1921)。

令质点位移均方根 $\sigma_x = \langle x^2(t)\rangle^{1/2}$,$\rho(\tau) = R_{uu}^{L}(\tau)$ 表示拉格朗日相关函数,则通过积分变换,上式可简化如下:

$$\sigma_x^2 = 2\int_0^t (t-\tau)\rho(\tau)\,\mathrm{d}\tau \tag{5.33}$$

由式(5.32)~式(5.33),推导过程如下,计算积分式 $\int_0^t \frac{\mathrm{d}}{\mathrm{d}\tau}\left(\tau\int_0^\tau \rho(s)\,\mathrm{d}s\right)\mathrm{d}\tau$,直接积分的结

果为

$$\int_0^t \frac{\mathrm{d}}{\mathrm{d}\tau}\left(\tau\int_0^\tau \rho(s)\mathrm{d}s\right)\mathrm{d}\tau = t\int_0^t \rho(s)\mathrm{d}s$$

另一方面,将积分号下的求导展开,有以下等式:

$$\int_0^t \frac{\mathrm{d}}{\mathrm{d}\tau}\left(\tau\int_0^\tau \rho(s)\mathrm{d}s\right)\mathrm{d}r = \int_0^t\int_0^r \rho(s)\mathrm{d}s\mathrm{d}r + \int_0^t \tau\rho(\tau)\mathrm{d}\tau$$

将以上两个积分式相等,可得

$$\int_0^t\int_0^\tau \rho(s)\mathrm{d}s\mathrm{d}\tau = t\int_0^t \rho(s)\mathrm{d}s - \int_0^t \tau\rho(\tau)\mathrm{d}\tau = \int_0^t (t-\tau)\rho(\tau)\mathrm{d}\tau$$

根据式(5.33)可得以下结果。

1. **初始的扩散过程**

在初始的短时间内,$t \ll T_L$,这时 $\rho(s)\Big|_{s\ll 1} \approx \rho(0) = R_{uu}^L(0) = u'^2$,于是,式(5.33)可简化为

$$\sigma_x \approx u't, \quad 当\ t \ll T_L \tag{5.34}$$

这一结果,不难理解,因为在短时间内,质点位移和当时的速度与时间乘积成正比,经系综平均后,质点位移的均方根和脉动速度均方根与时间的乘积成正比。

2. **长时间的扩散过程**

当 $t \gg T_L$ 时,式(5.33)右边可近似为

$$2\int_0^t (t-\tau)\rho(\tau)\mathrm{d}\tau \approx 2t\int_0^\infty \rho(\tau)\mathrm{d}\tau$$

根据湍流积分尺度 T_L 的定义:$T_L = \int_0^\infty \rho(\tau)/\rho(0)\mathrm{d}\tau = \int_0^\infty \rho(\tau)\mathrm{d}\tau/\rho(0) = \int_0^\infty \rho(\tau)\mathrm{d}\tau/u'^2$,于是,质点位移的均方根等于:

$$\sigma_x \approx \sqrt{2u'^2 T_L t}, \quad 当\ t \gg T_L \tag{5.35}$$

5.5.3 标量点源的湍流扩散系数

用拉格朗日的湍流描述方法,我们可以把质点群的扩散系数定义为它们的位移均方值的增长率:

$$\kappa_t^L = \frac{\mathrm{d}}{\mathrm{d}t}(\sigma_x^2/2) \tag{5.36}$$

由此可得,长时间的扩散系数(将式(5.35)代入)为

$$\kappa_t^L = u'^2 T_L \tag{5.37}$$

即在点源的远场($t \gg T_L$),质点群的湍流扩散与拉格朗日积分时间尺度成正比,在均匀各向同性湍流中湍流扩散系数等于常数。第1章已经论述过,在均匀湍流场中,欧拉统计量和拉格朗日统计量相等,因此,用欧拉描述法计算点源的空间扩散时,有湍流扩散系数 $\kappa_t = u'^2 T_L$。

对于标量和粒子群的扩散过程,可以用拉格朗日描述方法建立模型。在一般的非均匀湍流场中,需要考虑粒子的平均位移(也称漂移)和随机位移,对于随机位移需要附加模型,目前,常用的随机模型多采用 Langevin 方程。对于粒子运动,还需要考虑粒子和固壁的碰

撞、粒子间的碰撞以及粒子和流体之间的作用力等。关于一般的拉格朗日随机模型可参见 Thomson (1987)的文章。

5.6　Boussinesq 近似的湍流

5.6.1　Boussinesq 近似

在城市大气和海洋环境中，由于温度和浓度的差异，流体质点的浮力不可忽视。这些环境中，温差或密度差很小，如果采用不可压缩流体的模型，浮力效应将全部略掉。为了既能在动力学过程中保持浮力，又能在运动学上采用流体不可压缩模型，Boussinesq（布辛内斯克）提出一种近似。下面以城市大气运动方程为例，导出 Boussinesq 近似的流动控制方程，从简化的等粘度可压缩流体运动方程出发：

$$\frac{\mathrm{D}\rho}{\mathrm{D}t}+\rho\frac{\partial u_i}{\partial x_i}=0 \tag{5.38}$$

$$\frac{\partial u_i}{\partial t}+u_j\frac{\partial u_i}{\partial x_j}=-\frac{1}{\rho}\frac{\partial p}{\partial x_i}+\nu\nabla^2 u_i-g\delta_{i3} \tag{5.39}$$

式(5.38)可以估计流场的散度：

$$\frac{\partial u_i}{\partial x_i}=-\frac{1}{\rho}\frac{\mathrm{D}\rho}{\mathrm{D}t}\propto\frac{\delta\rho}{\rho} \tag{5.40}$$

假设空气是完全气体，$p=R\rho T$，则密度差由压差和温度差造成：

$$\frac{\delta\rho}{\rho}=\frac{\delta p}{p}-\frac{\delta T}{T}$$

城市大气中，压差主要由重力引起，$\delta p=\rho g\delta z$。地面空气密度约为 $1.293\mathrm{kg}\cdot\mathrm{m}^{-3}$，在 100 米高度上，压差近似为 $\delta p=1.29\times 9.81\times 100=1269\mathrm{Pa}$，而地面压强近似为 $1.0\times 10^5\mathrm{Pa}$，$\delta p/p\approx 10^{-2}$；如果近地面温差 10K，地面温度 293K，则由温差引起的密度差为 $\delta T/T\approx 10^{-2}$。按照这一估计，密度的相对误差也在 10^{-2} 量级，实际近地面的温差和压强差小于以上估计，因此在连续方程中忽略相对密度差，不影响速度场的估计。对于液体，密度差完全由温度差引起，由温差引起的密度差远远小于气体，因此对于城市大气和海洋，速度场仍然可以采用不可压缩的连续方程：

$$\frac{\partial u_i}{\partial x_i}=0 \tag{5.41}$$

在动力学方程(5.39)中，需要近似处理的是压强项（含密度）。先将气体状态参数，写成静平衡态和扰动状态之和：

$$p=p_0(z)+\tilde{p}(x,y,z,t) \tag{5.42}$$

$$\rho=\rho_0(z)+\tilde{\rho}(x,y,z,t) \tag{5.43}$$

$$T=T_0(z)+\tilde{T}(x,y,z,t) \tag{5.44}$$

静平衡状态的压强和密度满足静平衡方程：$\mathrm{d}p_0/\mathrm{d}z=-\rho_0 g$；静平衡状态参数满足状态方程：$p_0=R\rho_0 T_0$；另一方面，$p,\rho,T$ 也满足状态方程 $p=R\rho T$。将式(5.43)作 Taylor（泰勒）展开，由于扰动状态对于静平衡状态是小量，于是有线性近似：

$$\tilde{\rho}\approx\left(\frac{\partial\rho}{\partial T}\right)_0\tilde{T}+\left(\frac{\partial\rho}{\partial p}\right)_0\tilde{p}=-\frac{\rho_0}{T_0}\tilde{T}+\frac{1}{RT_0}\tilde{p}=-\frac{\tilde{T}}{T_0}+\rho_0\frac{\tilde{p}}{p_0} \tag{5.45a}$$

在城市大气中,扰动压强远远小于静止压强,因此式(5.45a)可近似为

$$\tilde{\rho} \approx \left(\frac{\partial \rho}{\partial T}\right)_0 \widetilde{T} + \left(\frac{\partial \rho}{\partial p}\right)_0 \tilde{p} = -\frac{\rho_0}{T_0}\widetilde{T} \tag{5.45b}$$

上式也可写成:

$$\frac{\tilde{\rho}}{\rho_0} \approx -\frac{\widetilde{T}}{T_0} \tag{5.45c}$$

式(5.39)中,压强梯度项的近似:

$$-\frac{1}{\rho}\frac{\partial p}{\partial x_i} = -\frac{1}{\rho_0+\tilde{\rho}}\left(\frac{\partial p_0}{\partial x_i}+\frac{\partial \tilde{p}}{\partial x_i}\right) = -\left(\frac{1}{\rho_0}-\frac{1}{\rho_0}\frac{\tilde{\rho}}{\rho_0}\right)\left(-\rho_0 g\delta_{i3}+\frac{\partial \tilde{\rho}}{\partial x_i}\right)$$

$$\approx g\delta_{i3} - \frac{1}{\rho_0}\frac{\partial \tilde{p}}{\partial x_i} - \frac{\tilde{\rho}}{\rho_0} g\delta_{i3}$$

推导上式时,忽略了扰动的2次项$\frac{\tilde{\rho}}{\rho_0^2}\frac{\partial \tilde{p}}{\partial x_i}$,将式(5.45b)代入上式得

$$-\frac{1}{\rho}\frac{\partial p}{\partial x_i} \approx g\delta_{i3} - \frac{1}{\rho_0}\frac{\partial \tilde{p}}{\partial x_i} + g\frac{\widetilde{T}}{T_0}\delta_{i3} \tag{5.46}$$

将式(5.46)代入式(5.39)得

$$\frac{\partial u_i}{\partial t} + u_j\frac{\partial u_i}{\partial x_j} = -\frac{1}{\rho_0}\frac{\partial \tilde{p}}{\partial x_i} + \nu\nabla^2 u_i + g\frac{\widetilde{T}}{T_0}\delta_{i3} \tag{5.47}$$

上式最后一项是Boussinesq近似的浮力项。由热平衡方程,可得温度输运方程:

$$\frac{\partial T}{\partial t} + u_j\frac{\partial T}{\partial x_j} = \kappa\frac{\partial^2 T}{\partial x_j \partial x_j} + q \tag{5.48a}$$

式中q为流场中的热源,如化学反应热,水汽相变的潜热等。将式(5.44)代入式(5.48a),得

$$\frac{\partial \widetilde{T}}{\partial t} + u_j\frac{\partial \widetilde{T}}{\partial x_j} = \kappa\frac{\partial^2 \widetilde{T}}{\partial x_j \partial x_j} + \kappa\left(\frac{\mathrm{d}T_0}{\mathrm{d}z}\right)^2 - u_3\frac{\partial T_0}{\partial z} + q \tag{5.48b}$$

浮力流动的Boussinesq近似也可用密度分层的表达式表示,用式(5.45c):$\tilde{\rho}/\rho_0 \approx -\widetilde{T}/T_0$,将温度用密度取代,得密度分层的流动方程;

$$\frac{\partial u_i}{\partial t} + u_j\frac{\partial u_i}{\partial x_j} = -\frac{1}{\rho_0}\frac{\partial \tilde{p}}{\partial x_i} + \nu\nabla^2 u_i - g\frac{\tilde{\rho}}{\rho_0}\delta_{i3} \tag{5.49}$$

$$\frac{\partial \tilde{\rho}}{\partial t} + u_j\frac{\partial \tilde{\rho}}{\partial x_j} = D\frac{\partial^2 \tilde{\rho}}{\partial x_j \partial x_j} + D\left(\frac{\mathrm{d}\rho_0}{\mathrm{d}z}\right)^2 - u_3\frac{\partial \rho_0}{\partial z} + q \tag{5.50}$$

式中D是质量扩散系数,$\partial\rho_0/\partial z$是环境的密度梯度,$\partial\rho_0/\partial z<0$是稳定分层;$\partial\rho_0/\partial z>0$是不稳定分层。在Boussinesq近似中,$|\partial\rho_0/\partial z|$很小;通常分子粘性和扩散很小,可以忽略,又不计源项q,密度分层流动的控制方程可简化为

$$\frac{\partial u_i}{\partial t} + u_j\frac{\partial u_i}{\partial x_j} = -\frac{1}{\rho_0}\frac{\partial \tilde{p}}{\partial x_i} - g\frac{\tilde{\rho}}{\rho_0}\delta_{i3} \tag{5.51}$$

$$\frac{\partial \tilde{\rho}}{\partial t} + u_j\frac{\partial \tilde{\rho}}{\partial x_j} = -u_3\frac{\partial \rho_0}{\partial z} \tag{5.52}$$

5.6.2 重力内波和分层流湍流

有密度差或温度差的流动中,流体质点上有重力作用,正的密度梯度(密度大的质点在高位)是不稳定的,流体质点将坠落;负的密度梯度(密度大的质点在低位)是静稳定态的。

然而，静稳定的流体，质点浮力可诱发振荡，即所谓重力内波。这时重力浮力是一种恢复力。简单的力学分析，可以定性地解释重力内波的产生。假定在 $\mathrm{d}\rho/\mathrm{d}z<0$ 的流场中，一个低位质点（具有较高密度）受到扰动，升到高位，由于该质点重力大于当地质点重力，于是质点将下落；当该质点下落到原有高度以下，由于该质点的重力小于当地质点重力，于是作用在该质点上的浮力驱使它上升。因此，静稳定的流场中，质点受扰动后，将产生垂直振荡。

以上定性的论述可以用简单的动力学分析获得重力内波的振荡频率。假定流体质点在 $\mathrm{d}\rho/\mathrm{d}z<0$ 的流场中，向上运动位移为 $\mathrm{d}\delta$，在 $\mathrm{d}\delta$ 位置以上的外力等于 $[\rho(\delta+\mathrm{d}\delta)-\rho(\delta)]g=(\mathrm{d}\rho/\mathrm{d}z)g\mathrm{d}\delta$，质点的运动方程为

$$\rho_0\frac{\mathrm{d}^2\delta}{\mathrm{d}t^2}=\frac{\mathrm{d}\rho}{\mathrm{d}z}g\delta \tag{5.53a}$$

令 $N^2=-\dfrac{g}{\rho_0}\dfrac{\mathrm{d}\rho}{\mathrm{d}z}$，运动方程可写作：

$$\frac{\mathrm{d}^2\delta}{\mathrm{d}t^2}+N^2\delta=0 \tag{5.53b}$$

该方程的解是典型的一维质点振荡：

$$\delta=\delta_0\exp(\mathrm{i}Nt) \tag{5.54}$$

振荡频率为 N，称为 Brunt-Väisälä 频率。注意到 $N^2=-\dfrac{g}{\rho_0}\dfrac{\mathrm{d}\rho}{\mathrm{d}z}$，只有当密度梯度为负值时，才有实数频率，即稳定分层的流场中才有重力内波。

重力内波不仅可以类似表面波在水平方向传播，还可以向任意方向传播。在上面例子中，假设粒子在和垂直方向成 Θ 角位移 δ_l，这时质点的动力学方程为

$$\rho_0\frac{\mathrm{d}^2\delta_l}{\mathrm{d}t^2}=\delta\rho g\cos(\Theta) \tag{5.55a}$$

这时 $\delta\rho=(\mathrm{d}\rho/\mathrm{d}z)\delta z=(\mathrm{d}\rho/\mathrm{d}z)\delta_l\cos(\Theta)$，质点运动方程为

$$\rho_0\frac{\mathrm{d}^2\delta_l}{\mathrm{d}t^2}=\frac{\mathrm{d}\rho}{\mathrm{d}z}g\delta_l\cos^2(\Theta) \tag{5.55b}$$

或

$$\rho_0\frac{\mathrm{d}^2\delta_l}{\mathrm{d}t^2}+N^2\cos^2(\Theta)\delta_l=0 \tag{5.55c}$$

该方程的解为

$$\delta_l=\delta_0\exp(\mathrm{i}N\cos\Theta t) \tag{5.56}$$

质点在斜向振荡的频率为 $N\cos\Theta$。

还可以用 Boussinesq 近似对以上定性描述做定量分析。为了简单起见，假定流动是二维的，在静平衡状态下驱动，同时忽略流体粘性和分子扩散。这时，Boussinesq 近似方程可写作：

$$\frac{\partial u}{\partial x}+\frac{\partial w}{\partial z}=0$$

$$\frac{\partial u}{\partial t}+u\frac{\partial u}{\partial x}+w\frac{\partial u}{\partial z}=-\frac{1}{\rho_0}\frac{\partial p}{\partial x}$$

$$\frac{\partial w}{\partial t}+u\frac{\partial w}{\partial x}+w\frac{\partial w}{\partial w}=-\frac{1}{\rho_0}\frac{\partial p}{\partial z}-\frac{\rho}{\rho_0}g$$

$$\frac{\partial \rho}{\partial t}+u\frac{\partial \rho}{\partial x}+w\frac{\partial \rho}{\partial z}=-w\frac{\mathrm{d}\bar{\rho}}{\mathrm{d}z}$$

以上方程中 u,w,p,ρ 都是偏离静平衡态的扰动量,$\mathrm{d}\bar{\rho}/\mathrm{d}z$ 是静平衡状态下的密度梯度,并假定为常数。类似分析表面水波,偏离静平衡态的扰动是小量,忽略所有二次项后得重力内波方程:

$$\frac{\partial u}{\partial x}+\frac{\partial w}{\partial z}=0 \tag{5.57a}$$

$$\frac{\partial u}{\partial t}=-\frac{1}{\rho_0}\frac{\partial p}{\partial x} \tag{5.57b}$$

$$\frac{\partial w}{\partial t}=-\frac{1}{\rho_0}\frac{\partial p}{\partial z}-g\frac{\rho}{\rho_0} \tag{5.57c}$$

$$\frac{\partial \rho}{\partial t}=-w\frac{\partial \bar{\rho}}{\partial z} \tag{5.57d}$$

由动量方程(5.57b)和(5.57c)消去压强项,可得 u-w 平面的涡量 ζ 方程$\left(\zeta\text{ 的定义是 }\zeta=\frac{\partial w}{\partial x}-\frac{\partial u}{\partial z}\right)$:

$$\rho_0\frac{\partial \zeta}{\partial t}=g\frac{\partial \rho}{\partial x} \tag{5.58}$$

定义平面流函数 ψ,它和速度和涡量间有以下关系:

$$u=-\frac{\partial \psi}{\partial z},\quad w=\frac{\partial \psi}{\partial x} \tag{5.59}$$

$$\zeta=\frac{\partial w}{\partial x}-\frac{\partial u}{\partial z}=\Delta\psi=\frac{\partial^2 \psi}{\partial x^2}+\frac{\partial^2 \psi}{\partial z^2} \tag{5.60}$$

将式(5.57d)写成:

$$\frac{\partial \rho}{\partial t}=-\frac{\partial \psi}{\partial x}\frac{\partial \bar{\rho}}{\partial z}$$

将式(5.58)对 t 求偏导,上式对 x 求偏导,两式消去密度 ρ,经整理后,得

$$\frac{\partial^2}{\partial t^2}\Delta\psi+N_0^2\frac{\partial^2 \psi}{\partial x^2}=0 \tag{5.61}$$

式(5.61)是4阶常系数偏微分方程,它可以有波动解,令 $\psi=\Psi_0\exp[\mathrm{i}(k_x x+k_z z-\omega t)]$,得色散关系式:

$$\omega^2(k_x^2+k_z^2)-N_0^2k_x^2=0 \tag{5.62}$$

式中 ω 是内波频率,k_x 是 x 方向波数,k_z 是 z 方向波数;重力内波的频率

$$\omega=N_0\frac{k_x}{\sqrt{k_x^2+k_z^2}} \tag{5.63}$$

由式(5.63)可推断,沿 x 方向传播的内波($k_z=0$),它的频率等于 B-V 频率 N_0;沿 Θ 方向($\cos\Theta=k_x/\sqrt{k_x^2+k_z^2}$)传播的内波频率等于 $N_0\cos\Theta$。该结果和前面质点运动分析的结果完全相同。

内波的上述特性表明,在稳定分层流体中(如大气和海洋)由内波诱发的湍流脉动是三维的,它不仅在水平方向传播,也能在重力方向传播。

5.6.3 位势涡和湍流

平均密度梯度为常数的均匀湍流满足以下的布辛内斯克方程:

$$\frac{\partial u}{\partial x}+\frac{\partial v}{\partial y}+\frac{\partial w}{\partial z}=0$$

$$\frac{\partial u}{\partial t}+u\frac{\partial u}{\partial x}+w\frac{\partial u}{\partial z}=-\frac{1}{\rho_0}\frac{\partial p}{\partial x}+\nu\Delta u$$

$$\frac{\partial v}{\partial t}+u\frac{\partial v}{\partial x}+v\frac{\partial v}{\partial y}+w\frac{\partial v}{\partial z}=-\frac{1}{\rho_0}\frac{\partial p}{\partial y}+\nu\Delta v$$

$$\frac{\partial w}{\partial t}+u\frac{\partial w}{\partial x}+v\frac{\partial w}{\partial y}+w\frac{\partial w}{\partial w}=-\frac{1}{\rho_0}\frac{\partial p}{\partial z}-\rho g+\nu\Delta w$$

$$\frac{\partial \rho}{\partial t}+u\frac{\partial \rho}{\partial x}+w\frac{\partial \rho}{\partial z}=-w\frac{\mathrm{d}\bar{\rho}}{\mathrm{d}z}+D\Delta\rho$$

上述方程中 u,v,w 分别为脉动速度，p,ρ 为脉动压强和脉动密度；$\mathrm{d}\bar{\rho}/\mathrm{d}z$ 是平均密度梯度。利用流动尺度分析，发现某种条件下可产生位势涡形式的 2 分量三维湍流(Riley,1981)。

令水平尺度和垂直尺度分别为 L_H,L_V，水平速度尺度为 u'，时间尺度为 L_H/u'，压强尺度为 $\rho_0 u'^2$，密度尺度为 $\rho_0 u'^2/L_V g$。

在分层湍流中，弗洛德数的定义为

$$F=\frac{u'}{NL_V} \tag{5.64}$$

因此时间尺度：

$$\frac{L_H}{u'}=\alpha^{-1}N^{-1}F^{-1} \tag{5.65}$$

式中 $a=L_V/L_H$ 是流动尺度的高宽比的倒数。利用以上物理量尺度作无量纲化，分层流的布辛内斯克方程可写成以下形式：

$$\nabla_H\cdot u_H+F^2\frac{\partial w}{\partial z}=0$$

$$\frac{\partial \boldsymbol{u}_H}{\partial t}+\boldsymbol{u}_H\cdot\nabla\boldsymbol{u}_H+F^2 w\frac{\partial \boldsymbol{u}_H}{\partial z}=-\nabla_H p+\frac{1}{\alpha^2 Re}\Delta\boldsymbol{u}_H$$

$$\alpha^2F^2\left[\frac{\partial w}{\partial t}+\boldsymbol{u}_H\cdot\nabla w+F^2 w\frac{\partial w}{\partial w}\right]=-\frac{\partial p}{\partial z}-\rho+\frac{F^2}{Re}\Delta w$$

$$\frac{\partial \rho}{\partial t}+\boldsymbol{u}_H\cdot\nabla\rho+F^2 w\frac{\mathrm{d}\rho}{\mathrm{d}z}-w=\frac{1}{\alpha^2}\frac{1}{Sc\cdot Re}\Delta\rho$$

以上方程中 $\boldsymbol{u}_H=u_x\boldsymbol{e}_x+u_y\boldsymbol{e}_y$ 是水平脉动速度，请注意，$\nabla_H=\boldsymbol{e}_x\partial/\partial x+\boldsymbol{e}_y\partial/\partial y$ 是水平梯度算符；而 $\nabla=\boldsymbol{e}_x\partial/\partial x+\boldsymbol{e}_y\partial/\partial y+\boldsymbol{e}_z\partial/\partial z$ 是三维梯度算符。如果弗洛德数很小，即水平脉动速度很小，密度梯度很大(属于强稳定分层)，含有 F^2 项均可略去，以上方程可简化为

$$\nabla_H\cdot u_H=0 \tag{5.66a}$$

$$\frac{\partial \boldsymbol{u}_H}{\partial t}+\boldsymbol{u}_H\cdot\nabla\boldsymbol{u}_H=-\nabla_H p+\frac{1}{\alpha^2 Re}\Delta\boldsymbol{u}_H \tag{5.66b}$$

$$-\frac{\partial p}{\partial z}-\rho=0 \tag{5.66c}$$

$$\frac{\partial \rho}{\partial t}+\boldsymbol{u}_H\cdot\nabla\rho-w=\frac{1}{\alpha^2}\frac{1}{Sc\cdot Re}\Delta\rho \tag{5.66d}$$

方程(5.66a)、(5.66b)是两个变量的两个方程，似乎可以解出二维水平速度 u_H 和 p；实际上，方程(5.66b)最后一项，是空间三维扩散项，因此方程(5.66a)、(5.66b)解出的 u_H 和 p 都是 z 的函数。它是 2 分量三维流场；获得 u_H 和 p 后，由方程(5.66c)、(5.66d)解出 w 和 ρ。以上分析表明，强稳定分层流中，可能产生薄层水平扰动。

如果忽略分子粘性,或者说雷诺数 $Re\to\infty$,方程(5.66a)、(5.66b)构成二维不可压缩无粘流的控制方程,该方程可有位势涡的方程:

$$\frac{\partial \omega_z}{\partial t}+\boldsymbol{u}_H\cdot\nabla\omega_z=0 \tag{5.67}$$

$$\omega_z=\frac{\partial v}{\partial x}-\frac{\partial u}{\partial y} \tag{5.68}$$

它是在二维无粘状态下的涡量,称之为位势涡(Potential vortex)。

以上两节分析说明,在线性近似或弗洛德数趋向无穷的条件下,可产生重力内波或薄层位势涡扰动。近 10 年来,对于稳定分层流动中湍流脉动的性质做了大量的实验和数值研究。大多数分层流动的实验在密度分层的水池中用拖模实现,Spredding 等(1996)在分层水池中,用圆球拖模的尾迹,研究分层流动特性。初始时刻,圆球尾迹是三维的,由于稳定分层的作用垂直方向的尾迹很快耗散,在圆球的远尾迹中,主要是水平面上的二维尾迹。在片状的尾迹中用流动显示方法,观察了垂向的位势涡,如图 5-16 所示。该实验证实,在分层流动中当弗洛德数很小时(在远尾迹中),存在位势涡。

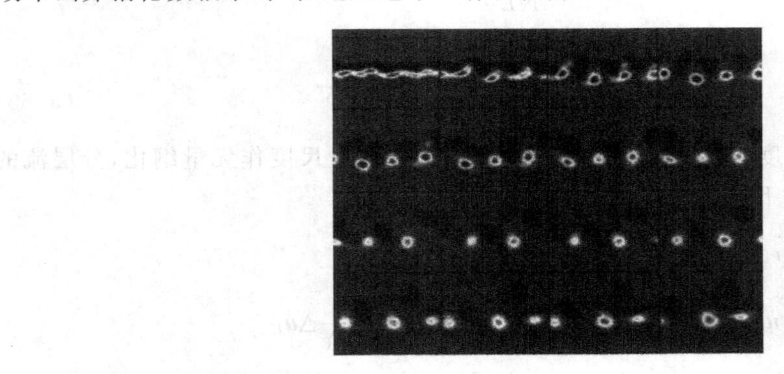

图 5-16　分层流中垂向涡量的 ω_z(在 $Nt=21$ 到 $Nt=640$ 中以对数做 16 均匀步,$Re_d=5286$,$F_d=4$)

直接数值模拟研究均匀分层湍流是一种有效的方法。均匀分层流的数值模拟可以采用谱方法(详见第 8 章),作者在均匀分层湍流中研究脉动的发展,设计了三类算例,算例 A 的初始流场是二维位势涡;算例 B 的初始流场是内波;算例 C 的初始流场是各向同性脉动。初始雷诺数在 $10^2\sim10^3$,初始弗洛德数在 $10^1\sim10^2$。具体参数,均匀分层流动中,湍流脉动是衰减的,表 5.3 中最后一列是达到充分发展湍流状态的组合参数 $ReFr^2$。

表 5.3　均匀密度分层流中湍流演化的算例参数

算例	网格	$u_0/(\mathrm{m\cdot s^{-1}})$	$N/\mathrm{s^{-1}}$	初始 Re 数	初始 Fr 数	充分发展 $ReFr^2$
A	144^3	0.02008	0.0196	10^3	10^1	10^1
B	144^3	0.0502	0.062	10^3	10^2	10^0
C	144^3	0.0502	0.0192	10^3	10^2	10^0

算例 A 假定位势涡的初始状态是泰勒-格林涡(Taylor-Green vortex):

$$u=u_0\cos(z)\cos(x)\sin(y) \tag{5.69a}$$

$$v=-u_0\cos(z)\cos(y)\sin(x) \tag{5.69b}$$

$$w=0 \tag{5.69c}$$

式中 u_0 是常数。

算例 B 假定初始内波具有以下形式：

$$u = u_0 \cos(x + z) \tag{5.70a}$$

$$v = 0 \tag{5.70b}$$

$$w = -u_0 \cos(x + z) \tag{5.70c}$$

$$\rho = \frac{u_0 \rho_0 N}{g} \cos(x + z) \tag{5.70d}$$

研究的目的是在不同初始状态下，由于非线性的相互作用，浮力湍流将如何发展。以内波和位势涡为初始状态的扰动，是否继续保持内波和位势涡占优？各向同性湍流初始场中既有内波成分又有位势涡，在非线性相互作用下，以哪种扰动占优？

图 5-17 展示不同初始条件下，位势涡和内波成分的能量演化。初始位势涡的情况（图 5-17(a)），内波动能在发展过程中逐渐增大；发展后期，仍然位势涡占优。初始内波的情况（图 5-17(b)），位势涡逐渐增强，发展后期，位势涡能量大于内波。初始各向同性湍流脉动情况（图 5-17(c)），初始时内波和位势涡的动能相等，发展过程初期内波占优；发展后期内波动能很快衰减，位势涡逐渐占优。

总的情况，不论什么初始扰动，均匀稳定分层流动中，2 分量的位势涡在分层流湍流中逐渐占优。

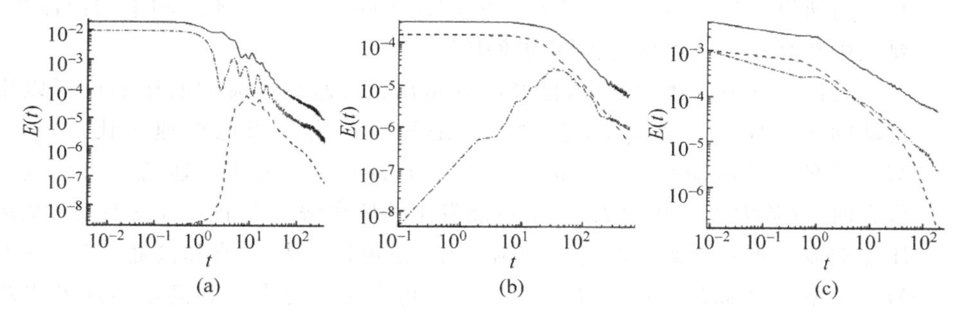

图 5-17　三种初始状态下，扰动动能的演化

(a) 算例 A；(b) 算例 B；(c) 算例 C

（实线：总动能；虚线：位势涡动能；点画线：内波动能）

直接数值模拟受计算资源的限制，雷诺数不能很高，弗洛德数不能很小；研究结果表明，在目前计算机资源条件下，控制组合参数 $ReFr^2$ 达到 10^1 量级，基本上可以模拟接近真实的浮力湍流（Shen 等，2010，Brethouwer 等，2007）。关于如何分解不同扰动成分的能量和具体计算方法，可参见 Shen 等的论文（2010），文中还给出不同扰动的能谱。

可压缩湍流

6.1 可压缩湍流的基本性质

本章讨论可压缩湍流，主要是高速气体流动中的湍流现象，这种流动中气体速度很快，密度、温度和压强变化也很大。在这种流动中产生的湍流和不可压缩流动中的湍流现象有很大差别，和布辛内斯克近似的弱可压缩湍流也有本质上的差别，布辛内斯克近似基本上属于不可压缩湍流范畴。高速气体流动中的湍流现象，主要发生在高速飞行器的外流和内流中。

流体力学或气体力学中，已经明确指出：高速气体流动的压缩性可以用气体运动的马赫数 Ma 来衡量，它的定义是气流速度和当地声速之比，$Ma=U/C$，$Ma<1$ 的气体流动称为亚声速流；$Ma>1$ 的流动称为超声速流。当气流马赫数很大时，气流温度变化很大，甚至可能发生气体离解。本书只讨论不发生离解的可压缩湍流。不发生离解的超声速流动中，还可区分超声速和高超声速，一般认为 $Ma<5$ 属于普通超声速；$Ma>5$ 属于高超声速。超声速和高超声速的平均流动有较大差别；在这两种流动中的湍流也有差别。

高速气体流动中除了气体的热力学状态有显著的变化外，在超声速气体流动中，还可能产生激波，即流动参数的跳跃(间断面)。激波和湍流的相互作用是可压缩湍流中的突出问题。

高速气体流动的主要特点是存在质点动能和热能之间的转换。这种转换不仅发生在可逆过程，例如在等熵过程中，质点速度减小，质点内能增加(表现在温度增加)；在不可逆过程中，质点动能的粘性耗散，导致质点内能增加，温度升高，熵增加；而在不可压缩流动中质点的分子粘性耗散在热能平衡中可略去不计。高速气体流动中激波导致很大的粘性耗散，从而产生大的熵增。高速气体流动的上述特点，导致高速流动中的湍流有复杂的模态。在不可压缩湍流中，湍流脉动的散度等于零，不存在体积膨胀的脉动。无论是简单的各向同性湍流或者复杂的剪切湍流，只需关注它们的涡结构和耗散结构。可压缩湍流则复杂得多，脉动的结构中不仅有涡模态(结构)，还有熵模态(由湍动能耗散引起)和声模态(由脉动的散度引起)。

为了更好地理解可压缩湍流，本节简要地介绍气体流动的基本性质，在本章后面的论述中将经常应用这些性质对气体湍流进行分析。对于熟悉气体流动的读者，可以跳过本节。

6.1.1　可压缩流动的基本方程

气体流动中质点密度的显著变化导致连续方程和不可压缩流动不同，同时质点热力学状态的变化，需要补充能量平衡方程和气体状态方程，具体流动控制方程如下：

质量守恒方程（或连续方程）为

$$\frac{\partial \rho}{\partial t}+\frac{\partial(\rho u_j)}{\partial x_j}=0 \tag{6.1}$$

动量方程（或质点运动方程）为

$$\frac{\mathrm{D}u_i}{\mathrm{D}t}=-\frac{1}{\rho}\frac{\partial p}{\partial x_i}-\frac{1}{\rho}\frac{\partial \tau_{ij}}{\partial x_j} \tag{6.2}$$

能量守恒方程为

$$\rho\frac{\mathrm{D}}{\mathrm{D}t}\left(e+\frac{u_iu_i}{2}\right)=\frac{\partial}{\partial x_i}(P_{ij}u_j)+\frac{\partial}{\partial x_i}\left(\lambda\frac{\partial T}{\partial x_i}\right) \tag{6.3}$$

式中 ρ,u_i,p,e 分别是气体的密度、速度、压强和内能，P_{ij} 是质点表面的总应力，即

$$P_{ij}=-p\delta_{ij}+\tau_{ij} \tag{6.4}$$

τ_{ij} 是气体的粘性应力张量，λ 是气体的傅里叶导热系数。$\mathrm{D}/\mathrm{D}t$ 表示质点导数，即

$$\frac{\mathrm{D}}{\mathrm{D}t}=\frac{\partial}{\partial t}+u_j\frac{\partial}{\partial x_j} \tag{6.5}$$

气体分子粘性应力 τ_{ij} 的本构方程为

$$\tau_{ij}=\mu\left(\frac{\partial u_i}{\partial x_j}+\frac{\partial u_j}{\partial x_i}\right)-\frac{2}{3}\mu\frac{\partial u_k}{\partial x_k}\delta_{ij} \tag{6.6}$$

气体的分子粘性系数和温度有关，对于常见气体，它满足 Sutherland 公式：

$$\frac{\mu}{\mu_0}=\frac{T_0+110.4}{T+110.4}\left(\frac{T}{T_0}\right)^{1.5} \tag{6.7a}$$

上式适用于 100～1900K。当温度 150～500K 时，可用更简单的近似公式：

$$\frac{\mu}{\mu_0}=\left(\frac{T}{T_0}\right)^{0.76} \tag{6.7b}$$

本书研究完全气体的流动，气体的状态方程为

$$p=R\rho T \tag{6.8a}$$

完全气体只有 2 个独立的状态参数，例如气体内能 e，焓 i 和熵 s 可分别用独立参数表示：

$$e=c_vT,\quad i=c_vT+p/\rho=c_pT,\quad s-s_0=c_p\ln(\rho_0/\rho)+c_v\ln(p/p_0) \tag{6.8b}$$

式中，c_v 是气体定容比热，c_p 是气体定压比热。

完全气体的分子热扩散系数与分子粘性系数成正比，即普朗特数为常数：

$$Pr=\frac{\mu c_p}{\lambda}=\text{const.} \tag{6.9}$$

通常 20℃时空气的普朗特数等于 0.72。方程(6.1)～(6.9)构成气体运动的封闭方程。

可压缩流动中，质点动能和热能之间有能量交换，下面导出能量方程的几种形式。

(1) 质点动能的输运方程

式(6.2)乘以 u_i 便可导出单位体积气体质点动能的输运方程：

$$\rho \frac{\partial K}{\partial t} + \rho u_j \frac{\partial K}{\partial x_j} = p \frac{\partial u_i}{\partial x_i} + \frac{\partial}{\partial x_j}(P_{ij} u_j) - \tau_{ij} \frac{\partial u_i}{\partial x_j} \tag{6.10}$$

式中 $K = u_i u_i / 2$ 是单位质量的气体动能。方程左边是单位体积质点动能的增长率；方程右边第一项是压强和体积膨胀率乘积，也就是气体的体积膨胀功，方程右边第二项是单位体积气体表面力(包括压强和剪应力)做功，如果这两项都是正值，它们使气体质点动能增加。

方程右边最后一项称为耗散项，用 Φ 表示，由式(6.6)可得

$$\Phi = \tau_{ij} \frac{\partial u_i}{\partial x_j} = \mu \left(\frac{\partial u_i}{\partial x_j} + \frac{\partial u_j}{\partial x_i} \right) \frac{\partial u_i}{\partial x_j} - \frac{2}{3} \mu \frac{\partial u_k}{\partial x_k} \frac{\partial u_i}{\partial x_j} \delta_{ij} \tag{6.11}$$

速度梯度张量可以写成对称张量和反称张量之和：$\frac{\partial u_i}{\partial x_j} = \frac{1}{2}\left(\frac{\partial u_i}{\partial x_j} + \frac{\partial u_j}{\partial x_i}\right) + \frac{1}{2}\left(\frac{\partial u_i}{\partial x_j} - \frac{\partial u_j}{\partial x_i}\right)$，因此式(6.11)右边第一项等于对称张量乘积。右边第二项是速度散度的乘积。即

$$\Phi = \frac{\mu}{2}\left(\frac{\partial u_i}{\partial x_j} + \frac{\partial u_j}{\partial x_i}\right)\left(\frac{\partial u_i}{\partial x_j} + \frac{\partial u_j}{\partial x_i}\right) - \frac{2}{3}\mu \frac{\partial u_k}{\partial x_k}\frac{\partial u_i}{\partial x_i} = \frac{\mu}{2}\left(\frac{\partial u_i}{\partial x_j} + \frac{\partial u_j}{\partial x_i}\right)\left(\frac{\partial u_i}{\partial x_j} + \frac{\partial u_j}{\partial x_i}\right) - \frac{2}{3}\mu\left(\frac{\partial u_k}{\partial x_k}\right)^2$$

上式右端2项都是正值，但是第1项大于第2项(读者自己可以很容易证明)，因此耗散项必是正值。它使质点动能减小。

(2) 质点内能的输运方程

可以将方程(6.3)和(6.9)相减，得内能的输运方程为

$$\rho \frac{\partial e}{\partial t} + \rho u_j \frac{\partial e}{\partial x_j} = -p \frac{\partial u_i}{\partial x_i} + \tau_{ij} \frac{\partial u_i}{\partial x_j} + \frac{\partial}{\partial x_j}\left(\lambda \frac{\partial T}{\partial x_j}\right) \tag{6.12}$$

方程(6.12)左边是单位体积气体内能增长率；右边第一项是单位体积气体的膨胀功的负值，因为气体膨胀输出能量，提供质点动能(式(6.10)中右边第一项)，导致内能减小；方程右边第二项是式(6.11)中的耗散项，但是在内能方程中是正值，分子粘性耗散使质点动能减少，而质点内能增加；方程(6.12)最后一项是热传导，输入的热能(正值)使内能增加，或输出热能(负值)使内能减小。

(3) 质点焓的输运方程

热力学参数焓 h 的定义是：$h = e + p/\rho = c_p T$。在内能输运方程中将内能用焓替代，可得焓的输运方程：

$$\rho \frac{\partial h}{\partial t} + \rho u_j \frac{\partial h}{\partial x_j} = \frac{\partial p}{\partial t} + u_j \frac{\partial p}{\partial x_j} + \tau_{ij} \frac{\partial u_i}{\partial x_j} + \frac{\partial}{\partial x_j}\left(\lambda \frac{\partial T}{\partial x_j}\right) \tag{6.13}$$

(4) 质点总焓的输运方程

总焓 h_0 的定义是单位质量气体的焓与动能之和，$h_0 = h + u_i u_i / 2$，将式(6.13)和式(6.10)相加，可得总焓输运方程；

$$\rho \frac{\partial h_0}{\partial t} + \rho u_j \frac{\partial h_0}{\partial x_j} = \frac{\partial p}{\partial t} + \frac{\partial \tau_{ij} u_i}{\partial x_j} + \frac{\partial}{\partial x_j}\left(\lambda \frac{\partial T}{\partial x_j}\right) \tag{6.14}$$

质点总焓在气体流动中有特殊性质，例如，定常均匀的绝热流动中总焓沿质点轨迹等于常数。

(5) 质点熵的输运方程

完全气体熵 s 的定义是：$T\mathrm{d}s = \mathrm{d}h - \mathrm{d}p/\rho$，将式(6.13)中的 $\mathrm{d}h$ 用 $\mathrm{d}h = \mathrm{d}p/\rho + T\mathrm{d}s$ 代替得质点熵的输运方程：

$$\rho \frac{\partial s}{\partial t} + \rho u_j \frac{\partial s}{\partial x_j} = \frac{\Phi}{T} + \frac{1}{T} \frac{\partial}{\partial x_j}\left(\lambda \frac{\partial T}{\partial x_j}\right) \tag{6.15}$$

由质点熵的输运方程可知：在绝热过程中(右边第 2 项等于零)流体的分子粘性耗散 Φ(正值)总是使质点的熵增加。

气体流动的能量输运方程是考察气体运动中机械能(质点动能)和热能间转换的基础，根据需要考察的问题可选择不同形式的能量输运方程。

由于气体运动中动能和热能之间的交换，当动能减小时，热能增加，从而温度升高。在边界层中，壁面速度降到零，从外层扩散到壁面的动能也能转换到热能，导致壁面温度升高。下面以简单的均匀剪切流动，可压缩库埃特流动(compressible Couette flow)为例说明该现象。

6.1.2　可压缩层流库埃特流动

可压缩库埃特流动的边界条件见图 6-1。在无穷大平行平板间的二维定常气体流动，$w=0,\partial/\partial t=0,\partial/\partial z=0,\partial/\partial x=0$。上板速度等于 u_e，下板速度等于 $u_w=0$；上板温度为 T_e，下板温度为 T_w；上板面气体密度等于 ρ_e，下板面气体密度等于 ρ_w；上下板面的粘性系数和热扩散系数分别为 $\mu_e,\mu_w,\lambda_e,\lambda_w$。在平行平板间的流动是定常平行直线运动，所有速度和热力学参数只是垂直壁面坐标的函数，即 $u=u(y),T=T(y)$。根据以上性质，连续方程为

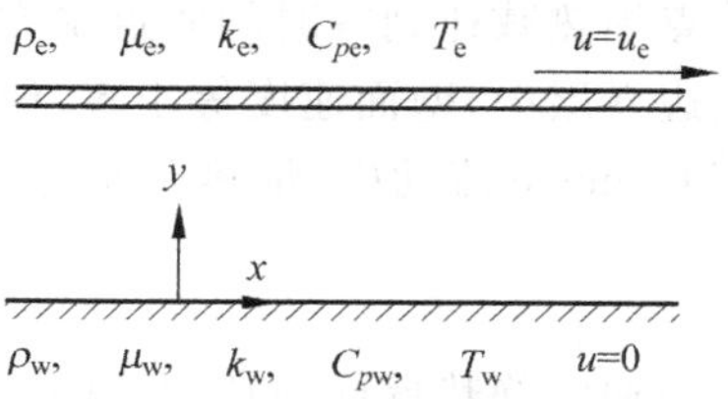

图 6-1　可压缩库埃特流动边界条件

$$\frac{\partial \rho v}{\partial y}=0 \tag{6.16}$$

在壁面上 $v=0$，积分式(6.16)，得 $\rho v=0$；因 $\rho\neq 0$，故全场 $v=0$。

根据定常均匀流动特点($v=0,w=0,\partial/\partial t=0,\partial/\partial z=0,\partial/\partial x=0$)，动量方程简化为

$$\frac{\partial \tau_{xy}}{\partial y}=0,\quad \text{即}\quad \frac{\partial}{\partial y}\left(\mu\frac{\partial u}{\partial y}\right)=0 \tag{6.17}$$

积分上式，得

$$\mu\frac{\partial u}{\partial y}=\tau_w \tag{6.18}$$

τ_w 是壁面切应力，式(6.18)还表示，可压缩 Couette 流动中，切应力不随 y 变化。

能量方程为(采用式(6.12))

$$\rho\frac{\partial e}{\partial t}+\rho u_j\frac{\partial e}{\partial x_j}=-p\frac{\partial u_i}{\partial x_i}+\tau_{ij}\frac{\partial u_i}{\partial x_j}+\frac{\partial}{\partial x_j}\left(\lambda\frac{\partial T}{\partial x_j}\right)$$

因$\partial/\partial t=0,\partial/\partial x=0,v=0,w=0$，简化后得

$$\tau_{ij}\frac{\partial u_i}{\partial x_j}+\frac{\partial}{\partial x_j}\left(\lambda\frac{\partial T}{\partial x_j}\right)=0,\quad \text{或}\quad \frac{\partial u_i\tau_{ij}}{\partial x_j}-u_i\frac{\partial \tau_{ij}}{\partial x_j}+\frac{\partial}{\partial x_j}\left(\lambda\frac{\partial T}{\partial x_j}\right)=0,\quad \text{或}$$

$$\frac{\partial u\tau_{xy}}{\partial y}-u\frac{\partial \tau_{xy}}{\partial y}+\frac{\partial}{\partial y}\left(\lambda\frac{\partial T}{\partial y}\right)=0$$

动量方程已证明，$\partial\tau_{xy}/\partial y=0$，故能量方程简化为

$$\frac{\partial}{\partial y}\left(\mu u\frac{\partial u}{\partial y}+\lambda\frac{\partial T}{\partial y}\right)=0 \tag{6.19a}$$

积分上式得

$$\mu u\frac{\partial u}{\partial y}+\lambda\frac{\partial T}{\partial y}=\lambda\left(\frac{\partial T}{\partial y}\right)_{y=0}=-q_w \tag{6.19b}$$

式中 q_w 是壁面热能的输入量。引入分子普朗特数：$Pr=\mu C_p/\lambda$，式(6.19b)可写为

$$\frac{\partial}{\partial y}\left(C_p T+\frac{1}{2}Pru^2\right)=-Pr\frac{q_w}{\tau_w}\frac{\partial u}{\partial y} \tag{6.19c}$$

注意 q_w,τ_w 都是常数，上式积分 $\int_0^y \frac{\partial}{\partial y}\left(C_p T+\frac{1}{2}Pru^2\right)dy=-\int_0^y Pr\frac{q_w}{\tau_w}\frac{\partial u}{\partial y}dy$，得

$$C_p(T-T_w)+\frac{1}{2}Pru^2=-Pr\frac{q_w}{\tau_w}u \tag{6.19d}$$

将上壁面边界条件代入，得能量方程的最后形式：

$$T_w=T_e+\frac{1}{2}\frac{Pru_e^2}{C_p}=T_e\left(1+Pr\frac{\gamma-1}{2}M_e^2\right) \tag{6.20a}$$

上板面的总温 T_{0e} 等于：$T_{0e}=T_e+u_e^2/2C_p=T_e[1+(\gamma-1)M_e^2/2]$。众所周知，总温是气体质点绝热减速到零时的质点温度，即动能全部转化为热能的质点温度。在绝热壁面的可压缩边界层中，壁面速度等于零，但是壁面温度不是总温(式(6.20a))，称为恢复温度。在可压缩 Couette 流动中，绝热壁面的恢复温度等于

$$T_r=T_w=T_e\left(1+Pr\frac{\gamma-1}{2}M_e^2\right) \tag{6.20b}$$

通常绝热壁面剪切湍流的恢复系数 r 定义为

$$r=\frac{(T_w)_{绝热}-T_e}{T_{0e}-T_e} \tag{6.21a}$$

根据式(6.21a)，绝热面壁面的可压缩平板边界层壁面温度，可写为

$$T_w=T_r=T_e\left(1+r\frac{\gamma-1}{2}M_e^2\right) \tag{6.21b}$$

可压缩 Couette 流动的温度恢复系数：$r=Pr$。对于 $Pr=1$ 的特殊情况，绝热壁面的温度等于边界层外的总温，$T_w=T_e[1+(\gamma-1)M_e^2/2]=T_{e0}$，不仅如此，Couette 流动中总温不随壁面距离变化，由式(6.19c)，令 $Pr=1,q_w=0$，可得

$$T(y)+\frac{u^2(y)}{2C_p}=T_w\Rightarrow T_0(y)=T_w$$

前面已经证明：当 $Pr=1$ 时，绝热壁面温度 $T_w=T_{e0}$，上式就证明了：$T(y)=T_w=T_{e0}$。

下壁面非绝热的情况，这时传热量可由式(6.19c)积分导出：

$$q_w=\frac{\tau_w[C_p(T_e-T_w)+Pru_e^2/2]}{Pru_e}$$

再由式(6.20b)可导出：

$$q_w=\frac{\tau_w C_p}{Pru_e}(T_w-T_r) \tag{6.22}$$

由式(6.22)可以看到，传热量和壁面摩擦应力成正比，这与不可压缩流动相同，称为雷诺类比特性。壁面切应力增加，传热量也增加。

定义无量纲摩擦系数 C_f 为

$$C_f=\frac{\tau_w}{\rho_e u_e^2/2} \tag{6.23}$$

定义无量纲传热系数 C_h 为

$$C_h=\frac{q_w}{\rho_e u_e c_p(T_w-T_r)} \tag{6.24}$$

雷诺类比的公式为

$$C_h = \frac{C_f}{2Pr} \tag{6.25}$$

注意可压缩 Couette 流动中的传热量和壁面温度与壁面恢复温度之差成正比，而与不可压缩 Couette 流动情况不同，对于不可压缩流动，传热量和上下壁面的温差成正比。

6.1.3 激波和激波关系式

激波是高速气体流动中常见的现象。在定常超声速气流受到压缩时，气流中会出现压强、密度突然升高，速度突然下降的固定间断面。又如，气体爆炸时，爆炸波的前沿以高于声速的速度行进，波阵面两侧的压强和密度差也很大。无论在定常（超声速气流）还是在非定常气体（爆炸波）流动中出现气流参数突变的间断面，称为激波。定常超声速气流中产生的固定激波称为驻激波。

气流速度垂直于间断面的激波称为正激波，否则称为斜激波。气体力学的研究已经认识到以下激波现象的主要性质：

（1）定常流动中，只有在超声速气流中才能发生激波；正激波前的气流是超声速，正激波后的流动为亚声速；斜激波前的气流是超声速，斜激波后的气流可能是亚声速，也可能是超声速，依赖于气流和激波面的夹角（见图 6-2(a)、(b)）。

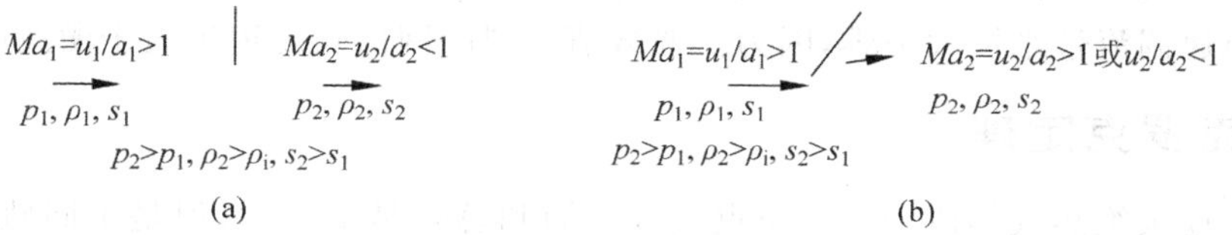

Ma1=u1/a1>1
Ma2=u2/a2<1
p1, ρ1, s1
p2, ρ2, s2
p2>p1, ρ2>ρ1, s2>s1
(a)
Ma1=u1/a1>1
Ma2=u2/a2>1或u2/a2<1
p1, ρ1, s1
p2, ρ2, s2
p2>p1, ρ2>ρ1, s2>s1
(b)

图 6-2　驻定正激波和斜激波的示意图

(a) 正激波；(b) 斜激波

（2）在静止气体中行进的激波，激波面的速度必大于静止气体的声速，激波后的气流速度称为伴随速度（见图 6-3）。

p2, ρ2, s2, u2>0
p1, ρ1, s1, u1=0
V>a1,
p2>p1, ρ2>ρ1, s2>s1

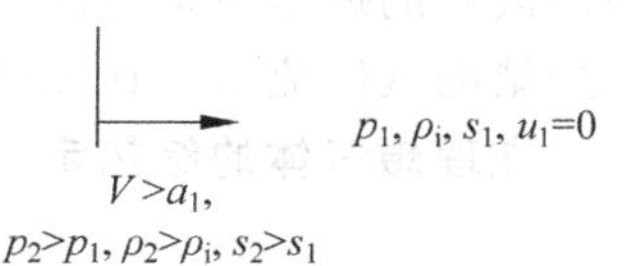

图 6-3　行进正激波示意图

（3）气体穿过激波是绝热熵增过程。

利用伽利略变换，可以将行进激波变换为驻定激波，因此行进激波和驻激波前后的热力学状态的变化是相同的（速度变化不同）。

（4）激波前后的 Rankine-Hugoniot 关系式

对于完全气体，激波前后的热力学过程有以下公式，称为 Rankine-Hugoniot 关系式：

$$\frac{p_2}{p_1} = \frac{(\gamma+1)\frac{\rho_2}{\rho_1} - (\gamma-1)}{(\gamma+1) - (\gamma-1)\frac{\rho_2}{\rho_1}} \tag{6.26a}$$

$$\frac{T_2}{T_1} = \frac{p_2\rho_1}{p_1\rho_2} = \frac{(\gamma+1)\frac{p_2}{p_1} + (\gamma-1)\left(\frac{p_2}{p_1}\right)^2}{(\gamma+1)\frac{p_2}{p_1} + (\gamma-1)} \tag{6.26b}$$

以上关系式,不论对于正激波、斜激波或行进激波都成立。驻正激波后的热力学参数和激波前的马赫数有关,有以下等式:

$$Ma_2^2=\frac{1+\dfrac{\gamma-1}{2}Ma_1^2}{\gamma Ma_1^2-\dfrac{\gamma-1}{2}} \tag{6.27a}$$

$$\frac{\rho_2}{\rho_1}=\frac{u_1}{u_2}=\frac{(\gamma+1)Ma_1^2}{2+(\gamma-1)Ma_1^2} \tag{6.27b}$$

$$\frac{p_2}{p_1}=1+\frac{2\gamma}{\gamma+1}(Ma_1^2-1) \tag{6.27c}$$

(5) 激波层的厚度

前面给出的激波前后关系式是在无粘理想气体的条件下导出的。实际情况下,由于气体的粘性,不可能有厚度为零的间断面。可以用一维气体运动方程计算出正激波的厚度δ为

$$\delta=\frac{\nu}{a_1Ma_1} \tag{6.28}$$

由于气体的运动粘性系数很小,激波层厚度约为10^{-4} mm量级(和气体温度有关),即激波厚度和分子自由程长度为同一量级。只有当气体很稀薄时(即密度很小情况下)激波层的厚度才需要考虑,这种情况不是本书研究的对象。

激波层厚度和气体分子平均自由程同一量级,远远小于湍流脉动的最小尺度,这对于数值模拟超声速湍流带来极大困难,因为一般数值模拟的网格长度远远大于激波厚度。

6.1.4 克罗克定理

在理想连续绝热气体流动中沿质点轨迹的熵和总焓是不变的,但是不同轨迹上的熵和总焓可以不同,例如来流截面上的总焓和熵是变化的,这时理想气体流场中的总焓和熵是不均匀的。即使来流的熵是均匀的,当超声速气流绕过钝体时,在钝体前产生脱体曲激波,在曲激波后的熵是不均匀的。因此,在气体流动中要严格区分均熵和非均熵,均(总)焓和非均(总)焓的气体流动。在无粘的气体流动中有著名的**克罗克(Croco)定理**。

在理想气体的绝热定常流动中,若质量力场有势,则全场有以下等式:

$$\boldsymbol{\Omega}\times\boldsymbol{U}=T\,\nabla s-\nabla h_0 \tag{6.29}$$

式中$\boldsymbol{\Omega}$和$\boldsymbol{U}$分别是气流的涡量和速度,s是熵,h_0是总焓。克罗克定理说明,在非均熵或非均焓的气流中,流体质点必有旋。

6.2 可压缩湍流的统计方程

可压缩流体湍流运动中,除了速度、压强外,密度、温度都是不规则量,当流动速度很高时($Ma\gg1$),压强脉动和密度脉动等都很大,这时在统计运动方程中除了雷诺应力外,还有其他流动变量和速度脉动之间的相关项。下面导出可压缩流体湍流运动的统计方程。

6.2.1 可压缩湍流运动的系综平均方程

前面方程(6.1)~(6.8)已经导出常比热的牛顿型完全气体的基本方程,即以下的质量、动量、能量守恒和状态方程:

质量守恒方程为

$$\frac{\partial\rho}{\partial t}+\frac{\partial(\rho u_j)}{\partial x_j}=0$$

动量方程为

$$\frac{\mathrm{D}u_i}{\mathrm{D}t}=-\frac{1}{\rho}\frac{\partial p}{\partial x_i}-\frac{1}{\rho}\frac{\partial\tau_{ij}}{\partial x_j}$$

能量守恒方程为

$$\frac{\mathrm{D}}{\mathrm{D}t}\left(e+\frac{U^2}{2}\right)=\frac{1}{\rho}\frac{\partial}{\partial x_i}(P_{ij}u_j)+\frac{1}{\rho}\frac{\partial}{\partial x_i}\left(\lambda\frac{\partial T}{\partial x_i}\right)$$

$$P_{ij}=-p\delta_{ij}+\tau_{ij}$$

式中，p 是热力学压强，τ_{ij} 是分子粘性应力，它的本构方程为

$$\tau_{ij}=\mu\left(\frac{\partial u_i}{\partial x_j}+\frac{\partial u_j}{\partial x_i}\right)-\frac{2}{3}\mu\frac{\partial u_k}{\partial x_k}\delta_{ij},\quad \frac{\mu}{\mu_0}=\frac{T_0+110.4}{T+110.4}\left(\frac{T}{T_0}\right)^{1.5}$$

将方程中各个变量用系综平均的方法，分解为平均量和脉动量，定义一行向量：

$$\boldsymbol{f}=\langle\boldsymbol{f}\rangle+\boldsymbol{f}' \tag{6.30a}$$

其中：

$$\boldsymbol{f}=\{\rho,u_i,p,e,T,\tau_{ij},\Phi\} \tag{6.30b}$$

式中 Φ 是耗散函数，$\Phi=\tau_{ij}\partial u_i/\partial x_j$，平均值和脉动值向量分别是

$$\langle\boldsymbol{f}\rangle=\{\langle\rho\rangle,\langle u_i\rangle,\langle p\rangle,\langle e\rangle,\langle T\rangle,\langle\tau_{ij}\rangle,\langle\Phi\rangle\} \tag{6.30c}$$

$$\boldsymbol{f}'=\{\rho',u_i',p',e',T',\tau_{ij}',\Phi'\} \tag{6.30d}$$

对可压缩流动的基本方程(6.1)～(6.8)进行系综平均得

统计平均质量守恒方程：

$$\frac{\partial\langle\rho\rangle}{\partial t}+\frac{\partial(\langle\rho\rangle\langle u_j\rangle)}{\partial x_j}=-\frac{\partial\langle\rho'u_j'\rangle}{\partial x_j} \tag{6.31}$$

统计平均动量方程：

$$\frac{\partial}{\partial t}(\langle\rho\rangle\langle u_i\rangle+\langle\rho'u_i'\rangle)+\frac{\partial}{\partial x_j}(\langle\rho\rangle\langle u_i\rangle\langle u_j\rangle+\langle\rho'u_i'u_j'\rangle)$$

$$=-\frac{\partial\langle p\rangle}{\partial x_i}+\frac{\partial}{\partial x_j}(-\langle\rho\rangle\langle u_i'u_j'\rangle-\langle u_j\rangle\langle\rho'u_i'\rangle-\langle u_i\rangle\langle\rho'u_j'\rangle)+\frac{\partial\langle\tau_{ij}\rangle}{\partial x_j} \tag{6.32}$$

统计平均能量守恒方程：

$$\frac{\partial}{\partial t}(\langle\rho\rangle\langle e\rangle+\langle\rho'e'\rangle)+\frac{\partial}{\partial x_j}(\langle\rho\rangle\langle u_j\rangle\langle e\rangle+\langle\rho'u_j'e'\rangle)$$

$$=\frac{\partial}{\partial x_j}\left(\lambda\frac{\partial\langle T\rangle}{\partial x_j}\right)-\langle p\rangle\frac{\partial\langle u_j\rangle}{\partial x_j}+\langle\Phi\rangle-\frac{\partial}{\partial x_j}(\langle\rho\rangle\langle u_j'e'\rangle+\langle e\rangle\langle\rho'u_j'\rangle+\langle u_j\rangle\langle\rho'e'\rangle)-\left\langle p'\frac{\partial u_j'}{\partial x_j}\right\rangle \tag{6.33}$$

与不可压缩牛顿流体运动对比，牛顿型气体的湍流平均运动方程要复杂得多，它含有以下附加统计量：

(1) 平均运动的质量守恒方程具有源项 $-\partial\langle\rho'u_j'\rangle/\partial x_j$。

(2) 平均运动的动量方程中，除了有平均压强梯度 $-\partial\langle p\rangle/\partial x_i$，平均分子粘性应力项 $\partial\langle\tau_{ij}\rangle/\partial x_j$ 和不可压缩流体运动的雷诺应力相对应的项 $-\langle\rho\rangle\langle u_i'u_j'\rangle$ 外，还有附加的脉动动

量通量的平均值：$\langle u_j\rangle\langle\rho' u_i'\rangle$和$\langle u_i\rangle\langle\rho' u_j'\rangle$以及脉动的3阶项$\langle\rho' u_i' u_j'\rangle$，这些项是因密度脉动引起的，都是不封闭项。

(3) 在平均运动的能量守恒方程中除了类似标量输运方程中的平均湍流输运项$\langle\rho\rangle\langle u_j' e'\rangle$外，还有$\langle e\rangle\langle\rho' u_i'\rangle$和$\langle u_j\rangle\langle\rho' e'\rangle$，以及3阶项$\langle\rho' e' u_j'\rangle$，此外还有脉动压强做功的平均量：$\langle p'\partial u_j'/\partial x_j\rangle$，这些都是不封闭量。

可压缩流体平均运动方程较不可压缩流体平均方程多出的不封闭项，绝大多数与密度脉动有关，如果密度脉动比较小，可压缩流体的湍流运动性质可能接近于不可压缩流体的湍流，从这种设想出发，Favre(1964)提出一种密度加权的平均方法，用这种平均方法导出的可压缩流动的平均方程和不可压缩牛顿流体平均湍流方程极其相似。

6.2.2 密度加权平均的可压缩流体运动方程

首先规定两种平均的符号，系综平均是尖括号如$\langle u\rangle$，脉动速度仍用上标“′”号表示，如速度脉动u'，则任意物理量的系综平均分解式为

$$q=\langle q\rangle+q'$$

密度加权平均量用上标“—”表示，定义如下：

$$\bar{q}=\frac{\langle\rho q\rangle}{\langle\rho\rangle} \tag{6.34}$$

密度加权平均量(以下简称加权平均)等于该量和密度乘积的系综平均值与系综平均密度之比。物理量按加权平均的分解式为

$$q=\bar{q}+q'' \tag{6.35}$$

根据加权平均的定义，加权平均分解有以下性质。

(1) 加权平均量的系综平均等于原加权平均量，即

$$\langle\bar{q}\rangle=\bar{q} \tag{6.36}$$

根据定义：

$$\langle\bar{q}\rangle=\left\langle\frac{\langle\rho q\rangle}{\langle\rho\rangle}\right\rangle=\frac{\langle\rho q\rangle}{\langle\rho\rangle}=\bar{q}$$

证毕。

类似式(6.36)，还可以有

$$\langle\pi\bar{q}\rangle=\bar{q}\langle\pi\rangle \tag{6.37}$$

π是任意的湍流变量，因为

$$\langle\pi\bar{q}\rangle=\left\langle\frac{\pi\langle\rho q\rangle}{\langle\rho\rangle}\right\rangle=\langle\pi\rangle\left\langle\frac{\langle\rho q\rangle}{\langle\rho\rangle}\right\rangle=\langle\pi\rangle\frac{\langle\rho q\rangle}{\langle\rho\rangle}=\bar{q}\langle\pi\rangle$$

证毕。

(2) 加权分解的脉动量的加权平均等于零，即

$$\langle\rho q''\rangle=0 \tag{6.38}$$

根据定义：

$$\langle\rho q\rangle=\langle\rho(\bar{q}+q'')\rangle=\langle\rho\bar{q}\rangle+\langle\rho q''\rangle$$

而$\langle\rho\bar{q}\rangle=\langle\rho\langle\rho q\rangle/\langle\rho\rangle\rangle=\langle\rho\rangle\langle\rho q\rangle/\langle\rho\rangle=\langle\rho q\rangle$，代入上式，两边消去$\langle\rho q\rangle$后，式(6.38)得证。

但是，加权平均分解的脉动量的系综平均不等于零，而有以下等式：

$$\langle q'' \rangle = -\langle \rho' q'' \rangle / \langle \rho \rangle \tag{6.39}$$

式中 ρ' 是密度的系综平均分解的脉动量。

证明：由式(6.38)$\langle \rho q'' \rangle = 0$，将 $\rho = \langle \rho \rangle + \rho'$ 代入，得

$$\langle (\langle \rho \rangle + \rho') q'' \rangle = 0$$

展开上式，得

$$\langle \langle \rho \rangle q'' \rangle + \langle \rho' q'' \rangle = 0 \quad 或 \quad \langle \rho \rangle \langle q'' \rangle + \langle \rho' q'' \rangle = 0$$

移项整理后得式(6.39)，证毕。

(3) 加权平均分解的脉动量的系综平均等于该量的系综平均和加权平均量之差，即

$$\langle q'' \rangle = \langle q \rangle - \overline{q} \tag{6.40}$$

证明：由加权平均分解式(6.35)：$q = \overline{q} + q''$，两边取系综平均，$\langle q \rangle = \langle \overline{q} \rangle + \langle q'' \rangle$，因 $\langle \overline{q} \rangle = \overline{q}$，于是式(6.40)得证。

下面导出可压缩流体的加权平均方程，在这些方程中变量 u_i, e, T 采用加权平均分解：

$$\left.\begin{aligned} u_i &= \overline{u}_i + u''_i \\ T &= \overline{T} + T'' \\ e &= \overline{e} + e'' \end{aligned}\right\} \tag{6.41}$$

而 ρ, p, τ_{ij} 等采用系综平均分解。将 $\rho = \langle \rho \rangle + \rho'$，$p = \langle p \rangle + p'$，$\tau_{ij} = \langle \tau_{ij} \rangle + \tau'_{ij}$ 和 $u_i = \overline{u}_i + u''_i$ 代入可压缩流体运动的连续性方程和运动方程(6.1)～(6.3)，得

$$\frac{\partial}{\partial t}(\langle \rho \rangle + \rho') + \frac{\partial}{\partial x_i}(\rho \overline{u}_i + \rho u''_i) = 0$$

$$\frac{\partial}{\partial t}(\rho \overline{u}_i + \rho u''_i) + \frac{\partial}{\partial x_j}(\rho \overline{u}_i \overline{u}_j + \rho u''_i \overline{u}_j + \rho u''_j \overline{u}_i + \rho u''_i u''_j)$$

$$= -\frac{\partial}{\partial x_i}(\langle p \rangle + p') + \frac{\partial}{\partial x_j}(\langle \tau_{ij} \rangle + \tau'_{ij})$$

将以上两方程进行系综平均，因为 $\langle \rho u''_i \rangle = 0$，$\langle \rho \overline{u}_i \rangle = \overline{u}_i \langle \rho \rangle$ 和 $\langle \rho u''_i \overline{u}_j \rangle = \overline{u}_j \langle \rho u''_i \rangle = 0$，以及 $\langle p' \rangle = \langle \tau'_{ij} \rangle = 0$，质量守恒方程和动量方程经平均后得

$$\frac{\partial \langle \rho \rangle}{\partial t} + \frac{\partial}{\partial x_j}(\langle \rho \rangle \overline{u}_j) = 0 \tag{6.42}$$

$$\frac{\partial}{\partial t}(\langle \rho \rangle \overline{u}_i) + \frac{\partial}{\partial x_j}(\langle \rho \rangle \overline{u}_i \overline{u}_j) = -\frac{\partial \langle p \rangle}{\partial x_i} + \frac{\partial \langle \tau_{ij} \rangle}{\partial x_j} - \frac{\partial}{\partial x_j}\langle \rho u''_i u''_j \rangle \tag{6.43}$$

式(6.42)、(6.43)中 $\langle \rho \rangle$，$\langle p \rangle$，$\langle \tau_{ij} \rangle$ 均为系综平均，$\overline{u}_j$ 是密度加权平均。对比可压缩流体湍流的系综平均方程(6.31)～(6.33)，可以看到加权平均方程要简单得多。所有的密度脉动与速度脉动相关量都不存在，特别是，连续性方程中不再出现源项，与可压缩层流运动连续方程的形式相同。另外，在运动方程中出现的不封闭项 $-\langle \rho u''_i u''_j \rangle$ 和不可压缩流体运动中的雷诺应力在形式上也一样。总之，在密度加权速度场的质量守恒方程和动量方程中，除了平均密度在流场中是变量外，其他形式和不可压缩湍流平均运动方程相同。因此，密度加权速度场中可压缩流体的湍流封闭常常借用不可压缩湍流的相应关系式。例如，涡粘模式：

$$-\langle \rho u''_i u''_j \rangle = \frac{\mu_t}{2}\left(\frac{\partial \overline{u}_i}{\partial x_j} + \frac{\partial \overline{u}_j}{\partial x_i}\right) - \frac{\delta_{ij}}{3}\langle \rho u''_k u''_k \rangle$$

必须注意，虽然质量守恒和动量方程中的流动变量是 $\langle \rho \rangle$，$\langle p \rangle$ 和 $\overline{u}_i$，似乎封闭雷诺应力项，就

可以计算流动变量。事实上,$\langle\tau_{ij}\rangle$也是不封闭项,因为

$$\langle\tau_{ij}\rangle = \left\langle \mu(T)\left(\frac{\partial u_i}{\partial x_j}+\frac{\partial u_j}{\partial x_i}\right)-\frac{2}{3}\mu(T)\frac{\partial u_k}{\partial x_k}\delta_{ij}\right\rangle \neq \left\langle \mu(\overline{T})\left(\frac{\partial \bar{u}_i}{\partial x_j}+\frac{\partial \bar{u}_j}{\partial x_i}\right)-\frac{2}{3}\mu(\overline{T})\frac{\partial \bar{u}_k}{\partial x_k}\delta_{ij}\right\rangle$$

如果将$\langle\tau_{ij}\rangle$用上面右边公式近似,则不需要做模式。事实上,后文将介绍 Morkovin 假定,只有当湍流脉动马赫数 $M_t=u'/a$ 较小时(例如 $M_t<0.2$),温度脉动和速度脉动才比较小,这时 $\mu(T)\approx\mu(\overline{T})$,$u_i\approx\bar{u}_i$。实验结果表明,来流马赫数小于5的超声速边界层,湍流脉动马赫数才比较小。对于混合层或其他自由剪切湍流,气流马赫数小于2,才能满足湍流脉动马赫数较小的要求。

采用同样的推导步骤,可以得到密度加权的能量方程,式中 $e=\bar{e}+e''$,$T=\overline{T}+T''$,则有

$$\frac{\partial}{\partial t}(\langle\rho\rangle\bar{e})+\frac{\partial}{\partial x_j}(\langle\rho\rangle\bar{u}_j\bar{e})=\frac{\partial}{\partial x_j}\left(\kappa\frac{\partial\overline{T}}{\partial x_j}\right)-\langle p\rangle\frac{\partial\bar{u}_j}{\partial x_j}+\langle\Phi\rangle-\left\langle u_j''\frac{\partial p'}{\partial x_j}\right\rangle-\frac{\partial}{\partial x_j}\langle\rho e''u_j''\rangle \tag{6.44}$$

对比全系综能量平均方程,密度加权的能量守恒方程(6.44)也较式(6.33)简化得多,除了速度压力梯度相关项外,内能输运项的平均量$\langle\rho e''u_j''\rangle$和标量输运方程中相应项$\langle T'u_j'\rangle$形式上相同。这里也应当注意,耗散函数的系综平均$\langle\Phi\rangle$也是不封闭量,理由和$\langle\tau_{ij}\rangle$是不封闭量相同。

$$\langle\Phi\rangle=\left\langle\mu(T)\left(\frac{\partial u_i}{\partial x_j}+\frac{\partial u_j}{\partial x_i}\right)\frac{\partial u_i}{\partial x_j}-\frac{2}{3}\mu(T)\frac{\partial u_k}{\partial x_k}\frac{\partial u_i}{\partial x_j}\delta_{ij}\right\rangle$$

$$\neq\left\langle\mu(\overline{T})\left(\frac{\partial\bar{u}_i}{\partial x_j}+\frac{\partial\bar{u}_j}{\partial x_i}\right)\frac{\partial\bar{u}_i}{\partial x_j}-\frac{2}{3}\mu(\overline{T})\frac{\partial\bar{u}_k}{\partial x_k}\frac{\partial\bar{u}_i}{\partial x_j}\delta_{ij}\right\rangle$$

总之,采用密度加权平均的速度、内能、温度以后,可压缩流体湍流平均运动方程和不可压缩流体湍流平均运动方程的形式基本相同,附加的湍流输运项则可近似采用不可压缩湍流的相应关系式。这种密度加权平均方法是法国湍流专家 Favre(1963)提出的,称为 Favre 平均。

密度加权平均和系综平均或雷诺平均,是不同的平均方法,现有的测量方法测得的是密度加权平均还是雷诺平均?对于热线风速仪,可以测得密度加权平均,因为热线上的传热量 $h\sim\rho u$,也就是说,热丝上测量值实际上就是 ρu,它们的平均量除以平均密度就是密度加权平均速度,而平均密度可由平均压强和平均温度计算。但是激光多普勒测速 LDV 和粒子图像测速 PIV 测得的速度序列的平均是雷诺平均,不能直接与加权平均速度比较。另外,虽然密度加权平均方程在形式上和不可压缩雷诺方程类似,密度加权的雷诺应力采用不可压缩封闭模式的合理性,在理论上尚无证明。

在可压缩湍流边界层中 Smits 和 Dussauge(2006)估计密度加权平均和雷诺平均的差别:

$$\frac{\bar{u}-\langle u\rangle}{\langle u\rangle}=R_{\rho u}(\gamma-1)M_t^2 \tag{6.45}$$

式中 $R_{\rho u}$ 是密度速度相关系数,在超声速湍流边界层中 $R_{\rho u}\approx0.8$。$M_t=\sqrt{\langle u'^2\rangle}/\bar{c}$ 是湍流马赫数。马赫数3的湍流边界层中 M_t 约为0.2,将 $R_{\rho u}$,M_t 值代入式(6.45),可估计密度加权平均和雷诺平均之差小于1.5%。在壁面强冷的高马赫数($Ma=7.0$)湍流边界层中,M_t 最

大约为 0.4,这时加权平均和雷诺平均之差约为 5%。所以在 $Ma<5$ 的边界层中加权平均和雷诺平均之差是很小的。混合层或射流中,即使流动马赫数较低,湍流马赫数可能很大,这时加权平均和雷诺平均之差不可忽视。

低马赫数的可压缩湍流边界层中,加权平均的统计方程简单,容易建立模式。现有的研究表明,当 $\langle Ma\rangle=\langle u\rangle/\langle a\rangle<5$ 时,密度加权的平均方程和不可压缩雷诺应力模式相结合,可以较好地预测可压缩湍流平均运动,因此通常被采用。在超高速流动中,温度、压强和密度脉动都很大,雷诺应力封闭式的不可压缩近似不再成立,不宜采用密度加权的统计方程。

6.3 均匀可压缩湍流的不变量

和不可压缩湍流类似,均匀可压缩湍流是最简单的流动,可以用它导出一些有用的湍流特性和参数。下面采用通量守恒形式的方程导出均匀可压缩湍流的特性。

质量守恒方程:

$$\frac{\partial \rho}{\partial t}+\frac{\partial \mathcal{M}_j}{\partial x_j}=0 \tag{6.46}$$

动量方程:

$$\frac{\partial \mathcal{M}_j}{\partial t}=-\frac{\partial \Pi_{ij}}{\partial x_j} \tag{6.47}$$

能量守恒方程:

$$\frac{\partial \mathcal{E}}{\partial t}=-\frac{\partial E_j}{\partial x_j} \tag{6.48}$$

以上公式中:$\mathcal{M}_j=\rho u_j$ 是单位面积的质量流量,简称质量通量,也等于单位体积气体的动量;$\mathcal{E}=\rho(e+u_j u_j/2)$ 是单位体积气体的内能和动能之和;$\Pi_{ij}=-p\delta_{ij}-u_i\mathcal{M}_j+\tau_{ij}$ 中 $u_i\mathcal{M}_j$ 是单位面积的动量通量,p 和 τ_{ij} 是作用在质点表面上的压强和分子粘性应力,因此 Π_{ij} 称为单位面积总动量通量;$E_j=-u_j\mathcal{E}+u_j\tau_{ij}+\lambda\partial T/\partial x_j$ 中 $u_j\mathcal{E}$ 是单位面积的能量(内能和动能之和)通量,$u_j\tau_{ij}$ 是气体微团表面上单位面积粘性应力做的功,$\lambda\partial T/\partial x_j$ 是气体微团表面上单位面积的导热量,因此 E_j 称为单位面积总的热通量。质量守恒方程(6.46)表示流体质点密度的局部增长率等于质量通量的散度;动量方程(6.47)表示流体质点动量的局部增长率等于总动量通量的散度;能量守恒方程(6.48)表示流体质点能量的局部增长率等于总能量通量的散度。

从守恒性气体运动方程(6.46)~(6.48)出发,假定平均流动是定常均匀的,即所有平均量,$\bar{\rho}$,$\mathcal{M}_i$,$\mathcal{E}$,$\bar{\Pi}_{ij}$,$\bar{E}_j$ 等,在空间和时间分布都是常量。在全场平均速度等于常数的流场中利用伽利略变换,可以令平均速度等于零。因而平均动量通量 $\mathcal{M}_i$ 可以设为零,于是有

$$\rho=\bar{\rho}+\rho',\quad \mathcal{M}_i=\mathcal{M}'_i,\quad \mathcal{E}=\mathcal{E}+\mathcal{E}'$$

脉动量的基本方程可由(6.46)~(6.48)导出如下:

$$\frac{\partial \rho'}{\partial t}+\frac{\partial \mathcal{M}'_j}{\partial x_j}=0 \tag{6.49}$$

$$\frac{\partial \mathcal{M}'_j}{\partial t}=-\frac{\partial \Pi'_{ij}}{\partial x_j} \tag{6.50}$$

$$\frac{\partial \mathcal{E}'}{\partial t}=-\frac{\partial E'_j}{\partial x_j} \tag{6.51}$$

上述方程的自变量是ρ',$\mathcal{M}'_i$,$\mathcal{E}'$,由方程(6.49)~(6.51)可以导出任意两个脉动变量的相关函数方程。例如,$R_{\rho\mathcal{M}_i}=\langle\rho'(\boldsymbol{x})\mathcal{M}'_i(x+\boldsymbol{r})\rangle$可由式(6.49)和式(6.50)导出(关于均匀湍流相关函数的推导参见第3章):

$$\frac{\partial R_{\rho\mathcal{M}_i}}{\partial t}=\frac{\partial}{\partial t}\langle\rho'(\boldsymbol{x})\,\mathcal{M}'_i(\boldsymbol{x}+\boldsymbol{r})\rangle=\left\langle\frac{\partial\rho'(\boldsymbol{x})}{\partial t}\,\mathcal{M}'_i(\boldsymbol{x}+\boldsymbol{r})+\rho'(\boldsymbol{x})\,\frac{\partial\,\mathcal{M}'_i(\boldsymbol{x}+\boldsymbol{r})}{\partial t}\right\rangle$$

将式(6.49)、(6.50)代入,并用两点相关统计量的求导公式,得

$$\frac{\partial R_{\rho\mathcal{M}_i}}{\partial t}=\frac{\partial}{\partial r_i}\left[-\langle\mathcal{M}_i(\boldsymbol{x}+\boldsymbol{r})\,\mathcal{M}_j(\boldsymbol{x})\rangle-\langle\rho(\boldsymbol{x})\Pi_{ij}(\boldsymbol{x}+\boldsymbol{r})\rangle\right]=-\frac{\partial}{\partial r_i}(R_{\mathcal{M}_j\mathcal{M}_i}(\boldsymbol{r})+R_{\rho\Pi_{ij}}(\boldsymbol{r}))\tag{6.52}$$

ρ',$\mathcal{M}'_i$,$\mathcal{E}'$共有5个代数变量,可以组成25个2阶相关函数,对于均匀湍流的2阶相关函数有以下等式$R_{\rho\mathcal{M}_i}(\boldsymbol{r})=R_{\mathcal{M}_i\rho}(-\boldsymbol{r})$,因此只有10个独立2阶相关函数。对于各向同性湍流,标量相关函数只是$\boldsymbol{r}$的函数,向量相关函数和$\boldsymbol{r}$共线,张量相关函数只有2个独立变量,即

$$R_{\mathcal{M}_i\mathcal{M}_j}=R_{ij}=[R_{ll}(\boldsymbol{r})-R_{nn}(\boldsymbol{r})]\frac{r_ir_j}{r}+R_{nn}(\boldsymbol{r})\delta_{ij}\tag{6.53a}$$

式中下标l,n分别表示纵向相关和横向相关,例如R_{ll},R_{nn}分别是$\mathcal{M}_i$的纵向和横向相关,下标$\mathcal{M}_i$只用i表示。根据张量函数的性质(见第3章),还有

$$R_{\rho\rho}=R_{\rho\rho}(\boldsymbol{r}),\quad R_{\mathcal{E}\mathcal{M}_i}=R_{\mathcal{E}i}=R_{\mathcal{E}L}(\boldsymbol{r})\frac{r_i}{r},\quad R_{\rho\mathcal{M}_i}=R_{\rho i}=R_{\rho i}(\boldsymbol{r})\frac{r_i}{r}\tag{6.53b}$$

可压缩各向同性湍流有6个独立2阶相关函数。进一步对相关函数方程在空间积分,例如,方程(6.53b)的最后等式对空间积分,方程右边的体积分可用高斯公式转换成面积分,于是有

$$\frac{\partial}{\partial t}\int_{r<R}R_{\rho i}\,\mathrm{d}\boldsymbol{r}=-\int_{r<R}\left[\frac{\partial}{\partial r_i}(R_{ij}(\boldsymbol{r})+R_{\rho\Pi_{ij}}(\boldsymbol{r}))\right]\mathrm{d}r=\oint_{r=R}(R_{ij}(\boldsymbol{r})+R_{\rho\Pi_{ij}}(\boldsymbol{r}))\frac{r_i}{r}\mathrm{d}A$$

上式最右端的积分是在半径为R的球面上积分。很容易从量级分析得知:$r_i/r\sim O(1)$,$\mathrm{d}A\propto O(r^2)$,相关函数$R_{ij}(\boldsymbol{r})$和$R_{\rho\Pi_{ij}}(\boldsymbol{r})$在无穷远处以$r^{-\alpha}$趋向零,如果$\alpha>3$,则该面积分等于零,于是有

$$\frac{\partial}{\partial t}\int_{r<R}R_{\rho i}\,\mathrm{d}\boldsymbol{r}=0,\quad\text{即}\quad\int_{r<R}R_{\rho i}\,\mathrm{d}\boldsymbol{r}=\text{const.}\tag{6.54}$$

将式(6.53b)中$R_{\rho i}=R_{\rho l}(\boldsymbol{r})r_i/r$代入上式,可得

$$\int_{r<R}R_{\rho i}\,\mathrm{d}\boldsymbol{r}=\int_{r<R}R_{\rho l}(r)\,\frac{r_i}{r}\mathrm{d}\boldsymbol{r}$$

很容易证明,上式最后的积分等于零,即$\int_{r<R}R_{\rho i}\,\mathrm{d}\boldsymbol{r}=0$,同理

$$\int_{r<R}R_{\mathcal{E}i}\,\mathrm{d}\boldsymbol{r}=\int_{r<R}R_{\mathcal{E}l}(r)\,\frac{r_i}{r}\mathrm{d}\boldsymbol{r}=0$$

而其他几个相关函数的积分为

$$\int_{r<R}R_{\rho\rho}\,\mathrm{d}\boldsymbol{r}=\int_{r<R}R_{\rho\rho}(r)\,\mathrm{d}\boldsymbol{r}=\Lambda_1\tag{6.55}$$

$$\int_{r<R}R_{\mathcal{E}\mathcal{E}}\,\mathrm{d}\boldsymbol{r}=\int_{r<R}R_{\mathcal{E}\mathcal{E}}(r)\,\mathrm{d}\boldsymbol{r}=\Lambda_2\tag{6.56}$$

$$\int_{r<R}R_{\mathcal{E}\rho}\,\mathrm{d}\boldsymbol{r}=\int_{r<R}R_{\mathcal{E}\rho}(r)\,\mathrm{d}\boldsymbol{r}=\Lambda_3\tag{6.57}$$

将 R_{ij} 代入积分式，得

$$\int_{r<R} R_{ij}\,\mathrm{d}\boldsymbol{r} = \int_{r<R} [R_{ii}(r,t) + 2R_{nn}(r,t)] r^2 \,\mathrm{d}\boldsymbol{r} = \Lambda_4 \tag{6.58}$$

以上4式表示，可压缩各向同性湍流的6个独立2阶相关函数有4个积分不变量。第3章曾经导出，不可压缩各向同性湍流的2阶相关函数只有1个积分不变量，即洛强斯基不变量。

不变量式(6.55)～(6.58)可以用来定义可压缩湍流的积分尺度，也常用来检验可压缩湍流的均匀性和各向同性。

6.4　均匀可压缩湍流的基本特性

6.4.1　气体湍流的三种基本模态

Kovasznay(1953)通过线性化的气体运动方程分析了气体湍流中存在三种基本模态；然后分析了三种基本模态间的非线性相互作用(Chu 和 Kovaznay,1958)。

假定气体湍流脉动在空间和时间上是统计均匀的，平均量都等于常数，所有脉动量是小量，在下文的表达式中，都不加上标"′"号，如 $u/a_0=\alpha\ll 1$，u 是气体脉动速度，a_0 是气体声速。质量守恒方程写成以下形式：

$$\frac{\partial u_i}{\partial x_i} + \frac{1}{\rho}\frac{\mathrm{D}\rho}{\mathrm{D}t} = 0 \Rightarrow \frac{\partial u_i}{\partial x_i} = -\frac{\mathrm{D}\ln\rho}{\mathrm{D}t}$$

将密度 ρ 用压强和熵取代，写成以下形式：

$$\frac{\partial u_i}{\partial x_i} = -\frac{1}{\gamma}\frac{\mathrm{D}\ln p}{\mathrm{D}t} + \frac{1}{c_p}\frac{\mathrm{D}s}{\mathrm{D}t}$$

将质点导数项线化后(忽略非线性的对流项)，得

$$\frac{\partial u_i}{\partial x_i} = \frac{1}{c_p}\frac{\partial s}{\partial t} - \frac{1}{\gamma p_0}\frac{\partial p}{\partial t} \tag{6.59}$$

动量守恒方程的线化，只需略去速度的对流导数，得

$$\frac{\partial u_i}{\partial t} = -\frac{1}{\rho_0}\frac{\partial p}{\partial x_i} + \nu_0\left(\frac{\partial^2 u_i}{\partial x_k \partial x_k} + \frac{1}{3}\frac{\partial^2 u_k}{\partial x_k \partial x_i}\right)$$

消去密度 ρ_0

$$\frac{\partial u_i}{\partial t} = -\frac{a_0^2}{\gamma p_0}\frac{\partial p}{\partial x_i} + \nu_0\left(\frac{\partial^2 u_i}{\partial x_k \partial x_k} + \frac{1}{3}\frac{\partial^2 u_k}{\partial x_k \partial x_i}\right) \tag{6.60}$$

采用熵平衡的能量方程，

$$\frac{\mathrm{D}s}{\partial t} = \frac{1}{\rho T}\frac{\partial}{\partial x_j}\left(\lambda\frac{\partial T}{\partial x_j}\right) + \frac{\Phi}{\rho T}$$

略去熵的对流导数项和脉动耗散函数 Φ(是脉动速度的二次项)，并将温度用压强和熵取代，得

$$\rho_0\frac{\partial s}{\partial t} = \frac{\lambda_0}{c_p}\frac{\partial^2 s}{\partial x_j \partial x_j} + \frac{\lambda_0(\gamma-1)}{\gamma p_0}\frac{\partial^2 p}{\partial x_j \partial x_j} \tag{6.61}$$

对式(6.60)求旋度，压强可以消去，得涡量的线性扩散方程：

$$\frac{\partial \omega_i}{\partial t} = \nu_0\frac{\partial^2 \omega_i}{\partial x_k \partial x_k} \tag{6.62}$$

对式(6.60)求散度,并用质量守恒方程消去速度,得压强方程:

$$\frac{\partial^2 p}{\partial t^2}-a_0^2\frac{\partial^2 p}{\partial x_k\partial x_k}=\left(\frac{4\nu_0}{3}-\frac{\lambda_0(\gamma-1)}{\rho_0 c_p}\right)\frac{\partial^2}{\partial x_k\partial x_k}\left(\frac{\partial p}{\partial t}\right)-\frac{\gamma p_0}{c_p}\left(\frac{4\nu_0}{3}-\frac{\lambda_0}{\rho_0 c_p}\right)\frac{\partial^2}{\partial x_k\partial x_k}\left(\frac{\partial s}{\partial t}\right) \tag{6.63}$$

方程(6.59)、(6.61)、(6.62)和(6.63)构成速度场、熵场、涡量场和压强场的演化方程。除了涡量方程可独立求解外,速度、压强和熵三个方程是耦合的。相应的速度场分别称为涡模态、声模态(压强方程)、熵模态。Kovasznay(1953)原文假定 $Pr=0.75$,它接近空气的普朗特数 0.72,采用普朗特数等于 0.75,可以消去式(6.63)中最后一项,于是压强方程是耗散性(式(6.63)右边第一项)的声传播,并且与熵演化无关。

如果气体的粘性系数 ν_0 和导热系数 λ_0(和粘性系数成正比)很小,无粘的线性模态方程可简化为

$$\frac{\mathrm{d}\omega_i}{\mathrm{d}t}=0 \tag{6.64a}$$

$$\frac{\mathrm{d}s}{\mathrm{d}t}=0 \tag{6.64b}$$

$$\frac{\partial^2 p}{\partial t^2}=a_0^2\frac{\partial^2 p}{\partial x_j\partial x_j} \tag{6.64c}$$

$$\frac{1}{\gamma p_0}\frac{\partial p}{\partial t}=-\frac{\partial u_i}{\partial x_i} \tag{6.64d}$$

以上这组方程是气体脉动的最低阶近似,是微弱均匀湍流脉动的无粘近似。这种条件下,质点涡量和熵在运动轨迹上是不变的;压强以恒定声速在空间传播;气体的压缩性和压强的时间导数有关。

Kovasznay(1953)采用线性近似,导出了可压缩湍流中的脉动模态和它们之间的线性耦合。但是这种近似只在很小的湍流马赫数流动中才有效,可有以下估计说明。例如在动量方程中脉动惯性项小于脉动压强,即

$$\frac{\rho_0 u'^2}{p'}\ll 1\Rightarrow\frac{\gamma M_t^2 p_0}{p'}\ll 1 \tag{6.65}$$

将压强脉动 $p'/p_0\ll 1$,代入式(6.65),明显有 $M_t\ll 1$。

关于气体湍流的线性模态的分析和计算可见 Kovasznay(1953)原文。

6.4.2 气体湍流三种基本模态间的非线性相互作用

非线性相互作用的分析采用小参数展开方法,假定脉动强度的无量纲参数 $\alpha\ll 1$,将脉动量用小参数展开:

$$u_i'=\alpha u_i^{(1)}+\alpha^2 u_i^{(2)}+\alpha^3 u_i^{(3)}+\cdots \tag{6.66}$$

$$p'=\alpha p^{(1)}+\alpha^2 p^{(2)}+\alpha^3 p^{(3)}+\cdots \tag{6.67}$$

$$\rho'=\alpha\rho^{(1)}+\alpha^2\rho^{(2)}+\alpha^3\rho^{(3)}+\cdots \tag{6.68}$$

$$s'=\alpha s^{(1)}+\alpha^2 s^{(2)}+\alpha^3 s^{(3)}+\cdots \tag{6.69}$$

在线性模态分析中,粘性也是一个重要参数,在非线性分析中将粘性的无量纲参数定义为:$\varepsilon=\nu_0 k/c_0$,ν_0 是气体的运动粘性系数,k 是脉动傅里叶分解的波数,c_0 是气体静止的声速。粘性的作用和脉动波数有关,显然,大尺度扰动(小波数)的粘性耗散可以忽略不计;小尺度

脉动(高波数)属于耗散区,粘性不可忽略。

线性模态对应于式(6.66)～(6.69)中的一阶近似,关于三种模态的速度、压强、熵和其他热力学参数用下标 Ω(涡模态),P(声模态),S(熵模态)区分,例如速度、压强和熵可分别表示为

$$u^{(1)}=u_{\Omega}^{(1)}+u_{P}^{(1)}+u_{S}^{(1)} \tag{6.70}$$

$$p^{(1)}=p_{\Omega}^{(1)}+p_{P}^{(1)}+p_{S}^{(1)} \tag{6.71}$$

$$s^{(1)}=s_{\Omega}^{(1)}+s_{P}^{(1)}+s_{S}^{(1)} \tag{6.72}$$

在流动控制方程中,非线性相互作用主要产生于对流导数项,例如,

$$\frac{\mathrm{D}s}{\mathrm{D}t}=\frac{\partial s}{\partial t}+u_i\frac{\partial s}{\partial x_i}=\alpha\frac{\partial s^{(1)}}{\partial t}+\alpha^2\left(\frac{\partial s^{(2)}}{\partial t}+u_i^{(1)}\frac{\partial s^{(1)}}{\partial x_i}\right)+O(\alpha^3) \tag{6.73}$$

将线性模态代入 2 阶非线性项,在涡模态中,就会有 6 类相互作用项:声-声相互作用项 $u_{iP}^{(1)}s_P^{(1)}$,涡-涡相互作用项 $u_{i\Omega}^{(1)}s_{\Omega}^{(1)}$,熵-熵相互作用项 $u_{iS}^{(1)}s_S^{(1)}$,声-涡相互作用项 $u_{iP}^{(1)}s_{\Omega}^{(1)}$,声-熵相互作用项 $u_{iP}^{(1)}s_S^{(1)}$,熵-涡相互作用项 $u_{iS}^{(1)}s_{\Omega}^{(1)}$。这些项将在 2 阶近似中作为源项驱动 2 阶脉动。经过冗长的运算(详见 Chu and Kovasznay,1956),有以下量级估计(表 6.1):

表 6.1　2 阶相互作用的量级估计(公式中物理量均为一阶模态)

	2 阶涡模态	2 阶声模态	2 阶熵模态
涡-涡相互作用	涡的对流和拉伸 $-u_{\Omega j}\frac{\partial\Omega_i}{\partial x_j}+\Omega_j\frac{\partial u_{\Omega i}}{\partial x_j}$	涡模态的声源 $-\frac{\partial^2 u_{\Omega i}u_{\Omega j}}{\partial x_j\partial x_j}$	$O(\varepsilon\alpha^2)$
涡-声相互作用	涡对流 $-u_{Pj}\frac{\partial\Omega_i}{\partial x_j}+\Omega_j\frac{\partial u_{Pi}}{\partial x_j}-\Omega_i\frac{\partial u_{Pj}}{\partial x_j}$	涡声散射 $-\frac{\partial^2 u_{\Omega i}u_{Pj}}{\partial x_j\partial x_j}$	$O(\varepsilon\alpha^2)$
涡-熵相互作用	$O(\varepsilon\alpha^2)$	$O(\varepsilon\alpha^2)$	热对流 $-u_{\Omega j}\frac{\partial S_S}{\partial x_j}$
声-声相互作用	$O(\varepsilon\alpha^2)$	自陡峭和自散射 $\frac{\partial^2 u_{Pi}u_{Pi}}{\partial x_j\partial x_j}+a_0\nabla^2 P_P^2+\frac{\gamma-1}{2}\frac{\partial^2 P_P^2}{\partial t^2}$	$O(\varepsilon\alpha^2)$
声-熵相互作用	非均匀熵产生涡 $-a_0(\nabla S_S)\times(\nabla P_P)$	熵散射 $-\frac{\partial^2(S_S u_{Pi})}{\partial t\partial x_i}$	热对流 $-u_{Pi}\frac{\partial S_S}{\partial x_i}$
熵-熵相互作用	$O(\varepsilon\alpha^2)$	$O(\varepsilon\alpha^2)$	$O(\varepsilon\alpha^2)$

表 6.1 清楚地给出各模态间非线性作用的强度。2 阶近似的声模态源强(表中第 3 列)来自涡-涡、涡-声、声-声和声-熵相互作用,其中涡-涡相互作用(第 3 列第 2 行)就是 Lighthill 声学模拟的源项,其余各项相互作用均属于声散射。2 阶近似的涡模态源强(表中第 2 列)只有涡-涡、涡-声和声-熵相互作用有贡献,主要来自对流的贡献(涡-涡和涡-声),声-熵相互作用的源项来自非均匀熵和非均匀压强,相当于 Croco 定理的涡量生成项。2 阶熵模态的源项最弱,只有涡-熵和声-熵相互作用有贡献,主要来自热对流。从热力学角度来看,不可逆的熵增来自机械能的耗散(没有激波的情况),湍流中就是湍动能耗散,这部分耗散和分子粘性成正比,因此在弱湍流情况下,它的量级为 $O(\varepsilon\alpha^2)$。

前面理论分析的对象是均匀湍流场,Kovazsnay 理论可以近似地推广到局部均匀的剪切湍流场。假定非均匀剪切场 L 的尺度远远大于湍流脉动 λ 的尺度,则在局部流动中以上分析近似成立,也就是说,Kovazsnay 理论可以近似地应用于没有激波的剪切湍流,如湍流边界层、湍射流或湍尾流等,只要湍流马赫数远小于 1。

6.5 湍流和激波相互作用的近似理论

湍流和激波相互作用是超声速外流和内流的常见现象,特别是超声速湍流噪声是航空工程和科学中的重要课题。20 世纪 50 年代起,气体力学家和湍流专家们进行了大量理论、实验和数值模拟的研究,至今仍然是重点研究的对象。下面先介绍理论研究的结果,然后介绍试验和数值模拟的成果。

6.5.1 Ribner 近似

Ribner(1953)理论的基础是线性近似和激波关系式。他的流动模型如图 6-4(a)、(b)所示。当均匀来流中产生驻定正激波,正激波前的速度为 U_A,正激波后的速度为 U。在正激波前气流中有某种单色的扰动波斜向进入来流,扰动波行进方向和 U_A 的夹角为 θ,当该扰动波穿过激波后扰动速度、压强和熵的幅度将发生变化、它们的行进方向和相位也要发生变化。Ribner(1954)采用线性近似计算该问题,对于一般湍流问题,只要对湍流进行谱分解,就可以将这一单色扰动模型推广到一般的湍流。

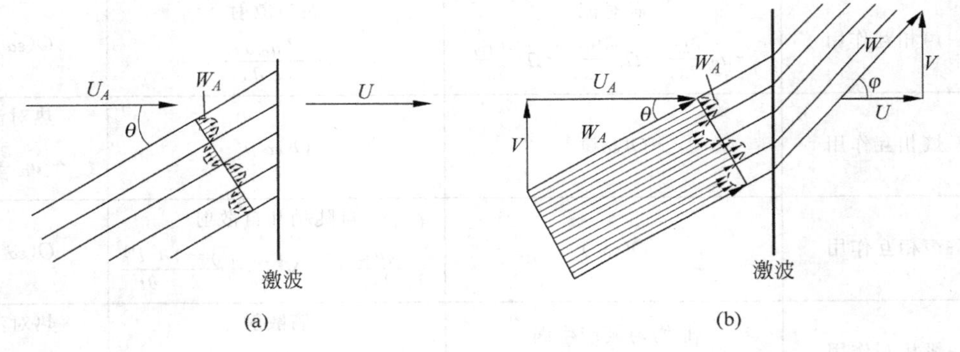

图 6-4 湍流和激波相互作用的流动模型
(a) 非定常的流动模型;(b) 定常流动模型

首先对流动进行分析,当扰动波穿过正激波时,由于激波前的速度不均匀(均匀流加扰动),正激波将发生变形(如图 6-5 所示),并且激波面以涟波的形式平行于激波面行进。为了分析方便,进行坐标变换,将全部流动系统沿正激波面叠加移动 $V=U_A\tan\theta$,这时流动变换成均匀来流加扰动穿过斜激波的定常流动,如图 6-4(b)所示。由于伽利略变换中动力学和热力学规律不变,因此这一巧妙的变换不改变原来流动的性质。平行于激波面的速度在激波前后是不变的。经变换后,斜激波前的均匀速度为 W_A,斜激波后的均匀速度为 W。斜激波前的来流角度为 θ,斜激波后的流动夹角为 φ。

经过以上变换,计算激波后的扰动就是定常平面可压缩流动的初值问题,激波面后的流

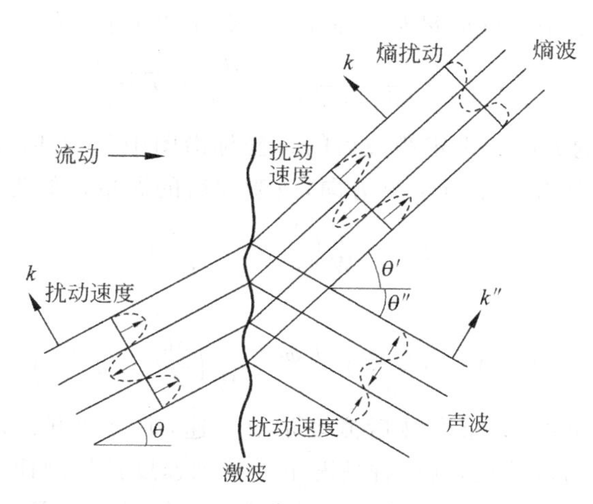

图 6-5 叠加均匀流动 V 后的定常流动模型,注意熵模态和声模态的传播方向不同

动参数就是计算流动的初值。在 Ribner(1953,1954)的近似理论中,穿过激波面的流动参数利用 Rankine-Hugoniot 关系式计算。注意到激波前的速度是不均匀的,因此激波面不是平面,而是有微弱周期扰动的曲面,如图 6-5 所示。

激波后的流动方程,采用二维线性化的理想气体运动方程。来流的密度为 $\rho_0+\rho'$,速度为$\{U+u',v'\}$,压强为 p_0+p'。连续方程为

$$\frac{\partial\rho}{\partial t}+u\frac{\partial\rho}{\partial x}+v\frac{\partial\rho}{\partial y}+\rho\frac{\partial u}{\partial x}+\rho\frac{\partial v}{\partial y}=0$$

将密度和速度代入上式,略去 2 阶项,得

$$U\frac{\partial\rho'}{\partial x}+\rho_0\frac{\partial u'}{\partial x}+\rho_0\frac{\partial v'}{\partial y}=0$$

x 方向的动量方程为

$$\frac{\partial u}{\partial t}+u\frac{\partial u}{\partial x}+v\frac{\partial u}{\partial y}=-\frac{1}{\rho}\frac{\partial p}{\partial x}$$

将密度、压强和速度代入上式,略去 2 阶小量后,得

$$U\frac{\partial u'}{\partial x}=-\frac{1}{\rho_0}\frac{\partial\rho'}{\partial x}\frac{\mathrm{d}p}{\mathrm{d}\rho}$$

在小扰动流场中 $\mathrm{d}p/\mathrm{d}\rho=c_0^2$,经整理后,得

$$\frac{\partial\rho'}{\partial x}=-\frac{\rho_0 U}{a_0^2}\frac{\partial u'}{\partial x}$$

将上式代入线性化的连续方程,经整理后,得

$$(1-Ma^2)\frac{\partial u}{\partial x}+\frac{\partial v}{\partial y}=0 \tag{6.74}$$

式中 Ma 是激波后的马赫数。引入平面流动流函数:

$$u=\frac{\partial\psi}{\partial y},\quad v=-(1-Ma^2)\frac{\partial\psi}{\partial x}$$

连续方程自然满足,在激波后是有旋流动,$\Omega=\partial v/\partial x-\partial u/\partial y$,于是流函数方程为

$$(1-Ma^2)\frac{\partial^2\psi}{\partial x^2}+\frac{\partial^2\psi}{\partial y^2}=-\Omega \tag{6.75a}$$

根据克罗克定理,平面流中速度向量和涡量垂直,式(6.29)可写为

$$\Omega = -\frac{1}{(u^2+v^2)^{1/2}}\left(\frac{\partial h_0}{\partial n} - T\frac{\partial s}{\partial n}\right) \tag{6.75b}$$

式中,n 是垂直于流线的方向。设定激波后的 x 坐标沿图中 W 方向,由于扰动是小量,激波后的合成速度为 W,流线几乎平行于 x 方向,故激波后的涡量近似为

$$\Omega = -\frac{1}{W}\left(\frac{\partial h_0}{\partial y} - T\frac{\partial s}{\partial y}\right)$$

最后,流动方程为

$$(1-Ma^2)\frac{\partial^2 \psi}{\partial x^2} + \frac{\partial^2 \psi}{\partial y^2} = \frac{1}{W}\left(\frac{\partial h_0}{\partial y} - T\frac{\partial s}{\partial y}\right) \tag{6.76}$$

由式(6.75a)或(6.76)可见,如果激波后流动是亚声速,则流动方程是椭圆型;如激波后流动是超声速,流动方程为双曲型,这两种情况下的扰动速度传播规律截然不同。方程(6.76)的初值由 Rankine-Hugoniot 方程确定。关于详细的计算过程见 Ribner(1953)。

6.5.2 Ribner 近似的主要结果

图 6-6 所示为来流马赫数等于 1.5 的剪切扰动波穿过激波的振幅和相位特性。可以明显看出,激波后的振幅、相位与激波后是亚声速还是超声速有关。$\theta=0$ 是正激波,激波后的扰动振幅比为 1.45,随着入射角增加,振幅比增大,当入射角达到极限值时,振幅比最大。入射角超过极限值后,激波后为超声速,在激波后为超声速情况下,激波强度逐渐下降,振幅比也随之减小。当入射波平行于激波时,扰动穿过激波的强度不变。在 $0<\theta<\theta_{cr}$ 范围内,折射波和入射波的相位差先增后减,在 $\theta>\theta_{cr}$(激波后为超声速)后相位差等于零。

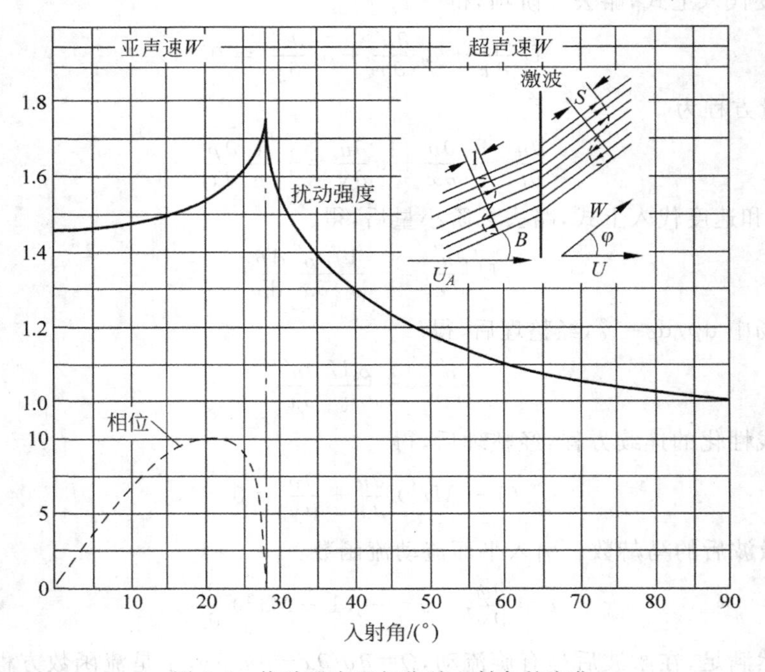

图 6-6 扰动强度和相位随入射角的变化

以上为单色剪切波穿过激波的结果，对于一般湍流穿过激波的情形，可以通过叠加方法计算。如果进入激波湍流的能谱为已知，对于给定波数的扰动穿过激波时的扰动波形和幅值可以用上述方法计算，相当于给定波数穿过激波的传递函数 $H(k)$ 为已知，然后用叠加法可以计算激波后的湍流能谱，详细计算可见 Ribner(1954)。Ribner 近似理论是湍流声学的基础。

6.5.3　线性相互作用近似

Ribner 的方法可以进一步发展为湍流和激波的线性相互作用近似（Linear interaction approximation，LIA）。线性干扰近似的意义在于，它将激波关系线性化，但是穿过激波时，可压缩湍流模态间的相互作用（或转化）在线性近似的激波关系中仍然可以保留。因此线性相互作用是研究低马赫数湍流和激波相互作用的有效工具，下面给出若干 LIA 和直接数值模拟的结果，以说明它的有效性。

Lee 等(1993)的直接数值模拟研究曾提出线性近似的经验性准则如下：

① 湍流马赫数很小

$$M_t^2 < \alpha(M_1^2 - 1),\quad \alpha \approx 0.1 \tag{6.77}$$

式中，M_t 和 M_1 分别是激波前的湍流马赫数和平均马赫数。

② 湍流穿过激波的时间远远小于湍流特征时间，因而非线性效应可以忽略，即

$$\frac{\delta}{u'} < \frac{k}{\varepsilon} \tag{6.78}$$

式中，δ 为激波厚度，u' 是激波前湍流脉动均方根，k 是激波前湍动能，ε 是激波前湍动能耗散率。

有一点需要说明，LIA 近似的上游湍流演化中没有非线性的相互作用，但是下游湍流中可以含有各种模态。由线性化的 Rankine-Hugoniot 激波关系式获得的激波后初始条件，式(6.76)源项可以激发与上游不同性质的模态。图 6-7 显示了各向同性湍流穿过激波时湍流脉动强度的 DNS 和 LIA 的计算结果比较。

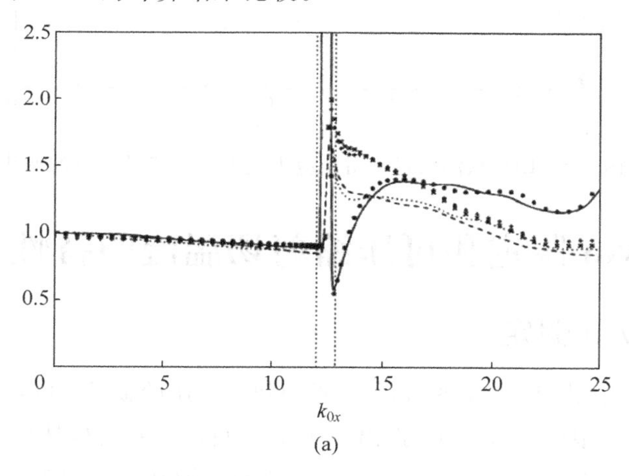

图 6-7　超声速湍流边界层中速度脉动剖面

(a) DNS；(b) LIA

（DNS：直线（$M_1=2$，$M_t=0.108$，$Re_\lambda=19.0$）；符号（$M_1=3.0$，$M_t=0.110$，$Re_\lambda=19.7$）。流向雷诺正应力 R_{11}：直线和点线；展向雷诺正应力 R_{22}：虚线和×；展向雷诺正应力 R_{33}：点线和＋。LIA（$M_1=2$，$M_t=0.108$），R_{11}：实线；R_{22} 和 R_{33}：虚线；垂直虚线：激波位置。）

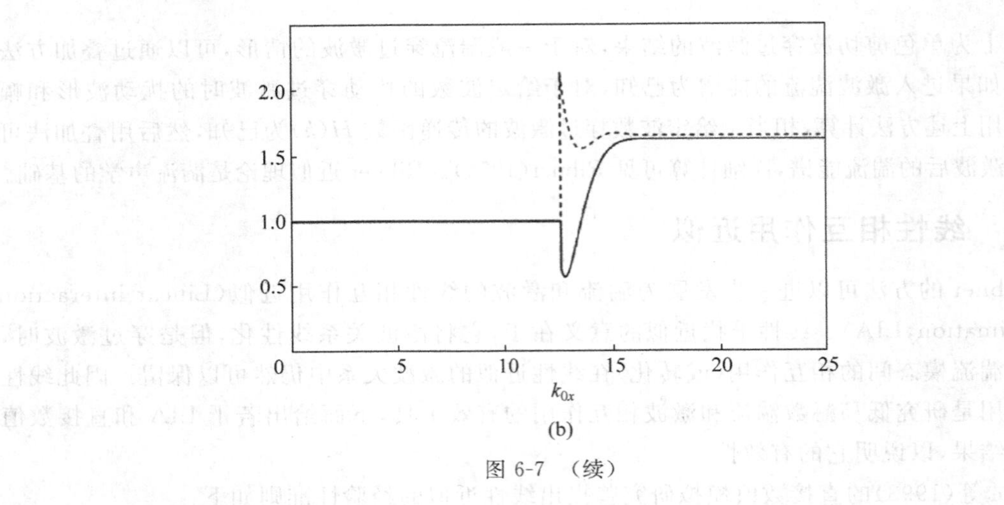

图 6-7 (续)

穿过激波所有湍流脉动都增大,LIA 和 DNS 结果符合良好。DNS 和 LIA 都展示了穿过激波时湍流脉动的增大随来流湍流马赫数的变化。图 6-8 显示了激波后远场雷诺应力随激波来流马赫数的变化。LIA(图 6-8)结果还显示了横向湍流脉动是单调增长,并在 $M_1=3$ 后脉动趋向饱和;而流向脉动在 $M_1=2$ 时达到最大值。DNS 结果和 LIA 近似的符合,说明在来流湍流马赫数低的条件下,湍流穿过激波是线性过程。

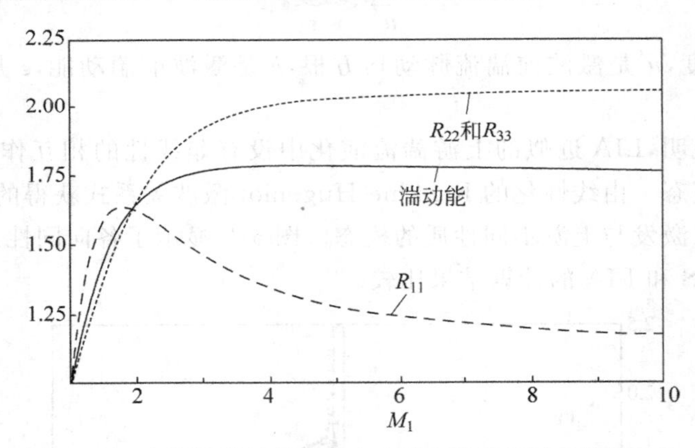

图 6-8 LIA 预测的远场雷诺应力随上游湍流马赫数的变化

6.6 Morkovin 假定和可压缩剪切湍流的特性

6.6.1 Morkovin 假定

20 世纪 50 年代,由于宇宙飞行的需要,科学家开始研究超声速湍流边界层特性。Morkovin 依据当时有限的实验结果,提出一个重要假定:来流马赫数 $Ma_e<5$ 的绝热壁超声速湍流边界层特性和马赫数无关(Morkovin,1962),即在 $Ma_e<5$ 条件下,该边界层特性和不可压缩湍流边界层相似。虽然 Morkovin 假定的依据是很有限的实验结果,但后来在不少超声速湍流剪切层中证实是可用的,并为湍流模式提供了理论依据。

Morkovin 假定的依据是,超声速湍流边界层的内层属于低密度、低雷诺数的流动。

在可压缩边界层流动中，绝热壁面的温度略小于来流的滞止温度：$T_w=[1+r(\gamma-1)Ma_e^2/2]T_e$，式中 r 为恢复系数，在湍流边界层中，通常恢复系数等于 0.8～0.9，下标 e 表示边界层外的来流参数。当 $Ma_e>1$ 时，壁面温度很高，而边界层中的压强是近似常数，因此近壁密度很小。另一方面，气体的粘性系数随温度急剧增大（式(6.7)），于是运动粘性系数很大（$\nu=\mu/\rho$，μ 很大，ρ 很小）。如果超声速来流和不可压缩边界层来流的雷诺数相同，则超声速边界层中局部雷诺数远远低于不可压缩边界层流动。于是近壁超声速绝热边界层近似于等密度的低雷诺数流动，即不可压缩湍流边界层。图 6-9 显示了超声速湍流边界层中温度、速度的分布。

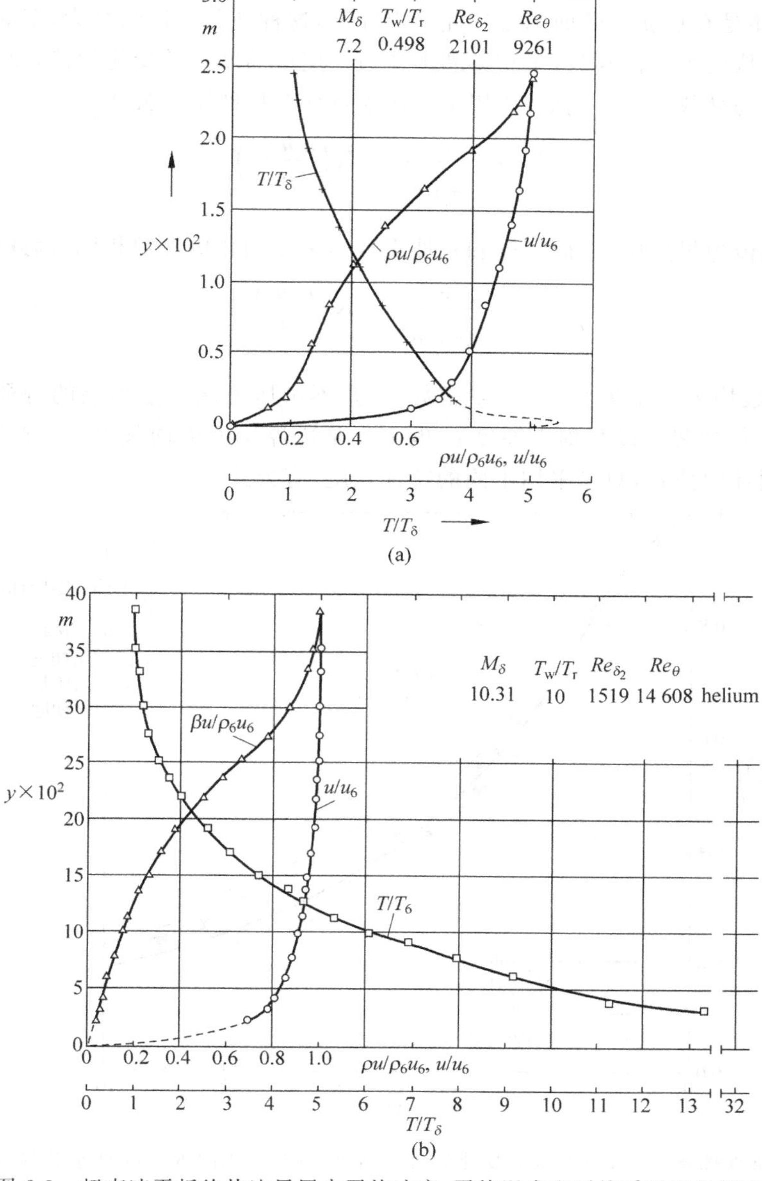

图 6-9　超声速平板绝热边界层中平均速度、平均温度和平均质量通量剖面

(a) 超声速 $M_\delta=7.2$；(b) 高超声速 $M_\delta=10.31$

图 6-9(a)中来流马赫数 $M_\delta=7.2$(Fernholz 和 Finley,1980),图 6-9(b)中来流马赫数 $M_\delta=10.31$(Watson 等,1973)。在 $M_\delta=7.2$ 情况下,边界层底部 T_w/T_δ 大于 5,由平均速度剖面和质量通量剖面,可以估计密度比 ρ_w/ρ_δ 约为 5。气体的粘度 $\mu/\mu_\delta=(T/T_\delta)^{0.76}$,因此近壁气体粘度增加约 3.4 倍,运动粘性系数增加 17 倍,近壁区近似为不可压缩的低雷诺数湍流。在 $M_\delta=10.31$ 情况下,T_w/T_δ 大于 10,ρ_w/ρ_δ 更小,以来流物性定义的雷诺数 $Re=\rho_e u_e\theta/\mu_e=14\,608$,而以壁面温度定义的雷诺数 $Re=\rho_w u_e\Theta/\mu_w=68$,全部边界层将是粘性占优。

大量实验结果证实,壁面摩擦系数随来流马赫数的增加而减小,如图 6-10 所示。不论是绝热壁面,还是有热交换壁面都是如此。定性上,这种现象可以归结为,壁面密度减小,粘度增加。可以从变更特征参数,来获得超声速边界层壁面摩擦的变化规律,而这种壁面摩擦的公式和来流马赫数无关。例如,应用不可压缩壁面摩擦的幂律公式:

$$C_{f,i}=\frac{\tau_w}{\frac{1}{2}\rho_e u_e^2}=K\left(\frac{\rho_e u_e\lambda_i}{\mu_e}\right)^{-m} \tag{6.79}$$

在不可压缩湍流边界层中,壁面密度和粘性系数与来流的相应参数相同,因此也可写成

$$C_{f,i}=\frac{\tau_w}{\frac{1}{2}\rho_w u_e^2}=K\left(\frac{\rho_w u_e\lambda_i}{\mu_w}\right)^{-m}$$

式中,流体参数均采用来流状态,K 是常数,λ_i 是不可压缩湍流边界层的特征长度,可以是边界层厚度 δ,或边界层动量损失厚度 θ,也可以是边界层的流向长度 x。在可压缩湍流边界层中采用同样的公式,只是采用不同的特征长度,有公式:

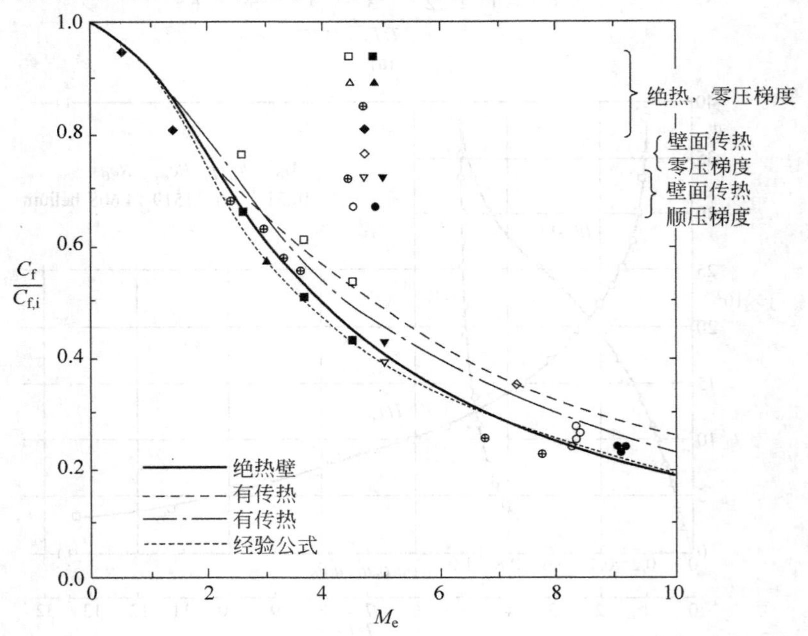

图 6-10　壁面摩擦系数随来流马赫数变化的实验结果,所有实验的 Re_x 近似等于 10^7。(引自 Smits 和 Dussauge,2006)。

$$\frac{\tau_w}{\frac{1}{2}\rho_w u_e^2} = K\left(\frac{\lambda_i}{\lambda_c}\right)^{-m}\left(\frac{\rho_w u_e \lambda_c}{\mu_w}\right)^{-m} \tag{6.80}$$

式中 λ_c 是可压缩湍流边界层的特征长度。如果在可压缩湍流边界层中摩擦系数定义的特征密度采用来流密度，则

$$C_{f,c} = \frac{\tau_w}{\frac{1}{2}\rho_e u_e^2} = K\left(\frac{\rho_w}{\rho_e}\right)\left(\frac{\lambda_i}{\lambda_c}\right)^{-m}\left(\frac{\rho_w u_e \lambda_c}{\mu_w}\right)^{-m} \tag{6.81}$$

将粘性系数的 Southland 公式 $\mu_w/\mu_e=(T_w/T_e)^\omega$ 代入上式，得

$$C_{f,c} = C_{f,i}\left(\frac{\lambda_i}{\lambda_c}\right)^{-m}\left(\frac{T_e}{T_w}\right)^{1-(\omega+1)m} \tag{6.82}$$

若不可压缩和可压缩边界层都采用边界层的流向长度作为特征长度，则 $\lambda_i/\lambda_c=1.0$；$m=0.2$，$\omega=0.76$，就可得可压缩湍流边界层壁面摩擦系数的计算公式。图 6-10 显示了 $C_f/C_{f,i}$ 随来流马赫数变化的若干实验结果，证实可压缩湍流边界层壁面摩擦规律可以由不可压缩湍流边界层的摩擦系数变换过来。

6.6.2 强雷诺比拟

在超声速湍流边界层中，热通量是重要的流动参数，如果能够获得速度脉动和温度脉动之间关系的信息，那就能够推测平均动量通量和热通量之间的关系，进而导出壁面摩擦和壁面热通量间的关系。在可压缩层流库埃特流动中，前面已经导出壁面摩擦系数和传热系数间的关系，与不可压缩层流边界层类似，存在所谓雷诺比拟。在超声速湍流边界层中是否也有类似的性质？这是强雷诺比拟(strong Reynolds analog，SRA)探讨的课题。Morkovin (1962)根据当时提供的实验数据，导出了温度脉动和速度脉动的相关系数近似等于−1。所依据的事实是，超声速湍流边界层中密度脉动和总温脉动均为小量，即

$$\frac{\rho'}{\bar{\rho}} \ll 1, \quad \frac{T_0'}{\overline{T}_0} \ll 1 \tag{6.83}$$

式中，$\overline{T}_0$ 是平均总温，图 6-11 显示的结果说明超声速边界层中总温近似等于 1.0。

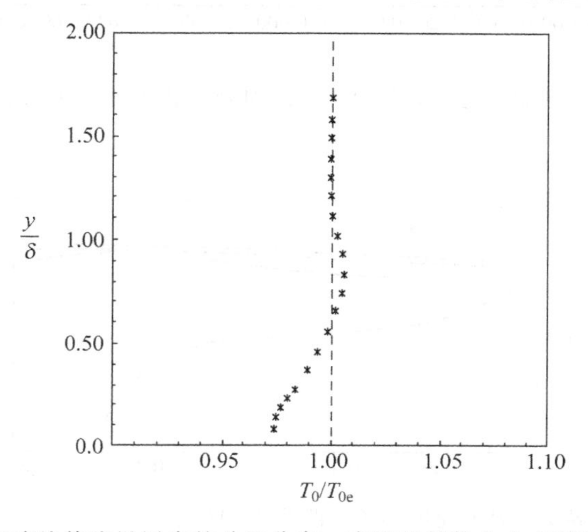

图 6-11 超声速绝热边界层中的总温分布。来流马赫数 2.3，雷诺数 $Re_\theta=5500$

在边界层中,压强近似常数,因此 $\rho'/\bar{\rho}\approx-T'/\bar{T}$。总温 $T_0=T+u^2/2c_p$,可导出 $T'_0=T'+Uu'/c_p$,于是由 $T'_0/\bar{T}_0\ll1$,可得

$$\frac{T'_0}{\bar{T}_0}=\frac{\overline{T'}+Uu'/c_p}{\bar{T}+\bar{U}^2/2c_p}$$

式中,U 是平均速度,u' 是脉动速度,分母上是大量,能满足满足 $T'_0/T_0\ll1$,必有:$T'\approx-Uu'/c_p$,代入 $\rho'/\bar{\rho}\approx-T'/\bar{T}$,经简单计算后有

$$\rho'/\bar{\rho}\approx-T'/\bar{T}=(\gamma-1)M^2u'/U \tag{6.84}$$

由式(6.84),容易计算温度速度相关:

$$R_{Tu}=\frac{\overline{T'u'}}{\sqrt{\overline{T'^2}}\sqrt{\overline{u'^2}}}=-1 \tag{6.85}$$

图 6-12 显示超声速边界层中速度脉动和温度脉动测量的时间序列,它定性地反映温度脉动和速度脉动的负相关。图 6-13 显示了速度-温度相关实验测量结果,证实式(6.85)是超声速湍流边界层的良好近似。

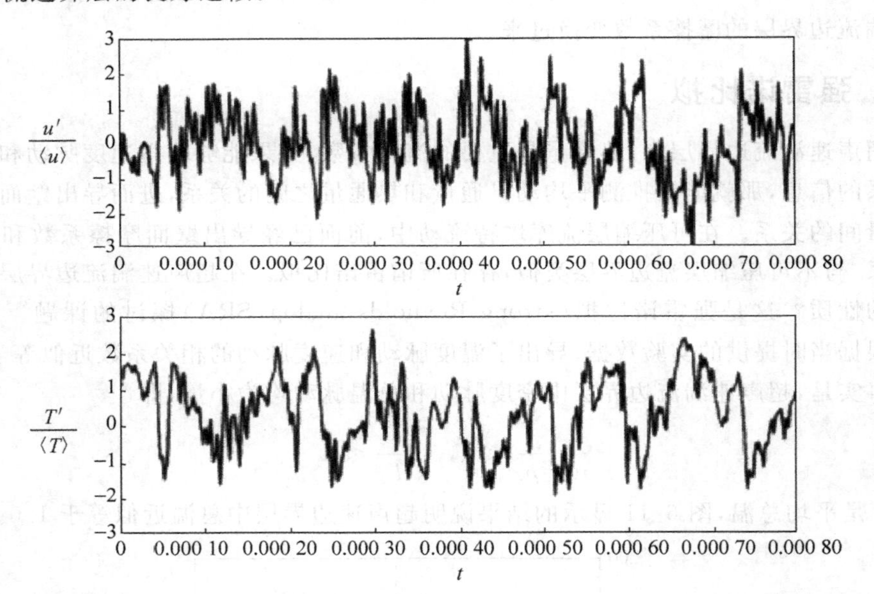

图 6-12 $Ma=2.9$ 的超声速湍流边界层中 $y/d=0.6$ 处速度脉动(上图)和温度脉动(下图)的时间序列

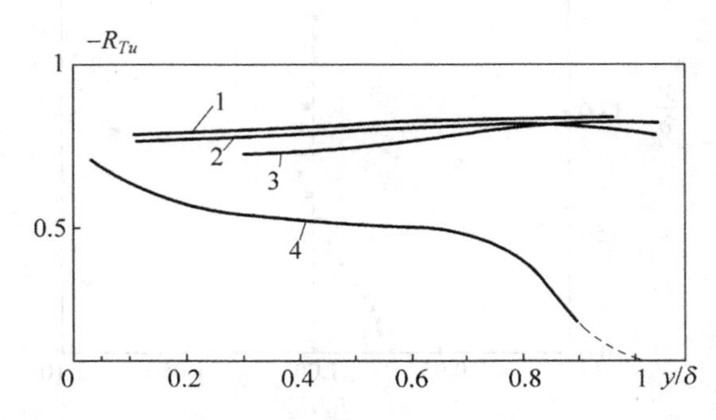

图 6-13 超声速湍流边界层中温度速度相关。曲线 1:$M_e=2.32$,$Re_\theta=5650$;曲线 2,3:$M_e=1.73$,$Re_\theta=5700$;曲线 4:$M_e\ll1$,$Re_\theta=5000$

6.6.3 湍流普朗特数

由 SRA 式(6.85)可以导出可压缩湍流边界层中湍流普朗特数等于1。边界层中总温是常数,即

$$\overline{T}_0 = \overline{T} + U^2/2c_p = \text{const.} \tag{6.86a}$$

$$T'_0 = \overline{T}' + Uu'/c_p = 0 \tag{6.86b}$$

根据涡粘和涡扩散系数定义:

$$\overline{v'(y,t)u'(y,t)} = \nu_t \frac{\partial U(y)}{\partial y}, \quad \overline{v'(y,t)T'(y,t)} = \kappa_t \frac{\partial T(y)}{\partial y} \tag{6.87}$$

湍流普朗特数的定义为

$$Pr_t = \frac{\nu_t}{\kappa_t} = \frac{\overline{v'(y,t)u'(y,t)}}{\overline{v'(y,t)T'(y,t)}} \frac{\partial T(y)/\partial y}{\partial U(y)/\partial y}$$

将式(6.86b)乘以 v',然后求平均,得

$$\overline{v'(y,t)T'(y,t)} = -\frac{U(y)\overline{u'(y,t)v'(y,t)}}{c_p}$$

再对式(6.86a)求导数,得

$$\frac{d\overline{T}(y)}{dy} = -\frac{\overline{U}(y)}{c_p}\frac{d\overline{U}(y)}{dy}$$

将以上两式代入湍流普朗特数公式,就可得

$$Pr_t = \frac{\nu_t}{\kappa_t} = 1 \tag{6.88}$$

上式和马赫数无关,于是证明了绝热超声速湍流边界层($Ma<5$)中的热通量和动量通量也具有相似性。

Morkovin 假定和强雷诺比拟的基础是密度脉动为小量,湍流马赫数也是小量。这两个条件在 $Ma<5$ 的超声速湍流边界层中成立;在相同平均马赫数下,湍流自由剪切流的湍流马赫数大于湍流边界层中的湍流马赫数,因此湍流自由剪切流中,Morkovin 假定和强雷诺比拟的适用范围小于边界层流动。

6.7 可压缩湍流的 Favre 过滤

和 Markovin 假定思想一致,Farvre(1964)提出用密度加权平均可压缩湍流方程(6.2.2节),并指出,在 $Ma<5$ 的超声速剪切流中,密度加权平均的可压缩湍流方程可以采用不可压缩湍流模式予以封闭。稍后 Favre(1965)将加权平均的方法推广到加权过滤,导出可压缩湍流的大涡模拟方程。下面介绍 Favre 加权过滤的 LES 方程。

密度加权过滤器(又称 Favre 过滤)的思想是:对密度、压强采用通常的物理空间过滤,用上标"—"表示;而速度、温度和内能采用密度加权过滤,并用上标"～"表示,有以下公式:

$$\tilde{u}_i = \frac{\overline{\rho u_i}}{\bar{\rho}}, \quad \tilde{\theta} = \frac{\overline{\rho\theta}}{\bar{\rho}}, \quad \tilde{e} = \frac{\overline{\rho e}}{\bar{\rho}} \tag{6.89}$$

采用密度加权过滤后状态方程为(θ 表示绝对温度)

$$\tilde{p} = R\bar{\rho}\tilde{\theta} \tag{6.90}$$

对可压缩 N-S 方程进行过滤，得到可压缩湍流的大涡数值模拟方程如下：

$$\frac{\partial\bar{\rho}}{\partial t}+\frac{\partial(\bar{\rho}\,\tilde{u}_i)}{\partial x_i}=0 \tag{6.91a}$$

$$\frac{\partial\bar{\rho}\,\tilde{u}_i}{\partial t}+\frac{\partial(\bar{\rho}\,\tilde{u}_i\,\tilde{u}_j)}{\partial x_j}=-\frac{\partial\bar{p}}{\partial x_i}+\frac{\partial\tilde{\sigma}_{ij}}{\partial x_j}+\frac{\partial[\bar{\rho}(\tilde{u}_i\,\tilde{u}_j-\widetilde{u_iu_j})]}{\partial x_j}+\frac{\partial(\bar{\sigma}_{ij}-\tilde{\sigma}_{ij})}{\partial x_j} \tag{6.91b}$$

$$\frac{\partial(\bar{\rho}\,\tilde{e}+\bar{\rho}\,\tilde{u}_i\,\tilde{u}_i/2)}{\partial t}+\frac{\partial[(\bar{\rho}\,\tilde{e}+\bar{\rho}\,\tilde{u}_i\,\tilde{u}_i/2+p)\,\tilde{u}_j]}{\partial x_j}=\frac{\partial\tilde{\sigma}_{ij}\,\tilde{u}_i}{\partial x_j}+\frac{\partial\,\tilde{q}_j}{\partial x_j}+\hat{A} \tag{6.91c}$$

过滤后的可压缩湍流连续方程(6.91a)和通常可压缩流动的连续方程形式上相同。过滤后的动量方程产生2附加项，它们和亚格子脉动有关。式(6.91b)右端的 $\bar{\rho}(\tilde{u}_i\,\tilde{u}_j-\widetilde{u_iu_j})$ 是亚格子应力项：

$$\tilde{\tau}_{ij}=\bar{\rho}(\tilde{u}_i\,\tilde{u}_j-\widetilde{u_iu_j}) \tag{6.92}$$

式(6.91b)右端的 $\tilde{\sigma}_{ij}$ 是以过滤速度和温度为参数的分子粘性应力项，即

$$\tilde{\sigma}_{ij}=\mu(\tilde{\theta})\left(\frac{\partial\,\tilde{u}_i}{\partial x_j}+\frac{\partial\,\tilde{u}_j}{\partial x_i}\right) \tag{6.93}$$

式(6.91b)右端的最后一项，是过滤后的分子粘性应力和 $\tilde{\sigma}_{ij}$ 之差。注意到 $\tilde{\sigma}_{ij}$ 项中所有流动参数都是过滤后的量，而

$$\bar{\sigma}_{ij}=\overline{\mu(\theta)\left(\frac{\partial u_i}{\partial x_j}+\frac{\partial u_j}{\partial x_i}\right)}=\overline{\tilde{\mu}(\theta)\left(\frac{\partial\,\tilde{u}_i}{\partial x_j}+\frac{\partial\,\tilde{u}_j}{\partial x_i}\right)}+\overline{\tilde{\mu}(\theta)\left(\frac{\partial u_i'}{\partial x_j}+\frac{\partial u_j'}{\partial x_i}\right)}$$
$$+\overline{\mu'(\theta)\left(\frac{\partial\,\tilde{u}_i}{\partial x_j}+\frac{\partial\,\tilde{u}_j}{\partial x_i}\right)}+\overline{\mu'(\theta)\left(\frac{\partial u_i'}{\partial x_j}+\frac{\partial u_j'}{\partial x_i}\right)}$$

它包含粘性系数和亚格子脉动的相关，因此需要做模式，产生这一项的原因是可压缩流体的粘性系数与温度有关。

过滤后的可压缩流体的能量方程比较复杂，有更多的不封闭项。式(6.91c)右端第1项为可解尺度分子应力作功；式(6.91c)右端的 $\hat{q}_j$ 是可解尺度导热项：

$$\tilde{q}_j=-\lambda(\tilde{\theta})\frac{\partial\tilde{\theta}}{\partial x_j} \tag{6.94}$$

式(6.91c)右端最后一项包括6项，可写作：

$$\hat{A}=-a_1-a_2-a_3+a_4+a_5+a_6 \tag{6.95a}$$

这6项分别是：

$$a_1=-\tilde{u}_i\frac{\partial[\bar{\rho}(\tilde{u}_i\,\tilde{u}_j-\widetilde{u_iu_j})]}{\partial x_j} \tag{6.95b}$$

$$a_2=\frac{\partial(\overline{eu_j}-\bar{e}\,\tilde{u}_j)}{\partial x_j} \tag{6.95c}$$

$$a_3=\overline{p\frac{\partial u_j}{\partial x_j}}-\bar{p}\frac{\partial\,\tilde{u}_j}{\partial x_j} \tag{6.95d}$$

$$a_4=\overline{\sigma_{ij}\frac{\partial u_i}{\partial x_j}}-\tilde{\sigma}_{ij}\frac{\partial\,\tilde{u}_i}{\partial x_j} \tag{6.95e}$$

$$a_5=\frac{\partial(\bar{\sigma}_{ij}\,\tilde{u}_i-\tilde{\sigma}_{ij}\,\tilde{u}_i)}{\partial x_j} \tag{6.95f}$$

$$a_6 = \frac{\partial(\overline{q}_i - \tilde{q}_i)}{\partial x_i} \tag{6.95g}$$

以上 6 项中，除了第 1 项 a_1 不需要附加模式，其他 5 项都需要附加亚格子模式。这些项都与温度脉动(或密度脉动)有关，也就是与亚格子脉动马赫数有关。如果亚格子脉动马赫数较小，则式(6.95b)～式(6.95g)的 5 项可以忽略不计。式(6.92)与不可压缩湍流的大涡模拟的亚格子应力项型式相同，可以用不可压缩亚格子模型封闭。根据现有经验，Farvre 过滤和 Farvre 平均一样也只适用于 $Ma<5$ 的边界层湍流。

6.8 超声速湍流的物理实验和数值模拟

前面已经介绍了可压缩湍流的线性特性理论和分析方法，但是它的非线性特性难以用解析方法研究，因此物理实验和数值模拟是探索可压缩湍流特性和机制必不可少的手段。对于亚声速气体湍流，它的物理实验和数值模拟方法比较容易，困难在于超声速湍流，特别是超声速湍流中存在激波时，它的物理实验和数值模拟就十分困难。从 20 世纪末起，国内外进行了有效的探索，取得一定经验。本节介绍超声速湍流物理实验和数值模拟的主要方法。

6.8.1 超声速湍流的实验

气体流动物理实验的主要设备是风洞和激波管。对于亚声速气体流动，它的风洞设备和低速风洞原理基本相同，风洞的功率和实验段风速的三次方成正比，因此需要强大的动力设备。超声速风洞除了需要更大的动力设备外，还需要压强很高的气源，按照等熵流动的公式，气源压强(滞止压强)和实验段压强之比为 $p_0/p=[1+(\gamma-1)Ma^2]^{\gamma/\gamma-1}$。图 6-14 是超声速风洞主要部件的示意图(不包括气源)，从气源输入到喷嘴的流动经过金属丝网和收缩比很大的收缩段，以保证进入喷嘴的气流均匀。为了保证工作段有均匀超声速流动，需要精心设计的收缩扩张喷嘴，收缩扩张喷嘴的喉部尺寸和工作段尺寸之比决定工作段的气流马赫数。经过工作段后，设置扩张段或第 2 次收缩扩张段，使超声速气流减速、压强增高，以降低气源的滞止压强。由于超声速风洞需要巨大的功率，所以有两种超声速风洞的气源：连续式和暂冲式。连续式风洞利用大功率的压缩机；暂冲式风洞利用巨大的高压储气罐，由于工作段超声速气流的特性由喷嘴控制，只要气源的压强高于产生超声速的滞止压强，风洞工作段始终维持恒定的超声速。储气罐压强低于所需滞止压强时，超声速实验必须停止。这种暂冲式风洞的持续工作时间可以是若干秒或若干分钟，依赖于储气罐的体积。对于湍流实验来说，为了获得统计特性，必须要有一定的有效测量时间长度。

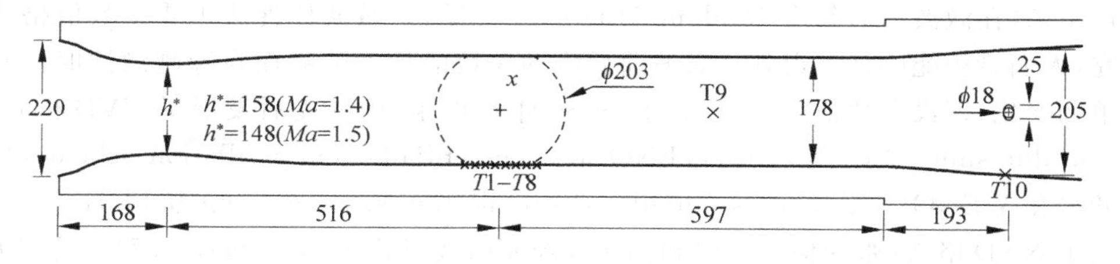

图 6-14 超声速风洞喷嘴——工作段和扩张段(图中数字是物理尺寸，cm)

超声速风洞只是提供超声速气流,它是研究超声速流动的设备,而要进行超声速湍流研究,需要特殊的装置。研究超声速湍流的特性和机制,例如,湍流和激波相互作用,激波和湍流边界层相互作用,超声速边界层对湍流脉动的接受性问题等,都需要在风洞的工作段产生给定的湍流度。这在低速风洞中比较容易实现,在超声速风洞中,较难实现,因为在超声速气流中附加任何装置(即使是细小的)都会产生膨胀波或激波。

超声速湍流实验的另一困难是湍流脉动的测量。传统的光学测量方法,如光学干涉仪,作为大尺度湍流结构的显示,仍然可用,例如,混合层的 Brown-Roshko 涡(1976),但是湍流脉动的定量测量较之低速湍流困难得多。压强脉动主要在风洞或模型壁面测量。大部分的速度脉动仍然采用热线风速计方法。热线风速计是干扰式的仪器,它在超声速气流中测量湍流脉动的精度远远低于低速湍流。在参考已有超声速湍流的实验结果时,必须注意实验设备和测量方法,以准确地理解实验结果,并与理论或数值模拟结果比较。

另一种超声速气流实验设备称作激波管,它也可用于研究激波和湍流的相互作用。激波管可以产生高温、高超声速的气流。它的原理是利用一薄片将高压气体和低压气体隔断,当金属薄片被高压气体瞬时击穿而产生激波,激波向下游运动时,在激波后产生超声速气流。激波管可以产生高马赫数的气流,但是激波管的有效工作时间很短,通常以毫秒计。在激波管中进行超声速湍流实验的测量要求很高。

6.8.2 可压缩湍流的数值模拟

亚声速湍流的数值模拟和低速湍流情况类似,无论是直接数值模拟,还是 RANS,LES 模拟(Favre 平均或过滤)都可以利用低速湍流有效的数值方法(有限差分、有限体积或有限元)进行计算。超声速气体流动的数值模拟和低速流动情况截然不同,超声速流动的边界条件和低速流动不同,需要利用特征线条件确定。在低速气流中适用的数值计算格式,在超声速气流中往往不适用,特别是有激波时,数值格式至今仍是计算流体力学的研究课题之一。关于可压缩流动的有限差分法可参见傅德薰、马延文的专著(2010),下面主要介绍超声速湍流中出现激波时数值模拟需要注意的问题和现有方法。

前面曾经介绍激波厚度是分子自由层量级,任何数值模拟都无法分辨如此小的尺度,早期数值模拟有激波的超声速流动时,采用人工粘性法,人为加大流体的粘性对于层流或无粘流动并不带来很大误差,但是对于湍流运动,人为加大流体粘性将使脉动耗散。采用分辨率高或精度高的数值格式,会在激波层附近产生非物理的震荡,这对于模拟湍流是不可取的。因此对于湍流场中数值模拟激波需要有更好的方法。

目前,有激波流场的数值计算主要有两种方法:激波捕捉法和激波装配法。

人工粘性属于激波捕捉法。激波捕捉法用合适的数值格式能够在超声速计算域中将激波分辨出来(在激波前后符合 Rankine-Hugoniot 关系)。激波捕捉法主要在数值格式上进行研究,人们希望能够计算得到的激波前后流动参数的梯度陡峭而在穿越激波时流动参数保持单调变化(即没有数值震荡)。20 世纪 80 年代以来,国外先后发展了 TVD 格式(total variation dimishing,Yee 等,1983),ENO 格式(essentially non-oscillation scheme,Harten 等,1997)和 WENO(weighted essentially non-oscillation scheme,Jiang 和 Shu,1996),国内也开发了 NND 格式(张涵信,1988)和群速度控制格式 GVC(Fu 和 Ma,1997)。这些方法都采用限制函数方法使得差分格式在不同的流动区域采取不同的表达式,以消除非物理震荡达到穿越激波时流动参数保持单调变化的目的。目前比较流行的方法是 WENO 格式。

另一种激波的数值计算方法是激波装配法。这种方法将激波作为一个动边界。假定某一时刻激波位置已知，同时已知激波前后的热力学参数和速度，可以利用激波关系式计算激波面的运动速度，从而获得下一时间步的激波位置，然后重复这一计算过程。激波装配法保证激波前后的热力学和运动参数满足激波关系式，计算结果较为准确。但是这一方法的计算比较复杂，特别是在复杂流动中很难确定初始时刻的激波位置。对于计算精度要求很高的超声速湍流问题，例如数值模拟超、高超声速钝体绕流边界层对来流小扰动的感受性问题（扰动的量级为 10^{-4}），激波装配法可获得满意的结果（Zhong，2003）。

6.9　激波边界层相互作用

6.9.1　典型的激波边界层相互作用

激波边界层相互作用，在高速飞行器的内流和外流中普遍存在。例如，超声速飞机进气道的入口斜激波和进气道边界层的相互作用；又如，超声速飞机的机翼和机身交接处的激波和边界层相互作用；还有，跨声速飞机机翼尾部的激波边界层相互作用。

根据实际激波边界层相互作用的情况，可以概括为几种典型流动工况，如图 6-15 所示。

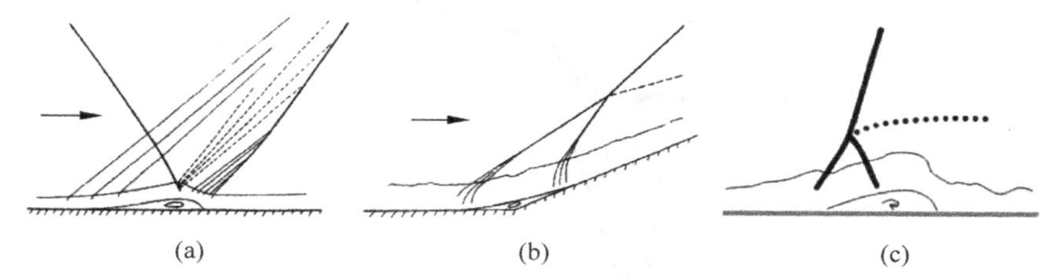

图 6-15　典型的激波边界层相互作用

(a) 斜激波入射到边界层；(b) 超声速气流绕斜坡压缩，产生斜激波和边界层相互作用；(c) 跨声速流动（局部超声速）中激波和边界层相互作用

典型的激波边界层相互作用的共同特点是：在相互作用区都发生流动分离，形成分离泡；分离泡不是驻定的，而是流向不规则震荡，属于非定常流动分离；压强脉动增大。三种相互作用的工况有各自的特征。

6.9.2　超声速气流绕斜坡的激波边界层相互作用

图 6-16 是超声速气流绕压缩折角产生的激波以及激波和边界层的相互作用的示意图。来流马赫数为 2.9，斜坡倾角为 24°，斜激波后，气流偏转角约为 10°。来流为湍流边界层，气流进入斜坡前，通过连续的压缩波，在边界层内产生逆压梯度，在转角处发生流动分离。分离泡和激波都在流动方向震荡。不少实验和数值计算研究这种典型的激波边界层相互作用，例如，Smits 和 Muck (1987)，Evans 和 Smits (1996)。

可以从壁面剪应力和平均速度分布，估计分离泡的位置和大小。通常壁面平均摩擦系数等于零作为分离点的判断，图 6-17 表明，倾斜角 16°以上，在转角处流动分离。图 6-18 显示来流马赫数为 2.9，倾斜角为 24°，沿坡面的边界层平均速度剖面，该图证实，马赫数为 2.9，倾斜角为 24°的绕斜坡流动在转角处流动分离。

图 6-19 展示超声速气流绕 24°斜坡流动的壁面压强和脉动压强沿壁面分布。

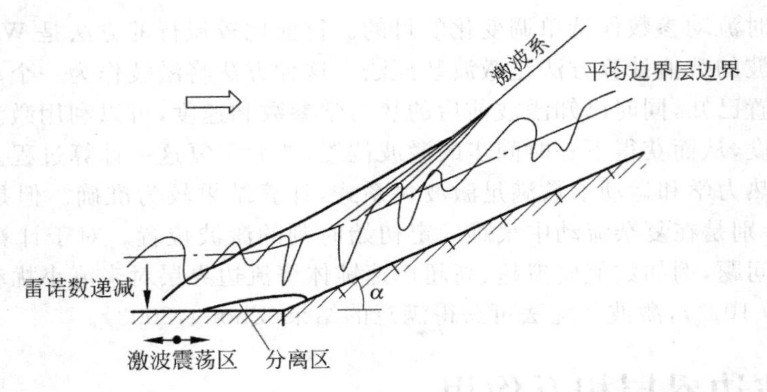

图 6-16　超声速气流绕压缩斜坡的激波边界层相互作用示意图(Dussauge 等,1989)

来流马赫数为 2.9,倾斜角为 24°

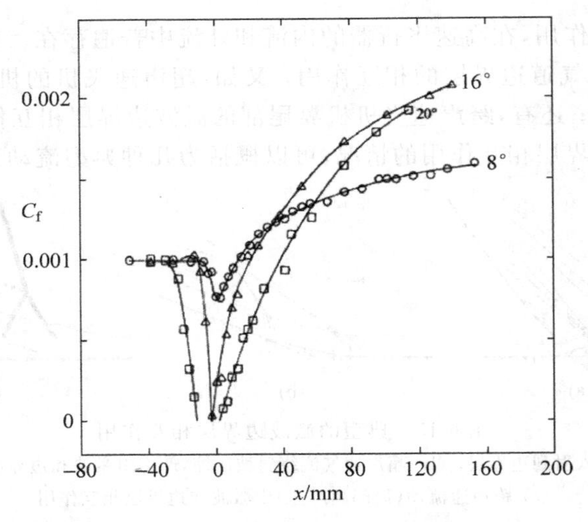

图 6-17　超声速气流绕斜坡的壁面摩擦系数

来流马赫数为 2.9

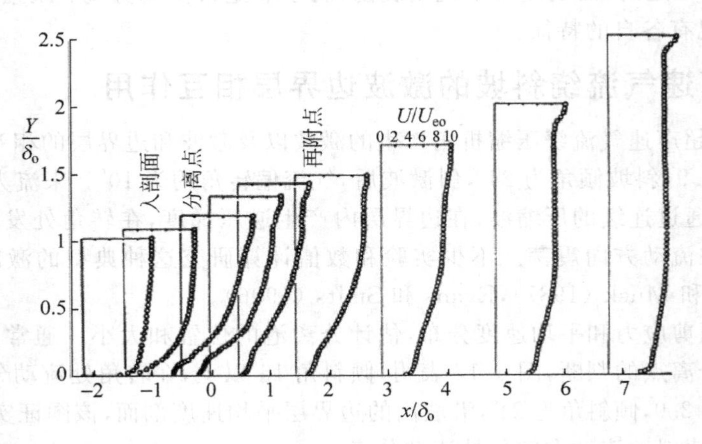

图 6-18　超声速气流绕斜坡的平均速度分布

来流马赫数为 2.9,$Re_\theta=72\,000$,倾斜角为 24°

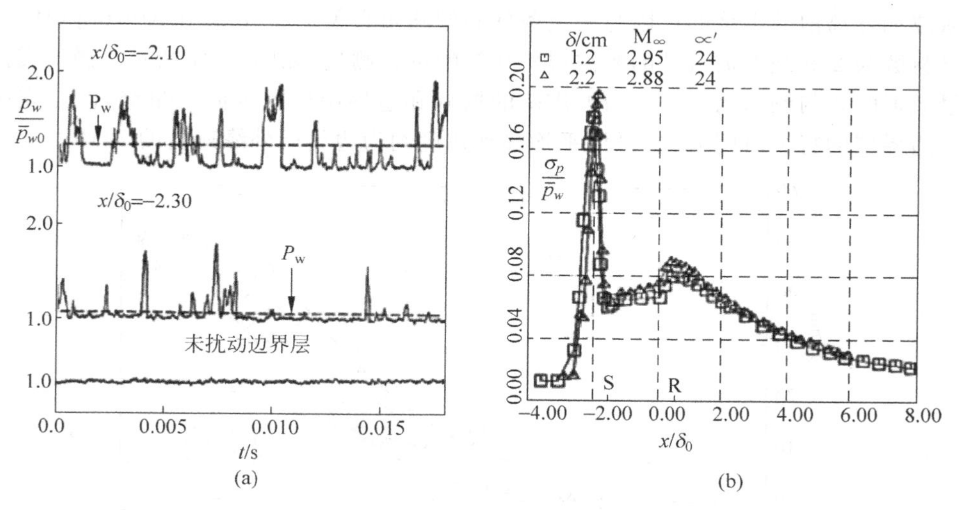

图 6-19　$Ma=3.0$ 的超声速气流绕 24°斜坡流动的壁面压强和脉动压强沿壁面分布

(a) 壁面压强；(b) 壁面脉动压强均方根

$x=0$ 是斜坡起始点，S 和 R 分别表示分离点和再附点，σ_p 是压强脉动均方根

从压强时间序列可以看到，转角前已经有间歇性很强的压强脉动，这是从边界层底层亚声速流中向上传播的压强。压强脉动的强度在分离点前达到极大值，然后在分离区突然下降，分离泡内压强接近常数，分离区后继续缓慢减小。

除了压强和压强脉动外，分离泡的流向震荡是超声速气流绕压缩折角流动的主要特征。这种斜激波震荡具有较大时间尺度，并导致分离泡后的湍流向下游的缓慢恢复。图 6-20 为用高速摄影录制瑞利散射的显示，可以明显看出激波和分离泡的缓慢变形(图 6-20(a))；同时也录制了激波和分离泡的展向缓慢变形(图 6-20(b))。

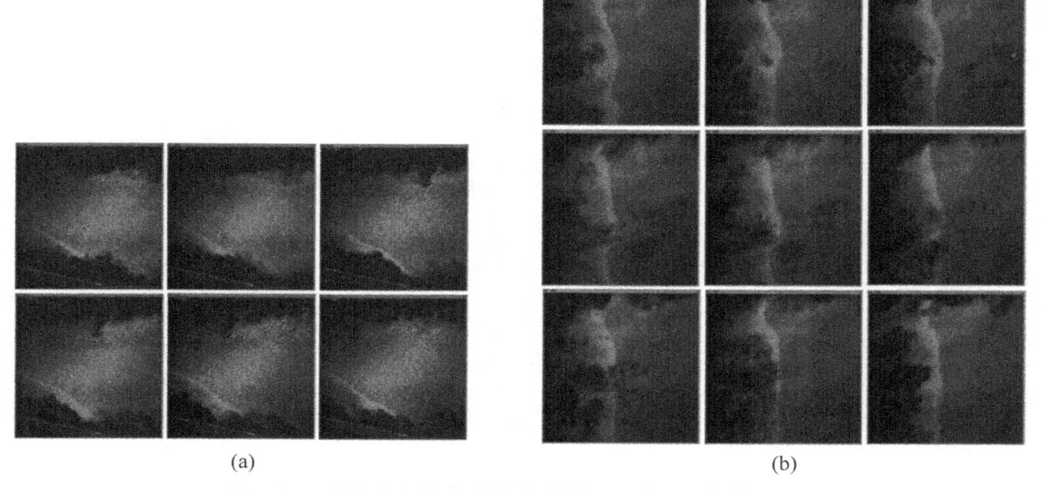

图 6-20　超声速气流绕斜坡的瑞利(Rayleigh)散射显示

(a) 侧视图；(b) 俯视图

来流马赫数为 2.3，倾斜角为 12°，流动从右到左。每帧图间的时间间隔 4μs

激波和分离泡的震荡的原因与来流条件和倾斜角有关。Dolling 和 Murphy(1983)曾对来流马赫数为 2.9 绕斜坡流动的激波震荡和振幅进行测量,如图 6-21 所示。激波震荡的范围和最大振幅均与倾斜角有关。激波震荡的振幅和边界层厚度为同一量级,但是震荡频率远小于边界层的特征时间 u_e/δ,激波平均移动速度约为边界层外缘速度的 1/10。

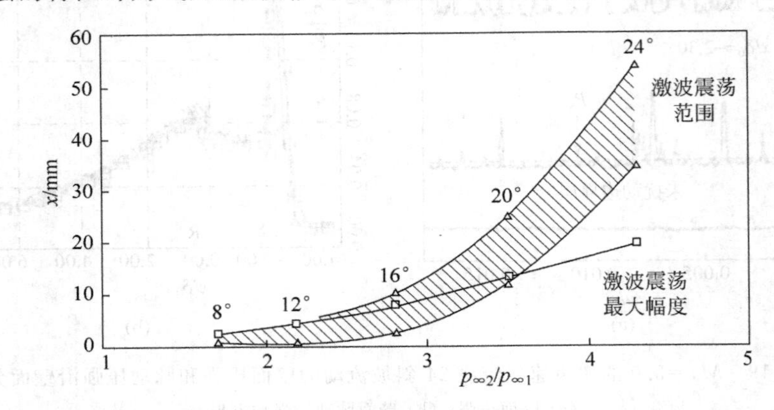

图 6-21 超声速气流绕斜坡的激波震荡的振幅和震荡范围(Dolling 和 Murphy,1983)
来流马赫数为 2.9

第7章 湍流直接数值模拟

7.1 湍流数值模拟的方法

研究湍流的最终目的是预测和控制自然界各种复杂湍流，从前几章介绍的简单湍流运动中已经看到：①湍流的统计方程是不封闭的；②湍流的瞬时流动是有结构的。对于简单的湍流运动，有可能用解析方法对它们的统计特性进行近似预测。然而，对于复杂湍流，解析方法是无能为力的，因此，实验测量和数值模拟是研究复杂湍流的必要手段。自20世纪70年代以来，随着电子计算机的迅速发展，数值模拟成为研究湍流的有效方法。

根据计算条件和研究湍流的不同目的，湍流数值模拟的精细程度有不同的层次。为了对湍流物理性质进行深入的了解，需要最精细的数值计算，这时，我们必须从完全精确的流动控制方程出发，对所有尺度的湍流运动进行数值模拟，这种最精细的数值模拟称为直接数值模拟，简写为DNS[①]。实用上，只需要预测湍流的平均速度场、平均标量场和平均作用力时，可以从雷诺平均方程出发，在这一层次上的数值模拟称为雷诺平均数值模拟，简称RANS[②]。雷诺平均方程是不封闭的，必须引入雷诺应力的封闭模型才可解出平均流场。雷诺应力的主要贡献来自大尺度脉动，而大尺度脉动的性质和流动的边界条件密切相关，因此雷诺应力的封闭模式不可能是普适的，就是说，不存在对一切复杂流动都适用的统一封闭模式。介于DNS和RANS之间的数值模拟方法称为大涡模拟，简称LES[③]。大涡模拟的思想是：大尺度脉动(或大尺度湍涡)用数值模拟方法计算，只将小尺度脉动对大尺度运动的作用做模型假设。LES的理论依据是小尺度脉动有局部平衡的性质，很可能存在某种局部普适的统计规律，如局部各向同性或局部相似性等。因而，小尺度脉动对大尺度运动的统计作用可能是普适的。

DNS、LES和RANS三个层次上的数值模拟方法对流场分辨率的要求有本质的差别。直接数值模拟要求模拟所有尺度的湍流脉动，具体计算时，最小的模拟尺

---

① DNS是direct numerical simulation的缩写。

② RANS是Reynolds averaged Navier-Stokes的缩写。

③ LES是large Eddy simulation的缩写。

度应当小于耗散区尺度,就是说网格的尺度Δ应当小于Kolmogorov尺度η。雷诺平均方法将所有尺度脉动产生的雷诺应力做了模型,因此网格尺度应当大于脉动的积分尺度,或脉动的含能尺度,网格的最小尺度由平均流动的性质确定。大涡数值模拟的网格分辨率介于DNS和RANS之间,它的网格长度应当和惯性子区尺度同一量级,因为惯性子区以下尺度的脉动才可能有局部普适性规律。以各向同性湍流的能谱为例,可以清楚地说明三种数值模拟方法的分辨率,如图7-1所示。能谱峰值的波数是含能波数k_p,它的倒数是含能尺度L,雷诺平均数值模拟的网格长度应大于L;最大耗散率的波数等于k_d,它的倒数和耗散区尺度η同一量级,直接数值模拟的网格长度应当满足$\Delta<1/k_d$;大涡模拟的网格分辨率介于RANS和DNS之间,它的网格长度应当满足$L\gg\Delta\gg\eta$。RANS的雷诺应力模型应当包括能谱$E(k)$下的所有湍流脉动;LES的亚格子应力模型只需要包括图7-1中阴影部分的脉动;直接数值模拟的分辨率达到k_d,因此不需要任何模型。

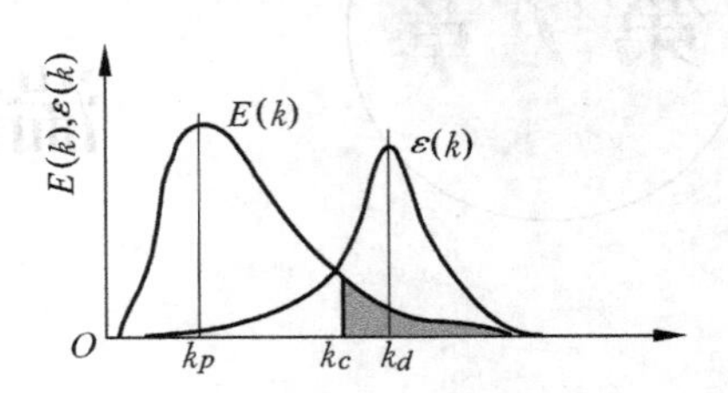

图7-1 说明DNS,LES和RANS应用范围的能谱和湍能耗散谱

以上简要地说明了三种数值模拟方法对网格精细程度的要求,在相同雷诺数条件下,直接数值模拟的网格尺度最小,所以要求计算机的内存最大,计算时间最长。雷诺平均数值模拟方法的网格尺度允许较大,要求计算机内存小,计算时间短;大涡模拟介于两者之间。

三种湍流数值模拟方法给出的信息量有很大差别。直接数值模拟可以计算所有湍流脉动,通过统计计算就可以给出所有平均量,如雷诺应力、脉动的能谱、标量输运量等。雷诺平均数值模拟方法只能给出平均速度场、雷诺应力、平均压强、平均热流量、平均合力等。大涡模拟方法给出的信息少于直接数值模拟,而大于雷诺平均方法,它可以给出大于惯性子区尺度的脉动信息,特别是大尺度脉动信息,同时,通过统计计算也可以给出所有平均量。

总之,直接数值模拟付出的计算代价最大,获得的信息也最多;雷诺平均方法花费的计算代价最小,获得的信息量也最少。必须根据需要来选择数值模拟的方法,直接数值模拟是计算湍流的最理想方法,由于它要求计算机的容量很大,目前是研究中低雷诺数简单湍流物理机制的有力工具。如果工程计算只需要平均作用力和平均传热量等,可以采用RANS就足够了。但是近代工程设计需要知道动态特性,例如,作用在飞行器上气动力载荷的谱是决定疲劳强度的重要参数;气动噪声和湍流脉动密切相关。若要获得动态信息,RANS就不能满足要求,而大涡模拟能够给出以上需要的信息。

本章介绍直接数值模拟,第8章介绍大涡模拟方法,第9章介绍雷诺平均数值模拟方法。

7.2 湍流直接数值模拟的基本原理

自20世纪70年代以来,湍流直接数值模拟取得显著的成果。Orzag和Patterson(1972)最早用直接数值模拟计算了各向同性湍流,当时网格数只有32^3,相应的雷诺数$Re_\lambda=35$。从现代DNS水平来看,这个算例的网格分辨率还是不够的,不过,当时是了不起的成就。随着计算机的不断发展,目前直接数值模拟各向同性湍流的最大网格数可达4096^3,相应的雷

诺数 $Re_\lambda \sim O(10^3)$，数值试验证实了 Kolmogorov 理论的部分假定。对于切变湍流，模拟的流动雷诺数还远远低于工程实际中发生的湍流。以槽道湍流为例，目前能够实现直接数值模拟的最高流动雷诺数约为 5000 ($Re_\tau = u_\tau H/\nu$)。

直接数值模拟可以获得湍流场的全部信息，而实验测量只能提供有限的流场信息。例如，流场中的压强脉动至今没有很精确的测量结果；流场中的涡量分布也是很难测量的，因此湍流场的涡结构只有流动显示的定性观察结果。以上那些很难测量的湍流脉动量很容易在直接数值模拟的数据库中获得，因此湍流直接数值模拟可以为研究人员非常细致地研究湍流性质提供可靠的原始资料。直接数值模拟能够获得实时的流动演化过程，因此它也是研究湍流控制方法的有效工具。利用直接数值模拟的数据库还可以评价已有湍流模型，进而研究改进湍流模型的途径。

湍流是多尺度的不规则运动，湍流直接数值模拟和层流运动的数值计算有很大区别。第一，由于湍流脉动具有宽带的波数谱和频谱，因此湍流直接数值模拟要求有很高的时间和空间分辨率。第二，为了求得湍流统计特性，需要足够多的样本流动；如果湍流是时间平稳态，就要有足够长的时间序列，通常在充分发展的湍流中，需要 10^5 以上的时间积分步。由于这些特殊要求，需要有内存大、速度快的计算机才能实现湍流直接数值模拟。

7.2.1　湍流直接数值模拟的空间分辨率

我们以均匀各向同性湍流为例，在正方体均匀网格中分析湍流直接数值模拟的空间分辨率和流动雷诺数的关系。假定各向同性湍流的含能尺度或积分尺度为 l，Kolmogorov 耗散尺度等于 η。为了足够准确地计算湍流的大尺度运动，立方体的长度 L 必须大于含能尺度 l，另一方面，为了保证准确模拟湍流小尺度运动，网格长度 Δ 必须小于耗散尺度 η。因此，一维网格数至少应满足以下不等式：

$$N_x = L/\Delta > l/\eta \tag{7.1}$$

第 3 章已经导出，Kolmogorov 耗散尺度 $\eta \sim (\nu^3/\varepsilon)^{1/4}$，而 $\varepsilon \sim u'^3/l$（u' 是脉动速度均方根值），将以上关系代入式(7.1)，可得

$$N_x > (Re_l)^{3/4} \tag{7.2}$$

式中 $Re_l = u'l/\nu$。三维总网格数 N 则至少应满足

$$N = N_x N_y N_z > (Re_l)^{9/4} \tag{7.3}$$

这是一个天文数字的估计，例如，$Re_l = 10^4$（相当于 $Re_\lambda \sim O(10^2 \sim 10^3)$），就要求网格数 $N = 10^9$，考虑到计算的流动变量数，需要约 10^{10} 字长的计算机内存。

直接数值模拟实际工程湍流运动时，对网格分辨率的要求更高。例如，计算边界层湍流，横向计算域长度 $L_y \sim O(\delta)$，纵向计算域长度 $L_x \sim 10\delta$，它们都大于湍流脉动的积分尺度。因此，按照式(7.3)要求，直接数值模拟切变湍流比模拟各向同性湍流所需要的网格数更多。为了实现切变湍流的 DNS，我们不得不放宽耗散尺度的要求。由于湍动能耗散的峰值尺度大于 Kolmogorov 耗散尺度，因此，我们可以要求网格尺度 $\Delta \sim O(\eta)$，而不要求 $\Delta < \eta$。Moser 和 Moin 等(1987)曾估计，在槽道湍流中，绝大部分的湍动能耗散发生在尺度大于 15η 的湍流脉动中。事实上，大部分壁湍流的 DNS 算例中，除了垂直于壁面方向的近壁分辨率外，在流向和展向的分辨率都大于 η，例如，$\Delta x \sim \Delta z \sim (5 \sim 10)\eta$。实践证明，这种直接数值模拟的结果对于研究壁湍流中湍流输运过程和雷诺应力的生成是足够准确的。

应当指出选定最小的网格长度还和数值方法有关。谱方法的数值精度最高,差分法的精度和差分格式有关。Moin 等(1998)估计,在同等的计算精度下,如果谱方法的网格长度是 1.5η 的话,二阶中心差分的网格长度应是 0.26η,四阶中心差分的网格长度则为 0.55η。

均匀湍流直接数值模拟的计算域长度由湍流脉动的大尺度确定。根据作者的经验,计算域的长度应是积分尺度的 8~10 倍,过小的积分域将丧失一部分大尺度湍动能。对于壁湍流,流向计算域长度应当大于 $2000\nu/u_\tau$(约为近壁条带平均长度的 2 倍),展向计算域长度应当大于 $400\nu/u_\tau$(约为近壁条带平均间距的 4 倍),过小的计算域将不能包含湍流大尺度拟序结构,不能够正确模拟壁湍流中动量和能量输运。高雷诺数超大结构的模拟,流向计算域长度至少大于槽宽的 10 倍,展向计算域至少大于槽宽的 3 倍。

7.2.2 湍流直接数值模拟的时间分辨率

为了保证计算的稳定性,数值计算的时间步长必须满足 CFL 条件,即

$$\delta t < \frac{\Delta}{u'} \tag{7.4}$$

时间推进的长度应当数倍于大涡的特征时间 L/u',由此可以推算总的计算步数 N_t 应大于 $L/\Delta \sim Re_l^{3/4}$。

式(7.4)是显式计算数值稳定性要求,为了减少计算量,可以考虑采用部分隐式推进来增大时间步长。例如,粘性项采用隐式,而对流项仍采用显式。和常规流动数值计算一样,时间步长的选择要通过试算来确定,但是式(7.4)是湍流模拟的基本要求。

7.2.3 初始条件和边界条件

在湍流直接数值模拟时,如何给出流动的初始条件和开边界上的条件是相当困难的问题。湍流直接数值模拟的开边界上速度应当是任意瞬间的样本速度,它包括平均速度和脉动速度。假如湍流是定常的,可以参照类似的流动近似地或预估给出开边界上的平均速度场;而脉动速度随时间的变化是不规则的,事先并不知道它们是什么样的随机过程。关于初始流场也有类似困难,无法预先知道脉动速度场的空间随机分布。严格来说,随机样本流动的初始场和开边界上的速度分布应当是不规则解的一部分;还没有得到数值解之前,不可能给出准确的初始场和边界条件。实施湍流直接数值模拟时,往往只能近似地给出恰当的初始条件和边界条件,所谓恰当的条件是指这些条件不违反流动控制方程和相关的物理约束条件,比如,不可压缩流动的初始速度场的散度必须等于零。在恰当的近似初始条件和边界条件下,在数值积分推进许多步(往往达上万步)以后,流动进入"真实的"湍流状态,然后继续推进足够的时间步获得足够的统计数据为止。我们知道脉动速度场的长时间相关总是等于零,也就是说,经过足够长时间后初始场的随机状态对湍流脉动场以后的发展几乎没有影响。关于边界条件也有类似情况,脉动速度场的远距离相关总是等于零,因此我们可以将计算的边界向外扩展,从计算边界到实际边界间的湍流场不是"真实的"湍流,真实的湍流从计算域下游截面开始。至于判断流动是否进入到"真实"湍流状态,常用的方法是随时监视统计量。

下面介绍湍流直接数值模拟的初始条件和边界条件的几种提法。

1. 初始条件

（1）均匀湍流

均匀湍流的初始场也是统计均匀的，这时可以用计算机发送随机数的方法构造初始脉动场，同时要求它既满足连续方程，又具有给定的能谱。具体做法将在下节详述。

（2）切变湍流

理想的初始条件是从层流状态开始，加上适当的扰动，让扰动自然发展到湍流。这种设想看来最为合理，但是直接数值模拟自然转捩过程十分困难，其原因是：第一，流动转捩到湍流可能通过不同途径，什么样的扰动能够转捩到湍流还是需要研究的问题；第二，即使给定的扰动能够转捩到湍流，往往需要很长的计算时间；最后，令人非常失望的是，湍流转捩的最后阶段流动是十分复杂的，它要求数值耗散非常之小，网格分辨率和计算精度甚至比直接数值模拟湍流还要高(Kleiser，1991)。

以直槽流动为例，往往会遇到一种不愉快的情况。在低于线性不稳定的临界雷诺数的条件下，例如 $Re=3000$，在抛物线速度分布加上某种三维线性扰动模态的组合，希望由于扰动非线性相互作用而导致湍流。实际计算进程可能是：扰动经初始的短时间衰减后，由于非线性相互作用而急剧增长，经过相当长的时间推进后，从速度分布和扰动强度分布来看，似乎快要到达湍流状态；突然，扰动又开始衰减，最后又回到层流状态。克服这种数值逆转捩的方法是在开始衰减后，叠加一个满足连续方程的随机扰动场，强迫脉动继续增长，这种计算相当于转捩实验中施加绊线。

混合层或其他自由切变流动的情况有所不同，由于它们具有线性不稳定性，扰动始终能够增长。对于这种流动，以层流状态加不稳定扰动模态作为初始场，比较容易用直接数值计算方法模拟湍流发生和发展的全过程。

2. 边界条件

（1）固壁采用无滑移条件，毋庸赘述。

（2）周期条件

如果湍流脉动在某一方向是平稳的，即统计均匀的，那么在该方向上可以采用周期条件。由于湍流的空间平稳性，统计均匀方向上入口和出口的湍流脉动的随机性质是完全相同的。对于空间均匀湍流，在三个方向上都采用周期条件。周期条件在数值方法上是很容易计算的，所以对于缓变的非均匀湍流，也常常采用周期条件作为近似边界条件。

（3）渐近条件

对于湍流边界层或其他薄湍流切变层，湍流脉动或涡量集中在薄层中；在一般三维物体绕流情况下，湍流脉动或涡量也集中在物面附近和尾迹中。在远离薄层和物面的渐近区域，速度场趋近于无旋的均匀场，因此对于不可压缩流体可以采用：

$$\lim_{y\to\infty} u = U_\infty, \quad v = w = 0 \tag{7.5}$$

数值方法只能计算有限域内的流动，渐近条件只能采用近似形式，一种方法是在离开薄层或物体横向一定距离的平面上设置“虚拟边界”，在虚拟边界 $y=H$ 上给出以下条件：

$$u = U_\infty, \quad v = w = 0 \tag{7.6}$$

这种近似方法称“刚盖假定”，它的计算精度依赖于虚拟边界离薄层或固壁的距离 H。

另一种更好的方法是先做一个指数变换,将无限域变到有限域,例如,令

$$\eta = 1 - \exp(-my), \quad m\text{是正数} \tag{7.7}$$

然后,在有限域里数值求解 N-S 方程。如果 $y=0$ 是固壁,则在指数变换时,在 $y=0$ 附近自动加密网格,而在 η 方向则是均匀网格。在(x,η,z)坐标系里,原渐近边界条件可写为

$$u = U_\infty, \quad v = w = 0, \quad \text{当}\ \eta = 1 \tag{7.8}$$

因为指数变换式在 $y\to\infty$ 时导数 $\mathrm{d}h/\mathrm{d}y=0$,具有奇异性,收敛性较差,所以有人主张采用代数变换(Metcalfe,1987),例如 $\eta = y/(1+y)$。Spalart 等(1991)分析了指数变换收敛性问题,用附加基函数的方法改善指数变换的收敛性,在计算时间上优于代数变换。具体做法可详见他们的原文。

(4) 进口条件

进口条件属于开边界条件。对于单方向均匀湍流,如直槽湍流,可以在垂直于流动的进、出口面上采用周期条件。

对于空间发展的流动,如湍流边界层,必须给出进口的速度分布。较简单的空间发展湍流,如流向衰减的格栅湍流、准平行的平面混合层等,可以利用 Taylor 冻结假定将计算简化。在一个等速坐标系中将原来的空间发展问题变换成时间演化问题,在时间演化问题中,流向可以采用周期条件。这种提法下,数值计算很方便,一般来说,可以有相当好的近似。但是,对于非平行效应较大的自由剪切湍流,这种方法误差较大。

对于复杂湍流,不能采用流向均匀性的近似,这时必须给定进口条件。有若干种方法给出近似进口边界条件。第一种方法是前面介绍过的,将进口截面向上游移动,为了更好地近似"真实"湍流,进口截面给定时间上随机的速度脉动分布。应用上述边界条件做时间推进时,进口随机脉动向下游传输,显然它们并非真实的湍流,但是在向下游传输相当长距离后,发展到真实的湍流状态,这段长度大约是进口平均位移厚度的 50 倍(Le 和 Moin,1994)。另一种改进的方法是在进口以前用流向均匀条件(即流向采用周期性条件)计算一个湍流场,以该算例的出口速度场作为实际问题的进口条件,用这种方法,初始的发展阶段可以缩短到 20 倍进口位移厚度。还有一种更为经济的方法计算空间发展的湍流边界层流动,利用边界层中湍流脉动量的流向相似性,将出口扰动按相似关系赋值到入口(Lund,1998)。

(5) 出口条件

与进口条件类似,出口属于开边界,出口的脉动量是随机的。对于流向均匀的脉动场,采用进、出口周期条件。由于湍流速度场是随时间变化的,对于流向发展的湍流必须采用非定常的出口条件,一种近似的条件为

$$\frac{\partial Q}{\partial t} + u_{\text{出口}}\frac{\partial Q}{\partial x} = 0 \tag{7.9}$$

其中 Q 是任意流动变量。对于湍流运动,式(7.9)是近似边界条件,在出口附近的湍流场不是真实流动,类似进口条件,我们应当把数值出口边界移到真实出口下游一定距离处。

另一种计算上更为简单的近似边界条件,称为嵌边区(或强粘性区)方法。从物理出口边界向下游延伸一段距离,例如出口截面长度的 5~8 倍,在物理出口边界到计算出口边界之间称为嵌边区,在嵌边区令流动粘性系数远远大于真实粘性系数。当流动进入高粘度的嵌边区后,湍流脉动很快衰减,而转变为层流。于是计算出口边界可以给定准确的层流边界条件。如果平均流动是定常的,计算出口边界上的层流运动也是定常的,这时可以用简单的

定常层流出口条件：

$$\frac{\partial Q}{\partial x}=0 \tag{7.10}$$

式中 Q 是任意流动变量。

各种进出口条件都是近似的，哪一种提法的计算更快、更精确需要数值实验判断。

(6) 可压缩湍流的附加边界条件

对于可压缩湍流在进出口和渐近边界上，都需要根据特征分析给出条件。如果忽视特征分析，在进出口和渐近边界上会产生非物理反射波而玷污准确解。有关无反射条件已有很多研究，可参见 Lele(1997)的综述文章。

7.3　湍流直接数值模拟的谱方法

简单的均匀湍流可以采用周期边界条件进行计算，这时利用傅里叶展开方法是最精确和有效的，它属于数值计算中的谱方法。下面介绍谱方法的原理和具体运算方法，关于谱方法的详细理论可参阅 Canuto 等(1987)的专著。

7.3.1　谱方法的基本原理

1. 谱方法的基本原理

(1) 加权余量法

谱方法是一种加权余量的数值计算方法，它把偏微分方程简化为常微分方程，其基本原理如下。设有微分方程

$$L(u)=f(u) \tag{7.11}$$

其中 L 表示微分算子，$f(u)$ 是已知函数。将未知函数 u 用一组完备的线性独立函数族 $\{\phi_k\}_{k=0,1,\cdots}$ 展开：

$$u^N=\sum_{k=0}^{N}\hat{u}_k\phi_k \tag{7.12}$$

在加权余量法中函数族 ϕ_k 称作试探函数，$\hat{u}_k$ 是函数 u 的展开系数。当展开式只取有限项时，式(7.12)是原函数 u 的近似。把 u^N 代入原来的微分方程，将产生误差，并称之为残差或余量，用 R^N 表示，

$$R^N=L(u^N)-f(u^N) \tag{7.13}$$

再选择另一组完备的线性独立函数族 ψ_k 作为权函数，我们要求余量的加权积分等于零：

$$\int_{\Omega}[L(u^N)-f(u^N)]\psi_k\mathrm{d}\Omega=0 \tag{7.14}$$

Ω 是流动问题的求解域。由于试探函数和权函数都是已知函数族，积分式(7.14)是展开系数 $\hat{u}_k$ 的代数方程组。如果微分算子 L 是线性的，则最后求解的是线性代数方程组；如果微分算子 L 是非线性的，则最后求解的是非线性代数方程组。求出代数方程的解，就得到微分方程的近似解。

(2) Galerkin 法、Tau 方法和配置点法

根据权函数选择的方法，加权余量法可以分为以下三种形式。

Galerkin法：权函数和试探函数相同，均为无限光滑的完备函数族，并满足求解问题的边界条件。

Tau方法：权函数和试探函数相同，均为无限光滑的完备函数族，但是不要求试探函数满足求解问题的边界条件，这时需要附加额外的关于边界条件的方程。

配置点法：权函数是离散点(称为配置点)上的δ函数，因此加权积分的结果是在配置点上数值解严格满足微分方程。

(3) 谱方法的优点和限制

谱方法的优点是精度高，计算速度快。例如，函数的导数可以用已知试探函数的导数表示，对于光滑流场，它比差分计算的精度高得多。如果试探函数和权函数选择三角函数，则可利用快速Fourier变换。

在简单几何边界的问题中，谱方法是非常好的方法。例如，周期边界条件的问题，可以用三角函数族作为试探函数；在平行平板间的流动，垂直于平板方向可以用正交多项式作为试探函数。不过，适应复杂边界的试探函数十分难找，所以对于复杂边界的湍流问题，特别是对于流场中存在间断时，只能采用差分离散方法。

2. 伪谱法和混淆误差

对于线性微分方程，谱方法的精度取决于谱展开的精度，即谱截断误差。对于非线性方程，有限项谱展开的非线性项会产生附加的误差，这种误差在谱方法中称为混淆误差(aliasing error)。稍后将说明混淆误差产生的原因和消除的方法。

(1) 伪谱法

物理空间中非线性项，例如函数的二次乘积，经过谱变换后，在谱空间中是卷积求和。具体来说，N-S方程在Fourier空间的投影公式为(详见第3章)：

$$\frac{\partial \hat{u}_i(\boldsymbol{k},t)}{\partial t}+\mathrm{i}k_j\sum_{\boldsymbol{m}+\boldsymbol{n}=\boldsymbol{k}}\hat{u}_j(\boldsymbol{m},t)\,\hat{u}_i(\boldsymbol{n},t)=-\mathrm{i}k_i\,\hat{p}(\boldsymbol{k},t)-\nu k^2\,\hat{u}_i(\boldsymbol{k},t)$$

其中对流项是卷积求和。以一维计算为例，如果函数的Fourier展开为N项，则对流项的运算次数是N^2，对于分辨率很高的直接数值模拟，这是耗时很大的计算。而一次快速Fourier变换的运算次数是$N\ln N$，为了减小计算工作量，可以不采用完全的谱展开方式，而是在物理空间计算非线性项，把它作为一个原函数在谱空间中展开，这种做法称作伪谱法。具体运算过程如下：

① 已知第n时间步谱空间的速度分量$\hat{u}_i(\boldsymbol{k},t_n)$和$\hat{u}_j(\boldsymbol{k},t_n)$，用快速Fourier逆变换计算物理空间的速度分量$u_i(\boldsymbol{x},t_n)$，$u_j(\boldsymbol{x},t_n)$，这里需要$2N\ln N$次运算。

② 计算乘积$u_i(\boldsymbol{x},t_n)u_j(\boldsymbol{x},t_n)$，需要$N$次计算。

③ 用快速Fourier变换将$u_i(\boldsymbol{x},t_n)u_j(\boldsymbol{x},t_n)$投影到谱空间，得到对流项在谱空间的分布值，还需要$N\ln N$次运算；

得到对流项在谱空间的分布以后，可以做下一时间步的推进，依次类推。从上面的运算过程，我们可以看到伪谱法总共需要$3N\ln N+N$次运算，当N值很大时，它远远小于N^2。伪谱方法充分利用快速Fourier变换，大大提高了谱方法的计算效率。

(2) 混淆误差

混淆误差属于非线性误差，首先说明伪谱方法中混淆误差产生的原因，然后介绍消除混淆误差的方法。

设有非线性项 $w(x)=u(x)v(x)$，按照伪谱方法，先将 u,v 展开成 Fourier 级数，则在离散点 x_j 上的函数值 u_j,v_j 分别等于：

$$u_j = \sum_{k=-N/2}^{N/2-1} \hat{u}_k \exp(\mathrm{i}kx_j) \tag{7.15a}$$

$$v_j = \sum_{k=-N/2}^{N/2-1} \hat{v}_k \exp(\mathrm{i}kx_j) \tag{7.15b}$$

它们的乘积等于 $w_j=u_jv_j$，是物理空间中非线性项的离散值，乘积运算产生高波数的成分导致混淆误差。将乘积 w_j 变换到 Fourier 谱空间，可以更清楚地分析混淆误差。令 $w(x)$ 在谱空间的分量为 $\hat{w}_k$，它应等于 $\hat{u}_k,\hat{v}_k$ 卷积，即

$$\hat{w}_k = \sum_{p+q=k} \hat{u}_p \hat{v}_q \tag{7.16}$$

当我们用伪谱方法计算时，谱空分量用 $\tilde{w}_k$，它等于：

$$\begin{aligned}\tilde{w}_k &= \frac{1}{N}\sum_{j=0}^{N-1}\Big(\sum_{p=-N/2}^{N/2-1}\hat{u}_p\exp(\mathrm{i}px_j)\Big)\Big(\sum_{q=-N/2}^{N/2-1}\hat{v}_q\exp(\mathrm{i}qx_j)\Big)\exp(-\mathrm{i}kx_j)\\ &= \sum_{p=-N/2}^{N/2-1}\sum_{q=-N/2}^{N/2-1}\hat{u}_p\hat{v}_q\Big(\frac{1}{N}\sum_{j=0}^{N-1}\exp[\mathrm{i}(p+q-k)x_j]\Big)\\ &= \sum_{p=-N/2}^{N/2-1}\sum_{q=-N/2}^{N/2-1}\hat{u}_p\hat{v}_q\Big(\frac{1}{N}\sum_{j=0}^{N-1}\exp[\mathrm{i}(p+q-k)x_j]\Big)\end{aligned}$$

利用三角级数公式：

$$\frac{1}{N}\sum_{j=0}^{N-1}\exp[\mathrm{i}(p+q-k)x_j]=1,\quad 当\ p+q-k=0,\pm N,\pm 2N,\cdots$$

$$\frac{1}{N}\sum_{j=0}^{N-1}\exp[\mathrm{i}(p+q-k)x_j]=0,\quad 当\ p+q-k\ 等于其他整数时$$

因为 p,q 和 k 的取值范围都是 $\{-N/2,N/2-1\}$，所以取值不等于零的波数组合情况只有两种：$p+q-k=0$，或 $p+q-k=\pm N$，于是有

$$\tilde{w}_k = \sum_{p+q=k}\hat{u}_p\hat{v}_q + \sum_{p+q=k\pm N}\hat{u}_p\hat{v}_q = \hat{w}_k + \sum_{p+q=k\pm N}\hat{u}_p\hat{v}_q \tag{7.17}$$

式中，第一项是乘积 $w=uv$ 在谱空间中的投影，第二项是在伪谱运算中产生的误差，故称混淆误差。

有了混淆误差的具体公式 $\varepsilon_a=\sum_{p+q=k\pm N}\hat{u}_p\hat{v}_q$，就不难寻找消除混淆误差的方法。常用的一种消除混淆误差的方法称作“3/2 规则”，具体做法是将函数在 Fourier 空间中展开的系数延拓到原来的 3/2 倍，延拓后函数的 Fourier 系数有 $M=3N/2$ 项。延拓按以下的规则赋值：

$$\hat{U}_k=\hat{u}_k,\quad -N/2\leqslant k\leqslant N/2-1 \tag{7.18a}$$

$$\hat{U}_k=0,\quad -M/2\leqslant k<-N/2\ 或\ N/2<k\leqslant M/2-1 \tag{7.18b}$$

$$\hat{V}_k=\hat{v}_k,\quad -N/2\leqslant k\leqslant N/2-1 \tag{7.18c}$$

$$\hat{V}_k=0,\quad -M/2\leqslant k<-N/2\ 或\ N/2<k\leqslant M/2-1 \tag{7.18d}$$

以延拓的谱系数做伪谱运算，得到类似的乘积公式：

$$\widetilde{W}_k = \sum_{p+q=k} \hat{U}_p \hat{V}_q + \sum_{p+q=k\pm M} \hat{U}_p \hat{V}_q \tag{7.19}$$

式中 p,q 和 k 的取值范围都是$\{-M/2, M/2-1\}$，所以，当$-N/2\leqslant k\leqslant N/2-1$时，由延拓式(7.18)可得式(7.19)的第一项，该项恰好是准确的卷积，即

$$\sum_{p+q=k} \hat{U}_p \hat{V}_q = \sum_{p+q=k} \hat{u}_p \hat{v}_q$$

由于$M=3N/2$，式(7.18)中的第二项中 $p+q=k\pm 3N/2$，当$-N/2\leqslant k\leqslant N/2-1$时，$p+q$的取值范围为

$$-2N \leqslant p+q \leqslant -N-1 \quad 或 \quad N \leqslant p+q \leqslant 2N-1$$

再根据$-M/2\leqslant p\leqslant M/2-1$和$-M/2\leqslant q\leqslant M/2-1(M=3N/2)$的取值限制，满足上式的 p 和 q 只有以下四种可能取值范围：

$$p < -N/2, \quad 或\ p > N/2-1, \quad 或\ q < -N/2, \quad 或\ q > N/2-1$$

在以上 p,q 取值范围里，$\hat{U}_p=\hat{V}_q=0$，因此按3/2延拓规则，式(7.19)的第二项等于零，就是说，式(7.19)的最后结果为

$$\widetilde{W}_k = \sum_{p+q=k} \hat{U}_p \hat{V}_q = \sum_{p+q=k} \hat{u}_p \hat{v}_q = \hat{w}_k$$

应用3/2延拓规则消除混淆误差是一种比较快速的算法，但是它需要增加内存。

下面我们介绍应用谱方法的实际算例和结果。

7.3.2 格栅湍流的直接数值模拟

风洞格栅后的湍流是一种最简单的、近似各向同性的湍流，也是最容易直接数值模拟的一种湍流运动。格栅湍流的全场平均速度是常数，湍流脉动在流向衰减。我们利用Tayor冻结假定，在以平均速度运动的坐标系中来考察湍流，这时湍流脉动在三维空间上是均匀的，而在时间上是衰减的。也就是说，实际格栅湍流在时间上是平稳过程，在流向是非平稳过程，经过匀速惯性坐标系转换后，湍流脉动在三维空间是均匀的，而在时间上是衰减的。对于空间均匀的湍流，可以采用谱方法来直接数值模拟，在空间的三个方向上都采用周期条件。也就是说，在一个正方体中考察湍流的衰减，所以这种模拟方法称作“盒子湍流”模型(box turbulence)。格栅湍流有大量的实验结果和理论模型，因此格栅湍流的直接数值模拟既可以用来考核数值方法，又可以进行湍流理论研究。

1. 直接数值模拟方法

(1) 控制方程

格栅湍流的盒子模型中，平均速度处处为零，因此，它的脉动速度满足N-S方程：

$$\frac{\partial u_i}{\partial t} + u_j \frac{\partial u_i}{\partial x_j} = -\frac{1}{\rho}\frac{\partial p}{\partial x_i} + \nu \frac{\partial^2 u_i}{\partial x_j \partial x_j} + f_i \tag{7.20a}$$

$$\frac{\partial u_i}{\partial x_i} = 0 \tag{7.20b}$$

式中 f_i 是脉动的质量力强度，在风洞试验的格栅湍流中，脉动质量力等于零；在数值研究不衰减的各向同性湍流时，可以加上散度为零的随机质量力，我们将在本节最后给予说明。

将速度、压强和随机质量力做谱展开：

$$u_i = \sum_k \hat{u}_i(\boldsymbol{k},t)\exp(\mathrm{i}\boldsymbol{k}\cdot\boldsymbol{x})$$

$$p = \sum_k \hat{p}(\boldsymbol{k},t)\exp(\mathrm{i}\boldsymbol{k}\cdot\boldsymbol{x})$$

$$f_i = \sum_k \hat{f}_i(\boldsymbol{k},t)\exp(\mathrm{i}\boldsymbol{k}\cdot\boldsymbol{x})$$

将基本方程(7.20a)和(7.20b)投影到谱空间，得

$$\frac{\partial \hat{u}_i(\boldsymbol{k},t)}{\partial t} = -\mathrm{i}k_i\frac{\hat{p}(\boldsymbol{k},t)}{\rho} - \mathrm{i}k_j\sum_{\boldsymbol{p}+\boldsymbol{q}=\boldsymbol{k}}\hat{u}_i(\boldsymbol{p},t)\,\hat{u}_j(\boldsymbol{q},t) - k^2\,\hat{u}_i(\boldsymbol{k},t) + \hat{f}_i(\boldsymbol{k},t) \tag{7.21a}$$

$$\mathrm{i}k_i\,\hat{u}_i(\boldsymbol{k},t) = 0 \tag{7.21b}$$

式中 $k^2=k_i k_i$，利用连续方程(7.21b)，可以由(7.21a)得到谱空间中压强的公式：

$$\frac{\hat{p}(\boldsymbol{k},t)}{\rho} = -\frac{k_i k_j}{k^2}\sum_{\boldsymbol{p}+\boldsymbol{q}=\boldsymbol{k}}\hat{u}_i(\boldsymbol{p},t)\,\hat{u}_j(\boldsymbol{q},t) \tag{7.21c}$$

给定初始场后，可以用式(7.21a)和式(7.21c)进行时间推进，得到均匀湍流场中速度和压强脉动。

(2) 初始脉动场

均匀湍流的盒子模型和它的谱展开已经包含了周期性边界条件，求解均匀湍流场只是初值问题。下面介绍构造均匀湍流中初始速度场的一种简便的方法(Rogallo,1981)。初始脉动场必须满足连续性方程和能谱的约束方程：

$$k_i\,\hat{u}_i(\boldsymbol{k}) = 0 \tag{7.22}$$

$$\frac{1}{2}\oiint_{A(k)}\hat{u}_i(\boldsymbol{k})\,\hat{u}_i^*(\boldsymbol{k})\mathrm{d}A(\boldsymbol{k}) = E(k) \tag{7.23}$$

式中，$\hat{u}_i^*(\boldsymbol{k})$为$\hat{u}_i(\boldsymbol{k})$的复共轭，$A(\boldsymbol{k})$为谱空间中半径为 k 的球面。为了满足连续方程，在谱空间中建立一个新坐标基$\{\boldsymbol{e}_1',\boldsymbol{e}_2',\boldsymbol{e}_3'\}$，其中 $\boldsymbol{e}_3'$平行于波数向量 $\boldsymbol{k}$，$\boldsymbol{e}_2'$和 $\boldsymbol{e}_1'$在垂直于 $\boldsymbol{k}$ 的平面中，并相互垂直。新坐标基可以由原坐标基$\{\boldsymbol{e}_1,\boldsymbol{e}_2,\boldsymbol{e}_3\}$求出：

$$\boldsymbol{e}_3' = \frac{k_1}{k}\boldsymbol{e}_1 + \frac{k_2}{k}\boldsymbol{e}_2 + \frac{k_3}{k}\boldsymbol{e}_3 \tag{7.24a}$$

$$\boldsymbol{e}_1' = \boldsymbol{e}_3'\times\boldsymbol{e}_3 \tag{7.24b}$$

$$\boldsymbol{e}_2' = \boldsymbol{e}_3'\times\boldsymbol{e}_1' \tag{7.24c}$$

为了满足连续方程(7.22)，谱空间中的速度向量垂直于 $\boldsymbol{k}$，即必在垂直于 $\boldsymbol{e}_3'$的平面上，因此它的一般形式为

$$\hat{u}_i(\boldsymbol{k})\boldsymbol{e}_i = \alpha(\boldsymbol{k})\boldsymbol{e}_1' + \beta(\boldsymbol{k})\boldsymbol{e}_2' \tag{7.25}$$

将 $\boldsymbol{e}_1'$和 $\boldsymbol{e}_2'$的表达式代入上式，可得谱空间中速度向量的一般表达式：

$$\hat{u}_i(\boldsymbol{k})\boldsymbol{e}_i = \left(\frac{\alpha(\boldsymbol{k})kk_2 + \beta(\boldsymbol{k})k_1k_3}{k^2}\right)\boldsymbol{e}_1 + \left(\frac{\beta(\boldsymbol{k})k_2k_3 - \alpha(\boldsymbol{k})kk_1}{k^2}\right)\boldsymbol{e}_2 - \frac{\beta(\boldsymbol{k})(k_1^2+k_2^2)}{k^2}\boldsymbol{e}_3 \tag{7.26}$$

谱空间中速度分量的随机系数 $\alpha(\boldsymbol{k})$，$\beta(\boldsymbol{k})$由给定的能谱确定，即有

$$\alpha(\boldsymbol{k}) = \sqrt{\frac{E(k)}{4\pi k^2}}\exp(\mathrm{i}\theta_1)\cos\phi,\quad \beta(\boldsymbol{k}) = \sqrt{\frac{E(k)}{4\pi k^2}}\exp(\mathrm{i}\theta_2)\sin\phi \tag{7.27}$$

式中 θ_1,θ_2 和ϕ都是在$\{0,2\pi\}$之间具有均匀概率密度分布的随机数,这种随机数可以由计算机自动产生。不难验证式(7.27)给出的系数 $\alpha(\boldsymbol{k})$,$\beta(\boldsymbol{k})$保证初始随机场满足能谱。

初始场的能谱可以采用实验测得的谱,如 Comte-Bellot (1971)谱,也可以采用近似的理论谱。不论采用什么能谱,生成的初始脉动场是近似各向同性的。需要推进一段时间后,均匀湍流场才进入各向同性状态。

(3) 初始湍流脉动场的特征参数

给定能谱后,我们可以近似估计初始湍流脉动场的特征参数,由这些特征参数确定计算网格数和推进时间步。按照均匀各向同性湍流理论,湍流脉动强度$\langle u^2\rangle$、湍动能耗散率 ε、Taylor 尺度 λ 和耗散尺度 η 可按照以下公式求出:

$$\langle u^2\rangle = \frac{2}{3}\int_0^\infty E(k)\,\mathrm{d}k \tag{7.28a}$$

$$\varepsilon = \nu\int_0^\infty k^2E(k)\,\mathrm{d}k \tag{7.28b}$$

$$\lambda = \sqrt{\frac{15\nu\langle u^2\rangle}{\varepsilon}} \tag{7.28c}$$

$$\eta = \left(\frac{\nu^3}{\varepsilon}\right)^{1/4} \tag{7.28d}$$

湍流的积分尺度 l 和湍涡周转时间τ(turnover time)常用以下公式估算:

$$l = \frac{\langle u^2\rangle^{3/2}}{\varepsilon} \tag{7.28e}$$

$$\tau = \frac{l}{\langle u^2\rangle^{1/2}} \tag{7.28f}$$

以 Taylor 尺度作为特征长度的均匀湍流的雷诺数为:$Re_\lambda=\lambda\sqrt{\langle u^2\rangle}/\nu$。

前面已经论述过,均匀湍流的积分域长度 $L=(8\sim10)l$,而网格长度 $\Delta=1.5\eta$。根据这一要求,我们可以确定对应于湍流雷诺数的网格点数:

$$N_x = N_y = N_z = \frac{L}{\Delta} \approx (8\sim10)\,\frac{l}{\eta}$$

(4) 时间步长和推进

最简单的显式时间推进可以用二阶 Runge-Kutta 积分,时间步长 $\delta\tau \propto \Delta/\langle u^2\rangle^{1/2}$,为了既满足分辨小尺度湍流脉动,又保证积分收敛,根据数值计算的经验,在 $Re_\lambda<50$ 时,可取 $\delta\tau=0.01\Delta/\langle u^2\rangle^{1/2}$,雷诺数越大,时间步长应当越小。

2. 格栅湍流的直接数值模拟结果

(1) 能谱和其他统计特性

作者用 128^3 和 256^3 网格计算的盒子湍流,考察了格栅湍流的衰减特性,格栅湍流的雷诺数 $Re_\lambda=21\sim50$。湍动能随时间的演化曲线示于图 7-2,早期的湍流衰减率很小,经过 0.5 特征时间,盒子湍流进入各向同性湍流状态,这时湍动能以幂函数衰减(见第 3 章),衰减指数达到-1.3,和 Comte-Bellot(1971)以及其他实

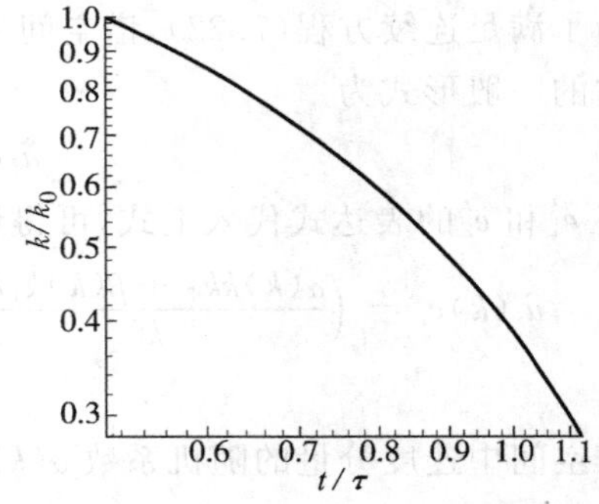

图 7-2 格栅湍流的湍动能衰减曲线
$Re_\lambda=50$,网格数 256^3 算例

测结果一致。

达到各向同性湍流后的能谱 $E(k)$ 和湍动能输运谱 $T(k)$ 如图 7-3 所示。为了比较准确检验惯性子区是否存在 $-5/3$ 次方能谱，纵坐标采用“补偿能谱” $E^*(k)=\varepsilon^{-3/2}k^{5/3}E(k)$。如果存在 $-5/3$ 次方能谱，则在补偿能谱曲线上会出现明显的等值平台。从图 7-3(a)中可以看到，在不长的惯性子区里($k\eta=0.3\sim0.5$)存在 $-5/3$ 的湍动能谱。从图 7-3(b)中可以看到，低波数(大尺度)段，湍动能输运 $T(k)<0$ 中，表明湍动能从大尺度脉动向小尺度输运。

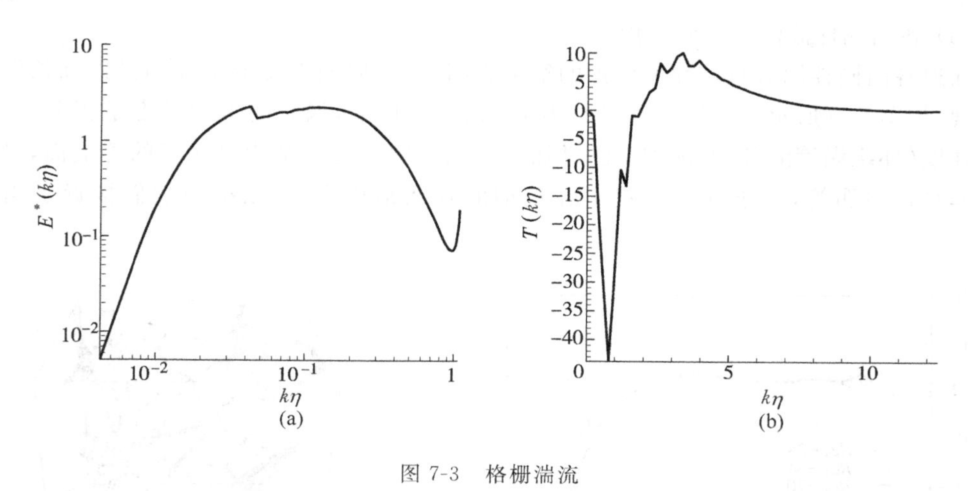

图 7-3　格栅湍流

(a) 湍动能谱 $E^*(k)=e^{-3/2}k^{5/3}E(k)$；(b) 湍动能传输谱($Re_\lambda=100$，网格数 256^3 算例)

(2) 强迫各向同性湍流

随着格栅湍流的衰减，湍流积分尺度和 Taylor 尺度都不断增大。由于计算域是固定的，积分尺度的增长导致 $L/l(t)$ 越来越小，使得大尺度湍流的分辨度下降；而微分尺度的增长导致惯性子区越来越小，不再是典型的各向同性湍流。为了在有限的网格分辨率条件下，有足够长的惯性子区来研究各向同性湍流，人们发现可以用随机外力场来维持各向同性湍流，并称为强迫各向同性湍流。和构造初始随机速度相仿，给定外力场的谱 $E_f(k)$，很容易构造无散度的随机外力场。外力场的作用是不断向湍流脉动输入能量，用来抵消湍动能耗散。在均匀湍流的能量输运性质中，湍动能由大尺度脉动向小尺度脉动传递，因此，外力场只在大尺度脉动中施加，以模拟含能区接受外界输入能量。可以给定如下的随机外力场的谱：

$$E_f(k)=f(k),\quad k<k_\mathrm{p} \tag{7.29a}$$

$$E_f(k)=0,\quad k>k_\mathrm{p} \tag{7.29b}$$

k_p 是惯性区中波数。

在强迫各向同性湍流中，含能区不是真实的湍流，但是小尺度湍流是不衰减的局部各向同性湍流。图 7-4 所示为强迫各向同性湍流的能谱，有明显的 $-5/3$ 次方谱的惯性子区，它和衰减湍流相同；在能谱的低波数部分，它和衰减湍流有显著的差别。如果只关心惯性子区的湍流性质，强迫湍流的方法是有效的提高湍流雷诺数的措施。从图 7-4 可以看到，湍流雷诺数越高，惯性子区越宽。

强迫各向同性湍流算例有利于研究惯性子区以下尺度的各向同性湍流。首先,由于最大尺度湍流不再是直接模拟的对象,和格栅湍流算例比较,在相同的网格数条件下强迫各向同性湍流可以模拟更高的雷诺数;其次,由于强迫各向同性湍流是不衰减的时间平稳过程,因此,可以在空间平均的统计上再做时间平均,大大增加了统计样本,所以强迫各向同性湍流算例可以获得更准确的统计特性。对于衰减的格栅湍流算例,增加统计样本,需要由不同的初始场做重复的时间推进。有关各种强迫外力场的特性,可参见 Eswaran 和 Pope(1988)的文章。

(3) 各向同性湍流中的涡结构

强迫各向同性湍流直接数值模拟的结果表明,在各向同性湍流中强涡是以细长涡管形式出现,如图 7-5 所示。涡管的直径是 Kolmogorov 尺度,涡管的平均长度是积分尺度,涡管的强度(环绕涡管的环量)随 Re_λ 的增加而增大。图中管状结构是涡量的等值面,虽然它们并非真正的涡管,由于强涡量集中在很细的管状结构中,可以推断它们接近于当地的涡管。

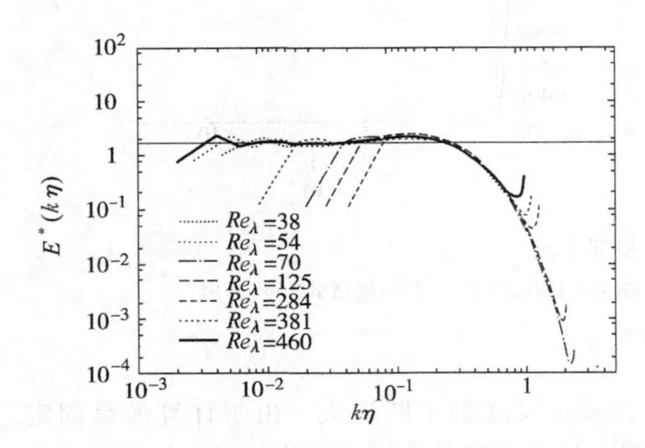

图 7-4 强迫各向同性湍流的湍动能谱 (Gotoh,2002) $E^*(k\eta)=(\varepsilon\nu^5)^{-1/4}(k\eta)^{5/3}E(k)$

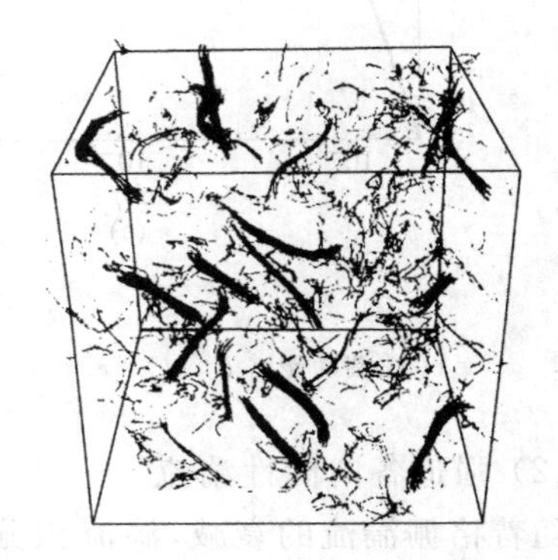

图 7-5 各向同性湍流中的涡结构(She 等,1990)

通过强迫各向同性湍流的算例,人们还发现了其他湍流重要统计特性。Moin 等(1998)发现在强涡区,涡量和变形率张量密切相关。统计上,涡向量和变形率张量的第二本征向量几乎共线。在强耗散区,变形率张量的三个本征值比例为 3 : 1 : −4。

(4) 各向同性湍流标度律的检验

在低雷诺数($Re_\lambda<50$)格栅湍流直接数值模拟中得到的结构函数标度律和层次结构模型的结果一致,如图 7-6 所示 Kolmogorov 的 $p/3$ 标度律。更高分辨率(512^3,$Re_\lambda=200$)的强迫各向同性湍流直接数值模拟的结果也有同样结果。值得注意的是标量脉动的标度指数偏离 $p/3$ 规律更大,表明标量湍流的间歇性大于速度脉动场的间歇性(关于标量脉动的直接数值模拟,见下节)。

3. 均匀各向同性湍流场中标量湍流的直接数值模拟

将标量输运方程和 N-S 方程耦合,就可以用直接数值计算方法研究标量湍流。以温度脉动输运方程为例:

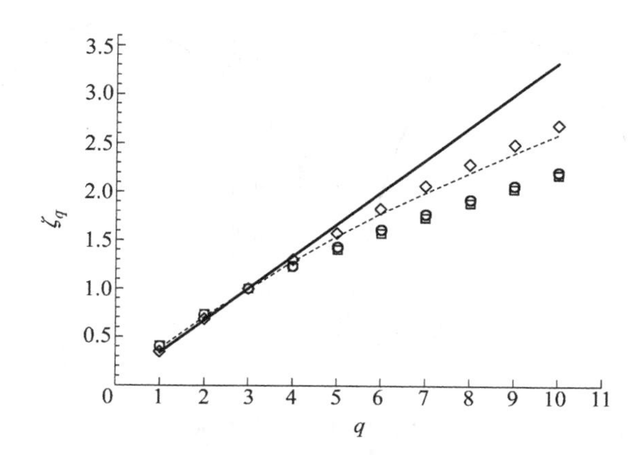

图 7-6 均匀各向同性湍流中的标度指数，$Re_\lambda=50$，$Pr=1.0$，网格：256^3
(实线：Kolmogorov $p/3$ 标度律；虚线：SL 标度律；◇：DNS 速度脉动的标度律；
○：DNS 标量脉动的标度律；□：DNS 标量脉动的标度律(湍流脉动强度较大的情况))

$$\frac{\partial \theta}{\partial t}+u_j\frac{\partial \theta}{\partial x_j}=\kappa\frac{\partial^2\theta}{\partial x_j\partial x_j} \tag{7.30}$$

将脉动温度做 Fourier 展开：$\theta(x,t)=\sum\limits_k \hat{\theta}(\boldsymbol{k},t)\exp(\mathrm{i}\boldsymbol{x}\cdot\boldsymbol{k})$；把式(7.30)投影到谱空间，得

$$\frac{\partial \hat{\theta}(\boldsymbol{k},t)}{\partial t}=-\mathrm{i}k_j\sum_{\boldsymbol{p}+\boldsymbol{q}=\boldsymbol{k}}\hat{u}_j(\boldsymbol{p},t)\hat{\theta}(\boldsymbol{q},t)-\kappa k^2\hat{\theta}(\boldsymbol{k},t) \tag{7.31}$$

给定初始温度谱，式(7.31)可以和速度脉动场一起积分推进。初始温度谱可以采用实验测量的谱或理论谱。直接数值模拟被动标量时，要注意流体的普朗特数($Pr=\nu/\kappa$)。对于常见的气体 $Pr\sim 1$，即 $\kappa\sim\nu$，这时温度脉动的时间尺度和速度脉动的时间尺度同一量级，标量脉动和速度脉动的数值模拟可以用同样的空间和时间步长。如果 $Pr\ll 1$，速度脉动的耗散尺度小于标量脉动的耗散尺度，数值模拟的空间和时间尺度由速度脉动的特征来确定；反之，如果 $Pr\gg 1$，温度脉动的时间尺度远远小于速度脉动的尺度，这时，数值模拟的空间和时间尺度由标量脉动的特征来确定。

下面的算例介绍 $Re_\lambda=30$，$Pr=1.0$ 的不可压缩格栅湍流场中的温度脉动的计算结果。

图 7-7(b)所示为脉动温度谱，温度补偿能谱曲线 $k^{5/3}E_\theta(k)$ 上有明显的平台，对比湍动能谱(图 7-7(a))，说明温度能谱的 $-5/3$ 次律谱的延伸范围大于速度能谱。众所周知 $-5/3$ 次律谱是速度脉动在惯性子区的各向同性湍流特性，当湍流雷诺数较小时，惯性子区很窄，因此 $-5/3$ 次律谱段不明显。在 $Pr=1$ 的条件下，根据 Obukhov-Corrsin 理论，标量脉动的惯性-对流输运区和速度脉动的惯性区几乎是相同的。然而，标量脉动的数值模拟结果则表现出较宽的 $-5/3$ 次律谱段(图 7-7(b))。这一结果说明：即使在 $Pr=1$ 的条件下，标量脉动输运规律和速度脉动规律并不相同。

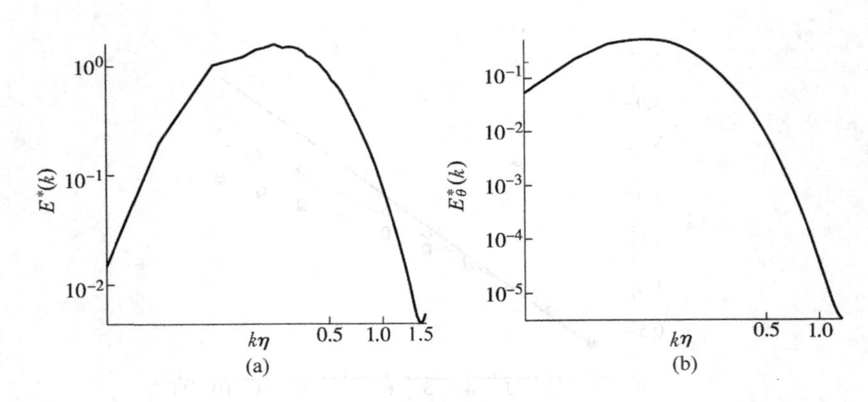

图 7-7 格栅湍流中温度脉动的能谱($Re_\lambda=30, Pr=1.0$)

(a) 湍动能谱,$E^*(k)=\varepsilon^{-2/3}k^{5/3}E(k)$;(b) 脉动温度能谱 $E^*_\theta(k)=\varepsilon^{-1}\varepsilon_\theta^{1/3}k^{5/3}E(k)$

7.3.3 平面槽道湍流的直接数值模拟

平面槽道湍流是典型的有固壁的简单湍流运动,如图 7-8 所示。流体在平行平板之间流动,假定平板在流向和展向都是无限长。流向、法向和展向的坐标分别用 x,y,z 表示,法向坐标的原点位于槽道中心线。平均定常的槽道湍流的流向平均压强梯度是常数,展向的平均压强梯度等于零。计算过程中保持平均流量不变,以平均速度为特征长度的流动雷诺数也保持常数。槽道宽度等于 $2H$,计算域的长度和宽度根据流动雷诺数确定,原则是计算域应当包含足够多的近壁结构,具体估计方法将在后文介绍。

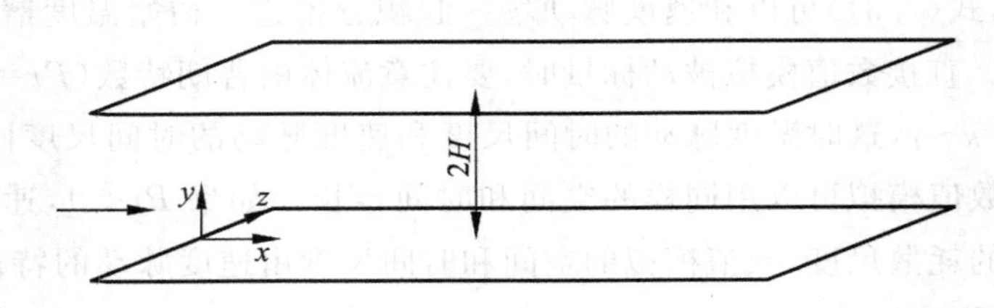

图 7-8 槽道湍流计算域示意图

1. 直接数值模拟方法

(1) 控制方程

不可压缩牛顿流体湍流的控制方程是 N-S 方程,应用谱方法数值求解时,写成如下 Lamb 形式方程具有较好的数值稳定性(Canuto,1987):

$$\frac{\partial \boldsymbol{u}}{\partial t}=\boldsymbol{u}\times\Omega-\nabla\Pi+\nu\nabla^2\boldsymbol{u} \tag{7.32a}$$

$$\nabla\cdot\boldsymbol{u}=0 \tag{7.32b}$$

式(7.32a)中 $\Pi=p/\rho+|\boldsymbol{u}\cdot\boldsymbol{u}|/2$。

(2) 边界条件

槽道的上下壁面应是无滑移条件:

$$当\ y=0\ 和\ y=2H\ 时,\quad \boldsymbol{u}=0 \tag{7.33}$$

假定槽道的流向和展向是无限长，因此流向和展向可以采用周期性条件。但是流向和展向的周期长度取决于槽道湍流的大尺度结构，前面介绍过湍流的近壁拟序结构，条带的展向平均长度约为 100 壁面尺度（ν/u_τ），流向平均尺度约为 1000 壁面尺度。因此，流向和展向的计算域至少应是以上长度的 2 倍。流动雷诺数较低时流向周期长度取为 $4\pi H$，展向取为 $2\pi H$；流动雷诺数较高（例如：$Re>5000$）时流向周期长度可取为 $2\pi H$，展向取为 πH。下面的算例中，$Re=U_m H/\nu=2666$，流向和展向长度计算域长度分别取为 $L_x=4\pi H$ 和 $L_z=2\pi H$。

（3）网格设计

流向和展向是统计均匀的，可以用 Fourier 级数展开，并采用均匀网格。垂直壁面方向，采用 Chebyshev 多项式展开。壁面处有高分辨率。下例中采用 Gauss-Lobatto 配置点。因为，第一，Gauss-Lobatto 配置点在壁面处自动加密网格；第二，Chebyshev 多项式在这种配置点上展开有快速算法。具体来说，可将速度和脉动压强展开如下：

$$u_i = \sum_{m-M/2}^{M/2-1} \sum_{n-N/2}^{N/2-1} \sum_{p=0}^{P} \hat{u}_i(m,p,n)\exp(\mathrm{i}\alpha mx + \mathrm{i}\beta ny)T_p(y) \tag{7.34a}$$

$$p = \sum_{m-M/2}^{M/2-1} \sum_{n-N/2}^{N/2-1} \sum_{p=0}^{P} \hat{p}(m,p,n)\exp(\mathrm{i}\alpha mx + \mathrm{i}\beta ny)T_p(y) \tag{7.34b}$$

式中，m,n,p 为整数，α,β 为流向和展向的基本波数，分别是 $\alpha=2\pi/L_x$ 和 $\beta=2\pi/L_z$。

$T_P(y)=\cos(p\arccos y)$ 是 p 阶 Chebyshev 多项式，网格坐标为

$$x_i = \frac{2\pi}{\alpha}\frac{i}{M},\quad i=0,1,\cdots,M-1 \tag{7.35a}$$

$$y_i = \cos(\pi j/P),\quad j=0,1,\cdots,P \tag{7.35b}$$

$$z_i = \frac{2\pi}{\beta}\frac{k}{N},\quad k=0,1,\cdots,N-1 \tag{7.35c}$$

理论上，直接数值模拟要求网格最小长度达到 Kolmogorov 尺度的量级，因此在给定算例的雷诺数后，应当估计需要的网格数，以满足分辨率的要求。首先，确定槽道湍流的雷诺数（$Re_m=U_m H/\nu$），U_m 是槽道截面的平均流速，H 是槽道的半宽度。然后估算 Kolmogorov 的耗散尺度 η 和时间尺度 τ：

$$\eta = (\nu^3/\varepsilon)^{1/4},\quad \tau = (\nu/\varepsilon)^{1/2} \tag{7.36}$$

式中 ε 是湍动能耗散率，它有以下的估计（见第 4 章）：

$$\varepsilon = u^3/l \tag{7.37}$$

式中 u,l 分别是湍流的脉动强度（脉动速度的均方根）和积分尺度，将它代入式(7.36)，可得：

$$\eta/l = Re_l^{-3/4},\quad \tau u/l = Re_l^{-1/2} \tag{7.38}$$

式中$Re_l=ul/\nu$。已有实验结果表明，近壁湍流脉动强度和摩擦速度成正比，即 $u\sim u_\tau$；在低雷诺数壁湍流中，有 $u_\tau/U_m\approx 0.05$；近壁的积分尺度 $l\sim H/5$。根据以上的估计，如果 $Re_m=3000$，则

$$Re_l = (u/U_m)(l/H)Re_m \sim 30$$

于是，最小的空间和时间分辨尺度应是：

$$\eta \approx 2\times 10^{-2}H,\quad \tau \approx 0.8H/U_m$$

由此可以推算出，在$(4\pi H,2H,2\pi H)$的计算域中应有以下网格数：

$$N_x = 4\pi H/\eta \sim 600,\quad N_y = 2H/\eta \sim 100,\quad N_z = 2\pi H/\eta \sim 300$$

前面曾经论述过，为了节省计算量，在切变湍流中允许将网格长度放宽到 10η。利用谱方法计算，在保证垂直壁面方向空间分辨率的前提下，采用 $N_x=N_z=2^5=128$，$N_y=129$。这时，如果流向采用均匀网格，网格长度分别为：$\Delta x\sim 6\eta$，$\Delta z\sim 3\eta$。虽然，它们都超过 1.5η，但是仍然小于 10η。

本算例中，雷诺数 $Re_m=2666$，实际计算结果证实以上的分辨率是合适的。例如，$u_\tau/U_m=0.064$(假设 $u_\tau/U_m\approx 0.05$)。相应的网格尺度 $\Delta x^+\sim 17$ ($\Delta x\sim 5\eta$)，$\Delta z^+\sim 8$($\Delta z\sim 2.5\eta$)(均小于 10η)；法向网格在近壁处最小，$\Delta y^+_{\min}\approx 0.05$，在槽道中心处最大，$\Delta y^+_{\max}\approx 4.2$；流向和展向的积分域长度分别为：$L_x^+=2150$ 和 $L_z^+=1075$，网格分辨率基本上符合湍流直接数值模拟的要求。

以上的论述介绍壁湍流直接数值模拟时，怎样近似估计计算域长度和网格分辨率，以便较快获得准确的直接数值模拟结果。

(4) 时间推进

采用谱方法进行空间离散时，用时间分裂步推进是比较有效的方法。所谓时间分裂法，是将每一完整的时间步分成三个子步，将非线性、压强和粘性项分别积分，具体公式如下。

① 非线性步

$$\frac{\boldsymbol{u}^{s+1/3}-\sum_{q=0}^{J_i-1}\alpha_q\boldsymbol{u}^{s-q}}{\Delta t}=\sum_{q=0}^{J_i-1}\beta_q N(\boldsymbol{u}^{s-q}) \tag{7.39}$$

$N(\boldsymbol{u})$表示运动方程中的非线性对流项。

② 压强步

$$\frac{\boldsymbol{u}^{s+2/3}-\boldsymbol{u}^{s+1/3}}{\Delta t}=-\nabla\Pi^{s+1} \tag{7.40a}$$

$$\nabla\cdot\boldsymbol{u}^{s+2/3}=0 \tag{7.40b}$$

和附加的壁面压强边界条件(由控制方程导出)：

$$\frac{\partial\Pi^{s+1}}{\partial n}=\boldsymbol{n}\cdot\left[\sum_{q=0}^{J_e-1}\beta_q N(\boldsymbol{u}^{s-q})+\nu\sum_{q=0}^{J_e}\beta_q(-\nabla\times(\nabla\times\boldsymbol{u}^{s-q}))\right] \tag{7.40c}$$

③ 粘性步

$$\frac{\gamma_0\boldsymbol{u}^{s+1}-\boldsymbol{u}^{s+2/3}}{\Delta t}=\nu\nabla^2\boldsymbol{u}^{s+1} \tag{7.41}$$

附加壁面无滑移条件 $\boldsymbol{u}^{s+1}=0$。

以上公式中 s 表示完整时间步，非线性项为显式，精度为 J_e 阶；线性项采用隐式，精度为 J_i 阶。既保证精度，又考虑到实际计算 CPU 时间，通常采用 3 阶精度，这时方程中各系数等于：

$$\gamma_0=11/6,\quad \alpha_0=3,\quad \alpha_1=-3/2,\quad \alpha_2=1/3,\quad \beta_0=3,\quad \beta_1=-3,\quad \beta_2=1 \tag{7.42}$$

有关高阶时间分裂推进方法的详细推导可参见 Karniadakis 等(1991)的文章。在直槽湍流的谱空间数值模拟中，采用 3 阶精度的时间分裂推进的公式如下。

① 非线性步

$$\hat{u}_{mpn}^{s+1/3}=3\,\hat{u}_{mpn}^{s}-\frac{3}{2}\,\hat{u}_{mpn}^{s-1}+\frac{1}{3}\,\hat{u}_{mpn}^{s-2}+\Delta t(3\,\hat{N}_x^{s}-3\,\hat{N}_x^{s-1}+\hat{N}_x^{s-2}) \tag{7.43a}$$

$$\hat{v}_{mpn}^{s+1/3} = 3\,\hat{v}_{mpn}^{s} - \frac{3}{2}\,\hat{v}_{mpn}^{s-1} + \frac{1}{3}\,\hat{v}_{mpn}^{s-2} + \Delta t(3\,\hat{N}_y^s - 3\,\hat{N}_y^{s-1} + \hat{N}_y^{s-2}) \tag{7.43b}$$

$$\hat{w}_{mpn}^{s+1/3} = 3\,\hat{w}_{mpn}^{s} - \frac{3}{2}\,\hat{w}_{mpn}^{s-1} + \frac{1}{3}\,\hat{w}_{mpn}^{s-2} + \Delta t(3\,\hat{N}_z^s - 3\,\hat{N}_z^{s-1} + \hat{N}_z^{s-2}) \tag{7.43c}$$

式中，$\hat{u}$，$\hat{v}$，$\hat{w}$分别是流向、垂向和展向速度分量在谱空间中的投影；$\hat{N}_x$，$\hat{N}_y$，$\hat{N}_z$ 分别是非线性项（$\boldsymbol{u}\times\Omega$）在谱空间中的投影。

② 压强步

对方程式(7.40a)求散度，可得压强在谱空间的方程如下：

$$\hat{\Pi}_{mpn}^{(2)} - (\alpha^2 m^2 + \beta^2 n^2)\hat{\Pi}_{mpn} = (\mathrm{i}\alpha m\,\hat{u}_{mpn} + \hat{v}_{mpn}^{(1)} + \mathrm{i}\beta n\,\hat{w}_{mpn})^{s+1/3}/\Delta t \tag{7.44a}$$

式中$\hat{v}^{(1)}$和$\hat{\Pi}^{(2)}$分别表示$\hat{v}$对 y 一阶导数和$\hat{\Pi}$ 对 y 二阶导数的 Chebyshev 展开系数。压强的边界条件是：

$$y = \pm 1:\quad \hat{\Pi}_{mpn}^{(1)} = 3\,\hat{G}_{mpn}^{s} - 3\,\hat{G}_{mpn}^{s-1} + \hat{G}_{mpn}^{s-2} \tag{7.44b}$$

式中$\hat{G}_{mpn} = \hat{N}_{ympn} + (\mathrm{i}\alpha\hat{m}\omega_{zmpn} - \mathrm{i}\beta n\hat{\omega}_{zmpn})/Re$。解出谱空间中的压强投影后，速度分量很容易算出：

$$\hat{u}_{mpn}^{s+2/3} = \hat{u}_{mpn}^{s+1/3} - \mathrm{i}\alpha m\hat{\Pi}_{mpn}\Delta t \tag{7.45a}$$

$$\hat{v}_{mpn}^{s+2/3} = \hat{v}_{mpn}^{s+1/3} - \hat{\Pi}_{mpn}^{(1)}\Delta t \tag{7.45b}$$

$$\hat{w}_{mpn}^{s+2/3} = \hat{w}_{mpn}^{s+1/3} - \mathrm{i}\beta n\hat{\Pi}_{mpn}\Delta t \tag{7.45c}$$

③ 粘性步

在谱空间中，粘性步的推进公式为

$$\hat{u}_{mpn}^{(2)} - \left(\alpha^2 m^2 + \beta^2 n^2 + \frac{11}{6}\frac{Re}{\Delta t}\right)\hat{u}_{mpn} = -\frac{Re}{\Delta t}\,\hat{u}_{mpn}^{s+2/3} \tag{7.46a}$$

$$\hat{v}_{mpn}^{(2)} - \left(\alpha^2 m^2 + \beta^2 n^2 + \frac{11}{6}\frac{Re}{\Delta t}\right)\hat{v}_{mpn} = -\frac{Re}{\Delta t}\,\hat{v}_{mpn}^{s+2/3} \tag{7.46b}$$

$$\hat{w}_{mpn}^{(2)} - \left(\alpha^2 m^2 + \beta^2 n^2 + \frac{11}{6}\frac{Re}{\Delta t}\right)\hat{w}_{mpn} = -\frac{Re}{\Delta t}\,\hat{w}_{mpn}^{s+2/3} \tag{7.46c}$$

算完粘性步后，就完成一个完整的时间步。利用 CFL 准则可估计时间步长 $\Delta t \sim H/U_m$，通过数值实验可知，当 $Re=2666$ 时，采用 $\Delta t < 0.01H/U_m$ 作时间推进是稳定的，而它远远小于前面估计的 Kolmogorov 耗散时间尺度（$0.8H/U_m$）。

(5) 散度的修正

时间分裂推进方法中，粘性步只满足壁面无滑移条件，而没有连续方程的约束。因此，经过粘性步后，速度场出现残余散度。在近壁区，残余散度具有 $O(\Delta t^{1/2})$ 的量级，如果不消除残余散度，它将向流场扩散，而导致计算发散。消除残余散度的方法是联立压强步和粘性步，使每一完整步的壁面散度等于零。实现散度修正的主要方法有：影响系数法（Kleiser 和 Schumann，1980）及 Green 函数法（Marcus，1984）。详细的公式请见以上引文或许春晓（1995）的博士论文。

2. 槽道湍流的直接数值模拟结果

(1) 主要统计特性

图 7-9 给出平均速度分布，近壁区有：$U^+ = y^+$；对数区：$U^+ = 2.5\ln y^+ + 5.5$。它们和

实验结果符合很好。

图 7-10 给出湍流脉动强度分布，它们也和实验结果符合很好。图 7-11 给出雷诺应力 $-\langle u'v' \rangle$ 分布，在近壁区雷诺应力等于零，并和 y^3 成正比，在 $y^+ \sim 30$ 附近，雷诺应力达到最大值。由于平均流动的对称性，在槽道中心处雷诺应力等于零。图 7-11 中虚线表示总切应力分布(分子粘性应力加雷诺应力)，它是线性分布的，证明流动确实达到了充分发展的湍流状态。

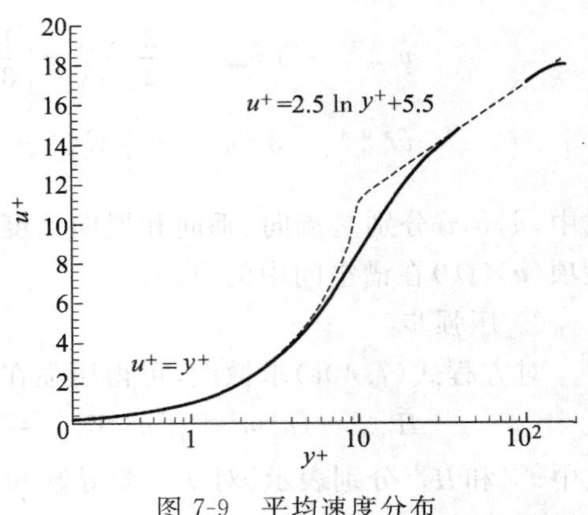

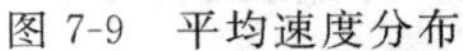
图 7-9 平均速度分布

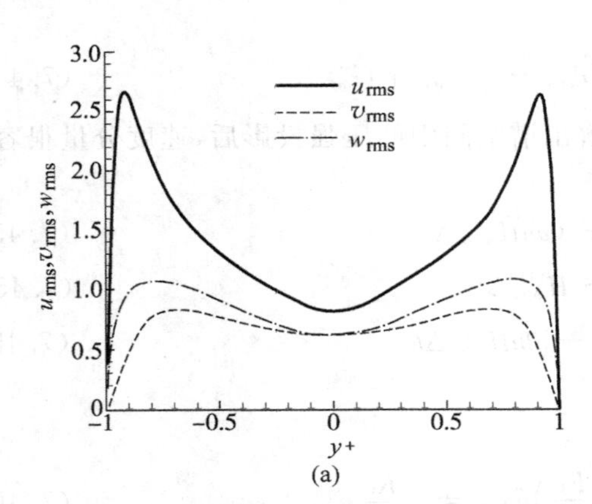

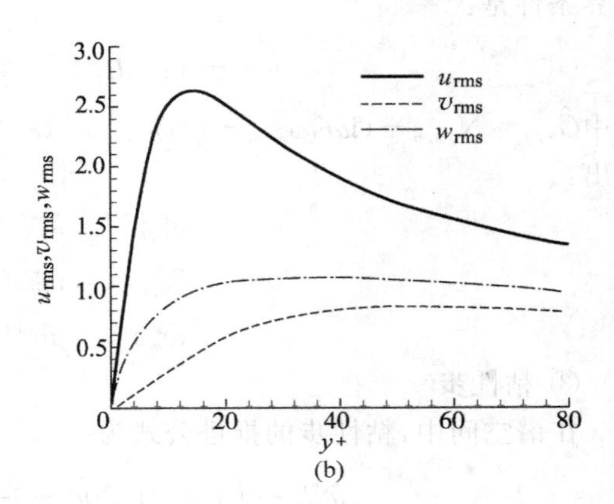

图 7-10 湍流脉动强度分布

(a) 槽道湍流度分布；(b) 以壁面坐标的湍流度分布图

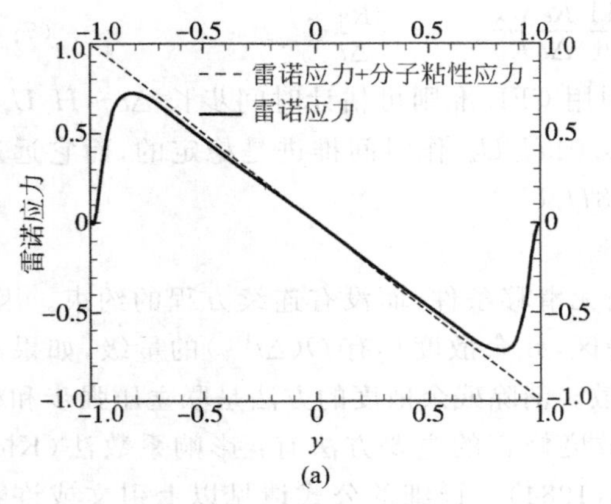

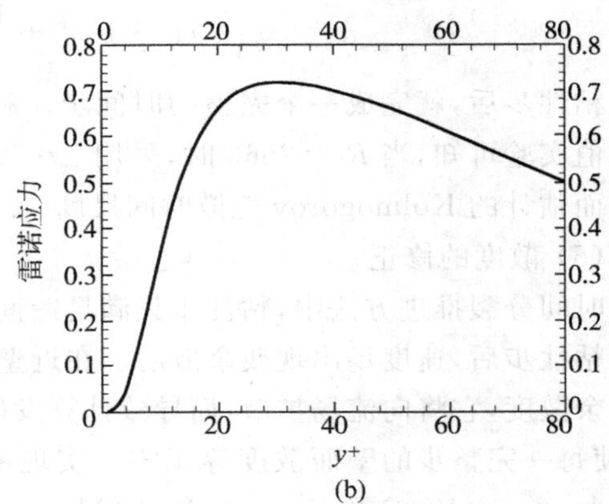

图 7-11 雷诺应力分布

(a) 在 y/H 坐标中雷诺应力的分布；(b) 以壁面坐标的雷诺应力分布

(2) 近壁结构的显示

湍流直接数值模拟可以获得充分的湍流脉动信息，通过对这些资料的分析，特别是利用计算机流动显示，可以对湍流脉动的性质有深入的了解。

例如，我们可以给定流向脉动的阈值，来显示低速（脉动速度为负值）条带，图 7-12 显示平行于壁面上的低速区，在近壁区它们形成狭长条带；逐渐离开壁面时，低速条带发生扭曲，到槽道中心区，低速区呈团状，低速条带消失。对近壁区的低速条带间距进行统计平均，平均条带间距在壁面处约为 $100\nu/u_\tau$，并随着离壁面距离的增加而增大，图 7-13 展示上述结果，它和第 4 章流动显示实验的结果完全一致。还可以用象限分析法考察雷诺应力在各象限中的分配。以脉动速度 u' 为横坐标，v' 为纵坐标，第一象限 $u'>0, v'>0$；第二象限 $u'<0$，$v'>0$，属于低速流体质点上抛过程；第三象限 $u'<0, v'<0$；第四象限 $u'>0, v'<0$，属于流体质点的下扫过程。图 7-14 表示在脉动速度的四个象限中对雷诺应力 $-\langle u'v'\rangle_i$ 的贡献，i 表示象限数。第一和第三象限的速度脉动对雷诺应力的贡献很小，而且是负值；第二和第四象限的速度脉动对雷诺应力的贡献是主要的。图 7-14 还说明，在 $y^+>15$ 的流动区域中，第二象限的速度脉动对雷诺应力的贡献大于第四象限的速度脉动；而在 $y^+<15$ 的近壁区，情况恰好相反。换句话说，在 $y^+>15$ 的流动区域中，上抛运动对雷诺应力有主要贡献；而在 $y^+<15$ 的近壁区，下扫运动对雷诺应力的贡献是主要的。

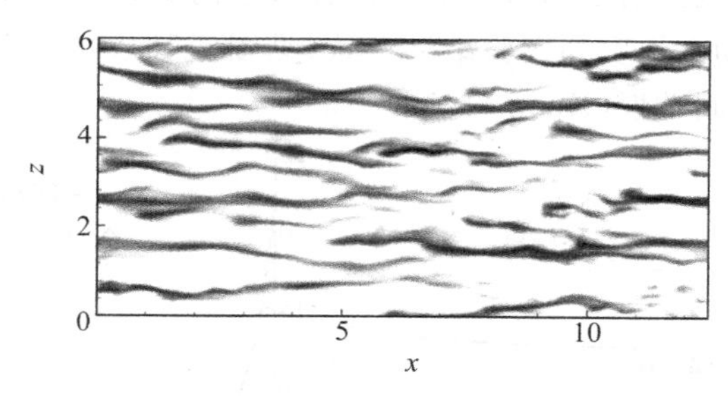

图 7-12　平行于壁面上的低速区分布，$y^+=20$

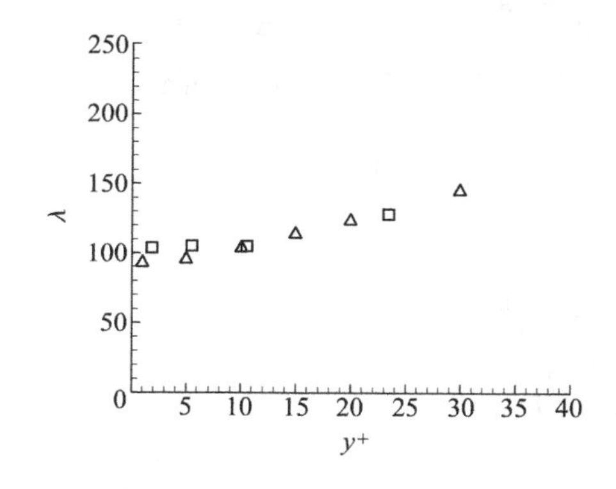

图 7-13　近壁区低速条带间距 λ

（□：DNS 结果；△：试验结果）

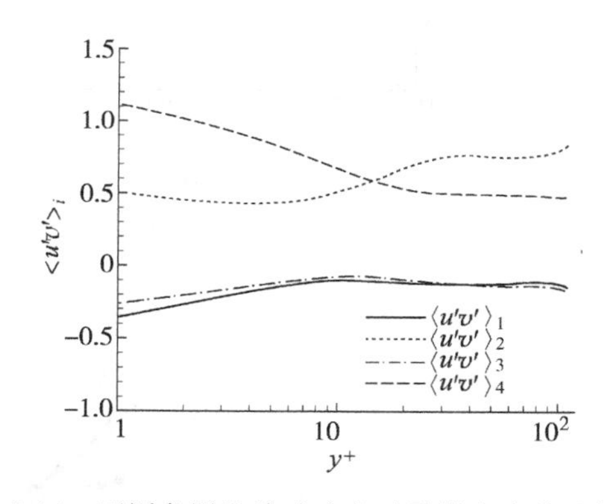

图 7-14　不同象限的脉动速度对雷诺应力的贡献

以上仅是直接数值模拟数据库后处理的极小部分结果，Robinson(1991) 曾经对湍流边界层直接数值模拟的数据库做详尽的分析，还制作了计算机动态显示图像。总之，湍流直接数值模拟是揭示湍流结构和了解湍流机制很有效的方法。

（3）近壁强脉冲事件的发现

湍流直接数值模拟不仅可以和实验相结合揭示湍流运动的物理性质，还可以发现某些实验很难测量或者无法观测到的新现象。例如,近壁脉动速度的实验测量是十分困难的,在低雷诺数湍流情况下,物理实验可以测量到 $y^+\sim5$(约 1mm)处的脉动速度,但是直接数值模拟可以计算到 $y^+\sim0.05$。因此,直接数值模拟的结果可以用来研究极近壁区的湍流行为。

极近壁区的特殊性质突出地表现在脉动速度的平坦度上,图 7-15 给出脉动速度的平坦度随离壁面距离的变化,所有脉动速度分量在近壁区有较大的平坦度,到槽道中心区,平坦度接近 3(接近高斯分布),表明近壁区脉动速度有较强的间歇性。对比流向和法向脉动速度的平坦度,不难发现:法向脉动速度分量的平坦度远远大于流向脉动速度分量的平坦度,这说明法向脉动速度有更强的间歇性。

直接数值模拟结果发现,在极近壁区法向脉动平坦度的测量结果远远小于 DNS 结果,因此有的实验专家怀疑直接数值模拟的准确性。本书作者通过仔细分析实验测量的条件和数据处理方法,发现用激光多普勒测速计测量脉动速度时,法向速度分量的精度很差,实验专家们在处理数据时认为很大的法向脉动值是不真实的,予以剔除。也就是说,实验测量的法向速度平坦度是在一定阈值下的采样值。作者对法向脉动的 DNS 数据做不同阈值的过滤,经过过滤的法向脉动平坦度和实验结果一致(见图 7-15(c))。于是,证实了在贴近壁面确实存在法向脉动的强间歇性(Xu 等,1996)。

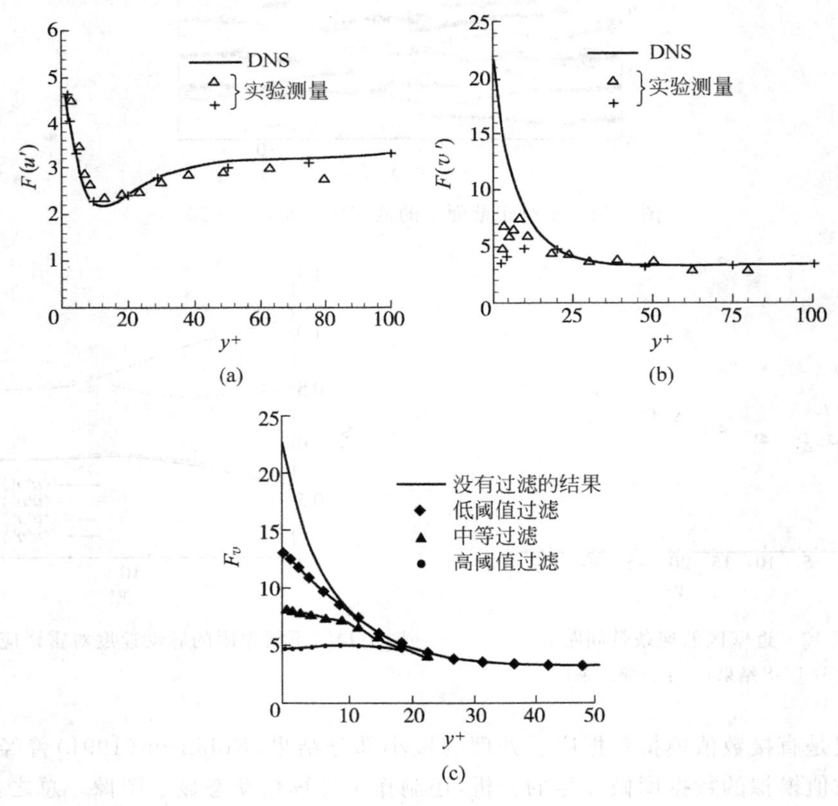

图 7-15 脉动速度平坦度的分布

(a) 流向脉动的平坦度;(b) 法向脉动的平坦度;(c) 法向脉动平坦度的过滤结果

法向脉动的强间歇性说明，在近壁区有局部很大的法向脉动速度稀疏地分布在平行于壁面的平面上，称这种近壁法向脉动速度分布的现象为法向强脉冲。可以通过给定法向脉动速度的阈值来检测强脉冲，例如取 $5v_{rms}$ 作为阈值，可以在平行于壁面的平面上检测到正负强脉冲，这里正脉冲表示离开壁面的速度，即上抛运动；负脉冲表示指向壁面的速度，即下扫运动。图 7-16 显示某一时刻，在 x-z 平面上($y^+=1.3$)的强脉冲分布。

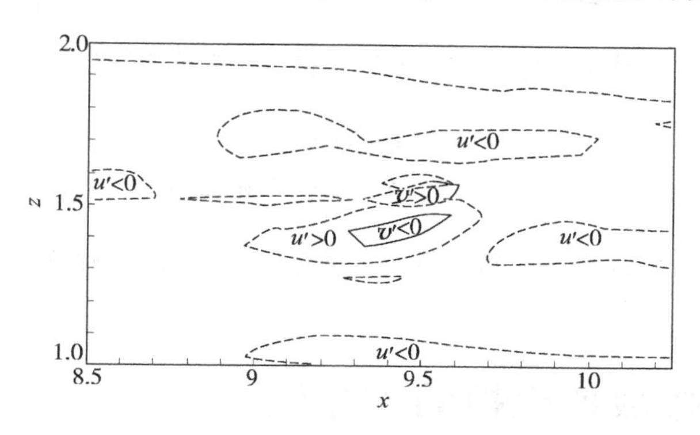

图 7-16　在 x-z 平面上($y^+=1.3$)的强脉冲分布

仔细分析强脉冲的时间序列，发现它有以下特性：

(1) 强脉冲总是以正负脉冲成对出现。

(2) 强脉冲的流向迁移速度约为$(0.6\sim0.7)U_m$，远远大于当地的平均速度($y^+=1.3$ 处的平均速度为 $0.08U_m$)，接近于 $y^+\sim15$ 处的平均速度，就是说强脉冲是由过渡层中的涡结构带动迁移。

(3) 强脉冲的平均持续时间，或它的平均寿命约为 $10\nu/u_\tau^2$，因此它是可以检测的。

(4) 正负强脉冲之间总有一个低压区，可以推断一对强脉冲中间存在流向涡。

近壁湍流是常见的而又尚未充分了解的湍流现象，现有的湍流模拟方法都不能准确地预测近壁统计特性，强脉冲现象的研究也许能够揭示近壁湍流的动力学性质。例如，我们研究了近壁湍动能的耗散，发现强脉冲和近壁湍动能耗散有密切关联。在平行于壁面的平面上，做耗散函数 $\nu\dfrac{\partial u_i}{\partial x_j}\dfrac{\partial u_i}{\partial x_j}$ 的等值线，可以发现它的峰值总是在正负脉冲之间，如图 7-17 所示。不仅如此，在该平面上同时跟踪强脉冲和耗散函数的峰值，我们发现它们的轨迹几乎是重合的。在数量上的考察，可以算出在平面上占万分之四的强脉冲区对系综平均耗散率 $\left\langle\nu\dfrac{\partial u_i}{\partial x_j}\dfrac{\partial u_i}{\partial x_j}\right\rangle$ 的贡献达到 14% 左右。这说明强脉冲在近壁湍流的输运过程中有重要的作用(Zhang 等，1998)。

总之，近壁强脉冲是壁湍流拟序结构的重要事件之一，它对于揭示和了解近壁湍流动力学行为和统计特性有重要意义。有关它的详细性质和动力学过程尚在进一步研究中。

除了直槽湍流的直接数值模拟外，湍流边界层也是一种典型的壁湍流，Spalart(1988)采用类似的谱方法直接数值模拟了零压强梯度平板湍流边界层，取得了和实验一致的统计结果；作者还用谱方法直接数值模拟了圆管湍流。三种壁湍流的直接数值模拟结果证实，直槽、边界层和圆管湍流的近壁区湍流有类同的结构。直槽和平壁湍流边界层近壁结构几

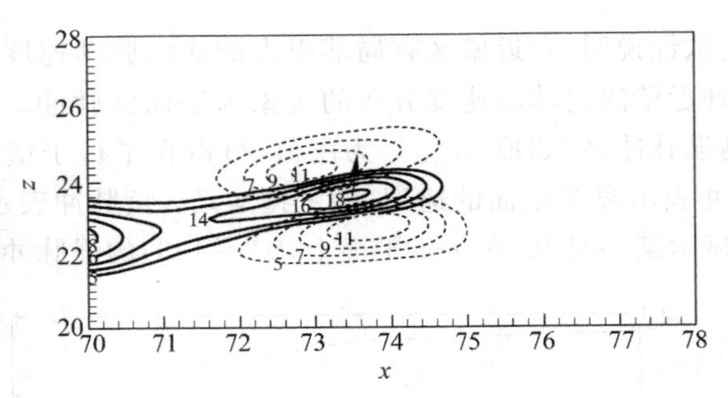

图 7-17 强脉冲和耗散的等值线图

(虚线:强脉冲;实线:湍动能耗散等值线)

乎相同,圆管和直槽中心区湍流的结构有较大差别,主要原因是圆管中心处湍涡的发展受到几何约束。

7.4 湍流直接数值模拟的差分法

谱方法只能适用于简单的几何边界,对于空间发展的湍流和复杂几何边界的湍流需要采用有限差分或有限体积离散方法,本节介绍有限差分法。湍流的直接数值模拟需要高分辨率和高精度,又需要很长推进时间,选用差分格式是很重要的。根据近十年来直接数值模拟的经验和流体力学计算方法的进步,湍流直接数值模拟应当采用高精度格式,因为高精度格式允许较大的空间步长;在同样的网格数条件下,可以模拟较高雷诺数的湍流;另一方面,如果采用隐式推进的高精度格式,还可以加大时间步长,减少计算时间。

差分离散方法的基本思想是利用结点(离散点)上函数值(f_j)的线性组合来逼近结点上的导数值。其表达式称为导数的差分逼近式。设 F_j 为函数 f 的 j 阶导数$(\partial f/\partial x)_j$,它的一般差分逼近式,可写作:

$$F_j = \sum a_l(f_{j+l+1} - f_{j+l}), \quad \sum a_l = 1 \tag{7.47}$$

式中系数 a_j 由差分逼近式的精度确定。也可以用结点上函数值的线性组合来逼近结点上导数值的线性组合,这种方法称为紧致格式:

$$\sum b_l F_{j+l} = \sum a_l(f_{j+l+1} - f_{j+l}), \quad \sum b_l = \sum a_l \tag{7.48}$$

将导数的逼近式代入控制流动的微分方程,得到流动数值模拟的差分方程(具体的差分格式和紧致格式请见傅德薰、马延文的文章(2002))。

差分离散方程必须满足相容性条件和稳定性条件,就是说,当差分步长趋近于零时,差分方程趋向于原来的微分方程,这就是相容性;如果随时间推进过程中,初始误差的增长有界,则称差分格式是稳定的。对于线性微分方程,满足相容性和稳定性的差分方程的解必定收敛到原微分方程的解(Lax 等价原理)。对于非线性方程还没有一般的收敛性证明,只能借用线性微分方程的 Lax 等价原理,作为判断差分格式收敛性的条件。

7.4.1 高精度紧致格式

差分近似的精度依赖于函数 Taylor 级数展开的近似程度,例如:普通 i 阶精度格式的导数公式为

$$\left(\frac{\mathrm{d}f}{\mathrm{d}x}\right)_i = \frac{f_{i+1} - f_i}{\Delta x} + O(\Delta x) \tag{7.49}$$

2 阶精度格式的导数公式为

$$\left(\frac{\mathrm{d}f}{\mathrm{d}x}\right)_i = \frac{-3f_{i-1} + 4f_i - f_{i+1}}{2\Delta x} + O(\Delta x)^2 \tag{7.50}$$

依次类推，精度越高，导数的差分近似公式中包含的离散点越多，这对于边界点及接近边界的点的导数计算带来很大的困难。近年来，广泛采用紧致的高精度格式，它的出发点是利用较少的离散点计算导数的近似值，而又可获得较高的精度。比如要计算 l 阶导数，可以采用如下的格式：

$$\sum_{k=-K_1^{(1)}}^{K_2^{(1)}} a_k F_{j+k} = \sum_{k=-K_1^{(0)}}^{K_2^{(0)}} b_k f_{j+k} \tag{7.51}$$

其中 F_{j+k} 是 $\left(\frac{\mathrm{d}f}{\mathrm{d}x}\right)_{j+k}$ 的差分逼近式，$j+k$ 表示在 $x=x_{j+k}$ 处的值。对于网格等间距的情况，有 $x_{j+k}=x_j+k\Delta x$。为确定 a_k，b_k（这里共有 $2+K_1^{(1)}+K_2^{(1)}+K_1^{(0)}+K_2^{(0)}$ 个），利用 Taylor 展开：

$$F_{j+k} \approx \left(\frac{\mathrm{d}f}{\mathrm{d}x}\right)_{j+k} = \left(\frac{\mathrm{d}f}{\mathrm{d}x}\right)_j + \left(\frac{\mathrm{d}^2 f}{\mathrm{d}x^2}\right)_j k\Delta x + \cdots + \left(\mathrm{d}\,\frac{\mathrm{d}^{p+1} f}{\mathrm{d}x^{p+1}}\right)_j \frac{k^p \Delta x^p}{p\,!} + \cdots \tag{7.52a}$$

$$f_{j+k} \approx (f)_j + \left(\frac{\mathrm{d}f}{\mathrm{d}x}\right)_j k\Delta x + \cdots + \left(\frac{\mathrm{d}^p f}{\mathrm{d}x^p}\right)_j \frac{k^p \Delta x^p}{p\,!} + \cdots \tag{7.52b}$$

将它们代入式(7.51)可以得到：

$$\sum_{k=-K_1^{(1)}}^{K_2^{(1)}} a_k \sum_{l=1}^{\infty} \frac{1}{(l-1)\,!} k^{l-1} \Delta x^{l-1} \left(\frac{\mathrm{d}^l f}{\mathrm{d}x^l}\right)_j = \sum_{k=-K_1^{(0)}}^{K_2^{(0)}} b_k \sum_{l=0}^{\infty} \frac{1}{l\,!} \left(\frac{\mathrm{d}^l f}{\mathrm{d}x^l}\right)_j$$

或改写为

$$\sum_{l=1}^{\infty} \left[\sum_{k=-K_1^{(1)}}^{K_2^{(1)}} a_k \frac{k^{l-1} \Delta x^{l-1}}{(l-1)\,!} \left(\frac{\mathrm{d}^l f}{\mathrm{d}x^l}\right)_j \right] = \sum_{l=0}^{\infty} \left[\sum_{k=-K_1^{(0)}}^{K_2^{(0)}} b_k \frac{k^l \Delta x^l}{l\,!} \left(\frac{\mathrm{d}^l f}{\mathrm{d}x^l}\right)_j \right]$$

比较相同导数的系数得

$$\sum_{k=-K_1^{(0)}}^{K_2^{(0)}} b_k = 0 \tag{7.53a}$$

$$\sum_{k=-K_1^{(1)}}^{K_2^{(1)}} a_k \frac{k^{l-1} \Delta x^{l-1}}{(l-1)\,!} = \sum_{k=-K_1^{(0)}}^{K_2^{(0)}} b_k \frac{k^l \Delta x^l}{l\,!}, \quad l = 1, 2, \cdots \tag{7.53b}$$

a_k，b_k 方程都是齐次的线性方程组，为确定起见，l 应当小于等于 $K_1^{(1)}+K_2^{(1)}+K_1^{(0)}+K_2^{(0)}$，另外再附加一个条件，如 $b_1=1$，就可以求出其他的 a_k，b_k，生成 2 阶导数格式的方法相同。在式(7.53b)中若最大的 l 等于 p，则 l 阶导数的精度是 $(p-1)$ 阶的；2 阶导数的精度是 $(p-2)$ 阶的。由于差分近似中采用的网格点少，所以这种差分近似称作紧致高精度格式。

7.4.2　湍流混合层的直接数值模拟

湍流混合层是工程中常见的一种简单流动，在化学反应器或燃烧室中两股流体掺混并发生化学反应，要保证充分的化学反应，必须有良好的混合。因此了解两股平行气流混合过程的机制，是研究化学反应的基础。对于不可压缩流体混合层的发展过程，已经有很多理论、实验和直接数值模拟的研究,例如发现混合层中存在大涡结构(参见第4章),还发现大涡的对并和撕裂等。已有的一些理论和实验研究表明可压缩混合层的演化过程和不可压缩混合层有明显的差别,例如,对流马赫数(定义见下文)较大的可压缩混合层,最不稳定的线性模态是三维波,以及混合层的厚度较薄等。为了充分了解可压缩混合层的演化过程和它的规律,直接数值模拟是一种十分有效的方法。混合层的平均流动图形如图7-18所示,假定混合层上方的均匀来流速度为U_1,声速为c_1;下方的均匀来流速度为$-U_2$,声速为c_2。定义对流马赫数Ma_c为

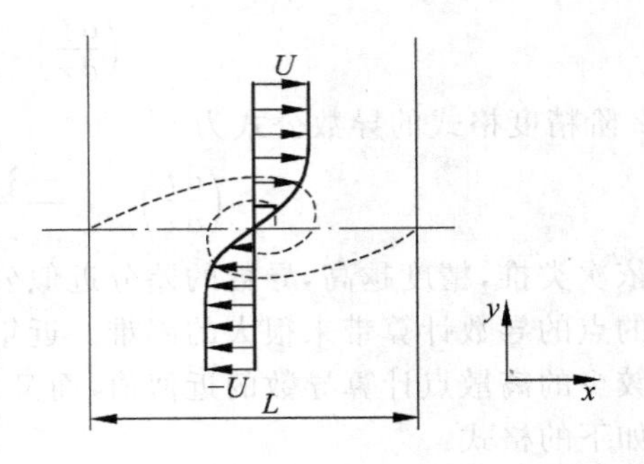

图7-18 混合层示意图和计算域

(L:计算域长度)

$$Ma_c = (U_1 - U_2)/(c_1 + c_2) \tag{7.54}$$

算例中$U_1 = U, U_2 = -U$。

下面介绍用直接数值模拟方法获得的可压缩混合层结果(傅德薰和马延文,2000)。

1. 直接数值模拟方法

(1) 控制方程

在直角坐标系中可压缩流体的N-S方程可写作以下形式:

$$\frac{\partial \boldsymbol{U}}{\partial t} + \frac{\partial \boldsymbol{f}_x}{\partial x} + \frac{\partial \boldsymbol{f}_y}{\partial y} + \frac{\partial \boldsymbol{f}_z}{\partial z} = \frac{\partial \boldsymbol{F}_x}{\partial x} + \frac{\partial \boldsymbol{F}_y}{\partial y} + \frac{\partial \boldsymbol{F}_z}{\partial z} \tag{7.55}$$

其中:

$$\boldsymbol{U} = [\rho, \rho u, \rho v, \rho w, E]^{\mathrm{T}} \tag{7.56a}$$

$$\boldsymbol{f}_x = [\rho u, \rho u^2 + p, \rho u v, \rho u w, u(E + p)]^{\mathrm{T}} \tag{7.56b}$$

$$\boldsymbol{f}_y = [\rho v, \rho u v + p, \rho v w, \rho v^2, v(E + p)]^{\mathrm{T}} \tag{7.56c}$$

$$\boldsymbol{f}_z = [\rho w, \rho u w + p, \rho w^2, \rho v w, w(E + p)]^{\mathrm{T}} \tag{7.56d}$$

$$E = \rho[c_V T + (u^2 + v^2 + w^2)/2] \tag{7.56e}$$

式(7.56e)中c_V是气体的定容比热。方程(7.55)右端的$\boldsymbol{F}_x, \boldsymbol{F}_y, \boldsymbol{F}_z$为粘性项,其公式为

$$\boldsymbol{F}_x = \left[2\mu \frac{\partial u}{\partial x} - \frac{2\mu}{3} \nabla \cdot \boldsymbol{u}, \mu\left(\frac{\partial u}{\partial y} + \frac{\partial v}{\partial x}\right), \mu\left(\frac{\partial u}{\partial z} + \frac{\partial w}{\partial x}\right)\right]^{\mathrm{T}} \tag{7.57a}$$

$$\boldsymbol{F}_y = \left[\mu\left(\frac{\partial u}{\partial y} + \frac{\partial v}{\partial x}\right), 2\mu \frac{\partial v}{\partial y} - \frac{2\mu}{3} \nabla \cdot \boldsymbol{u}, \mu\left(\frac{\partial v}{\partial z} + \frac{\partial w}{\partial y}\right)\right]^{\mathrm{T}} \tag{7.57b}$$

$$\boldsymbol{F}_z = \left[\mu\left(\frac{\partial u}{\partial z} + \frac{\partial w}{\partial x}\right), \mu\left(\frac{\partial v}{\partial z} + \frac{\partial w}{\partial y}\right), 2\mu \frac{\partial w}{\partial z} - \frac{2\mu}{3} \nabla \cdot \boldsymbol{u}\right]^{\mathrm{T}} \tag{7.57c}$$

式中$\nabla \cdot \boldsymbol{u}$是速度场的散度;$\mu$是气体的粘性系数,它和温度有关,并用Sutherlands公式确定:

$$\frac{\mu}{\mu_\infty} = \left(\frac{T}{T_\infty}\right)^{3/2} \frac{1 + C}{T/T_\infty + C} \tag{7.57d}$$

式中,$C = 110.4/T_\infty$,ρ, p, T和u, v, w分别为密度、压强、温度和速度的三个分量。它们的无量纲参数对应的特征量为$\rho_\infty, \rho_\infty u_\infty^2, T_\infty$和$\mu_\infty$,下标$\infty$表示来流参数。流动的雷诺数定义为

$$Re = \frac{\rho_\infty u_\infty \delta_{\omega 0}}{\mu_\infty}$$

$\delta_{\omega 0}$是混合层的初始涡量厚度，它的定义为 $\delta_{\omega 0}=(U_1-U_2)/|\mathrm{d}\bar{u}/\mathrm{d}y|_{\max}$，$|\mathrm{d}\bar{u}/\mathrm{d}y|_{\max}$是流向平均速度梯度的最大绝对值。无量纲的气体状态方程和无量纲定容比热 C_v 公式为

$$p=\frac{\rho T}{\gamma M_{\infty}^2}$$

$$C_v=\frac{1}{\gamma(\gamma-1)M_{\infty}^2}$$

γ是气体的比热比。以上所有公式构成气体运动的封闭方程组。

(2) 边界条件

采用时间增长模型研究混合层的发展。在流向 x 和展向 z 采用周期性边界条件。在 y 方向采用无反射条件，具体的导出方法用以下的一维方程来说明。设有一维方程：

$$\frac{\partial U}{\partial t}+\frac{\partial f}{\partial y}=0 \tag{7.58}$$

用矢通量分裂，将上式写成：

$$\frac{\partial U}{\partial t}+\frac{\partial f^+}{\partial y}+\frac{\partial f^-}{\partial y}=0$$

在下边界 $j=1$ 处的 2 阶精度无反射的数值边界条件为

$$j=1: F_j^+=0,\quad F_j^-=\frac{1}{2}[3(f_{j+1}^- - f_j^-)-(f_{j+2}^- - f_{j+1}^-)] \tag{7.59a}$$

在近边界处 $j=2$，还可写出 3 阶精度的边界格式：

$$j=2: F_{j-1}^+=0,\quad \alpha F_j^+=a(f_{j+1}^+ - f_j^+)+b(f_j^+ + f_{j-1}^+) \tag{7.59b}$$

其中 $\alpha=4/3$，$a=1/2$，$b=5/6$。$F_j^{\pm}/\Delta y$ 是边界点上$\partial f^{\pm}/\partial y$ 的逼近式。用类似的方法可以导出上边界的无反射条件，详见傅德薰和马延文(1998)。

(3) 初始条件

初始流场为平均流加扰动场。平均流场取为平行流动，流向速度分布为双曲正切函数：

$$\bar{u}=A\tanh(\beta y),\quad \beta=2;\quad \bar{v}=\bar{w}=0 \tag{7.60}$$

式中 $A=(U_1-U_2)/2$，$U_1=-U_2=1$，分别为上方和下方来流速度；初始平均温度分布为

$$T=1+M_1^2\frac{\gamma-1}{2}(1-\bar{u}^2) \tag{7.61}$$

初始平均压强等于常数，平均密度可由状态方程计算。

初始扰动场取最不稳定的线性模态，当对流马赫数等于 0.8 时，最不稳定模态是三维斜波，因此初始扰动由一双对称斜波组成：

$$f'=aRe[\hat{f}(y,\alpha,\beta)\exp i(\alpha x+\beta z)+\hat{f}(y,\alpha,-\beta)\exp i(\alpha x-\beta z)] \tag{7.62}$$

式中 f'表示速度，压强，温度和密度的初始扰动，α，β 分别是流向和展向波数，Re 表示括号中函数的实数部分。算例的 $Ma_c=0.8$，$Re=200$，由线性理论算出 $\alpha=\beta=0.47$。

(4) 网格和差分格式

计算域为：$0\leqslant x\leqslant 2\pi/\alpha$，$-15\leqslant y\leqslant 15$，$0\leqslant z\leqslant 2\pi/\beta$。流向和展向采用均匀网格，横向坐标用双曲正切函数进行变换，构成在混合层中心的加密网格。对流项采用 5 阶迎风紧致格式；粘性项采用 6 阶精度对称紧致格式。时间推进用 3 阶 Runge-Kutta 积分式。为了节省计算时间，计算开始采用稀网格点，在(x,y,z)方向分别为 $64\times 221\times 64$，随着小尺度运动的激发，网格点逐渐增加到 $160\times 245\times 200$。

2. 湍流混合层转捩过程中涡结构的演化

图 7-19(a)给出 $t=37.63$ 时刻的压强等值面，在混合层中，压强等值面可以近似地描述涡结构，由图可以明显地看到在转捩阶段有 Λ 形涡结构。随着流动的进一步发展，由于 Λ 涡的倾斜及互相间干扰和挤压，在 $t=52.37$ 时形成了双马蹄涡结构如图 7-19(b)所示，图 7-20(a)是该时刻涡结构的三面投影。在 $t=68.11$ 以后，大涡结构破碎，生成非对称的小尺度涡结构(图 7-20(b))，图 7-20(c)是 $t=72.17$ 时的涡结构。值得注意的是，和不可压缩混合层的转捩不同，可压缩混合层的转捩过程中并不产生涡对并，而是从 Λ 涡倾斜后，扰动急速增长。涡的对并可以认为是一种二次失稳现象，该数值试验说明：可压缩混合层的转捩过程可以不经过二次失稳，直接发展到湍流。

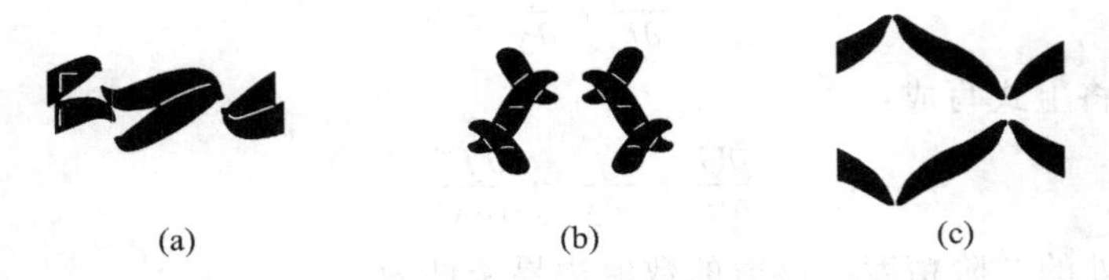

图 7-19 可压缩混合层转捩过程早期的涡结构演化

(a) $t=37.63$；(b) $t=52.37$；(c) $t=68.11$

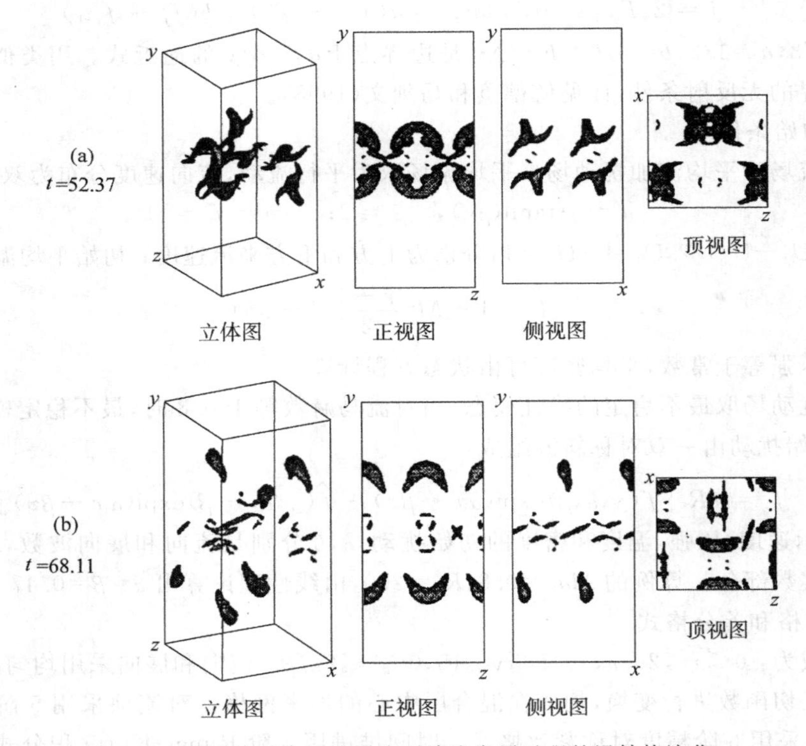

图 7-20 可压缩混合层从层流到湍流发展过程的涡结构演化

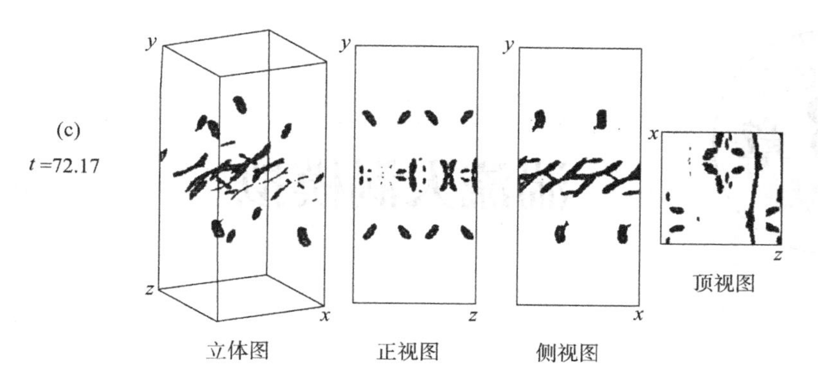

图 7-20 （续）

第8章 湍流大涡模拟

大涡模拟的基本思想是直接计算大尺度脉动，而只对小尺度脉动的统计输运作模式。所以，实现大涡模拟的第一步是把小尺度脉动过滤掉。下面先介绍过滤方法，然后再导出大尺度运动的控制方程，并介绍小尺度脉动项的封闭模型。

8.1 脉动的过滤

首先介绍三种常用的均匀过滤器。

(1) 谱空间低通滤波

过滤运算既可以在物理空间进行，也可以在谱空间进行。谱空间的过滤比较容易理解，就是令高波数的脉动等于零，相当于对脉动信号做低通滤波，低通滤波的最大波数称为截断波数，记作 k_c。如果物理空间的湍流脉动在谱空间的投影为 $\hat{f}(\boldsymbol{k})$，则在谱空间过滤后，$k>k_c$ 的高波数部分等于零，谱空间过滤后的脉动用 $\hat{f}^{<}(\boldsymbol{k})$表示(上标<表示低通部分)，则

$$\hat{f}^{<}(\boldsymbol{k}) = G_l(\boldsymbol{k})\hat{f}(\boldsymbol{k}) \tag{8.1}$$

式中 $G_l(\boldsymbol{k})$表示过滤算子。各向同性(在波数空间的各个方向上用相同的过滤器)低通滤波的数学表达式为

$$G_l(\boldsymbol{k}) = \theta(k_c - |\boldsymbol{k}|) \tag{8.2}$$

式中 $\theta(x)$是台阶函数，当 $x<0$ 时，$\theta(x)=0$；$x>0$ 时，$\theta(x)=1$。截断波数用 $k_c=\pi/l$ 表示，l 是相当的物理空间滤波尺度。一维谱空间低通滤波器如图 8-1 所示。

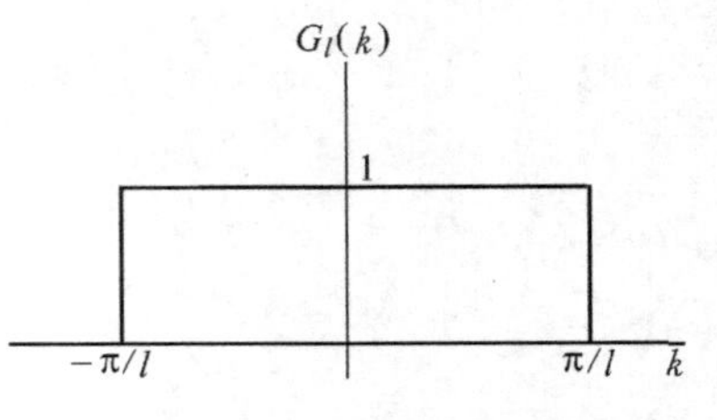

图 8-1 一维低通滤波器

(2) 物理空间的盒式滤波器

对于复杂流动，不可能在谱空间进行数值模拟，这时需要在物理空间将湍流脉动进行过滤。物理空间的低通过滤可以用积分方法实现，在尺度 l 上进行的滤波函数记作 $G_l(\boldsymbol{x})$，则任意湍流脉动 $f(\boldsymbol{x})$的过滤为

$$\tilde{f}(\boldsymbol{x}) = \int G_l(\boldsymbol{x}-\boldsymbol{y})f(\boldsymbol{y})\mathrm{d}\boldsymbol{y} \tag{8.3}$$

$\bar{f}(\boldsymbol{x})$表示 $f(\boldsymbol{x})$过滤后的函数。物理空间的滤波器必须满足正则条件：

$$\int_{\Omega} G(\eta)\mathrm{d}\eta = 1 \tag{8.4}$$

Ω 是过滤空间体积，正则条件(8.4)保证过滤体内物理量的守恒性，任何常数在过滤过程仍是常数。在物理空间常用的过滤器有各向同性的盒式过滤器（又称平顶帽过滤器）和高斯过滤器。一维盒式过滤器的过滤函数可写作：

$$G_l(\eta) = \frac{1}{l}\theta\left(\frac{l}{2} - |\eta|\right) \tag{8.5}$$

式中 l 是过滤器的长度，就是说，尺度小于长度 l 的脉动将过滤掉。一维盒式过滤器如图 8-2(a)所示。

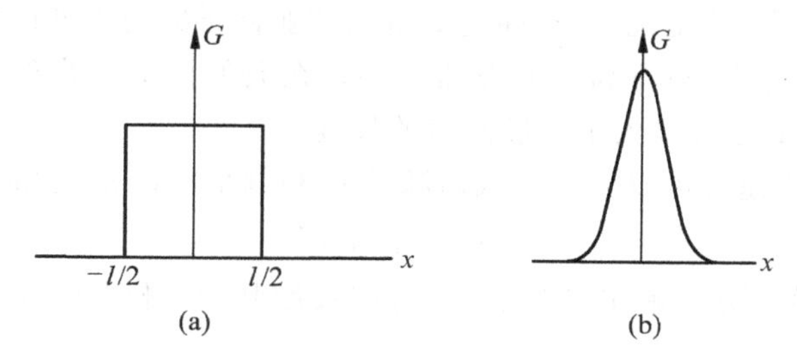

图 8-2　物理空间过滤器

(a) 盒式过滤器；(b) 高斯过滤器

(3) 高斯过滤器

将过滤函数 $G(\boldsymbol{x})$取作高斯函数，称为高斯滤波器。一维高斯过滤器的数学表达式为

$$G_l(\eta) = \left(\frac{6}{\pi l^2}\right)^{1/2}\exp\left(-\frac{6\eta^2}{l^2}\right) \tag{8.6}$$

一维高斯过滤器如图 8-2(b)所示。

上述过滤器的函数形式和过滤尺度在全空间不变，属于物理空间均匀过滤器。均匀三维过滤器可以用乘积方法构成。

$$G_l(\xi,\eta,\zeta) = G_l(\xi)G_l(\eta)G_l(\zeta) \tag{8.7a}$$

三维盒式过滤公式为

$$\begin{aligned}\bar{F}(x,y,z) &= \iiint_{\Omega} G_l(x-\xi,y-\eta,z-\zeta)F(\xi,\eta,\zeta)\,\mathrm{d}\xi\mathrm{d}\eta\mathrm{d}\zeta \\ &= \frac{1}{l^3}\iiint_{\Omega} G_l(x-\xi)G_l(y-\eta)G_l(z-\zeta)F(\xi,\eta,\zeta)\,\mathrm{d}\xi\mathrm{d}\eta\mathrm{d}\zeta\end{aligned} \tag{8.7b}$$

(4) 谱空间滤波和物理空间滤波的变换

根据滤波公式，物理空间滤波器可以用 Fourier 积分变换到谱空间的过滤函数，反之亦然。式(8.3)是卷积形式，将它做 Fourier 变换，可以得到谱空间的过滤公式如下：

$$\hat{f}^{<}(\boldsymbol{k}) = G_l(\boldsymbol{k})\,\hat{f}(\boldsymbol{k}) \tag{8.8}$$

$\hat{f}^{<}(\boldsymbol{k})$是物理空间中$\bar{f}(\boldsymbol{x})$的 Fourier 变换；$G_l(\boldsymbol{k})$是物理空间过滤函数 $G_l(\boldsymbol{x})$的 Fourier 变换。表 8.1 列出三种基本过滤函数在物理空间和谱空间的对应表达式。

表 8.1 一维过滤函数的表达式

	物理空间	谱空间
谱截断	$\sin(\pi\eta/l)/\pi\eta$	$G_l(k)=\theta(\pi/l-\lvert k\rvert)$
平顶帽	$G_l(\eta)=\theta(l/2-\lvert\eta\rvert)/l$	$G_l(k)=2\sin(\kappa l/2)/\kappa l$
高　斯	$G_l(\eta)=(6/\pi l^2)^{1/2}\exp(-6\eta^2/l^2)$	$G_l(k)=\exp(-k^2l^2/24)$

应当注意到,只有高斯滤波器在 Fourier 积分变换时保持高斯函数形式。物理空间的盒式过滤器变换到谱空间时并不是“干净”的谱截断,在 $k>\pi/l$ 的高波数区有微小的泄漏(Fourier 变换的 Gibbs 效应);同理,谱空间的盒式过滤器变换到物理空间时并不是盒式过滤器,而在 $|l|>\pi/k_c$ 的盒子以外,过滤函数仍有微小的震荡。这种情况在研究大涡模拟的亚格子模型时应当考虑,就是说,谱空间过滤得到的亚格子应力不能简单地等同于在物理空间过滤得到的亚格子应力,只有高斯滤波器例外。在数值模拟中物理空间的过滤尺度 l 可以等于离散网格长度;也可以大于离散网格的长度。

经过过滤后,湍流速度可以分解为低通脉动 $\bar{u}_i$ 和剩余脉动 u_i'' 之和:

$$u_i=\bar{u}_i+u_i''$$

低通脉动将由大涡模拟方法解出,因此称为可解尺度脉动;剩余脉动称为不可解尺度脉动或亚格子尺度脉动。

在第1章讨论系综平均过程时,得到以下性质:系综平均值的再平均等于系综平均值;脉动的系综平均等于零;以及系综平均和空间求导过程的可交换性等。一般情况下,物理空间的过滤运算不存在以上性质,即一般情况下,$\overline{(\bar{Q})}\neq\bar{Q}$,$\overline{(Q-\bar{Q})}\neq 0$ 以及 $\overline{\partial Q/\partial x}\neq\partial\bar{Q}/\partial x$ 等,最后一个不等式表明求导和过滤运算不能交换。容易证明,只有均匀过滤过程存在过滤运算和求导的可交换性(请读者自己证明)。在非均匀过滤时,需要设计专门的过滤器才能保证过滤和求导的可交换性。在本章最后,将说明当求导和过滤不可交换时产生的误差和消除的方法,暂且假定求导和过滤运算是可交换的,就是说,下文的过滤器都是均匀的过滤。

8.2 大涡模拟的控制方程和亚格子应力

8.2.1 大涡模拟控制方程

假定过滤过程和求导数过程可以交换,将 Navier-Stokes 方程作过滤,得到如下的方程:

$$\frac{\partial\bar{u}_i}{\partial t}+\frac{\partial\overline{u_iu_j}}{\partial x_j}=-\frac{1}{\rho}\frac{\partial\tilde{p}}{\partial x_i}+\nu\frac{\partial^2\bar{u}_i}{\partial x_j\partial x_j}$$

$$\frac{\partial\bar{u}_i}{\partial x_i}=0$$

令 $\overline{u_iu_j}=\bar{u}_i\bar{u}_j+(\overline{u_iu_j}-\bar{u}_i\bar{u}_j)$,并称 $-(\overline{u_iu_j}-\bar{u}_i\bar{u}_j)$ 为亚格子应力,则上述公式可写作:

$$\frac{\partial\bar{u}_i}{\partial t}+\frac{\partial\bar{u}_i\bar{u}_j}{\partial x_j}=-\frac{1}{\rho}\frac{\partial\bar{p}}{\partial x_i}+\nu\frac{\partial^2\bar{u}_i}{\partial x_j\partial x_j}-\frac{\partial(\overline{u_iu_j}-\bar{u}_i\bar{u}_j)}{\partial x_j}\tag{8.9a}$$

方程(8.9a)和雷诺方程有类似的形式,右端含有不封闭项:

$$\bar{\tau}_{ij}=(\bar{u}_i\bar{u}_j-\overline{u_iu_j})\tag{8.9b}$$

$\bar{\tau}_{ij}$ 称为亚格子应力。与雷诺应力相仿,亚格子应力是过滤掉的小尺度脉动和可解尺度湍流间的动量输运。要实现大涡模拟，必须构造亚格子应力的封闭模式。

8.2.2　亚格子应力的性质

亚格子应力的表达式 $\overline{\tau}_{ij}=(\overline{u}_i\,\overline{u}_j-\overline{u_iu_j})$，$\overline{u}_i\,\overline{u}_j$ 是可解尺度的动量输运，$\overline{u_iu_j}$ 是总的动量输运的低通过滤，因此亚格子应力可近似为可解尺度向亚格子尺度的动量输运。将速度脉动表示成可解尺度和不可解尺度，亚格子应力可以表示为

$$\overline{\tau}_{ij}=\overline{u}_i\,\overline{u}_j-\overline{\overline{u}_i\,\overline{u}_j}-\overline{\overline{u}_iu''_j}-\overline{\overline{u}_ju''_i}-\overline{u''_iu''_j}=L_{ij}+C_{ij}+R_{ij}\tag{8.10}$$

L_{ij}，C_{ij} 和 R_{ij} 分别为

$$L_{ij}=\overline{u}_i\,\overline{u}_j-\overline{\overline{u}_i\,\overline{u}_j}\tag{8.11a}$$

$$C_{ij}=-\overline{\overline{u}_iu''_j}-\overline{\overline{u}_ju''_i}\tag{8.11b}$$

$$R_{ij}=-\overline{u''_iu''_j}\tag{8.11c}$$

L_{ij} 称为里昂纳特(Leonard)应力，$\overline{u}_i\,\overline{u}_j$ 是可解尺度的动量输运，它是乘积项，因此含有小尺度脉动(假设可解尺度脉动用三角函数展开，很容易理解这一点)。$\overline{\overline{u}_i\,\overline{u}_j}$ 是 $\overline{u}_i\,\overline{u}_j$ 的低通过滤，因此 L_{ij} 是可解尺度动量输运中的小尺度输运部分，在大涡模拟的表达式中，它是封闭的量，它只需要对封闭量 $\overline{u}_i\,\overline{u}_j$ 做一次过滤；C_{ij} 称为交叉应力，它由可解尺度脉动和不可解尺度脉动相互作用产生，是可解尺度和亚格子脉动间的动量输运；R_{ij} 称为亚格子雷诺应力，是亚格子脉动之间的动量输运。

8.3　常用的亚格子模型

8.3.1　Smargorinsky 涡粘模式

假定用各向同性滤波器过滤掉的小尺度脉动是局部平衡的，即由可解尺度向不可解尺度脉动的能量传输等于湍动能耗散，则可以采用涡粘形式的亚格子雷诺应力模式：

$$\overline{\tau}_{ij}=(\overline{u}_i\,\overline{u}_j-\overline{u_iu_j})=2\,(C_S\Delta)^2\overline{S}_{ij}\,(\overline{S}_{ij}\overline{S}_{ij})^{1/2}-\frac{1}{3}\overline{\tau}_{kk}\delta_{ij}\tag{8.12}$$

式(8.12)中 Δ 是过滤尺度，这种简单的亚格子应力模型称为 Smagorinsky(1963)模式，它相当于混合长度形式的涡粘模式，亚格子涡粘系数 $\nu_t=(C_S\Delta)^2\,(\overline{S}_{ij}\overline{S}_{ij})^{1/2}$，$C_S\Delta$ 相当于混合长度，C_S 称为 Smagorinsky 常数。

利用高雷诺数各向同性湍流的能谱可以确定 Smagorinsky 常数。给定过滤尺度在惯性子区，则由可解尺度向不可解尺度能量传输率的平均值等于湍动能耗散率，即有等式：

$$\varepsilon=\langle\nu_t\overline{S}_{ij}\overline{S}_{ij}\rangle=(C_S\Delta)^2\langle(\overline{S}_{ij}\overline{S}_{ij})^{3/2}\rangle\tag{8.13}$$

Lilly(1987)利用 $-5/3$ 湍动能谱，并假定 $\langle(\overline{S}_{ij}\overline{S}_{ij})^{3/2}\rangle\approx\langle\overline{S}_{ij}\overline{S}_{ij}\rangle^{3/2}$，可得 Smagorinsky 系数如下：

$$C_S=\frac{1}{\pi}\left(\frac{2}{3C_K}\right)^{3/4}\tag{8.14}$$

$C_K=1.4$ 是 Kolmogorov 常数，于是 $C_S\approx0.18$。

涡粘型亚格子模式是耗散型的，在各向同性滤波的情况下，它满足模式方程的约束条

件。Smagorinsky 模式和粘性流体运动的计算程序有很好的适应性，它是最早应用于大气和工程中大涡模拟的亚格子应力模式。实际使用过程中发现这种模式的主要缺点是：耗散过大，尤其在近壁区和层流到湍流的过渡阶段。在近壁区，湍流脉动趋于零，亚格子应力也应当趋于零。但是式(8.12)给出壁面亚格子应力等于有限值，这显然和物理实际不符。为了克服这一缺点，不得不采用近壁阻尼公式，即用下式的 l_S 取代 $C_S\Delta$：

$$l_S = C_S\Delta[1-\exp(y^+/A^+)],\quad A^+=26 \tag{8.15}$$

在层流到湍流过渡的初始阶段，湍动能耗散很小，但是式(8.12)计算的湍动能耗散和充分发展湍流的耗散几乎一样，因此，Smagorinsky 模式不能用于流动转捩过程。

式(8.12)的亚格子涡粘模式适用于各向同性滤波，对于非均匀网格的滤波，Lilly (1987)建议如下的当量网格长度。对于 $\Delta_1/\Delta_3\sim1$ 和 $\Delta_2/\Delta_3\sim1$ 的近似各向同性网格，可将 ν_t 公式中的 Δ 用 $\Delta_{eq}=(\Delta_1\Delta_2\Delta_3)^{1/3}$ 取代。对于长宽比较大的网格，建议将 Δ^2 用以下公式替代：

$$\Delta_{eq}^2 = f(a_1,a_2)(\Delta_1\Delta_2\Delta_3)^{2/3} \tag{8.16}$$

式中，$a_1=\Delta_1/\Delta_3$，$a_2=\Delta_2/\Delta_3$，$f(a_1,a_2)=\cosh\left\{\frac{4}{27}[(\ln a_1)^2-\ln a_1\ln a_2+(\ln a_2)^2]\right\}^{1/2}$。

实际使用结果表明，应用 Smagorinsky 模式在简单剪切流动和工程流动的数值模拟中，能满足工程精度要求。但是亚格子应力的模式公式(8.12)和亚格子应力的理论公式(8.9a)的统计相关性只有0.3以下。前面已经论述过，亚格子应力表示可解尺度和亚格子尺度间的动量输运。模式的亚格子应力和理论的亚格子应力相关性很小，说明模式的亚格子应力不足以模拟可解尺度和亚格子尺度间的动量输运。

8.3.2 尺度相似模式和混合模式

Bardina 等(1980)提出以下的亚格子动量输运模型：从大尺度脉动到小尺度脉动的动量输运主要由可解尺度脉动中的最小尺度脉动产生，并且过滤后可解尺度脉动的最小尺度脉动速度和过滤掉的小尺度脉动速度相似。通过二次过滤和相似性假定可以导出亚格子应力的表达式，并称为尺度相似模式。将可解尺度速度再做一次过滤，其剩余的脉动 $\bar{u}''_i$ 是可解尺度中的最小尺度脉动(8.17)。

$$\bar{u}_i = \bar{\bar{u}}_i + \bar{u}''_i \tag{8.17}$$

尺度相似假定认为可解尺度中的最小尺度脉动和亚格子脉动相似，即

$$u''_i \propto \bar{u}''_i = \bar{u}_i - \bar{\bar{u}}_i \tag{8.18}$$

将式(8.18)代入亚格子应力 R_{ij}，假定亚格子应力等于可解尺度中最小脉动间的动量输运，即

$$R_{ij} = -\overline{u''_i u''_j} \approx -\bar{u}''_i\bar{u}''_i = -(\bar{u}_i-\bar{\bar{u}}_i)(\bar{u}_j-\bar{\bar{u}}_j) \tag{8.19}$$

交叉应力 C_{ij}(8.11b)近似为

$$C_{ij} = -\overline{\bar{u}_i u''_j} - \overline{\bar{u}_j u''_i} \approx -\bar{\bar{u}}_i\,\bar{u}''_j - \bar{\bar{u}}_j\,\bar{u}''_i = -\bar{\bar{u}}_i(\bar{u}_j-\bar{\bar{u}}_j) - \bar{\bar{u}}_j(\bar{u}_i-\bar{\bar{u}}_i) \tag{8.20}$$

将亚格子应力、交叉应力和 Leonard 应力 $L_{ij}=\bar{u}_i\,\bar{u}_j-\overline{\bar{u}_i\,\bar{u}_j}$ 相加，得亚格子应力的表达式：

$$\bar{\tau}_{ij} = L_{ij}+C_{ij}+R_{ij} = \bar{\bar{u}}_i\bar{\bar{u}}_j - \overline{\bar{u}_i\,\bar{u}_j} \tag{8.21}$$

式(8.21)是封闭的。代入大涡模拟方程(8.9a)，可以求解大尺度脉动。用直接数值模拟数据进行过滤检验，可以证实式(8.9b)和式(8.21)结果的统计相关性很好，就是说尺度相似

模式能够很好模拟可解尺度和亚格子模式间的动量输运。但是，尺度相似模式的湍动能耗散偏小，往往导致计算发散。

所以，在实用上采用一种混合模式，将尺度相似模式和 Smagorinsky 模式叠加：

$$\bar{\tau}_{ij} = \alpha(\bar{\bar{u}}_i\bar{\bar{u}}_j - \overline{\bar{u}_i\,\bar{u}_j}) + 2C_S\Delta^2\bar{S}_{ij}\ (\bar{S}_{ij}\bar{S}_{ij})^{1/2},\quad \alpha = 0.45 \pm 0.15 \tag{8.22}$$

这种模式既有和理论亚格子应力的良好相关性，又有足够的湍动能耗散。即这种模式既能模拟湍流动量输运，又能模拟湍流能量输运。

8.3.3 动力模式

(1) Germano 等式

Germano(1991)提出动力模式的基本思想是通过多次过滤把湍流局部结构信息引入到亚格子应力中，进而在计算过程中调整模式系数。用下标 f 表示尺度 Δ_1 的过滤，下标 g 表示尺度 Δ_2 的过滤，而且有 $\Delta_2 > \Delta_1$。假定过滤是线性的，例如物理空间的盒式过滤器或谱空间的低通过滤器，则做两次过滤，有以下的结果：

$$(u_i)_{fg} = (u_i)_g,\quad (p)_{fg} = (p)_g \tag{8.23}$$

上式表示，两次过滤的结果只剩下尺度为 Δ_2 的可解运动。

下面探讨以 Δ_1、Δ_2 过滤产生的亚格子应力和连续 2 次过滤产生的亚格子应力间的关系。以尺度 Δ_1 过滤产生可解尺度运动方程为

$$\frac{\partial(u_i)_f}{\partial t} + \frac{\partial(u_i)_f(u_j)_f}{\partial x_j} = -\frac{1}{\rho}\frac{\partial p_f}{\partial x_i} + \nu\frac{\partial^2(u_i)_f}{\partial x_j\partial x_j} + \frac{\partial(\tau_{ij})_f}{\partial x_j} \tag{8.24a}$$

它的亚格子应力等于：

$$(\tau_{ij})_f = (u_i)_f(u_j)_f - (u_iu_j)_f \tag{8.24b}$$

以尺度 Δ_2 过滤产生可解尺度运动方程为

$$\frac{\partial(u_i)_g}{\partial t} + \frac{\partial(u_i)_g(u_j)_g}{\partial x_j} = -\frac{1}{\rho}\frac{\partial p_g}{\partial x_i} + \nu\frac{\partial^2(u_i)_g}{\partial x_j\partial x_j} + \frac{\partial(\tau_{ij})_g}{\partial x_j} \tag{8.25a}$$

它的亚格子应力等于：

$$(\tau_{ij})_g = (u_i)_g(u_j)_g - (u_iu_j)_g \tag{8.25b}$$

将 N-S 方程进行连续二次过滤，得

$$\frac{\partial(u_i)_{fg}}{\partial t} + \frac{\partial(u_i)_{fg}(u_j)_{fg}}{\partial x_j} = -\frac{1}{\rho}\frac{\partial p_{fg}}{\partial x_i} + \nu\frac{\partial^2(u_i)_{fg}}{\partial x_j\partial x_j} + \frac{\partial(\tau_{ij})_{fg}}{\partial x_j} \tag{8.26a}$$

它的亚格子应力等于：

$$(\tau_{ij})_{fg} = (u_i)_{fg}(u_j)_{fg} - (u_iu_j)_{fg} \tag{8.26b}$$

注意到式(8.23)，$(u_i)_{fg} = (u_i)_g$ 和 $(p)_{fg} = (p)_g$，对比式(8.25a)和式(8.26a)，则式(8.26a)中的 $(\tau_{ij})_{fg}$ 应等于式(8.25a)中的 $(\tau_{ij})_g$，即有

$$(\tau_{ij})_{fg} = (\tau_{ij})_g \tag{8.26c}$$

对 1 次过滤的方程(8.24a)作第 2 次过滤，得控制方程为

$$\frac{\partial(u_i)_{fg}}{\partial t} + \frac{\partial(u_i)_{fg}(u_j)_{fg}}{\partial x_j} = -\frac{1}{\rho}\frac{\partial p_{fg}}{\partial x_i} + \nu\frac{\partial^2(u_i)_{fg}}{\partial x_j\partial x_j} + \frac{\partial[(\tau_{ij})_f]_g}{\partial x_j} + \frac{\partial L_{ij}}{\partial x_j}$$

式中

$$L_{ij} = (u_i)_{fg}(u_j)_{fg} - [(u_i)_f(u_j)_f]_g \tag{8.27}$$

式(8.27)中 L_{ij} 是连续2次过滤后新增加的亚格子应力,它是封闭量。将式(8.26b)和式(8.27)相减,得

$$(\tau_{ij})_{fg} - L_{ij} = [(u_i)_f(u_j)_f]_g - (u_iu_j)_{fg} \tag{8.28}$$

将式(8.24b)作二次过滤,恰好和式(8.28)相等,即

$$[(\tau_{ij})_f]_g = (\tau_{ij})_{fg} - L_{ij} \tag{8.29a}$$

或

$$L_{ij} = (\tau_{ij})_{fg} - [(\tau_{ij})_f]_g \tag{8.29b}$$

式(8.29b)称为 Germano 等式(Germano,1992),该等式左边是封闭量,式(8.29b)右边是待封闭量,因为$(\tau_{ij})_{fg}$和$[(\tau_{ij})_f]_g$ 都含有$(u_iu_j)_{fg}$,下面利用 Germano 等式确定亚格子应力模式的系数。

(2) 动力 Smagorinsky 模式

用 Germano 等式来确定的 Smagorinsky 型模式系数,称作动力 Smagorinsky 模式。为了表示简便,以 Δ_1 过滤的可解速度用上标"—"表示,以 Δ_2 过滤的可解速度用上标"～"表示。一次过滤 Smagorinsky 模式的亚格子偏应力为

$$(\tau_{ij})_f - \frac{1}{3}(\tau_{kk})_f\delta_{ij} = 2(\nu_t)_f\overline{S}_{ij} = 2C_D\Delta_1^2 \mid \overline{S} \mid \overline{S}_{ij} \tag{8.30}$$

式(8.30)中 C_D 是取代 Smagorinsky 系数的动态系数,Δ_1 是一次过滤的过滤长度。

假设过滤尺度 Δ_1,Δ_2 都在惯性子区范围内,则以 Δ_2 过滤的亚格子应力的系数应当和一次过滤的系数相等,即

$$(\tau_{ij})_g - \frac{1}{3}(\tau_{kk})_g\delta_{ij} = 2(\nu_t)_g\widetilde{S}_{ij} = 2C_D(\Delta_2)^2 \mid \widetilde{S} \mid \widetilde{S}_{ij} \tag{8.31}$$

由于$(\tau_{ij})_{fg}=(\tau_{ij})_g$,将式(8.30)和式(8.31)代入 Germano 等式(8.29b),有

$$L_{ij} - \frac{1}{3}L_{kk}\delta_{ij} = 2C_D[\Delta_2^2 \mid \widetilde{S} \mid \widetilde{S}_{ij} - \Delta_1^2 \widetilde{\mid \overline{S} \mid \overline{S}_{ij}}] \tag{8.32a}$$

令

$$M_{ij} = 2[\Delta_2^2 \mid \widetilde{S} \mid \widetilde{S}_{ij} - \Delta_1^2 \widetilde{\mid \overline{S} \mid \overline{S}_{ij}}] \tag{8.32b}$$

有

$$L_{ij} - \frac{1}{3}L_{kk}\delta_{ij} = C_DM_{ij} \tag{8.32c}$$

式(8.32c)中 L_{ij},M_{ij} 都是封闭项,似乎式(8.32c)可以确定系数 C_D。事实上式(8.32c)是超定方程,有6个方程,只有一个未知数,它不能直接计算系数 C_D。实用上,有几种方法克服超定问题。

① 变形率张量收缩法

将式(8.32c)两边同乘以可解尺度的变形率张量,关于 C_D 的方程就确定了,实际计算表明,这种方法计算的模式系数很不规则,计算的稳定性较差。

② 最小误差法(Lilly,1992)

令式(8.32c)两边的平方差最小,即

$$\frac{\partial}{\partial C_D}\left\{L_{ij} - \frac{1}{3}L_{kk}\delta_{ij} - C_DM_{ij}\right\}^2 = 0$$

由上式可得

$$C_{\mathrm{D}}=\frac{M_{ij}L_{ij}}{M_{ij}M_{ij}} \tag{8.33}$$

式(8.33)中 $L_{ij}=\widetilde{\tilde{u}_i\tilde{u}_j}-\widetilde{\widetilde{u_iu_j}}$，它和流动形态有关，$M_{ij}=2[\Delta_2^2|\tilde{\tilde{S}}|\tilde{\tilde{S}}_{ij}-\Delta_1^2\widetilde{|\tilde{S}|\tilde{S}_{ij}}]$和模式形式有关。最小误差法较之变形率张量收缩法有很大改进，但是仍有缺陷：(i)模式系数 C_{D} 可能出现负值，导致计算的发散；(ii)分母可能很小，也导致计算发散。为了克服计算的困难，采用平均系数法，将式(8.33)求系综平均，模式系数为

$$C_{\mathrm{D}}=\frac{\langle M_{ij}L_{ij}\rangle}{\langle M_{ij}M_{ij}\rangle} \tag{8.34}$$

动力模式是动态确定模式系数的方法。动力模式本身并不提出新的模式，它需要有一个基准模式，然后用动态的方法确定基准模式中的系数。

上面以 Smagorinsky 涡粘型模式作为基准模式，用 Gemano 公式导出模式系数。不难将动力模式方法应用于其他基准亚格子模式，当然，也可以用于标量的涡扩散模式。

(3) 拉格朗日动力模式

动力模式是一种有效改进涡粘模式系数的方法。为了实现动态确定模式系数必须采用某种平均方法，以克服动态模式系数的剧烈震荡和出现负涡粘系数(见式(8.33)和式(8.34))。对于简单流动，例如统计均匀湍流或统计平行湍流，可以在统计均匀的方向作空间平均。对于复杂湍流，不存在统计均匀的方向，无法应用空间平均计算动态涡粘系数。理论上，可以用系综平均方法计算动态涡粘系数，但是它需要增加巨大的计算工作量。Meveneau 等(1996)考察是否可用时间平均法动态确定涡粘系数，他用强迫均匀各向同性湍流算例研究时间平均动态确定涡粘系数的可行性，图 8-3 表示时间平均动态确定涡粘系数的结果。图 8-3(a)是 2 种过滤尺度的 Smagroinsky 模式系数的空间分布，系数震荡剧烈，有负值，而且不同过滤尺度的模式系数之间的相关系数很小(约为 0.27)；而经过时间平均以后，2 种过滤尺度的模式系数在空间变化平缓，只有极少数负值，不同过滤尺度的模式系数之间的相关系数增大(约为 0.6)。特别有意义的是，平均时间样本只有 25 个，平均的时间长度只有几个湍涡周转时间，就是说平均时间不需要很长。

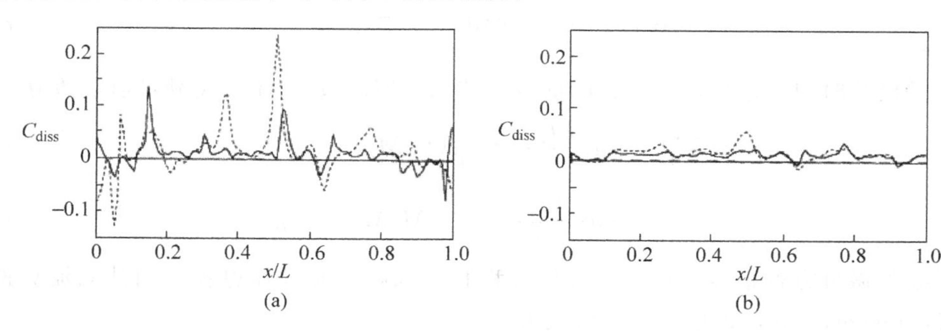

图 8-3 均匀各向同性湍流中 2 种过滤尺度的 Smagorinsky 模式系数的空间分布

(虚线：过滤尺度△；实线：过滤尺度 2△)

(a) 瞬态系数；(b) 时间平均系数

数值试验表明，时间平均法可以获得合理的模式系数。以上数值试验中，时间平均在欧拉场中计算，如果在复杂湍流中应用这种时间平均方法，每推进一步需要用前几十个样本的

时间平均，这不仅增加许多内存，又增加计算时间。Meveneau 提出在质点轨迹上进行时间平均，则 2 种过滤尺度的动态系数之间的相关系数大大提高，如图 8-4 所示。

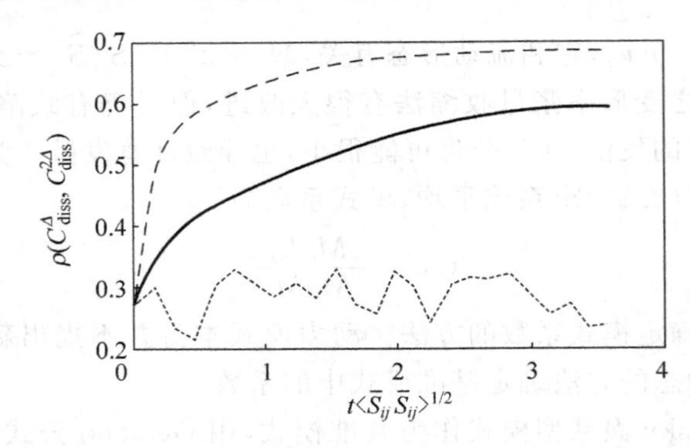

图 8-4 均匀各向同性湍流中 2 种过滤尺度确定的模式系数之间的相关系数
(点线：瞬时相关值；虚线：拉格朗日时间平均；实线：欧拉时间平均)

定义质点轨迹上的时间平均的 $M_{ij}L_{ij}$ 和 $M_{ij}M_{ij}$ 如下：

$$I_{LM} = \int_{-\infty}^{0} M_{ij}L_{ij}(z(t'),t')W(t-t')\mathrm{d}t' \tag{8.35}$$

$$I_{MM} = \int_{-\infty}^{0} M_{ij}M_{ij}(z(t'),t')W(t-t')\mathrm{d}t' \tag{8.36}$$

动态确定的 Smagorinsky 系数等于：

$$C_{\mathrm{D}} = C_{\mathrm{S}}^2 = \frac{I_{LM}}{I_{MM}} \tag{8.37}$$

式(8.35)和式(8.36)中 $M_{ij}L_{ij}$ 和 $M_{ij}M_{ij}$ 的自变量是拉格朗日坐标，即$\partial z/\partial t=\bar{u}(z,t)$；$W(t-t')$ 是加权平均函数，因为在质点轨迹上不同时刻的 $M_{ij}L_{ij}$ 和 $M_{ij}M_{ij}$ 值对平均值贡献是不同的，因此需要采用加权时间平均。很显然，$|t-t'|$ 很大的时刻对平均量的贡献很小。Meveneau 建议：

$$W(t-t') = \frac{\exp[-(t-t')/T]}{T} \tag{8.38}$$

式中 T 是松弛时间。这种加权函数的优点是使积分型函数 I_{LM} 和 I_{MM} 满足以下微分方程：

$$\frac{\partial I_{LM}}{\partial t} + \bar{u}_j\frac{\partial I_{LM}}{\partial x_j} = \frac{1}{T}(L_{ij}M_{ij} - I_{LM}) \tag{8.39}$$

$$\frac{\partial I_{MM}}{\partial t} + \bar{u}_j\frac{\partial I_{MM}}{\partial x_j} = \frac{1}{T}(M_{ij}M_{ij} - I_{MM}) \tag{8.40}$$

I_{LM} 和 I_{MM} 的微分方程很容易和大涡模拟方程联立求解。通过强迫各向同性湍流算例的数据校核，Meveneau 等建议松弛时间公式为

$$T = 1.5\Delta(I_{LM}I_{MM})^{-1/8} \tag{8.41}$$

具体求解式(8.39)和式(8.40)时，采用近似的数值积分：

$$\frac{I_{LM}^{n+1}(\boldsymbol{x}) - I_{LM}^{n}(\boldsymbol{x} - \bar{\boldsymbol{u}}^n\Delta t)}{\Delta t} = \frac{1}{T^n}[(L_{ij}M_{ij})^{n+1}(\boldsymbol{x}) - I_{LM}^{n+1}(\boldsymbol{x})] \tag{8.42}$$

$$\frac{I_{MM}^{n+1}(\boldsymbol{x}) - I_{MM}^{n}(\boldsymbol{x} - \bar{\boldsymbol{u}}^n\Delta t)}{\Delta t} = \frac{1}{T^n}[(M_{ij}M_{ij})^{n+1}(\boldsymbol{x}) - I_{MM}^{n+1}(\boldsymbol{x})] \tag{8.43}$$

$\boldsymbol{x}-\bar{\boldsymbol{u}}^n\Delta t$ 是追溯到 Δt 时刻前的质点位置，该点上 I_{LM} 和 I_{MM} 的函数值用空间插值方法求得。拉格朗日动力模式是复杂流动中动态确定涡粘模式系数的有效方法，它的计算工作量比空间平均方法增加约 10%，是一种实用的方法，而空间平均方法在复杂湍流中是无法实施的。

8.3.4　谱空间涡粘模式

谱空间涡粘模式的基础是均匀湍流场中的脉动动量输运公式：

$$\frac{\partial\,\hat{u}_i(\boldsymbol{k},t)}{\partial t}+\mathrm{i}k_j\sum_{\boldsymbol{m}+\boldsymbol{n}=\boldsymbol{k}}\hat{u}_j(\boldsymbol{m},t)\,\hat{u}_i(\boldsymbol{n},t)=-\mathrm{i}k_i\,\hat{p}(\boldsymbol{k},t)-\nu k^2\,\hat{u}_i(\boldsymbol{k},t)$$

$$-\mathrm{i}k_i\,\hat{u}_i(\boldsymbol{k},t)=0$$

将以上公式在谱空间作过滤，可以获得谱空间的大涡模拟方程。用上标“<”表示波数小于截断波数 k_c 的低通部分，过滤后的谱空间方程为

$$\left(\frac{\partial}{\partial t}+\nu k^2\right)\hat{u}_i^<(\boldsymbol{k},t)=-\mathrm{i}k_i\,\hat{p}^<(\boldsymbol{k},t)-\mathrm{i}k_j\sum_{\boldsymbol{m}+\boldsymbol{n}=\boldsymbol{k}}[\hat{u}_j(\boldsymbol{m},t)\,\hat{u}_i(\boldsymbol{n},t)]^< \tag{8.44a}$$

$$-\mathrm{i}k_i\,\hat{u}_i^<(\boldsymbol{k},t)=0 \tag{8.44b}$$

式(8.44a)的右边最后一项是非线性动量输运的大尺度过滤，它是波数 k 和截断波数的函数，把它写成：

$$\mathrm{i}k_j\sum_{\boldsymbol{m}+\boldsymbol{n}=\boldsymbol{k}}[\hat{u}_j(\boldsymbol{m},t)\,\hat{u}_i(\boldsymbol{n},t)]^<=\mathrm{i}k_j\sum_{\boldsymbol{m}+\boldsymbol{n}=\boldsymbol{k}}[\hat{u}_j^<(\boldsymbol{m},t)\,\hat{u}_i^<(\boldsymbol{n},t)]+T_{i\mathrm{SGS}}$$

上式表示，湍流脉动输运的大尺度过滤等于可解尺度脉动的输运(右边第一项)和可解尺度和亚格子尺度间的动量输运(右边第二项)，它相当于物理空间的亚格子应力在谱空间投影，可写作：

$$T_{i\mathrm{SGS}}=\nu_t(k,k_c)k^2u_i^< \tag{8.45}$$

应用 EDQNM 理论，可以得到 $\nu_t(k,k_c)$ 的表达式如下(参见 Saguat. 2002)：

$$\nu_t(k,k_c)=0.441C_K^{-3/2}\left[\frac{E(k_c)}{k_c}\right]^{1/2}\nu_t^*\left(\frac{k}{k_c}\right) \tag{8.46a}$$

将 Kolmogorov 常数 $C_K=1.4$ 代入公式得

$$\nu_t(k,k_c)=0.267\left[\frac{E(k_c)}{k_c}\right]^{1/2}\nu_t^*\left(\frac{k}{k_c}\right) \tag{8.46b}$$

$\nu_t^*(k/k_c)$ 是无量纲系数，在 $k/k_c<1$ 的绝大部分范围内 $\nu_t^*(k/k_c)\sim1$；在 $k\to k_c$ 时，$\nu_t^*(k/k_c)$ 急剧增加(称为尖峭现象)，如图 8-5 所示。

由于 $k\sim k_c$ 时湍动能急剧下降，在实际算例中发现，采用常数谱涡粘系数的计算结果与考虑尖峭现象的结果几乎相同，因此常用的近似谱涡粘公式为

$$\nu_t(k,k_c)=0.267\left[\frac{E(k_c)}{k_c}\right]^{1/2} \tag{8.46c}$$

引入谱涡粘系数后，采用伪谱方法的大涡模拟基本方程是

$$\left[\frac{\partial}{\partial t}+(\nu+\nu_t)k^2\right]\hat{u}_i^<(\boldsymbol{k},t)=-\mathrm{i}k_i\,\hat{p}^<-\mathrm{i}k_j\sum_{\boldsymbol{m}+\boldsymbol{n}=\boldsymbol{k}}[\hat{u}_j^<(\boldsymbol{m},t)\,\hat{u}_i^<(\boldsymbol{n},t)] \tag{8.47a}$$

$$k_i\,\hat{u}_i^<(\boldsymbol{k},t)=0 \tag{8.47b}$$

谱涡粘模式有较好的理论基础，可惜谱方法只能用于均匀湍流，谱涡粘模型也只能用于均匀湍流。

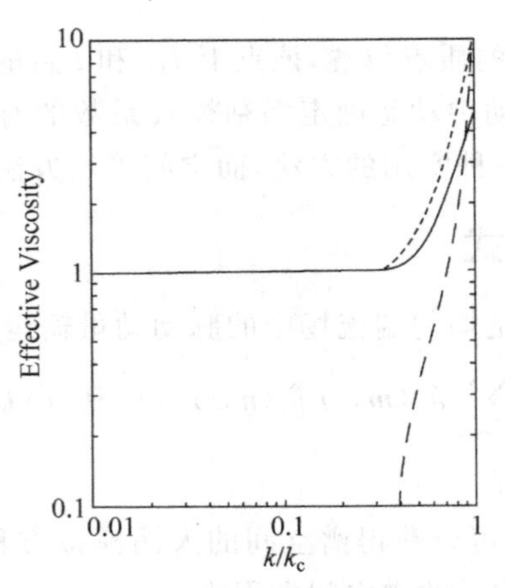

图 8-5 亚格子涡粘系数和波数的关系

(实线：ν_t 值；短虚线：T_{iSGS}的正值；长虚线：T_{iSGS}的负值部分)

8.3.5 理性亚格子模式

亚格子涡粘系数的本质是可解尺度湍流到亚格子尺度湍流的湍动能输运系数。是否可以从理论上寻求这种关系式？在可解尺度湍流是局部各向同性和局部均匀的条件下，可以导出可解尺度湍流的 Kolmogorov 方程，进而导出亚格子涡粘的公式，这种方法导出的亚格子模式称为理性亚格子模型。

从大涡模拟方程出发，假定可解尺度湍流是各向同性的，可导出可解尺度的 Karman-Howarth 方程(参见 Cui 等，2004)：

$$\frac{\partial R_{ll}}{\partial t}=\frac{1}{\xi^4}\frac{\partial}{\partial \xi}(\xi^4 R_{ll,l})+2\frac{\nu}{\xi^4}\frac{\partial}{\partial \xi}\left(\xi^4\frac{\partial R_{ll}}{\partial \xi}\right)-\frac{1}{\xi^4}\frac{\partial}{\partial \xi}(\xi^4 T_{l,ll}) \tag{8.48}$$

式中最后一项是由亚格子应力产生的，其他相关量均属可解尺度脉动的 2 阶和 3 阶纵向相关，具体公式如下：

$$R_{ll}(\xi)=\langle \bar{u}_1(x_1)\bar{u}_1(x_1+\xi)\rangle$$

$$R_{ll,l}(\xi)=\langle \bar{u}_1(x_1)\bar{u}_1(x_1)\bar{u}_1(x_1+\xi)\rangle$$

$$T_{l,ll}(\xi)=\langle \bar{u}_1(x_1)\bar{\tau}_{11}(x_1+\xi)\rangle$$

把可解尺度 Karman-Howarth 方程转换到可解尺度 Kolmogorov 方程，均匀湍流场中结构函数和相关函数之间有以下关系(见第 3 章)：

$$D_{ll}=2\langle \bar{u}^2\rangle-2R_{ll}$$

$$D_{lll}=6R_{ll,l}$$

用结构函数代替相关函数，方程(8.48)可写成

$$\frac{\partial\langle \bar{u}^2\rangle}{\partial t}-\frac{1}{2}\frac{\partial D_{ll}}{\partial t}=\frac{1}{6\xi^4}\frac{\partial}{\partial \xi}(\xi^4 D_{lll})-\frac{\nu}{\xi^4}\frac{\partial}{\partial \xi}\left(\xi^4\frac{\partial D_{ll}}{\partial \xi}\right)-\frac{1}{\xi^4}\frac{\partial}{\partial \xi}(\xi^4 T_{l,ll}) \tag{8.49}$$

可解尺度湍流的湍动能衰减率等于 $\varepsilon_f=\nu\langle\partial\bar{u}_i/\partial x_j\partial\bar{u}_i/\partial x_j\rangle$，即

$$\frac{\partial\langle \bar{u}^2\rangle}{\partial t}=-\frac{2}{3}\varepsilon_f$$

将上式代入式(8.49)，并从 $\xi=0$ 对各项积分，得到可解尺度湍流的 Kolmogorov 方程：

$$\frac{3}{\xi^4}\int_0^\xi s^4\ \frac{\partial D_{ll}(s,t)}{\partial t}\mathrm{d}s = 6\nu\frac{\partial D_{ll}}{\partial \xi} + D_{lll} - \frac{4}{5}\varepsilon_f\xi - 6T_{l,ll} \tag{8.50}$$

对高雷诺数湍流，可忽略时间导数项和分子扩散项，可得到简化的可解尺度湍流的Kolmogorov方程：

$$-\frac{4}{5}\varepsilon_f\xi = D_{lll} - 6T_{l,ll} \tag{8.51}$$

式(8.51)适用于惯性子区湍流。与经典Kolmogorov方程(即−4/5律)相比，可解尺度的结构函数方程多了最后一项，它表示可解尺度湍流与不可解尺度湍流之间的能量输运。经典Kolmogorov方程(没有最后一项)说明湍动能的耗散(左边项)与惯性子区传输的能量平衡。由可解尺度的Kolmogorov方程(8.51)可以看出，可解尺度湍流的湍动能传输项(右边第一项)不等于可解尺度湍流的湍动能耗散(左边项)，它还要提供亚格子脉动耗散(右边第二项)。可解尺度的Kolmogorov方程实质上就是可解尺度湍流的湍动能串级方程。

采用涡粘模型：

$$\bar{\tau}_{ij} = 2\nu_t\bar{S}_{ij} + \frac{1}{3}\bar{\tau}_{kk}\delta_{ij}$$

$\bar{S}_{ij}=(\partial\bar{u}_i/\partial x_j+\partial\bar{u}_j/\partial x_i)/2$是可解尺度湍流的变形率张量。在均匀湍流中，假定涡粘系数为常数，于是式(8.51)中的传输项$T_{l,ll}(\xi)=\langle\bar{u}_1(x_1)\bar{\tau}_{11}(x_1+\xi)\rangle$将由下式计算

$$T_{l,ll} = -2\nu_t\left\langle\bar{u}(x)\frac{\partial\bar{u}}{\partial x}(x+\xi)\right\rangle = -2\nu_t\frac{\partial}{\partial\xi}\langle\bar{u}(x)\ \bar{u}(x+\xi)\rangle = -2\nu_t\frac{\partial R_{ll}}{\partial\xi}$$

由于$D_{ll}=2\langle\bar{u}^2\rangle-2R_{ll}$，所以上式可写为

$$T_{l,ll} = \nu_t\frac{\partial D_{ll}}{\partial\xi} \tag{8.52}$$

可解尺度湍流耗散率可表示为

$$\varepsilon_f = \langle\tau_{ij}\bar{S}_{ij}\rangle = 2\nu_t\langle\bar{S}_{ij}\bar{S}_{ij}\rangle \tag{8.53}$$

将式(8.52)、式(8.53)代入方程(8.51)可得亚格子涡粘模式的表达式为

$$\nu_t = \frac{-5S_kD_{ll}^{3/2}}{8\langle\bar{S}_{ij}\bar{S}_{ij}\rangle\xi - 30\partial D_{ll}/\partial\xi} \tag{8.54}$$

式中$S_k=D_{l,ll}/D_{ll}^{3/2}$是可解尺度湍流流向速度增量的扭率，表征脉动的能量传输和耗散特征。在各向同性湍流中，它等于−0.457；在一般的湍流中它也是负值，就是说，在平均的意义上湍动能总是从大尺度向小尺度输运。

理性亚格子模式的显著特点是没有模式常数，它的准确性在于数值模拟过程中计算S_k的准确性，如果可解尺度湍流的初始场和预料的相差不太远，计算很快收敛；如果初始场无法准确预测S_k，在计算开始时可以按各向同性湍流的$S_k=-0.3\sim-0.4$，在推进一定时间步后，由可解尺度流动直接计算S_k。

理性亚格子模式的计算量和一般涡粘模式相当，比动力模式少得多。最近，有人证明：在惯性子区范围内，中等的平均剪切对湍动能串级过程影响不大(Casciola等，2003)，因此，理性亚格子模式可以推广到剪切湍流，数值试验结果证明，在槽道湍流中理性亚格子模型的预测结果优于Smagorinsky模式和它的动力模式。特别是，理性模式和2阶结构函数的3/2次方成正比，因此，在近壁区，$\nu_t\propto y^3$，符合近壁湍流的渐近性质。详细的分析推导，请见

Cui 等的文章(2004)。

8.3.6 标量湍流输运的亚格子模型

对标量输运方程进行过滤,可以得到标量输运的大涡模拟方程:

$$\frac{\partial \bar{\theta}}{\partial t}+\bar{u}_i\frac{\partial \bar{\theta}}{\partial x_i}=\kappa\frac{\partial^2\bar{\theta}}{\partial x_k\partial x_k}+\frac{\partial}{\partial x_i}(\bar{u}_i\bar{\theta}-\overline{u_i'\theta'}) \tag{8.55}$$

$\bar{u}_i\bar{\theta}-\overline{u_i\theta}$属于亚格子标量输运,是大涡模拟需要封闭的量。亚格子标量输运模型也可以分成4类:湍涡扩散型、尺度相似型、理性亚格子涡扩散型和动态亚格子标量通量模型。

(1) 湍涡扩散系数

和亚格子动量输运的涡粘模型相对应,认为标量亚格子输运和亚格子动量输运的机制相同,可建立亚格子涡扩散模型,即标量亚格子输运具有线性梯度形式:

$$\bar{u}_i\bar{\theta}-\overline{u_i\theta}=\kappa_t\frac{\partial \bar{\theta}}{\partial x_i} \tag{8.56}$$

借用分子输运模型,定义湍流 Prandtl 数 Pr_t 来封闭式(8.56):

$$Pr_t=\frac{\nu_t}{\kappa_t} \tag{8.57}$$

直接数值模拟和实验结果证实,当分子普朗特数大于1时,通常可采用:

$$Pr_t=\frac{\nu_t}{\kappa_t}\approx 0.6\sim 0.7 \tag{8.58}$$

当亚格子动量输运采用涡粘模式时,如 Smagorinsky 模式、谱涡粘模式,亚格子标量输运可采用湍涡扩散模式。

(2) 尺度相似型模式

可以用尺度相似的思想,建立亚格子标量输运封闭式如下:

$$q_i=\bar{u}_i\bar{\theta}-\overline{u_i\theta}=C_L(\bar{\bar{u}}_i\bar{\bar{\theta}}-\overline{\bar{u}_i\bar{\theta}}) \tag{8.59}$$

$C_L=1$,或用动力模型方法确定。

(3) 理性亚格子涡扩散模式

利用标量结构函数方程,可以导出理性亚格子涡扩散模式,详见 Cui 等的文章(2004)。

$$\kappa_t=\frac{3D_{\theta\theta l}}{4\left\langle\frac{\partial\bar{\theta}}{\partial x_k}\frac{\partial\bar{\theta}}{\partial x_k}\right\rangle-6\frac{\mathrm{d}D_{\theta\theta}}{\mathrm{d}\xi}} \tag{8.60}$$

式中 $D_{l\theta\theta}=\langle(u_l(x)-u_l(x-\xi))[\theta(x)-\theta(x-\xi)]^2\rangle$是速度和温度的3阶混合结构函数;$D_{\theta\theta}=\langle(\bar{\theta}(x+\xi)-\bar{\theta}(x))^2\rangle$是温度的2阶结构函数。

(4) 动态亚格子标量通量模式

标量通量的亚格子模型也可以应用动力模式的方法动态确定模式系数。假设我们采用湍流涡扩散模型,基准模式是梯度扩散模式,这时

$$(T_i)_f=\bar{\theta}\,\bar{u}_i-\overline{\theta u_i}=C_D\Delta_1^2\,|\bar{S}|\,\frac{\partial\bar{\theta}}{\partial x_i} \tag{8.61a}$$

$$(T_i)_g=\tilde{\bar{\theta}}\,\tilde{\bar{u}}_i-\widetilde{\overline{\theta u_i}}=C_D\Delta_2^2\,|\tilde{\bar{S}}|\,\frac{\partial\tilde{\bar{\theta}}}{\partial x_i} \tag{8.61b}$$

令

$$L_i = (T_i)_g - [(T_i)_f]_g$$

$$L_i = \tilde{\bar{\theta}}\,\tilde{\bar{u}}_i - \widetilde{\bar{\theta}\,\bar{u}_i} \tag{8.62}$$

$$M_i = \Delta_2^2 \,|\tilde{S}|\, \frac{\partial \tilde{\theta}}{\partial x_i} - \Delta_1^2 \,\widetilde{|\bar{S}|\, \frac{\partial \bar{\theta}}{\partial x_i}} \tag{8.63}$$

由 Germano 等式，并用统计的最小二乘法，得

$$C_D = \langle C_D \rangle = \frac{\langle M_i L_i \rangle}{\langle M_i M_i \rangle} \tag{8.64}$$

最后，涡扩散系数等于

$$\kappa_t = C_D \Delta^2 \,|\bar{S}| \tag{8.65}$$

动态确定亚格子涡扩散系数随不同的流场和标量场变化，因此动力亚格子涡扩散模式可以克服将湍流普朗特数视作常数的缺点。也可以仿照拉格朗日亚格子应力动力模式的方法，推导拉格朗日亚格子标量通量的动力模式(读者可以作为一个习题)。

8.4 亚格子模型的检验

亚格子模型是否准确地表达了亚格子输运量，可以用两种方法来检验。一种方法称为先验方法(Piomelli 等，1988)，它将直接数值模拟的结果进行过滤来计算亚格子应力$\overline{u_i u_j} - \overline{u_i}\,\overline{u_j}$，并用 τ_{ij}^{Δ} 表示；另外，用亚格子模型公式来计算亚格子应力，并用 $\tau_{ij}^{\Delta\mathrm{mod}}$ 表示；将 τ_{ij}^{Δ} 和 $\tau_{ij}^{\Delta\mathrm{mod}}$ 进行比较(具体比较方法在下文介绍)以检验亚格子模型的正确性。另外一种方法，称做后验法。这种方法将 LES 算例的结果和相同参数的 DNS 或实验结果直接进行比较来考察亚格子模型的正确性。先验方法只需要有 DNS 结果，并不进行 LES 计算，它可以对亚格子输运的机制进行较为深入的研究，但是先验比较法并不能完全确定亚格子模型的准确性；后验法是确定亚格子模型是否合理的最终检验。

8.4.1 亚格子模型的先验比较结果

先验方法将 τ_{ij}^{Δ} 和 $\tau_{ij}^{\Delta\mathrm{mod}}$ 进行比较，图 8-6 给出各向同性湍流场中某一时刻在平面上的 τ_{11}^{Δ} 和 $\tau_{11}^{\Delta\mathrm{mod}}$ 的等值线图，亚格子模型采用 Smagorinsky 模式。

从图 8-6 可以看到亚格子应力在空间分布上是很不均匀的，逐点比较亚格子应力没有意义，只能在统计意义上加以比较，具体来说是考察 τ_{ij}^{Δ} 和 $\tau_{ij}^{\Delta\mathrm{mod}}$ 的相关，如果两者的相关系数大于 0.5，认为模式的亚格子应力在统计上和直接计算的亚格子应力符合良好，如果相关系数小，则表明两者差别大。

先验的结果是：在直槽湍流中，Smagorinsky 模式的先验相关系数在 0.25 左右(Clark 等，1979)；作者在各向同性湍流中也作过类似的检验，Smagorinsky 模式的相关系数在 0.2 左右；谱涡粘模式的相关系数略高，约为 0.4 左右；尺度相似模式和混合模式的相关系数则高达 0.6 以上。

Smagorinsky 模式先验检验结果的相关系数很低，这表明亚格子应力和大尺度变形率 $\bar{S}_{ij}$ 间的线性关系几乎是不成立的。另一方面，在直槽或各向同性湍流的大涡模拟中，用亚

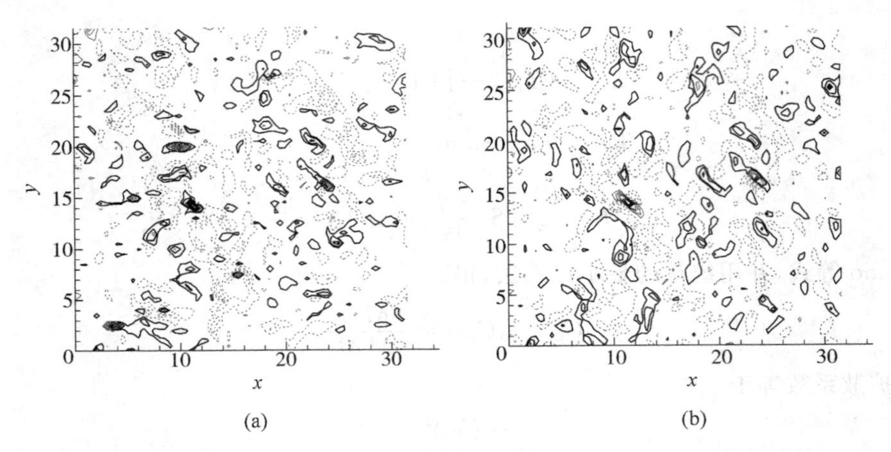

图 8-6 均匀各向同性湍流场中亚格子应力分布(某一瞬间)
(a) 直接数值模拟的过滤结果;(b) Smagorinsky 模式

格子涡粘模式得到的统计结果和直接数值模拟或实验结果能够基本一致。这种看似费解的矛盾结果促使人们对亚格子模型的耗散特性进行研究,结果发现 Smagorinsky 模式的亚格子耗散 $\tau_{ij}^{\Delta\text{mod}}\overline{S}_{ij}$ 和直接数值模拟过滤结果 $\tau_{ij}^{\Delta}\overline{S}_{ij}$ 间的相关系数可以高达 0.5~0.7。这就是说,虽然 Smagorinsky 模型的动量输运(是张量)和直接数值模拟结果相差很大,但是 Smagorinsky 模型的耗散和直接数值模拟结果相差不大,因此用这一亚格子模型的 LES 可以得到和 DNS 基本一致的统计结果。尺度相似模型的亚格子湍动能耗散率则远远小于实际的亚格子耗散,严重不足的能量耗散使得这种模型不能单独应用于大涡模拟。混合模型(Smagorinsky 模型与尺度相似模型组合)既有良好的亚格子动量输运(来自尺度相似模型部分),又有足够的湍动能耗散(来自 Smagorinsky 模型),因此混合模型往往能够获得较好的结果。

有一些湍流专家(Jimenez,2000; Pope,2003)提出这样的观念:湍流统计特性(包括能谱等反映动态特性的统计量和大尺度结构的统计量)能否和 DNS 或实验的统计结果符合良好是衡量大涡模拟准确性的标准,而不是追求它和直接数值模拟结果的相关性。大涡模拟中,亚格子耗散特性比亚格子应力更为重要。亚格子应力出现在动量方程中,它决定样本流动的演化。然而,样本流动是不可能重复的,即使大涡模拟的初始场和直接数值模拟的初始场完全相同,加入亚格子模型后,和样本流动的演化就会偏离初始状态越来越大。因此,比较样本流动没有意义。大尺度脉动到小尺度脉动的能量传递是大涡模拟的关键量,只要亚格子模型正确地模拟能量传递,那么大尺度脉动的统计量基本上能够计算正确。新的理性亚格子模式具有正确的湍动能输运性质,因此,它的先验结果是很好的。表 8.2 给出各向同性湍流中理性亚格子模式 LES 计算的涡粘系数和用 DNS 过滤得到的涡粘系数比较。表 8.2 中 ν_{tMODEL} 由公式(8.54)计算,ν_{tDNS} 直接由 DNS 数据按以下公式计算:

$$\nu_{\text{tDNS}} = \langle \overline{\tau}_{ij}\overline{S}_{ij} \rangle / 2\langle \overline{S}_{ij}\overline{S}_{ij} \rangle$$

比较的结果说明,理性亚格子涡粘系数和 DNS 计算结果符合很好。

表 8.2 亚格子涡粘模式的检测(λ 是泰勒微尺度)

Re_λ	Δ/λ	ν_{tMODEL}	ν_{tDNS}
100	2.5	0.180 502	0.176 771 9

8.4.2　亚格子模型的后验结果

1．湍流混合层的大涡模拟

亚格子模型的先验考察方法不足以确定哪种模型更适合实际应用。后验考察方法是检验亚格子模型适用性的最有说服力的依据。有不少关于亚格子模型的后验算例，下面引用 Vreman 等(1997)一个比较完整的亚格子模型的考核结果，考核算例是时间发展的湍流混合层，考核的标准是同一算例的 DNS 结果。考核结果列于表 8.3，表中 M1 表示常系数 Smagorinsky 模型，M2 是尺度相似模型，M3 是基于 Smagorinsky 模型的动力模式，M4 基于混合模型的动力模式。所有动力模式都在流动的均匀方向上求平均。

表 8.3　亚格子模型的大涡模拟结果的比较

诊断的变量	M1	M2	M3	M4
总动能 $\int \bar{u}_i \bar{u}_i \mathrm{d}\boldsymbol{x}$	−	+	0	++
总亚格子耗散 $\int -\rho\tau_{ij}^{\Delta}\bar{S}_{ij}\mathrm{d}\boldsymbol{x}$	−	+	++	+
逆传 $\int \min(-\rho\tau_{ij}^{\Delta}\bar{S}_{ij},0)\mathrm{d}\boldsymbol{x}$	−	0	−	0
应力分量 $\lvert\tau_{12}^{\Delta}\rvert$	−	+	−	+
一维能谱 $E(k_1)$	−	−	+	++
展向涡量 $\bar{\omega}(x_1,x_2)$	−	−	+	++
最大涡量	−	−	+	+
动量厚度	−	+	−	+

注：−，0，+分别表示模拟结果差、尚可和好，而++则比+更好。

综合以上结果表明，以混合模型为基础的动力模式结果最好；以 Smagorinsky 模式为基础的动力模式次之；常系数尺度相似模式又次之，但是它比 Smagorinsky 模式略好。

2．理性亚格子涡粘模式的算例结果(Cui 等，2004)

在槽道湍流中，我们比较了理性模式、Smagorinsky 模式及其动力模式的预测结果。计算条件是：$Re_H=U_m H/\nu=10^4$(U_m 是槽道平均速度，H 为半槽宽度)。计算过程保持流量不变，基于摩擦速度和半槽宽定义的雷诺数为 590。计算域的流向、法向和展向分别取 $2\pi H$，$2H$，πH，其对应的计算网格分别是 64，65 和 64。过滤的 N-S 方程采用谱方法离散化：流向和展向采用傅里叶分解，法向用 Chebyshev 多项式分解；用时间分裂法推进，时间步长是 $0.001H/U_m$。计算中采用 3/2 规则消除混淆误差，数值方法和直接数值模拟直槽湍流相同(见第 7 章)。理性模式大涡模拟计算的结果比较如下。

图 8-7 是平均速度分布，可看出理性亚格子模型的预测结果优于 Smargorinsky 模型和动力模型。图 8-8 是雷诺应力分布，Smargorinsky 模型的预测偏离 DNS 结果很多；理性模型在近壁区优于动力模式；而中心区动力模式较理性模型更接近 DNS 结果。特别应当指出的是：在近壁区理性模型的亚格子雷诺应力分布接近于 y^3，符合湍流的近壁渐近特性。图 8-9 是湍动能的比较结果，结论和前面相同。

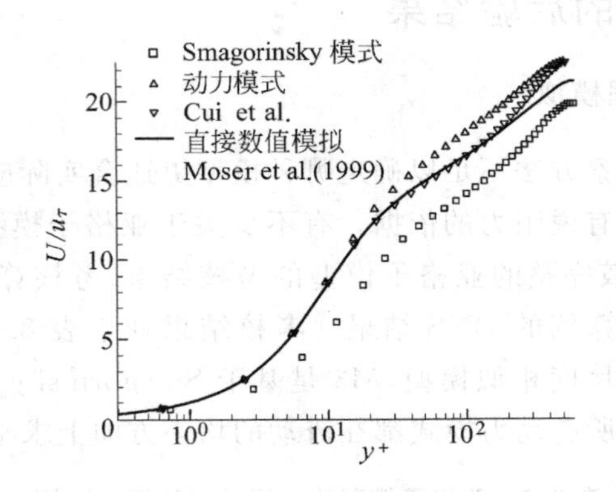

图 8-7 $Re_H = U_m H/\nu = 10^4$ 的直槽湍流的平均速度分布(Kim 等,1987)

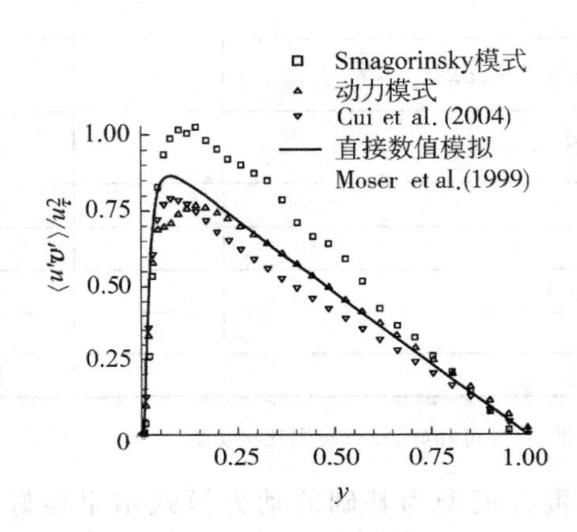

图 8-8 $Re_H = U_m H/\nu = 10^4$ 的直槽湍流的雷诺应力分布图(Kim 等,1987)

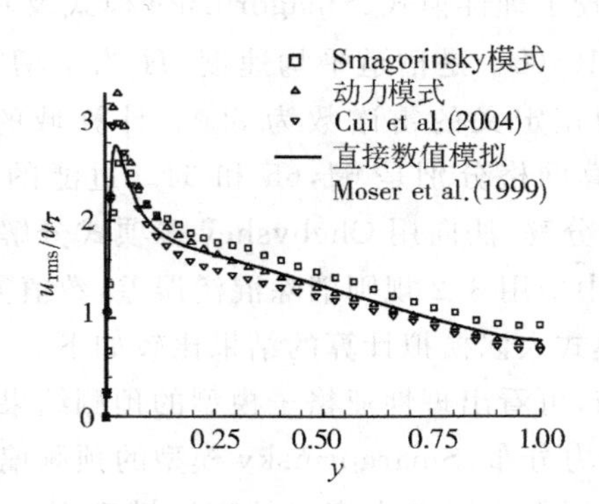

图 8-9 $Re_H = U_m H/\nu = 10^4$ 的直槽湍流的湍流强度分布(Kim 等,1987)

对于不同类型的湍流，亚格子模型的预测结果会有差别。一般性的结论是：单独的尺度相似模式严重耗散不足；单独的 Smagorinsky 模式亚格子动量输运和真实情况有严重偏离，它们都不是合理的模式。Smagorinsky 模式和尺度相似模式的混合模式能够改进原有两种模式而获得较好的 LES 预测结果。动力 Smagorinsky 模式或以混合模式为基础的动力模式又可以获得更大的改善，但是动力模式需要附加计算工作量。理性模式在各向同性湍流和槽道湍流中的实验效果优于动力模式，计算工作量和动力模式相当。这是一种新的模式，对它的理论和应用正在进一步研究中。

3. 理性亚格子涡扩散模式的算例结果

进一步用槽道湍流算例考察亚格子涡扩散模型。在湍流槽道的流向施加恒定的平均温度梯度，相当于槽道两壁有恒定的热量输入。流动雷诺数 $Re_H=7000$，分子普朗特数 $Pr=0.7$，网格数为 64^3。计算结果示于图 8-10～图 8-13，图中还比较了 Kawamura (1999)的直接数值模拟结果，以及 Smargorinsky 模式和动力模式的结果，应用后两种模式时，采用湍流普朗特数等于 0.6。可以看到，理性亚格子模式的预测结果都优于 Smargorinsky 模式和动力模式的结果。

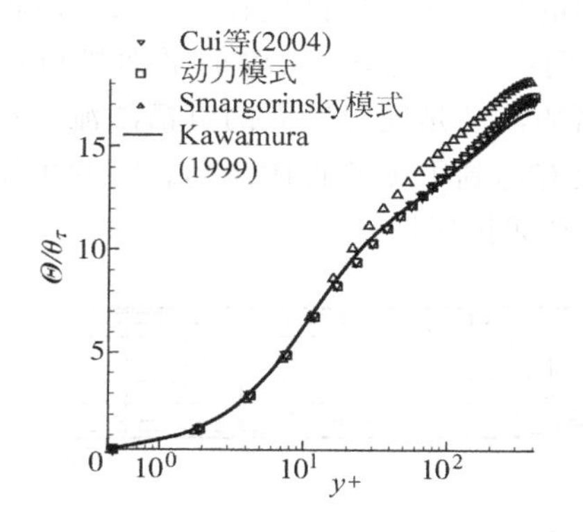

图 8-10　平均标量分布($Re=7000$)

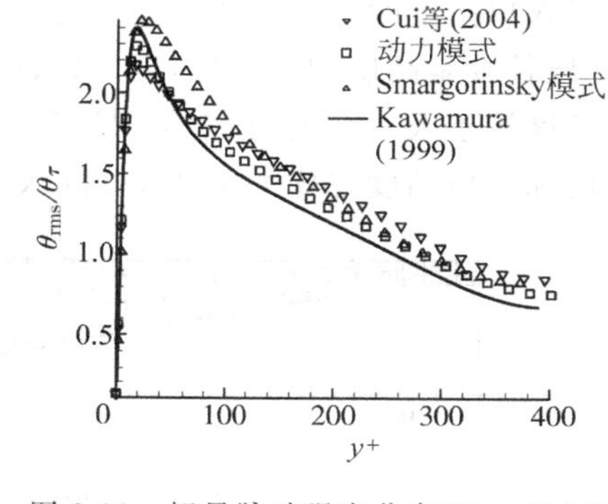

图 8-11　标量脉动强度分布($Re=7000$)

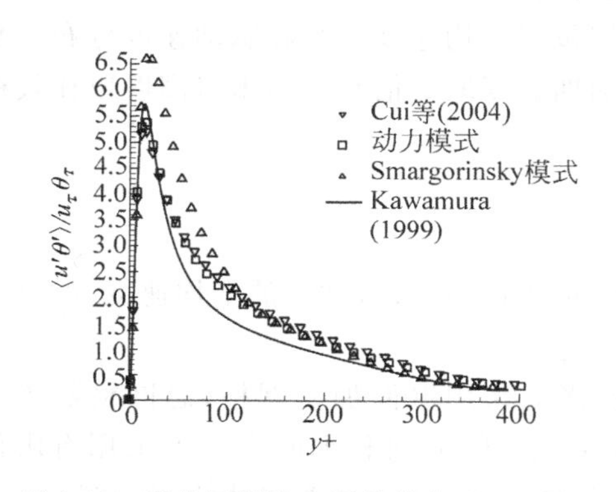

图 8-12　平均标量流向通量分布($Re=7000$)

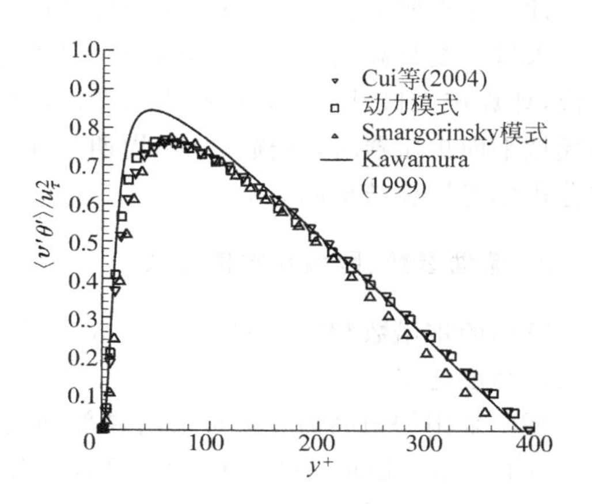

图 8-13　平均标量法向通量分布($Re=7000$)

8.5 复杂流动的大涡模拟算例

很难对复杂流动给予严格的定义,一般来说,准平行的平衡剪切流动(生成和耗散平衡)认为是简单湍流,例如:无分离的二维湍流边界层、直槽和圆管湍流、远场平面射流和尾流等。在简单湍流场中附加剪切或旋转认为是复杂湍流,例如:三维湍流边界层、大曲率的湍流边界层和射流、旋转系统的剪切湍流以及钝体分离湍流等。考核大涡模拟对于复杂流动的适应性,可以选择典型的分离流动和旋转流动。以下几个算例证实,在复杂湍流中大涡模拟方法有较好的适用性。

8.5.1 平面扩压器

平面扩压器流动是工程中常见的流动,是典型的有逆压梯度的分离流,并有较为详细的实验数据可以检验计算结果,它是考核大涡模拟的典型算例之一(Fatica 等,1997)。

1. 平面扩压器的计算域

平面扩压器的几何外形如图 8-14 所示,扩压器的出口和入口高度比等于 44.7,扩张段长度等于入口高度的 21 倍,扩张角等于10°。入口前有一平直段,实验的平面扩压器装置中,入口段长度是高度的 100 倍,以保证进入扩压器的流动是充分发展的直槽湍流。扩压段的出口长度等于入口高度的 15 倍,扩压器出口段没有达到平衡的直槽流动。实验扩压器的展向宽度和入口高度之比大于 20,可以认为近似于平面扩压器。

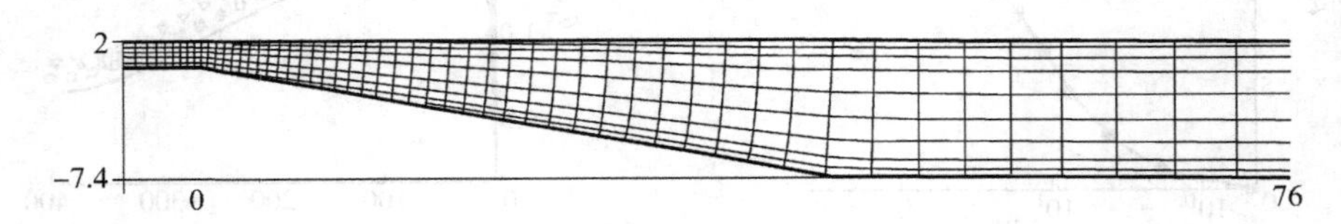

图 8-14 平面扩压器的几何外形和网格

计算域参照实验装置设计,由于计算机资源的限制,流向长度不能达到实验扩压器的长度。入口长度是高度的 3.7 倍,但是入口的流动是通过一个单独的直槽数值模拟获得,也就是说,计算域入口是充分发展的直槽湍流,给出数据包括平均速度分布和脉动速度分布。数值模拟平面扩压器时,在横向采用周期条件,横向周期长度取 2 倍和 4 倍出口高度以比较横向分辨率对计算结果的影响。

2. 流动参数、网格和数值方法

算例的雷诺数和实验相同,均为 $Re_b=U_b\delta/\nu=9000$,U_b 是入口截面的平均速度,$\delta=h/2$ 是入口高度之半。

展向采用均匀网格;流向采用局部加密网格,横向采用壁面加密网格,总网格数等于 352×64×128(流向、垂向、展向)。展向采用 Fourier 展开,流向和垂向平面上采用有限体积法离散。(有限体积法是一种鲁棒性较好的计算方法,可参考计算流体力学书籍,例如 Ferziger and Peric,2002)

3. 亚格子模式

采用标准 Smagorinsky 模型为基准的动力模式。

4. 计算结果

图 8-15(a)和(b)分别是壁面上的摩擦系数和压强系数，总体来说 LES 和实验结果符合相当好。分离点(平均剪应力等于零)位置的预测在实验误差范围内。在扩压器喉部剪应力和压强系数都有局部的急剧下降，这是由于在喉部有一很小的局部回流区，不过它不影响下游的流动分离情况。

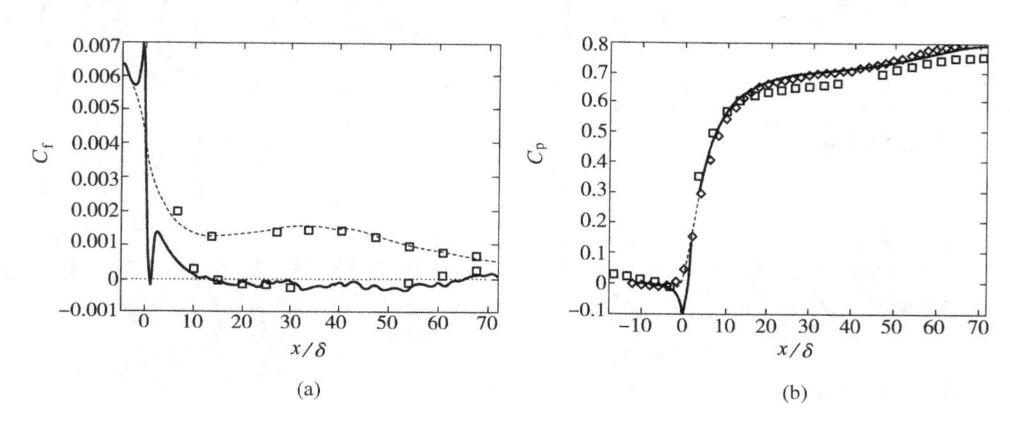

图 8-15　平面扩压器壁面上的作用力特性

(a) 壁面摩擦系数；(b) 壁面压强系数

(实线：斜壁；虚线：直壁；符号□：测量)

图 8-16 是平面扩压器内流向平均速度、脉动强度和雷诺应力分布。平均速度分布和实验结果符合良好。数值计算的分离点在 $x/\delta=13$，实验结果是 $x/\delta=12$，两者略有差别；计算的分离泡长度等于 52δ，实验结果是 47δ。相对来说，脉动强度和雷诺应力的计算结果和实验的差别略大一些。三个脉动速度分量的均方根分布有一共同特征：双峰值，数值计算和实验都得到这一结果，而 LES 计算的峰值大于实验结果 10%～20%。雷诺应力分布的总体情况符合良好，误差在 10%～20%。所有统计量在扩压器出口有较大误差。

扩压器是一个典型算例，它包含中等逆压梯度和流动分离。考核结果表明，LES 能够捕捉流动特征，定量上基本满足工程要求，但是在计算的准确度上还有待改善。特别是，扩压器的二次流对计算结果的影响需要加以研究。该扩压器截面的高宽比很小，可以近似平面平均流。但是，任何方管湍流都存在二次流。展向的周期性条件是否能准确计算实际扩压器的二次流值得研究。从下面一个算例的结果，可以看到，展向计算域的长度和分辨率对截面上的统计特性有明显的影响。

8.5.2　绕圆柱流动

绕圆柱流动是典型的绕钝体流动，这种流动既有不固定的分离点，又有分离后的尾流和脱体涡。随着特征雷诺数($U_\infty D/\nu$)的增加，尾流性质、脱体涡的形态都有很大变化，绕圆柱

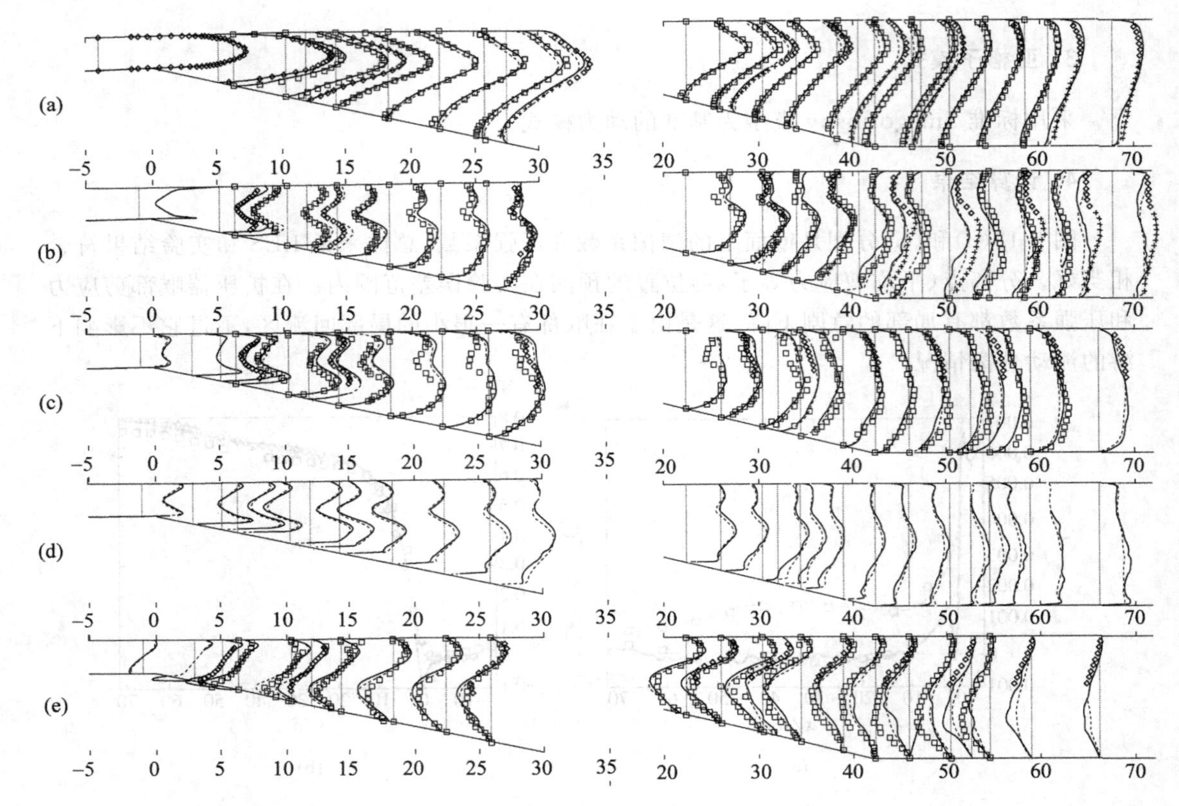

图 8-16 扩压器部分的统计特性(左图：前半部分；右图：后半部分)
(a) 平均流向速度；(b) 平均流向脉动强度；(c) 平均垂向脉动强度；(d) 平均展向脉动强度；(e) 雷诺应力
(实线：LES结果；□和○：实验结果(引自 Fatica 等,1997))

流动具有丰富的流动现象,是考核大涡模拟方法的又一很好实例。

牛顿型流体绕圆柱流动有丰富的实验资料(Zdravkovich,1997),随着计算机资源的不断改善,绕圆柱体流动的数值研究开始大量涌现,但是数值计算结果和实验结果之间,以及不同数值计算结果之间,差别显著。如何正确计算圆柱绕流是值得研究的问题,同时也给复杂流动大涡模拟提供参考。实际经验告诉我们,正确的数值方法(计算格式、网格分辨率等)必须和流动的物理性质相一致。

圆柱绕流的性质随雷诺数而改变。当雷诺数较小($Re<5$)时,流动是定常附体流动,这种流动用普通的有限体积法很容易计算。在 $5<Re<40$ 范围内,流动依然是定常层流,但是圆柱体后面有一对反向涡,这种流动状态也不难计算。继续提高雷诺数,在 $40<Re<190$ 范围,圆柱体后面的对称反向涡脱体形成熟知的二维卡门涡街,现有的层流计算方法可以获得准确的结果。

当雷诺数超过190,二维卡门涡街开始不稳定,出现展向的大尺度波动,展向波长约是圆柱直径的4倍,有人称之为A型不稳定;继续增加雷诺数,当 Re 数接近260时,A型不稳定向B型不稳定转变,B型不稳定的特征是出现小尺度的三维扰动,其展向特征长度约为圆柱体直径。无论是A型或是B型不稳定流动,它们均属于非定常层流状态,只要有足够的网格分辨率,Navier-Stokes 方程的数值解法可以正确模拟这类流动。

随着雷诺数的继续增加，圆柱绕流的尾迹愈来愈不规则，最新的实验结果表明，当雷诺数介于 300～3000 之间，圆柱体上分离的剪切层开始向不规则的湍流状态转变（Prasad 等，1997）。没有固定的转捩雷诺数是钝体绕流的一般特性，它说明流动的转捩对环境参数的敏感性，例如：来流的湍流度、噪声、物体的震荡、实验圆柱体的长径比等。不稳定流动对环境参数的敏感性给流动直接数值模拟提出了苛刻的要求，无论是格式精度还是网格分辨率都对计算结果有影响。由于数值计算不可能完全模拟环境条件，同时物理实验中也不可能完全控制环境参数，因此对比数值模拟结果和实验数据时，必须核对流动条件。

当雷诺数介于 2×10^5～3.5×10^6 之间时，发生所谓阻力危机现象，绕圆柱体的阻力突然下降。发生阻力危机的最低雷诺数称为圆柱绕流的临界雷诺数，大于临界雷诺数的流动称为超临界流动；低于临界雷诺数的流动则称为亚临界流动。阻力危机现象的发生归结于绕圆柱体迎风面的边界层由层流向湍流转捩；边界层湍流使分离点向下游推移，从而导致总阻力减小。实际流动过程是非常复杂的，迄今为止，还没有关于这一过程的完整观测和数值计算结果。一般的推测，超临界流动包括：层流分离，分离层转变成湍流，湍流分离层的再附，然后湍流边界层在下游再分离。显然这一过程的直接数值模拟是极其困难的，由于它含有层流边界层转捩，湍流剪切层的再附等复杂过程，要正确模拟超临界流动的全过程，在网格分辨率和数值格式精度方面要求都很高。

近年来，有一些绕圆柱亚临界流动的大涡模拟研究，Kravchenko 和 Moin（2000）仔细地分析了这些大涡模拟的结果，提出了正确模拟绕钝体流动数值模拟的一些关键问题。

1. 流动参数和网格设计

流动雷诺数等于 3900 属于典型的亚临界流动，该流动有相同雷诺数的实验结果可以用来比较。在圆柱表面和分离点附近的尾流区流动比较复杂，需要加密网格，典型的 O 型网格如图 8-17 所示。

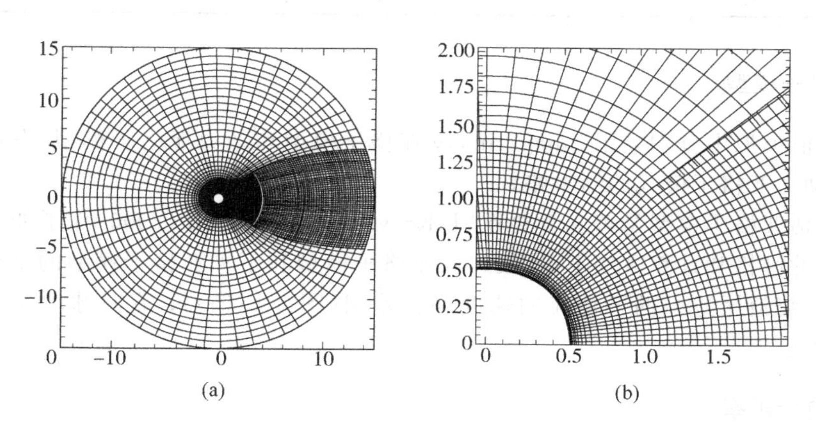

图 8-17　亚临界圆柱绕流大涡模拟的网格

(a) 计算网格；(b) 局部放大

圆柱体径向的计算域长度等于 60 倍的圆柱直径，在 r-θ 平面上，计算域划分成 4 个区：边界层和尾迹以外的近似势流区；圆柱体表面的边界层加密区；分离点后的近场尾迹区和远场尾迹区。三维计算域的展向长度（即圆柱体的轴向长度）参考现有实验结果选定，根据

现有实验结果,近尾迹流向结构的展向波长约为

$$\lambda_z/D \approx 25\,Re_D^{-0.5} \tag{8.66}$$

当雷诺数等于3900时,展向波长 $\lambda_z/D\approx0.4$;下游尾迹大尺度结构的展向波长约为 $\lambda_z/D\approx1$。根据以上的实验结果可确定展向计算域长度 $L_z=\pi D$。通过三组稀密程度不同网格的计算比较,考察计算结果对网格的依赖性。稀网格算例的总网格点等于507360,中等密网格的总网格点数等于1333472,密网格的网格点总数等于2413728。三种网格的计算结果几乎一样,说明中等密网格的结果可以采用。详细的网格设计请见文献(Kravchenko 和 Moin,2000)。

2. 数值格式

一般有限体积法中对流项常用迎风格式,例如SIMPLE。实际计算结果表明,低阶迎风格式的数值耗散过大,不能获得正确的非定常结果,如 St 数和湍动能谱等,实践证明应当采用高精度格式。Stanford 湍流研究中心还试验了2阶守恒型中心差分格式(Mittal 和 Moin,1997)和B-Spline迦辽金方法(Kravchenko 等,1999),它们都能取得了很好的计算结果。表8.4是计算结果和实验数据的比较。计算结果表明,三种数值格式的结果几乎一致,均与实验结果符合良好。

表 8.4 圆柱绕流的大涡模拟结果(Kravchenko 和 Moin,2000)

	平均阻力系数 C_D	背风点压强系数 $-C_{Pb}$	St 数	分离角 θ_{sep}	平均回流区长度 L_{red}	最小平均流向速度
实验	0.99±0.05	0.88±0.05	0.215±0.005	86.0°±2°	1.4D±0.01	−0.24±0.1
高阶迎风	1.00	0.95	0.203	85.8°	1.36D	−0.32
中心守恒	1.00	0.93	0.207	86.9°	1.40D	−0.35
B-spline	1.04	0.94	0.210	88.0°	1.35D	−0.37

3. 亚格子模型

以上数值模拟中分别采用Smagorinsky亚格子模型和动力亚格子模型,发现计算结果相差不大,动力亚格子模式的结果略好。

为了评估亚格子模型是否起重要作用,Kravchenko 和 Moin (2000)作了如下的数值实验。在相同的网格和计算方法下,比较加入亚格子模型和不加亚格子模型的结果。数值试验表明,圆柱绕流尾迹中的平均流向速度略有差别(图8-18(a));流向脉动强度差别较大(图8-18(b))。

4. 展向分辨率

前面已经说明,在 r-θ 平面上,三种不同稀密网格的结果基本一致,并且和实验结果相符。圆柱绕流实验中,圆柱的长径比很大,在数值模拟中认为湍流在圆柱轴向是统计均匀的,因此在轴向采用周期条件。但是数值模拟中,轴向计算域长度应当取多长,网格分辨率应当取多密,才能正确模拟亚临界钝体绕流的尾流呢?前面的式(8.66)给出了估计,根据该公式,Kravchenko 等取 $L_z=\pi D$,并得到和实验一致的结果。Kravchenko 等还试验了二维

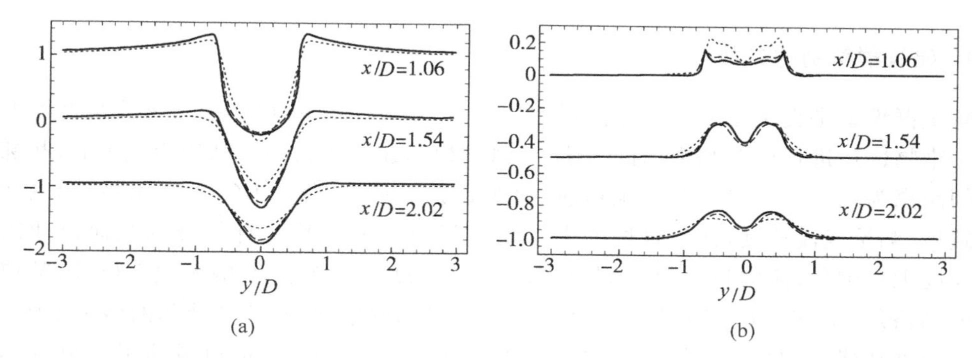

图 8-18　亚格子应力的影响

(a) 对流向平均速度；(b) 流向脉动强度

(实线：中等网格有亚格子应力；点线：中等网格无亚格子应力)

计算和展向长度小于 πD 算例，计算结果表明，展向长度和分辨率对预测结果有很大影响。表 8.5 列出计算结果，并清楚地说明展向长度偏短或展向分辨率不够，计算结果偏差较大；足够的展向长度和分辨率(算例 3 和算例 5)可以获得和实验相符的结果。

表 8.5　展向长度和分辨率对亚临界圆柱绕流结果的影响

算例	展向网格	展向长度	平均阻力系数 C_D	平均背风面压强系数 $-C_{Pb}$	St 数	平均再附长度 L_{rec}
1	1	0	1.65	1.5	0.230	0.0
2	4	$\pi D/2$	1.36	1.21	0.190	1.04
3	24	$\pi D/2$	1.07	0.97	0.212	1.3
4	8	πD	1.38	1.23	0.193	1.00
5	48	πD	1.04	0.93	0.210	1.35
实验	无	$>8D$	0.99±0.05	0.88±0.05	0.215±0.005	1.33±0.05

本书曾在前面指出，亚临界圆柱绕流的尾流状态对环境干扰比较敏感，例如，来流湍流度、圆柱表面的粗糙度以及试验圆柱的长径比等。直接数值模拟或大涡模拟的结果与实验结果比较时，应当注意实验条件。考虑来流湍流度或表面粗糙度等环境因素的更精细的大涡模拟有待进一步研究，在缺乏这些数值结果之前，一种简单的判断方法是考察圆柱绕流后近尾迹的状态和背风面的压强系数，因为这两个信息对环境条件最为敏感。

8.5.3　环境流动的算例

环境污染问题日益受到人们重视，预测空气污染、声污染、热污染以及水污染等的关键是风场和标量场的计算。环境流体力学问题可以分成大尺度(百千米)，中尺度(十千米)和居民小区尺度(千米)。目前，最先进的计算机还不能够实现跨越 2 到 3 个尺度量级的环境流动数值模拟，所以，多尺度耦合只能是分尺度模拟，例如，中尺度风场，温度场的数值预报有大气科学家开发的专用程序 ARPS (Atmospheric Regional Prediction System，Xue 等，2000，2001)和 MM5 (PSU/NCAR mesoscale model，Dudhia，2005)等。数值预报的风场作为地区尺度风场预测的初始场和边界条件。下面介绍居民小区环境的大涡模拟结果，居民小区的地表特征是建筑群。

1. 建筑群算例的参数

建筑群模型是交叉排列的立方体,如图8-19。Davidson等(1996)对该建筑群模型的流场和污染物输运进行风洞和现场试验研究,风洞模型建筑的长、宽、高均为0.12m,相邻建筑物之间距离为0.24m。第一排建筑物前$4B$处设置一点源,释放CO_2。在第一、第三和第五排建筑后,测量气流速度,在建筑群的中心线上测量CO_2浓度。计算域的几何尺寸用建筑物的长度无量纲化,流向长度为70,展向长度31,高度10。经过网格无关性检验,数值模拟所用的网格是116×116×30,在建筑物处进行了局部网格加密,计算域和网格示于图8-20。以来流速度和建筑物高度为特征量的流动雷诺数等于4×10^6。进口风速根据风洞实验的来流风剖面,沿高度方向按对数分布,最大风速4.0m/s。侧边界和顶面给定零梯度条件,即$\partial u/\partial n=0$,出口给定无反射条件,即$\partial u/\partial t+U\partial u/\partial x=0$。建筑物表面满足无滑移条件,亚格子应力分别采用Smagrinsky模式和拉格朗日动力模式(Meneveau,1992)。计算方法为高精度有限体积法。

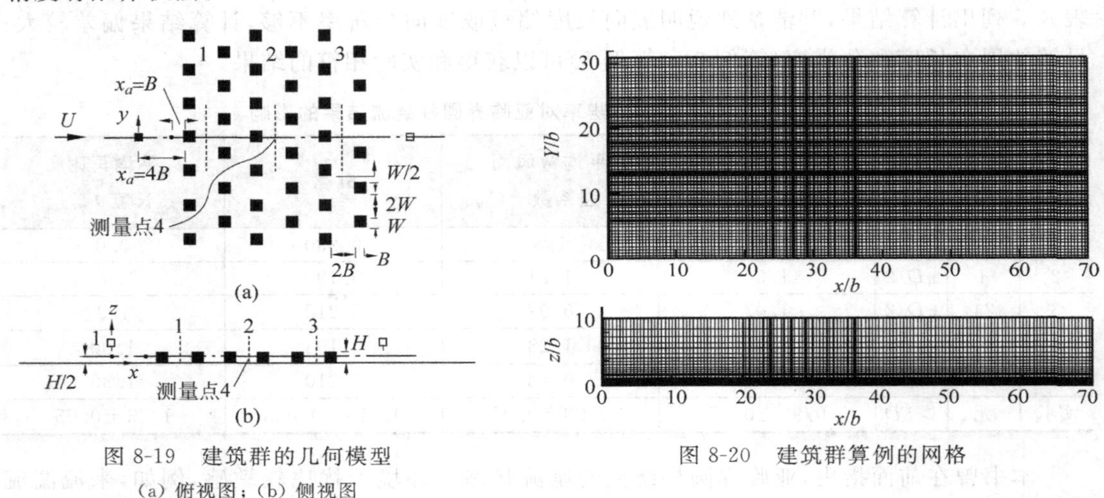

图8-19 建筑群的几何模型
(a) 俯视图;(b) 侧视图

图8-20 建筑群算例的网格

2. 计算结果

(1) 建筑群间的风剖面

图8-21为建筑群内的风速4.0m/s的风剖面,图8-22为建筑中心线上的浓度分布,浓度用点源强度无量纲化的计算公式为

$$S = CUH^2/Q \tag{8.67}$$

式中S是无量纲浓度,C为有量纲浓度,U是来流速度,H是建筑物高度,Q是点源强度。由风场和浓度场的计算结果以看出,高精度有限体积法能够比较满意地预测小区环境流动(包括风场和浓度场),拉格朗日动力模式优于Smagorinsky模式。

(2) 建筑群间的流态

实验很难测量复杂建筑群绕流的流场,无法了解建筑群内部流动状态,数值模拟可以弥补试验不足,较为详细地揭示复杂建筑群内部流态。图8-23显示建筑群内的流线谱,从中可以观察涡结构。从图中可以看出,在交错排列建筑物间距$W/B=1$的条件下,每个建筑

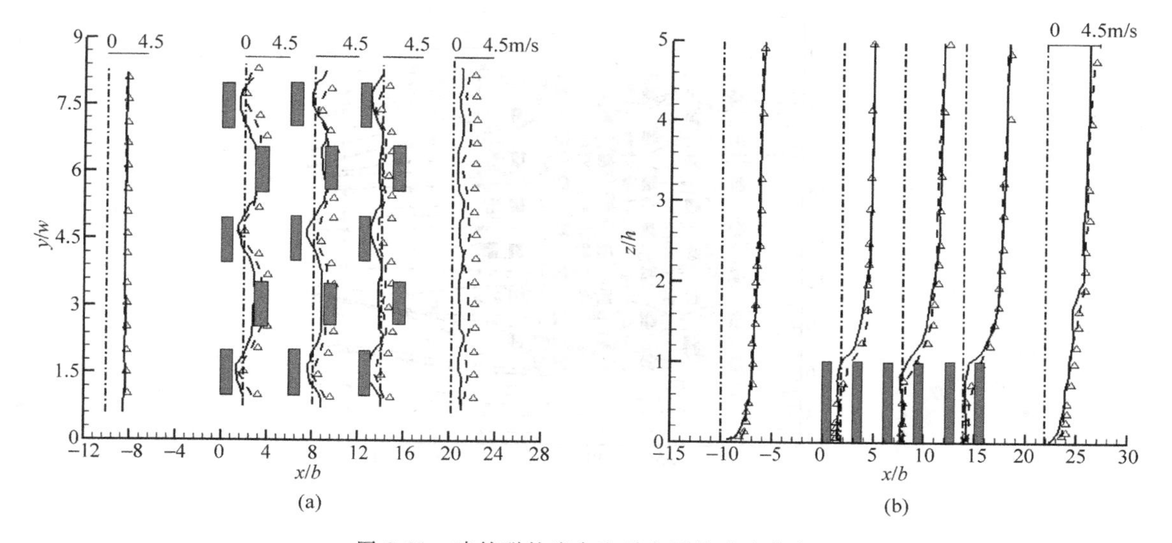

图 8-21　建筑群的流向和垂向平均速度分布

(a) 建筑物半高度处流向速度沿展向的分布；(b) 展向中心线上流向速度剖面沿流向的分布

(△：Davidson 风洞实验结果；实线：Smagorinsky 模式；虚线：Lagrangian 动力模式)

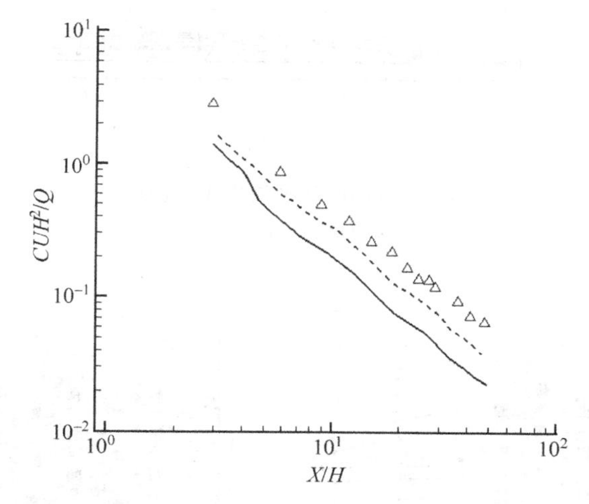

图 8-22　半高度处污染物浓度 $S=CUH^2/Q$ 沿流向的分布

(△：实验结果；实线：Smagorinsky 模式；虚线：拉格朗日动力模式)

群可视为孤立粗糙元(图 8-23(b))。

(3) 风速影响

大气风速变化范围很大，数值模拟比较容易考察不同风速的影响。图 8-24 给出三种风速的流态比较。从图可以看出，在 0.2～4.0m/s 范围内，建筑群内部流态没有本质变化。图 8-25 显示不同风速下的浓度变化，从图可以看出，风速对浓度变化影响较大，在中心线上建筑物半高度处，风速越大，浓度越低，这是大气对流的结果。本算例表明大涡模拟是预测居民小区风场和浓度场的有效工具，有助于居民小区的规划。

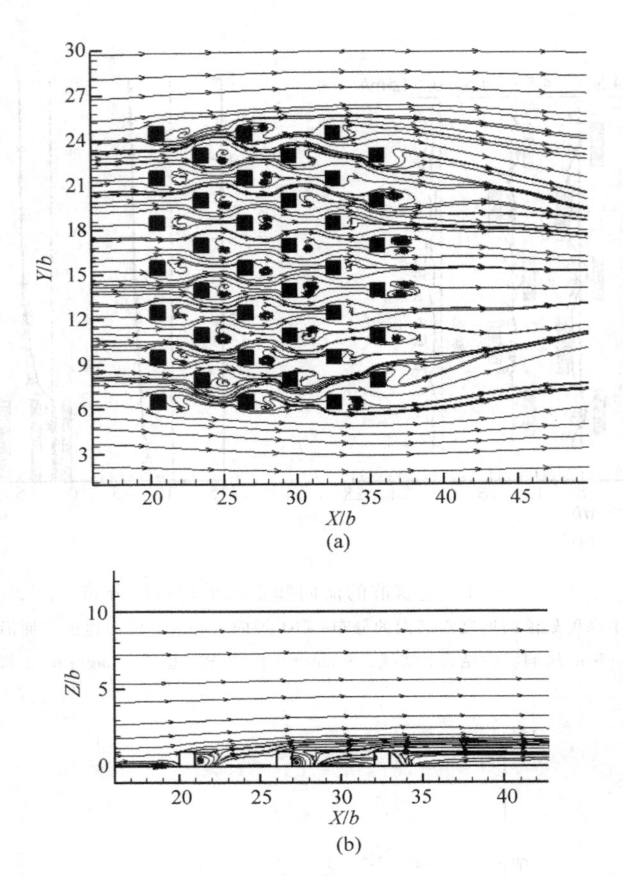

图 8-23 建筑群内部平均流线(风速 4m/s)

(a) 俯视图；(b) 侧视图

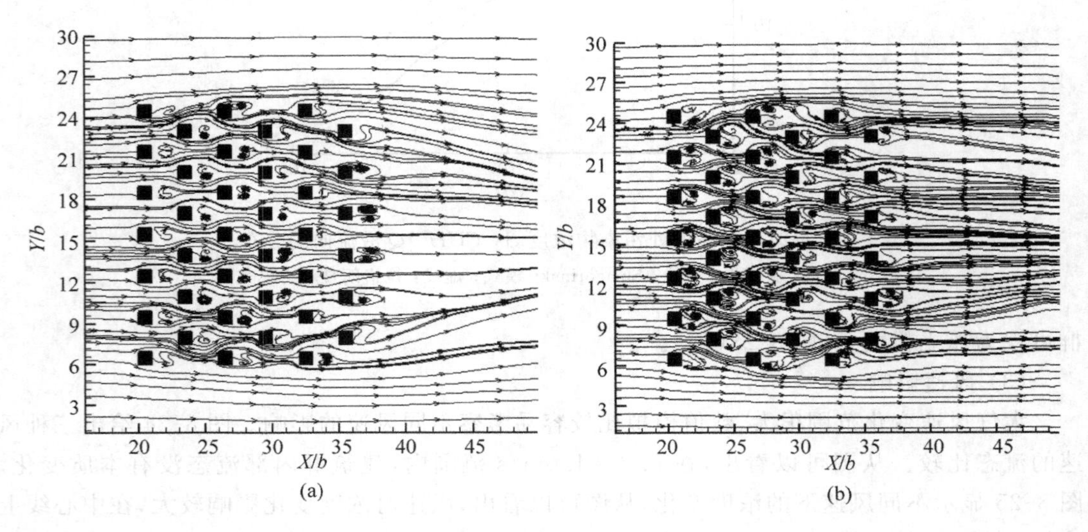

图 8-24 不同风速的流态

(a) 4m/s；(b) 2m/s；(c) 0.2m/s

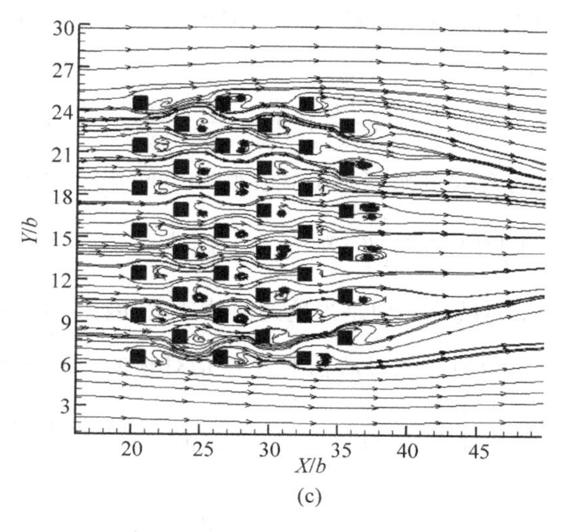

图 8-24 （续）

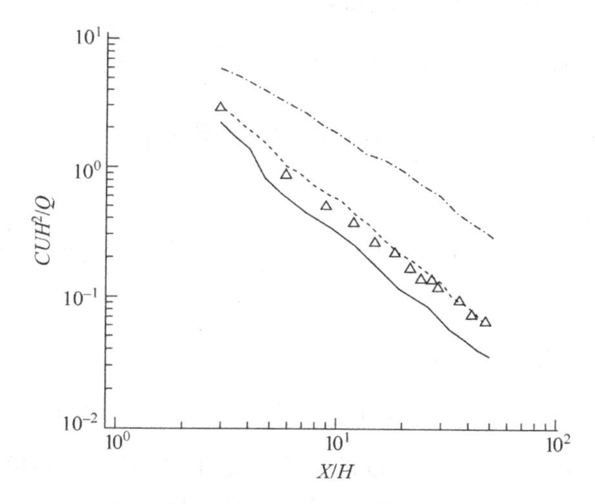

图 8-25　不同风速下，中心线上半高度处污染物浓度的变化

（符号：实验 4m/s；实线：LES，4m/s；点线：LES，2m/s；虚线：LES，0.2m/s）

8.6　关于大涡模拟的几个问题

8.6.1　亚格子应力的量级估计

利用物理空间的盒式过滤器可以证明亚格子应力有以下近似估计：

$$\tau_{ij}=\overline{u}_i\,\overline{u}_j-\overline{u_iu_j}=-\frac{\Delta^2}{12}\frac{\partial\,\overline{u}_i}{\partial x_k}\frac{\partial\,\overline{u}_j}{\partial x_k}+O(\Delta^4)\tag{8.68}$$

上式的推导如下。流动速度和过滤后速度之间的关系是

$$\overline{u}_i(\boldsymbol{x},t)=\int_\Omega G(\boldsymbol{x}-\boldsymbol{y})u_i(\boldsymbol{y},t)\mathrm{d}y$$

过滤运算的积分域 Ω,原则上应当在惯性子区范围内。为估计积分式右端的近似值。首先将函数 u_i 在 Ω 域内展开:

$$u_i(\boldsymbol{x},t) = u_i(\boldsymbol{x}_0,t) + \left(\frac{\partial u_i}{\partial x_j}\right)_{x_0} r_j + \frac{1}{2}\left(\frac{\partial^2 u_i}{\partial x_j \partial x_k}\right)_{x_0} r_j r_k + O(r^3) \tag{8.69}$$

式中 $\boldsymbol{r}=\boldsymbol{x}-\boldsymbol{x}_0$,采用均匀的盒式过滤器将上式在物理空间作过滤运算,结果如下:

$$\int_\Omega G(\boldsymbol{x}-\boldsymbol{y})u_i(\boldsymbol{y},t)\mathrm{d}y = \int_\Omega G(\boldsymbol{x}-\boldsymbol{y})\left[u_i(\boldsymbol{y}_0,t) + \left(\frac{\partial u_i}{\partial x_j}\right)_{y_0} r_j + \frac{1}{2}\left(\frac{\partial^2 u_i}{\partial x_j \partial x_k}\right)_{y_0} r_j r_k + O(r^3)\right]\mathrm{d}y$$

上式左端是可解尺度速度;右端第一项是当地的流体速度,因为 $\int_\Omega G(\eta)\mathrm{d}\eta=1$(见式(8.4)),第二项的积分值等于零,因为均匀盒式过滤器对原点是对称的;第三项的积分等于:

$$\int_\Omega G\left(\frac{\partial^2 u_i}{\partial x_j \partial x_k}\right)_{x_0} r_j r_k \mathrm{d}\boldsymbol{y} = \frac{1}{\Delta^3}\left(\frac{\partial^2 u_i}{\partial x_j \partial x_k}\right)_{x_0} \int_{-\Delta/2}^{\Delta/2}\int_{-\Delta/2}^{\Delta/2}\int_{-\Delta/2}^{\Delta/2} r_j r_k \mathrm{d}r_i \mathrm{d}r_j \mathrm{d}r_k = \frac{\Delta^2}{12}\left(\frac{\partial^2 u_i}{\partial x_k \partial x_k}\right)_{x_0}$$

于是有

$$\overline{u_i(\boldsymbol{x},t)} = u_i(\boldsymbol{x}_0,t) + \frac{\Delta^2}{24}\left(\frac{\partial^2 u_i}{\partial x_k \partial x_k}\right)_{x_0} + O(\Delta^4) \tag{8.70}$$

利用展开式(8.69),用类似的推导方法,可得

$$\begin{aligned}\overline{u_i(\boldsymbol{x},t)u_j(\boldsymbol{x},t)} = & u_i(\boldsymbol{x}_0,t)u_j(\boldsymbol{x}_0,t) + \frac{\Delta^2}{12}\left(\frac{\partial u_i}{\partial x_k}\frac{\partial u_j}{\partial x_k}\right)_{x_0} \\ & + \frac{\Delta^2}{24}u_i\left(\frac{\partial^2 u_j}{\partial x_k \partial x_k}\right)_{x_0} + \frac{\Delta^2}{24}u_j\left(\frac{\partial^2 u_i}{\partial x_k \partial x_k}\right)_{x_0} + O(\Delta^4)\end{aligned} \tag{8.71}$$

由式(8.70)可得

$$\overline{u_i(\boldsymbol{x},t)}\,\overline{u_j(\boldsymbol{x},t)} = u_i(\boldsymbol{x},t)u_j(\boldsymbol{x},t) + \frac{\Delta^2 u_j}{24}\left(\frac{\partial^2 u_i}{\partial x_k \partial x_k}\right)_{x_0} + \frac{\Delta^2 u_i}{24}\left(\frac{\partial^2 u_j}{\partial x_k \partial x_k}\right)_{x_0} + O(\Delta^4) \tag{8.72}$$

将式(8.72)减式(8.71)得式(8.73):

$$\tau_{ij} = \bar{u}_i \bar{u}_j - \overline{u_i u_j} = -\frac{\Delta^2}{12}\frac{\partial \bar{u}_i}{\partial x_k}\frac{\partial \bar{u}_j}{\partial x_k} + O(\Delta^4) \tag{8.73}$$

亚格子应力的估计说明:它和过滤尺度的平方成正比,这对于大涡模拟的数值格式提出了严格要求。通常大涡模拟计算中,过滤尺度等于网格尺度,或者过滤尺度大于网格尺度,属于同一量级。如果计算格式的精度属于1阶,则计算误差和亚格子应力属于同一量级,不可能获得正确的大涡模拟结果。所以,大涡模拟要求数值格式的精度高于2阶。

8.6.2 大涡模拟的误差估计和提高精度的方法

通常数值模拟方法的误差,主要来自离散格式和截断误差。例如直接数值模拟,在离散格式确定后,可以估计误差的量级。提高精度的方法是逐次减小空间步长,提高离散精度,用所谓网格无关的方法确定离散网格尺度。

对于大涡模拟方法来说,除了数值误差外,还有亚格子模式的误差。亚格子模型的误差取决于模型是否正确,其中包括过滤尺度;而且并非过滤尺度越小,误差越小。简单用传统的网格加密方法提高精度,不一定有效。下面分析大涡模拟方法的误差。

1. 典型湍流的数值离散误差

Chow 和 Moin(2003)用均匀各向同性湍流算例考察数值离散误差，算例的泰勒雷诺数等于 89.44。作为比较的精确样本是网格数为 128^3 的直接数值模拟，计算方法是伪谱方法。为了说明数值误差对计算结果的影响，将控制方程数值误差和精确亚格子力项进行比较，亚格子力是亚格子应力的散度，即$\partial\bar{\tau}_{ij}/\partial x_j$，精确亚格子应力 $\bar{\tau}_{ij}=\bar{u}_i\bar{u}_j-\overline{u_iu_j}$由直接数值模拟结果计算。大涡模拟的网格分别为 8^3，16^3，32^3，计算方法是差分法，并用不同精度格式。图 8-26 是不同大涡模拟方程各项的总误差和精确亚格子力的比较。

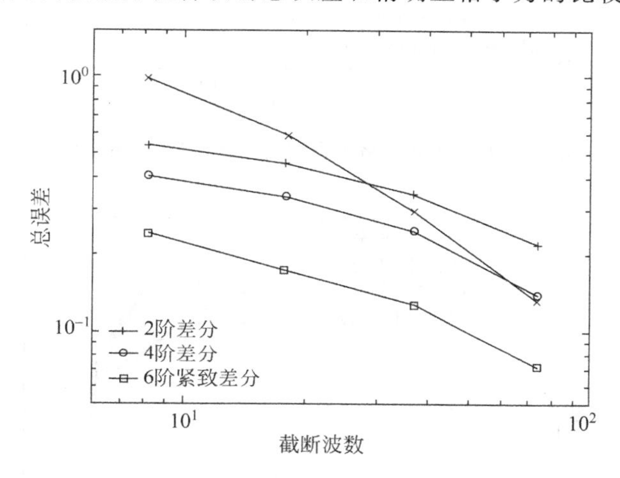

图 8-26　总误差和亚格子力的对比

(符号 * 是精确的亚格子力，Pade 是 6 阶紧致差分格式。以精确的非线性项规范化)

图 8-26 展示亚格子力随网格分辨率的提高而减小，总体误差也随网格分辨率的提高而减小，高精度格式的总体误差小，6 阶紧致差分格式的数值误差最小。4 阶差分和 6 阶紧致格式(Pade)的误差都小于亚格子力项，说明亚格子力是有效的；而 2 阶精度差分格式的 LES 在截断波数高时(128^3)，总误差大于亚格子力，这时显然不是准确的大涡模拟。

进一步考察混淆误差，图 8-27 展示 128^3 的亚格子力谱和混淆误差的能谱的比较。混淆误差主要产生在截断波数附近，即小尺度脉动。提高数值离散精度并不能减小混淆误差，相反格式精度越高的数值格式，混淆误差越大。从亚格子力谱来看，小尺度脉动对它的贡献很小，因此采用较宽过滤尺度(较小截断波数)的大涡模拟，混淆误差影响较小。

图 8-28 展示不同过滤尺度对混淆误差的影响，图中展示亚格子力的能谱和各阶精度的误差能谱，Δ 是过滤尺度，h 是网格尺度。精度高的数值格式，混淆误差略小，但是当过滤尺度和网格尺度相同时，高精度格式并不能消除混淆误差。图中结果充分说明，加大过滤尺度，可以明显减小混淆尺度。

以上结果说明，提高差分格式精度和减小截断尺度并不是提高大涡模拟精度的决定性因素；过滤尺度对大涡模拟精度也有影响，而且，并非过滤尺度越小，大涡模拟的计算精度越高。下面进一步对大涡模拟精度给出严格的定义，并提出提高精度的定量估计方法。

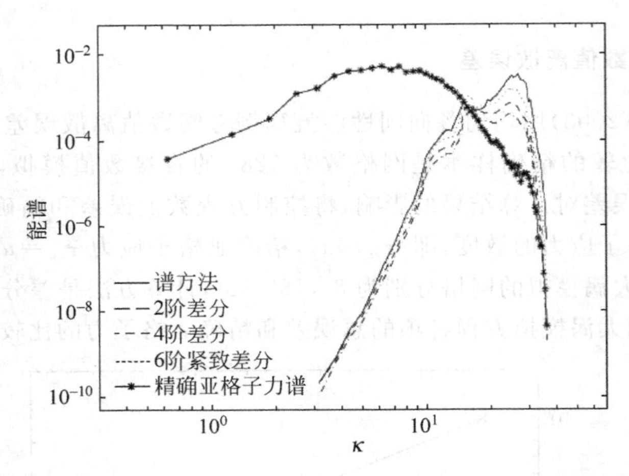

图 8-27　混淆误差的能谱和亚格子力谱的对比(以精确的非线性项规范化)

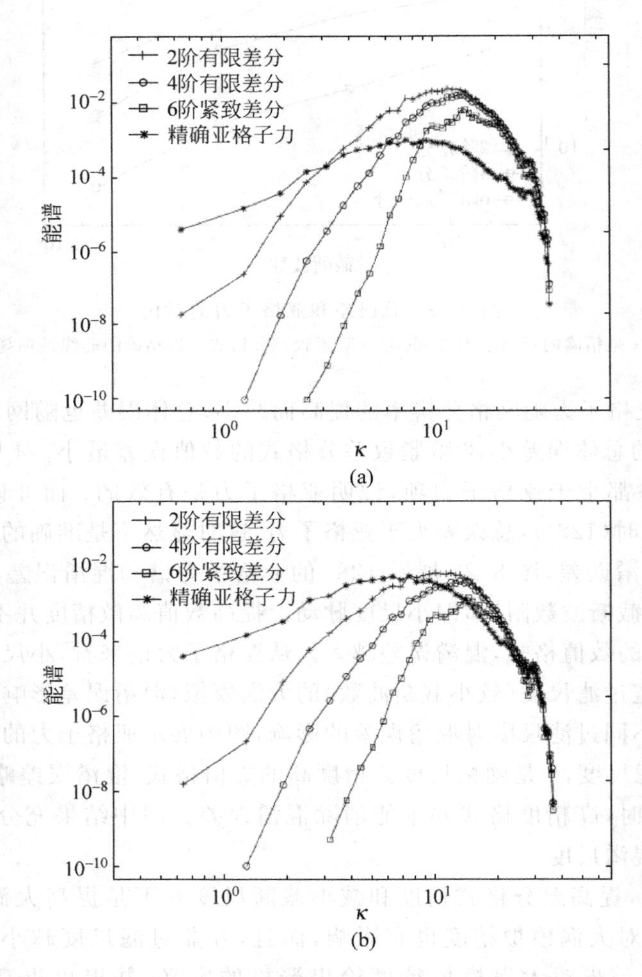

图 8-28　过滤尺度对非线性混淆误差的影响(LES 网格 32^3)

(a) $\Delta/h=1$; (b) $\Delta/h=2$; (c) $\Delta/h=4$

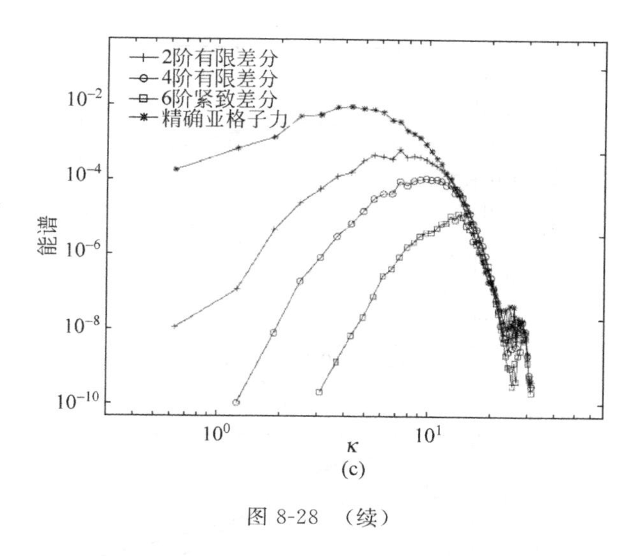

(c)

图 8-28 (续)

2. 提高大涡模拟精度的方法

(1) 大涡模拟误差的基本组成

前面的分析表明对于给定的湍流运动,影响大涡模拟精度的主要因素是过滤尺度和网格尺度。将过滤尺度为 Δ 和网格长度为 h 的大涡模拟的解记作 $\phi_{\mathrm{LES}}(\Delta,h)$($\phi$ 可以是样本流动量,如某点的瞬时速度;或统计量,如湍动能)。以完全分辨的直接数值模拟解作为精确解,记作 ϕ_{DNS};$\overline{\phi_{\mathrm{DNS}}}$ 是直接数值模拟解过滤后的相应物理量。完全分辨的大涡模拟是指 $h\to 0$ 的大涡模拟,记作 $\phi_{\mathrm{LES}}(\Delta,0)$,实际上,它是网格长度等于 DNS 的大涡模拟解。于是,定义总误差 e_{total}:

$$e_{\mathrm{total}} = \overline{\phi_{\mathrm{DNS}}} - \phi_{\mathrm{LES}}(\Delta,h) \tag{8.74a}$$

LES 的离散误差 e_{disc} 定义为

$$e_{\mathrm{disc}} = \phi_{\mathrm{LES}}(\Delta,0) - \phi_{\mathrm{LES}}(\Delta,h) \tag{8.74b}$$

LES 的亚格子模型误差 e_{model} 定义为

$$e_{\mathrm{model}} = \overline{\phi_{\mathrm{DNS}}} - \phi_{\mathrm{LES}}(\Delta,0) \tag{8.74c}$$

由式(8.74a)~(8.74c)可得,总误差等于离散误差与模型误差值和。

$$e_{\mathrm{total}} = e_{\mathrm{disc}} + e_{\mathrm{model}} \tag{8.74d}$$

以各向同性湍流衰减为例,分析大涡模拟的误差。空间离散和时间推进精度和前面直接数值模拟的计算相同(Meyers,2003),初始泰勒雷诺数 $Re_\lambda=100$,亚格子应力采用 Smagorinsky 模式,模式系数 $C_S=0.2$。计算中固定 $C_S\Delta=0.625\times10^{-3}$,网格长度 h 分别为 1/32,1/64,1/96,对应的 Δ/h 分别为 1,2,3。图 8-29 是大涡模拟计算的湍动能总误差、离散误差和模型误差。

由图 8-29(a)可见,模型误差和离散误差有时符号相反,特别是误差最大处,因此总误差的绝对值小于模型误差和离散误差各自的绝对值。图 8-29(b)展示大涡模拟误差的特殊性质,提高离散分辨率,总误差不一定减小,有时反而增加。其原因是,提高离散分辨率,离

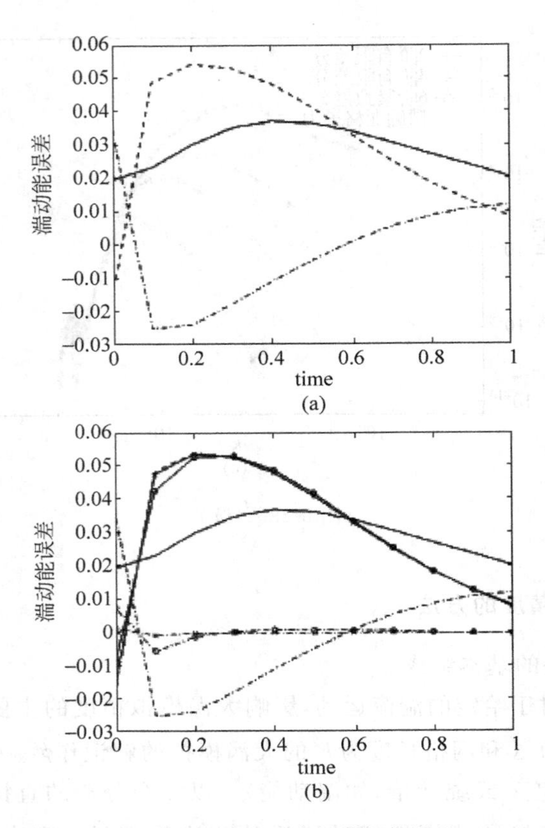

图 8-29 衰减湍流大涡模拟的误差

(a) $h=1/32$(实线：总误差；虚线：模型误差；点画线：离散误差)；(b) $h=1/32$(没有标记)，$h=1/64$(○)，$h=1/96$(×)

散误差一定减小，而模型误差不一定减小。从湍流脉动性质来分析，当 $h/\Delta<1$，或 $\Delta/\eta>1$ 时，小于过滤尺度的脉动仍然存在于数值解中，而这一部分脉动对亚格子应力的贡献并没有计入亚格子模型中，因此模型误差增加。

(2) 提高大涡模拟计算精度的途径

以上误差分析说明，大涡模拟的误差不能仅仅由分辨率来确定，因此提高大涡模拟精度的途径和直接数值模拟不同。下面介绍一种提高大涡模拟精度的途径。为了排除过滤器的影响，判断误差标准用同一流动问题的直接数值模拟计算结果，定义总误差为

$$\varepsilon_{\text{total}}=\phi_{\text{DNS}}-\phi_{\text{LES}}(\Delta,h) \tag{8.75a}$$

离散误差 $\varepsilon_{\text{disc}}$ 仍然定义为

$$\varepsilon_{\text{disc}}=e_{\text{disc}}=\phi_{\text{LES}}(\Delta,0)-\phi_{\text{LES}}(\Delta,h) \tag{8.75b}$$

亚格子模型误差 $\varepsilon_{\text{model}}$ 定义为

$$\varepsilon_{\text{model}}=\phi_{\text{DNS}}-\phi_{\text{LES}}(\Delta,0)=e_{\text{model}}+(\phi_{\text{DNS}}-\overline{\phi_{\text{DNS}}}) \tag{8.75c}$$

总误差仍然等于离散误差与模型误差之和。同时引入一个表示亚格子应力作用参数 s，称作亚格子作用参数(Subgrid activity)，它的定义是：

$$s=\frac{\varepsilon_{\text{t}}}{\varepsilon_{\text{t}}+\varepsilon_{\nu}} \tag{8.76}$$

式(8.76)中 $\varepsilon_t = \tau_{ij}\overline{S}_{ij}$ 是亚格子湍动能耗散；$\varepsilon_\nu = 2\nu(S_{ij}S_{ij})$ 是湍动能的分子耗散。$s=0$ 时，亚格子湍动能耗散等于零，它对应于直接数值模拟；$s=1$ 时，湍动能的分子耗散等于零，它对应于雷诺数无穷大的大涡模拟。

Meyers 等(2003)用衰减湍流的大涡模拟计算结果探讨提高精度的途径。计算域为单位长度的立方体，泰勒微雷诺数分别取 50 和 100 以研究雷诺数的影响。亚格子应力采用 Smagoringsky 模型，模型系数 $C_S=0.2$；过滤尺度 $\Delta=1/64, 2/64, \cdots, 12/64, 14/64$。网格数为 $16^3, 24^3, 32^3, 48^3, 96^3, 128^3$，其中 128^3 的算例视作 $h=0$ 的与网格无关的大涡模拟计算。以时间平均相对误差作为分析依据

$$\delta_\varepsilon = \frac{\int \varepsilon_{\text{total}}^2 \mathrm{d}t}{\int \phi_{\text{DNS}}^2 \mathrm{d}t} \quad 和 \quad \delta_e = \frac{\int e_{\text{total}}^2 \mathrm{d}t}{\int \phi_{\text{DNS}}^2 \mathrm{d}t} \tag{8.77}$$

湍动能的两种误差定义的计算结果示于图 8-30($Re_\lambda=50$)和图 8-31($Re_\lambda=100$)，图 8-30(a)和图 8-31(a)是按公式(8.74a)定义的总误差，图 8-30(b)和图 8-31(b)是按公式(8.75a)定义的总误差。两组图都说明误差的定义对误差随亚格子参数 s 的变化影响不大，同时不同雷诺数的误差变化趋势基本相同(图 8-30 和图 8-31 对比)。图 8-31($Re_\lambda=50$)的误差结果表示，亚格子作用参数 s 大于 0.4 以后，所有网格分辨率的计算误差都随 s 的增加而增大；s 小于 0.4 时，有些网格分辨率的计算误差随 s 的减小而增大，有的则减少。对于高雷诺数的情况(图 8-30)，误差发展的情况类似，而亚格子作用参数的分界值约为 0.8。

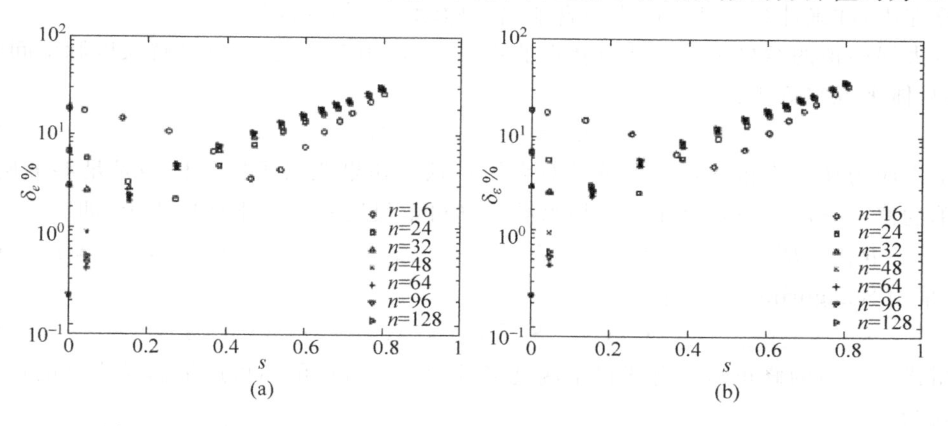

图 8-30　湍动能误差和亚格子作用参数 s 的关系($Re_\lambda=50$，n 为网格数)

(a) δ_e；(b) δ_ε

将误差发展趋势发生变更的亚格子作用参数记作 s_c，则 $s>s_c$ 的大涡模拟的误差将增大，是不可取的；$s<s_c$ 的大涡模拟的误差不能保证误差一定减小；$s=s_c$ 属于次优的亚格子作用参数(最小误差的网格分辨率发生在 $s<s_c$ 区域)。

以上分析表明，提高大涡模拟精度的途径和直接数值模拟不同，除了网格分辨率外，还需要有一个亚格子作用参数。但是，以上分析是针对特简单的各向同性衰减湍流，并且亚格子模式仅限于 Smagorinsky 模式。不同模式和不同湍流运动的次优亚格子作用参数肯定是不同的(Meyers 等，2005)；对于复杂湍流，有不同参数表征亚格子湍流对大涡模拟误差的影响，例如 Celik 等(2005)提出不同的参数，这是一个有待研究的问题，它关系到提高大涡

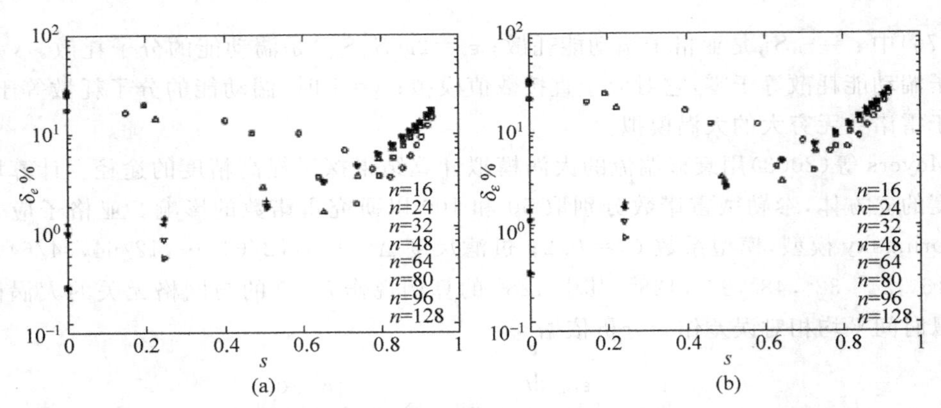

图 8-31 湍动能误差和亚格子作用参数 s 的关系($Re_\lambda=100$,n 为网格数)

(a) δ_e; (b) δ_ε

模拟计算效率。

8.6.3 大涡模拟的统计量修正

假设大涡模拟的亚格子模型是准确的,数值计算的误差在精度要求的范围内,大涡模拟的统计量和真实湍流(例如,理想的直接数值模拟结果)的统计量之间还存在偏差,因为大涡模拟只计算可解尺度脉动的统计,小尺度脉动,即亚格子脉动产生的湍动能和雷诺应力都没有计算在内,准确计算统计量应当包含亚格子脉动产生的统计量。

将大涡模拟的结果进行统计所获得的雷诺应力(用 R_{ij}^{LES} 表示)是可解尺度脉动间的动量通量,具体来说它等于:

$$R_{ij}^{\mathrm{LES}}=-\langle(\bar{u}_i-\langle\bar{u}_i\rangle)(\bar{u}_j-\langle\bar{u}_j\rangle)\rangle,\quad i\neq j \tag{8.78}$$

全部雷诺应力还应当包括亚格子脉动对它的贡献。如果亚格子应力模型是足够准确的,一种简单的修正方法是将亚格子应力模型叠加到可解尺度平均的雷诺应力上,即

$$R_{ij}=R_{ij}^{\mathrm{LES}}+\langle R_{ij}^{\mathrm{SGS}}\rangle=-\langle(\bar{u}_i-\langle\bar{u}_i\rangle)(\bar{u}_j-\langle\bar{u}_j\rangle)\rangle+\langle\tau_{ij}^{\mathrm{SGS}}\rangle,\quad i\neq j \tag{8.79}$$

例如,采用 Smagorinsky 模型时:

$$\langle\tau_{ij}^{\mathrm{SGS}}\rangle=(C_{\mathrm{S}}\Delta)^2\langle|\bar{S}|^2\bar{S}_{ij}\rangle\approx(C_{\mathrm{S}}\Delta)^2\,|\langle S\rangle|^2\langle S_{ij}\rangle \tag{8.80}$$

雷诺正应力的修正需要有亚格子湍动能的信息。常用的不可压缩涡粘模型的亚格子应力公式为

$$\tau_{ij}=2\nu_{\mathrm{t}}\bar{S}_{ij}+\frac{1}{3}\tau_{ii}\delta_{ij}$$

式中 τ_{ii} 归并到压强项,并没有直接计算。假定过滤尺度在惯性子区,湍流脉动具有 $-5/3$ 次方能谱,可以估计亚格子脉动动能,从而有修正的近似式:

$$\frac{\tau_{mm}}{2}=k_r\approx\frac{3}{2}C\left(\frac{\varepsilon\Delta}{\pi}\right)^{2/3} \tag{8.81}$$

式中 $\varepsilon=\nu_{\mathrm{t}}\langle\bar{S}_{ij}\bar{S}_{ij}\rangle$,$C=1.5$(Pope,2000)。

8.6.4 非均匀网格中过滤过程和微分运算的可交换性

进行复杂湍流的数值模拟常常需要采用非均匀网格。但是,在非均匀网格中进行物理量的过滤,过滤函数的空间导数不等于函数空间导数的过滤值,必须研究怎样减小或消除交

换运算带来的误差。为了简明起见，以一维过滤为例分析交换误差，它可表示为

$$err = \overline{\frac{\mathrm{d}\phi}{\mathrm{d}x}} - \frac{\mathrm{d}\bar{\phi}}{\mathrm{d}x} \tag{8.82}$$

假定过滤函数在空间是连续的，并可表示为 $G\left(\frac{x-y}{\Delta(x)}, x\right)$，函数的过滤值等于：

$$\bar{\phi} = \frac{1}{\Delta(x)}\int_a^b G\left(\frac{x-y}{\Delta(x)}, x\right)\phi(y)\mathrm{d}y \tag{8.83}$$

引入变量变换 $\eta=(x-y)/\Delta(x)$，式(8.83)可写作：

$$\bar{\phi} = \int_{(x-a)/\Delta(x)}^{(x-b)/\Delta(x)} G(\eta, x)\,\phi(x-\Delta(x)\eta)\mathrm{d}\eta \tag{8.84}$$

将上式中函数 $\phi(x-\Delta(x)\eta)$ 作 Taylor 级数展开：

$$\phi(x-\Delta(x)\eta) = \sum_{l=0}^{\infty} \frac{(-1)^l}{l!}\Delta^l(x)\eta^l D_x^l\,\phi(x) \tag{8.85}$$

$D_x=\mathrm{d}/\mathrm{d}x$ 是导数算子。将式(8.85)代入式(8.84)，可得 $\bar{\phi}$ 的级数表达式：

$$\bar{\phi}(x) = \sum_{l=0}^{\infty} \frac{(-1)^l}{l!}\Delta^l(x)D_x^l\,\phi(x)\int_{(x-a)/\Delta(x)}^{(x-b)/\Delta(x)} \eta^l G(\eta, x)\mathrm{d}\eta \tag{8.86}$$

令 $M^l(x) = \int_{(x-a)/\Delta(x)}^{(x-b)/\Delta(x)} \eta^l G(\eta, x)\mathrm{d}\eta$，它表示过滤函数在过滤区间的矩（简称过滤矩），$l$ 表示矩的阶数。根据过滤函数的定义，$M^0(x)=1$，因此 $\bar{\phi}$ 的展开式可写作：

$$\bar{\phi}(x) = \phi(x) + \sum_{l=1}^{\infty} \frac{(-1)^l}{l!}\Delta^l(x)D_x^l\,\phi(x)M^l(x) \tag{8.87}$$

同理，可以获得函数导数的过滤值：

$$\begin{aligned}
\overline{\frac{\mathrm{d}\phi}{\mathrm{d}x}}(x) &= \frac{\mathrm{d}\phi}{\mathrm{d}x} + \sum_{l=1}^{\infty}\frac{(-1)^l}{l!}\frac{\mathrm{d}}{\mathrm{d}x}\left[\Delta^l(x)D_x^l\frac{\mathrm{d}\phi(x)}{\mathrm{d}x}M^l(x)\right] \\
&= \frac{\mathrm{d}\phi}{\mathrm{d}x} + \sum_{l=1}^{\infty}\frac{(-1)^l}{l!}\frac{\mathrm{d}}{\mathrm{d}x}\left[\Delta^l(x)D_x^l\,\phi(x)M^l(x)\right] \\
&\quad - \sum_{l=1}^{\infty}\frac{(-1)^l}{l!}\frac{\mathrm{d}\left[\Delta^l(x)M^l(x)\right]}{\mathrm{d}x}D_x^l\,\phi(x)
\end{aligned} \tag{8.88}$$

利用式(8.87)和式(8.88)，可以算出交换误差：

$$err = \sum_{l=1}^{\infty}\frac{(-1)^l}{l!}\frac{\mathrm{d}\left[\Delta^l(x)M^l(x)\right]}{\mathrm{d}x}D_x^l\,\phi(x) \tag{8.89}$$

通过式(8.89)可以比较清楚地认识到哪些因素会产生交换误差以及如何控制交换误差。函数本身的不均匀性和网格不均匀性都会产生交换误差。另外，过滤函数矩的不均匀性也会产生交换误差。可以通过设计特定的过滤矩来控制非均匀网格的交换误差，Vasilyev(1998)提出一种控制交换误差的过滤矩，令 $n-1$ 阶过滤矩等于零，即

$$M^l(x) = \int_{(x-a)/\Delta(x)}^{(x-b)/\Delta(x)} \eta^l G(\eta, x)\mathrm{d}\eta = 0,\quad l=1,2,\cdots,n-1 \tag{8.90}$$

相应地有

$$\frac{\mathrm{d}M^l}{\mathrm{d}x}(x) = 0,\quad l=1,2,\cdots,n-1 \tag{8.91}$$

采用这种过滤器后，交换误差可简化为

$$err = \sum_{l=n}^{\infty} \frac{(-1)^l}{l!} \frac{\mathrm{d}[\Delta^l(x)M^l(x)]}{\mathrm{d}x} D_x^l \phi(x)$$

就是说，交换误差是非均匀网格 n 阶导数的量级：

$$err \sim o(\Delta^n(x)) \tag{8.92}$$

对于通常光滑变化的非均匀网格，$\mathrm{d}(\Delta x)/\mathrm{d}x \sim o(\Delta)$，采用以上过滤函数的交换误差近似为 $o(\Delta^n)$。

交换误差对复杂湍流的大涡模拟是十分重要的，如果不加控制，交换误差可能达到 $o(\Delta^2)$（通常采用对称过滤函数，1 阶过滤矩 $M^1(x)$ 总是等于零），它和亚格子应力同一量级，使得计算结果不真实。具体实现过滤矩的控制方法，可见 Vasilyev (1998) 和 Marsden (1999) 的论文。

8.6.5 大涡模拟的近壁模型

有壁面的湍流中大涡模拟需要特殊考虑。壁面附近的湍流是各向异性的，也不存在局部各向同性的状态；特别是垂直壁面方向，脉动尺度很小，很难区分“大涡”和“小涡”。实现“完全”的大涡模拟，在近壁区需要直接数值模拟的网格。前面已经论述过，正确的亚格子模型，亚格子应力在近壁区应有 y^3 的渐近性质，因此亚格子应力小于分子粘性应力。“完全”的大涡模拟是近壁 DNS 和壁面区外的 LES 组合。显然这种组合不符合 LES 的宗旨。有人估计，在中等雷诺数条件下，大约 70％的网格点位于只占 10％计算域的近壁区中 (Spalart，1997)。对于高雷诺数壁湍流，这种“完全”的 LES 需要的网格数几乎和 DNS 相等。因此，要实现大涡模拟必须建立近壁模型。现有以下几种大涡模拟壁模型。

1. 平衡层模型

基本思想是假定在近壁区存在平均速度具有对数律的湍流平衡层，数值模拟时，垂直壁面的第一个网格点位于平衡层中。具体来说，要求垂直壁面的第一个网格点上满足 $y_p^+ > 30$，在该网格点上满足以下的边界条件(Schumann，1975)：

$$\frac{\tau_{xy,w}(x,z,t)}{\bar{u}(x,y_p^+,z,t)} = \frac{\tau_w}{\langle u\rangle(y_p^+)}, \quad \tau_{xz,w}(x,z,t) = \mu\frac{\tilde{w}(x,y_p^+,z,t)}{y_p} \tag{8.93}$$

式中，$\tau_w = \rho u_\tau^2$ 是壁面摩擦应力，$\langle u\rangle(y_p^+)$ 是第一网格点上的系综平均速度，它满足对数律，$\langle u\rangle(y_p^+)/u_\tau = (\ln u_\tau y_p/\nu)/\kappa$。稍后，Grotzbach 等(1987)对简单的壁面律进行修正，认为当地的雷诺剪应力和速度之间存在一定滞后，将式(8.93)修正如下：

$$\frac{\tau_{xy,w}(x,z,t)}{\bar{u}(x+\Delta,y_p^+,z,t)} = \frac{\tau_w}{\langle u\rangle(y_p^+)}, \quad \tau_{xz,w}(x,z,t) = \frac{\tau_w}{\langle u\rangle(y_p^+)}\tilde{w}(x+\Delta,y_p^+,z,t) \tag{8.94}$$

Piomelli 等(1989)考虑到近壁剪切湍流的性质，建议用壁面法向速度和当地剪应力联系起来，提出以下的壁面律：

$$\tau_w(x,y_m,z,t) = \langle\tau_w\rangle + CU_\tau\tilde{v}(x+\Delta_s,y_m,z,t) \tag{8.95}$$

最近的实验检验表明 Grotzbach 等建议的壁面律和实验测量结果符合最好。Marusic 等(2001)在湍流边界层中用 X-热线探针测量了脉动速度的时间序列，以及近壁雷诺应力和平均速度的分布，实验条件为：$Re_\theta = 3500$ 和 $Re_\tau = 1500$。将实测的亚格子应力和模型的亚格子应力做统计相关,相关系数示于图8-32。比较结果表明,Schumann-Grotzbach模型最佳,近壁亚格子应力确实存在滞后效应。在无分离的壁面湍流层中平衡层模型可以获得满意的结果;但是在复杂壁湍流,例如有分离的壁面层中,平衡层的假定是不成立的。

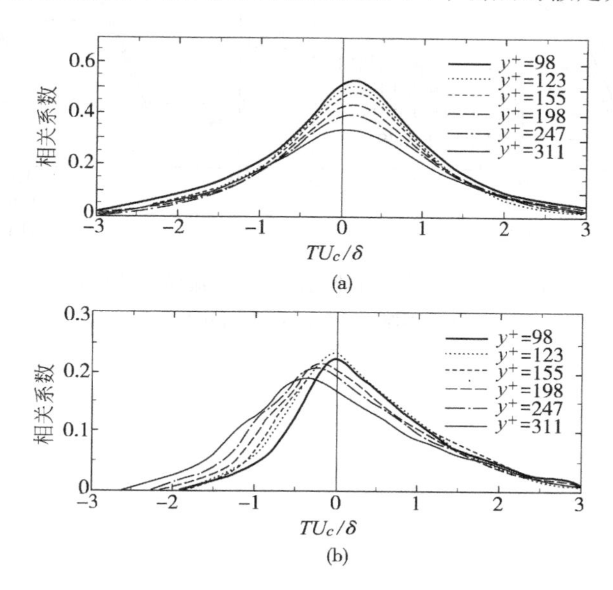

图8-32 实测亚格子应力和模型亚格子应力的相关

(a) Schumann模型;(b) Piomelli模型

2. 两层模型

Balaras,Cabot和Moin (2000)先后用抛物化的薄层作为LES的近壁模型。具体做法是:贴近壁面的近壁层用抛物化的雷诺平均方程,近壁层以外用大涡模拟方程。在这种方法中,流向和展向网格与外层大涡模拟的网格相同,只需要加密法向的网格,因此,既可分辨近壁的湍流脉动又大大节省网格数。近壁层的具体方程如下:

$$\frac{\partial \tilde{u}}{\partial t}+\frac{\partial \tilde{u}_i \tilde{u}_j}{\partial x_j}+\frac{\partial p_m}{\partial x_i}=\frac{\partial}{\partial y}\left[(\nu+\nu_t)\frac{\partial \tilde{u}_i}{\partial y}\right] \tag{8.96}$$

$$\nu_t=(\kappa y)^2\,|\,\widetilde{S}_{ij}\widetilde{S}_{ij}\,|^{1/2}D \tag{8.97}$$

式中$D=[1-\exp(-(y^+/A^+)^3)]$,$A^+=25$。Cabot和Moin用近壁边界层模型计算了绕后台阶流动,这是一个有分离、回流和再附的典型复杂流动。流动参数为:$Re_h=28000$,扩张比5:4,(台阶高和半槽宽之比为1:5);数值格式采用二阶精度的有限体积法;时间推进采用三阶龙格-库塔积分。计算结果示于图8-33,图8-33(a)是后台阶底部的摩擦应力,图8-33(b)是底部的压强系数,我们可以看到近壁边界层模型均优于平衡层近壁模型。

虽然近壁湍流边界层模型比对数律模型有较大改进,但是还需要在更复杂几何边界的湍流实例中加以考核,已有结果表明近壁模型还有待改进。

近年来,发展了RANS和LES混合模式,将在下一章介绍。

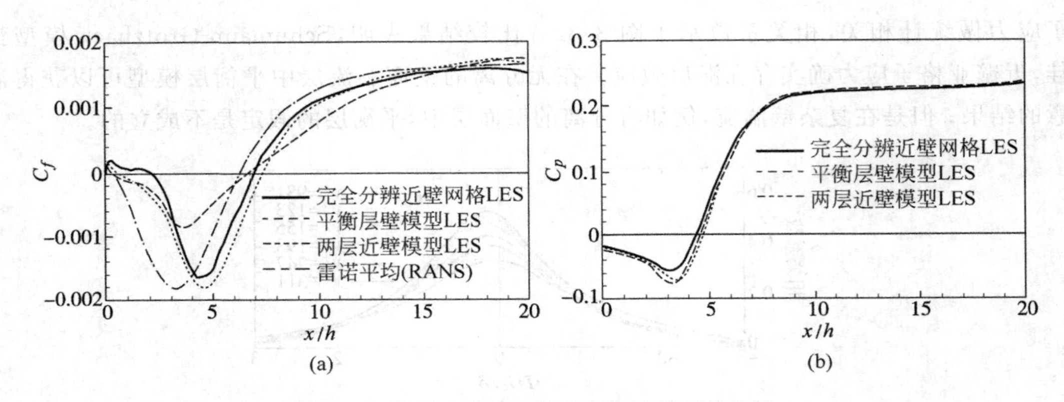

图 8-33 绕后台阶流动的各种湍流模型的比较

(a) 底部摩擦系数；(b) 底部压强系数

第9章 雷诺平均模拟方法

前两章分别介绍了湍流的直接数值模拟(DNS)和大涡模拟(LES)。由于计算机资源的限制,迄今为止 DNS 只能数值计算中低雷诺数的简单湍流问题,LES 可以模拟复杂流动,但是费用很高。因此,雷诺平均 RANS 仍是工程计算的常用方法。雷诺平均模拟方法是数值求解雷诺平均方程,必须有雷诺应力的封闭方程。

9.1 建立湍流统计模式的一般原理

统计模式的目标是封闭雷诺平均方程,它的任务是建立足够的雷诺应力方程组(代数的、微分的或一般泛函形式的)使得平均运动方程可解。下面先讨论建立这组封闭方程的一般原则。

9.1.1 雷诺应力的一般泛函形式

在第 2 章已经导出了不可压缩湍流脉动方程如下:

$$\frac{\partial u_i'}{\partial t}+\langle u_j\rangle\frac{\partial u_i'}{\partial x_j}+u_j'\frac{\partial\langle u_i\rangle}{\partial x_j}=-\frac{1}{\rho}\frac{\partial p'}{\partial x_i}+\nu\frac{\partial^2 u_i'}{\partial x_j\partial x_j}-\frac{\partial}{\partial x_j}(u_i'u_j'-\langle u_i'u_j'\rangle) \tag{9.1}$$

$$\frac{\partial\theta'}{\partial t}+\langle u_j\rangle\frac{\partial\theta'}{\partial x_j}=-u_j'\frac{\partial\langle\theta\rangle}{\partial x_j}+\kappa\frac{\partial^2\theta'}{\partial x_j\partial x_j}-\frac{\partial(u_j'\theta'-\langle u_j'\theta'\rangle)}{\partial x_j} \tag{9.2}$$

相应的初始和边界条件为

$$u_i'(\boldsymbol{x},0)=u_{i0}'(\boldsymbol{x}),\quad \theta'(\boldsymbol{x},0)=\theta_0'(\boldsymbol{x}) \tag{9.3}$$

$$u_i'\Big|_{\Sigma}=u_{i\Sigma}'(\boldsymbol{x},t),\quad \theta'\Big|_{\Sigma}=\theta_{\Sigma}'(\boldsymbol{x},t) \tag{9.4}$$

式中 Σ 指流动的几何边界,$\langle u_i\rangle$是平均速度场,$\langle\theta\rangle$是平均标量场。假设已知平均速度场和平均标量场,并能够从脉动速度方程解出脉动速度和脉动压强场;从标量脉动方程解出脉动标量场,则它们的一般形式应为

$$\boldsymbol{u}'(\boldsymbol{x},t)=\boldsymbol{F}[\boldsymbol{x},t;\langle\boldsymbol{u}\rangle,\boldsymbol{u}'(\boldsymbol{x},0),\boldsymbol{u}'^{\Sigma}(\boldsymbol{x}^{\Sigma},t)] \tag{9.5a}$$

$$p'(\boldsymbol{x},t)=g[\boldsymbol{x},t;\langle\boldsymbol{u}\rangle,\boldsymbol{u}'(\boldsymbol{x},0),\boldsymbol{u}'^{\Sigma}(\boldsymbol{x}^{\Sigma},t)] \tag{9.5b}$$

$$\theta'(\boldsymbol{x},t)=h[\boldsymbol{x},t;\langle\boldsymbol{u}\rangle,\boldsymbol{u}'(\boldsymbol{x},0),\boldsymbol{u}'^{\Sigma}(\boldsymbol{x}^{\Sigma},t),\langle\theta\rangle,\theta'(\boldsymbol{x},0),\theta^{\Sigma}(\boldsymbol{x}^{\Sigma},t)] \tag{9.5c}$$

式(9.5)表明，脉动速度场与平均速度场、脉动速度初始场以及边界脉动有关；脉动标量场除了和平均速度场、脉动速度场有关外，还和平均标量场、脉动标量的初始场及边界值有关。同理，雷诺应力$-\langle u_i'u_j'\rangle$和平均标量通量$-\langle u_i'\theta'\rangle$可以写成以下形式：

$$\langle u_i'u_j'\rangle(\boldsymbol{x},t)=\tau_{ij}[\boldsymbol{x},t;\langle\boldsymbol{u}\rangle,\boldsymbol{u}'(x,0),\boldsymbol{u}'^{\Sigma}(\boldsymbol{x}^{\Sigma},t)] \tag{9.6a}$$

$$\langle u_i'\theta'\rangle(\boldsymbol{x},t)=\phi_i[\boldsymbol{x},t;\langle\boldsymbol{u}\rangle,\boldsymbol{u}'(\boldsymbol{y},0),\langle\theta\rangle,\theta'(x,0),\theta'^{\Sigma}(\boldsymbol{x}^{\Sigma},t)] \tag{9.6b}$$

从统计量的角度，初始脉动场对雷诺应力和标量通量的影响可以排除，因为，初始脉动对相隔长时间后的统计量不会再有影响。边界脉动对湍流统计特性的影响无疑是很重要的，例如来流的湍流度对绕流物面上的平均切应力和平均传热系数有影响；湍流自由切变流动的入口条件对切变流动的演化也有很大影响。边界脉动对雷诺应力和标量通量的影响十分复杂，很难用解析的、实验的，或者直接数值模拟方法来确定这种关系，因而几乎不可能在雷诺统计模式中包含千变万化的边界脉动。作为一种近似，用它们的平均尺度和强度作为参数加以考虑，于是，式(9.6)简化为

$$-\langle u_i'u_j'\rangle(\boldsymbol{x},t)=\tau_{ij}[\boldsymbol{x},t;\langle\boldsymbol{u}\rangle,l(\boldsymbol{x}^{\Sigma},t),k(\boldsymbol{x}^{\Sigma},t)] \tag{9.7a}$$

$$-\langle u_i'\theta'\rangle(\boldsymbol{x},t)=\phi_i[\boldsymbol{x},t;\langle\boldsymbol{u}\rangle,l(\boldsymbol{x}^{\Sigma},t),k(\boldsymbol{x}^{\Sigma},t),\langle\theta\rangle,l_\theta(\boldsymbol{x}^{\Sigma},t),k_\theta(\boldsymbol{x}^{\Sigma},t)] \tag{9.7b}$$

$l(\boldsymbol{x}^{\Sigma},t)$和$l_\theta(\boldsymbol{x}^{\Sigma},t)$分别表示边界上速度脉动和标量脉动的平均尺度；$k(\boldsymbol{x}^{\Sigma},t)$是边界上的湍动能；$k_\theta(\boldsymbol{x}^{\Sigma},t)$是边界上的标量脉动强度，即$\langle\theta'\theta'\rangle$。

近代精细湍流模式以雷诺应力输运方程为基础，第2章已经导出不可压缩湍流的雷诺应力输运方程如下：

$$\begin{aligned}\frac{\partial\langle u_i'u_j'\rangle}{\partial t}+\langle u_k\rangle\frac{\partial\langle u_i'u_j'\rangle}{\partial x_k}=&-\langle u_i'u_k'\rangle\frac{\partial\langle u_j\rangle}{\partial x_k}-\langle u_j'u_k'\rangle\frac{\partial\langle u_i\rangle}{\partial x_k}+\left\langle\frac{p'}{\rho}\left(\frac{\partial u_i'}{\partial x_j}+\frac{\partial u_j'}{\partial x_i}\right)\right\rangle\\&-\frac{\partial}{\partial x_k}\left(\frac{\langle p'u_i'\rangle}{\rho}\delta_{jk}+\frac{\langle p'u_j'\rangle}{\rho}\delta_{ik}+\langle u_i'u_j'u_k'\rangle\right.\\&\left.-\nu\frac{\partial\langle u_i'u_j'\rangle}{\partial x_k}\right)-2v\left\langle\frac{\partial u_i'}{\partial x_k}\frac{\partial u_j'}{\partial x_k}\right\rangle\end{aligned} \tag{9.8a}$$

在雷诺应力输运方程中，待封闭项是脉动速度的3阶自相关、压强速度相关、压强变形率相关以及速度梯度相关。如果将脉动场的一般形式解式(9.5)代入方程右端的待封闭项，它们的一般形式和雷诺应力一样，将是：

$$\text{雷诺应力输运方程中待封闭项}=\text{泛函}[\boldsymbol{x},t;\langle\boldsymbol{u}\rangle,l(\boldsymbol{y}^{\Sigma},t),k(\boldsymbol{y}^{\Sigma},t)] \tag{9.8b}$$

由式(9.2)可以导出平均标量通量的输运方程：

$$\begin{aligned}\frac{\partial\langle u_i'\theta'\rangle}{\partial t}+\langle u_k\rangle\frac{\partial\langle u_i'\theta_j'\rangle}{\partial x_k}=&-\langle u_i'u_k'\rangle\frac{\partial\langle\theta\rangle}{\partial x_k}-\langle u_k'\theta'\rangle\frac{\partial\langle u_i\rangle}{\partial x_k}+\left\langle\frac{p'}{\rho}\frac{\partial\theta'}{\partial x_i}\right\rangle\\&-\frac{\partial}{\partial x_k}\left(\frac{\langle p'\theta'\rangle}{\rho}\delta_{ik}+\langle u_i'u_k'\theta'\rangle-\nu\left\langle\theta'\frac{\partial u_i}{\partial x_k}\right\rangle-\kappa u_i'\left\langle\frac{\partial\theta'}{\partial x_k}\right\rangle\right)\\&-(v+\kappa)\left\langle\frac{\partial u_i'}{\partial x_k}\frac{\partial\theta'}{\partial x_k}\right\rangle\end{aligned} \tag{9.9a}$$

如果将脉动场的一般形式解式(9.5)代入方程右端的待封闭项,它们的一般形式和雷诺应力一样,将是:

$$\text{标量输运方程中待封闭项} = \text{泛函}[\boldsymbol{x},t;\langle\boldsymbol{u}\rangle,l(\boldsymbol{y}^{\Sigma},t),k(\boldsymbol{y}^{\Sigma},t),\langle\theta\rangle,l_{\theta}(\boldsymbol{y}^{\Sigma},t),k_{\theta}(\boldsymbol{y}^{\Sigma},t)] \tag{9.9b}$$

以上分析定性地说明湍流脉动统计矩有以下性质。

(1) 原则上来说,封闭关系式不是局部的。因为脉动速度、脉动压强和脉动标量等都是偏微分方程的解,一般形式解式(9.5)包含时间和空间积分,它不是普通的代数式。建立这种一般形式的封闭方程简直太困难,所以常常采用局部平衡近似。

(2) 脉动场的一般形式解式(9.5)除了和平均速度场有关外,还隐含流场的几何边界,一般来说,所有统计矩都和流动的几何边界有关。显然,我们不可能把千变万化的流动几何边界产生的脉动场用一个解析式表达出来。这就是为什么不可能建立适用于任意湍流运动的普适统计模型的重要原因之一。

总之,湍流脉动的统计矩中包含极其丰富的脉动场的性质,但是它们不可能用解析方法表达出来。在实际建立统计模式时,我们不得不做各种近似假定,而近似假定都有自己的适用范围。所以,在应用湍流模式预测复杂流动时,常常会发生难以估计的情况:同一个模式应用于某一流动时,预测结果和实验符合很好;而在另一种流动中,数值计算结果和实验的符合程度很差。应用雷诺平均湍流模式不仅需要理性,还需要经验。

下面介绍建立湍流统计封闭关系式的基本原则,然后再介绍具体的封闭模型。

9.1.2　封闭模式方程的约束条件

湍流统计模式的基本思想是:建立高阶统计量和低阶统计量之间的关系式。例如,为了封闭雷诺方程,需要建立雷诺应力(2 阶矩)和平均速度(随机速度场的 1 阶矩)之间的关系式;为了封闭雷诺应力方程,需要建立脉动速度高阶矩和 2 阶矩(雷诺应力)之间的关系。由于脉动速度的高阶矩是张量,封闭模式是统计矩之间的张量关系式。如果确认,在一定近似条件下的封闭关系式是某种客观的物理性质,那么张量关系的封闭式必须满足物理关系的客观性原则。

1. 张量函数的可表性原则

湍流统计方程中的不封闭量是张量,如雷诺应力是 2 阶张量,它们又是其他向量或张量(如:平均速度或平均速度梯度)的函数,这时封闭方程必须符合张量函数的运算规则。这些规则在第 3 章已经介绍过,本章不再重复,更详细的陈述可见 Lumley(1978)的文章。

2. 关于参照系统的不变性原则

作为一种客观的物理关系式,像流体层流运动的本构方程一样,封闭方程应当和参照坐标系无关。

3. 真实性原则

封闭模式方程是由一些假设或近似关系导出,在构造模式时可能引进和流动基本方程不相符的因素,于是,应用模式计算平均流动时可能出现一些违反真实流动基本性质的结果。为了避免这种现象,模式必须满足流动真实性的约束。

首先,湍流脉动的平方值$\langle u'^2_1\rangle$,$\langle u'^2_2\rangle$,$\langle u'^2_3\rangle$(也是雷诺正应力的负值)都必须大于零,如果数值计算过程中,上述量出现负值,这种结果是非物理的。为了保证真实性物理条件,在数值计算时可以附加简单的约束条件,例如:

$$\text{当}\langle u'^2_i\rangle \leqslant 0\text{ 时,令}\langle u'^2_i\rangle = 0\text{ 和}\frac{\partial\langle u'^2_i\rangle}{\partial t}\geqslant 0 \tag{9.10}$$

此外,根据 Schwartz 不等式,还应有

$$|\langle u'_i u'_j\rangle| \leqslant (\langle u'^2_i\rangle\langle u'^2_j\rangle)^{1/2} \tag{9.11a}$$

$$|\langle u'_i\theta'\rangle| \leqslant (\langle u'^2_i\rangle\langle\theta'^2\rangle)^{1/2} \tag{9.11b}$$

真实性的约束应当在建立模式时就予以检验。

4. Lumley 曲边三角形

雷诺应力是 2 阶对称张量,它的对角线之和(张量迹)是湍动能的两倍,就是说,它是正定的 2 阶对称张量。正定的 2 阶对称张量具备固有的特性,Lumley(1978)用无量纲雷诺偏应力的不变量表示雷诺应力的固有特性,称作 Lumley 曲边三角形。

雷诺偏应力张量的定义为

$$b_{ij} = \frac{\langle u'_i u'_j\rangle}{\langle u'_i u'_i\rangle} - \frac{1}{3}\delta_{ij} \tag{9.12}$$

众所周知,2 阶对称张量有三个不变量:分别是它的迹、它的平方与立方的迹。显然,b_{ij} 的迹等于零,它的平方的迹和立方的迹分别等于 $b_{ij}b_{ji}$ 和 $b_{ij}b_{jk}b_{ki}$。雷诺偏应力张量都可以用这三个不变量表示,为此定义变量 η,ξ 如下:

$$6\eta^2 = -2\,\mathrm{II}_b = b_{ij}b_{ji} \tag{9.13}$$

$$6\xi^3 = 3\,\mathrm{III}_b = b_{ij}b_{jk}b_{ki} \tag{9.14}$$

II_b 和 III_b 表示雷诺偏应力张量第 2 和第 3 不变量。无量纲偏应力张量还可以用它的主应力表示,设它的第一主应力为 λ_1,第二主应力为 λ_2,第三主应力等于 $-(\lambda_1+\lambda_2)$(因为 $b_{ii}=0$)。于是变量 η,ξ 可表示为

$$\eta^2 = \frac{1}{3}(\lambda_1^2+\lambda_1\lambda_2+\lambda_2^2) \tag{9.15}$$

$$\xi^3 = -\frac{1}{2}\lambda_1\lambda_2(\lambda_1+\lambda_2) \tag{9.16}$$

利用雷诺偏应力张量的不变量或主应力可以分析它的约束条件。

(1) 各向同性湍流

各向同性湍流中,雷诺应力张量等于:$\langle u'^2_1\rangle=\langle u'^2_2\rangle=\langle u'^2_3\rangle=\langle u'_i u'_i\rangle/3$,因此它的偏应力张量等于零:$b_{ij}=0$。于是 $\lambda_1=\lambda_2=\lambda_3=0$,即

$$\eta = 0,\quad \xi = 0 \tag{9.17}$$

在 η,ξ 的特征值平面上,各向同性湍流位于原点,如图 9-1 所示。

(2) 轴对称湍流的雷诺应力

假定雷诺主应力的对称轴位于 x_3 方向,则雷诺应力为:$\langle u'^2_1\rangle=\langle u'^2_2\rangle\neq\langle u'^2_3\rangle$。它的三个主应力等于:$\lambda_1=\lambda_2$,$\lambda_3=-(\lambda_1+\lambda_2)$,于是

$$\eta^2 = \lambda_1^2,\quad \xi^3 = -\lambda_1^3$$

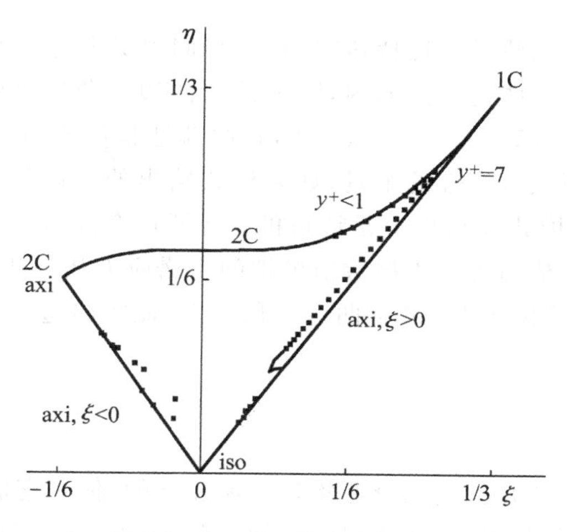

图 9-1　Lumley 曲边三角形

（● 是直槽湍流直接数值模拟的雷诺应力状态；■ 是湍流混合层试验测量的雷诺应力状态；实线对应于几种特殊的湍流状态；axi 表示轴对称湍流；2C 表示 2 维湍流；iso 表示各向同性湍流）

即

$$\eta = \pm \xi \tag{9.18}$$

上式表明，轴对称湍流的雷诺偏应力张量位于 $\eta = +\xi$ 和 $\eta = -\xi$ 的直线上。

（3）二维湍流

二维湍流的雷诺正应力只有两个分量，雷诺主应力也只有两个分量，对这种湍流，在特征值平面(η,ξ)上为如下的曲线：

$$\eta = \left(\frac{1}{27} + 2\xi^3\right)^{1/2} \tag{9.19}$$

上式证明如下。一般的雷诺应力张量行列式的值等于

$$D = \langle \tilde{u}_1^2 \rangle \langle \tilde{u}_2^2 \rangle \langle \tilde{u}_3^2 \rangle$$

上式中$\tilde{u}_i$ 是应力张量主轴方向的脉动速度，它们和偏应力张量有如下关系：

$$\frac{\langle \tilde{u}_1^2 \rangle}{\langle \tilde{u}_i \tilde{u}_i \rangle} = \tilde{b}_{11} - \frac{1}{3} = \lambda_1 - \frac{1}{3}$$

$$\frac{\langle \tilde{u}_2^2 \rangle}{\langle \tilde{u}_i \tilde{u}_i \rangle} = \tilde{b}_{22} - \frac{1}{3} = \lambda_2 - \frac{1}{3}$$

$$\frac{\langle \tilde{u}_3^2 \rangle}{\langle \tilde{u}_i \tilde{u}_i \rangle} = \tilde{b}_{33} - \frac{1}{3} = \lambda_3 - \frac{1}{3} = -\lambda_1 - \lambda_2 - \frac{1}{3}$$

将它们代入 $D = \langle \tilde{u}_1^2 \rangle \langle \tilde{u}_2^2 \rangle \langle \tilde{u}_3^2 \rangle$，得

$$D = \langle \tilde{u}_1^2 \rangle \langle \tilde{u}_2^2 \rangle \langle \tilde{u}_3^2 \rangle = \frac{1}{27}(1 - 27\eta^2 + 54\xi^3)$$

对于二维湍流，行列式 D 必等于零。于是雷诺偏应力张量在(η,ξ)的特征值平面上位于 $\eta = (1/27 + 2\xi^3)^{1/2}$ 的曲线上。

图 9-1 展示了 η,ξ 特征值平面上轴对称湍流和二维湍流的雷诺偏应力张量的曲线，它们组成一个曲边三角形①，并称为 Lumley 曲边三角形。

---

① Lumley (1978)应用偏应力张量不变量 II_b，III_b 作为自变量构成特征平面，他的曲边三角形的一边是曲线，另外两边是直线。

轴对称湍流和二维湍流是两种特殊的湍流,它们组成曲边三角形的边界。一般三维湍流的偏应力状态必须位于曲边三角形内,因为位于曲边三角形外的 η,ξ 值所对应的偏应力特征值或是复数,或者不满足 $\lambda_1+\lambda_2+\lambda_3=0$,它们都是非物理的。Lumley 曲边三角形给出了一种检验湍流统计模式真实性的工具,如果模式给出的雷诺偏应力张量的特征量 η,ξ 位于曲边三角形内,这种模式在物理上是许可的;特征量在曲边三角形外的模式一定是错误的。图 9-1 中还收集了槽道湍流直接数值模拟的雷诺应力状态和湍流混合层试验测量的雷诺应力状态,这些结果都位于 Lumley 曲边三角形中,证实曲边三角形是真实流动的雷诺应力的边界。

5. 渐近性原则

湍流的一般封闭模式是针对三维非均匀湍流建立的,但是它们应当符合简单湍流(如各向同性湍流)的性质。就是说,当湍流退化为简单的均匀湍流情况时,由封闭模式导出的结果应当和理论、实验,或直接数值模拟结果一致。渐近性原则往往用来确定封闭模式中的系数。

9.2 湍流涡粘模式

涡粘模式是目前工程中常用的模式,它的表达式和分子粘性类似,因此比较容易将 N-S 方程数值解法推广到雷诺平均方程的计算中来。

9.2.1 不可压缩湍流的代数涡粘模式

1. 不可压缩湍流的线性涡粘模式的一般形式

如果假定:雷诺应力的泛函公式是关于平均速度梯度的线性代数关系式,而来流的湍流特性以参数形式(它的尺度和强度)包含在线性关系式的涡粘系数中,则不可压缩湍流的雷诺应力封闭关系式可写作:

$$-\langle u'_i u'_j \rangle = \nu_t \left(\frac{\partial \langle u_i \rangle}{\partial x_j} + \frac{\partial \langle u_j \rangle}{\partial x_i} \right) - \frac{1}{3} \delta_{ij} \langle u'_i u'_i \rangle \tag{9.20}$$

同理,标量输运的封闭关系式为

$$-\langle u'_i \theta' \rangle = \kappa_t \frac{\partial \langle \theta \rangle}{\partial x_i} \tag{9.21}$$

公式中 ν_t,κ_t 分别称作湍流附加粘性系数和扩散系数,它最早由 Boussinesq 提出,现在习惯称为涡粘系数(eddy viscosity)和涡扩散系数(eddy diffusivity)。涡粘系数和涡扩散系数不是物性系数,而是和湍流运动状态有关的系数。不难验证式(9.20)和式(9.21)满足张量可表性和刚性坐标系中的不变性。由于平均变形率张量也是张量迹等于零的 2 阶对称张量,它和雷诺偏应力张量有相同的性质,因此,涡粘模式符合 Lumley 曲边三角形的条件。当 $\nu_t>0$时,湍动能耗散总是正的,所以它符合热力学的熵增原理。

2. 混合长度模式

混合长度模式是基于分子运动的比拟,在二维剪切层中导出的。混合长度 l 类比分子

运动自由程，在历经混合长度的横向距离上，脉动速度正比于混合长度和流向平均速度梯度之乘积，即

$$u' \propto l \left| \frac{\partial \langle u \rangle}{\partial y} \right| \tag{9.22}$$

而涡粘系数应当正比于脉动速度和混合长度之积（分子粘性系数正比于分子自由程和分子热运动速度之积），从而涡粘系数有如下的估计式：

$$\nu_t \propto u'l \propto l^2 \left| \frac{\partial \langle u \rangle}{\partial y} \right| \tag{9.23}$$

在湍流输运中，涡粘系数和涡扩散系数之比定义为湍流普朗特数 Pr_t，即

$$Pr_t = \nu_t / \kappa_t \tag{9.24}$$

工程计算中通常采用 $Pr_t = 0.6 \sim 1.0$。

给定混合长度表达式后，构成雷诺应力的混合长度模式。

在边界层的近壁区，应用量纲分析，混合长度和离壁面的距离成正比：

$$l = \kappa y \tag{9.25}$$

$\kappa = 0.4$，即熟知的 Karman 常数。利用混合长度模式，可以导出湍流边界层中平均速度的对数律（见第 4 章）。在自由剪切湍流中，混合长度和剪切层的位移厚度成正比。

在一般三维湍流中，Smagorinsky(1963)建议涡粘系数公式为

$$\nu_t = l^2 (2S_{ij}S_{ij})^{1/2} \tag{9.26}$$

由于代数涡粘模式应用很方便，在早期简单的混合长度模式建立以后，各种其他形式的代数涡粘模式相继问世。目前，在工程上广泛应用的代数涡粘模式是 Baldwin-Lomax 模式。

3. Baldwin-Lomax 模式

Baldwin-Lomax (1978)模式适用于湍流边界层。它的主要改进有：①采用分区的涡粘公式；②用涡量取代变形率；③对混合长度做近壁修正。具体公式将湍流边界层分成内层和外层，并分别给出涡粘表达式：

$$\nu_t = \begin{cases} (\nu_t)_{\text{inn}}, & y \leqslant y_c \\ (\nu_t)_{\text{out}}, & y > y_c \end{cases} \tag{9.27}$$

式中 y_c 是内外层涡粘系数相等的坐标。内层的涡粘公式为

$$(\nu_t)_{\text{inn}} = l^2 \Omega \tag{9.28}$$

$\Omega = |\Omega_i \Omega_i|^{1/2}$ ($\Omega_i = \varepsilon_{ijk} \partial \langle u_k \rangle / \partial x_j$)是当地的涡量绝对值；$l$ 是考虑壁面修正的混合长度：

$$l = \kappa y [1 - \exp(-y^+ / A^+)]$$

$\kappa = 0.4$，是 Karman 常数，$A^+ = 26$，$y^+ = u_\tau y / \nu_w$。ν_w 是壁面处的流体运动粘性系数，$u_\tau = \sqrt{\tau_w / \rho}$ 是壁面摩擦速度。

外层的涡粘系数公式为

$$(\nu_t)_{\text{out}} = CF_{\text{wake}} F_{\text{kleb}}(y) \tag{9.29}$$

式中，

$$F_{\text{wake}} = \min(y_{\max} F_{\max}, C_{wk} y_{\max} U_{\text{dif}}^2 / F_{\max})$$

F_{wake} 称为尾流函数，$F_{\max}$ 和 $y_{\max}$ 分别是函数 $F(y) = y\Omega[1 - \exp(-y^+ / A^+)]$ 的最大值和最大值的坐标；U_{dif} 是平均速度剖面上最大速度和最小速度之差。$F_{\text{kleb}}(y)$ 是边界层外层的间歇

性修正，称为 Klebanoff 间歇函数：

$$F_{\text{kleb}} = [1 + 5.5(C_{\text{kleb}} y / y_{\max})^6]^{-1}$$

以上公式中的模式常数列于表 9.1。

表 9.1　Baldwin-Lomax 模式中的模式常数

C	C_{kleb}	C_{wk}
0.026 68	0.3	0.25

4. 关于代数涡粘模式的评价

代数模式的最大优点是计算量少，只要附加粘性模块，就可以利用通常的 Navier-Stokes 数值计算程序，所以它是最受工程师们欢迎的方法。代数模式没有普适性，不过它比较容易针对特定的流动状态做各种修正。比如，Baldwin-Lomax 模式主要适用于小曲率的湍流边界层。对于有压强梯度和曲率的湍流边界层，可以在混合长度上加以修正(Bradshaw 等，1978)。除了 Baldwin-Lomax (1978)模式和它的改进形式(Baldwin 等，1991)外，目前工程常用的代数涡粘模式还有 Cebeci-Smith (1974)，Johnson-King (1984)和 Wilcox (1988)等提出的模式。本书不打算引用代数涡粘模式的计算实例，有兴趣的读者可以参阅第一次 Stanford 会议文集(Kline 等，1968)，在这本文集中有丰富的算例比较。总的结论是，在简单的二维薄层湍流中，代数模式的预测结果是满意的；三维复杂湍流情况，应用代数模式基本上不能获得满意的结果。

代数涡粘模式的基本假定是局部平衡，代数表达式中雷诺应力或标量通量只和当时当地的平均变形率、平均标量梯度有关。代数模式完全忽略湍流统计量之间关系的历史效应，而历史效应很难做局部的修正，因此发展包含历史效应的模式是必要的，常用的 k-ε 模式包含部分历史效应，成为目前工程湍流计算的主要封闭模式。

9.2.2　标准 k-ε 模式

1. 模型方程

k-ε 模式是在涡粘模式的基础上发展起来的，它和代数模式的主要区别是在于 k-ε 模式的涡粘系数包含部分历史效应。具体来说，它把涡粘系数和湍动能及湍动能耗散联系在一起，用量纲分析，涡粘系数可以写成：

$$\nu_t = C_\mu \frac{k^2}{\varepsilon} \tag{9.30}$$

C_μ 是无量纲系数。用量纲分析导出的式(9.30)有一定的物理依据。湍涡粘度应当和含能涡的特征速度、特征长度有关，即 $\nu_t \sim u'l$，u' 是含能涡的特征速度，即 $u' \sim \sqrt{k}$；而含能涡向小尺度涡的能量传递率等于 ε，因此含能涡的特征长度 $l = \frac{k^{3/2}}{\varepsilon}$，用含能涡的特征速度和特征长度代入湍涡粘度公式，就得式(9.30)。在 k-ε 模式中，k 和 ε 则分别用它们的输运方程给出，湍动能输运方程为(详见第 2 章)

$$\frac{\partial k}{\partial t} + \langle u_k \rangle \frac{\partial k}{\partial x_k} = -\langle u'_i u'_k \rangle \frac{\partial \langle u_i \rangle}{\partial x_k} - \frac{\partial}{\partial x_k}\left(\frac{\langle p' u'_k \rangle}{\rho} + \langle k' u'_k \rangle - \nu \frac{\partial k}{\partial x_k}\right) - \nu\left(\frac{\partial u'_i}{\partial x_k}\frac{\partial u'_i}{\partial x_k}\right)$$

在第 2 章中，已经详细解释过湍动能输运方程的物理意义。右端第一项是生成项 P_k，它没有引入新的未知量，不需要做模型，将式(9.20)代入生成项，它等于：

$$P_k = 2\nu_t \langle S_{ik} \rangle \frac{\partial \langle u_i \rangle}{\partial x_k} \tag{9.31}$$

第二项是扩散项，除了湍动能的分子扩散项：$\nu \partial^2 k / \partial x_k \partial x_k$ 不需要做封闭模式，脉动压强速度相关项和湍动能输运项需要建立模式，最简单的扩散模式是线性梯度形式，它的扩散系数等于 ν_t / σ_k，于是梯度型的扩散模式可以写作

$$-\left(\frac{\langle p' u'_k \rangle}{\rho} + \langle k' u'_k \rangle\right) = \frac{\nu_t}{\sigma_k} \frac{\partial k}{\partial x_k} \tag{9.32}$$

最后一项是湍动能耗散率 ε，它用耗散方程予以封闭。由湍流脉动方程可以导出湍动能耗散率的输运方程如下：

$$\begin{aligned}
&\frac{\partial \varepsilon}{\partial t} + \langle u_k \rangle \frac{\partial \varepsilon}{\partial x_k} \\
&= -2\nu \frac{\partial \langle u_i \rangle}{\partial x_k} \left\langle \frac{\partial u'_i}{\partial x_j} \frac{\partial u'_k}{\partial x_j} \right\rangle - 2\nu \frac{\partial \langle u_i \rangle}{\partial x_k} \left\langle \frac{\partial u'_j}{\partial x_i} \frac{\partial u'_j}{\partial x_k} \right\rangle - 2\nu \frac{\partial^2 \langle u_i \rangle}{\partial x_k \partial x_j} \left\langle u'_k \frac{\partial u'_i}{\partial x_j} \right\rangle - 2\nu \left\langle \frac{\partial u'_i}{\partial x_k} \frac{\partial u'_i}{\partial x_j} \frac{\partial u'_k}{\partial x_j} \right\rangle \\
&\quad - \nu \frac{\partial}{\partial x_k} \left\langle u'_k \frac{\partial u'_i}{\partial x_j} \frac{\partial u'_i}{\partial x_j} \right\rangle - 2\nu \frac{\partial}{\partial x_k} \left\langle \frac{\partial p'}{\partial x_j} \frac{\partial u'_k}{\partial x_j} \right\rangle - 2\nu^2 \left\langle \frac{\partial^2 u'_i}{\partial x_j \partial x_k} \frac{\partial u'_i}{\partial x_j \partial x_k} \right\rangle - v \frac{\partial^2 \varepsilon}{\partial x_i \partial x_i}
\end{aligned} \tag{9.33}$$

湍动能耗散率方程的形式较湍动能方程复杂得多，仔细分析右端项，它包含四部分：最前面四项是耗散率的生成项，其中前三项由大涡拉伸产生(都含有平均速度梯度项)，第四项由小涡拉伸造成；第二部分：右端的第五、第六项是由湍流输运和压强作用产生的湍动能耗散率的扩散项(都是梯度的形式)；第三部分：右端的第七项是湍动能耗散率的消耗项(或者称耗散的"耗散项")，它使湍动能耗散值减小；最后一项是湍动能耗散的分子扩散项。也就是说湍动能耗散率输运方程的源项也是由三种物理机制组成：生成、扩散和耗散。

湍动能耗散的机制十分复杂，对它的方程做逐项模化几乎是不可能的。应当说，在湍流模式中，湍动能耗散是最难构造准确模型的。通常采用的 ε 模式是依据类比方法，基本思想是湍动能耗散的生成、扩散以及耗散等项与湍动能方程中的对应项(生成、扩散和耗散)有类似的机制和公式。具体来说，引入以下公式：

$$\text{湍动能耗散率的生成项} = C_{1\varepsilon} \frac{\varepsilon}{k} \times \text{湍动能生成项}$$

$$\text{湍动能耗散的梯度扩散} = \frac{\nu_t}{\sigma_\varepsilon} \frac{\partial \varepsilon}{\partial x_i}$$

$$\text{湍动能耗散的消耗项} = C_{2\varepsilon} \frac{\varepsilon}{k} \times \text{湍动能耗散项} = C_{2\varepsilon} \frac{\varepsilon^2}{k}$$

将湍动能和湍动能耗散的生成、扩散和耗散(或消耗项)分别代入 k-ε 方程，得封闭方程为

$$\frac{\partial k}{\partial t} + \langle u_k \rangle \frac{\partial k}{\partial x_k} = 2\nu_t \langle S_{ij} \rangle \frac{\partial \langle u_i \rangle}{\partial x_j} - \frac{\partial}{\partial x_k}\left[\left(\nu + \frac{\nu_t}{\sigma_k}\right)\frac{\partial k}{\partial x_k}\right] - \varepsilon \tag{9.34}$$

$$\frac{\partial \varepsilon}{\partial t} + \langle u_k \rangle \frac{\partial \varepsilon}{\partial x_k} = C_{1\varepsilon} \frac{\varepsilon}{k}\left[2\nu_t \langle S_{ij} \rangle \frac{\partial \langle u_i \rangle}{\partial x_j}\right] - \frac{\partial}{\partial x_k}\left[\left(\nu + \frac{\nu_t}{\sigma_\varepsilon}\right)\frac{\partial \varepsilon}{\partial x_k}\right] - C_{2\varepsilon} \frac{\varepsilon^2}{k} \tag{9.35}$$

2. 模型方程的常数

应用渐近性原则确定模型方程中各个系数,原理是模式预测的简单流动结果应当和直接数值模拟或实验结果一致。

(1) C_μ 的确定

在简单的定常准平行剪切湍流中,如混合层或零压强梯度湍流边界层的等应力区(详见第4章),湍动能生成和耗散平衡,即有

$$-\langle u'v'\rangle \frac{\mathrm{d}\langle u\rangle}{\mathrm{d}y} = \varepsilon$$

根据涡粘模式 $-\langle u'v'\rangle = C_\mu \frac{k^2}{\varepsilon}\frac{\mathrm{d}\langle u\rangle}{\mathrm{d}y}$,因此有

$$C_\mu = \frac{\langle u'v'\rangle^2}{k^2}$$

在湍流边界层的等应力区中 $\langle u'v'\rangle/k \sim 0.3$(见第4章),所以:$C_\mu = 0.09$。

(2) $C_{2\varepsilon}$ 的确定

利用格栅湍流的衰减指数,可以确定 $C_{2\varepsilon}$。均匀湍流的湍动能和湍动能耗散方程可以简化为

$$\mathrm{d}k/\mathrm{d}t = -\varepsilon$$
$$\mathrm{d}\varepsilon/\mathrm{d}t = -C_{2\varepsilon}\varepsilon^2/k$$

均匀湍流的衰减符合指数律,$k \sim t^{-n}$,由湍动能方程可得 $\varepsilon \sim -nt^{-n-1}$,将它们代入湍动能耗散方程,得

$$C_{2\varepsilon} = (n+1)/n$$

在格栅湍流实验中测得衰减指数 n 约为 1.2~1.3,将该衰减率代入上式,并经过修正后得

$$C_{2\varepsilon} = 1.92$$

(3) $C_{1\varepsilon}$ 和 σ_ε 的确定

利用壁湍流和均匀剪切湍流的已有结果,可以确定 $C_{1\varepsilon}$ 和 σ_ε。在壁湍流等应力区中,平均速度是对数分布 $\langle u\rangle = u_\tau \ln y/\kappa + c$,雷诺应力表达式为

$$-\langle u'v'\rangle = u_\tau^2 = \nu_T \frac{\partial\langle u\rangle}{\partial y} = C_\mu \frac{k^2}{\varepsilon}\frac{u_\tau}{\kappa y}$$

消去 u_τ 后,得耗散率的表达式:

$$\varepsilon = C_\mu \frac{k^2}{u_\tau \kappa y} \tag{9.36a}$$

另一方面,等应力区中,湍动能生成和耗散平衡,有以下等式:

$$\varepsilon = P_k = -\langle u'v'\rangle \frac{\partial u}{\partial y} = \nu_T\left(\frac{\partial\langle u\rangle}{\partial y}\right)^2 = C_\mu \frac{k^2}{\varepsilon}\frac{u_\tau^2}{(\kappa y)^2}$$

由上式还可得耗散率的另一表达式:

$$\varepsilon = \frac{C_\mu^{1/2} k u_\tau}{\kappa y} \tag{9.36b}$$

将式(9.36a)和(9.36b)相乘,得

$$\varepsilon = \frac{C_\mu^{3/4} k^{3/2}}{\kappa y} \tag{9.36c}$$

在对数层中，雷诺应力和湍动能近似为常数，湍动能耗散的流向梯度近似为零，生成项和耗散项平衡，于是，有湍动能耗散的输运方程为

$$0=\frac{\mathrm{d}}{\mathrm{d}y}\left(\frac{\nu_T}{\sigma_\varepsilon}\frac{\mathrm{d}\varepsilon}{\mathrm{d}y}\right)+C_{1\varepsilon}\frac{\varepsilon^2}{k}-C_{2\varepsilon}\frac{\varepsilon^2}{k}$$

将式(9.36c)代入上式，经简化后可得

$$C_{2\varepsilon}-C_{1\varepsilon}=\frac{\kappa^2}{\sigma_\varepsilon\sqrt{C_\mu}} \tag{9.36d}$$

还需要一个方程来确定 $C_{1\varepsilon}$ 和 σ_ε。可以利用均匀剪切湍流的实验结果来获得 $C_{1\varepsilon}$ 和 σ_ε 间的另一关系式，均匀剪切湍流场中，湍流统计量的空间导数等于零，因此它的 k-ε 方程可以简化为

$$\frac{\mathrm{d}k}{\mathrm{d}t}=P-\varepsilon$$

$$\frac{\mathrm{d}\varepsilon}{\mathrm{d}t}=\frac{\varepsilon^2}{k}\left(C_{1\varepsilon}\frac{P}{\varepsilon}-C_{2\varepsilon}\right)$$

式中 P 是湍动能生成项 $-\langle u'v'\rangle\mathrm{d}\langle u\rangle/\mathrm{d}y$，实验和直接数值模拟都证实：均匀剪切湍流中 k/ε 逐渐趋向于常数，即 $\left[\frac{\mathrm{d}}{\mathrm{d}t}\left(\frac{k}{\varepsilon}\right)\right]_{t\to\infty}=0$，将上面两式代入后可得

$$C_{1\varepsilon}=1+\frac{C_{2\varepsilon}-1}{P/\varepsilon} \tag{9.36e}$$

在均匀剪切湍流中 P/ε 趋向于常数 1.4（参见 Townsend，1976）。于是，由式(9.36d)和(9.36e)可以估算 $C_{2\varepsilon}$ 和 σ_ε 的值，经修正后，建议采用：

$$C_{1\varepsilon}=1.44,\quad \sigma_\varepsilon=1.3$$

湍动能扩散发生在非均匀湍流场中，很难在简单的湍流中确定湍动能扩散系数 σ_k，假定湍动能传输和动量传输以相同的机制进行，最简单的模型假定是

$$\sigma_k=1$$

以上的模式常数汇总于表 9.2，这组模式常数由 Launder 和 Spalding (1974)最早建议的，并称为标准 k-ε 的模式常数。

表 9.2　k-ε 的模式常数

C_μ	σ_k	σ_ε	$C_{1\varepsilon}$	$C_{2\varepsilon}$
0.09	1.0	1.3	1.44	1.92

3. 标量的 k_θ-ε_θ 模式

定义标量能量 $k_\theta=\langle\theta'\theta'\rangle/2$，可建立标量能量 k_θ 的微分输运方程：

$$\frac{\partial k_\theta}{\partial t}+\langle u_k\rangle\frac{\partial k_\theta}{\partial x_k}=\kappa_t\frac{\partial\langle\theta\rangle}{\partial x_j}\frac{\partial\langle\theta\rangle}{\partial x_j}-\frac{\partial}{\partial x_k}\left[\left(\kappa+\frac{\kappa_t}{\sigma_\theta}\right)\frac{\partial k_\theta}{\partial x_k}\right]-\varepsilon_\theta \tag{9.37}$$

κ_t 是涡扩散系数，在 k_θ-ε_θ 模式中，它等于：

$$\kappa_t=C_t k\sqrt{\left(\frac{k}{\varepsilon}\frac{k_\theta}{\varepsilon_\theta}\right)} \tag{9.38}$$

$\varepsilon_\theta=\nu\langle\partial\theta'/\partial x_j\partial\theta'/\partial x_j\rangle$ 是标量输运的耗散项，类似湍动能耗散的模型方程，它的输运方程为

$$\frac{\partial \varepsilon_\theta}{\partial t}+\langle u_k\rangle\frac{\partial \varepsilon_\theta}{\partial x_k}=-C_{\theta1}\frac{\varepsilon_\theta}{k_\theta}\langle u'_i\theta'\rangle\frac{\partial\langle\theta\rangle}{\partial x_j}-\frac{\partial}{\partial x_j}\left[\left(\kappa+\frac{\kappa_t}{\sigma_{\varepsilon_\theta}}\right)\frac{\partial \varepsilon_\theta}{\partial x_j}\right]-C_{\theta2}\frac{\varepsilon_\theta^2}{k_\theta}$$
$$-C_{\theta3}\langle u'_i u'_j\rangle\frac{\partial\langle u_i\rangle}{\partial x_j}\frac{\varepsilon_\theta}{k}+C_{\theta4}\frac{\varepsilon\varepsilon_\theta}{k}+\kappa\frac{\partial^2\varepsilon_\theta}{\partial x_j\partial x_j} \tag{9.39}$$

式(9.39)中标量通量$-\langle u'_i\theta'\rangle=\kappa_t\partial\langle\theta\rangle/\partial x_i$。与 k-ε 模式类似,k_θ-ε_θ 模式常数用简单湍流场的标量输运实验确定,详见 Nagano 和 Kim(1988)的文章,他们推荐的模式系数列于表 9.3。

表 9.3 $\langle\theta^2\rangle$-ε_θ模式常数

C_t	$C_{\theta1}$	$C_{\theta2}$	$C_{\theta3}$	$C_{\theta4}$	$\sigma_{\varepsilon\theta}$
0.11	1.8	2.2	0.72	0.8	1.0

4. 关于标准 k-ε 模式的评价

标准 k-ε 模式问世以后,在 20 世纪 70 年代人们曾对它寄予很大希望,第二次 Stanford 会议(Kline,1982)汇集了当时的经验。主要结论是:标准 k-ε 模式可以计算比较复杂的湍流,但是在定量结果方面并没有比代数涡粘模式有明显的优势。例如,图 9-2 给出绕后台阶流动的结果,这是第二次 Stanford 会议的主要考核算例之一。计算的流向再附距离等于 $5.7H$(H 是台阶高度),而实验结果是 $9.0H$,误差达 20%;湍流强度的预测误差也在 20%左右。

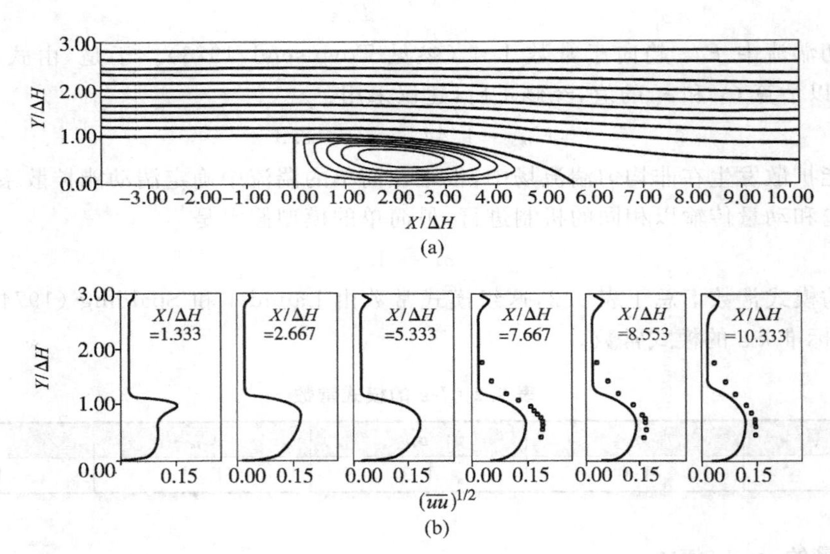

图 9-2 标准 k-ε 模式计算的绕后台阶流动

(a) 平均流线;(b) 湍流度分布

(实线:计算,Speziale 等,1988;虚线:实验,Kim,1980)

标准 k-ε 模式的主要缺点是:①标准 k-ε 模式假定雷诺应力和当时当地的平均切变率成正比,所以它不能准确反映雷诺应力沿流向的历史效应;②标准 k-ε 模式的涡粘系数是标量,不能反映雷诺正应力的各向异性,尤其是近壁湍流,雷诺正应力具有明显的各向异性,例如,方管湍流中的二次流是由于雷诺正应力之差产生的,标准 k-ε 模式不能正确表达雷诺正应力，因此不能预测到方管湍流的二次流；③标准 k-ε 模式不能反映平均涡量的影响，而平均涡量对雷诺应力的分布有影响，特别是在湍流分离流中，这种影响是十分重要的。

虽然 k-ε 模式的计算量大于代数涡粘模式，随着近代计算机的发展，这一点已不是障碍。如果能够克服标准 k-ε 模式缺点，它将有更好的预测结果。因此，在标准 k-ε 模式（又称线性 k-ε 模式）基础上，发展了近代的非线性的 k-ε 模式。其中有重整化群 k-ε 模式（Yakhot 和 Orszag，1986）以及 Speziale（1991）的非线性 k-ε 模式。重整化群 k-ε 模式基于多尺度随机过程的重整化思想，在高雷诺数的极限情况下，重整化群 k-ε 模式和标准 k-ε 模式有相同的公式，但是模式常数由重整化群理论算出：$C_\mu=0.0837$，$C_{1\varepsilon}=1.063$，$C_{2\varepsilon}=1.7215$，$\sigma_k=0.7179$，$\sigma_\varepsilon=0.7179$。重整化群 k-ε 模式是一种理性的模式，原则上，它不需要经验常数；但是，实践结果发现重整化群的理论得到的系数 $C_{1\varepsilon}=1.063$ 会在湍动能耗散方程中产生奇异性。具体来说，在均匀剪切湍流中会导致湍动能增长率过大（Speziale 等，1991），因此重整化群 k-ε 模式还需要进一步研究。导出重整化群 k-ε 模式需要冗长的数学演算，有兴趣的读者可参见 Yakhot 和 Orszag（1986）的原文。下面简要地介绍 Speziale（1991）用理性力学方法导出的非线性 k-ε 模式。

9.2.3　非线性 k-ε 模式

应用理性力学中建立流体本构关系的方法，把雷诺应力用平均速度梯度展开到2阶近似，根据张量函数的可表性和参照坐标不变性原则，并以 k、ε 参数化，可得如下的二次式：

$$
\begin{aligned}
-\langle u_i'u_j'\rangle = & -\frac{2}{3}k\delta_{ij}+C_\mu\frac{k^2}{\varepsilon}\langle S_{ij}\rangle+\alpha_1\frac{k^3}{\varepsilon^2}\left(\langle S_{ik}\rangle\langle S_{kj}\rangle-\frac{1}{3}\langle S_{mn}\rangle\langle S_{mn}\rangle\delta_{ij}\right)\\
& -\alpha_2\frac{k^3}{\varepsilon^2}\left(\langle\omega_{ik}\rangle\langle\omega_{kj}\rangle-\frac{1}{3}\langle\omega_{mn}\rangle\langle\omega_{mn}\rangle\delta_{ij}\right)-\alpha_3\frac{k^3}{\varepsilon^2}\left(\langle S_{ik}\rangle\langle\omega_{jk}\rangle+\langle S_{jk}\rangle\langle\omega_{ik}\rangle\right)\\
& +\alpha_5\frac{k^3}{\varepsilon^2}\left(\frac{\partial\langle S_{ij}\rangle}{\partial t}+\langle u_k\rangle\frac{\partial\langle S_{ij}\rangle}{\partial x_k}\right)
\end{aligned}
\tag{9.40}
$$

公式右端的前两项和标准 k-ε 模式相同，属于线性项；右端第三、四、五项是平均变形率 $\langle S_{ij}\rangle$ 和平均涡量 $\langle\omega_{ij}\rangle$（用反对称张量表示）的二次项；最后一项是变形率的质点导数。式(9.40)满足建立模式的基本原则，最后一项保证伽利略群变换的不变性，并将平均变形率历史包含在雷诺应力封闭式中。如果我们忽略最后一项，则式(9.40)可以简写为 $-\langle u_i'u_j'\rangle=A_{ijkl}\partial\langle u_k\rangle/\partial x_l$，系数张量 A_{ijkl} 是平均变形率和涡量的一次函数。因此非线性 k-ε 模式不仅仅是代数意义上的二次式，它包括了涡粘系数的各向异性、历史效应，以及平均涡量的影响。非线性 k-ε 模式是各向异性模型，以方管湍流为考核算例，它能够预测到方管湍流中的平均二次流，而标准 k-ε 模式只能预测到流向均匀的单向平均流动。以绕后台阶流动为考核算例，图 9-3 给出了计算结果，应用非线性 k-ε 模式，再附长度等于 $6.4H$，接近于实验值 $9.0H$；预测的湍流强度分布也有改善。

非线性 k-ε 模式较之标准 k-ε 模式有很大改进，线性 k-ε 模式只能适用于简单切变湍流；非线性 k-ε 模式是简单而实用的湍流模式，可以用非线性 k-ε 模式取代线性 k-ε 模式。当然，它仍然具有涡粘模式固有的缺陷，例如，没有包括雷诺应力松弛效应等。此外，在平均切变率很大的流场中 k-ε 模式有可能不满足真实性条件。例如，考察二维平行切变流动，当平均切变率 $S=\mathrm{d}U/\mathrm{d}y$ 很大时，例如：$Sk/\varepsilon>3.7$ 时真实性条件就不满足，所以必要时，需要附加

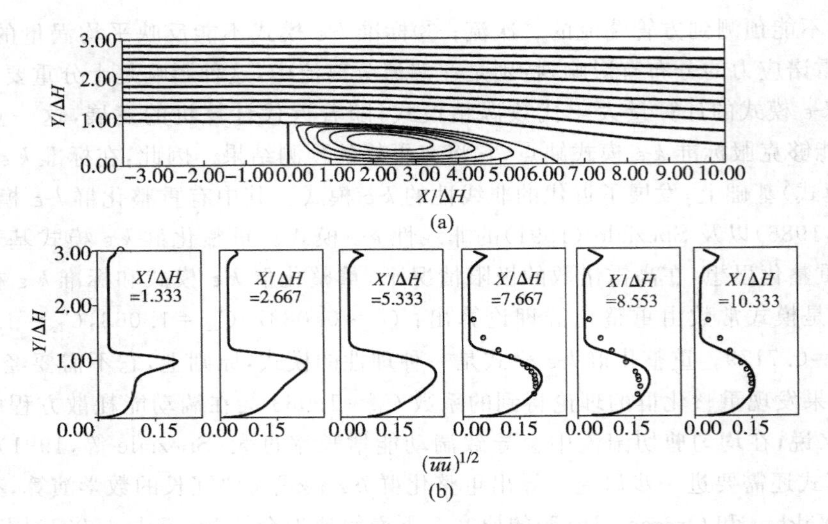

图 9-3 非线性 k-ε 模式计算的绕后台阶流动

(a) 平均流线；(b) 湍流强度分布

(实线：计算，Speziale 等，1991；虚线：实验，Kim，1980)

真实性约束。

理论上 k-ε 模式是以湍动能生成和耗散相平衡为基础的。在接近固壁处，分子粘性扩散将在湍动能平衡中起重要作用，因此在壁面附近，例如 $y^+<20$，标准 k-ε 模式或非线性 k-ε 模式都需要重新考虑。事实上，按照 k-ε 理论估计的涡粘系数公式 $\nu_t \sim k^2/\varepsilon$ 不符合近壁雷诺应力的渐近关系(详见 9.2.5 节)。

对于高雷诺数绕流，近壁湍流边界层很薄，实际数值计算时，壁面网格只能到达等应力区外缘。另一方面，从壁面到等应力区的边缘($y^+=30$)湍流统计量有剧烈的增加，任何数值方法无法在一个网格中近似这种急剧变化。这时，我们只好放弃数值积分到真实的壁面，而是在离开壁面的第一层网格上用壁函数作为边界条件，或者说，我们将雷诺方程和近壁等应力层做渐近衔接，具体计算方法如下。

9.2.4 壁函数

第 4 章曾经论述过，在固壁附近存在等应力层，等应力层中有以下的关系式，称为壁面律：

$$\frac{U}{u_\tau}=\frac{1}{\kappa}\ln\left(\frac{u_\tau y}{\nu}\right)+5.0 \quad 和 \quad \varepsilon=\frac{u_\tau^3}{\kappa y}, \quad \frac{\partial k}{\partial y}=0 \tag{9.41}$$

可以用壁面律代替固壁无滑移条件，就是将计算域的第一层网格设置在等应力层中，用上式作为边界条件。壁面剪应力的特征量是摩擦速度 u_τ，它隐含于边界条件中，在数值求解中通过迭代求出。必须指出上述壁面律只适用于附体边界层，在固壁流动分离点处不成立，因为在分离点上切应力等于零，从而摩擦速度 $u_\tau=\sqrt{|\tau_w|/\rho}=0$。

石灿兴(Shih，1999)建议一种通用的壁面律公式，他的基本思想是将 Tennekes 和 Lumley (1972)的压强壁面律公式与式(9.41)相结合构成统一的壁面律。

Tennekes 和 Lumley 采用压强梯度作为壁面速度的尺度，定义

$$u_p = [(\nu/\rho) \mid \mathrm{d}P_\mathrm{w}/\mathrm{d}x \mid]^{1/3} \tag{9.42}$$

可以称 u_p 为壁面压强梯度速度，或简称压强梯度速度。用以上速度公式作为壁面特征速度，经实验矫正后平均速度的壁面律可写作：

$$\frac{U}{u_p} = 5\ln\left(\frac{u_p y}{\nu}\right) + 8 \tag{9.43}$$

采用 u_p 作为壁面特征速度的对数律，在零压强梯度或小压强梯度的壁湍流中是不适用的。既能适用于零压强梯度有壁面摩擦应力，又能适用于有压强梯度而无摩擦应力的壁面律可以综合式(9.41)和(9.43)来构造，定义一个组合壁面速度：

$$u_\mathrm{c} = \sqrt{\frac{|\tau_\mathrm{w}|}{\rho} + \left(\frac{\nu}{\rho}\left|\frac{\mathrm{d}P_\mathrm{w}}{\mathrm{d}x}\right|\right)} \tag{9.44}$$

在零压强梯度情况下，它等于壁面摩擦速度；在分离点处它等于压强梯度速度。以 u_c 为特征速度，壁面长度尺度可定义为

$$l_\nu = \nu/u_\mathrm{c} \tag{9.45}$$

通常它远小于边界层尺度 δ，即 $l_\nu/\delta \ll 1$。

下面导出推广的壁面律。对于二维平均流动，近壁区的流向动量方程为

$$\frac{\partial}{\partial y}\left(-\langle u'v'\rangle + \nu\frac{\partial U}{\partial y}\right) = \frac{1}{\rho}\frac{\mathrm{d}P_\mathrm{w}}{\mathrm{d}x} \tag{9.46}$$

将上式积分一次，并利用壁面无滑移条件，得

$$-\langle u'v'\rangle + \nu\frac{\partial U}{\partial y} = \frac{\tau_\mathrm{w}}{\rho} + \frac{y}{\rho}\frac{\mathrm{d}P_\mathrm{w}}{\mathrm{d}x} \tag{9.47}$$

方程(9.47)是线性的，因此可以分解为两个线性方程来解，令

$$U = U_1 + U_2, \quad -\langle u'v'\rangle = -\langle u'v'\rangle_1 - \langle u'v'\rangle_2$$

令它们分别满足以下方程：

$$-\langle u'v'\rangle_1 + \nu\frac{\partial U_1}{\partial y} = \frac{\tau_\mathrm{w}}{\rho}$$

$$-\langle u'v'\rangle_2 + \nu\frac{\partial U_2}{\partial y} = \frac{y}{\rho}\frac{\mathrm{d}P_\mathrm{w}}{\mathrm{d}x}$$

在上面第一式中以 u_τ 和 ν 无量纲化，第二式以 u_p 和 ν 无量纲化，可得

$$-\frac{\langle u'v'\rangle_1}{u_\tau^2} + \frac{\partial(U_1/u_\tau)}{\partial(u_\tau y/\nu)} = \frac{\tau_\mathrm{w}}{\rho u_\tau^2}$$

$$-\frac{\langle u'v'\rangle_2}{u_p^2} + \frac{\partial(U_2/u_p)}{\partial(u_p y/\nu)} = \frac{(u_p y/\nu)}{\rho/\nu}\frac{\mathrm{d}P_\mathrm{w}}{u_p^3\mathrm{d}x}$$

将以上方程进行积分，并利用壁面无滑移条件：

$$U_1(0) = U_2(0) = 0 \quad 和 \quad \langle u'v'\rangle_1(0) = \langle u'v'\rangle_2(0) = 0$$

以及 $u_\tau = \sqrt{|\tau_\mathrm{w}|/\rho}$ 和 $u_p = [(\nu/\rho)|\mathrm{d}P_\mathrm{w}/\mathrm{d}x|]^{1/3}$，上面两个方程可以有下面形式的解：

$$\frac{U_1}{u_\tau} = f_1\left(\frac{u_\tau y}{\nu}\right), \quad \frac{-\langle u'v'\rangle}{u_\tau^2} = g_1\left(\frac{u_\tau y}{\nu}\right) \tag{9.48a}$$

$$\frac{U_2}{u_p} = f_2\left(\frac{u_p y}{\nu}\right), \quad \frac{-\langle u'v'\rangle}{u_p^2} = g_2\left(\frac{u_p y}{\nu}\right) \tag{9.48b}$$

在边界层外层，有速度亏损律，分别对 U_1 和 U_2 写出无量纲的速度亏损公式：

$$\frac{U_1-U_\infty}{u_\tau}=F_1\left(\frac{y}{\delta}\right),\quad \frac{U_2-U_\infty}{u_p}=F_2\left(\frac{y}{\delta}\right)$$

δ是边界层厚度,代表外层的特征长度。要求内层和外层的平均速度连续过渡,应当存在一个过渡区,在过渡区中平均速度导数应当相等,即应有

$$\frac{u_\tau y}{\nu}\frac{\mathrm{d}f_1}{\mathrm{d}(u_\tau y/\nu)}=\frac{y}{\delta}\frac{\mathrm{d}F_1}{\mathrm{d}(y/\delta)},\quad \frac{u_p y}{\nu}\frac{\mathrm{d}f_2}{\mathrm{d}(u_p y/\nu)}=\frac{y}{\delta}\frac{\mathrm{d}F_2}{\mathrm{d}(y/\delta)}$$

以上公式成立的充分必要条件是:两个方程都必须等于常数,令第一个方程的常数等于$1/\kappa$,第二个方程的常数等于α,则分别得到内层的平均速度积分式:

$$\frac{U_1}{u_\tau}=\frac{1}{\kappa}\ln\left(\frac{u_\tau y}{\nu}\right)+C$$

$$\frac{U_2}{u_p}=\alpha\ln\left(\frac{u_p y}{\nu}\right)+\beta$$

当$u_p=0$时,$U=U_1$,因此常数$\kappa=0.41$,$C=5.0$。同理,当$u_\tau=0$时,$U=U_2$,常数$\alpha=5.0$,$\beta=9.0$。进一步将U_1,U_2的公式用统一速度尺度u_c无量纲化,得

$$\frac{U}{u_c}=\frac{1}{\kappa}\frac{u_\tau}{u_c}\ln\left(\frac{u_c y}{\nu}\right)+C_1+\alpha\frac{u_p}{u_c}\ln\left(\frac{u_c y}{\nu}\right)+C_2 \tag{9.49}$$

式中$C_1=\frac{u_\tau}{u_c}\left[\frac{1}{\kappa}\ln\left(\frac{u_\tau}{u_c}\right)+5.0\right]$,$C_2=\frac{u_p}{u_c}\left[\alpha\ln\left(\frac{u_p}{u_c}\right)+8.0\right]$,式(9.48)就是统一壁面律,它既可以用于附壁边界层,也可以用于边界层的分离区。

壁面律的最大缺陷是难于推广到三维和复杂壁湍流,因为壁面律公式中应用了离壁面的垂直距离,它不是坐标不变量;另外,在相交壁面附近的第一个网格点上有两个壁面距离,究竟用哪个距离代入壁面律有不确定性。如果网格分辨率足够,第一层网格可以深入到粘性底层(例如,流动的雷诺数较小),就不必采用壁面律近似,但是采用k-ε模式时近壁区需要修正,因为k-ε模式不符合近壁雷诺应力性质(后文有详细证明)。近壁修正的k-ε模式称为低雷诺数k-ε模型。

9.2.5 低雷诺数修正

1. 近壁湍流脉动的渐近性质

接近壁面的湍流运动中,一方面湍流脉动由于壁面约束而下降;另一方面,分子粘性的扩散作用逐渐增强。用湍流雷诺数Re_t来表示这一特征:$Re_t=\frac{u'l}{\nu}$。公式中u'是湍流脉动特征速度,可以取为$u'=\sqrt{k}$,k是湍动能;特征长度$l=k^{3/2}/\varepsilon$,于是湍流雷诺数可以用湍动能和湍动能耗散来计算:

$$Re_t=\frac{k^2}{\nu\varepsilon} \tag{9.50}$$

显然,接近固壁处,湍动能趋向于零,而湍动能耗散是有限的,所以贴近壁面处湍流雷诺数很小,分子扩散项占较大成分;因此,高雷诺数k-ε模式必须加以修正。通常的修正方法是引入阻尼系数f_μ,将涡粘系数写成:

$$\nu_t=C_\mu f_\mu u'l$$

除了引入阻尼系数外,还需要研究在近壁区应当采用何种特征脉动速度和特征长度,它们必

须和等应力层中的 k-ε 模式衔接。

正确导出近壁低雷诺数模式的方法是对近壁湍流脉动进行渐近分析。根据固壁无滑移条件和不可压缩流体的连续方程，近壁速度脉动有以下的渐近展开式（以下公式中 x,y,z 分别表示流向，壁面的法向和展向）：

$$u_1' = 0 + b_1 y + c_1 y^2 + d_1 y^3 + \cdots \tag{9.51a}$$

$$u_2' = 0 + 0 + c_2 y^2 + d_2 y^3 + \cdots \tag{9.51b}$$

$$u_3' = 0 + b_3 y + c_3 y^2 + d_3 y^3 + \cdots \tag{9.51c}$$

式中的系数 b_i, c_i, d_i 都是 x,z,t 的函数。简单的代数运算可以导出雷诺应力、湍动能和湍动能耗散的渐近表达式：

$$-\langle u'v'\rangle = -\langle b_1 c_2\rangle y^3 + O(y^4) \tag{9.52a}$$

$$k = \frac{1}{2}[\langle b_1 b_1\rangle + \langle b_3 b_3\rangle]y^2 + O(y^3) \tag{9.52b}$$

$$\frac{\varepsilon}{\nu} = [\langle b_1 b_1\rangle + \langle b_3 b_3\rangle] + O(y) \tag{9.52c}$$

根据湍涡粘系数的定义 $-\langle u'v'\rangle = \nu_t \dfrac{\mathrm{d}U}{\mathrm{d}y}$ 和式(9.52a)，壁面附近的湍流涡粘系数应有以下的渐近估计：

$$\nu_t \sim O(y^3)$$

而根据湍动能和湍动能耗散的渐近展开式(9.52b)和(9.52c)，标准 k-ε 模式的涡粘系数的近壁估计是：$\nu_t \sim k^2/\varepsilon \sim O(y^4)$。显然，标准 k-ε 模式的涡粘系数比渐近估计小一个量级。

2. 近壁的湍流脉动速度尺度和长度尺度

以上分析表明，需要重新考虑采用何种脉动速度和长度来构造涡粘系数。在壁面附近湍涡的长度尺度 $l \sim y$ 仍然是可以采纳的合理估计。因为，第 4 章已经介绍过，湍流边界层内层的统计结构是一种锥形湍涡，含能湍涡的尺度和壁面距离成正比(Townsend,1976)。要使底层的尺度 $l \sim y$ 能够和等雷诺应力区中 $l = k^{3/2}/\varepsilon$ 的公式连续衔接，可以采用以下的尺度修正公式：

$$l = \frac{k^{1/2}[k + (\varepsilon\nu)^{1/2}]}{\varepsilon} \tag{9.53}$$

式中 $(\varepsilon\nu)^{1/2}$ 是 Kolmogorov 速度尺度平方（参见第 3 章），当 $y \to 0$ 时，$(\nu\varepsilon)^{1/2}$ 趋向于一常量，而 $k^{1/2} \sim y$，因此 $l \sim y$；当 $y^+ \gg 1$ 时，$k \gg (\nu\varepsilon)^{1/2}$，因此 $l \sim k^{3/2}/\varepsilon$。于是，证明了式(9.53)定义的脉动长度尺度从底层到等雷诺应力区的连续性。

3. 低雷诺数修正系数（或近壁阻尼函数）

有了近壁区的脉动长度的估计式(9.53)，如果仍然采用 $u' = k^{1/2}$ 为特征速度，并将涡粘系数写作：

$$\nu_t = C_\mu f_\mu u' l = C_\mu f_\mu \frac{k[k + (\nu\varepsilon)^{1/2}]}{\varepsilon} \tag{9.54}$$

式中 f_μ 称为低雷诺数修正系数，根据涡粘系数的渐近特性：$\lim\limits_{y\to 0}\nu_t \sim O(y^3)$，阻尼函数必须具有以下性质：

$$f_\mu \sim y, \quad \text{当}\ y \to 0\ \text{时} \tag{9.55}$$

$$f_\mu \sim O(1), \quad \text{当}\ y^+ \gg 1\ \text{时} \tag{9.56}$$

利用湍流边界层统计特性拟合的经验性阻尼函数可写作：

$$f_\mu = 1 - \exp[-(a_1 R + a_2 R^2 + a_3 R^3 + a_4 R^4 + a_5 R^5)] \tag{9.57}$$

式中 $R = \dfrac{k^{1/2}[k + (\nu\varepsilon)^{1/2}]^{3/2}}{\nu\varepsilon}$，不难验证式(9.57)满足式(9.55)和(9.56)的要求。

4. 湍动能和湍动能耗散的边界条件

采用低雷诺数 k-ε 修正模式后，湍动能和湍动能耗散方程将一直积分到壁面，这时需要湍动能和湍动能耗散率的壁面边界条件。湍动能的边界条件直接由壁面无滑移条件导出：

$$k_{y=0} = 0 \tag{9.58}$$

利用近壁湍流的性质可导出湍动能耗散的边界条件，由式(9.52b)和(9.52c)可得

$$\varepsilon = \nu\left(\frac{\partial^2 k}{\partial y^2}\right)_{y=0} \tag{9.59}$$

采用低雷诺数修正时，平均速度采用壁面无滑移条件。石灿兴和 Lumley (Shih and Lumley, 1993)还应用湍流的 Kolmogorov 特征量推导出渐近的 k-ε 壁面边界条件，本书从略。

近壁区还有一种 k-ε-v^2 模式，利用垂直壁面的脉动速度作为近壁速度尺，Durbin(1991)提出一种满足近壁雷诺应力渐近特性的 k-ε-v^2 涡粘模式。限于篇幅，本书不详细介绍，建议读者参阅 Durbin 的论文。

9.2.6 单方程涡粘系数输运模式

标准 k-ε 模式是局部平衡模式，它不能准确地预测平均流动有剧烈变化的湍流，例如流线曲率有突然变化、分离流动以及有激波的可压缩湍流。既要保持涡粘模式的简单形式，又要能够包含雷诺应力的松弛性质，Spalart (1994)提出了一种随时空演化的单方程涡粘系数模式，称为 Spalart-Allmadas 模式。他仍然采用涡粘形式的雷诺应力公式：

$$-\langle u'_i u'_j \rangle = 2\nu_t S_{ij} - \frac{1}{3}\langle u'_i u'_i \rangle \delta_{ij}$$

但是他们放弃 $\nu_t = C_\mu \dfrac{k^2}{\varepsilon}$ 的表达式，而直接导出涡粘系数的输运方程，构成一种新的单方程涡粘系数模式。对上式两边平方，得

$$\langle u'_i u'_j \rangle \langle u'_i u'_j \rangle = 4\nu_t^2 S_{ij} S_{ij} + \frac{4}{3}k^2$$

对该式求导数，可得

$$\frac{\partial \nu_t}{\partial t} + \langle u_j \rangle \frac{\partial \nu_t}{\partial x_j} = -\frac{S_{ij}}{2S_{ij}S_{ij}}\left(\frac{\partial \langle u'_i u'_j \rangle}{\partial t} + \langle u_j \rangle \frac{\partial \langle u'_i u'_j \rangle}{\partial x_j}\right) - \frac{\nu_t}{2S_{ij}S_{ij}}\left(\frac{\partial S_{ij}S_{ij}}{\partial t} + \langle u_j \rangle \frac{\partial S_{ij}S_{ij}}{\partial x_j}\right)$$

将雷诺应力输运方程(见第2章)代入上式，可得

$$\frac{\partial \nu_t}{\partial t} + \langle u_j \rangle \frac{\partial \nu_t}{\partial x_j} = -\frac{S_{ij}}{2S_{ij}S_{ij}}(P_{ij} + D_{ij} + \Phi_{ij} + E_{ij}) - \frac{\nu_t}{2S_{ij}S_{ij}}\left(\frac{\partial S_{ij}S_{ij}}{\partial t} + \langle u_j \rangle \frac{\partial S_{ij}S_{ij}}{\partial x_j}\right) \tag{9.60}$$

式中 $P_{ij}, D_{ij}, \Phi_{ij}, E_{ij}$ 分别是雷诺应力输运方程的生成、扩散、再分配和耗散项。如果已有雷诺应力输运方程的封闭模式(见下一节),我们就很容易得到涡粘系数的封闭方程。

以上介绍了多种涡粘模式,因为这种模式在工程中应用比较方便。涡粘模式的主要缺点是它的局部性(Spalart 模式除外),抛弃涡粘系数的概念,而从雷诺应力输运方程出发,则雷诺应力的历史效应就可以模拟。雷诺应力是一点脉动速度的 2 阶矩,因此雷诺应力输运方程的封闭模式又称二阶矩模式。

9.3 雷诺应力输运方程的封闭模式: 2 阶矩模式

脉动速度 2 阶矩模式的目标是封闭雷诺应力输运方程:

$$\frac{\partial\langle u'_i u'_j\rangle}{\partial t} + \langle u_k\rangle \frac{\partial\langle u'_i u'_j\rangle}{\partial x_k} = -\langle u'_i u'_k\rangle \frac{\partial\langle u_j\rangle}{\partial x_k} - \langle u'_j u'_k\rangle \frac{\partial\langle u_i\rangle}{\partial x_k} + \left\langle \frac{p'}{\rho}\left(\frac{\partial u'_i}{\partial x_j} + \frac{\partial u'_j}{\partial x_i}\right)\right\rangle$$
$$- \frac{\partial}{\partial x_k}\left(\frac{\langle p' u'_i\rangle}{\rho}\delta_{jk} + \frac{\langle p' u'_j\rangle}{\rho}\delta_{ik} + \langle u'_i u'_j u'_k\rangle - \nu \frac{\partial\langle u'_i u'_j\rangle}{\partial x_k}\right)$$
$$- 2v\left\langle \frac{\partial u'_i}{\partial x_k}\frac{\partial u'_j}{\partial x_k}\right\rangle \tag{9.61}$$

以上方程需要封闭的项有

雷诺应力再分配项: $\Phi_{ij} = \left\langle \frac{p'}{\rho}\left(\frac{\partial u'_i}{\partial x_j} + \frac{\partial u'_j}{\partial x_i}\right)\right\rangle$

除分子扩散以外,雷诺应力扩散项:

$$D_{ij} = -\frac{\partial}{\partial x_k}\left(\frac{\langle p' u'_i\rangle}{\rho}\delta_{jk} + \frac{\langle p' u'_j\rangle}{\rho}\delta_{ik} + \langle u'_i u'_j u'_k\rangle\right)$$

雷诺应力耗散项: $E_{ij} = 2v\left\langle \frac{\partial u'_i}{\partial x_k}\frac{\partial u'_j}{\partial x_k}\right\rangle$

被动标量的 2 阶矩模式封闭以下的标量输运方程:

$$\frac{\partial\langle\theta' u'_i\rangle}{\partial t} + \langle u_j\rangle \frac{\partial\langle\theta' u'_i\rangle}{\partial x_j} = -\left(\langle\theta' u'_j\rangle \frac{\partial\langle u_i\rangle}{\partial x_j} + \langle u'_i u'_j\rangle \frac{\partial\langle\theta\rangle}{\partial x_j}\right) + \frac{1}{\rho}\left\langle p' \frac{\partial\theta'}{\partial x_i}\right\rangle$$
$$- \frac{\partial}{\partial x_j}\left[\langle u'_i u'_j \theta'\rangle + \frac{1}{\rho}\langle p'\theta'\rangle\delta_{ij} - \nu\left\langle\theta' \frac{\partial u'_i}{\partial x_j}\right\rangle - \kappa\left\langle u_i \frac{\partial\theta'}{\partial x_j}\right\rangle\right]$$
$$- (\nu + \kappa)\left\langle \frac{\partial\theta'}{\partial x_j}\frac{\partial u'_i}{\partial x_j}\right\rangle \tag{9.62}$$

被动标量输运方程右端分别是生成项(第一、第二项)、扩散项(第三项)和耗散项(第四项),需要封闭的项有

压强生成项: $\frac{1}{\rho}\left\langle p' \frac{\partial\theta'}{\partial x_i}\right\rangle$

扩散项：$\left\{\langle u'_i u'_j \theta'\rangle + \frac{1}{\rho}\langle p'\theta'\rangle\delta_{ij} - \nu\left\langle \theta' \frac{\partial u'_i}{\partial x_j}\right\rangle + \kappa\left\langle u'_i \frac{\partial \theta'}{\partial x_j}\right\rangle\right\}$

耗散项：$-(\nu+\kappa)\left\langle \frac{\partial \theta'}{\partial x_j}\frac{\partial u'_i}{\partial x_j}\right\rangle$

下面主要讨论雷诺应力输运方程的封闭方法，被动标量的2阶矩模式可以用类似的思想和方法获得。

9.3.1 2阶矩模式的封闭式

2阶矩封闭模式分别处理扩散、耗散和压强速度梯度相关项。

1. 压强变形率相关项(又称雷诺应力再分配项)的模式

在第2章中已经论述过，脉动压强有积分式：

$$\frac{p'(x,t)}{\rho} = \frac{1}{4\pi}\iiint_v G(\boldsymbol{x},\xi)\left[2\frac{\partial u'_i}{\partial \xi_j}\frac{\partial\langle u_j\rangle}{\partial \xi_i} + \frac{\partial^2}{\partial \xi_i \partial \xi_j}(u'_i u'_j - \langle u'_i u'_j\rangle)\right]\mathrm{d}\xi + \frac{1}{4\pi}\oiint_\Sigma \frac{p'_\Sigma}{\rho}\frac{\partial G}{\partial n}\mathrm{d}A$$

因此，压强变形率相关项可以写成以下形式：

$$\Phi_{ij} = \left\langle \frac{p'}{\rho}\left(\frac{\partial u'_i}{\partial x_j} + \frac{\partial u'_j}{\partial x_i}\right)\right\rangle = \frac{1}{4\pi}\iiint_v G(\boldsymbol{x},\xi)\left\langle\left(\frac{\partial u'_i}{\partial x_j} + \frac{\partial u'_j}{\partial x_i}\right)\frac{\partial^2 u'_l u'_k}{\partial \xi_l \partial \xi_k}\right\rangle\mathrm{d}\xi$$

$$+ \frac{1}{4\pi}\iiint_v 2G(\boldsymbol{x},\xi)\left\langle\left(\frac{\partial u'_i}{\partial x_j} + \frac{\partial u'_j}{\partial x_i}\right)\frac{\partial u'_l}{\partial \xi_k}\right\rangle\frac{\partial\langle u_k\rangle}{\partial \xi_l}\mathrm{d}\xi + \Phi_{ijw}$$

式中 $\Phi_{ijw} = \frac{1}{4\pi}\oiint_\Sigma\left\langle\frac{p'_\Sigma}{\rho}\left(\frac{\partial u'_i}{\partial x_j} + \frac{\partial u'_j}{\partial x_i}\right)\right\rangle\frac{\partial G}{\partial n}\mathrm{d}A$ 是壁面脉动压强和脉动变形率相关用Green函数加权的面积分，它称为壁面反射项，或简称壁面项。再分配的壁面项只在极近壁区有较大贡献，目前只有个别建议模型，尚待进一步研究。通常忽略壁面项，或者将它合并到其他封闭项。

对于均匀剪切湍流场，Φ_{ij} 的第二个积分式中 $\partial\langle u_k\rangle/\partial\xi_l$ 是常量，因此 Φ_{ij} 可以写成以下形式：

$$\Phi_{ij} - \Phi_{ijw} = A_{ij} + M_{ijkl}\frac{\partial\langle u_k\rangle}{\partial x_l} \tag{9.63}$$

对于非均匀剪切湍流，$\partial\langle u_k\rangle/\partial\xi_l$ 不是常量，但是加权Green函数具有以下性质：

$$\lim_{|\boldsymbol{x}-\xi|\to 0} G(\boldsymbol{x},\xi) \sim \frac{1}{|\boldsymbol{x}-\xi|}$$

因此，作为1阶近似，Φ_{ij} 的第二个积分式中 $\partial\langle u_k\rangle/\partial\xi_l$ 可以用 $\partial\langle u_k\rangle/\partial x_l$ 取代。$\Phi_{ij}-\Phi_{ijw}$ 仍然采用式(9.63)的形式，其中 A_{ij} 和 M_{ijkl} 分别为

$$A_{ij} = \frac{1}{4\pi}\iiint_v G(\boldsymbol{x},\xi)\left\langle\left(\frac{\partial u'_i}{\partial x_j} + \frac{\partial u'_j}{\partial x_i}\right)\frac{\partial^2 u'_l u'_k}{\partial \xi_l \partial \xi_k}\right\rangle\mathrm{d}\xi \tag{9.64a}$$

$$M_{ijkl} = \frac{1}{2\pi}\iiint_v G(\boldsymbol{x},\xi)\left\langle\left(\frac{\partial u'_i}{\partial x_j} + \frac{\partial u'_j}{\partial x_i}\right)\frac{\partial u'_l}{\partial \xi_k}\right\rangle\mathrm{d}\xi \tag{9.64b}$$

A_{ij} 和 M_{ijkl} 分别称为慢速项和快速项。

(1) 快速项

应用快速畸变近似,再分配的快速项可以表示为(式(4.51)):

$$\Phi_{ij}^{r}=C_2\left(P_{ij}-\frac{1}{3}P_{kk}\delta_{ij}\right) \tag{9.65a}$$

注意到 $P_{ii}=2P_k$,P_k 是湍动能生成项,式(9.64a)也可写作:

$$\Phi_{ij}^{r}=C_2\left(P_{ij}-\frac{2}{3}P_k\delta_{ij}\right) \tag{9.65b}$$

(2) 慢速项 ϕ_{ij}^{s}

研究均匀各向异性湍流中雷诺应力的衰减,在均匀湍流中对流项、扩散项和快速项都等于零,在慢速再分配项和耗散的联合作用下,湍流趋向各向同性化,它的雷诺应力方程为

$$\frac{\mathrm{d}\langle u_i'u_j'\rangle}{\mathrm{d}t}=\Phi_{ij}^{s}-\varepsilon_{ij} \tag{9.66}$$

应用雷诺偏应力张量 $b_{ij}=\langle u_i'u_j'\rangle/\langle u_i'u_i'\rangle-\delta_{ij}/3$,取代雷诺应力,对雷诺偏应力张量求导数:

$$\frac{\mathrm{d}\langle u_i'u_j'\rangle}{\mathrm{d}t}=b_{ij}\frac{\mathrm{d}\langle u_i'u_i'\rangle}{\mathrm{d}t}+\langle u_i'u_i'\rangle\frac{\mathrm{d}b_{ij}}{\mathrm{d}t}+\frac{\delta_{ij}}{3}\frac{\mathrm{d}\langle u_i'u_i'\rangle}{\mathrm{d}t}$$

假定湍动能耗散是各向同性的,即 $\varepsilon_{ij}=2\varepsilon\delta_{ij}/3$,又有 $\Phi_{ii}^{s}=0$,故 $\mathrm{d}\langle u_i'u_i'\rangle/\mathrm{d}t=-2\varepsilon$,将以上关系式代入式(9.66)得

$$\frac{\mathrm{d}b_{ij}}{\mathrm{d}t}=\frac{\varepsilon}{k}\left(b_{ij}+\frac{\Phi_{ij}^{s}}{2\varepsilon}\right) \tag{9.67}$$

再分配项的作用使湍流在衰减过程中各向同性化,依据该物理性质,Rotta(1951)建议一种线性模型

$$\Phi_{ij}^{s}=-2C_{\mathrm{R}}\varepsilon b_{ij} \tag{9.68}$$

C_{R} 称为 Rotta 系数,将它代入式(9.67),雷诺偏应力张量的衰减方程为

$$\frac{\mathrm{d}b_{ij}}{\mathrm{d}t}=-(C_{\mathrm{R}}-1)\frac{\varepsilon}{k}b_{ij} \tag{9.69}$$

显然 Rotta 系数 C_{R} 必须大于 1。

(3) LRR-IP 模式

Launder,Reece 和 Rodi (1975)建议用上述快速项(快速畸变近似)和慢速项(Rotta 模型)之和作为再分配项的模式:

$$\Phi_{ij}=-C_{\mathrm{R}}\varepsilon b_{ij}-C_2\left(P_{ij}-\frac{P_{kk}}{3}\delta_{ij}\right) \tag{9.70}$$

而后,Launder(1996)建议 $C_{\mathrm{R}}=1.8$,$C_2=3/5$。该模式是雷诺输运方程的基准模式,称为 LRR-IP 模式。

(4) 其他再分配项的模型

在复杂湍流中雷诺应力的再分配是雷诺应力输运的关键作用,所以在 LRR-IP 模式的基础上,有不少改进的模式。事实上,LRR-IP 模式是一种线性模式。Lumley (1978)和 Speziale(1991)先后提出了非线性的再分配模式,他们的基本思想和方法是应用张量函数的性质在再分配项中包含 b_{ij} 的二次项,一次近似就是 LRR-IP 模式。有关非线性再分配项的模式,请参见 Pope(2000)的专著。

2. 雷诺应力输运方程中耗散项的模式

在湍流统计方程的封闭模式中,建立湍流输运的耗散模式是最困难的。湍动能耗散包括:由大涡拉伸造成的耗散生成;小涡拉伸造成的耗散生成;由湍流输运和压强作用产生的湍动能耗散的扩散项;湍动能耗散的消耗项(或者称耗散的"耗散项");以及湍动能耗散的分子扩散项。如果写出雷诺应力耗散项的输运方程,它比湍动能耗散方程更加复杂。由于雷诺应力耗散的输运过程包含太多的未知因素,对它进行模式近似缺乏依据,因而,目前常用各向同性的耗散模型,即

$$\varepsilon_{ij}=\frac{2}{3}\varepsilon\delta_{ij} \tag{9.71}$$

式中 ε 是湍动能耗散率。将上一节导出的湍动能耗散方程和雷诺应力输运方程联立组成封闭方程。应当说采用各向同性的雷诺应力耗散模型是不得已而为之,曾有不少学者研究如何改进耗散模式,例如提出耗散的多尺度概念(Lumley,1992)等,但是至今还难以提出能为工程应用的、更好的耗散模式。

3. 雷诺应力扩散项的模式

扩散项有速度脉动3阶矩和压强-脉动速度相关项,一般情况下(贴近壁面的湍流除外),压强-脉动速度相关项较其他3阶矩小得多,不单独做模式,和其他三阶矩项一起模化。扩散项采用梯度形式封闭,简单的雷诺应力扩散模型采用各向同性形式(Mellor 和 Herring,1973):

$$-\left(\frac{\langle p'u'_i\rangle}{\rho}\delta_{jk}+\frac{\langle p'u'_j\rangle}{\rho}\delta_{ik}+\langle u'_iu'_ju'_k\rangle-\nu\frac{\partial\langle u'_iu'_j\rangle}{\partial x_k}\right)=-\frac{2}{3}C_S\frac{k^2}{\varepsilon}\left(\frac{\partial\tau_{jk}}{\partial x_i}+\frac{\partial\tau_{ik}}{\partial x_j}+\frac{\partial\tau_{ij}}{\partial x_k}\right) \tag{9.72}$$

考虑各向异性的扩散,可以将式(9.72)推广为

$$-\left(\frac{\langle p'u'_i\rangle}{\rho}\delta_{jk}+\frac{\langle p'u'_j\rangle}{\rho}\delta_{ik}+\langle u'_iu'_ju'_k\rangle-\nu\frac{\partial\langle u'_iu'_j\rangle}{\partial x_k}\right)=-C_S\frac{k}{\varepsilon}\left(\tau_{im}\frac{\partial\tau_{jk}}{\partial x_m}+\tau_{jm}\frac{\partial\tau_{ik}}{\partial x_m}+\tau_{km}\frac{\partial\tau_{ij}}{\partial x_k}\right) \tag{9.73}$$

$\tau_{ij}=-\langle u'_iu'_j\rangle$ 是雷诺应力,模式常数 $C_S=0.11$(Launder,Reece 和 Rodi,1975)。

4. 2阶矩模式的计算实例

例 9.1 均匀切变湍流

在均匀切变湍流中,平均切变率保持常数,因此有统计平衡的湍流状态。设均匀切变流场 $\langle u_i\rangle=U(y)\delta_{i1}$,均匀切变率 $S_{12}=\mathrm{d}U/\mathrm{d}y=$ 常数,其他变形率分量都等于零。表 9.4 是用标准 k-ε 和 LRR 两种模式的预测结果,并和实验结果(Tavoularis Corrsin,1981)对照。标准 k-ε 模式是局部平衡的各向同性模式,它不能预测均匀切变湍流场中雷诺正应力的差别,而且其他统计特性的预测都比2阶矩模式差。

表 9.4　均匀切变湍流中平衡状态的湍流统计特性

平衡统计特性	标准 k-ε 模式	LRR 模式	实　　验
$(b_{11})_\infty$	0	0.193	0.201
$(b_{22})_\infty$	0	−0.096	−0.147
$(b_{12})_\infty$	−0.217	−0.185	−0.150
$(Sk/\varepsilon)_\infty$	4.82	5.65	6.08

注：下标∞表示 $t\to\infty$ 的渐近值。

例 9.2　旋转槽道中的湍流运动

上面的例子是无界的均匀湍流，旋转槽道中的湍流是考核湍流模式近壁性质的极好例子。槽道旋转角速度向量的方向在槽道的展向，如图 9-4 所示。由于旋转产生的科氏力，使得平均速度分布不对称性。图 9-5 给出标准 k-ε 模式、LRR 的 2 阶矩模式的计算结果，以及它们和实验结果的比较。显然 LRR 模式的平均速度分布具有和实验基本一致的非对称性；而标准 k-ε 模式的计算结果和旋转角速度无关，仍然保持平均速度分布的对称性。

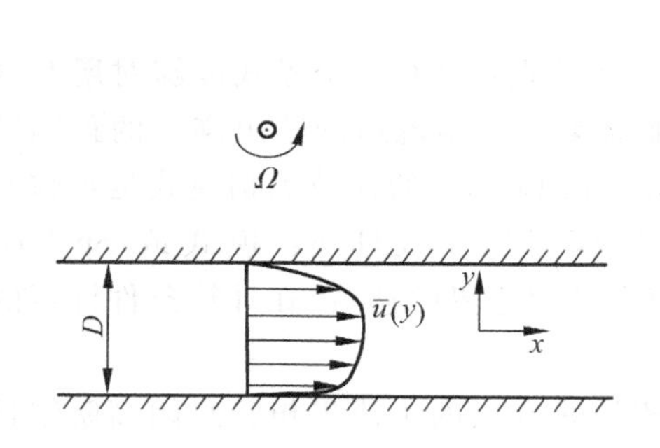

图 9-4　旋转槽道中湍流运动的示意图

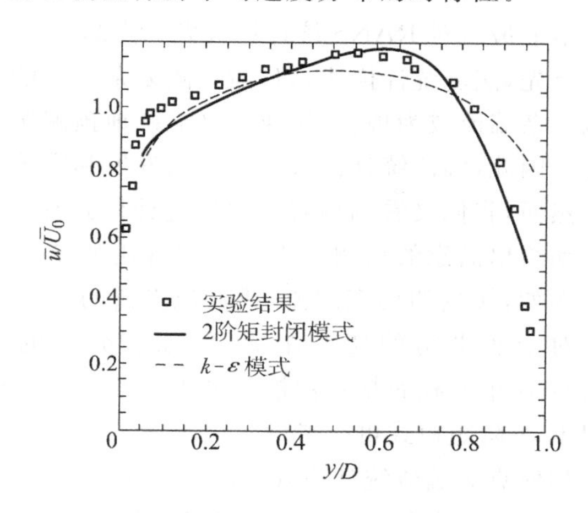

图 9-5　旋转槽道中湍流平均速度的比较

9.3.2　代数形式的 2 阶矩模式

应用 2 阶矩模式求解湍流平均场比涡粘模式需要多解 6 个雷诺应力的偏微分方程，因此需要更多的计算机内存和计算时间。Rodi (1976)提出一种简化的雷诺应力模式，称为代数应力模式(algebraic stress model，ASM)。在缓变的定常薄层湍流流动中，可以不计雷诺应力的时间导数和空间导数项，只有生成、耗散和再分配三项平衡，称为雷诺应力输运的局部平衡假定。简单地说，就是忽略雷诺应力沿平均轨迹的变化(在定常湍流中，忽略雷诺应力沿流线的变化)和雷诺应力的扩散项。这种简化的结果使得雷诺应力输运方程中的导数项全部消失，而得到一个关于雷诺应力的隐式代数方程如下：

$$\underbrace{-\langle u'_i u'_k\rangle\frac{\partial\langle u_j\rangle}{\partial x_k}-\langle u'_j u'_k\rangle\frac{\partial\langle u_i\rangle}{\partial x_k}}_{P_{ij}}+\underbrace{\left\langle\frac{p'}{\rho}\left(\frac{\partial u'_i}{\partial x_j}+\frac{\partial u'_j}{\partial x_i}\right)\right\rangle}_{\Phi_{ij}}-\underbrace{2v\left\langle\frac{\partial u'_i}{\partial x_k}\frac{\partial u'_j}{\partial x_k}\right\rangle}_{E_{ij}}=0$$

把再分配项 Φ_{ij} 和耗散项 E_{ij} 的模式公式代入上式,得代数形式的2阶矩模式的实用公式:

$$(1-C_2)P_{ij}-C_1\frac{\varepsilon}{k}\left(\langle u'_iu'_j\rangle-\frac{2}{3}\delta_{ij}k\right)-\frac{2}{3}\delta_{ij}(\varepsilon-C_2P_k)=0 \tag{9.74}$$

式(9.74)中的 k 和 ε 分别由湍动能和湍动能耗散方程算出:

用类似的思想可以得到代数形式的标量2阶矩方程:

$$\langle u'_iu'_k\rangle\frac{\partial\langle\theta\rangle}{\partial x_k}-C_{\theta1}\frac{\varepsilon}{k}\langle u'\theta'_i\rangle+(1-C_{\theta2})\langle u'_k\theta'\rangle\frac{\partial\langle u_i\rangle}{\partial x_k}=0 \tag{9.75}$$

代数形式的2阶矩模式用6个代数方程和 k-ε 微分方程联立,显然较微分形式的2阶矩方程简单得多。

ASM模式和 k-ε 模式一样是基于局部平衡假定,在这方面具有和 k-ε 模式同样的缺点。ASM模式放弃了雷诺应力和平均切变率间各向同性的假定,因此在准平衡的三维定常湍流的预测方面比 k-ε 模式好,而在二维平均流场中ASM并不比 k-ε 模式有很大的优越性。

9.3.3 关于湍流统计模式的综合评述

本节最后对RANS统计模式做一点综合评述。

首先,湍流统计模式是目前预测复杂湍流的常用工具。假设有朝一日计算机直接数值模拟复杂湍流成为现实,快速而又准确地预测湍流统计特性的模型仍然是工程师们欢迎的方法。因此,湍流统计模式需要不断发展和完善。

然而,我们又看到现有的湍流统计模式存在致命的缺点:没有一个模式能够对**所有**湍流运动给出满意的预测结果。一种常用的模式只能对某一类湍流运动给出满意的预测结果。例如,缓变的切变湍流,或近似平衡的湍流,Baldwin-Lomax的代数涡粘模式是足够好的。对于非平衡的切变湍流,例如有分离的湍流边界层,非线性 k-ε 模式或Spalart-Allmadas单方程涡粘系数模式可优先考虑。对于复杂几何边界的湍流,在计算条件许可的情况下,2阶矩模式可以考虑。

如何克服湍流统计模式的缺点?很久以前,湍流模式专家的主流思想是封闭高阶统计量的湍流输运方程和建立非线性的封闭关系式,而实践结果是高阶统计量的封闭模式往往带来更多不封闭项,因而需要更多半经验常数,因此未必具有更宽的适应性。

湍流模式是实用的方法,原则上来说,一种好的模式应当是既简单又适用面宽。就简单性而言,代数涡粘模式或 k-ε 模式最受欢迎。能否在这类模型上改进,使之具有宽广的适应面?应当从湍流脉动的本质中寻找答案。作者的建议是:**包含湍流脉动结构信息越多的统计模式,它的适应面越广**。

实现这种思想可能有以下途径。

第一,对湍流实行分区模式(zonal modeling),根据湍流场不同性质,采用不同模式,或者同一模式而有不同系数。分区模式的思想很早就由S. J. Kline提出,而后Ferziger等(1990)将这一思想具体化。作者也曾试验过这种方法(夏靖友、张兆顺,1990)。由于流动分区计算技术和并行计算方法的成功,分区模式有技术上的支撑。困难的问题是物理上的,应当如何将湍流场分区?根据什么结构特征来分区?还有,分区的湍流特性应当怎样衔接?实现分区模式需要大量的研究工作,也许它是实现"普适"湍流模式的一种实用方法。

第二,提出"基于结构的模式概念"(Structure based modeling)。Reynolds (2000)提出

可以用维数张量和结构张量来对湍流场分类，并且用基于结构的代数涡粘模式和基于结构的 k-ε 模式预测较为复杂的湍流，其预测结果较普通的涡粘模式或 k-ε 模式为好。有关维数张量和结构张量的概念与表达式，请参见 Reynolds 的文章。作者认为"基于结构的模式概念"既可包含结构特征，并由此改进现有简单模式，又可以为分区模式提供结构依据。

总之，湍流统计模式发展的目标是明确的：简单易行，适应面广。

9.4　雷诺平均和大涡模拟的组合模型(RANS/LES)

9.4.1　RANS/LES 组合模型的基本思想和实施方法

1. 组合模型的基本思想

一般来说，大涡模拟方法能获得比雷诺平均方法更精确的结果。但是，大涡模拟方法的计算工作量很大。对于工程和地球科学流动，特征雷诺数很高，几何形状复杂，目前计算机资源不足以实现大涡数值模拟。雷诺平均方法的计算工作量小，但是准确性较差。仔细分析两种方法，可以发现它们有各自的特点，雷诺平均的涡粘模型在平衡流动或接近平衡流动中有很好的适用性，在这种流动中没有必要采用大涡模拟方法；大涡模拟可以适用于非平衡的复杂湍流。根据以上特点，组合模型的思想自然产生了：在复杂流动中，并非处处是非平衡的复杂湍流，在接近平衡的湍流区域(例如不分离的顺压梯度边界层)采用雷诺平均模型；而在非平衡湍流区(例如分离再附区和钝体尾迹的涡脱落区)采用大涡模拟模型。

现代计算流体力学理论和实践为 RANS/LES 组合模型的实施提供了丰富的方法：自适应网格、分区算法和并行计算。实施组合模型方法主要是分区算法，而并行计算是加快计算速度的主要措施，是实现分区算法最有效的工具。具体来说，简单的组合模型采用固定的分区，在 RANS 区和 LES 区边界应用快速数据交换；对于复杂的流动可以采用自适应网格方法动态确定 RANS 区和 LES 区的边界面。关于自适应网格和并行计算方法请参见计算流体力学的书籍和文章，如 Jameson (1991)和 Yao 等 (2000)。分区自适应算法为分区模型提供了手段。完全实现分区模型方法的关键是如何给定分区界面上的湍流条件?

传统的 RANS 模型是雷诺平均，是计算平均流动，它和 LES 组合，在交界面上需要特殊处理。即使采用系综平均的非定常 RANS 方程，仍然采用 RANS 雷诺应力模式和 RANS 的网格分辨度，即所谓非定常雷诺模拟(Unsteady Reynolds Average Navier-Stokes, URANS)，在交界面处，URANS 的流动尺度和 LES 的尺度差别也很大，需要特殊处理。下面以定常 RANS 和 LES 组合为例说明分界面条件的构造方法。URANS 和 LES 组合的分界面条件构造方法可以类似处理。

2. 组合模型的分区界面条件

分区边界条件是实现组合模型方法的必要条件。RANS 模型只能给出平均量，如平均速度、平均湍动能、平均湍动能耗散以及雷诺应力等。因此，在分区边界上 RANS 只能交换平均量的数据；而求解 LES 方程需要在分区边界上给出大尺度脉动量，因此从 RANS 区到 LES 区交换数据时，信息是不充分的。

解决分区模型界面条件的方法不是唯一的，可以有多种方法。最简单的方法是在交界面直接交换数据,但是这种方法的准确性差,而且可能导致计算不稳定。下面介绍给定分区边界条件的方法。

(1) 直接交换数据法

这是一种最简单的方法,并可直观地说明 RANS 和 LES 之间交换数据方法。假定 RANS 采用 k-ε 模型,则在 RANS 和 LES 交界面上能够给出平均速度 $\langle u_i \rangle$ 和脉动速度之和 $\langle u_i u_i \rangle = 2k$。为了获得交界面上的脉动速度,假定脉动速度分量是均分的,即

$$\langle u_1 u_1 \rangle = \langle u_2 u_2 \rangle = \langle u_3 u_3 \rangle = \frac{2}{3}k \tag{9.76}$$

然后,假定脉动速度具有某种概率分布,例如高斯分布,就可以给出边界面上可解尺度的速度:

$$\bar{u}_i = \langle u_i \rangle + \frac{2}{3}kg(\tilde{\omega}) \tag{9.77}$$

式中 $g(\tilde{\omega})$ 是具有高斯分布的随机函数。直接交换数据方法是基于各向同性假定,在较简单流动中是合理的,因为 RANS 区的流动属于平衡湍流,它的脉动近似于高斯分布的各向同性湍流。较为复杂流动中,各向同性脉动假定不再适用,即使能够计算,其结果不可能准确;由于各向同性假定和流动的湍流性质不相符合,往往导致计算不稳定。

(2) 附加过渡区方法

以 RANS 区和 LES 区交界面为底面做一个柱体,作为 RANS 和 LES 之间的过渡区。柱体进口给定边界条件式(9.76)和式(9.77),柱体流向采用周期条件,用 LES 模型求解该柱体中的湍流场,出口的可解速度场作为 LES 区的进口条件。斯坦福大学湍流研究中心的 Schluter 等(2005)将该方法用于计算航空涡轮发动机。这种方法对于简单交界面的分区流动是比较有效的,例如交界面的周线是圆,则只要计算一个附加的圆管湍流场。附加过渡区方法的算例将在下节给出。

(3) 过渡区中的附加力法

减少过渡区计算工作量是实现 RANS/LES 组合模型方法的关键,前面介绍的附加过渡段方法的计算量大。Spille-Kohoff (2001)和 Keating 等(2006)提出了一种附加力方法,以平板边界层为例,RANS 和 LES 有一个重叠区,如图 9-6 所示。

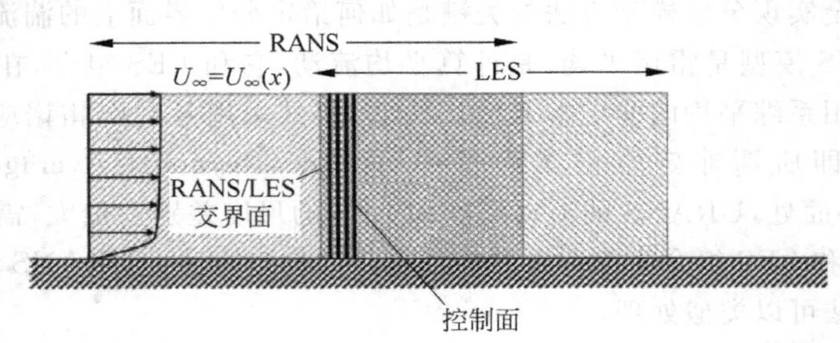

图 9-6 附加力法示意图

在 RANS/LES 的交界上,用随机函数产生湍流脉动作为 LES 的入口条件;RANS 和 LES 重叠区中在垂直壁面方向的动量方程中增加附加力项,其目的是在 LES 计算中有足够的湍动能生成,以维持湍流脉动。在湍流直接数值模拟和大涡模拟计算实践中都已经发现,边界层入口的脉动在流向先衰减而后再恢复。因此,仅有入口脉动,过渡区需要很长。为克服这一缺点 Spille-Kohoff 和 Keating 等提出在过渡区附加力的方法,具体来说,LES 运动

方程写作：

$$\frac{\partial \bar{u}_i}{\partial t}+\bar{u}_k\frac{\partial \bar{u}_i}{\partial x_k}=\frac{1}{\rho}\frac{\partial \tilde{p}}{\partial x_i}+\nu\frac{\partial^2 \bar{u}_i}{\partial x_k \partial x_k}+\frac{\partial \tau_{ik}}{\partial x_k}+f\delta_{2i} \tag{9.78}$$

式中附加力 f 由下式给出：

$$f(x_0,y,z,t)=r(y,t)[u_1(x_0,y,z,t)-\langle u_1\rangle^{z,t}(x_0,y)] \tag{9.79}$$

式中 x_0 是位于重叠区的流向坐标，$\langle u_1\rangle^{z,t}$ 是 LES 计算的速度 $u_1(x_0,y,z,t)$ 沿展向和时间平均；$r(y,t)$ 与重叠区中 RANS 计算的雷诺应力和 LES 计算的雷诺应力之差有关：

$$r(y,t)=\alpha e(y,t)+\beta\int_0^t e(y,t')\mathrm{d}t' \tag{9.80a}$$

式中 $e(y,t)$ 是重叠区中 RANS 计算的雷诺应力和 LES 计算的雷诺应力之差：

$$e(y,t)=\langle u'v'\rangle^{\mathrm{RANS}}(y,t)-\langle u'v'\rangle^{z,t}(y,t) \tag{9.80b}$$

$\langle u'v'\rangle^{\mathrm{RANS}}(y,t)$ 是重叠区中 RANS 计算的雷诺应力；$\langle u'v'\rangle^{z,t}(y,t)$ 是重叠区中 LES 计算的 $u'v'$ 沿展向和时间的平均值。由实际计算经验，Keating 等(2006)确定式(9.79a)中系数 $\alpha=1,\beta=30$。不难验证，由式(9.79)～(9.80b)计算的附加力有以下性质：

$$f>0,\quad 当\ v'>0\ 和\ u'<0 \tag{9.81a}$$

$$f<0,\quad 当\ v'<0\ 和\ u'>0 \tag{9.81b}$$

也就是说，在雷诺应力的第 2($v'>0$ 和 $u'<0$)和第 4($v'<0$ 和 $u'>0$)象限中增加横向脉动，这符合产生雷诺应力的性质。附加力法的算例将在下小节给出。

(4) 分离涡模型(Detached Eddy Simulation，DES)

分离涡模型的基本思想是用统一的涡粘输运方程(Spalart-Allmaras 的涡粘模型，简称 SA 模式)，以网格分辨尺度区分 RANS 和 LES。具体实施方法如下(Piomelli 等，2003)，流动的控制方程为

$$\frac{\partial \bar{u}_i}{\partial t}+\frac{\partial \bar{u}_i\bar{u}_j}{\partial x_j}=-\frac{\partial \tilde{p}}{\partial x_i}+\frac{1}{Re}\frac{\partial^2 \bar{u}_i}{\partial x_j \partial x_j}+\frac{\partial \bar{\tau}_{ij}}{\partial x_j} \tag{9.82a}$$

$$\frac{\partial \bar{u}_i}{\partial x_i}=0 \tag{9.82b}$$

$$\bar{\tau}_{ij}-\frac{2}{3}\bar{\tau}_{kk}\delta_{ij}=2\nu_t\bar{S}_{ij} \tag{9.83a}$$

$$\bar{S}_{ij}=\frac{1}{2}\left(\frac{\partial \bar{u}_i}{\partial x_j}+\frac{\partial \bar{u}_j}{\partial x_i}\right) \tag{9.83b}$$

涡粘系数方程采用 Spalart-Allmaras 形式的模式：

$$\frac{\partial\tilde{\nu}}{\partial t}+\bar{u}_j\frac{\partial\tilde{\nu}}{\partial x_j}=c_{b1}\tilde{S}\tilde{\nu}-c_{w1}f_{w}\left(\frac{\tilde{\nu}}{\tilde{d}}\right)^2+\frac{1}{\sigma}\left\{\frac{\partial}{\partial x_j}\left[(\nu+\tilde{\nu})\frac{\partial\tilde{\nu}}{\partial x_j}\right]+c_{b2}\left(\frac{\partial\tilde{\nu}}{\partial x_j}\frac{\partial\tilde{\nu}}{\partial x_j}\right)\right\} \tag{9.84}$$

注意式(9.84)中的 $\tilde{\nu}$ 不是式(9.83a)中的涡粘系数 ν_t，它和式(9.84)中的其他系数由以下公式确定：

$$\nu_t=\tilde{\nu}f_{\nu1},\quad f_{\nu1}=\frac{\chi^3}{\chi^3+c_{\nu1}^3},\quad \chi=\frac{\tilde{\nu}}{\nu},\quad f_{\nu2}=1-\frac{\chi}{1+\chi f_{\nu1}} \tag{9.85a}$$

$$f_{w1}=g\left(\frac{1+c_{w3}^6}{g^6+c_{w3}^6}\right)^{1/6},\quad g=r+c_{w2}(r^6-r),r=\frac{\tilde{\nu}}{\tilde{S}\kappa^2\tilde{d}^2},\quad \tilde{S}=|\bar{S}|+\frac{\tilde{\nu}}{\kappa^2\tilde{d}^2}f_{\nu2} \tag{9.85b}$$

以上公式中的模式常数如下：

$$c_{b1}=0.1355,\quad \sigma=2/3,\quad c_{b2}=0.622,\quad \kappa=0.41,$$

$$c_{w1}=c_{b1}/\kappa^2+(1+c_{b2})/s,\quad c_{w2}=0.3,\quad c_{w3}=2.0,\quad c_{v1}=7.1 \tag{9.85c}$$

式(9.85b)中$\tilde{d}$是RANS和LES的分辨尺度，由下式定义：

$$\tilde{d} = \min(d_{\mathrm{RANS}}, d_{\mathrm{LES}}) \tag{9.86a}$$

$$d_{\mathrm{RANS}} = y, \quad d_{\mathrm{LES}} = C_{\mathrm{DES}}\Delta \tag{9.86b}$$

y是网格点和壁面间垂直距离；Δ是网格尺度，对于非均匀网格

$$\Delta = \max(\Delta x, \Delta y, \Delta z) \tag{9.86c}$$

相应的系数$C_{\mathrm{DES}}=0.65$。DES模式有不同的形式，本书引用的DES模式是Piomelli等(2003)建议的。

9.4.2 RANS/LES组合模型算例

1. 平板边界层(Keating,2006)

边界层入口位移厚度为δ^*，计算域为$240\delta^* \times 25\delta^* \times 25\delta^*$，入口雷诺数$Re_{\delta^*}=1000$。全场LES算例的结果和实验结果符合很好，并作为检验组合模式的标准。RANS区计算域为$150\delta^* \times 25\delta^* \times 25\delta^*$；LES区计算域为$120\delta^* \times 25\delta^* \times 25\delta^*$，两者有$25\delta^*$的重叠区。RANS方法采用Spalart-Allmaras模式，LES方法采用拉格朗日动力模式。流向网格长度$\Delta x/\delta^*=1.25$，展向网格长度$\Delta z/\delta^*=0.385$，垂直壁面采用64个非均匀网格，离壁面最小距离$y^+_{\min}=1$。进出口间流向采用相似修正的周期条件(Lund等,1998)，空间离散采用2阶守恒的差分格式，时间推采用3阶龙格-库塔积分，计算结果如下。

(1) 零压梯度平壁边界层

图9-7显示零压梯度平壁边界层的RANS/LES计算结果，可以看到，由于湍流脉动的衰减，缺乏维持湍流的机制，没有附加力的直接交换数据法的计算结果偏离完全LES的计算结果。

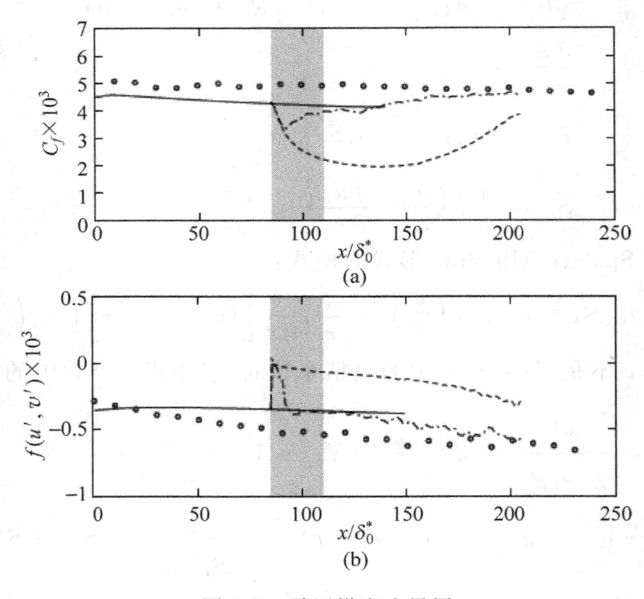

图9-7 零压梯度边界层

(a) 壁面局部摩擦系数；(b) 雷诺应力的横向积分$\int_0^\infty u'v'(y)\mathrm{d}y$

(○：全场LES；—：RANS；虚线：直接交换数据法；点画线：附加力法；实线：SA模式)

（2）顺压梯度边界层

边界层自由来流速度沿流向增加 3 倍，如图 9-8(a)所示。壁面局部摩擦系数和雷诺应力积分如图 9-9 所示。

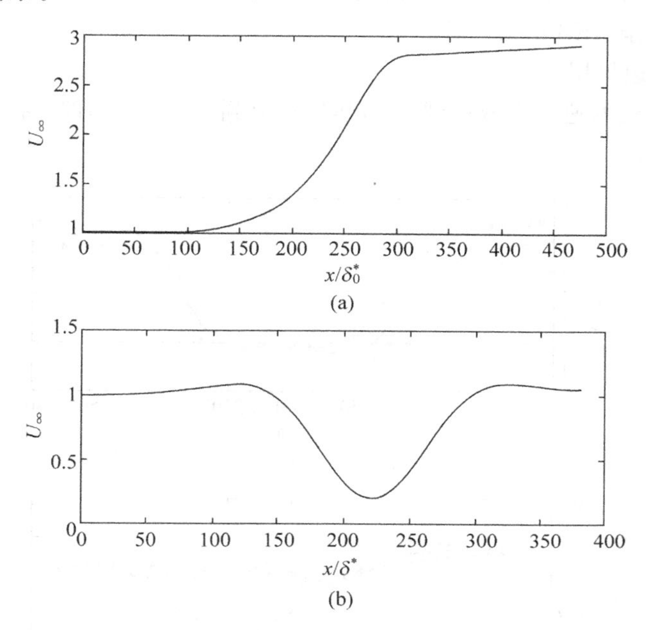

图 9-8　边界层的自由来流速度沿流向的演化

(a) 顺压梯度；(b) 逆压梯度

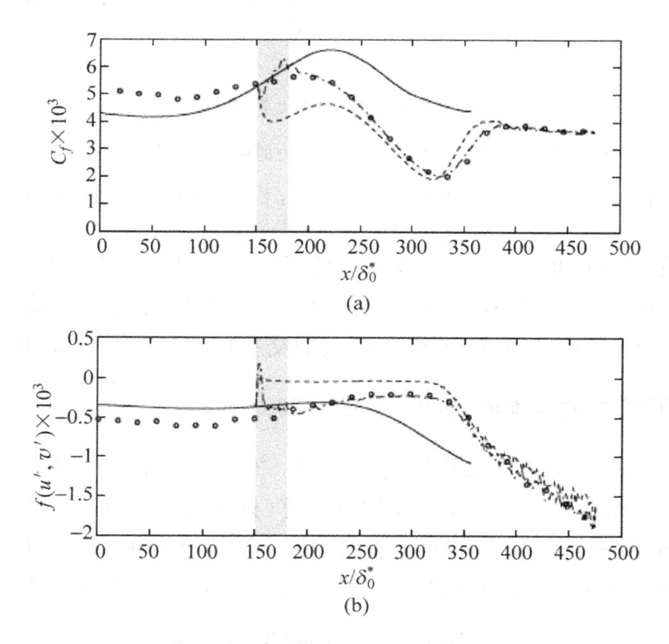

图 9-9　顺压梯度边界层计算结果

(a) 壁面局部摩擦系数；(b) 雷诺应力的横向积分 $\int_0^\infty u'v'(y)\mathrm{d}y$

(○：全场 LES；—：RANS；虚线：直接交换数据法；点画线：附加力法；实线：SA 模式)

图9-9的结果和零压强梯度平壁边界层的结果类似,在RANS/LES交界面处,采用没有附加力的直接交换数据法,湍流脉动衰减和雷诺应力急剧减小,需要经过一段距离,才能产生脉动和雷诺应力。但是,顺压梯度的情况比零压梯度好一些,在下游直接交换数据法的计算结果可以和完全LES结果一致。

(3) 逆压梯度边界层

边界层自由来流的速度先减小到0.3,然后恢复到1。壁面局部摩擦系数和雷诺应力积分如图9-10所示。

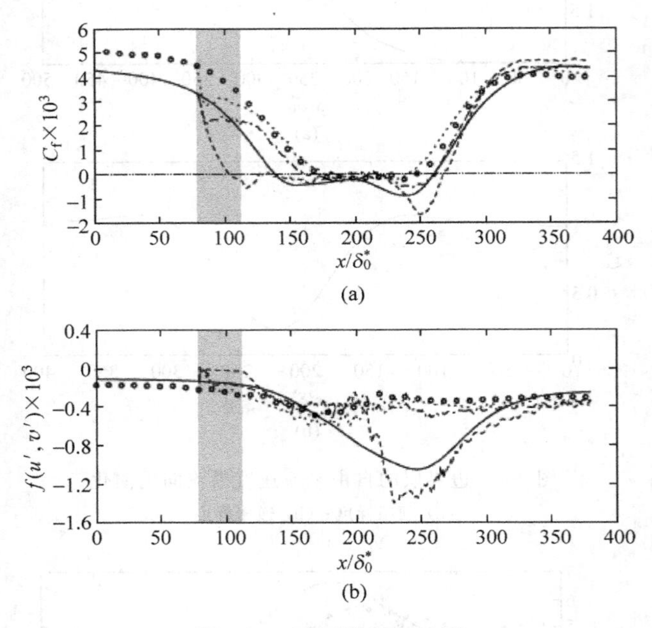

图9-10 逆压梯度边界层

(a) 壁面局部摩擦系数;(b) 雷诺应力的横向积分 $\int_0^\infty u'v'(y)\mathrm{d}y$

(○:全场LES;—:RANS;虚线:直接交换数据法;点画线:附加力法;点线:控制附加力法;实线:SA模式)

逆压梯度情况和前面的结果类似,附加力法和全场LES基本一致,RANS和没有附加力直接交换数据法偏离全场LES,特别是在分离区(摩擦系数接近零)雷诺应力的偏差很大。

综合以上结果表明,RANS/LES组合模型的交接区必须附加扰动力。

2. 突扩突缩圆管中的湍旋流(Schluter 等,2005)

图9-11(a)是突扩突缩圆管湍旋流的示意图,该算例属于复杂湍流,既有旋流,又有边界形状的突然变化。图9-11(b)表示全场LES计算(只画部分管道),图9-11(c)表示用直接数据交换法的RANS/LES界面;图9-11(d)表示用附加力方法的RANS/LES界面和重叠区。

入口特征雷诺数 $Re=20\,000$,旋流参数 $S=0.3$,旋流参数的定义是

$$S=\frac{1}{R}\frac{\int_0^R r^2UV\mathrm{d}r}{\int_0^R rU^2\mathrm{d}r} \tag{9.87}$$

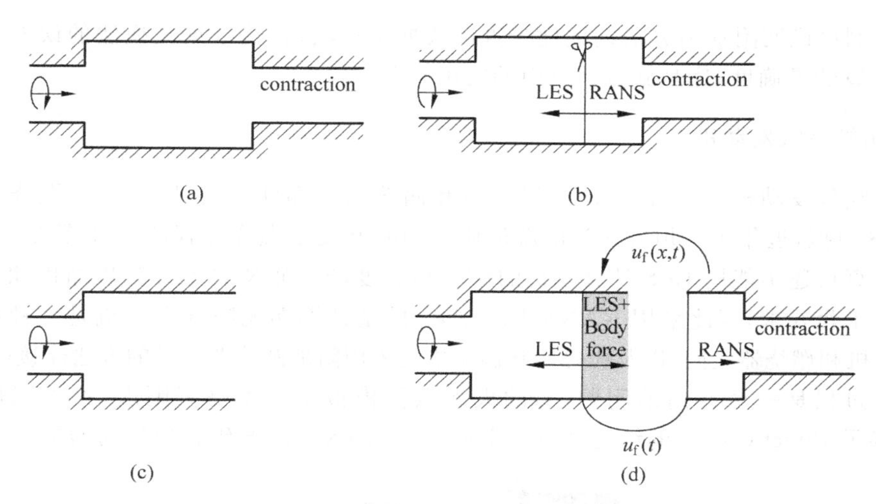

图 9-11 突扩突缩圆管旋流 RANS/LES 算例示意图

(a) 计算域；(b) 全场 LES；(c) 直接数据交换界面；(d) 附加力界面和重叠区

式中 R 是旋转圆管半径，r 是圆管径向坐标，U 是轴向速度，V 是切向速度。入口速度剖面取自试验数据(Dellenback，1988)。全场 LES 算例的网格数为 386×64×64；RANS/LES 算例的网格数为 256×64×64。RANS 区采用 k-ω 模式(Wicox，1988)，空间离散为2阶中心差分，时间推进采用龙格-库塔积分。为了加速计算，采用多重网格法。LES 区采用动力 Smagorinsky 模式，空间离散为2阶精度。RANS 区的时间步长 $\Delta t_{\mathrm{RANS}}=0.1D/U_{\mathrm{m}}$，LES 区的时间步长为 $\Delta t_{\mathrm{RANS}}/\Delta t_{\mathrm{LES}}=12\sim13$。主要计算结果如图 9-12 所示。

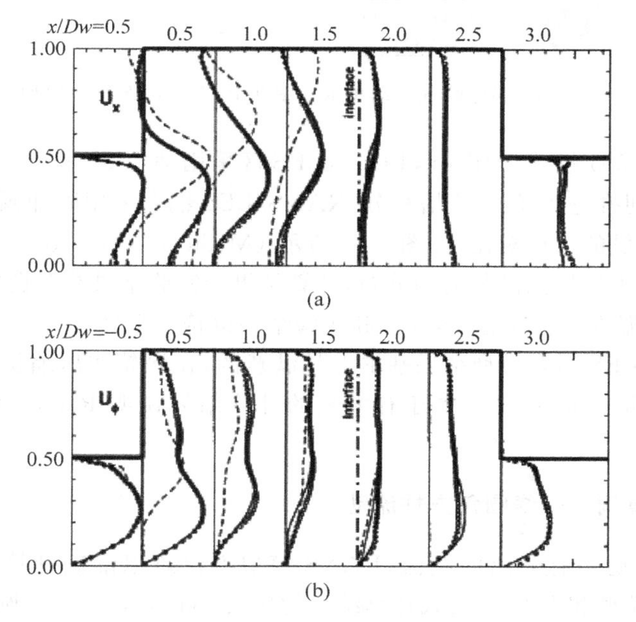

图 9-12 突扩突缩圆管湍旋流的计算结果

(a) 流向平均速度；(b) 周向平均速度

(○：全场 LES；实线：RANS/LES 附加力法；虚线：直接数据交换法)

该算例也说明附加力方法远远优于直接数据交换法,直接数据交换法的误差影响上游LES的计算的准确度,这是旋流计算中的突出问题。

3. 涡轮喷气发动机

涡轮喷气发动机主要由压气机、燃烧室和涡轮三大部件组成(图9-13),燃烧过程难以用RANS模拟,近年来斯坦福大学的湍流研究中心开发了燃烧过程的LES算法。但是,目前电子计算机还不能用LES计算整机的流场和温度场;而RANS计算压缩机和涡轮流场可以满足工程要求,因此采用RANS/LES组合模型计算涡轮喷气发动机是一种可行的方案。压缩机和燃烧器之间,以及燃烧器和涡轮之间采用附加圆管湍流场的方法连接(图9-13)。湍流燃烧过程是一个专门的问题,它的大涡数值模拟不在本书范围内,关于燃烧过程的LES请参见Pitsch(2006)的综述文章。下面介绍RANS/LES组合模型的结果。

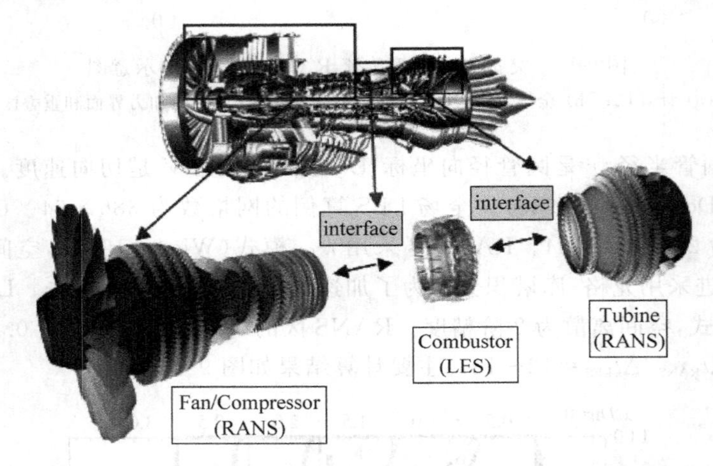

图9-13 涡轮喷气发动机示意图和RANS/LES组合模型

RANS区采用k-ω模式(Wilcox,1988),LES区采用动力Smagorinsky模式,空间离散采用2阶精度,时间推进为龙格-库塔积分,RANS/LES耦合采用附加圆管湍流段。计算结果和发动机公司提供的数据对比,如图9-14所示(Medic,2006)。图9-14(b)是涡轮机组第4、第7截面处周向平均压强沿径向的分布,计算结果和实验结果符合良好。图9-14(c)是第4截面处周向平均温度沿径向分布,计算和实验结果也符合很好。

总之,RANS/LES组合模型结果基本上是满意的,在涡轮或压缩机的轮毂和叶顶处计算误差较大。Medic(2006)原文中还有大量的计算结果说明RANS/LES组合模型的可行性。

4. DES模式算例——绕圆角方柱流动

绕圆角方柱流动是有分离的绕流,RANS模拟方法难以准确计算这类流动。下面是RANS/LES组合模型和RANS模式计算结果的比较(Squire,2005)。圆角方柱外形和来流状态如图9-15所示,计算雷诺数从亚临界(10^5)到超临界(8×10^5)。表9.5是8种数值计算的参数,计算方法是2阶精度有限体积法,时间推进为2阶精度牛顿积分法。图9-16是雷诺数为8×10^5时方柱前半部的压强系数。

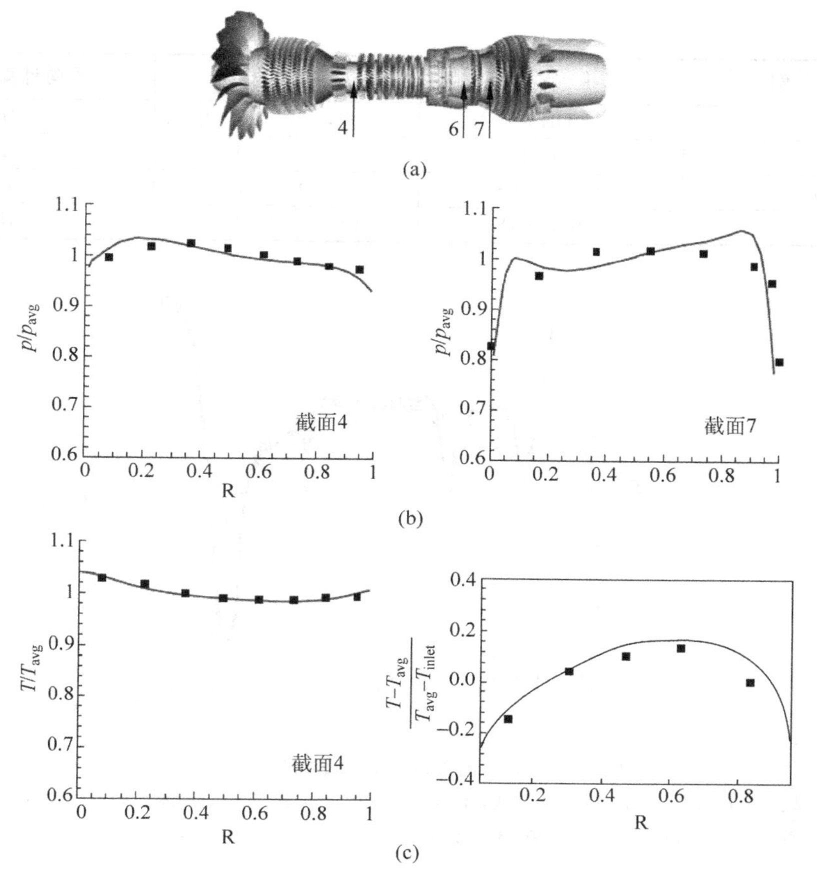

图 9-14　喷气涡轮发动机计算结果

(a) 喷气涡轮发动机原型；(b) 周向平均压强剖面；(c) 周向平均温度剖面

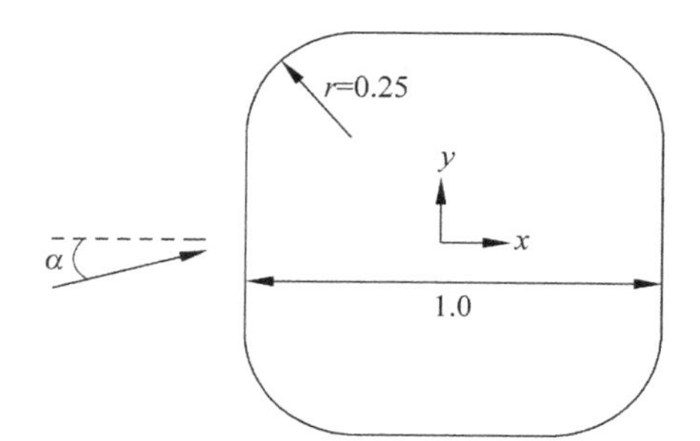

图 9-15　绕圆角方柱流动示意图

表 9.5　绕圆角方柱的计算参数

算　　例	模　　型	网格数	展向计算域长度
1	DES	100×149×151	$3D$
2	DES	100×149×301	$6D$
3	DES	150×200×151	$3D$
4	DES	120×149×151	$3D$

续表

算　例	模　型	网格数	展向计算域长度
5	DES	无结构，3.55×10^6 单元	$3D$
6	no model	$120\times149\times151$	$3D$
7	2DURANS	200×400	0
8	3DURANS	$120\times149\times151$	$3D$

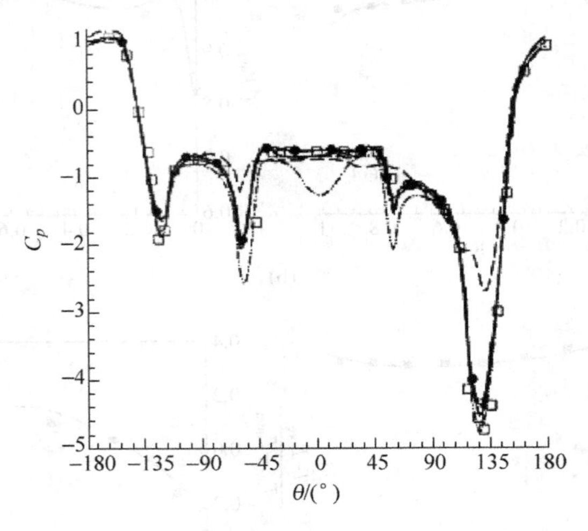

图 9-16　方柱前部的压强系数($Re=8\times10^5$)

(□：试验(Polhamus et al.，1959)；实线：算例1；长点画线：算例3；点画线：算例4；点线：算例5；虚线：算例6；双点画线：算例7；●—●：算例8)

该算例说明DES方法计算有钝体湍流绕流是有效的，三维非定常雷诺平均模式也可采用；而没有模式以及二维非定常雷诺平均模式有较大误差。

索　引

（以中文拼音顺序）

H

J

K

L

M

N

参 考 文 献

傅德薰，马延文. 1998. 时间发展平面混合流的三维演化[J]. 力学学报，30(2)：129.

傅德薰，马延文. 2000. 可压缩混合层流动转捩到湍流的直接数值模拟[J]. 中国科学（A 辑），30：161.

傅德薰，马延文. 2002. 计算流体力学[M]. 北京：高等教育出版社.

傅德薰，马延文，李新亮，王强. 2010. 可压缩湍流直接数值模拟[M]. 北京：科学出版社.

黄克智，等. 2003. 张量分析[M]. 2 版. 北京：清华大学出版社.

是勋刚，等. 1994. 湍流[M]. 天津：天津大学出版社.

孙葵花，舒玮. 1994. 湍流猝发的检测方法[J]. 力学学报，26：488.

夏靖友，张兆顺. 1990. 分层雷诺应力模式[J]. 空气动力学报，8：136.

许春晓. 1995. 槽道湍流的直接数值模拟[D]. 北京：清华大学博士论文.

张涵信. 1988. 无振动、无自由参数的耗散差分格式[J]. 空气动力学报，6(2)：143.

张兆顺，崔桂香. 1999. 流体力学[M]. 北京：清华大学出版社.

周恒，熊忠民. 1994. 湍流边界层近壁区相干结构起因的研究[J]. 中国科学(A 辑)，24：941.

Adrain R J. 1991. Particle-imaging techniques for experimental fluid mechanics[J]. Annual Review of Fluid Mechanics，23：261-304.

Adrian R J，Westweel J W. 2011. Particle image velocimetry[J]. Cambridge University Press.

Balaras E，et al. 1996. Two-layer approximate boundary conditions for large eddy simulation[J]. AIAA Journal，34(6)：1111-1119.

Baldwin B S，Barth T J. 1991. A one equation turbulence transport model for high Reynolds number wall bounded flows[R]. AIAA，paper 91-0610.

Baldwin B S，Lomax H. 1978. Thin layer approximation and algebraic model for separated turbulent flows [R]. AIAA，paper 78-257.

Bardina J，et al. 1980. Improved subgrid model for large-eddy simulation[R]. AIAA，paper 80-1357.

Barenblatt G I，Chorin A J. 1997. Scaling laws for fully-developed turbulent flow in pipe[J]. Applied Mechanics Review，50：413-429.

Batchelor G K. 1959. Small-scale variation of convected quantities like temperature im turbulent fluid. Part 1 General discussion and the case of small conductivity[J]. JFM，5：113.

Batchelor G K. 1953. The Theory of Homogeneous Turbulence[M]. Cambridge University Press.

Batchelor G K，et al. 1959. Small-scale variation of convected quantities like temperature im turbulent fluid. Part 2 The Case of Large Conductivity[J]. JFM，5：134.

Batchelor G K，Proudman I. 1956. The large-scale structure of homogeneous turbulence. Phil. Trans. Royal Soc.，A248：369-405.

Batchelor G K. 1948. Townsend A A Decay of turbulence in the final period[J]. Proc. Royal Soc. London，A194：527-543.

Benzi R，et al. 1994. On the scaling of 3-dimensional homogeneous and isotropic turbulence[J]. Physica D，80：385.

Bernal L P. 1981. The coherent structure of turbulent mixing layer[D]. PhD thesis CIT，Pasadena.

Blackwelder R F，Chang S I. 1986. Length scales and correlations in a LEBU modified turbulent boundary layer[R]. AIAA, paper 86-0287.

Blackwelder R F, Eckelmann H. 1979. Streamwise vortices associated with the bursting phenomenon[J]. JFM, 94: 577.

Blackwelder R F, Kaplan R E. 1976. On the wall structure of turbulent boundary layer[J]. JFM, 76: 89.

Boussinesq J. 1877. Essai sur la theorie des eaux courantes[J]. Mem. Pres. Par div savant a l'Acad. Sci. Paris, 23(1): 1.

Bradshaw P, et al. 1978. Turbulence[M]. Springer and Verlag Pr.

Brethouwer G, Billant P, Lindborg E, Chomaz J M. 2007. Scaling analysis and simulation of strongly stratified turbulent flows[J]. JFM, 585: 343-368.

Brown F N M, Roshko A. 1974. On density effects and large structure in turbulent mixing layer[J]. JFM, 64: 775.

Bruun H H. 1995. Hot wire anemometry: Principles and signal analyses. Oxford University Press.

Bushnell D M, McGinley C B. 1989. Turbulence control in wall flows[J]. Annual Review of Fluid Mechanics, 21: 1.

Cabot W, Moin P. 2000. Wall boundary conditions in LES[J]. Flow, Turbulence and Combustion, 63: 269.

Cantwell B J. 1981. Organized motions in turbulent flows[J]. Annual Review of Fluid Mechanics, 13: 457.

Canuto C, et al. 1987. Spetral Method in Fluid Dynamics[M]. Springer-Verlag.

Casciola C M, et al. 2003. Scale-by scale budget and similarity laws for shear turbulence[J]. Journal of Fluid Mechanics, 176: 105.

Cebeci T, Smith AMO. 1974. Analysis of turbulent boundary layer[M]. McGraw-Hill.

Celik I B, et al. 2005. Index of resolution quality for large eddy simulation[J]. Journal of Fluids Engineering, 127(9): 949-958.

Chen S, et al. 1993. On the statistics correlations between velocity increments and locally averaged dissipation in homogeneous turbulence[J]. Physics of Fluids, A5: 458.

Choi H, et al. 1994. Active turbulence control for drag reduction in wall-bounded flows[J]. JFM, 262: 75.

Chorin A C. 1994. Vorticity and turbulence[M]. Springer-Verlag.

Chou P Y. 1945. On velocity correlations and the solution of equation of turbulent fluctuations[J]. Quaterly applied Mathematics, 3: 38.

Chu B T, Kovasznay L S G. 1958. Nonlinear interaction a viscous heat-conducting compressible gas[J]. Journal of Fluid Mechanics, 3: 494-514.

Chou P Y, Chou R L. 1995. Fifty years turbulence research in China[J]. Annual Review of Fluid Mechanics, 27: 1.

Chow F K, Moin P. 2003. A further study of numerical errors in large eddy simulation[J]. Journal of Computational physics, 184: 366-380.

Clark R A, et al. 1979. Evaluation of subgrid-scale models using an accurately simulated turbulent flow[J]. JFM, 91: 1-16.

Comte-Bellot G, Corrsin S. 1971. Simple Eulerian time correlation of full-and narrow-band velocity signals in grid-generated "isotropic" turbulence[J]. JFM, 48: 273.

Corino E R, Brodkey R S. 1969. A visual investigation of the wall region in turbulent flow[J]. JFM, 37: 1.

Corrsin S. 1951. The decay of isotropic temperature fluctuations in an isotropic turbulence[J]. J. Aeronaut. Sci, 18: 417.

Corrsin S, Kistler A L. 1955. The free-stream boundaries of turbulent flows[R]. NACA, TN3133.

Cui GX, et al. 2004. A new dynamic subgrid eddy viscosity model with application to turbulent channel flow [J]. Physics of Fluid, 16(8): 2835-2942.

Davidson M J, Snyder W H, Lawson R E, et al. 1996. Wind tunnel simulations of plume dispersion through

groups of obstacles[J]. Atmospheric Environment,30: 3715-3731.
Deardoff J W. 1973. The use of subgrid transport equation in a three dimensional model of atmospheric turbulence[J]. ASME J. Fluid Engineering,95: 429.
Dolling D S, Murphy M T. 1983. Unsteadiness of the separation shock wave structure in a supersonic compressible ramp flow field[J]. AIAA Journal 21: 1628-1634.
Dudhia J,et al. 2005. PSU/NCAR mesoscale model system version 3[R]. National Center for Atmospheric Research,Pennsylvania State University.
Durbin P A. 1991. Near-wall turbulence closure modeling without damping function[J]. Theor. and Comput. Fluid Dynamics,3: 1.
Durbin P A. 2001. Statistical theory and modeling for turbulent flows[M]. Wiley.
Durst F,et al. 1981. Principle and Practice of Laser-Doppler Anemometry[M]. Academic Press.
Dussauge J P,Debieve J F,Smit A J. 1989. Rapidly distorted compressible boundary layer. Chapter 2[R], AGARDograph 315.
Eswaran V, Pope S B. 1988. An examination of forcing in direct numerical simulatin of turbulence[J]. Computational Physics,16: 257.
Evans T T,Smits A J. 1996. Measurements of the mean heat transfer in a shock wace-turbulent boundary layer interaction[J]. Experimental Thermal and Fluid Science,12: 87-97.
Fatica M,et al. 1997. Validation of large-eddy simulation in a plain asymmetrical diffuser[R]. Annual Brief Center for Turbulence Research: 22.
Falco R E. 1977. Coherent motion in the outer region of turbulent boundary layer[J]. Physics of Fluids, 20: S124.
Favre A. 1964. The mechanics of Turbulence[M]. Gordon and Breach.
Favre A. 1965. Equations des gaz turbulents compressibles[J]. Journal de Mecanique,4: 361.
Fernholz H H,Finley P J. 1980. A critical commentary on mean flow data for two-dimensional compressible turbulent boundary layer[R]. AGARDography,253.
Fernholz H H,Finley P J. 1996. The incompressible zero-pressure gradient turbulent boundary layer: An assessment of the data[J]. Prog. Aerosp. Sci. 32,245.
Ferziger J,et al. 1990. Zonal modelling of turbulent flows-philosophy and accomplishments[R]. Near-Wall Turbulence,1988 Zaric Memorial Conference: 800.
Ferziger J,Peric M. 2002. Computational Method for Fluid Dynamics[M]. Springer.
Frisch U. 1996. Turbulence[M]. Cambridge University Press.
Fu D, Ma Y. 1997. A high order accurate difference scheme for complex flow fields[J]. Journal of Computational Physics,134: 1-15.
Germano M,et al. 1991. A dynamic subgrid-scale eddy viscosity model[J]. Physics of Fluid,A3: 1760.
Gotoh T, et al. 2002. Velocity field statistics in homogeneous steady turbulence obtained using a high-resolution direct numerical simulation[J]. Physics of Fluids,14(3): 1065-1081.
Gregory J W,Asai K,Kameda M,Liu T,Sullivan J P. 2008. A review of pressure-sensitive paint for high-speed and unsteady aerodynamics[J]. Proc. IMechE Vol. 222 Part G: J. Aerospace Engineering: 249-290.
Grotzbach G. 1987. Direct numerical and large eddy simulation of turbulent channel flows[M]. Encyclopedia of Fluid Mechanics West Orange,1337-1391.
Gustavsson,L H. 1980. A resonance mechanism in plane Couette flow[J]. JFM,98: 149.
Harten A,Engquist B,Osher S et al. 1997. Uniformly high order accurate essenrially non-oscillatory scheme Ⅲ[J]. Journal of Computational Physics,71: 231-303.
Head M R,Bandyopadyay P. 1981. New aspects of turbulent boundary layer structure[J]. JFM,107: 297.

Hinze O. 1975. Turbulence[M]. 2nd ed. McGraw-Hill.

Ho C M, Huerre P. 1984. Perturbed free shear layers[J]. Annual Review of Fluid Mechanics, 16: 365.

Ho C M, Tai Y C. 1998. Micro-Electro-Mechanical-System (MEMS) and fluid mechanics[J]. Annual Review of Fluid Mechanics, 30: 579.

Hutchins N, Marusic I. 2007. Large-scale influence in near-wall turbulence[J]. Philosophic Transaction of Royal Society A, 365 : 647-664.

Huang K S, et al. 1997. Image correlation velocimetry[J]. Experiment in Fluids, 19: 1-15.

Jameson A. 1991. Time dependent calculation using multigrid, with applications to unsteady flows past airfoils and wings[R]. AIAA, paper: 91-1596.

Jiang G S, Shu C W. 1996. Efficient implementation of weighted ENO scheme[J]. Journal of Computational Physics, 126: 202-228.

Jimenez J, Moser R D. 2000. Large-eddy simulation: Where are we and what can we expect? [J] AIAA J., 38: 605.

Johansen E S, Rediniotis O K. 2005a. Unsteady calibration of fast-response pressure probes, part 1: Theoretical studies[J]. AIAA J., 43, 816-826. 8.

Johansen E S, Rediniotis O K. 2005b. Unsteady calibration of fast-response pressure probes, part 2: Water-tunnel experiments[J]. AIAA J., 43, 827-834. 8.

Johansen E S, Rediniotis O K. 2005c. Unsteady calibration of fast-response pressure probes, part 3: Air-jet experiments[J]. AIAA J., 43, 835-845. 8, 11.

Johnson D A King L S. 1985. A mathematically simple turbulence clocure model for attached and separated turbulent boundary layers[J]. AIAA J., 23: 1684.

Johnston J P, et al. 1972. Effect of a spanwise rotation on the structure of two-dimensional developed turbulent channel flow[J]. JFM, 56: 533.

Karman T h. Von, Howarth L. 1938. On the statistical theory of isotropic turbulence[J]. Proc. Royal Society Lond., A 164: 192-215.

Karniadakis G E, et al. 1991. High order spliting methods for incompressible Navier-Stokes equations[J]. J. Computational Physics, 97: 414-443.

Kawamura H, et al. 1999. DNS of turbulent heat transfer in channel flow with respect to Reynolds and Prandtl number effects[J]. International Journal of Heat and Fluid Flow, 20: 196-207.

Keating A, et al. 2004. A priori and posteriori tests of inflow conditions for large eddy simulation[J]. Physics of Fluids, 16(12): 4696-4712.

Keating A, et al. 2006. Interface conditions for hybrid RANS/LES calculations[J]. International Journal of Heat and Fluid Flow, 27: 777-788.

Kim H T, et al. 1971. The production of turbulence near a smooth wall in a turbulent boundary layer[J]. JFM, 50: 133.

Kim J, et al. 1980. Investigation of a reattaching turublent shear flow: flow over a backward-facing step[J]. ASME J. Fluids Engineering, 102: 302.

Kim J, Moin P, Moser R. 1987. Turbulent statistics in fully-developed channel flow at low Reynolds-number [J]. Journal of Fluid Mechanics: 133-166.

Klebanoff P S. 1955. Characteristics of turbulence in boundary layer with zero pressure gradient[R]. NACA, Rep, 1247.

Kleiser L, Schumann U. 1980. Treatment of incompressibility and boundary condition in 3-D numerical spectral simulation of plane channel flow [R]. Proceedings of 3rd GAMM Conference of Numerical Methods in Fluid Mechanics: 165-173.

Kleiser L, Zang T A. 1991. Numerical simulation of transition in wall-bounded shear flows[J]. Annual

Review of Fluid Mechanics,23：495.

Kline S J,et al. 1967. The structure of turbulent boundary layer[J] JFM,30：741.

Kline S J, et al. 1968. Proceeding AFOSR-IFP-Stanford Conference on the Compoutation of Turbulenct Boundary Layer[C]. Stanford University Press.

Kline S J, et al. 1982. Proceedings of AFOSR-HTTM-Stanford Conference on Complex Turbulent Flows [C]. Stanford University Press.

Kolmogorov A N. 1991. The local structure of turbulence in incompressible viscous fluid for very large Reynolds number[J]. Dokl. Akad. Nauk SSSR 1941,30：9-13,Reprinted in Proc. Royal Soc. Lond. ,A, 434：913.

Kolmogorov A N. 1962. A refinement of previous hypotheses concerning the local structure of turbulence in incompressible viscous fluid for very large Reynolds number[J],JFM,13：82-85.

Kovasznay L S G. 1953. Turbulence in supersonic flow[J]. Journal of Aeronautical Science,20：657-674.

Kravchenko A G,et al. 1999. B-spline method and zonal grids for simulation of complex turbulent flows[J]. J. Computational Physics,151：757.

Kravchenko A G,Moin P. 2000. Numerical studies of flow over a circular cylinder at ReD=3900[J]. Physics of Fluids,12：403.

Ladyzhenskaya O A. 1961. 粘性不可压缩流体动力学的数学问题[M]. 张开明,译. 上海：上海科学技术出版社.

Landahl M T. 1967. A wave guide model for turbulent shear flow[J]. JFM,29：441.

Landau L D,Lifshits E M. 1963. Fluid Mechanics[M]. Pergmon Press London.

Laufer J. 1951. Investigation of turbulent flow in a two dimensional channel[R]. NACA,Rep,1053.

Launder B E,Spalding D B. 1974. The numerical compuation of turbulent flow[J]. Computational Methods and Applied Mechanics,3：269.

Launder B E,Reece G J,Rodi W. 1975. Progress in the development of a Reynolds-stress turbulence closure [J]. JFM,68：537.

Launder B E,et al. 1987. A second moment closure of rotating channel flow[J]. JFM,183：63.

Lee S,Lele S K,Moin P. 1993. Direct numerical simulation of isotropic turbulence interacting with a weak shock wave[J]. Journal of Fluid Mechanics,340：225-247.

Leisieur M. 1997. Turbulence in Fluids[M]. Kluwer Academic Publishers.

Lumley J L. 1976. A Stochastical tools for turbulence[M]. MIT Press.

Lund T S. 1998. Generation of turbulent inflow data for spatially-developing boundary layer simulation[J]. Journal of Computational Physics,140：233-258.

McCormick S F. 1988. Multigrid Methods ：Theorey, Applications and Supercomputing[M]. M. Dekker, New York.

Monin A S,Yaglom A M. 1975. Statistical Fluid Mechanics：Mechanics of Turbulence (English translation) [M]. Vol. I and II,MIT Press.

Le H, Moin P. 1994. Direct numerical simulation of turbulent flow over back facing step[R]. TF-58 Thermoscience division Mechanical Engineering Department,Stanford University.

Lee S Lele S K,Moin P. 1993. Direct numerical simulation of isotropic turbulence interacting with a weak shock wave[J]. Journal of Fluid Mechanics,340：225-247.

Lele S K. 1997. Computational acoustics：a Review[R]. AIAA,paper 97-0018.

Liepmann H. 1979. The rise and fall of ideas in turbulence[J]. American Scientists,67：221.

Lilly D K. 1987. The representation of small scale turbulence in numerical simulation experiments[M]. Lecture notes on turbulence,World Scientific：171-218.

Lilly D K. 1992. A proposed modification of the Germano subgrid-scale closure method[J]. Physics of

Fluids,A4：633.
Liu J T C,Merkine L. 1976. On the interaction between large-scale structure and fine-grained turbulence on a free shear flow[J]. Proc. Royal Society,London,352：213.
Loitsiansky L G. 1939. Some basic laws of isotropic turbulence[R]. Rept. Central Aero Hydrodynamical Institute (Moskow),440.
Lorenz E N. 1970. Deterministic nonperiodic flow[J]. J. Atmospheric Sciences,20：130-141.
Lumley J. 1970. Towards a turbulent constitutive equation[J]. JFM,41：413.
Lumley J. 1978. Computaional modeling of turbulent flows[J]. Advances in Applied Mechanics,18：123.
Lumley J. 1992. Some Comments on turbulence[J]. Physics of Fluids,A 4(2)：203.
Marcus P S. 1984. Simulation of Taylor-Couette flow. Part 1. Numerical Methods and Comparison with Experiments[J]. JFM,146：45.
Marsden A L,et al. 1999. Commutative filters for LES on unstructured meshes[R]. Annual Research Brief CTR：389-402.
Marusic I,et al. 2001. Experimental study of wall boundary conditions for large eddy simulation[J]. Journal of Fluid Mechanics,446：309.
Marusic I,et al. 2010. Wall-bounded turbulent flows at high Reynolds number：Recent advances and key issues[J]. Physics of Fluids,22：65-103.
McCombe W D. 1990. The physics of fluid turbulence[M]. Oxford Calendar.
McKeon B J,Sreenivasan K R. 2007. Scaling and structure in high Reynolds number wall-bounded flows[J]. Philosophic Transaction of Royal Society A,365：635-646.
McKeon B J,Morrison J F. 2007. Asymptotic scaling in turbulent pipe flow[J]. Phil. Trans. Royal Society A 365：771-787.
Mellor G L,Herring H J. 1973. A survey of mean turbulent field closure[J]. AIAA J. ,11：590.
Meneveau C,et al. 1973. Lagrangian dynamic subgrid model of turbulence[J]. JFM,1996,319：353.
Meneveau C,Katz J. 2000. Scale-invariance and turbulence models for Large Eddy Simulation[J]. Annual Review of Fluid Mechanics,32：1.
Merzkirch W. 1987. Flow Visualization [M]. 2nd ed. Academic Press.
Metcalfe R W,et al. 1987. Secondary instability of a temporally growing mixing layer[J]. JFM,184：207.
Meyers J,et al. 2003. Database analysis of errors in large eddy simulation[J]. Physics of Fluids,14(9)：2740-2755.
Meyers J,et al. 2005. Optimality of the dynamic procedure for large eddy simulation[J]. Physics of Fluids,17(4)：Act. No. 045108.
Mittal R,Moin P. 1997. Suitability of upwind-biased finite difference schemes for large-eddy-simulation of turbulent flows[J]. AIAA J. ,35：1415.
Morkovin M V. 1962. Effects of compressibility on turbulent flows[R]. In Favre A. J. Mechanique de la turbulence,Paris,CNRS：367-380.
Moser R D,Moin P. 1987. The effect of curvature in wall bounded turbulence[J]. JFM,175：479.
Moin P,et al. 1998. Direct numerical simulation：A tool in turbulence research[J]. Annual Review of Fluid Mechanics,30：539.
Moser R D,et al. 1999. Direct numerical simulation of turbulent channel flow up to $Re_\tau=590$. [J] Physics of Fluids,8：1076.
Nagano Y,Kim C. 1988. Two-equation model for heat transport in wall turbulent shear flows[J]. Journal of Heat Transfer Transaction ASME,110：583.
Nagib H M,Chauhan K A,Monkewita P A. 2007. Approach to an asymptotic state for zero pressure gradient turbulent boundary layer[J]. Phil. Trans. Royal Society A,365：755-770.

Obuhkov A M. 1949. Structure of temperature field in a turbulent flow[J]. Izv. Akad. Nauk. SSSR Ser. Geography and Geophysics, 13: 58.

Orszag S A. 1949. Analytical theory of turbulence[J]. JFM, 41: 363.

Orszag S A, Patterson G S. 1972. Numerical simulation of three-dimensional homogeneous isotropic turbulence[J]. Phys. Review Lett., 28: 76.

Panton R L. 2007. Composite asymptotic expansions and scaling wall turbulence[J]. Philosophic Transaction of Royal Society A 365: 733-755.

Perry A E, Chong M S. 1982. On the mechanism of wall turbulence[J]. Journal of Fluid Mechanics, 119: 173-217.

Piomelli U, et al. 1988. Model consistency in large eddy simulation of turbulent channel flows[J]. Phys. Fluids, 31: 1884.

Piomelli U, et al. 1989. New approximation boundary conditions for large eddy simulation of wall-bounded flows[J]. Physics of Fluids, A 1: 1061-1068.

Piomelli U et al. 2003. The inner-outer layer interface in large eddy simulations with wall-layer models. International Journal of Heat and fluid flow[J]. 24: 538-550.

Pitsch H. 2006. Large eddy simulation of turbulent combustion[J]. Annual Review of Fluid Mechanics, 38: 453-482.

Pope S. 2004. Ten questions concerning the large eddy simulation of turbulent flows[J]. New Journal of Physics, 6: 1-24.

Pope S. 2000. Turbulent Flows[M]. Cambridge University Press.

Prandtl L. 1933. Attaining a steady air stream in wind tunnel[R]. NACA, TM 726.

Prandtl L. 1925. Bericht über Untersuchungen zur ausgebildeten Turbulenz[J]. ZAMM, 5: 136.

Prasad A, Williamson C H K. 1997. The instability of the shear layer separating from a bluff body[J]. JFM, 333: 375.

Reynolds O. 1894. On the dynamical theory of incompressible viscous fluids and the determination of the criterion[J]. Phil. Trans. Roy. Soc. London, 186: 13.

Reynolds W C, et al. 2000. New direction in turbulence modeling[R]. Third International Symposium on Turbulence, Heat and Mass Transfer, Nagoya Japan, April 3-6.

Ribner H S. 1953. Convection of a pattern of vorticity through a shock[R]. NACA Report: 1164.

Ribner H S. 1954. Shock-turbulence interaction and the generation of noise[R]. NACA Report: 1233.

Richardson L F. 1922. Weather prediction by numerical process[M]. Cambridge University Press.

Rilet J J, Metcalfe R W, Weissman M A. 1981. Direct numerical simulation of homogeneous turbulence in density stratified fluids. Nonlinear Properties of internal waves[R]. Ed, West JJ, pp79-112, American Institute of Physics.

Robinson S K. 1991. Coherent motions in turbulent boundary layer[J]. Annual Review of Fluid Mechanics, 23: 601.

Rodi W. 1976. A new algebraic relation for calculating Reynolds stresses[J]. ZAMM, 56: T219.

Rogallo R S. 1981. Numerical experiment in homogeneous turbulence[R]. NASA, TM81315.

Roshko A. 1976. Structure of turbulent shear flows: a new look. AIAA J., 14: 1349.

Schewe G. 1980. On characteristic structures in time function from turbulent wall pressure fluctuations[R]. Bericht Max-Planck-Institut fur Stroemungsforschung, 1: 1-25.

Schlichting H. 1968. Boudary layer theory[M]. McGraw-Hill.

Schluter J U. 2005. A framework for computing Reynolds average with Large Eddy Simulation for gas turbine application[J]. Journal of Fluids Engineering, 127(4): 806-815.

Schumann U. 1975. Subgrid-scale model for finite difference simulation of turbulent flows in plane channels and annuli[J]. Journal of Computational Physics,18: 376-404.

She Z S,et al. 1990. Intermittent vortex structures in homogeneous turbulence[J]. Nature,344: 226.

She Z S,Leveque E. 1994. Universal scaling laws in fully developed turbulence[J]. Physical Review Letters, 72: 336-339.

Shen Z,Li Y,Cui G X,Zhang Z S. 2010. Large eddy simulation of stably stratified turbulence[J]. Science China-Physics Mechanics & Astronomy,53 (1): 135-146.

Skrebek,L, Stalp R. 2000. On the decay of homogeneous isotropic turbulence[J]. Physics of Fluids, 12: 1997.

Shih T H. 1999. Fundamentals in Turbulence Modeling[R]. State Key Laboratory for Turbulence Research, Beijing University.

Shih Z S, Lumley J. 1993. Kolmogorov behavior of near-wall turbulence and its application in turbulence modeling[J]. Computational Fluid Dynamics,1: 43.

Shraiman B I,Siggia E D. 2000. Scalar turbulence[J]. Nature,304: 639.

Smagorinsky J. 1963. General circulation experiments with primitive equation[J]. Monthly Weather Review: 91-99.

Smits A J,Muck K C. 1987. Experimental study of three shock wave/turbulent boundary layer interaction [J]. Journal of Fluid Mechanics,182: 291-314.

Smits A J,Dussauge J P. 2007. Turbulent Shear Layers in Supersonic Flow[M]. Second Edition Springer.

Smits A J,McKeon B J,Marusic I. 2011. High-Reynolds number wall turbulence[J]. Annual Review of Fluid Mechanis,43: 353-375.

Spalart P R. 1988. Direct simulation of a turbulent boundary layer up to Re=1410[J]. JFM,187: 61.

Spalart P R,et al. 1991. Spectral Methods for the Navier-Stokes Equations with one infinite and two periodic directions[J]. Journal of Computational Physics,96: 297.

Spalart P R,Allmaras S R. 1994. A one-equation turbulence model for aerodynamic flows[J]. La Recherche Aerospatiale: 5-21.

Spalart P R,et al. 1997. Comments on the feasibility of LES for wings,and on a hybrid RANS[R]. Greyden Press: Columbus,Advances in DNS/LES: 137.

Speziale C G, Ngo T. 1988. Numerical solution of turbulent flow past a backwards-facing step using a nonlinear k-ε model[J]. International Journal of Engineering Science,26: 1099.

Speziale C G. 1991. Analytical methods for the development of Reynolds-stress closures in turbulence[J]. Annual Review of Fluid Mechanics,23: 107.

Spille-Kohoff A,Kaltenbach H J. 2001. Generation of turbulent inflow data with a prescribed shear-stress profile[R]. Third AFORS International Conference on DNS/LES Arlington USA.

Squire K D, et al. 2005. Detached-eddy simulation of the separated flow over a round-corner square[J]. Journal of Fluids Engineering,127: 959-966.

Tavoularis S,Corrsin S,1981. Experiments in nearly homogeneous turbulent shear flow with a uniform mean temperature gradient. Part Ⅰ[J]. JFM,104: 311.

Taylor G I. 1915. Eddy motion in the atmosphere[J]. Phil. Trnas. Roy. Soc. ,A215: 1-16.

Taylor G I. 1921. Diffusion by continuous movement[J]. Proc. Royal Society London,2: 196.

Taylor G I. 1935. Turbulence in a contracting stream[J]. Z. Angew. Math. Mech. ,15: 91-96.

Taylor G I. 1937. The statistical theory of isotropic turbulence[J]. J. Aeronautical Sciences,4: 311-315.

Taylor G I,Batchelor G K. 1949. The effect of wire gauze on small disturbances in a uniform stream[J]. Quart. J. Appl. Math. ,2: 1-26.

Teman R. 1984. Navier-Stokes Equations, Theory and Numerical Analyses. Third edition[M]. North-Holland.

Tennekes H, Lumley J L. 1972. A first course in turbulence[M]. MIT Press.

Townsend A A. 1976. The structures of turbulent shear flows[M]. Cambridge University Press.

Tidermann W G, et al. 1985. Wall layer structure and drag reduction[J]. JFM, 156: 419.

Thomson D J. 1987. Criteria for the selection of stochastic model of particle trajectories in turbulent flows [J]. Journal of Fluid Mechanics, 180: 529-556.

Tokumura P T, Dimotakis P E. 1995. Image correlation velocimetry[J]. Experiment in Fluids, 19: 1-15.

Travin M, et al. 2000. Detached eddy simulation past a circular cylinder [J]. Flow, Turbulence and Combustion, 63: 293.

Tropea C, Yarin A L, Foss J F. 2007. Handbook of Experimental Fluid Mechanics[M]. Springer.

Van Dyke M. 1982. An Album of Fluid Motion[M]. The parabolic Press.

Vasilyev O V, et al. 1998. General class of commutative filters for LES in complex geometry [J]. J Computational Physics, 146: 82.

Vreman B, et al. 1997. Large-eddy simulation of the turbulent mixing layer[J]. JFM, 339: 357.

Warhaft Z. 2000. Passive Scalars In Turbulent Flows[J]. Annual Review of Fluid Mechanics, 32: 204.

Watson R D. 1978. Characteristic of Mch 10 transitional and turbulent boundary layers [R]. NASA TP-1243.

Westerweel J W, Elsiga G E, Adrian R J. 2013. Particle image velocimetry for complex and turbulent flows [J]. Annual Review of Fluid Mechanics, 45: 409-436.

Wilcox D C. 1988. Reassessment of the scale-detemining equation for advanced turbulence models. AIAA J., 26: 1299.

Xu C, Zhang Z. 1996. Origin of high kurtosis in viscous sublayer[J]. Physics of Fluids, 8: 1938-1942.

Xue M, et al. 2000. The advanced Regional Prediction System (ARPS)-A multi-scale nonhydrostatic atmospheric simulation and prediction model. Part Ⅰ Model dynamics and verification[J]. Meteorology and Atmospheric Physics vol. 75: 161-193.

Xue M, et al. 2001. The advanced Regional Prediction System (ARPS)-A multi-scale nonhydrostatic atmospheric simulation and prediction model. Part Ⅱ Model physics and applications[J]. Meteorology and Atmospheric Physics vol. 76: 143-165.

Yakhot V, Orszag S A. 1986. Renormalization group analysis of turbulence. Ⅰ. Basic theory[J]. J. Science Computation, 1: 3.

Yao J, et al. 2000. Development and validation of a massively parallel flow solver for turbomachinery flows [R]. AIAA paper, 00-0882.

Yee H C, Warming R F, Harten A. 1983. Implicit total variation diminishing (TVD) scheme for steady-state calculation[R]. AIAA paper, 83-1902.

Zagarola M V, Smits A J. 1997. Scaling of the mean velocity profile for turbulent pipe flow[J]. Physical review letters vol, 78(2): 239-242.

Zdrakovich M M. 1997. Flow around circular cylinder[M]. Oxford University Press.

Zhang Z S, Lilley G M. 1981. A theoretical model of coherent structure in the a plate turbulent boundary layer[R]. Springer-Verlag: Turbulent Shear Flow Ⅲ: 72.

Zhang Z S, Cheng Z. 1989. Numerical study of turbulent flows over wavy boundaries [J]. ACTA MECHANICA SINICA, 5: 197.

Zhang Z S, Wang X L. 1987. Visualization and analysis of longitudinal vortices at curved wall of 2D laminar and turbulent channel flows [J]. SADHANA (Proceeding of Engineering Science), 10: 377.

Zhang Z, et al. 1993. Particle tracking method for measurements of turbulence properties in a curved channel [J]. Applied Scientific Research, 51: 249-154.

Zhang Z S, et al. 1998. Flow patterns and dissipation of turbulent kinetic energy in near wall turbulence[J].

CHINESE Science Bulettin,43: 117.

Zhong X L,Tatineni M. 2003. High-order non-uniform grid schemes for numerical simulation of hypersonic boundary-layer stability and transition[J]. Journal of Computational Physics,190(2): 419-458.

Zhou H B,Cui G X,Xu C X,Zhang Z S. 2003. Thin layer structure of dissipation rate of scalar turbulence [J]. SCIENCE IN CHINA,46(2): 209-217.

Zhou H B,Cui G X,Zhang Z S. 2002. Dependence of turbulent scalar flux on molecular Prandtl number[J]. Physics of Fluids,14(7): 2388-2394.